孔雀草的研究与开发

窦德强　王丽娜　蔡德成　主编

辽宁科学技术出版社
·沈　阳·

主　审：康廷国

主　编：窦德强　王丽娜　蔡德成

副主编：韩雪莹　冉小库　肖洪贺　于　淼　符雷蕾

图书在版编目（CIP）数据

孔雀草的研究与开发／窦德强，王丽娜，蔡德成主编.—沈阳：辽宁科学技术出版社，2023.2

ISBN 978-7-5591-2871-3

Ⅰ.①孔… Ⅱ.①窦… ②王… ③蔡… Ⅲ.①万寿菊—研究 Ⅳ.①S682.1

中国版本图书馆CIP数据核字（2022）第257589号

出版发行：辽宁科学技术出版社

　　　　　（地址：沈阳市和平区十一纬路25号　邮编：110003）

印 刷 者：辽宁新华印务有限公司

经 销 者：各地新华书店

幅面尺寸：185 mm × 260 mm

印　　张：28.25

插　　页：4

字　　数：810千字

出版时间：2023年2月第1版

印刷时间：2023年2月第1次印刷

责任编辑：郑　红

封面设计：刘　彬

责任校对：王玉宝

书　　号：ISBN 978-7-5591-2871-3

定　　价：200.00元

联系电话：024-23284526
邮购热线：024-23284502
http://www.lnkj.com.cn

前　言

　　孔雀草因颜色鲜艳、花色较多，似孔雀开屏而得名。孔雀草，俗称小万寿菊、红黄万寿菊、红黄草、小芙蓉花、藤菊、黄菊花、缎子花等，又称法国万寿菊（French Marigold），为菊科万寿菊属植物孔雀草（*Tagetes patula L.*），以全草入药[1]。孔雀草为一年生草本植物，原产于美洲中部（墨西哥和危地马拉）和美国西南部（亚利桑那州、新墨西哥州和得克萨斯州西南部），目前我国四川、贵州、云南等地均有栽培，且主要用于观赏。孔雀草在我国有近百年的药用历史。其味苦，性凉，具清热利湿、润肺止咳之效，主要用于治疗上呼吸道感染、痢疾、百日咳、牙痛、风火眼痛，外用治疗腮腺炎、乳腺炎等疾病。在我国民族药彝药中有记载，彝族药名依尼补此乌，以花或根入药，主治蛇咬伤、热咳喘、头晕头昏等症。在阿根廷孔雀草提取物内服可作为利尿剂使用。此外还有研究发现其精油具有抗真菌活性，能够有效治疗植物的念珠菌病和真菌感染等。由于经过育种，目前孔雀草花的表型较多，花瓣颜色鲜艳且种类多，可用作具有驱蚊、驱虫等作用的装饰花朵，孔雀草目前已成为园艺的主要品种。近年研究发现，孔雀草的种植不仅能美化环境，且有去除土壤中有害物质如有害元素汞、镉等作用，且其地上部分及花在民间可作为代茶饮品，具有多种保健功效，如高加索地区作为延年益寿的食品食用。因此，孔雀草目前在园艺美化、改良土壤、香料制作和生活保健等方面具有较好的应用。

　　为了更好地开发和利用孔雀草资源，编者对其化学成分、药理作用进行系统研究，发现其含有较高含量的黄酮和叶黄素等成分，具有较好的抗前列腺炎及抗抑郁作用。本书即为研究工作总结。第一章为孔雀草研究概况；第二章为孔雀草资源分布与栽培；第三章为孔雀草化学成分研究；第四章为孔雀草的药理作用研究；第五章为孔雀草的临床应用研究。万寿菊属植物在我国应用较多的是万寿菊和孔雀草，二者都为园艺植物，目前万寿菊已大面积种植，且已开发多种保健食品；孔雀草在健康产品方面应用才刚起步。因此除孔雀草外，万寿菊的一些研究也收录于本书，以便于更好地进行对比。相信本书对于孔雀草及万寿菊的应用具有一定的促进作用。

　　本研究目前已发表相关研究论文 9 篇，其中 SCI 收载论文 5 篇，获得专利证书 2 项，同时受到大连五舟神草健康科技有限公司的资助。本书可为从事孔雀草和万寿菊的研究与开发人员提供参考。本书在出版过程中，得到研究团队诸位老师和同学的大力支持，因篇幅有限，此处不能一一列举对本研究提供帮助的所有专家、同仁、朋友和厂家，在此编者表示深深的谢意！

　　另外，由于编者能力有限，在探索研究和编写过程中难免有不当或错漏之处，诚望各位专家、学者和同仁批评指正。

编　者

2022 年 1 月于大连

目 录

附录

第一章
孔雀草研究概况

孔雀草因花色鲜艳、花色较多，似孔雀开屏而得名。孔雀草，俗称小万寿菊、红黄万寿菊、红黄草、小芙蓉花、藤菊、黄菊花、五瓣莲、老来红、臭菊花、孔雀菊、缎子花等，又称法国万寿菊（French Marigold），为菊科万寿菊属植物孔雀草（*Tagetes patula* L.），以全草入药[1]。孔雀草为一年生草本植物，高 30 ~ 100 cm。茎直立，通常近基部分枝，分枝斜展开，花期 5—10 月。生于海拔 750 ~ 1600 m 的山坡草地、林中，或在庭园栽培[2]。原产于美洲中部（墨西哥和危地马拉）和美国西南部（亚利桑那州、新墨西哥州和得克萨斯州西南部）[3]，目前我国四川、贵州、云南等地均有栽培[4]。孔雀草味苦，性凉，具清热利湿、润肺止咳之效[5]，主要用于治疗上呼吸道感染、痢疾、百日咳、牙痛、风火眼痛，外用治疗腮腺炎、乳腺炎等疾病[2, 6]。在我国民族药彝药中有记载，彝族药名依尼补此乌，以花或根入药，主治蛇咬伤、热咳喘、头晕头昏等症[6]。在阿根廷孔雀草提取物内服可作为利尿剂使用[7]。此外还有研究发现其精油具有抗真菌活性，能够有效治疗植物的念珠菌病和真菌感染[3, 8, 9]。由于经过育种，目前孔雀草花的表型较多，花瓣颜色鲜艳且种类多，且具有驱蚊、虫等作用，孔雀草已成为园艺的主要品种。近年研究发现，孔雀草的种植不仅能美化环境，且能去除土壤中有害物质如汞、镉等，其地上部分及花在民间可作为代茶饮品，具有多种保健功能，如在高加索地区其作为延年益寿的食品食用。因此，孔雀草目前在园艺美化、改良土壤、香料制作和生活保健等方面具有较好的应用。

孔雀草属植物通常称为 marigold，来源于 Mary's Gold，是基督教在 Mary 圣坛上使用的贡品花。由于孔雀草的多数栽培品种是在法国鉴定的，孔雀草被称为 French marigold. Tagetes，来源于拉丁词语"Tages"，意思是伊特鲁里亚神和木星的孙子。孔雀草在各国均有较早的应用，因此在不同国家因其发音和功用不同而有不同的俗名。

（1）英国：Dwarf French Marigold（矮法国万寿菊）、Dwarf Marigold、French Marigold、Spreading Marigold、Stinkweed（臭菊）、Wild Marigold（野生万寿菊）。

（2）澳大利亚：Claveles Turcos（土耳其康乃馨）。

（3）巴西：Cravo De Defunto、Cravo-Fétido、Roso-Do-Bobo。

（4）加泰罗尼亚：Clavell De Moro、Damasquina

(5) 中国：Kong Que Cao（孔雀草）。

(6) 库克群岛：Merīkō、Merīkōro、Mērīkōro、Mērīkōro（Maori）。

(7) 克罗地亚：Garofal Žuti、Gromniščica、Fratrići、Kadifica、Konavljanin、Žutjelj Mali。

(8) 捷克：Aksamitník Rozkladitý。

(9) 丹麦：Fløjlsblomst、Udbredt Fløjlsblomst、Udspærret Fløjlsblomst。

(10) 爱沙尼亚：Madal Peiulill。

(11) 芬兰：Ryhmäsamettikukka、Samettikukka。

(12) 法国：Oeillet D'inde。

(13) 德国：Gewöhnliche Samtblume、Studentenblume。

(14) 匈牙利：Bársonyvirág。

(15) 印度：Genda（Bengali）、Guljharo、Makhanala（Gujarati）、Gainda、Gaindaa、Genda、Gultera、Taigeteej Petulaa、Taigetiz Petula、Sthulapushpa（Hindi）、Chendumalli（Malayalam）、Genda Mentok、Tangla（Punjabi）、Ganduga、Sandu、Sthulapushpa、（Sanskrit）、Tulukka（Tamil）、Bantichettu（Telugu）。

(16) 意大利：Tagete Commune。

(17) 日本：Koō–Sō。

(18) 朝鲜：Mansugug。

(19) 马略卡：Clavell De Moro、Clavell De Mort、Clavaller De Moro、Pomposas。

(20) 尼泊尔：Barhamase Sayaptree。

(21) 挪威：Fløyelsblom。

(22) 波兰：Aksamitka Rozpierzchła。

(23) 葡萄牙：Ballutets、Clavell De Moro、Cravo De Defunct、Cravo De Defunto、Cravo De Tunes。

(24) 俄罗斯：Barchatcy Otklonennye。

(25) 斯洛伐克：Rjavkasta Žametnica、Žametnica、Žametnica Rjavkasta。

(26) 斯洛文尼亚：Aksamietnica Rozložitá。

(27) 西班牙：Amapola Amarilla、Canicuba、Clavel De La India、Clavel De Las Indias、Clavel De Muerto、Clavellina Plegada、Clavellina Rizada、Copetes、Copetillo、Copetito、Damasquina、Escopetón、Escopetones、Flores De Muerto。

(28) 瑞典：Sammetsblomster、Sammetstagetes。

(29) 泰国：Dao Ruang Lek。

(30) 汤加：Merikō。

(31) 土耳其：Kadife Çiçeği。

（32）越南：Cúc Cà Cuống、Vạn Thọ Nhỏ、Cúc Vạn Thọ Lùn。

一、万寿菊属植物简介

万寿菊属（*Tagetes spp.*）植物共有 56 种，其中有 27 种为一年生植物，起源于美洲大陆，在前哥伦布时期已被大量引种，由于宗教和祭祀活动的需要而被不断地选择驯化[10]。万寿菊属植物在园艺上应用的不超过 10 个种，世界广泛应用的主要有万寿菊（*T.erecta L.*）、孔雀草（*T.patula L.*）和细叶万寿菊（*T.tenuifolia Cav.*）。万寿菊属植物是一种多功能、多用途的植物[11]，富含天然食用黄色素，尤其是叶黄素[12]，具有抗癌和增强免疫的功能[13]。富含生物活性物质，其提取物被广泛用于生产杀虫剂、杀菌剂、抗线虫剂[14]。此外，对环境的适应能力强、耐贫瘠的土壤，在全世界均有广泛的栽培[15]。国内万寿菊的规模化发展较快，现已成为我国主要栽培的草本盆花之一，广泛用于室内外环境布置，并自主培育出大量富含天然食用色素的品种[16]。万寿菊属植物中，万寿菊和孔雀草的栽培品种较多，也有学者将万寿菊称为孔雀草。现将万寿菊属植物确定物种的拉丁名总结如下（表1-1）。

表1-1 万寿菊属植物拉丁名

No.	拉丁名	参考文献
1	*Tagetes apetala Posada-Ar.*	
2	*Tagetes argentina Cabrera*	
3	*Tagetes arenicola Panero & Villaseñor*	
4	*Tagetes biflora Cabrera*	
5	*Tagetes campanulata Griseb.*	
6	*Tagetes caracasana Humb. ex Willd.*	Sp. Pl.
7	*Tagetes congesta Hook. & Arn.*	
8	*Tagetes coronopifolia Willd.*	Enum. Hort. Berol. Suppl. 60.
9	*Tagetes daucoides Schrad.*	Sem. Hort. Gotting.（1833）5. Cf. Linnaea, x.（1836）Litt. 71.
10	*Tagetes elongata Willd.*	
11	*Tagetes elliptica Sm.*	
12	*Tagetes epapposa B.L.Turner*	
13	*Tagetes erecta L.*	Sp. Pl.

No.	拉丁名	参考文献
14	*Tagetes filifolia Lag.*	
15	*Tagetes foeniculacea Desf.*	
16	*Tagetes foetidissima Hort. ex DC.*	
17	*Tagetes hartwegii Greenm.*	
18	*Tagetes iltisiana H.Rob.*	
19	*Tagetes inclusa Muschl.*	
20	*Tagetes lacera Brandegee*	
21	*Tagetes laxa Cabrera*	
22	*Tagetes lemmonii A.Gray*	Proc. Am. Acad. xix.（1883）40.
23	*Tagetes linifolia Seaton*	
24	*Tagetes lucida Cav.*	
25	*Tagetes lunulata Ortega*	
26	*Tagetes mandonii Sch.Bip. ex Klatt*	
27	*Tagetes mendocina Phil.*	Anales Univ. Chile 27：333（1865）
28	*Tagetes micrantha Cav.*	
29	*Tagetes microglossa Benth.*	
30	*Tagetes minima L.*	
31	*Tagetes minuta L.*	Sp. Pl.
32	*Tagetes moorei H.Rob.*	
33	*Tagetes mulleri S.F.Blake*	
34	*Tagetes multiflora Kunth*	Nov. Gen. Sp. [H.B.K.] IV. 197.
35	*Tagetes nelsonii Greenm.*	
36	*Tagetes oaxacana B.L.Turner*	
37	*Tagetes osteni Hicken*	
38	*Tagetes parryi A.Gray*	Proc. Amer. Acad. Arts xv.（1880）40
39	*Tagetes palmeri A.Gray*	
40	*Tagetes patula L.*	Sp. Pl.
41	*Tagetes perezi Cabrera*	

No.	拉丁名	参考文献
42	*Tagetes pringlei S.Watson*	
43	*Tagetes pusilla Kunth*	
44	*Tagetes praetermissa（Strother）H.Rob.*	
45	*Tagetes riojana M.Ferraro*	
46	*Tagetes rupestris Cabrera*	
47	*Tagetes stenophylla B.L.Rob.*	
48	*Tagetes subulata Cerv.*	
49	*Tagetes subvillosa Lag.*	Elench.（1804）；ex ej. Gen. et Sp. Nov. 29.
50	*Tagetes tenuifolia Cav.*	
51	*Tagetes terniflora Kunth*	
52	*Tagetes triradiata Greenm.*	
53	*Tagetes verticillata Lag. & Rodr.*	in Anal. Cienc. Nat. v.（1802）73.
54	*Tagetes zypaquirensis Bonpl.*	Pl. Aequinoct.

注：拉丁名从以下两个网站获得：http://www.theplantlist.org，www.worldfloraonline.org。

1. 万寿菊及孔雀草性状及生长习性

因品种差异万寿菊株高 30 ~ 100 cm 或更高，茎粗壮直立，绿色或棕褐色；叶对生或互生，羽状复叶，顶端尖锐，边缘有锯齿，具油腺，有特殊的万寿菊气味；头状花序单生，直径可达 15 cm；花色通常有黄、橘红、橘黄、黄绿和乳白；瘦果黑色，有光泽，下端浅黄，冠毛黄色，呈直或微弯的短棒状。孔雀草株高 20 ~ 50 cm。茎带紫色，叶对生或互生，羽状全裂，裂片披针形，叶片锯齿明显而修长。头状花序单生，舌状花黄色，基部或边缘红褐色，目前国内孔雀草栽培品种 10 余种。万寿菊与孔雀草性状对比如表 1-2。

表 1-2　万寿菊与孔雀草性状对比

	万寿菊	孔雀草
1	非洲万寿菊（African marigold）	别称法国万寿菊（French marigold）
2	一年生草本植物，具芳香气味	一年生草本植物，略具臭味
3	茎：20 ~ 50（20 ~ 100）cm，淡黄绿色，粗壮，具条纹，无毛或近无毛，具棱角，着生多数叶	茎：10 ~ 40（10 ~ 50）cm，浅绿色，有时泛紫色，具明显的脊和棱角，无毛，着生少数叶

	万寿菊	孔雀草
4	叶：(1~12) × (0.5~7.0) cm，羽状裂，11~17个裂片，裂片长 1~5cm，线形，叶长圆形或线形披针形，叶端钝到锐尖，叶缘具锐齿或牙齿，通常齿端有长细芒，无毛，具分散的无梗腺体	叶：(2~10) × (1.5~4.0) cm，宽长圆形，先端锐尖，羽状裂，裂片 2~5 (2~7) 对，披针形，先端锐尖，有锯齿，无梗或短具柄，无毛，下面具棕色腺体
5	头状花序，直径 30~70 (30~120) mm，单生在茎和分枝的末端；花序梗长，在头状花序下面膨大，具条纹，无毛。总苞片 5~8 枚，排成 1 轮，长 10~20mm，宽 4~8mm，披针形或卵形披针形，先端锐尖，无毛	头状花序，直径 20~45mm，单生在分枝的末端，较宽；花序梗长，在头状花序下面膨大，浅绿色，无毛。总苞片一轮，12~18 (12~20) mm，大部分连合，长圆形，先端具锐尖的三角形齿，无毛，肉质
6	花托平，无鳞片。瘦果 7~8mm，线形，有槽；冠毛的鳞片不等长	花托平，有孔，具鳞片。瘦果 9~11mm，深棕色或黑色，线形，具 3~4 角，稍压扁，无毛；冠毛 7~12mm，线形，不等长，白色，鳞片合生
7	花 5~10 朵。染色体数目：$2n=24$	7. 花 7~9 朵。染色体数目：$2n=20$，24，48

万寿菊和孔雀草的生长适温为 15~20 ℃，在 30 ℃以上高温环境植株徒长、开花少；10 ℃以下能生长但速度减慢、生长周期拉长。较耐干旱，水分过多茎叶生长旺盛，影响株型和开花[3]。为喜光性植物，充足阳光对其生长十分有利，植株矮壮，花色艳丽。另外，由于对日照长短反应较敏感，可以通过短日照处理（9 h）使其提早开花。稍耐早霜。对土壤要求不严格，以肥沃、排水良好的砂质壤土为好，耐移栽万寿菊喜温暖、阳光充足的环境，在多湿、酷暑下生长不良；肥水管理比较粗放，对土壤要求不严，以肥沃深厚、富含腐殖质、排水良好的砂质土壤为宜；土壤 pH6.5~8；耐移植，抗性强，病虫害少，栽培容易[17]。万寿菊幼苗期生长迅速，需及时间苗，生长后期植株易倒伏[18]。

2. 万寿菊与孔雀草栽培品种及育种

万寿菊在我国广泛种植，我国 20 世纪 80 年代开始规模化引入万寿菊，种植区的分布主要集中在云南、山东、山西、内蒙古、河南、新疆和黑龙江等地，且逐渐向东北转移，内蒙古东部地区赤峰市已成为育种基地，黑龙江成为万寿菊种植基地。2000 年以来，特别是观赏型万寿菊，多年来一直是我国花坛和城市公路绿化带以及花境主要选用的植物材料。目前生产和园林应用中常见的栽培观赏品种以万寿菊和孔雀草为主。目前，我国从国外引进的万寿菊品种主要有 5 个系列：安提瓜系列、完美系列、印加系列、奇迹系列和提素系列。近年来，用于色素提取作为经济作物的万寿菊在我国也开始引起人们的关注，逐渐推广并规模化种植。

国内外研究者利用表型性状和分子标记技术，对万寿菊和孔雀草现有品种进行了大量评价。研究者根据品种的类型、植株高度、花型和花色将 84 份万寿菊和孔雀草品种划分为 15 类[19]，随后唐道城等根据株高、冠幅、花径、分枝数 4 个观赏性状的权重值将71 个品种或品系划分为五大类群[20]。根据不同观赏性状进行权重赋值再划分类型，各性状权重所占比例不同，对资源的类型划分亦不是很客观，不能对万寿菊属资源的遗传多样性和遗传距离做出最本质的评价。齐迎春等分别用简单序列重复间标记（Inter-Simple Sequence Repeats，ISSR）分子标记和形态学特征对 12 份孔雀草自交系和 4 份孔雀草 F1代及 2 份万寿菊材料进行了遗传分析，指出在孔雀草分类中以花型和材料来源为重要依据时，能够比较客观地反映其遗传基础上的差异[21]。曾丽等亦利用 ISSR 分子标记对 29份万寿菊材料及 2 份孔雀草材料进行遗传关系分析，将 31 份材料按照万寿菊及孔雀草分为两大类，并且同系列万寿菊品种被划为同一亚组。张西西等应用序列相关扩增多态性（Sequenee-Related Amplified Polymorphism，SRAP）分子标记对当前市场上推广的 48个万寿菊杂交一代品种进行遗传多态性研究，指出万寿菊品种遗传基础狭窄，仅将 48 份材料分为两大类[22]。为了解中国主栽孔雀草品种的遗传背景，采用相关序列扩增多态性（SRAP）分子标记分析了 28 份孔雀草材料的遗传多样性。14 对 SRAP 引物组合共获得 271 个位点，其中多态位点 151 个，占 55.72%。每对引物可扩增出 14 ~ 24 条 DNA 片段，平均 19.4 条。引物的多态信息含量 PIC 值为 0.693 ~ 0.967，平均为 0.909；每个材料得到的多态性条带比例介于 38.78% ~ 51.42%，平均 46.38%，说明 SRAP 分子标记可有效鉴别孔雀草种质在分子水平上的遗传变异。品种间的遗传距离值为 0.047 ~ 0.198，平均为 0.126；Shannon 多样性指数变化于 0.178 ~ 0.217，平均 0.201，表明参试的孔雀草材料总体的遗传多样性水平较低。UPGMA 聚类后，在遗传距离阈值为 0.146 处，可将 28 份材料分为四大类群，与花色表现基本相符，花色可考虑作为孔雀草基于表型分类的主要因子[23]。以上表明分子标记技术能从 DNA 分子水平上真实地评价万寿菊和孔雀草的遗传多样性，客观地反映出万寿菊和孔雀草资源遗传基础的狭窄性，为今后万寿菊和孔雀草育种提供了理论基础。

万寿菊繁殖常用方法有播种、扦插。播种繁殖发芽适温 19 ~ 21 ℃，播后 7 ~ 9 d 发芽。早花种开花需 60 d。沈吉庆称万寿菊冬季播种效果好，冬播的苗木不仅比春播的苗木发芽早，抗逆性强，而且花期早 7 ~ 10 d。扦插繁殖插穗可以选择嫩枝、中上部活力较强的有侧枝的茎段以及侧芽扦插后拱棚内保持较低的土壤湿度和较高的空气湿度。孔雀草的繁殖，用播种和扦插均可。播种在 11 月至翌年 3 月间进行。冬春播种的 3—5 月开花。播种可在庭院直播或盆播。盆栽的，播种后约 1 个月即可挖苗上盆定植。扦插繁殖可于 6—8月间剪取长约 10 cm 的嫩枝直接插于庭院，遮阴覆盖，生长迅速。直接插于花盆亦可。夏秋扦插的 8—12 月开花。扦插不论插地或插床（盆）均可成活。

万寿菊属植物是头状花序，两性花是管状花，人工杂交较难。其花器官特点决定了万寿菊采用人工去雄的办法是不现实的，必须利用雄性不育的这个遗传工具，来实现万寿菊的杂交育种。利用万寿菊雄性不育的这个遗传工具，进行杂交，克服了人工杂交的难关，使万寿菊种间杂交得以进行，产生远缘杂种优势，实现了万寿菊育种生产上的现实性、可操作性，在生产上具有现实意义。

20世纪七八十年代，Swarup 和 Reddy 等就利用完全双列杂交技术研究了万寿菊各性状的杂交优势和配合力。我国国内的研究人员对万寿菊的育种研究起步相对较晚。学者先后提出以 F1 代品种天然杂交后代为素材，经多代连续姊妹交和单株定向选择得到雄性不育两用系，并对父本进行自交，以保证得到纯的父本。然后通过不完全双列杂交设计，分析亲本各性状的一般配合力和特殊配合力和 F1 各性状的杂种优势，从而选育得到了一系列综合性状优良的亲本和杂交组合，尤其是适用于色素生产的优异品种。通过二三十年的努力，国内的育种工作者们已利用万寿菊雄性不育材料构建雄性不育两用系原种生产体系，并建立了完整的万寿菊制种生产体系，广泛应用于生产，尤其是色素万寿菊的生产[24]。

目前，对孔雀草进行品种改良的目的是提高观赏特性及抗逆性。杂交育种是培育新品种的常用方法。杂交育种是指让基因型不同的作物品种进行交配或杂交，通过培育选择获得新品种。雪域（一种孔雀草的新品种）就是将青海当地孔雀草作为母本、引进的重瓣孔雀草作为父本，通过多次杂交和回交培育而成的。该品种具有良好的观赏性、抗逆性和抗病虫性，并且耐寒性十分显著。研究通过对孔雀草种内杂交（6个母本、3个父本）并测量亲本及子代的 11 个园艺性状发现杂种优势明显，有利于培育具有优良观赏特性的新品种。但除始花期外，其他性状易受环境因子的影响。进一步研究表明利用孔雀草不育系做种内杂交时发现不育系自交并不能结实。不育系作母本时，杂交组合均能结实，但结实率偏低，发芽率明显高于可育品种间杂交的发芽率。但其子代性状并不完全优于亲本，且受环境因素影响，不宜用于种间远缘杂交[25]。

除了种内杂交之外，孔雀草和万寿菊的杂交也被广泛研究。早在 20 世纪 70 年代，育种工作者们即将花朵硕大的万寿菊和植株矮小、花色丰富的孔雀草进行种间远缘杂交，培育出花大、株高中等、颜色丰富、花期长的种间杂交种。目前，国内以万寿菊雄性不育系作母本，进行种内或种间杂交选育出具有杂种优势的杂交种已投入生产，如以 1 个万寿菊雄性不育系为母本，24 个孔雀草自交系为父本，进行种间杂交，有 9 个组合母本不结种子，15 个组合收获到种子，选育出 2 个优良组，F1 代的株型、根茎颜色、花型、花色，表现为父本孔雀草性状，而叶型、叶色、茎粗壮程度表现为母本万寿菊性状，超亲性状为花、抗性、生长势，表明万寿菊和孔雀草 F1 代性状优异，但是存在杂交不亲和性。需合理选配亲本，克服种间杂交的不亲和性，实现万寿菊与孔雀草同属不同种的远缘杂交育种，充分利用杂种优势。

3. 孔雀草的万寿菊起源学说

20世纪中期开始对孔雀草的起源进行了一系列的研究。1941年，Eyster提出孔雀草起源于万寿菊的二倍体。Towner通过人工杂交将有明显生殖隔离障碍的万寿菊（二倍体）和小万寿菊（*T.tenuifolia*，二倍体）杂交获得二倍体种间杂交种，但杂交种生长瘦弱且不育，随后利用秋水仙素加倍技术得到万寿菊和小万寿菊四倍体杂交种的形态特征与孔雀草极为相似且可育，染色体配对时形成23.97个二价体和0.05个一价体。据此Towner提出孔雀草是由万寿菊和小万寿菊或其他近源种杂交后自然加倍形成的，并将万寿菊的染色体组型定为A1型，而小万寿菊的染色体组型定为B1型，孔雀草的染色体组型定为ApBp。随后又提出T.jalisensis（2*n*=24）可能是万寿菊A型染色体组的另一来源。总之孔雀草来源于万寿菊还有待进一步研究。

4. 孔雀草的抗逆性

4.1　耐热性

温度是影响植物生命活动的主要外部环境因子之一。通过在15 ℃、20 ℃、25 ℃、30 ℃、35 ℃条件下处理孔雀草种子发现，随着温度的升高，孔雀草种子的发芽率呈先上升再下降的趋势，并且在30 ℃条件下孔雀草种子的萌发率最高。通过在38 ℃/21 ℃（昼/夜）高温胁迫条件下培养孔雀草发现，植物体内根系干物质的积累比茎叶受到了更强的抑制，说明孔雀草根系对高温很敏感。

4.2　抗旱性

通过用3个不同浓度PEG 6000对孔雀草幼苗分别进行培养，测定生长和生理生化指标，研究在干旱胁迫条件下孔雀草幼苗的生长情况。结果发现，孔雀草幼苗的生长均受到不同程度的抑制。进一步研究发现PEG浓度越高，孔雀草叶绿素含量下降幅度越大，游离Pro含量上升幅度越大。并且，在不同PEG浓度下，可溶性蛋白均呈先上升后下降的趋势，但峰值与幅度并不相同。这说明植物体能够通过调节自身的可溶性蛋白及游离Pro含量来减轻干旱带来的伤害，表现出一定的抗旱耐旱潜力。

4.3　抗盐性

研究显示，随着培养液中NaCl溶液浓度的升高，孔雀草种子的发芽率呈先上升再下降的趋势。向受到盐害的孔雀草种子施加低浓度水杨酸，可缓解其盐害效应，促进种子萌发。另外研究还发现在4种钠盐各自胁迫条件下，两种碱性盐Na_2CO_3和$NaHCO_3$对孔雀草种子萌发的抑制作用大于中性盐Na_2SO_4和NaCl，这个结果也证明了在种子萌发过程中，碱性盐对其伤害高于中性盐。但这几种钠盐在孔雀草体内具体的作用机制尚不明确。

镉（Cd）是植物光合作用的抑制剂。研究表明，当植物体受到重金属Cd胁迫时，孔雀草叶片的叶绿素合成受到抑制，并且PSⅡ反应中心轻微受损，说明Cd胁迫能够抑制植物的光合作用。大量研究发现，孔雀草通过液泡区隔化、细胞壁固持作用，提高自身DNA甲基化水平、脯氨酸含量和抗氧化酶活性来加强自身抗逆境胁迫的能力。研究还发现，Cd在孔雀草根部的富集程度高于叶片，这与孙园园发现的在Cd胁迫下孔雀草积累量分布特征表现为叶＞茎＞根的结果并不一致，但均表明孔雀草是一种Cd超富集植物。

二、孔雀草和万寿菊的开发与利用

孔雀草和万寿菊都具有较好的抗逆性，因此生命力较强，易于栽培。过去由于宗教和祭祀活动的需要而被不断地选择驯化，目前由于园艺需求，不断培育出新的栽培品种。现对其开发与利用简述如下：

1. 园艺观赏

我国自20世纪80年代开始引种万寿菊，目前已在东北、西北、华北、西南等地区广泛栽培。万寿菊因其花色鲜艳并含有叶黄素、多酚等多种生物活性物质而兼具观赏价值和药用价值，近年来已成为陕西省秦巴山区实施精准扶贫和美丽乡村战略中主要栽培的一类经济作物。万寿菊依用途可分为观赏型万寿菊和生产型万寿菊（色素万寿菊）。观赏型万寿菊因其品种不同而颜色和花型不同，具有色彩艳丽（红、黄、橙、复色）、花期长（8~10个月）和花型丰富等观赏特性，可作为城市园林绿化、美化的地被植物和切花。生产型万寿菊主要用于色素提取，其花粉可以用作家禽饲料添加剂，以提高蛋黄和禽类皮肤的颜色，而且根、茎、叶可以入药。孔雀草栽培品种花色较万寿菊多，因此在园艺观赏方面也备受推崇。

2. 土壤修复

近年来，人们对园艺花卉植物万寿菊和孔雀草对污染土壤修复进行了较多研究。对万寿菊与凤仙花的Pb胁迫效应及土壤修复作用比较表明：①在低浓度Pb胁迫下，凤仙花和万寿菊种子的萌发率随着处理浓度的升高而增大，但Pb浓度超过800 mg/L以后萌发率逐渐下降，凤仙花的萌发率优于万寿菊。幼苗在Pb胁迫下，随着Pb处理浓度的升高，根冠比逐渐下降，根长变短，叶绿素含量降低。②Pb污染条件下，在土壤环境质量标准低浓度设置范围内，Pb能够刺激凤仙花和万寿菊的生长，以凤仙花和万寿菊生物量减产10%为依据，通过试验可得到凤仙花和万寿菊对土壤中Pb的耐性临界值分别为1500 mg/kg和1000mg/kg。③凤仙花和万寿菊植株根部含Pb量大于茎叶部含Pb量，且万寿菊Pb积累能力强于凤仙花。④营养元素N和K对凤仙花和万寿菊吸收Pb的影响结果表明，少量的N和K会促进2种植物叶片叶绿素值和干重的增加，促进植物对Pb的吸收，但随着N和K水平的增加，植物对Pb的吸收能力降低，但叶绿素值和干重一直在增加。以上研究表明万寿菊具有较好的 Pb 污染土壤修复作用。

　　孔雀草被称为镉超富集植物，将孔雀草应用于修复重金属污染土壤，则兼具环保、景观和市场价值，应用前景广阔。对于孔雀草研究表明：①种植密度对花卉植物孔雀草修复效果的影响。单位面积内孔雀草地上部与根部的生物量随着种植密度的增加呈现先增加后下降的趋势，合理的种植密度可以提高植物的生物量。随着种植密度的增加，孔雀草体内茎部镉含量呈现下降的趋势。随着种植密度的增加，单位面积内孔雀草地上部与根部对镉的提取量呈现先增加后减少的趋势，每平方米 50 株处理条件下单位面积内孔雀草对镉的提取量最大，即地上部与根部镉提取量分别增加了 32.93%、55.77%。镉的转移系数随着种植密度的增加并无明显变化，地上部富集系数和根部富集系数均呈现先增加后下降的趋势。每平方米 50 株处理条件下孔雀草的地上部富集能力最强。②孔雀草的地上部与根部的生物量随着柠檬酸浓度梯度的增加呈现先增加后下降的趋势，10 mmol/kg 处理孔雀草的生物量最大；各个部位镉含量随柠檬酸浓度增加表现为先降低再增加；孔雀草地上部与根部镉提取量随柠檬酸浓度的增加表现为先降低后增加，15 mmol/kg 处理镉的提取量最大；孔雀草修复污染土壤镉的地上部与根部富集系数随柠檬酸浓度增加表现为先降低后增加的趋势，孔雀草对于镉从土壤向地上转移的过程中具有超强的富集能力。③酒石酸对花卉植物修复效果的影响。孔雀草地上部与根部生物量随酒石酸浓度增加表现为先增加后下降的趋势，2 mmol/kg 处理孔雀草生物量最大；孔雀草体内各个部位镉含量随酒石酸增加表现为先增加后下降，叶部镉含量高于其他部位，孔雀草体内地上部与根部镉提取量随酒石酸浓度的增加呈现先增加后下降的趋势，2 mmol/kg 时孔雀草体内对镉的提取量达到最大；孔雀草地上部富集系数随酒石酸浓度的增加表现为先增加后下降的趋势，2 mmol/kg 处理条件下孔雀草富集能力最强。

　　因此，采用孔雀草和万寿菊等花卉修复土壤，不仅有利于坏境土壤修复，而且有利于打造优美环境。

3. 叶黄素的原料

　　叶黄素具有多种保健功能，生产型万寿菊首先作为叶黄素的开发而备受重视。叶黄素是万寿菊中含有的主要生物活性物质之一，甘蓝、玉米、猕猴桃、菠菜等蔬果中均有此物质。但万寿菊因其叶黄素含量高、适合大规模种植、成本低等优点，已成为工业化制备叶黄素的主要来源。叶黄素属于类胡萝卜素物质的一种，相关研究已经证明其对防止老年黄斑变性等眼部疾病具有明确的作用。1995 年美国食品及药物管理局（FDA）对叶黄素的实用性和安全性进行审核，批准将其作为食品补充剂；我国于 2008 年将源于万寿菊的叶黄素列入新资源食品目录中。目前万寿菊叶黄素作为一种保健食品原料被广泛应用于保健食品及膳食补充剂的生产制作中。美国 CVS、Costco 等保健食品销售终端均有相关产品出现，并受到了消费者的欢迎。近年来，国内外研究者针对万寿菊中叶黄素类物质的生物活性进行了进一步研究，主要集中在抗氧化、抗肿瘤及抑制心血管疾病等方面。

类胡萝卜素类成分在万寿菊和孔雀草花的花瓣中含量均较高，不同花色的品种含量有一定差别，目前橘黄色花瓣是叶黄素型类胡萝卜素的主要来源。叶黄素在花瓣中主要以游离形式存在，但在花萼中主要以其肉豆蔻酸酯、棕榈酸酯基棕榈酸 – 硬脂酸酯的形式存在。

4. 驱蚊和杀虫作用

噻吩最初是从万寿菊中分离出的一种化学成分，研究发现其在近紫外光存在下对某些昆虫、螨类和线虫有显著的杀伤作用，它的这一特点引起了昆虫学家和农药学家广泛的兴趣。研究表明这类成分在万寿菊和孔雀草中各部位均含有，但以根中含量较高，且不同品种的根中含量差异也较大。一般来说 BBT（5–（3–buten–1–ynyl）–2,2′–bithiophene）在这类化合物中含量较高。噻吩一般可采用乙醇或正己烷提取，其极性较小，具有挥发性，可与植物挥发油一起提取出来。由于 α– 三连噻吩的光敏毒性，具有较好的驱蚊和杀虫作用。近年来，我国学者业已开展相关研究，应用于绿色农药以及采用其花卉及挥发油用于宾馆等公共场所的驱蚊。另外 α– 三连噻吩成分也用于真菌引起疾病的治疗。

5. 植物精油的开发

在欧洲，20 世纪 60 年代就有从万寿菊属植物提取精油的报道。植物精油可用于香精、香水的调制，一般具有杀菌、消炎和活血通经功能。万寿菊与孔雀草鲜草提取的精油具有清而甜的菊花样香气，香气透发性好，留香时间长，在香精中可增添别致风韵，已逐渐引起我国调香师的注意。最近几年来，南京香料厂、连云港香料厂和恒湖香料厂先后引种，用于提取香料精油，恒湖香料厂除利用孔雀草提取精油外，并对其综合应用进行了一定研究。

6. 药物应用

万寿菊及孔雀草在世界各国传统药物中占有一席之地，具有芳香化湿、治疗消化不良、利尿和镇静作用。在菲律宾，用其花提取液制备提神饮料。在阿根廷，孔雀草花提取物作为镇静和利尿剂，植物提取物作为兴奋剂和治疗胃痛药物。在哥伦比亚和委内瑞拉，用作风湿病的沐浴或搽剂使用。在我国，是彝族的传统用药。现代研究表明万寿菊和孔雀草富含类胡萝卜素、黄酮及苯并呋喃等多酚类成分以及生物碱、挥发油等成分，具有抗氧化、抗癌和抗菌等多种药理作用。这部分内容将在本书中重点介绍。

我们对孔雀草和万寿菊进行研究表明，孔雀草和万寿菊中富含万寿菊素，其具有较强的抗氧化、神经保护等作用，对于抗肝炎、抗抑郁具有较好的作用。

有关孔雀草和万寿菊的毒性研究表明在动物实验中万寿菊、孔雀草以及其主要成分万寿菊素几乎未显示出毒性，孔雀草精油和万寿菊精油动物急毒实验只显示较低毒性，半数致死量分别为 99.6 mg/kg 和 112 mg/kg。

由于万寿菊和孔雀草挥发油中可能含有噻吩，尤其是 α- 三连噻吩具有较强光敏毒性。2017 年 7 月 10 日，欧盟发布 G/TBT/N/EU/491 通报，修订欧洲议会和理事会关于化妆品的条例（EC）第 1223/2009 号条例附件二和三，修订内容为：①将万寿菊（Tagetes erecta）提取液和精油列入附件二中禁用使用物质清单；②对印加孔雀草（tagetes minuta）提取物及精油和孔雀草（Tagetes patula）提取物及精油使用限量和范围在附件三列表做了规定。

三、展望

目前万寿菊和孔雀草在我国主要作为园艺或装饰植物，由于两种植物花色鲜艳，易于种植，且可修复土壤，并具有多种保健作用。这两种植物均是较有前景的经济植物。目前总体来说万寿菊的开发利用较孔雀草为好，万寿菊中叶黄素已批准为新资源食品，应用范围较广，而孔雀草的开发才刚起步。对于孔雀草和万寿菊目前产业发展需要解决的关键问题及发展思路做如下阐述：

（1）亟须开展孔雀草和万寿菊花及地上部分新资源食品审批。每年我国有大量的种植，但除花稍有利用外，其余都成为农业废弃物，如能作为新资源食品，开发具有一定保健功能的茶剂等，对于这些植物综合利用具有重要意义。

（2）目前的药理作用评价多集中于粗提物，其中单体成分药理作用研究较少。应注重整体动物实验评价，结合体外实验进行机制阐述，同时加强单体成分的 ADMET 评价。

（3）万寿菊和孔雀草的鉴别及化学成分比较还有待于进一步研究，以选择优势品种进行开发相应疾病防治产品。

（4）注重临床评价研究。在我国，二者作为传统草药可以在临床中使用，但应用量较少，应加强其传统功效挖掘，采用双盲试验，确定其治疗优势病种。

（5）加强毒性评价。目前其毒性评价尚少，进一步加强其急性毒性和慢性毒性评价，为其新资源食品获批奠定基础。

（6）目前，从两者地上部分发现黄酮类成分较多，且含量较高，且多具有抗氧化和抗炎等药理作用。这也能够诠释其传统具有治疗上呼吸道感染、痢疾、百日咳、牙痛、风火眼痛，外用治疗腮腺炎、乳腺炎等疾病作用。但这些治疗作用机制仍有待研究。

（7）由于万寿菊和孔雀草抗逆性较强，可以在土壤贫瘠或高盐碱地区栽种，可作为当地开发旅游的园艺植物，同时结合其保健功能开发出一些旅游产品，增加其附加值，因此万寿菊和孔雀草也被推荐成为扶贫经济植物。

参考文献

[1] 贵州省中医研究院 . 贵州中草药名录 [M]. 贵阳：贵州人民出版社，1988：623.

[2] 国家中医药管理局中华本草编委会 . 中华本草 [M]. 上海：上海科学技术出版社，1999.

[3] LIM T K. Tagetes patula[M]：Springer Netherlands，2014：456−468.

[4] 南京中医药大学 . 中药大辞典 [M]. 上海：上海科学技术出版社，2014：714.

[5] 全国中草药汇编编写组 . 全国中草药汇编 [M]. 北京：人民卫生出版社，1975：118.

[6] 贾敏如，李星炜 . 中国民族药志要 [M]. 北京：中国医药科技出版社，2005：596.

[7] KASAHARA YOSHIMASA, YASUKAWA KEN, KITANAKA SUSUMUET ,et al. Effect of methanol extract from flower petals of Tagetes patula L. on acute and chronic inflammation model[J]. Phytotherapy Research Ptr, 2002, 16 (3)：217−222.

[8] ROMAGNOLI C, BRUNI R, ANDREOTTI E, et al. Chemical characterization and antifungal activity of essential oil of capitula from wild Indian Tagetes patula L.[J]. Protoplasma, 2005, 225 (1−2)：57−65.

[9] MARES D, TOSI B, POLI F, et al. Antifungal activity of Tagetes patula extracts on some phytopathogenic fungi：ultrastructural evidence on Pythium ultimum[J]. Microbiological Research, 2004, 159 (3)：295.

[10] KAPLAN L. Historical and ethnobotanical aspects of domestication in Tagetes[J]. Economic Botany, 1960, 14(3)：200−202.

[11] VASUDEVAN P, KASHYA P S, SHARMA S. Tagetes：a multipurpose Plant[J]. Bioresources Technol, 1997, 62：29−33.

[12] QUACKENBUSH, F W, MILLER S L. Composition and analysis of the carotenoids in marigold petals[J]. J Assoc Off Agric Chem, 1972, 55：617−621.

[13] CHEW B P, WONG M W, WONG T S. Effects of lutein from Marigold extract on immunity and growth of mammary tumors in mice[J]. Anticancer Res, 1996, 16：3689−3694.

[14] TOPP E, MILLAR S, BORK H, et al. Effects of marigold roots on soil microorganisms[J]. Biol Fertil Soils, 1998,27：149−154.

[15] GILMAN E F, HOWE T. Tagetes erecta[M]. Gainesville: Institute of Food and Agricultural Science, University of Florida, 1999, Fact Sheet FPS−569.

[16] 张继冲，续九如，李福荣，等 . 万寿菊的研究进展 [J]. 西南园艺，2005，3：17−20.

[17] 中国科学院中国植物志编辑委员会 . 中国植物志（第七十五卷）[M]. 北京：科学出版社，1979：389.

[18] 姚德权 . 万寿菊和孔雀草的形态特征与区分 [J]. 科技创新导报，2010，13：140.

[19] KELLY R O, HARBAUGH B K. Evaluation of marigold cultivars as bedding plants in central Florida[J].Hort Technology, 2002, 12：477−484.

[20] 唐道城，唐楠，贾琼，等 . 万寿菊 F1 杂种优势分析 [J]. 华北农学报，2009，24：87−90.

[21] 齐迎春，宁国贵，包满珠.应用 ISSR 分子标记和表型性状评价孔雀草自交系的遗传关系 [J]. 中国农业科学，2007，40：1236-1241.

[22] 曾丽，赵梁军，孙佳，等.万寿菊属品种资源遗传关系的 ISSR 分析 [J]. 中国农业科学，2010，43：215-222.

[23] 李春楠，傅巧娟，陈一，等.利用 SRAP 标记分析中国主栽孔雀草品种的遗传多样性 [J]. 植物生理学报，2014，50（9）：1429-1434.

[24] 何燕红.万寿菊雄性不育症状的遗传分析及其育种研究 [D].武汉：华中农业大学，2010.

[25] 霍雅楠，王文，祁智，等.孔雀草的研究进展 [J]. 北方农业学报，2017，45（4）：123-126.

第二章
孔雀草资源分布与栽培

一、孔雀草种质资源分布

1. 万寿菊属植物种质资源分布

种质资源又称遗传资源。种质往往存在于特定品种之中，是指生物体亲代传递给子代的遗传物质，如地方品种、新培育的推广品种、重要遗传材料及野生近缘植物，都属于种质资源的范围。万寿菊属中主要应用于园艺观赏的植物有万寿菊和孔雀草。

1.1 常见品种

万寿菊（*Tagetes erecta* L.）是菊科万寿菊属一年或多年生植物，该属共有 56 种，其中有 27 种为一年生植物，其他 29 种为多年生植物。万寿菊抗性强、适应性广、花期长、花型丰富、花色纯正且品种众多，在我国广泛栽培，特别是近几年来，F1 万寿菊在城市绿化中被广泛应用，是园林绿化美化的主要植物材料[1]。

1.1.1 常见一年生栽培种

普遍栽培观赏种主要有 4 种：万寿菊（*Tagetes erecta* L.）即非洲万寿菊（African marigold），又名美国万寿菊（American marigold）；孔雀草（T. *patula* L.）即法国万寿菊（French marigold）；细叶万寿菊（T. *tenuifolia* Cav.）即印记万寿菊（Signet marigold）和香叶万寿菊（T. *Lucida* Ort.）。这 4 种 2000 年前在墨西哥就开始栽培，其中细叶万寿菊在欧洲很流行。

初步应用种为 T. *filifolia* lag. 和 T. *minuta* L.。其中 T. *filifolia* lag. 是一种非常矮的植物，有带花边呈丝状的叶子和两三个白色的小花，在商品目录中常冠以 "Irish lace" 的名字；T. *minuta* L. 主要分布在巴西等国家，用于提取一些重要的油。

园艺种如 T. *argentina* Cabrera、T. *minuta* L、T. *remotiflora* Kunze 等。

1.1.2 常见多年生栽培种

常见的栽培种为 T. *campanulata* Griseb、T. *mulleri* S.F.Blake、T. *nelsonii* Greenm 和 T.

parryi A. Gray。

常见的园艺种为 T. *lucida* Cav.、T. *lemmonii* A. Gray 和 T. *palmeri* A Gray。T. *lucida* Cav. 已经栽培近千年，可将其作为药用植物或用于宗教仪式，而在法国和英国则将其作为调味品。T. *lemmonii* A. Gray 和 T. *palmeri* A Gray 是姐妹种，在许多方面是一致的，但 T. *palmeri* A Gray 更能耐热，更高大健壮，花头更大、美观鲜艳；T. *lemmonii* A. Gray 则更耐寒。

1.1.3　新培育的园艺品种

新培育的园艺主要品种有皱瓣、印加、安提瓜、大奖章、发现等。

皱瓣（Crush）：株高 25～30 cm，播种后 65 d 开花，花径 8～10 cm。本系列的有橙色的南瓜（Pumpkin）、金黄的番木瓜（Papaya）、黄色的凤梨（Pineapple）等。

印加（Inca）：株高 35 cm，播种后 60 d 开花，花径 10～12 cm，花重瓣，耐 33～38 ℃高温，但易染菌病。花色有黄色、金黄色和橙黄色等。

安提瓜（Antigua）：株高 25～30 cm，播后 65～70 d 开花，花重瓣。

大奖章（Medalllion）：株高 15～22 cm，花径 7 cm。

发现（Discovery）：株高 15～20 cm，分枝性强，花径 7～8 cm，花重瓣，球状。

江博（Jumbo）：有特大花型。

第一夫人（First Lady）：第一夫人常用作切花。

丰盛（Galore）：树篱型。

1.2　万寿菊新品种选育

1.2.1　新品种选育的研究进展

花卉育种水平高低，已经成为衡量一个国家或地区的花卉产业实力强弱的重要指标，缺乏种质资源与品种创新就很难使花卉业得到发展。目前，世界上的花卉新品种基本上集中在少数发达国家，作为城市绿化三大草花之一的万寿菊，也毫不例外地被少数几个国外大公司所控制，处于垄断地位。新品种是花卉产业的灵魂，这种灵魂所在是花卉育种理论的研究与应用。如何扎实搞好育种基础理论的研究，提高育种水平，获取万寿菊遗传资源和新品种，加大科技含量，加强选育品质优良、适宜我国气候条件的孔雀草自主品种已迫在眉睫[2]。

种质资源的遗传多样性是育种工作的基础，有必要开展孔雀草种质资源的遗传多样性研究，了解我国孔雀草种质资源现状，为进一步开展育种工作和遗传研究提供重要的依据和参考。万寿菊属植物是头状花序，两性花是管状花，人工杂交较难[3]。其花器特点决定了万寿菊采用人工去雄的办法是不现实的，必须利用雄性不育的这个遗传工具，来实现万寿菊的杂交育种。利用万寿菊雄性不育的这个遗传工具进行杂交，克服了人工杂交的难关，使万寿菊种间杂交得以进行，产生远缘杂种优势，实现了万寿菊育种生产上的现实性、可操作性，在生产上具有现实意义。

雄性不育万寿菊的研究和利用，是开辟万寿菊新品种选育的有效途径，它使我国万寿菊品种摆脱了依赖进口的局面，既能满足自己的需要，又能丰富国际花卉市场，这才是我国万寿菊育种的正确方向。目前，以万寿菊雄性不育系作母本，进行种内或种间杂交选育出具有杂种优势的杂交种已投入生产，如适用于容器栽植的孔雀草与万寿菊的杂交种。国际上，万寿菊育种工作始于 20 世纪 20 年代，现在书屋已选育出几百个品种。万寿菊原始种具有优良的生物学特性和园艺性状，但具有强烈的刺激性臭味。它经过漫长的人工选择，选育出一些花径大、观赏价值高、抗性强、适应性广、花期长、花型丰富、花色纯正的品种，同时，只留下特有的"万寿菊气味"。非观赏用途的万寿菊新品种选育也开始受到重视。国外已选育出其根、茎、叶、花都可入药，还可以用作饮料、调味品、药品、动物饲料和宗教仪式等的万寿菊新品种；也选育出提取类胡萝卜素、万寿菊油、挥发性杀虫物质、叶黄素等高提取物的新品种。我国非观赏类用途的万寿菊品种选育起步较晚，作为经济作物类栽培，为发达国家生产万寿菊提取物的原料，如山东、黑龙江、甘肃、新疆等地。

为获得高产植株，很多学者开展了万寿菊杂交育种研究。有研究表明 [4] 单株花数目、花径、单株花产量以及单花重量对后代具有较显著的影响，这一分析结果与实际生产中的结果基本一致，为后面万寿菊杂交育种的亲本选择提供了重要的理论指导，对生产具有重要的意义。张春华等 [5, 6] 利用不完全杂交法，以 4 个母本和 4 个父本得到 16 个杂交组合子本，并对其产量性状进行配合力和遗传力的分析，从中筛选出 3 个优良亲本和 3 个杂交子一代，结果表明万寿菊基因叠加效应的影响可达 59.08%，非叠加性效应也是不可忽视的。张永强等 [7] 以 3 种隐性核不育基因控制的植株为母本（表观性状为植株高大，万寿菊花产量较高），选择 2 种植株作为父本（表观性状为相对较低矮，色素含量高）进行杂交育种试验，共有 6 个杂交组合 C1 为 A1×B1，C2 为 A1×B2，C3 为 A2×B1，C4 为 A2×B2，C5 为 A3×B1，C6 为 A3×B2，见表 2-1。以生长性能、产花量及色素含量作为指标，从中筛选出新品种，6 个组合所得后代植株均介于母父本之间，但色素含量差别较大，只有 C3、C4 达到父本的水平，而其他 4 个组合都显著低于父本（表 2-2～表 2-4）。通过 6 个杂交组合得到的 F1 种子，经过 3 年品种试验观测发现，其后代表现稳定，C3 鲜花产量最高，较目前主栽品种鲜花产量高 1 倍以上，其色素含量达到 2.45 g/kg，达到目前国内外主栽品种色素万寿菊的水平。研究表明在优良高产品种的选育工程中，杂交育种具有独特的优势，可有效提高鲜花产量和色素含量。此外，国内外利用雄性不育两用系，开展万寿菊杂交优势育种工作，从中选择出了部分杂交优势种 [8-10]。

表 2-1　母本和父本植株特性和色素含量

编号	颜色	株高（cm）	分枝数（枝）	冠径（cm）	花瓣叶黄素含量（g/kg）	单株产花量（g）
A1	橙色	147.2	87.1	77.4	1.17	2220.4
A2	猩红色	161.3	92.2	88.2	1.28	2318.9

续表

编号	颜色	株高（cm）	分枝数（枝）	冠径（cm）	花瓣叶黄素含量（g/kg）	单株产花量（g）
A3	橙黄色	142.5	81.2	87.4	0.94	1988.4
B1	猩红色	98.9	37.4	35.4	2.51	1265.9
B2	猩红色	87.4	32.5	32.1	2.62	1225.9

表2-2 不同杂交组合后代种子苗期及定植后营养生长性状

编号	千粒重（g）	发芽率（%）	出苗率（%）	株高（cm）		
				1叶1心	3叶1心	6叶1心
C1	2.587	82	76	3.25	20.35	54.3
C2	2.918	85	80	3.88	19.82	44.5
C3	3.345	90	85	5.31	28.14	57.9
C4	2.146	82	77	4.21	22.12	38.5
C5	4.310	87	83	6.21	28.32	61.5
C6	2.487	78	72	3.24	22.34	39.6

表2-3 不同杂交组合后代盛花期植物学性状

编号	株高（cm）	茎粗（cm）	冠径（cm）	分枝数（枝）	地上部鲜重（g）	花径（cm）	单花均重（g）	单株花数（朵）	单株花重（g）
C1	128.1	1.98	65.5	45.6	2210	8.0	21.6	89	1922.4
C2	134.3	2.04	78.5	49.2	2386	7.0	22.8	93	2120.4
C3	145.4	2.14	77.1	50.3	3025	8.4	23.7	113	2281.1
C4	130.8	1.75	45.2	44.5	1925	7.5	19.7	101	1889.7
C5	124.7	2.22	85.3	47.3	2879	6.8	17.4	135	2049.0
C6	108.2	1.83	56.2	53.5	1854	7.2	16.9	78	1318.2

表2-4 不同万寿菊品种鲜花产量与色素含量

编号	花色	鲜花产量（kg/hm²）	叶黄素含量（g/kg）	理论叶黄素产量（g/hm²）
C1	橙色	57672	1.86	107.3
C2	深橙色	63612	2.0	127.2

编号	花色	鲜花产量（kg/hm²）	叶黄素含量（g/kg）	理论叶黄素产量（g/hm²）
C3	猩红色	73 233	2.45	179.4
C4	猩红色	59 691	2.46	146.8
C5	浅黄—深橙色	70 470	1.64	115.6
C6	浅黄—深橙色	39 546	1.68	66.4

1.2.2 F1代万寿菊品种选育 [11-14]

近年来，国外万寿菊在品种选育方面取得了长足的进展，主要集中在观赏型 F1 万寿菊和非观赏性 F1 万寿菊两个方面。观赏型 F1 万寿菊的研究，已进入商品化阶段，许多品种行销世界，但出于知识产权的保护，公开性报道很少。目前，国际上对万寿菊的需求量不断增加，观赏型 F1 品种更新更快，观赏性越来越好，花朵越来越大，生产周期越来越短。在欧洲，如德国、法国、英国、比利时、荷兰、丹麦等国，万寿菊也已规模化生产，主要供本国使用，出口不多。万寿菊属植物在国外主要有两种用途：一是作为观赏花卉，二是作为经济类作物。而我国万寿菊属植物主要是用于观赏，在各大城市园林绿化中广泛种植；作为经济类作物栽培基本上处于起步阶段。万寿菊是常异花授粉植物，雌雄同花，头状花序，雄蕊花丝分离，花药聚合包裹在雌蕊周围，人工去雄很难，在杂交育种中，须利用雄性不育来实现杂交种生产。因此，选择能够集优良性状和雄性不育于一身的万寿菊亲本是选育的核心内容和主要目标。万寿菊是头状花序，属于多花植物，每株至少有 30 个花朵，而每朵花又有 300 ~ 400 个小花，进行亲本选配时，只要在每株上杂交 1 ~ 2 朵花就可能得到很多的种子，提供大的样本容量供检测。

F1 万寿菊雄性不育体系的构建首先是选育和优化万寿菊母本和万寿菊父本；其次是利用选育出的万寿菊雄性不育系作母本与父本自交系杂交，经过筛选、评价，产生优化的杂交组合，应用于制种生产，所以，母本和父本的选育及质量、优劣程度、持续稳定性等直接影响 F1 万寿菊的物理纯度、生理学质量、遗传纯度病理学质量和杂种优势等综合性状以及能否持续不断地生产。在选育过程中，采用合理的设计、正确的方法、最佳的选育手段，是万寿菊亲本材料优化成功的关键。万寿菊亲本选育，特别是不育系的选育，需具有良好的配合力、遗传力、综合农艺性状等，并直接实现生产繁育，才是最好的选育结果。所以只有综合考虑各方面的性状，抓住主要性状如 F1 代不育型、蜂窝型等，兼顾其他性状，才能实现选育目标。

1.2.3 展望 [15-17]

我国 F1 万寿菊育种尚处于起步阶段。近年来，有些报道涉及万寿菊的育种技术，如播种技术、授粉技术、育苗技术、父本与母本播种比例、亲本识辨方法、种子采收时间及易栽培范围。研究万寿菊雄性不育遗传行为将对利用万寿菊雄性不育育种起到关键作用。这不仅有利于培育 F1 不育性品种、矮壮大花型品种及中性或长日性等品种，丰富万寿菊种质资源；还是两系法育种的重要材料，并为培育符合观赏植物 MPS 认证的环保型万寿菊品种提供优良的亲本。

因此，研究雄性不育对提高杂种的质量，充分发掘强优势杂交组合的潜力具有重要意义。雄性不育理论的研究能够有效地指导轮回选择育种、杂交种生产、配合力鉴定、复合杂交体系建立、多倍体育种和远缘杂交育种等。寻找雄性不育主要是利用雄性不育，研究雄性不育的主要目的是利用杂种优势。万寿菊雄性不育的研究与利用是大幅度提高其质量的有效重要途径。现今待开展以下工作：

（1）利用雄性不育进行种内杂交和远缘性种间杂交，选育子代不育新品种类型。

（2）研究雄性不育遗传类型及性质，探寻花色遗传、花瓣遗传、株型遗传等规律。

（3）寻找、发现万寿菊雄性不育，选育出不育系、保持系和全保持系。

（4）筛选四倍体类型，培育三倍体杂种不育品种类型。

2. 孔雀草种质资源分布

2.1 常见品种

孔雀草（T. patula L.）原产于墨西哥，又名小万寿菊、杨梅菊、臭菊、红黄草，为菊科万寿菊属植物，为一年生草本植物，耐旱力强，喜阳光充足，喜温暖，花期为 7—9 月。孔雀草有花色鲜艳、花期长、抗逆性强和适应范围广泛等优点，普遍应用于花坛、大型广场等配置，具有很高的观赏价值和经济价值。我国各地均有栽培，是一种常见的观赏花卉，在园林绿化中应用广泛，大量应用于花坛、花境和庭院。法国万寿菊原产地是墨西哥和尼加拉瓜，由于它具有观赏及药用价值，已被引进至欧洲和美国种植。俄罗斯高加索地区居民常食用孔雀草，有延年益寿之效[18-20]。

孔雀草株高 20~50 cm，花径 3~8 cm，花单瓣或重瓣。重瓣花有 3 种不同类型：康乃馨型、顶饰花型和银莲花型。孔雀草是万寿菊的近缘种，与万寿菊杂交可丰富万寿菊的遗传类型，二者杂交的三倍体杂种全盛（Zenith），重瓣，银莲花型，其杂种发芽率高。目前在我国东北、华北、华中及西南地区有着丰富的野生资源[21]。选育的新品种有：曙光、迪斯科、索菲亚、富源等。

曙光（Aurora）：播种后 48 d 开花，花较大，花径 6 cm。

迪斯科（Disco）：株高 30 cm，分枝性强，花径 6 cm，单瓣花，花色有橙色、黄色、栗色，其新变种 Jaguar 大小、形状同迪斯科，但花瓣为金色和红褐色相互交替的双色花瓣。

索菲亚（Sophia）：株高 25~30 cm，花重瓣，银莲花型，花径 7~8 cm，其中皇后索菲亚（Queen Sophia），棕红色花具黄边。

富源（Bonanza）：早花种，花径 5 cm。

英雄（Hero）：株高 25～30 cm，花径 6 cm，其中火焰（Flame）为红橙双色种。

金门（Gold Gate）：株高 20～24 cm，花径 6～8 cm，花大。

小英雄（Little Hero）：矮生，大花。

杰米（Janie）：小花。

少年（Boy）：矮生。

为了解孔雀草种质间的亲缘关系，提高孔雀草种质的利用效率，付巧娟等 [22] 通过 18 个形态特征对 40 份孔雀草种质（表 2-5、表 2-6）进行了遗传变异分析、主成分分析和聚类分析。结果表明，在孔雀草资源分析与利用中，依据表型性状进行直观的选择时，首先应从生长势、花朵数等性状入手，可作为孔雀草种质依据表型性状分类的重要指标；其次，在关注花色的同时，选择观赏期长、花型好的材料；此外，注重选择分枝性好、株型紧凑的优良材料。研究还观察到，不同地域来源的孔雀草种质交错分布聚类，没有较明显的地理位置规律性，这与孔雀草种质在不同国家和地区之间引种的频繁流动性有关，导致种质间的遗传差异与地域来源之间没有必然的联系；也可以发现表型聚类的结果与品种（系）的系谱基本吻合，这些聚类结果与李春楠 [2] 利用相关序列扩增多态性（SRAP）分子标记进行遗传多样性分析的结果也基本一致，同时也进一步说明表型性状虽存在表型数量有限，易受到生物发育阶段、环境条件影响等诸多缺点，但仍不失为评价种质多样性及遗传距离的重要手段。当然，表型性状与分子水平的评价相结合将有利于更深入了解孔雀草资源的亲缘关系和遗传背景。齐迎春等 [23] 则研究认为花型和材料来源是孔雀草分类重要依据的结果并不完全一致，这与所用的材料（数目与来源）、考察的指标不同有关。这些研究结果对孔雀草品种鉴定、杂交育种中亲本选配和分子标记辅助选择均具有重要意义。

表 2-5　孔雀草种质及来源

编号	名称	花色	来源
1	P06-1	深橙色	中国杭州
2	P06-2	深橙色	中国杭州
3	沙发瑞	橙色	美国
4	杰妮	深橘红色	美国
5	鸿运	橙色	美国
6	珍妮	橘红色	美国
7	英雄 -OR	橙色	德国
8	小英雄	橙色	德国

续表

编号	名称	花色	来源
9	金门	橙色	中国赤峰
10	迪阿哥	橙色	中国赤峰
11	珍妮	橙色	中国赤峰
12	水星	橙色	中国赤峰
13	木星	橙色	中国赤峰
14	火星	橙色	中国赤峰
15	英雄 –CH	橙色	中国赤峰
16	鸿运	黄色	美国
17	沙发瑞	黄色	美国
18	小英雄	黄色	德国
19	水星	黄色	中国赤峰
20	木星	黄色	中国赤峰
21	火星	黄色	中国赤峰
22	迪阿哥	黄色	中国赤峰
23	金门	黄色	中国赤峰
24	珍妮	黄色	中国赤峰
25	鸿运	橙芯红色	中国赤峰
26	英雄	黄色	德国
27	杰妮	黄色	美国
28	迪阿哥蜜蜂	复色	美国
29	P09–1	红色	中国杭州
30	PF07–1	橙色	中国杭州
31	P09–2	橙芯红色	中国杭州
32	P10–1	橙红	中国杭州
33	P07–3	黄色	中国杭州
34	P07–4	橙色	中国杭州
35	A2010–H	橙色	中国杭州
36	J2010–H	深橘红色	中国杭州

编号	名称	花色	来源
37	LH–1	黄色	中国杭州
38	H10–1	橙色	中国杭州
39	P07–5	黄色	中国杭州
40	LH–2	橙色	中国杭州

表2-6 孔雀草质量性状描述与分级

编号	性状	分级						
		1	2	3	4	5	6	7
1	叶色	浅绿	中绿	深绿				
2	花色	浅黄	黄色	浅橙色	深橙色	红色	复色	橙芯红色
3	花型	重瓣不露芯	重瓣露芯					

2.2 孔雀草育种进展

目前,孔雀草育种研究主要集中在资源评价、常规杂交选育、杂交优势育种、诱变育种和种间远缘杂交育种等方面。资源评价主要运用表型性状或分子标记技术对孔雀草遗传多样性、品种特异性、品种等级以及亲本选择做科学合理的分析。孔雀草主要以种子繁殖,而我国多数种子生产仍需从国外进口,国内通过太空诱变和杂交育种也选育出一些孔雀草新品种,但推广应用上受地区气候条件的限制,且种子质量不均一,仍不具备取代进口种子的明显优势,加强选育品质优良、适宜我国气候条件的孔雀草自主品种已迫在眉睫。种质资源的遗传多样性是育种工作的基础,越来越受到育种家们的重视。有必要开展孔雀草种质资源的遗传多样性研究,了解我国孔雀草种质资源现状,为进一步开展育种工作和遗传研究提供重要的依据和参考。

周振春等[24]对孔雀草种子进行^{60}Co-γ辐射,剂量分别为10 Gy、20 Gy、30 Gy、40 Gy、50 Gy、60 Gy、70 Gy、80 Gy、90 Gy,并且设置了空白对照,研究射线对种子发芽率和幼苗生长的影响。研究表明发芽率和辐射剂量呈负相关,而且少量的辐射剂量对孔雀草的发芽率有效,但辐射剂量过高则有可能产生抑制作用;芽长和辐射剂量总体呈正相关,少量的辐射剂量对芽长有促进作用;根长和辐射剂量呈微负相关,低剂量对根长有促进作用,如果超过了一定的范围就有明显的抑制。20 Gy的辐射剂量能较好地提高发芽率,促进幼苗生长。孔雀草种子目前主要依赖于进口,国外育种成体系、成系列的研发生产已具规模。国产孔雀草种子依然面临投入有限、门槛低等的诸多问题。陈肖英等[25]

利用太空诱变育种技术，结合地面常规育种方法的植物育种新途径，经过近 5 年的研究培育而成的国内首个具自主知识产权的孔雀草太空优良变异新品种——太红 1 号孔雀草，与原品种相比，具有花大花多、色艳纯化、花期较长、速生粗壮、适应性好、耐热耐害、抗病虫性强、遗传稳定等有益变异特性，广东乃至南方地区全年均适宜栽种，对于国产孔雀草育种工作具有里程碑的意义。

酒泉地区深居内陆，远离海洋，总的气候特征是：气候干燥，降雨少；蒸发强烈，日照长；冬冷夏热，温差大；秋凉春旱，多风沙，属典型的大陆性气候。由于自然条件的限制，酒泉地区园林植物品种相对匮乏，孔雀草易栽培、易养护的特性使其在酒泉地区应用十分广泛。但孔雀草畏高温，夏季酷热时生长势减弱，开花数量减少，因此，引进更多良好的适应酒泉地区自然条件的孔雀草品种十分必要。近年来，酒泉市林果服务中心通过对引进的孔雀草品种进行比较筛选试验，筛选出了"火星"等 6 个表现良好的品种[26]，其具有耐热、耐雨淋、长势强、分枝密等优良特性，丰富了酒泉地区的园林草本花卉资源。品种特性如下："火星"：春夏播种，株高 20～25 cm，花径 5～6 cm，完全重瓣，株型特别紧凑，花朵均匀分布于叶片之上，花色有橙色和黄色。耐热，耐雨淋，特点突出。"金门"：秋冬播株高 20～25 cm，春夏播株高 5～6 cm，花径 5～6 cm，花色混色，耐热，抗病。"木星"：大花矮品种，春夏播种，株高 18～22 cm，花径 6～8 cm，花色有黄色和橘黄色，叶片和花朵都十分突出，整个生长过程不易徒长。"水星 F1"（三倍体杂交孔雀草）：杂交种，秋冬播种，花色有黄色和橙色，比一般孔雀草花朵大、抗病、耐低温，长势旺盛，宜早春用花，株高 20～30 cm，花径 6～7 cm。春夏播种，要控制株高。"英雄"：秋冬播种，株高 20～25 cm，花期早，长势强，分枝密，叶片大，花径 5～6 cm，花色有黄色、橘黄色和红色黄边。"金星"：秋冬播种，花朵呈扁平硕大的银莲花型，株高 20～25 cm，花期早，长势强，分枝密，叶片大，花径 5～6 cm，花色有黄色、橘色和红色，红色后期有褪色现象。

相对于万寿菊而言，孔雀草杂交育种报道较少，主要因为孔雀草不育系很少，而且很少应用到杂交育种中。目前胡燕[27]利用不完全双列杂交设计对孔雀草自交系进行 F5×5 和 F6×3 杂交优势育种，研究表明孔雀草后代杂种优势明显，有利于培育早花、大花、多花、高重瓣和较长观赏期的品种。并且胡燕对孔雀草不育系 X3 和 BY 进行细胞学研究，并将其与孔雀草自交系进行杂交，初步确定孔雀草不育系可以用来进行杂交育种。何燕红[28]采用形态观察、石蜡切片和半薄切片技术，研究春季和秋季孔雀草花芽分化和花药发育的过程和特点，结果表明孔雀草具备菊科植物典型的头状花序，其头状花序由舌状花和管状花组成；孔雀草的花芽分化始于第 2 对真叶原基分化以后，花芽分化的顺序是按花序原基分化期—苞片原基分化期—舌状花原基分化期—管状花原基分化期—舌状花分化期—管状花分化期进行的；不同品种、不同季节，孔雀草的花芽分化起始时间和持续时间有所差别，孔雀草在秋季播种开花更早；孔雀草的花药发育经历了孢原细胞、造孢细胞、小孢子母细胞、二分体、四分体、小孢子、成熟花粉粒等过程，其绒毡层为变形绒毡层，成熟花粉粒为三胞花粉粒。

优势育种是培育草花新品种的重要途径。潘晨等[29]探究四倍体孔雀草优势育种后代是否具有杂种优势，并分析其遗传效应，为孔雀草的优势育种提供理论依据。供试材料包括华中农业大学园艺植物生物学教育部重点实验室自育的孔雀草自交系 9 个（自交代数 > 10 代），其中 K6、K8、K13 为父本，均为单瓣花（舌状花仅 1 轮），花粉量大；K2、K3、K4、K5、K15、K17 为母本，均为复瓣花（舌状花 ≥ 2 轮），其主要观赏性状见表 2-7。采用 NC Ⅱ 不完全双列杂交设计，并测量亲本和 18 个杂交组合的始花期、盛花期、株高、冠幅、分枝数、花朵数、花葶长、花径、花心径、舌状花数和管状花数等11 个园艺性状。利用 Excel 软件对后代园艺性状进行杂种优势分析；利用 DPS 软件分析后代园艺性状的配合力和遗传力，选出优良亲本和杂交组合，并进一步分析其遗传表现。对 9 个亲本 11 个性状的一般配合力效应值（表 2-8）比较可知，同一性状不同亲本间以及同一亲本不同性状间的一般配合力效应值差别很大。其中，K6 在株高、冠幅、分枝数和花葶长上一般配合力效应值为负且最低，在花朵数上效应值为正且最高，可作为培育低矮、株型紧凑、多花品种的父本；K13 在始花期和花心径上一般配合力表现负向效应，而在盛花期、花径和舌状花数上表现正向效应且最高，可作为培育早花、大花、复瓣和较长观赏期品种的父本。因此，K6 和 K13 与孔雀草育种目标相吻合，为选育强优品种的优良父本。母本中，K3 在始花期、分枝数、冠幅上一般配合力表现负向效应，在盛花期和舌状花数上表现正向效应，可作为选育株型紧凑、早花、复瓣和较长观赏期品种的母本；K5 在始花期、株高、冠幅上一般配合力表现负向效应，在盛花期和花朵数上表现很强的正向效应，可作为培育低矮、株型紧凑、早花、多花和较长观赏期品种的母本；K17 在株高上一般配合力表现负向效应，在花径、舌状花数上表现很强正向效应，可作为培育低矮、大花和复瓣品种的母本；其他 3 个母本一般配合力综合表现一般。对后代园艺性状进行杂种优势分析；分析后代园艺性状的配合力和遗传力，选出优良亲本和杂交组合，由 18 个杂交组合在 11 个园艺性状上的特殊配合力效应值（表 2-9）可知，同一亲本所配组合之间以及同一组合不同的园艺性状间的特殊配合力效应值差异很大。为进一步了解孔雀草各园艺性状的遗传表现，该试验估算了 11 个园艺性状的遗传参数，进一步分析其遗传表现（表 2-10）。分析表明，孔雀草园艺性状的杂种优势明显，有利于培育早花、大花、多花、复瓣和较长观赏期的品种。K6、K13、K3、K5、K17 为综合性状优良的亲本，K2×K6、K3×K8 和 K4×K13 为符合育种目标的优良组合。始花期、盛花期、分枝数、花径、花心径、管状花数主要受基因加性效应控制，株高、花朵数、舌状花数主要受基因非加性效应控制；除始花期外，其他园艺性状在杂交育种中易受环境影响。

表 2-7　9 个孔雀草亲本主要观赏性状

编号	原品系	花色	瓣性	花型	来源
K2	孔雀草 "Nana"	红色	复瓣	莲座	荷兰
K3	孔雀草 "Nana"	黄色	复瓣	冠状	荷兰
K4	孔雀草 "Nana"	橙色	复瓣	莲座	荷兰
K5	孔雀草 "淡黄色小英雄"	黄色	复瓣	莲座	浙江虹越
K6	孔雀草 21608	红色	单瓣	莲座	甘肃酒泉
K8	孔雀草 21601	红色	单瓣	冠状	甘肃酒泉
K13	孔雀草 21611	橙色红晕	单瓣	莲座	甘肃酒泉
K15	孔雀草 21605	红色	复瓣	莲座	甘肃酒泉
K17	孔雀草 "黄色沙发瑞"	橙黄色	复瓣	莲座	浙江虹越

表 2-8　9 个亲本 11 个性状一般配合力效应值分析表

性状	k6	K8	K13	K2	K3	K4	K5	K15	K17
始花期	3.4	0.13	−3.53	−8.73	−13.54	33.25	−12.77	−3.53	5.33
盛花期	−1.32	−2.22	3.54	0.66	12.36	−17.96	10.21	3.13	−8.4
株高	−5.82	5.61	0.22	11.92	1	−2.62	−4.67	−0.21	−5.42
冠幅	−3.1	2.7	0.4	1.2	−2.74	1.65	−0.44	−1.61	1.94
分枝数	−6	10.39	−4.39	−10.35	−22.27	21.69	12.5	9.27	−10.84
花朵数	6.72	−2.04	−4.68	−34.76	−0.95	8.13	40.39	−17.22	4.41
花葶长	−12.9	6.94	5.95	−0.6	−7.85	9.85	2.07	−2.12	−1.35
花径	−9.11	0.44	8.67	−9.31	−19.06	8.08	−11.96	9.61	22.65
花心径	−19.73	39.11	−19.38	−1.87	28.2	−10.3	−11.14	2.91	−7.81
舌状花数	−11.03	0.35	10.68	−15.76	10.86	6.66	−14.19	−1.93	14.36
管状花数	−3.89	1.72	2.17	11.76	−3.95	−0.92	−21.23	−1.7	16.03

表 2-9　18 个组合 11 个性状特殊配合力效应值分析表

组合	始花期	盛花期	株高	冠幅	分枝数	花朵数	花葶长	花径	花心径	舌状花数	管状花数
K2 × K6	4.11	−6.43	−11.39	−8.39	2.03	11.18	4.92	−0.81	−13.09	7.18	−0.15

续表

组合	始花期	盛花期	株高	冠幅	分枝数	花朵数	花葶长	花径	花心径	舌状花数	管状花数
K3×K6	−1.48	0.66	1.84	3.9	2.03	−9	−0.78	−1.44	20.31	−7.88	−4.3
K4×K6	3.15	−3.62	5.6	5.13	13.2	14.36	−8.03	−6.52	−1.75	−16.29	−0.26
K5×K6	−1.09	−1.65	−7	−7.25	−21.56	−5.09	−9.68	5.52	6.07	1.4	3.89
K15×K6	−12.64	11.86	6.15	4.79	0.29	−5.54	7.76	−2.19	−7.79	2.28	1.2
K17×K6	7.96	−0.82	4.8	1.82	4.01	−5.91	5.82	5.44	−3.75	13.31	−0.37
K2×K8	−6.48	15.73	4.98	5.29	−3.19	3.32	−0.2	4.24	16.06	−19.44	2.32
K3×K8	−5.71	5.52	−1.48	0.66	−3.19	15.31	6.3	−1.67	−30.38	7.01	−2.51
K4×K8	8.73	−4.2	3.41	−3.2	5.01	13.58	−2.22	1.97	−3.22	3.33	−7.56
K5×K8	2.18	−3.21	5.88	2.46	17.92	−40.21	11.56	0.93	−4.8	9.46	−2.73
K15×K8	7.38	−14.91	−8.46	−2.92	−8.65	7.31	−4.1	3.58	11.48	3.5	−2.39
K17×K8	−6.1	1.07	−4.32	−2.3	−7.91	0.68	−11.34	−9.06	10.86	−3.85	12.87
K2×K13	2.37	−9.31	6.41	3.1	1.16	−14.49	−4.72	−3.44	−2.98	12.26	−2.17
K3×K13	7.19	−6.18	−0.36	−4.56	1.16	−6.32	−5.52	3.11	10.07	0.88	6.81
K4×K13	−11.87	7.83	−9.01	−1.93	−18.21	−27.94	10.25	4.54	4.97	12.96	7.82
K5×K13	−1.09	4.86	1.12	4.79	3.64	45.3	−1.88	−6.45	−1.27	−10.86	−1.16
K15×K13	5.26	3.05	2.31	−1.87	8.36	−1.77	−3.65	−1.38	−3.69	−5.78	1.2
K17×K13	−1.86	−0.25	−0.47	0.48	3.89	5.22	5.52	3.62	−7.11	−9.46	−12.49

表 2-10　杂交组合园艺性状的遗传参数

性状	母本基因型方差	父本基因型方差	母本×父本基因型方差	环境方差	一般配合力方差	特殊配合力方差	广义遗传力	狭义遗传力
始花期	0	96.3704	24.1375	0.6394	0.7997	0.2003	0.9947	0.7955
盛花期	0	25.709	13.8888	41.4031	0.6493	0.3507	0.4889	0.3174
株高	4.3635	4.0062	7.142	21.0665	0.5396	0.4604	0.4241	0.2288
冠幅	0.722	0	0	40.0885	1	0	0.0177	0.0177
分枝数	2.7488	11.6744	4.3496	21.956	0.7683	0.2317	0.4609	0.3541
花朵数	0	169.6716	138.4388	451.6062	0.5507	0.4493	0.4056	0.2233

性状	母本基因型方差	父本基因型方差	母本 × 父本基因型方差	环境方差	一般配合力方差	特殊配合力方差	广义遗传力	狭义遗传力
花葶长	34.1727	2.1623	8.7084	95.8259	0.8067	0.1933	0.3198	0.2579
花径	17.668	57.9192	4.0847	22.7917	0.9487	0.0513	0.7776	0.7377
花心径	32.7641	4.1689	5.6058	8.3192	0.8682	0.1318	0.8364	0.7262
舌状花	9.0599	10.9123	14.2926	15.5333	0.5829	0.4171	0.6881	0.4011
管状花	0.5318	37.888	9.935	21.838	0.7945	0.2055	0.6889	0.5473

3. 孔雀草与万寿菊杂交育种

高等植物的成花过程是一个非常重要的过程，它不仅关系到物种的延续，而且与我们人类的生活息息相关。在植物的个体发育中，首先是进行营养生长，而后进行生殖生长。植物在由营养生长向生殖生长转变过程中，营养分生组织产生花序分生组织，花序分生组织产生花分生组织，从而产生花器官原基，最后产生各种花器官。植物的开花是一个精密而有序的过程，严格受环境因子和自身内在因素控制。目前人们在植物成花的分子生物学研究上已经取得了很大的进展。

孔雀草对环境的适应能力强，在全世界均有广泛的栽培。其花器特点决定了不适合采用人工去雄的办法，利用万寿菊雄性不育的这个遗传工具进行杂交，克服了人工杂交的难关，使万寿菊种间杂交得以进行，产生远缘杂种优势，实现了万寿菊杂交育种，在生产上具有现实意义。万寿菊雄性不育材料的获得为万寿菊属植物的杂交育种开辟了广阔空间。目前，以万寿菊雄性不育系作母本，进行种内或种间杂交选育出具有杂种优势的杂交种已投入生产，如适用于容器栽植的孔雀草与万寿菊的杂交种[30]。孔雀草和万寿菊杂交育种的目标是培育早花、大花、多花、高重瓣和较长观赏期的品种。国内孔雀草和万寿菊种子大都依赖国外进口，孔雀草与万寿菊种间杂交育种报道较晚，利用杂种优势进行新品种选育，选出优良亲本，对选育具有自主知识产权的孔雀草和万寿菊新品种具有重要指导意义。

包维红[31]为了探讨孔雀草雄性不育系的应用价值，以孔雀草不育系 BY 为母本，以 6个孔雀草自交系（K4、K8、K13、K15、K17、K30）与 2 个万寿菊自交系（9904、9906）为父本进行杂交（表 2–11），获得 8 个杂交组合。分析杂交后代的结实率、主要质量性状遗传规律和数量性状的杂种优势（表 2–12、表 2–13）。综合评价各组合的观赏性状（表2–14、表 2–15），BY×K17 植株低矮、花大、花期长且结实率与发芽率较高，为优良的杂交组合；BY×K30、BY×K8 组合分别由于花大和最佳观赏期长而具有较强的观赏价值。

孔雀草和万寿菊种间杂交时，除花序直径外，其他性状的杂种优势变化取决于父本万寿菊的特性。

表 2-11 亲本的主要特征

编号	种性	花型	瓣型	花色	备注
K4	孔雀草	莲状	复瓣	橙色	> S 10 [②]
K8	孔雀草	冠状	单瓣	红色	> S 10
K13	孔雀草	莲状	单瓣	橙色红芯 [①]	> S 10
K15	孔雀草	莲状	复瓣	红色	> S 10
K17	孔雀草	莲状	复瓣	黄色	> S 10
K30	孔雀草	冠状	复瓣	橙边红芯	> S 10
9904	万寿菊	莲状	复瓣	橙色	> S 10
9906	万寿菊	莲状	复瓣	浅黄色	> S 10
BY	孔雀草	莲状	无瓣	橙色	组培保存
Safari scarlet（沙发瑞 - 鲜红色）	孔雀草	莲状	复瓣	鲜红色	F1 [③]

注：①橙边红芯：头状花序的舌状花边缘为橙色，舌状花中心为红色；②S10：表示自交代数为 10；③F1：杂交 F1 代。

表 2-12 各个杂交组合的结实率

组合	2012 年	2013 年
BY × K4	40.82 ± 4.36ab	39.81 ± 9.25 a
BY × K8	47.47 ± 11.87a	35.03 ± 7.14 ab
BY × K13	32.21 ± 6.09bc	30.51 ± 49.52 bc
BY × K15	36.68 ± 16.20ab	30.36 ± 6.96 bc
BY × K17	23.39 ± 5.88cd	30.54 ± 10.90 bc
BY × K30	21.10 ± 7.00d	24.74 ± 6.98 c
BY × 9904	2.36 ± 1.09e	0.94 ± 1.34 e
BY × 9906	2.32 ± 1.03e	4.20 ± 3.42 d

注：同列数据中含有相同的小写字母表示差异不显著 ($\alpha=0.05$)，不同表示之间差异显著（$P < 0.05$）。

表 2-13 亲本与杂交组合质量性状对比

组合	花型			瓣型			舌状花花色		
	母本	父本	F1	母本	父本	F1	母本	父本	F1
BY×K4	莲状	莲状	莲状	无瓣	重瓣	重瓣	橙色	橙色	橙色
BY×K8	莲状	冠状	冠状	无瓣	单瓣	重瓣	橙色	红色	橙边红
BY×K13	莲状	莲状	莲状	无瓣	单瓣	重瓣	橙色	橙色红芯	橙色红芯
BY×K15	莲状	莲状	莲状	无瓣	重瓣	重瓣	橙色	红色	红色
BY×K17	莲状	莲状	莲状	无瓣	重瓣	重瓣	橙色	黄色	橙色红芯
BY×K30	莲状	冠状	冠状	无瓣	重瓣	重瓣	橙色	橙边红芯	橙边红芯
BY×9904	莲状	冠状	冠状	无瓣	重瓣	无瓣	橙色	橙色	橙色
BY×9906	莲状	莲状	莲状	无瓣	重瓣	无瓣	橙色	浅黄色	橙色

表 2-14 杂交组合主要观赏性状均值

杂交组合	株高 (cm)	株幅 (cm)	叶长 (cm)	叶宽 (cm)	花序直径 (cm)	花心直径 (cm)	始花期 (d)	最佳观赏期 (d)
BY×K4	34.82 ± 4.72a	34.58 ± 5.63a	11.03 ± 2.05bc	7.05 ± 1.78ab	4.61 ± 0.49c	1.23 ± 0.22c	75.5 ± 6.35a	85.67 ± 7.94a
BY×K8	35.33 ± 5.65a	34.27 ± 3.64a	12.93 ± 1.38a	7.85 ± 1.27a	5.42 ± 0.41b	2.17 ± 0.34a	75.67 ± 6.22a	83.83 ± 4.17ab
BY×K13	30.87 ± 3.22a	32.35 ± 4.66a	11.0 ± 2.46bc	7.7 ± 1.89ab	5.08 ± 0.48b	1.52 ± 0.20b	72.17 ± 5.19a	86.83 ± 5.27a
BY×K15	34.01 ± 7.07a	32.68 ± 4.88a	12.52 ± 1.31ab	7.98 ± 1.01a	5.13 ± 0.33b	1.39 ± 0.14bc	73.83 ± 4.71a	87.17 ± 5.12a
BY×K17	30.64 ± 2.43a	32.51 ± 3.52a	10.31 ± 1.59cd	6.98 ± 1.09ab	6.06 ± 0.60a	1.52 ± 0.28b	73.67 ± 5.43a	81.00 ± 4.56abc
BY×K30	32.87 ± 5.80a	32.16 ± 3.50a	11.76 ± 1.93abc	7.55 ± 1.63 ab	5.91 ± 0.58a	2.11 ± 0.34a	72.50 ± 4.09a	71.00 ± 8.81bcd
BY×9904	30.05 ± 6.14a	32.59 ± 3.61a	8.94 ± 1.15d	6.23 ± 0.88b	2.35 ± 0.31d	1.56 ± 0.09b	77.50 ± 4.81a	65.17 ± 17.79d
BY×9906	34.95 ± 3.60a	30.26 ± 2.73a	10.44 ± 0.79dc	6.38 ± 0.66ab	2.39 ± 0.32d	1.61 ± 0.25b	76.83 ± 4.92a	69.83 ± 15.83cd

表 2-15　杂交组合超父本优势值（%）

杂交组合	株高	株幅	叶长	叶宽	花序直径	花心直径	始花期	最佳观赏期
BY × K4	3.12	−0.62	6.04	16.03	4.72	−2.97	1.14	2.41
BY × K8	1.21	−2.44	18.78	16.11	4.68	−32.93	1.67	−3.05
BY × K13	25.73	9.44	11.98	18.91	9.32	2.39	1.32	36.51
BY × K15	19.05	2.33	26.38	23.02	21.49	8.62	1.38	12.14
BY × K17	11.72	18.4	12.03	−5.41	−1.26	7.26	−0.49	1.28
BY × K30	17.35	1.14	11.85	23.74	−1.64	13.77	−0.05	17.30
平均	13.03	4.71	14.51	15.40	6.22	−0.64	0.83	11.10
BY × 9904	−41.45	−6.43	−27.88	−0.11	−64.14	−17.42	−2.38	15.81
BY × 9906	53.78	24.42	33.88	39.87	−55.37	8.87	7.75	36.29
平均	6.16	9.00	3.00	19.88	−59.76	−4.28	2.69	26.05

　　孔雀草和万寿菊是应用非常广泛的一年生花卉，培育新品种对于各国来说既是机遇也是挑战。需要更加系统全面地研究孔雀草雄性不育系与万寿菊自交系的种间杂交是否存在远缘杂交不亲和性，是否存在杂种优势，以及综合分析比较孔雀草和万寿菊雄性不育系共同参与的种内、种间杂交的 F1 代杂种优势和配合力、遗传力等。

4. 野生近缘植物

　　入侵植物（Invasive alien plants）是指通过各种形式被带到其自然演化区域以外的生境中自然生长繁殖并稳步扩散的外来植物。入侵植物往往具有强大的生存竞争能力，带来非常严峻的环境、经济、生物安全等问题。入侵植物在新生境中建立稳定群落后再彻底根除极为困难且经济损失极大。目前几乎所有的生态系统都或多或少地遭到外来入侵种的破坏，入侵种给我国每年造成的经济损失高达数千亿元，这个数据还不包括生态破坏及其引起的间接损失。因此，对外来植物的入侵性和危害进行分析与判别至关重要。

　　印加孔雀草（*Tagetes minuta*）为菊科（*Asteraceae*）万寿菊属（*Tagetes*）一年生高大草本植物。该种原产南美洲，中国最早于 2006 年在台湾发现，现已扩散至北京、山东、广西和西藏等地。印加孔雀草具有生态幅宽泛、环境适应能力强、繁殖能力强和传播速度快等特性，往往造成其入侵地带的本地植物种类、数量减少，几乎形成单一物种群落，生态系统退化严重。素有"世界上最后一片净土"美誉的西藏近年来入侵植物的数量逐渐增加，仅西藏林芝地区已有 131 种外来植物，印加孔雀草就是其中较典型的外来植物之一。据 *Flora of China* 记载，2006 年中国台湾发现了归化的印加孔雀草，2011 年在北京郊区发现印加孔雀草野生群落，其危害已初见端倪，但我国鲜有对其入侵机制的研究[32]。通过探究印加孔雀草在异质环境下的种群构件生物量及其分配特征，了解其生存策略和易入侵生境，研究表明印加孔雀草能通过各构件生物量的调整来适应异质生境，具较高的可塑性。高繁殖输出和对异质环境的适应性可能是其成功入侵的重要原因。在西藏初步调查中发现，印加孔雀草以其强入侵性迅速占据生态位，侵占本地作物青稞（*Hordeum vulgare*）的生境并形成竞争的格局。青稞是西藏高原地区的一种重要粮食作物，产量占西藏全区粮食作物总产量的 63.96%，对藏区人民和西藏的经济发展起到了不可低估的作用，青稞的粮食安全至关重要，因此，印加孔雀草对青稞的潜在威胁亟须研究。

生物量是预测植物相对竞争力最重要的参数，它可以反映植物相对竞争力；株高和生物量都是植物形态调查中的重要生长指标，该指标在竞争研究中已被众多学者广泛应用；此外，水是原生质的重要成分，是植物体新陈代谢过程的反应物质，在植物体内有着重要的生理作用，故株高、生物量和植株含水量作为印加孔雀草和青稞竞争结果的主要指标。仇晓玉[33]以入侵植物印加孔雀草和青稞为试验材料，采用添加系列试验法，在温室内设置了单种和不同比例混种方式进行控制试验，以探究入侵植物与本地植物之间的竞争关系，旨在揭示印加孔雀草对当地作物青稞生长的影响，以期为印加孔雀草的管理和防控，乃至其他高原外来入侵植物竞争方面的相关研究提供参考数据和科学依据，以减少其造成的经济损失，保护原生生态系统的稳定。试验结果表明，印加孔雀草和青稞均受种植密度和比例制约，但青稞反应更为强烈；印加孔雀草和青稞都是种间竞争大于种内竞争且种间竞争对青稞的影响大于印加孔雀草；印加孔雀草和青稞利用共同资源且印加孔雀草的竞争力强于青稞，青稞在竞争中处于弱势地位。研究发现种间竞争对入侵植物印加孔雀草的株高有促进作用，混种处理时印加孔雀草的平均株高较单种种植时的平均株高增加了 2.69%，这可能是由于印加孔雀草为了加速占领空间以获取更多的资源而合理分配资源，产生了适于自身生长的响应对策，促进了其主茎生长能力。试验中印加孔雀草的种植比例对青稞各项竞争指标都存在着较大的制约作用，这与其他相关研究种间竞争的结果是一致的，也体现了植物的生态位越接近，邻体干扰越强，其竞争作用也就越强烈。采用盆栽法进行试验，提供给植物生长所必需的养分和空间会在一定程度受到限制，两种植物对资源的捕获能力是影响竞争的关键因素。试验中发现印加孔雀草的茎粗壮，抗倒伏能力强，根系几乎充满了整个试验盆，这使得印加孔雀草在有限的空间和资源水平下比青稞获得了更多的养分和水分，体现出其较强的种间竞争力。植物竞争能力的基本组成元素包括生长能力、存活能力和繁殖能力等 3 个方面，试验中印加孔雀草表现出的强大竞争力符合这 3 个方面，而其入侵的主要机制可通过养分动态、器官化学计量内稳性等方面做进一步研究。植被的生长主要受环境、生物、竞争和非生物因素等多方面的综合影响，在入侵植物与本地植物竞争过程中应存在多种因素相互作用对植物生长产生不同的影响，但同时也可能会存在种间促进作用，在以后的研究中应加以关注。

　　入侵植物在新生境中成功定植后，通过利用当地传粉昆虫促进繁殖可以更好地保证种群的扩张，但是入侵植物在当地传粉网络中的角色和地位仍不是很清楚。土艳丽[34] 利用印加孔雀草（*Tagetes minuta*），分析其访花昆虫所携带的植物花粉种类，构建了植物花粉 – 传粉者网络，探讨印加孔雀草快速入侵和扩张的可能机制。结果表明印加孔雀草为泛化传粉系统，共有 13 种昆虫访花，其中 12 种携带有印加孔雀草花粉，所有花粉中印加孔雀草花粉数量占比为 89.89%。12 种印加孔雀草传粉昆虫中，4 种泛化传粉昆虫（1 种蜂、2 种食蚜蝇和 1 种蝇）是其主要传粉昆虫。本研究揭示印加孔雀草在较短时间内已经成功利用多种当地泛化传粉昆虫为其授粉，已顺利融入当地的传粉网络，今后需要更加重视对印加孔雀草的防控。在今后的研究中需要通过对比分析西藏有无印加孔雀草群落的传粉网络结构变化，进一步阐明印加孔雀草对当地定性和定量传粉网络（比如对传粉昆虫丰度和多样性、访花频率以及当地植物繁殖成功等）的影响。目前，我国西藏已发现较多的印加孔雀草群落，且表现出局部生态危害。因此，在群落水平上量化分析入侵植物在当地传粉网络中的地位和功能和对当地传粉网络的影响，有助于了解其入侵机制并为当地植物群落恢复和生物多样性保护提供理论依据。

二、孔雀草属植物生长特性及特征

1. 万寿菊生长特性及特征 [35-41]

　　万寿菊为菊科万寿菊属植物万寿菊（*Tagetes erecta* L.）的花序，一年生草本植物，别名：臭芙蓉、大芙蓉、金菊、蜂窝菊、千寿菊等，是一种常见的中草药和观赏花卉。万寿菊株高 10 ~ 100 cm，茎粗壮而光滑，常具褐色纵纹及沟槽。叶对生或互生，羽状全裂，裂片长椭圆形或披针形，边缘具锐锯齿，上部叶裂片的齿端有长细芒，沿叶缘有少数腺体，有强臭味。头状花序，花冠外围是舌状花，单性花花冠内部是管状花，两性花。其中，舌状花下部呈管状，上部呈舌状，柱头两裂；管状花，每朵有 5 个雄蕊，花丝分离，花药连合，并紧包在花柱周围。整个花序由外向内逐渐开放，花朵由顶花向侧花逐渐开放，花有黄色、橙色、枯黄色，混合色等不一。瘦果灰褐色，呈直或微弯的短棒状。其花朵中富含类胡萝卜素，色泽艳丽，成本较低，是提取纯天然黄色素的主要原料，有很高的商业价值，国外已将它广泛应用于食品、化妆品、药品等多个领域。头状花序单生，花序梗顶端棍棒状膨大，总苞杯状。舌状花黄色，舌片倒卵形，基部收缩成长爪。管状花的花冠黄色，顶端 5 齿裂。瘦果，线形，黑色或褐色，被短微毛。冠毛有 1 ~ 2 个长芒和 2 ~ 3 个短而钝的鳞片。花期 6—9 月，果期 8—10 月。

　　万寿菊品种很多，按株高分为：①高茎种：株高 100 cm，花形大；②中茎种：株高 60 ~ 70 cm；③矮茎种：株高 30 ~ 40 cm，花型较小。按花型不同可以分为：①蜂窝型：

花序基本上由舌状花构成，盘心筒状花分散夹杂其间，呈"重瓣状"，舌状花先端阔，呈波状卷曲或起皱，小花排列紧密，花序外形呈球形，侧看较深厚；②散展型：花序呈"重瓣状"，舌状花先端阔，较平展，不甚卷曲，小花排列较疏松，侧视大而较扁平；③卷钩型：花序呈"重瓣状"，舌状花狭，先端尖，有时外翻，小花互相卷曲钩环等。

万寿菊原产墨西哥及南美洲地区，现移栽于全球的温带地区，遍布欧洲、西亚和美国。国内 20 世纪 80 年代后开始引进万寿菊，规模化发展较快，现已成为我国主要栽培的草本盆花之一，广泛用于室内外环境布置。万寿菊在我国四川、甘肃、贵州、广东等省均有栽培。生长适温为 15~20 ℃，在 30 ℃以上高温环境植株徒长、开花少，10 ℃以下能生长但速度减慢、生长周期拉长。较耐干旱，水分过多茎叶生长旺盛，影响株型和开花。

万寿菊生长期要求阳光充足，忌酷暑，能耐轻霜。另外，由于对日照长短反应较敏感，可以通过短日照处理（9 h）使其提早开花。万寿菊为喜光性植物，充足阳光对其生长十分有利，植株矮壮，花色艳丽。对土壤要求不严格，容易栽培，但土壤肥沃、疏松和排水良好的砂质壤土或培养土更适宜，耐移栽。土壤 pH 以 6.0~7.0 最好，这样植株分枝多，开花大而多，花期长，至初霜后尚可开花繁茂，但后期植株易倒伏，且枝叶枯老。若摘掉残花，疏去过密的茎叶，并予以追肥，仍可再次着花。播种可于 3—4 月在温床中进行。种子发芽的适宜温度是 21~22 ℃，生长适温 12~28 ℃，温度过低需加薄膜保护，否则叶片易受冻害。出现 2~3 片真叶时，经一次移栽，5 月下旬即可定植于露地。播种后一般 70~80 d 开花。也可夏播，夏播一般播后 50~60 d 开花。扦插苗较矮时即能开花。扦插繁殖可在 5—6 月间进行，用长约 10 cm 的嫩枝，扦插后 1 个多月开花。扦插苗较矮时即能开花，花期也易控制。

2. 孔雀草生长特性及特征 [42-44]

孔雀草（*Tagetes patula* L.），又名红黄草、藤菊、小万寿菊，属于菊科万寿菊属草本植物。孔雀草系菊科万寿菊属一、二年生草本植物，是我国"十一"期间主要的观赏花卉之一，因其花色鲜艳、花期长而广泛用于室内外环境布置，营造花坛、花境等。株高 20~50 cm。茎带紫色，叶对生或互生，羽状全裂，裂片披针形，叶片锯齿明显而修长。头状花序单生，舌状花黄色，基部或边缘红褐色[36]。对环境要求不严格，在阴暗的环境、炎热的盛夏和寒冷的冬季都可以生长，抗性强。花瓣单瓣或者重瓣。花球较小，花色以黄色和橙色较为多见。孔雀草因为花期长、颜色鲜艳，常用来作为道路两旁的观景及节假日花坛的布置，深受人们的喜爱。

我国东北地区气温偏低，无霜期短，这些条件都为园林绿化带来极大困难。孔雀草，别名孔雀菊。原产地北美，生于高海拔的山坡草地、林中，在我国于四川、贵州、云南等地广泛分布。植株高 20~40 cm，喜温暖及阳光，但在半阴处可以生长开花，对土壤要求低，生长速度快，花黄色或橘色艳丽，因此在东北地区深受广大市民的喜爱。但在工厂化育苗的条件下，高度集约化再加上夏季育苗的高温高湿环境，易造成植株徒长，抗逆性减弱，而营养生长过盛又抑制其生殖生长，最终影响穴盘苗的质量和花卉的品质。

3. 孔雀草繁育系统

植物的繁育系统通过花部式样及其开放方式、雌雄蕊开放的先后及其持续的时间、适应不同交配系统及其自交亲和程度来影响后代遗传组成的有性性别特征，而交配系统则是植物繁育系统的核心。我国对其的研究主要集中在栽培管理方面，种子萌发条件研究报道较少，对其繁育系统相关的研究仅限于花芽分化和花药发育过程的描述以及人工授粉有助于提高结实率的报道。何燕红[45] 对孔雀草的繁育系统进行研究，通过现场观察和人工试验等方法，观测孔雀草开花动态、花部形态，测定柱头可授性、花粉活力、传粉方式、花粉/胚珠比、杂交指数等繁育系统的特征，发现孔雀草花序是具有雌性舌状花和两性管状花的异型头状花序，单个花序的开花持续时间为 20～22 d，开花结果过程可大致分为舌状花开放期、管状花开放期、果实发育期和果实成熟期；开花后花粉寿命为 2～3 d，1～2 d内花粉活力最高；舌状花开花第 2～5 天可授性最高，管状花开花第 4～5 天可授性最高；传粉方式以虫媒传粉为主，授粉昆虫的主要类型为蜜蜂和白粉蝶；结合杂交指数、P/O 值、杂交试验结果判断，孔雀草的繁育系统属于异交、需要传粉者，且能借助柱头伸长过程中散布的花粉进行同花序自花授粉。何燕红[46] 又采用形态观察、石蜡切片和半薄切片技术，供试材料来自美国泛美种子公司生产的 4 个孔雀草品种"小英雄－橙色（Little hero orange）""珍妮－金黄色（Jane gold）""鸿运－橙色（Bonanza orange）""男孩－黄色（Boy yellow）"，研究春季和秋季孔雀草花芽分化和花药发育的过程和特点，为孔雀草高产优质栽培、花期调控及高效育种工作提供理论依据。结果表明（表 2-16、表 2-17）孔雀草具备菊科植物典型的头状花序，其头状花序由舌状花和管状花组成；孔雀草的花芽分化始于第 2 对真叶原基分化以后，花芽分化的顺序是按花序原基分化期—苞片原基分化期—舌状花原基分化期—管状花原基分化期—舌状花分化期—管状花分化期进行的；不同品种、不同季节，孔雀草的花芽分化起始时间和持续时间有所差别，孔雀草在秋季播种开花更早；孔雀草的花药发育经历了孢原细胞、造孢细胞、小孢子母细胞、二分体、四分体、小孢子、成熟花粉粒等过程，其绒毡层为变形绒毡层，成熟花粉粒为三胞花粉粒。

表 2-16　4 个孔雀草品种花芽分化起始和现蕾时间

分化过程	季节	所需时间（d）			
		Little hero orange	Jane gold	Bonanza orange	Boy yellow
花芽分化	春季	6	9	9	6
现蕾		18	18	24	21

续表

分化过程	季节	所需时间（d）			
		Little hero orange	Jane gold	Bonanza orange	Boy yellow
花芽分化	秋季	3	6	6	6
现蕾		12	15	18	18

表 2-17　孔雀草 Bonanza orange 春秋季花芽分化过程

取样时间	第 3 d	第 6 d	第 9 d	第 12 d	第 15 d	第 18 d	第 21 d	第 24 d
春季	DP-1	DP-2	DP-3	ED-4	DP-5	DP-6、DP-7	DP-8	现蕾
秋季	DP-2	DP-2、DP-3	DP-3、DP-4	DP-5、DP-6	DP-7、DP-8	现蕾	现蕾	有花开放

　　田治国等[47]在室内模拟高温条件下进行的耐热性研究，以万寿菊属的 6 个孔雀草品种和 3 个万寿菊品种为试材，采用热害指数结合隶属函数方法，应用于孔雀草和万寿菊品种耐热性的综合评定。研究了 38 ℃ /21 ℃（昼 / 夜）高温胁迫对其株高、根长、根数、干样质量、热害指数以及叶绿素［Chl. (a+b)］含量、叶片相对电导率（REC）、丙二醛（MDA）含量、叶片相对含水量（RWC）、抗氧化酶（SOD、POD、CAT、APX）活性等指标的影响，见表 2-18 ～ 表 2-21。结果表明持续 4 d 的高温胁迫下，9 个品种叶片、株高等形态表现出不同的受害症状。REC 和 MDA 明显上升，叶片叶绿素含量和相对含水量均明显下降。同时高温胁迫提高了 SOD、POD 和 CAT 酶的活性，降低了 APX 酶的活性。叶片相对电导率与热害指数之间呈极显著正相关（$P < 0.01$）；SOD、POD 和 CAT 与热害指数之间均呈极显著负相关（$P < 0.01$）。9 个品种耐热性可评定为："发现""拳王""巨人"和"金门"耐热性强；"大英雄"和"珍妮"次之；"迪阿哥""小英雄"和"鸿运"耐热性差。然而在实际生产中，植株在遭受高温胁迫的同时存在干旱等逆境。因此建议今后高温地区孔雀草和万寿菊品种栽培和选育以及城市花坛选择中，可选选用耐热性强的"发现""拳王""巨人"和"金门"品种。

表 2-18　高温胁迫对孔雀草和万寿菊生长指标和热害指数的影响

种名	品种	处理	株高（cm）	根数（根）	根长（cm）	干样质量（g）		热害指数（%）
						茎叶	根	
孔雀草	大英雄	38 ℃ /21 ℃	96.67	40*	22.71	0.19*	0.10**	33.33
		对照	102.63	60	25.87	0.43	0.19	0

续表

种名	品种	处理	株高 (cm)	根数 (根)	根长 (cm)	干样质量（g）		热害指数 (%)
						茎叶	根	
万寿菊	鸿运	38℃/21℃	97.66	66	11.57*	0.17*	0.05**	64.44
		对照	94.31	71	20.36	0.43	0.22	0
	金门	38℃/21℃	85.05	38	12.01	0.11	0.04**	8.89
		对照	74.49	41	18.17	0.16	0.12	0
	珍妮	38℃/21℃	70.25	41	14.98	0.12*	0.04**	31.11
		对照	75.04	43	19.75	0.29	0.22	0
	小英雄	38℃/21℃	72.44*	65	11.48*	0.17*	0.06**	35.56
		对照	102.04	78	17.39	0.30	0.21	0
	迪阿哥	38℃/21℃	88.28	32	18.67**	0.16*	0.05**	44.44
		对照	102.63	38	32.48	0.32	0.20	0
	巨人	38℃/21℃	103.23	92	18.47*	0.12	0.05**	6.67
		对照	114.84	95	24.73	0.22	0.15	0
	拳王	38℃/21℃	105.56	72	24.22*	0.24*	0.09**	2.22
		对照	135.94	74	38.26	0.50	0.21	0
	发现	38℃/21℃	110.64	81	20.99*	0.21*	0.11**	4.44
		对照	119.37	92	33.05	0.44	0.25	0

注：* 和 ** 分别表示处理与对照差异达显著（$P < 0.05$）和极显著水平（$P < 0.01$）。

表2-19　高温胁迫对孔雀草和万寿菊生理指标的影响

种名	品种	处理	Chl.(a+b) (mg/g FW)	Chl. a/b	相对含量 (%)	相对电导率 (%)	丙二醛 (mmol/g)	SOD [U/g FW]	POD [U/(min·g) FW]	CAT [U/(min·g) FW]	APX [U/(min·g) FW]
孔雀草	大英雄	38℃/21℃	8.13	5.01	89.94*	41.52**	6.70**	222.70	81.94*	131.91	28.80**
		对照	9.31	5.02	95.91	20.75	5.62	205.96	72.92	130.86	40.80
	鸿运	38℃/21℃	6.59	4.96	86.51*	58.86**	5.92	195.13	50.51	131.56**	16.40**
		对照	7.53	5.12	92.52	18.40	4.86	190.41	55.63	234.31	40.80
	金门	38℃/21℃	6.64	5.15	90.51	29.91*	4.52	238.79*	50.71**	231.64*	38.40**
		对照	4.92	5.16	92.68	15.39	3.89	209.34	38.63	191.11	61.20
	珍妮	38℃/21℃	6.89	5.05	88.39	40.99**	5.96	214.18	90.08	201.42	12.40**
		对照	8.29	5.06	90.73	19.38	4.85	205.17	82.63	186.67	36.00
	小英雄	38℃/21℃	6.98	4.85	86.09*	41.57**	5.42*	196.41	48.56	162.13	25.20*
		对照	8.59	4.93	90.89	19.75	4.26	184.30	44.77	151.64	36.40
	迪阿哥	38℃/21℃	5.49	4.63	88.63*	41.64**	6.87*	213.53	48.23	198.93	21.60**
		对照	7.61	5.05	92.62	15.67	5.51	204.56	42.42	197.87	40.00
万寿菊	巨人	38℃/21℃	8.64	4.76	84.60	29.58*	8.47	333.86**	96.30*	272.36**	25.60**
		对照	9.45	4.84	90.17	15.20	8.24	261.29	75.47	200.53	41.20
	拳王	38℃/21℃	9.78	4.38	89.07	29.67*	7.05	312.84*	95.20	167.47	30.80**
		对照	7.63	4.85	94.85	14.49	6.41	244.32	87.27	154.49	40.40
	发现	38℃/21℃	7.89	4.51	87.87	30.05*	7.49	339.42*	104.80*	199.64	56.40*
		对照	9.18	5.09	93.69	15.12	6.17	299.23	92.76	183.29	42.40

注：* 和 ** 分别表示处理与对照差异达显著 $(P < 0.05)$ 和极显著水平 $(P < 0.01)$。

表 2-20　高温胁迫下孔雀草和万寿菊生理指标的变化率与热害指数间的相关分析

指标	Chl. (a+b)	Chl. a/b	RWC	REC	MDA	SOD	POD	CAT	APX	热害指数
Chl. (a+b)	1.000									
Chl. a/b	0.031	1.000								
RWC	0.229	0.364	1.000							
REC	-0.358	-0.126	-0.190	1.000						
MDA	-0.514	-0.024	0.247	0.381	1.000					
SOD	0.583	-0.230	-0.278	-0.551	-0.906**	1.000				
POD	0.401	0.180	0.405	-0.720*	-0.505	0.514	1.000			
CAT	0.284	0.089	0.287	-0.872**	-0.529	0.634	0.897**	1.000		
APX	0.082	-0.606	0.373	-0.479	-0.049	0.334	0.187	0.287	1.000	
热害指数	-0.582	0.241	-0.054	0.841**	0.630	-0.822**	-0.703*	-0.814**	-0.609	1.000

注：* 和 ** 分别表示处理与对照差异达显著（$P < 0.05$）和极显著水平（$P < 0.01$）。

表2-21　孔雀草和万寿菊各生理指标隶属函数值

种名	品种	Chl.(a+b)	RWC	REC	MDA	SOD	POD	CAT	APX	平均值	耐热
排序	1.000										
孔雀草	大英雄	0.71	0.81	0.53	0.57	0.23	0.58	0.06	0.29	0.47	5
	鸿运	0.46	0.43	0.05	0.69	0.09	0.19	0.50	0.16	0.32	9
	金门	0.26	0.62	0.82	0.92	0.29	0.05	0.65	0.75	0.55	4
	珍妮	0.54	0.39	0.55	0.69	0.20	0.73	0.53	0.04	0.46	6
	小英雄	0.57	0.30	0.55	0.80	0.07	0.09	0.25	0.18	0.35	8
	迪阿哥	0.39	0.53	0.62	0.53	0.19	0.06	0.57	0.20	0.39	7
万寿菊	巨人	0.75	0.18	0.85	0.11	0.79	0.71	0.82	0.27	0.56	3
	拳王	0.69	0.71	0.87	0.42	0.66	0.80	0.28	0.31	0.59	2
	发现	0.68	0.57	0.89	0.41	0.96	0.92	0.51	0.61	0.70	1

三、环境对孔雀草栽培的影响

孔雀草作为常见花坛植物广泛应用于全国各地，然而各地的环境条件各异，对孔雀草的研究也主要集中在遗传育种、栽培技术、抗逆性及化感作用及应用等方面。

1. 对孔雀草种子萌发的影响

1.1　温度

温度是影响植物生命活动的主要外部环境因子之一。在孔雀草种子萌发中，温度是最主要的环境因子[48]。阳周华等[49]选择 4 叶期孔雀草幼苗进行短期低温处理，研究低温胁迫对孔雀草开花习性的影响，以探索喜温花卉植物孔雀草对低温的耐受范围，并试图选育出耐低温的孔雀草新品系，为孔雀草的人工栽培和遗传育种研究提供理论依据。试验结果表明，低温对孔雀草开花有促进作用，使其开花期提前，但温度以 3 ℃为宜，处理时间以 10 h 为宜。该实验表明，苗期低温处理使孔雀草开花期有所不同。低温促进花芽分化，对孔雀草开花有促进作用，使其开花期提前；但温度不宜过低，处理时间不宜过长，否则孔雀草开花期明显推迟，严重时孔雀草出现死亡现象。在孔雀草可耐低温范围内，处理时间越长，开花期越提前。苗期低温处理对孔雀草开花时营养体大小具有明显影响。在孔雀草可耐低温范围内，温度越低，处理时间越长，孔雀草全花时营养体体积越小。这种结果在生产上具有重要应用价值，可以利用温度处理来调节孔雀草的植株高度和花冠径大小。然而，同时要注意低温锻炼的温度不宜太低，处理时间也不宜过长，否则可能会因低温胁迫而死亡。孙海龙[50]以孔雀草种子为试验材料，研究不同光照、温度条件对其萌发的影响，孔雀草种子在 3 种光照、5 个温度梯度（15 ℃、20 ℃、25 ℃、30 ℃、35 ℃）处理条件下萌发，筛选种子萌发的最佳条件。结果表明在光照和黑暗条件下，孔雀草种子萌发率无显著差异；低温和高温都不适宜种子萌发，随着温度的升高，孔雀草种子的发芽率呈先上升再下降的趋势，并且在 30 ℃条件下孔雀草种子的萌发率最高。田治国等[51]通过在 38 ℃/21 ℃（昼/夜）高温胁迫条件下培养孔雀草发现，植物体内根系干物质的积累比茎叶受到了更强的抑制，说明孔雀草根系对高温很敏感。

1.2　耐盐性

为提高孔雀草耐盐性、丰富盐碱地绿化种质资源，韩雪[52]以孔雀草及地木耳为试验材料，研究地木耳提取物对孔雀草种子盐胁迫条件下种子萌发的影响，旨在为提高盐碱地绿化质量提供理论依据。不同浓度 NaCl 盐溶液处理孔雀草种子，筛选盐害浓度，在用不同浓度地木耳提取液处理盐胁迫下孔雀草种子，记录种子萌发率进而探讨地木耳提取物对盐胁迫下孔雀草种子萌发的影响。结果表明超过 0.2 mol/L NaCl 溶液开始对孔雀草种子萌发产生盐害影响，以 0.8 mol/L 盐害最重；高盐溶液处理下，地木耳提取物显著缓解盐害效应，以 5 mol/L 效果最好。张立磊等[53] 采用不同浓度 NaCl 溶液处理的孔雀草种子，并置于（25±1）℃光照培养箱中进行盐胁迫试验，测定其发芽率、发芽势、发芽指数及鲜重等指标，研究盐胁迫对孔雀草种子发芽的影响。结果表明（表 2-22）低浓度的盐溶液可以促进种子萌发，高浓度的盐溶液则会推迟种子发芽；当 NaCl 溶液浓度大于 2 g/L 时，种子的发芽势明显下降，并随着 NaCl 溶液浓度的增加，孔雀草种子的发芽势、发芽率、发芽指数等指标明显下降，平均发芽时间延长。

目前对孔雀草的研究主要集中在孔雀草的发育、育种和生理特性等方面，研究海水胁迫情况下对孔雀草种子的生长状况影响的报道较少。张雷[54] 为研究海水胁迫对孔雀草种子的萌发与生长状况的影响，采用 7 个不同浓度梯度（0、1%、5%、10%、15%、20%、30%）的海水处理孔雀草种子，观察孔雀草种子的萌发和生长，分析孔雀草种子对盐碱的耐受性。结果表明随着海水浓度的提高，孔雀草种子的各项发芽指标和生长指标在整体上呈现先上升后下降趋势。浓度为 5% 以下的海水对孔雀草种子的萌发有一定的促进作用；当浓度逐渐升高后，孔雀草种子的各项发芽指标都有所下滑，与对照组相比有显著的差异。该研究探讨分析孔雀草种子对盐碱的耐受性，以期对盐碱地区的绿化植被的选种育苗提供一定的理论支撑。

林伟等[55] 探讨不同浓度的 4 种钠盐（Na_2CO_3、$NaHCO_3$、Na_2SO_4 和 NaCl）对孔雀草品种（供试孔雀草品种为金门和英雄）种子发芽率、发芽势、根长和苗长的影响，见表 2-23 ～ 表 2-25。结果表明 NaCl 和 Na_2SO_4 浓度 ≤ 3.0 g/L 胁迫下，孔雀草的发芽率和发芽势高于 ck（control check，空白组），根长和芽长不低于 ck。当二者浓度 ≥ 9.0 g/L 各指标显著降低，明显抑制种子萌发和幼苗生长；Na_2CO_3 浓度 ≤ 1.0 g/L 胁迫下，金门种子的发芽率和发芽势显著低于 ck，根长和芽长与 ck 差异不显著，英雄种子的发芽势和芽长与 ck 差异不显著，发芽率显著高于 ck，根长显著低于 ck；$NaHCO_3$ 浓度 ≤ 1.0 g/L 胁迫下，金门种子的发芽率和发芽势显著低于 ck，根长和芽长与 ck 差异不显著，英雄的发芽率和发芽势明显高于 ck，根长显著低于 ck，芽长与 ck 差异不显著。综合钠盐对种子萌发期各指标影响程度和盐害指数分析得出，不同钠盐胁迫对种子萌发和幼苗生长的影响作用不尽相同，同种植物的不同品种种子萌发期对钠盐胁迫的耐受力存在差异，高浓度盐均表现为抑制作用，英雄品种的耐盐性大于金门品种，Na_2CO_3、$NaHCO_3$ 对种子萌发的影响大于 Na_2SO_4 和 NaCl。

表 2-22　盐胁迫对孔雀草种子发芽能力的影响

NaCl 溶液(g／L)	发芽率(%)	5%	1%	发芽势(%)	5%	1%	发芽指数	5%	1%	鲜重(g)	5%	1%
对照 (0)	40.66	a	A	34.97	a	A	13.26	a	A	1.64	a	A
处理 1 (2)	41.58	a	A	23.01	ab	A	11.21	ab	A	1.95	a	A
处理 2 (4)	31.99	ab	AB	19.87	b	A	8.36	b	AB	1.66	a	A
处理 3 (8)	20.78	bc	AB	4.79	c	B	4.06	c	BC	1.11	b	B
处理 4 (12)	13.15	c	B	0.45	c	B	2.76	c	C	1.00	b	B
万寿菊　小英雄	0.57	0.30	0.55	0.80	0.07	0.09	0.25	0.18	0.35	8		
迪阿哥	0.39	0.53	0.62	0.53	0.19	0.06	0.57	0.20	0.39	7		
巨人	0.75	0.18	0.85	0.11	0.79	0.71	0.82	0.27	0.56	3		
拳王	0.69	0.71	0.87	0.42	0.66	0.80	0.28	0.31	0.59	2		
发现	0.68	0.57	0.89	0.41	0.96	0.92	0.51	0.61	0.70	1		

注：同列数据字母不同表示不同处理之间差异显著（$P < 0.05$）。

表 2-23　不同钠盐胁迫下孔雀草的发芽率统计 (%)

盐浓度 (g/L)	金门				英雄			
	NaCl	Na_2SO_4	Na_2CO_3	$NaHCO_3$	NaCl	Na_2SO_4	Na_2CO_3	$NaHCO_3$
ck	50.7 ± 2.0b	50.7 ± 2.0b	50.7 ± 2.0a	50.7 ± 2.0a	65.3 ± 2.3b	65.3 ± 2.3c	65.3 ± 2.3ab	65.3 ± 2.3b
1.0	55.4 ± 3.1ab	58.0 ± 3.4a	45.3 ± 1.2b	46.7 ± 1.6b	71.0 ± 2.1a	75.3 ± 3.1a	68.7 ± 3.5a	77.3 ± 1.5a
3.0	60.0 ± 2.5a	51.7 ± 1.5b	38.0 ± 1.0c	41.0 ± 1.7c	69.3 ± 2.8ab	70.7 ± 1.2b	63.3 ± 1.5b	66.0 ± 3.0b
6.0	51.0 ± 2.5b	47.3 ± 2.0c	32.0 ± 1.0d	28.0 ± 3.6d	66.0 ± 1.3b	66.7 ± 2.1c	62.0 ± 2.6b	54.0 ± 3.5c
9.0	44.0 ± 1.0c	33.3 ± 4.0d	14.0 ± 2.6e	18.0 ± 2.6e	61.3 ± 3.6bc	55.3 ± 2.5d	40.0 ± 2.6c	42.0 ± 1.7d
12.0	35.0 ± 2.5d	32.0 ± 4.4e	4.0 ± 0.0f	8.7 ± 0.6f	60.7 ± 0.6c	51.3 ± 0.6e	17.3 ± 4.0d	22.7 ± 2.9e

注: 同列数据字母不同表示不同处理之间差异显著 ($P < 0.05$)。

表 2-24　不同钠盐胁迫下孔雀草的盐害指数统计 (%)

盐浓度 (g/L)	金门				英雄			
	NaCl	Na_2SO_4	Na_2CO_3	$NaHCO_3$	NaCl	Na_2SO_4	Na_2CO_3	$NaHCO_3$
ck	—	—	—	—	—	—	—	—
1.0	−9.27	−14.4	10.65	7.89	−8.73	−15.31	−5.21	−18.38
3.0	−18.34	−1.97	25.05	19.13	−6.13	−8.27	3.06	−1.07
6.0	−5.91	6.71	36.88	44.77	−1.01	−2.14	5.05	17.3
9.0	6.70	32.31	72.39	64.5	6.13	15.31	38.74	35.68
12.0	30.96	23.31	92.11	82.84	7.04	21.44	73.51	65.24

表2-25　不同钠盐胁迫下孔雀草的盐害指数统计（%）

测定指标	盐浓度(g/L)	金门				英雄			
		NaCl	Na_2SO_4	Na_2CO_3	$NaHCO_3$	NaCl	Na_2SO_4	Na_2CO_3	$NaHCO_3$
根长	ck	1.86±0.43a	1.86±0.43a	1.86±0.43a	1.86±0.43a	4.05±0.50a	4.05±0.50a	4.05±0.50a	4.05±0.50a
	1.0	1.48±0.42a	1.67±0.50a	1.44±0.38a	1.72±0.34a	3.20±0.43a	3.13±0.61a	2.02±0.86b	2.28±0.33b
	3.0	1.25±0.46ab	1.10±0.39ab	0.81±0.07b	1.07±0.20b	2.94±0.59a	2.44±0.57a	0.43±0.18c	1.69±0.30c
	6.0	1.03±0.51ab	1.03±0.41ab	0.28±0.07c	0.85±0.15c	1.77±0.54b	0.79±0.44b	0.30±0.05c	0.86±0.48cd
	9.0	0.87±0.43b	0.62±0.40b	0.23±0.01c	0.50±0.27cd	0.73±0.16c	0.67±0.22b	0.24±0.04d	0.51±0.20d
	12.0	0.44±0.13b	0.34±0.04b	0.21±0.01c	0.34±0.20d	0.42±0.17c	0.48±0.12b	0.22±0.01d	0.35±0.16d
芽长	ck	1.66±0.52a	1.66±0.52a	1.66±0.52a	1.66±0.52a	1.88±0.39a	1.88±0.39a	1.88±0.39a	1.88±0.39a
	1.0	1.50±0.37a	1.59±0.43a	1.43±0.16a	1.55±0.43a	1.80±0.30a	1.76±0.40a	1.62±0.33a	1.61±0.33a
	3.0	1.28±0.25a	1.39±0.24a	0.51±0.18b	1.31±0.52a	1.77±0.54a	1.79±0.44a	0.80±0.05b	0.86±0.28b
	6.0	1.03±0.51a	1.03±0.41ab	0.38±0.18b	0.85±0.20ab	1.58±0.30a	1.15±0.26ab	0.70±0.20b	0.42±0.31b
	9.0	0.85±0.23ab	0.93±0.25ab	0.32±0.12b	0.53±0.23b	1.07±0.21b	1.04±0.23b	0.38±0.08c	0.38±0.20b
	12.0	0.73±0.25b	0.82±0.17b	0.28±0.10b	0.30±0.11b	0.9±0.27b	0.95±0.15b	0.27±0.10c	0.38±0.15b

注：小写字母不同表示不同处理之间差异显著（$P < 0.05$）。

水杨酸（SA）是植物体内广泛存在的一种简单的酚酸类物质，也是一种植物内源激素。有研究报道在菊花等植物上添加外源 SA 能提高其抗盐性，但是外源 SA 对盐胁迫下孔雀草种子萌发的影响一直未见明确。韩雪[56]为明确外源水杨酸（SA）对孔雀草耐盐性的影响，以孔雀草种子为试验材料，在 NaCl 盐胁迫下，分析不同浓度外源 SA 对孔雀草种子萌发的影响，记录种子萌发率，探讨外源水杨酸对盐胁迫下孔雀草种子萌发的影响，旨在为实际生产中缓解孔雀草盐害提供理论依据。结果表明 5 g/L NaCl 盐溶液处理后，显著降低孔雀草种子的发芽势、发芽率、发芽指数以及芽长。在盐胁迫条件下，随着 SA 浓度的增加，孔雀草种子发芽势、发芽率、发芽指数以及芽长均呈现先升后降的趋势，且 0.5 g/L 外源水杨酸达最大值。NaCl 盐胁迫抑制孔雀草种子萌发，而添加适宜浓度的 SA 能缓解盐胁迫作用，以 0.5 g/L SA 效果最好。王慧娟等[57]对万寿菊种子进行 5 个剂量的 ^{60}Co-γ 射线处理，结果表明提高万寿菊发芽率最佳的辐射剂量为 80 Gy 和 160 Gy，而 20 Gy 和 320 Gy 辐射处理则抑制了芽和根的生长；但是 60Co-γ 射线对万寿菊的生长及开花有不同程度的抑制作用，所有剂量的辐射处理幼苗及成苗的高度均低于对照，并且花径也都有所减小。

袁大刚等[58]探索不同沼液浓度、浸种时间对万寿菊种子发芽及幼苗生长的影响，以寻求沼液浸种的最佳浓度和时间组合，为万寿菊栽培管理提供理论依据。采用 2 因素完全随机试验设计——2 个因素分别为沼液浓度（设 25%、50%、75%、100% 4 个水平）和浸种时间（设 2 h、3 h、4 h、5 h，4 个水平），以清水作对照，结合主成分分析，探讨沼液浓度和浸种时间对万寿菊种子发芽率、苗高、根长、根系活力、叶绿素（Chl）及丙二醛（MDA）含量的影响。结果表明 25% 沼液浸种 5 h 和 50% 沼液浸种 4 h 时万寿菊种子发芽率最高，均达 81.3 %；50% 沼液浸种 5 h 根长最长，浸种 4 h 根系活力最强，均显著高于其余各处理；50% 沼液浸种 5 h，万寿菊 Chla、Chlb、Chla+Chlb 含量及 Chla/Chlb 最高，除 Chlb 外，均显著高于其余 19 个处理；25% 沼液浸种 5 h 万寿菊 MDA 含量最低，其次为 50% 沼液浸种 4 h，两者差异不显著，研究表明适宜的沼液浓度和浸种时间处理，能提高万寿菊种子发芽率，促进万寿菊幼苗生长。其中，50% 沼液浸种 5 h 对万寿菊种子发芽及幼苗生长的综合效果最佳。

2. 对孔雀草栽培的影响

2.1 施肥

周志凯[59]以盆栽孔雀草为试验材料，通过对孔雀草进行叶面施肥和遮光处理，研究了施肥和遮光对孔雀草生理指标的影响。结果表明遮光使孔雀草叶片的丙二醛（MDA）、游离氨基酸、游离脯氨酸（Pro）含量和过氧化物酶（POD）活性显著增加；叶面施肥使孔雀草叶片中的叶绿素含量显著增加，使叶片的 MDA、游离氨基酸、Pro 含量下降，POD 活性减弱。研究表明光强与施氮量存在明显的互作效应，光照愈强，作物对氮肥的需求也越多，反之则减少；两者只有协调供应才能保证作物的理想生长。施肥与光照条件对孔雀草的生理指标存在一定的交互效应，施肥加 90% 遮光率处理可使孔雀草的 Pro 含量和POD 活性比不遮光有显著提高，而不施肥的在 50% 遮光率处理下，孔雀草就表现出游离Pro 含量和 POD 活性显著上升，可见，充足施肥使弱光效应显著减弱，不施肥则使弱光效应显著增强，说明充足施肥和光照是保证孔雀草生长良好的重要因素。

任旭琴[60]以盆栽孔雀草为试验材料，通过对孔雀草进行叶面施肥和遮光处理，研究了施肥和遮光对孔雀草的营养生长、鲜质量及开花的影响，希望为孔雀草的栽培与生理机制研究提供理论依据。结果表明叶面施肥和遮光对孔雀草的生长发育存在一定的交互效应，其中，施肥条件下，孔雀草的遮光效应较不施肥时更明显，遮光能够导致施肥后孔雀草的分枝数显著减少，鲜质量显著下降，现蕾开花期延迟，花期缩短，花数减少，花径变小，而施肥对孔雀草的影响与其是否遮光关系不明显，不论遮光与否，喷施叶面肥都能够使孔雀草植株生长速度加快，分枝能力增强，物质积累增加，花数增加，花径增大。吕静[61]为了解决热干化污泥的出路问题，充分利用污泥中有机质、氮、磷、钾等营养成分，阐述了采用热干化污泥及污泥复混肥，对孔雀草进行了不同生长阶段及不同施用量的施肥试验，结果表明热干化污泥及污泥复混肥对孔雀草盆栽苗各项生长指标有促进作用，在施用比 4:20 条件下，污泥复混肥对孔雀草株高、冠幅、花径、地上部分生物量的促进效果显著。何建春等[62]采用盆栽试验，分别于苗期、现蕾期、初花期 3 个喷肥时期及 N1（0.025%N）、N2（0.05%N）、N3（0.075%N）、N4（0.1%N）4 个喷氮水平下，以喷清水作为对照，研究了叶面喷施不同水平氮肥对万寿菊生长发育和花产量累计动态的影响。结果表明叶面喷施氮肥对万寿菊形态指标、花产量及其累计速率都有明显的正效应。对形态指标的影响在初花期十分明显，其中株高、分枝数和叶干质量随喷氮水平的提高而依次递增，与对照组相比，增幅分别为：0.88% ~ 7.36%、13.04% ~ 34.78% 和 11.63% ~ 44.96%。花朵数、花鲜质量和花干质量等的累计值均在 N3 水平达到最高值，且现蕾期和采收 2 ~ 3次花后 2 个时期为叶面喷施氮肥的最佳时期。

近年来，国内草花用量大幅度增加，草花育苗也由传统的土壤播种育苗逐步向人工基质穴盘播种与营养液施肥方向转变，大大提高了种苗的质量。但采用这类新型的播种育苗方式国内目前尚没有专用的营养液供应，进口肥料不仅价格昂贵，而且供货不及时。王雅琴等[63]为探索草花育苗用的营养液配方，通过 N、P、K 等 3 因素，每因素 3 水平的27 种不同营养液追肥比较试验，筛选出适于万寿菊的元素营养液配比，旨在从中选出较理想的组合，以便进一步开发应用。最后认为以 N、K 各 150 mg/kg、40 mg/kg 的配比较好，有利于提高万寿菊苗期植株的品质。然而，该试验只局限于同一季节、同一基质条件的万寿菊苗期营养液探索。但在变更条件下的苗期营养液效应，营养液中 N、P、K 等3 个要素的比例以及 N 素中铵态氮与硝态氮的成分与作用等等，均有待进一步的研究与试验。

　　另有研究发现[64, 65]叶面喷施氮肥对万寿菊株高、分枝数等形态指标及花产量等明显的影响。花中叶黄素含量有随叶面喷施氮肥而"先增后减"抛物线形的变化趋势。在一定范围内，随着尿素施用量的增加，万寿菊鲜花的产量呈现上升趋势。为探讨氮肥对万寿菊生长发育及鲜花产量和叶黄素含量的影响，研究寒地万寿菊适宜的施氮量。王立凤等[66]采用随机区组设计，在磷、钾肥施用量不变的情况下，对比6个氮肥水平对万寿菊生物学性状及产量影响。随着氮肥施用量的增加，万寿花开花延迟，株高、茎粗、株冠直径、分枝数目、单株干重和叶绿素含量都呈现先升后降的趋势；在N3处理下，鲜花产量、叶黄素含量和产量达到最高，各处理间差异极显著。在该验条件下，寒地万寿菊种植合理的施氮量为90 kg/hm^2，此时鲜花产量最高可达24.11 t/hm^2。研究表明万寿菊的生长发育和鲜花产量以及叶黄素含量同氮肥水平呈现一定的剂量效应，随施用氮肥量的增加，万寿菊的开花时间延迟，且氮肥施用量越大，其生长期越长，开花期延迟效果明显，但鲜花产量随氮肥的增加呈现先上升后下降的趋势，而叶黄素与氮肥的关系呈现一定的剂量抑制效应，当施用高剂量的氮肥时，其叶黄素含量甚至低于施用最低氮肥的植株。

　　施肥是提高作物产量和品质的重要保证，但实际生产中施肥方式不合理，常导致肥料利用率下降，而且造成对环境的污染，合理施肥是万寿菊产业化生产中亟待解决的关键问题之一。叶面施肥可使各种矿质元素等营养物质从叶部进入体内，直接参与新陈代谢与有机物合成过程，其肥效比土壤施肥迅速，能明显平衡植物体内养分，显著促进光合色素的合成和光合作用强度，从而弥补了土壤施肥的不足。叶面施肥中，肥料选择、浓度以及施用时间等，都是施肥效果的直接影响因素。在万寿菊生产中，万寿菊鲜花产量和叶黄素含量是衡量其经济效益的重要指标。N、P、K等的营养不足会抑制其生长发育和叶黄素的形成。针对万寿菊栽培管理环节薄弱之现状，开展万寿菊定植后复合肥叶面施肥量研究，为提高万寿菊经济产量和合理施肥提供科学依据。曾丽等[67]选用万寿菊"99146"品种为材料，采用"宝力丰"复合肥进行叶面喷施，共设置7个施用水平：0、1‰、1.5‰、2‰、4‰、8‰、10‰，分析了不同施肥水平对万寿菊植株的株高、茎的红化程度、叶总面积、侧枝数、花朵数、单花直径、花干鲜重等的影响。结果显示在0~8‰复合肥施肥水平内，随施肥浓度上升，万寿菊株高、茎的红化、总叶面积、侧枝数等营养生长均为上升状态，当叶面喷施复合肥浓度8‰时，达到最佳状态；试验结果还显示，8‰施肥植株，花期提前，鲜花产量和花器官的发育也优于其他施肥水平；而10‰复合肥施肥水平与4‰水平在植株的营养生长和花器官的发育上基本一致，可见过量施肥并不能让万寿菊的营养生长达到最优状态，甚至对成花质量产生抑制。试验结果表明叶面喷施复合肥浓度为8‰时，对万寿菊的生长发育有着显著的促进作用，其植株生长健壮，花期提前且鲜花产量较高。建议在实际生产中采用8‰复合肥叶面喷施。

2.2 光照

光照对孔雀草种子萌发影响不大，但对孔雀草的生长则是必不可少的。孔雀草对温度和日照长度较为敏感，因此，在不同地区的栽培技术也不尽相同。从播种到开花仅需70 d，早春育苗在大棚内不加温即可，晚霜后定植庭院、花坛或盆栽。长白山区属于温带大陆性山地气候，冬季漫长而寒冷，山顶温度较低，冬季时间较长，夏季短而且比较凉爽，海拔 1200 m 或 1400 m 以上无夏季；春秋季节较长，海拔 1200 m 或 1400 m 以上春秋相连，年平均气温在 –7 ~ 3 ℃。晚霜为每年 5 月 15 日至 5 月末。长白山是中国东北地区降水量最多的地方之一，降水都集中在 6—8 月，占全年降水量的 60% 以上。长白山区冬季漫长，春季播种草本花卉，观赏时期短，温室育苗成为选择。张功[68]文章阐述了孔雀草育苗中品种选择、土壤整理、育苗土的准备、播种时期、育苗温度控制及病虫害防治相关技术。绿化中整地、定植及养护技术。孔雀草是菊科一年生草本植物，喜温暖、阳光充足的环境，生长温度在 10 ~ 38 ℃，最适温度为 15 ~ 30 ℃。对土壤要求不严格，低温容易形成冷害，造成很大的经济损失。随着栽培设施的发展和完善，以及人们对经济效益的不断追求，花卉栽培方式趋于抢早和延后。这样一来，花卉冷害问题便日益突出。低温在成花诱导和促进花芽分化方面扮演着重要的角色。阳周华[49]阐述了低温以及处理时间对孔雀草开花时间以及开花时营养体大小的影响。试验结果表明，低温对孔雀草开花有促进作用，使其开花期提前，但温度以 3 ℃为宜，处理时间以 10 h 为宜。

光是影响植物生长发育的重要因子，植物在生长过程中往往受到弱光环境的限制，弱光条件会阻碍植物无机物的吸收、降低光合碳同化能力及防御性酶活性，进而导致植物的生长受到抑制。弱光条件下，绿竹（Dendrocalamopsis oldhami）的净光合速率、暗呼吸速率、光补偿点、光饱和点均有所降低，叶绿素 a、叶绿素 b 和总叶绿素含量显著上升，叶面积明显增大，光合作用及生长发育受到抑制。何静雯[69]等研究发现，葡萄 Vitis vinifera 在弱光胁迫的条件下，超氧化物歧化酶、过氧化物酶、过氧化氢酶等防御性酶活性及可溶性蛋白含量均显著降低，植物受到严重损伤。丛枝菌根（Arbuscular mycorrhizal，AM）真菌作为土壤中的一类共生真菌，能有效促进植物对营养物质的吸收，增强植物抵抗非生物胁迫的能力，其在维持生态环境稳定等方面均得到了广泛的应用。邢红爽[70]于温室盆栽不同光照条件下，对孔雀草接种丛枝菌根（Arbuscular mycorrhiza，AM）、摩西斗管囊霉（Funneliformis mosseae）、真菌幼套近明球囊霉（Claroideoglomus etunicatum）、球状巨孢囊霉（Gigaspora margarita）和不接种对照处理，测定孔雀草菌根侵染率、生长指标和生理指标，旨在评价 AM 真菌对孔雀草耐阴性的影响。结果表明供试 AM 真菌均能侵染孔雀草根系形成典型的丛枝菌根，不同遮光处理均以接种 F.mosseae 的侵染效果最佳，强光及弱光均不利于 AM 真菌侵染，当遮光率为 24% 时，孔雀草生长状况最佳。与不接种对照相比，接种 F.mosseae 显著提高了孔雀草株高、茎粗、叶面积、根冠比、比叶重、着花数和花茎，单花花期延长，提高了根系活力、叶绿素 a、叶绿素 b、总叶绿素和可溶性糖含量，降低了脯氨酸含量，光补偿点下降，光饱和点升高，最大净光合速率增大。结论认为，适当遮阴有利于孔雀草生长发育，接种 AM 真菌能增强孔雀草对光照的适应能力，促进植株生长发育，减缓弱光造成的损伤，增强其耐阴性，且以接种 F. mosseae 效果最好。

2.3　抗旱性

刘敏等[71]为筛选适合节水型园林建设中运用的抗旱性较强的植物，选取菊科植物中黄色系、春夏开花、较喜光的 5 个物种（万寿菊、孔雀草、雏菊、金鸡菊和天人菊）为试验材料，用 3 个浓度（10%、20%、30%）PEG 6000 模拟干旱胁迫处理，研究了被测试植物幼苗对干旱胁迫的生理响应，并进行了抗旱性评价，结果见表 2-26、表 2-27，表明 3 种 PEG 浓度胁迫下均表现为随着胁迫时间的延长 5 种幼苗叶片的叶绿素含量持续下降，可溶性蛋白质含量先升后降，质膜相对透性和脯氨酸含量持续增加，且高浓度 PEG 引起的各项指标的变化幅度大于低浓度下的变化幅度；但 5 种幼苗叶片内丙二醛积累情况有所差异，3 种 PEG 浓度下都是孔雀草、天人菊和万寿菊随胁迫时间的延长，幼苗叶片中的丙二醛含量先降后升，而雏菊和金鸡菊则一直逐渐增加。利用隶属函数法对 5 种植物幼苗抗旱能力进行综合评价，轻度和中度干旱胁迫下，天人菊抗旱性最强，孔雀草次之，雏菊最弱；重度水分胁迫下，孔雀草抗旱性最强，天人菊次之，雏菊最弱。梁艳等[72]则发现 PEG 浓度越高，孔雀草叶绿素含量下降幅度越大，游离 Pro 含量上升幅度越大，并且在不同 PEG 浓度下，可溶性蛋白均呈先上升后下降的趋势，但峰值与幅度并不相同[66]，这说明植物体能够通过调节自身的可溶性蛋白及游离 Pro 含量来减轻干旱带来的伤害，表现出一定的抗旱耐旱潜力。

表 2-26　5 种植物各生理指标的变化幅度平均值（%）

处理	物种	叶绿素含量	可溶性蛋白质含量	游离脯氨酸含量	相对电导率	丙二醛含量
轻度胁迫 10% PEG	孔雀草	−17.43	85.17	147.85	446.53	42.48
	天人菊	−34.23	134.46	156.44	489.19	9.62
	雏菊	−76.31	20.33	166.73	562.78	92.73
	万寿菊	−73.75	27.01	145.81	378.99	74.72
	金鸡菊	−70.41	66.90	103.44	409.32	126.48
中度胁迫 20% PEG	孔雀草	−46.60	45.76	412.92	535.70	169.29
	天人菊	−62.93	139.30	392.34	614.61	39.50
	雏菊	−88.28	22.69	257.74	619.41	146.80
	万寿菊	−75.89	26.29	348.42	641.29	138.69
	金鸡菊	−85.49	61.93	266.18	654.83	104.10

续表

处理	物种	叶绿素含量	可溶性蛋白质含量	游离脯氨酸含量	相对电导率	丙二醛含量
重度胁迫10% PEG	孔雀草	−75.07	66.82	547.46	704.47	125.84
	天人菊	−88.21	156.12	369.63	682.57	137.85
	雏菊	−88.30	74.24	314.65	793.95	280.00
	万寿菊	−85.99	88.37	437.26	664.69	171.03
	金鸡菊	−86.80	212.69	254.46	692.67	240.85

表2-27　5种植物的隶属函数值（%）及综合评价

处理	物种	叶绿素含量	可溶性蛋白质含量	游离脯氨酸含量	相对电导率	丙二醛含量	均值	排序
轻度胁迫10% PEG	孔雀草	1.00	0.57	0.70	0.63	0.72	0.72	2
	天人菊	0.71	1.00	0.84	0.40	1.00	0.79	1
	雏菊	0.00	0.00	1.00	0.00	0.29	0.26	5
	万寿菊	0.04	0.06	0.67	1.00	0.44	0.44	3
	金鸡菊	0.10	0.41	0.00	0.83	0.00	0.27	4
中度胁迫20% PEG	孔雀草	1.00	0.20	1.00	1.00	0.00	0.64	2
	天人菊	0.61	1.00	0.87	0.34	1.00	0.76	1
	雏菊	0.00	0.00	0.00	0.30	0.17	0.09	5
	万寿菊	0.30	0.03	0.58	0.11	0.24	0.25	3
	金鸡菊	0.07	0.34	0.05	0.00	0.50	0.19	4
重度胁迫10% PEG	孔雀草	0.00	0.00	1.00	0.69	1.00	0.74	1
	天人菊	0.01	0.61	0.39	0.86	0.92	0.56	2
	雏菊	0.00	0.05	0.21	0.00	0.00	0.05	5
	万寿菊	0.17	0.15	0.62	1.00	0.71	0.53	3
	金鸡菊	0.11	1.00	0.00	0.78	0.25	0.43	4

　　研究开发株型矮小紧凑、茎秆粗壮、花繁叶茂、观赏价值高的微型盆花和低矮茂密的花坛花卉、绿篱花卉、地被花卉等是今后花卉业发展的方向之一，同时也是园林工作者一直探索的课题。传统的花卉矮化技术，如摘心控高、整枝作弯等措施操作处理起来，大部

分费工费时，经济效益差，无法进行花卉的规模化、工厂化生产，而采用植物生长延缓剂多效唑（PP_{333}）、矮壮素（CCC）处理可有效防止植株徒长，矮化植株，防止倒伏，增强植物抗逆性，提高花卉的观赏价值，延长观赏时间等[73-76]。杨守军等[77]在万寿菊幼苗上盆后，一次性根灌不同浓度的多效唑，能明显提高万寿菊叶绿素含量，提高其过氧化物酶活性，增强光合速率，降低呼吸消耗，增加可溶性蛋白含量，降低吲哚乙酸含量，根系活力增强，提高超氧化物歧化酶活性，进而显著缩短节间，抑制其株高，减少叶面积，增加叶片厚度，推迟花期，增加花朵数，花期延长，花径增大，从而使叶绿色艳，提高综合观赏价值。任吉君[78]选择栽培广泛的孔雀草，采用植物生长延缓剂PP_{333}、CCC处理和摘心处理进行了矮化研究，旨在探索一条有实用价值的矮化栽培技术途径。结果表明PP_{333}、CCC和摘心均对孔雀草具有矮化生理效应，药剂处理矮化效应优于摘心处理。随着药剂浓度增高，氧化酶活性增强，矮化作用也随之加强；同时，叶绿素含量增高，花枝增多，花径增大，花期和总生育期延长。以15% PP_{333}的500 mg/L喷4次处理，孔雀草矮化和观赏综合效应最佳。通常认为PP_{333}、CCC通过抑制GA3的生物合成来控制植株高度，同时，经过PP_{333}、CCC处理后的植物，提高了POD活性，而某些POD同工酶具有IAA氧化酶作用，使植物内源IAA水平降低，从而实现矮化作用。本试验中，孔雀草的株高、节间长度、叶片长宽比与POD、SOD、CAT和IAA氧化酶活性存在着高度的负相关性。这暗示上述酶类参与了植物细胞、组织和器官的轴向伸展调控过程，以此推测CAT、SOD与POD作用类似，也具有降低植物内源IAA水平的作用。至于PP_{333}和CCC对孔雀草内源激素IAA、GA3、ABA，细胞分裂素和乙烯的综合影响，将有待于今后做进一步研究。

2.4　重金属胁迫

土壤重金属污染已成为我国环境保护中的严峻问题之一，给农业生产和人体健康造成了巨大的潜在威胁。然而，如果富集植物或超富集植物不具有商业价值，则难以大面积推广。许多研究表明，紫茉莉、金盏菊、龙葵、金银花、吊兰等花卉植物均对镉（Cd）具有较强的积累能力。利用污染土壤种植花卉植物修复重金属污染土壤兼具环保、景观和市场价值，因此有着较好的应用前景。然而，这些研究主要关注花卉植物对重金属的积累能力，而很少研究这些植物对的镉（Cd）的耐性机制、富集转移规律及其相互关系。孔雀草适应性强，对土壤的要求不严格，耐旱耐寒，易于管理，是目前我国花坛、庭院的主栽花卉之一。据研究，孔雀草对镉（Cd）和Pb等重金属具有较强的耐性和积累能力，但其对镉（Cd）的耐性机制及重金属在植株体内的分布特征依然不明。

镉（Cd）是植物光合作用的抑制剂。研究表明当植物体受到重金属Cd胁迫时，孔雀草叶片的叶绿素合成受到抑制，并且PS Ⅱ反应中心轻微受损，说明Cd胁迫能够抑制植物的光合作用。大量研究发现，孔雀草通过液泡区隔化、细胞壁固持作用、提高自身DNA甲基化水平、脯氨酸含量和抗氧化酶活性来加强自身抗逆境胁迫的能力[79]。利用植物修复重金属污染土壤前景广阔，孔雀草作为Cd超富集植物，可应用于修复Cd污染土壤，而孔雀草对于其他重金属是否具有富集性也是下一步的研究方向。王明新[80]通过营养液栽培实验，研究 Cd 对孔雀草生理指标、Cd 在不同组织中的亚细胞与化学形态分布特征及孔雀草 Cd 富集与转移的影响，旨在揭示孔雀草对 Cd 的富集、分配规律及其耐性机制，为孔雀草在 Cd 污染土壤修复的应用提供科学依据。采用营养液培养法研究了不同浓度的 Cd（0 mmol/L、0.01 mmol/L、0.05 mmol/L、0.1 mmol/L、0.2 mmol/L、0.3 mmol/L、0.4 mmol/L）对孔雀草叶片光合色素和丙二醛含量以及 Cd 积累量、亚细胞与化学形态分布的影响，见表 2-28～表 2-32。结果表明随着营养液 Cd 浓度的增加，叶片光合色素含量呈先升后降趋势，丙二醛含量则呈线性递增趋势，高浓度 Cd 处理（≥ 0.1 mmol·L^{-1}）对孔雀草产生了显著的胁迫响应。Cd 主要贮存于可溶组分中，根系中占 50.91%～66.40%，叶片中占 39.09%～60.52%；其次为细胞壁，细胞器中的镉比例较低。随着 Cd 处理浓度的增加，Cd 在根系细胞壁中的贮存比例呈增加趋势。液胞区隔化和细胞壁固持是孔雀草应对 Cd 胁迫的重要耐性机制。根系中的 Cd 主要以乙醇提取态存在，占 27.62%～70.46%，叶片中 Cd 主要以去离子水提取态和氯化钠提取态存在，两者合计占 58.91%～71.09%。叶片中活性态 Cd 含量显著低于根系，显著降低了地上部 Cd 的积累，也显著降低了 Cd 对地上部的胁迫作用。

表 2-28 Cd 处理对孔雀草叶片色素含量的影响

处理	Cd 浓度（mmol/L）	叶绿素 a（mg/g FW）	叶绿素 b（mg/g FW）	叶绿素 a+b（mg/g FW）	叶绿素 a/b	类胡萝卜素（mg/g FW）
ck	0	1.30 ± 0.09c	0.5 ± 0.06bc	1.87 ± 0.15c	2.32 ± 0.08a	0.18 ± 0.01e
T1	0.01	1.52 ± 0.11b	0.64 ± 0.05ab	2.16 ± 0.16b	2.36 ± 0.04a	0.3 ± 0.02abc
T2	0.05	1.71 ± 0.05a	0.73 ± 0.02a	2.44 ± 0.06a	2.35 ± 0.04a	0.35 ± 0.00ab
T3	0.1	1.77 ± 0.04a	0.72 ± 0.10a	2.49 ± 0.14a	2.49 ± 0.27a	0.37 ± 0.05a
T4	0.2	1.32 ± 0.12c	0.55 ± 0.06bc	1.87 ± 0.18c	2.41 ± 0.03a	0.3 ± 0.02bcd
T5	0.3	1.18 ± 0.19c	0.51 ± 0.03c	1.69 ± 0.22c	2.29 ± 0.24a	0.29 ± 0.02cd
T6	0.4	0.67 ± 0.10d	0.29 ± 0.04d	0.96 ± 0.14d	2.30 ± 0.14a	0.28 ± 0.03d

注：同列数据字母不同表示不同处理之间差异显著（$P < 0.05$）。

表 2-29 Cd 浓度对其在孔雀草中富集与转移的影响

处理	Cd 浓度（mmol/L）	Cd 含量（mg/kg）			Cd 转移系数	
		根	茎	叶	茎/根	叶/根
T1	0.01	127.76 ± 20.51f	133.83 ± 26.79d	130.25 ± 6.54d	1.05	1.02
T2	0.05	911.56 ± 147.12e	417.96 ± 74.52c	238.1 ± 10.57c	0.46	0.26

续表

处理	Cd 浓度 (mmol/L)	Cd 含量（mg/kg）			Cd 转移系数	
		根	茎	叶	茎/根	叶/根
T3	0.1	2530.39 ± 236.75d	496.78 ± 120.23c	262.15 ± 56.46c	0.20	0.10
T4	0.2	4027.06 ± 114.54c	857.56 ± 221.52b	353.94 ± 42.78b	0.21	0.09
T5	0.3	5464.23 ± 229.51b	1646.61 ± 171.88a	429.93 ± 55.29b	0.30	0.08
T6	0.4	6667.56 ± 192.64a	1884.89 ± 219.05a	60.85 ± 61.70a	70.28	0.11

表 2-30　Cd 在孔雀草根系和叶片中的亚细胞分布

处理	Cd 浓度 (mmol/L)	根亚细胞组分 Cd 含量（mg/kg）			叶亚细胞组分 Cd 含量（mg/kg）		
		F1	F2	F3	F1	F2	F3
T1	0.01	1.35 ± 0.27d (15.38)	2.96 ± 1.25c (33.71)	4.47 ± 0.74d (50.91)	1.45 ± 0.25e (18.99)	1.56 ± 0.41f (20.49)	4.61 ± 0.85e (60.52)
T2	0.05	25.13 ± 1.80c (34.68)	2.47 ± 0.10c (3.40)	44.87 ± 3.50c (61.91)	5.12 ± 0.40d (30.77)	3.65 ± 0.50e (21.93)	7.87 ± 0.51d (47.31)
T3	0.1	29.72 ± 1.94c (30.97)	2.53 ± 0.22c (2.64)	63.73 ± 6.50c (66.40)	7.57 ± 1.45c (31.31)	5.35 ± 0.55d (22.14)	11.25 ± 0.37c (46.55)
T4	0.2	81.39 ± 2.30b (31.53)	7.10 ± 0.48b (2.75)	169.64 ± 15.91b (65.72)	11.86 ± 0.76b (36.62)	7.87 ± 0.77c (24.30)	12.66 ± 0.70c (39.09)
T5	0.3	134.29 ± 9.43a (36.40)	11.06 ± 1.86a (3.00)	223.56 ± 11.79a (60.60)	13.66 ± 0.09b (34.62)	9.49 ± 0.19b (24.05)	16.31 ± 1.58b (41.33)
T6	0.4	144.31 ± 14.18a (37.20)	10.88 ± 1.22a (2.80)	232.77 ± 27.92a (60.00)	16.76 ± 1.33a (32.86)	10.70 ± 0.43a (20.98)	23.55 ± 1.57a (46.16)

注：括号内数值为各化学形态 Cd 含量占 Cd 总量的比例（%）。

表 2-31　孔雀草叶片与根系各亚细胞组分和化学形态 Cd 含量的比值

处理	Cd 浓度 (mmol/L)	Cd 含量：叶片/根系（亚细胞）			Cd 含量：叶片/根系（化学形态）					
		F1	F2	F3	F_E	F_W	F_{NaCl}	F_{HAc}	F_{HCl}	F_R
T1	0.01	1.07	0.53	1.03	0.17	1.33	1.01	0.99	1.06	1.01
T2	0.05	0.20	1.48	0.18	0.07	0.92	0.95	0.89	1.03	1.03
T3	0.1	0.25	2.12	0.18	0.06	0.64	0.80	0.84	1.05	1.05
T4	0.2	0.15	1.11	0.07	0.05	0.66	0.85	0.72	0.48	1.04

处理	Cd 浓度 (mmol/L)	Cd 含量：叶片 / 根系（亚细胞）					Cd 含量：叶片 / 根系（化学形态）				
		F1	F2	F3	F_E	F_W	F_{NaCl}	F_{HAc}	F_{HCl}	F_R
T5	0.3	0.10	0.86	0.07	0.03	0.46	0.54	0.52	0.37	0.94
T6	0.4	0.12	0.98	0.10	0.56	0.04	0.62	0.77	0.31	0.89

表 2-32　Cd 在孔雀草根系和叶片中的化学形态分布

处理		Cd 浓度 (mmol/L)	Cd 含量（mg/kg）					
			F_E	F_W	F_{NaCl}	F_{HAc}	F_{HCl}	F_R
根	T1	0.01	10.38 ± 0.41d (27.62)	6.69 ± 0.20e (17.81)	9.62 ± 0.37b (25.59)	3.19 ± 0.07b (8.49)	4.93 ± 0.01d (13.13)	2.76 ± 0.01a (7.36)
	T2	0.05	77.72 ± 7.48c (64.91)	19.45 ± 5.05d (16.24)	10.86 ± 0.05b (9.07)	3.85 ± 0.04b (3.22)	5.12 ± 0.14d (4.28)	2.73 ± 0.02a (2.28)
	T3	0.1	98.16 ± 27.04c (65.95)	26.77 ± 3.01d (17.98)	12.22 ± 0.76b (8.21)	4.00 ± 0.39b (2.69)	5.00 ± 0.04d (3.36)	2.69 ± 0.01a (1.81)
	T4	0.2	212.40 ± 15.41b (70.72)	50.86 ± 6.12c (16.93)	15.73 ± 1.19b (5.24)	7.33 ± 1.14a (2.44)	11.26 ± 0.40c (3.75)	2.77 ± 0.03a (0.92)
	T5	0.3	328.16 ± 4.48a (70.46)	80.57 ± 0.93b (17.30)	28.91 ± 1.90a (6.21)	10.71 ± 0.70a (2.30)	14.33 ± 0.67b (3.08)	3.06 ± 0.06a (0.66)
	T6	0.4	303.08 ± 29.56a (66.02)	94.23 ± 6.80a (20.53)	30.17 ± 1.28a (6.57)	10.18 ± 2.20a (2.22)	18.21 ± 2.01a (3.97)	3.20 ± 0.13a (0.70)
叶	T1	0.01	1.79 ± 0.59d (5.69)	8.87 ± 0.68d (28.18)	9.68 ± 0.04d (30.73)	3.15 ± 0.09b (10.00)	5.21 ± 0.04a (16.54)	2.79 ± 0.01a (8.86)
	T2	0.05	5.62 ± 0.47c (12.40)	17.86 ± 3.62c (39.43)	10.28 ± 0.21d (22.70)	3.42 ± 0.14b (7.55)	5.30 ± 0.02a (11.69)	2.82 ± 0.01a (6.22)
	T3	0.1	5.90 ± 0.20c (13.33)	17.11 ± 1.89c (38.67)	9.78 ± 0.07d (22.09)	3.37 ± 0.17b (7.63)	5.26 ± 0.05a (11.90)	2.82 ± 0.03a (6.38)
	T4	0.2	9.95 ± 0.82b (14.14)	33.49 ± 3.37b (47.59)	13.34 ± 0.73c (18.95)	5.28 ± 1.39a (7.50)	5.44 ± 0.15a (7.73)	2.87 ± 0.04a (4.08)
	T5	0.3	8.65 ± 0.08b (11.53)	37.00 ± 3.32b (49.36)	15.58 ± 0.17b (20.78)	5.60 ± 0.22a (7.47)	5.25 ± 0.07a (7.00)	2.89 ± 0.03a (3.86)
	T6	0.4	12.75 ± 0.71a (12.69)	52.67 ± 4.85a (52.44)	18.73 ± 1.62a (18.65)	7.79 ± 0.30a (7.76)	5.63 ± 0.15a (5.61)	2.86 ± 0.01a (2.85)

注：括号内数值为各化学形态 Cd 含量占 Cd 总量的比例（%）。

张凯凯[81]通过盆栽试验，利用甲基化敏感扩增多态性（MSAP）技术，对不同浓度镉（Cd）胁迫下孔雀草基因组 DNA 甲基化变化情况进行了分析研究。结果表明，经 0 mg/kg、50 mg/kg、250 mg/kg 和 500 mg/kg 浓度 Cd^{2+} 处理后，基因组 MSAP 比率分别为 24%、30%、35% 和 41%，全甲基化率分别为 20%、23%、25% 和 27%，这表明重金属胁迫处理后，DNA 总甲基化水平随 Cd^{2+} 浓度升高而呈上升趋势；在 DNA 甲基化模式变化方面，50 mg/kg、250 mg/kg 和 500 mg/kg 浓度胁迫下重新甲基化率分别为 10%、10% 和 11%，重新甲基化为主要的甲基化变化模式。综上所述，孔雀草经 Cd^{2+} 胁迫处理后，基因组 DNA 甲基化水平和模式都发生了改变，不同 Cd^{2+} 浓度处理 DNA 甲基化水平均明显高于无 Cd 胁迫，且与浓度呈剂量效应关系。重金属胁迫程度的升高，使孔雀草 DNA 甲基化模式也发生了变化，重新甲基化率随 Cd^{2+} 浓度升高而提高，去甲基化率则随胁迫浓度的升高而呈现下降趋势，且以重新甲基化率的增加为主，最终导致总体甲基化率的升高。该研究可以为揭示重金属胁迫对植物 DNA 甲基化变化规律及植物对重金属胁迫耐受性机制提供理论参考。

张银秋等[82]通过水培实验，研究了不同 Cd 浓度（0 mg/L、0.1 mg/L、0.5 mg/L、1 mg/L、2 mg/L 和 5 mg/L）胁迫对万寿菊生长及生理生化指标的影响。研究表明低浓度 Cd（< 0.5 mg/L）胁迫下，万寿菊的生长未受到显著影响，说明万寿菊对低浓度 Cd 有一定的耐性。而 Cd 浓度超过 0.5 mg/L 时，万寿菊的相对生长速率较对照明显降低（$P < 0.05$），最高可降低 43%（5 mg/L 时）。当 Cd 浓度为 1 mg/L 以上时，叶绿素含量、可溶性蛋白含量显著降低，硝酸还原酶活性也随之下降，说明高浓度 Cd 对万寿菊的各项生理生化指标已经产生影响。2 mg/L 的 Cd 可使万寿菊叶片中丙二醛浓度、超氧化物歧化酶活性显著升高（$P < 0.05$），分别比对照高出 112% 和 37%，而 Cd 浓度继续升高（5 mg/L）时，包括丙二醛浓度、超氧化物歧化酶活性在内的各项生理指标均有所降低，万寿菊明显受害。

2.5　耐盐性

稀土已被广泛应用于农业生产领域，近年来的研究发现，镧是 17 种稀土元素中最重要和最活泼的元素之一，其在有机体中含量很少，但对生命活动则具有重要的调节作用。一定浓度的镧不仅能够加速作物种子萌发、促进其根系生长及对养分的吸收、增强光合作用、提高产量，还能够提高作物对低温、病害及重金属等逆境胁迫的抵抗能力，使作物在一定的不良环境范围内仍能生长发育。蒋保安[83]依据我国孔雀草培养及稀土在农业上的应用现状，在孔雀草生长期采用不同浓度氯化镧进行处理，测定处理后对孔雀草有关形态指标和生理指标的影响，探讨氯化镧对孔雀草生长的影响。结果表明采用适宜浓度范围的氯化镧对孔雀草进行叶面喷施处理，在同一管理下均可促进幼苗增高、增强根系吸收养分的能力、提高叶绿素的含量、增加干物质的积累，有助于壮苗培育，其中以浓度为 200 mg/L 喷施孔雀草最好，建议在生产上合理应用，为氯化镧在孔雀草等其他园艺作物上的应用提供一定理论依据和有益参考。

　　木醋液是一种赤褐色水溶性混合物溶液，其中含有机酸、醇、醛、酮、酯、苯、酚等多种有机化合物。木醋液为热解气化过程中第三多的副产物，每吨秸秆产木醋液220～300 kg。木醋液在农业上的应用主要作为生长促进剂、杀虫剂、抗菌剂和土壤改良剂使用，对食用菌和花卉的作用效果也是相当明显。通过热解工艺制备木醋的原料很多，如木质素类木块、木屑、树枝、根和叶等，农业废弃物类秸秆、果核、蔗渣等。这些农林废弃物制得的木醋在成分和性能上也有所区别。于志民等[84]为验证秸秆木醋液的应用效果，在绿化利用率较高的花卉孔雀草上进行喷施试验。以北方资源丰富的玉米秸木醋液、水稻秸木醋液和柞木木醋液为研究对象，通过对孔雀草的喷施试验，来验证不同木醋液的试验效果，进而对不同木醋液进行分析评价。结果表明不同木醋液处理对孔雀草的生长发育有积极的促进作用，各处理对孔雀草的营养生长、生殖生长和抗病性作用显著，较对照均达到差异显著水平。综合效果评价为玉米秸秆木醋液处理好于柞木木醋液处理，好于水稻秸秆木醋液处理，好于对照。

2.6　化感作用

　　"化感作用"（Allelopathy）首次由 Molish 于 1937 年提出，指一种植物（包括微生物）通过其本身产生并释放到周围环境中去的化学物质对另一种植物（或微生物）产生直接或间接的相互排斥或促进的效应。植物与植物间的化感作用是当今科学研究的前沿之一。有研究表明植物间的化感作用能在一定程度上影响植被群落的演替速率和演替方向，在具体先锋物种的配置中，不仅要考虑植物的固土能力、抗逆性和成活率等特点，还应考虑植物之间的化感作用[85-89]。在护坡先锋植物的选配上，魏科梁[90]通过种子萌发和幼苗生长试验，研究了孔雀草、盐肤木 2 种植物的叶、茎、根水浸提液对紫花苜蓿的化感作用。研究表明孔雀草能显著降低紫花苜蓿的发芽速率和幼苗根的生长，形成竞争优势，从而影响先锋物种的出芽和生长，对护坡效果产生不利影响。因此紫花苜蓿和孔雀草不宜混播；盐肤木虽然对紫花苜蓿也有一定的化感抑制作用，但是其作为灌木和紫花苜蓿混植，只要种植密度适当是可行的，可为生态护坡的植物选择提供参考。

　　黄玉梅等[91]以 4 种园林植物石竹、千叶蓍、二月兰、鸡冠花作为受体，采用室内培养皿法，研究了不同浓度孔雀草水浸提液（0 mg/mL、12.5 mg/mL、25.0 mg/mL、50.0 mg/mL、100.0 mg/mL）对 4 种园林植物种子萌发及幼苗生长的化感作用，旨在为孔雀草在园林植物配置中的应用提供科学依据。结果表明孔雀草水浸提液对 4 种园林植物种子萌发及生长有明显影响，且 4 种园林植物间存在一定差异。孔雀草水浸提液对石竹、二月兰、鸡冠花种子萌发均表现为抑制作用，对千叶蓍种子则表现为一定的促进作用；孔雀草水浸提液对石竹幼苗表现为抑制作用，而对二月兰和鸡冠花幼苗表现为"低促高抑"，浓度为100.0 mg/mL 时，抑制作用最强；千叶蓍幼苗生长在浸提液浓度为 50.0 mg/mL 时仍表现为显著的促进作用，仅在 100.0 mg/mL 时受到一定程度抑制；孔雀草水浸提液对石竹、鸡冠花和二月兰幼苗叶绿素含量基本都表现为抑制作用，千叶蓍仅在 100.0 mg/mL 时表现为抑制；二月兰、鸡冠花幼苗 POD 活性在中低浓度时有不同程度升高，100.0 mg/mL 时呈下降趋势，石竹幼苗 POD 活性随浸提液浓度升高持续下降，千叶蓍则先下降后升高；石竹和鸡冠花幼苗 MDA 含量随浸提液浓度升高而升高，千叶蓍和二月兰则先下降后升高。

孔雀草除对其他物种有化感作用外，谢修鸿等[92]还以常用地被植物孔雀草为研究对象，研究其不同部位水提液对自身生长、土壤微生物数量及酶活性的影响，初步确定孔雀草对自身的化感作用。结果表明：不同部位水提液处理与对照比较，对株高影响以对照＞叶水提液＞花水提液＞茎水提液趋势；对冠幅与茎粗影响趋势一致，呈花水提液＞茎水提液＞对照＞叶水提液趋势；对真叶分蘖数的影响水提液处理均高于对照；对花朵直径的影响对照大于水提液处理；对植株地上株干重影响以水提液处理大于对照，变化趋势为花水提液＞叶水提液＞茎水提液＞对照；对植株地下株干重影响趋势依次为花水提液＞对照＞茎水提液＞叶水提液。孔雀草不同部位水提液处理对土壤微生物数量及总量影响，以花水提液处理与对照比较均促进土壤细菌、放线菌、真菌增长；而茎水提液处理与对照比较均抑制土壤细菌、放线菌、真菌增长；叶水提液处理与对照比较抑制土壤细菌、放线菌，而促进真菌生长。B/F 值变化趋势为花水提液＞对照＞茎水提液＞叶水提液。孔雀草不同部位水提液处理对土壤系列酶活性均产生不同促进或抑制作用，以花水提液处理促进能力最强。研究结果初步表明，孔雀草不同部位水提液对自身生长具有明显的化感作用；孔雀草花朵采后可直接返田，继续移栽孔雀草不影响其生长。

冯丹[93]研究了孔雀草与月季混栽后对月季长管蚜的影响。结果表明月季与孔雀草混栽对蚜虫控制作用明显，与未混栽的月季相比，混栽组月季长管蚜种群数量减少 55.90% ～ 77.27%。嗅觉行为试验显示，混栽后月季叶片有 32% ～ 45% 蚜虫选择，未混栽的有 55% ～ 65% 选择，显然，通过孔雀草的化感作用，月季叶片挥发性成分改变，对月季长管蚜引诱能力降低；嗅觉行为试验还显示，孔雀草散发的气味物质对月季长管蚜寄主选择有明显干扰或者掩盖作用，孔雀草与月季叶片混合后，月季长管蚜选择混合气味的最高比例为 36.16%，最低比例仅为 20.00%。而选择纯月季叶片的比例最高可达 80.03%，最低也达到 63.84%。

2.7　栽培基质

孔雀草有很好的观赏价值，适宜盆栽、地栽和做切花，目前对孔雀草的组织培养技术研究以及有效防治病虫害的研究和不同比例的基质对孔雀草的影响实验种类比较多，现在园林上种植花卉常用的栽培基质为泥炭或者泥炭复合物，泥炭作为世界各国公认的最好无土栽培基质之一，椰糠是椰子外壳的纤维粉末，具有良好的保水性和透气性，试验通过泥炭、椰糠、食用菌下脚料按照不同的比例作为栽培基质栽培孔雀草幼苗，研究不同比例栽培基质对孔雀草生长发育的影响，并从中选择最佳的基质配比，为基质栽培孔雀草提供参考。尹文亮[94]以泥炭、椰糠、食用菌下脚料为原料，按照不同比例配置基质栽培孔雀草。通过测定孔雀草的株高等形态指标和叶绿素等生理指标，并对有关指标进行分析，筛选出较好适应孔雀草生长的配比基质，表明栽培基质以泥炭、椰糠、食用菌下脚料为 2:1:2 的配方，最有利于孔雀草的生长。然而该试验只是对孔雀草的部分形态指标、生理指标的测定，而且实验数据不够完善，所以实验结果存在一定的误差。另外，对栽培基质的分析在实验过程中仪器也比较粗糙，得出的数据差异性较大，所以需要多次实验以优选出更适合孔雀草生长发育的栽培基质的配比。王静[95] 采用不同比例基质栽培孔雀草，对不同基质对盆栽孔雀草生长的影响研究，旨在筛选出栽培孔雀草的适宜基质，为孔雀草的栽培应用提供理论依据。试验表明不同基质栽培孔雀草，对孔雀草的形态指标和生理指标均有不同程度的影响，其中以田园土:腐熟牛粪:腐熟鸡粪以 4:1:1（体积比）更利于孔雀草的生长。只选择孔雀草的部分形态指标和生理指标进行测定，以及所选的基质存在一定的局限性，可以进一步研究。

目前，园林上种植花卉常用的栽培基质为泥炭或者泥炭复合物，泥炭作为世界各国公认的最好的无土栽培基质之一，在自然条件下形成需上千年时间，过度开采利用使泥炭的消耗速度加快，破坏湿地环境，加剧全球温室效应。目前，泥炭替代物的研究成为热点。污泥是指污水处理过程中产生的固体废弃物等物质，其成分复杂，含有丰富的有益于植物生长的养分和大量有机物质以及重金属、病原菌、寄生虫（卵）等有害成分，且伴有恶臭味。相对于卫生填埋和焚烧，污泥堆肥化处理后，臭味消除，病原菌和寄生虫卵等几乎全部被杀死，可被植物利用的营养成分增加，还可以固化和钝化重金属，降解大多数毒性有机质，污泥堆肥化处理是污泥最为有效的处理方式和发展方向。污泥堆肥在园林绿化、育苗基质、农业利用上效果明显，并且污泥用于无土栽培基质作为泥炭替代物的研究，越来越引起关注。污泥本身存在颗粒细小、透气性差、盐分含量高等缺点，目前，对污泥应用时透气性差以及盐分含量高对植物后期生长影响的报道较少。当土壤容重大，过于紧实时，土壤内通气性差导致土壤局部缺氧，根系生长发育受限，根冠生长受限，进而影响植物地上部生长和产量；盐分含量高时，盐分通过抑制和诱导多种酶系统来影响植物的正常生长，使植株生物量降低、株高下降、根系活力下降等。胡雨彤[96] 利用透气性好、养分含量低的珍珠岩与透气性差、盐分及养分含量高的污泥堆肥产品按不同体积比混合，研究混合基质对污泥堆肥理化性状和孔雀草生长的影响，筛选出使孔雀草长势较好的污泥与珍珠岩配比，旨在最大限度地利用污泥，降低环境污染，节约孔雀草栽培成本。用珍珠岩作为污泥透气性调节材料，以纯污泥堆肥为对照，研究添加珍珠岩 20%、40%、60%、80%、100%（V/V）条件下混合基质理化性状的差异以及对孔雀草植株生长的影响。结果表明通气孔隙是影响最大根长和平均根直径的最强因子。珍珠岩主要是通过影响污泥堆肥物理性状来改善孔雀草生长，添加珍珠岩 60% 可显著改善污泥透气性差、盐分高的问题，对孔雀草根系及地上部生长等均有良好的调节作用，为解决污泥在替代泥炭应用时存在的透气性差等问题提供依据。

张春玲[97] 研究孔雀草的栽培技术，从而建立孔雀草盆花的最佳栽培技术体系。采用不同播种期、栽培基质、施肥方式、摘心次数对孔雀草进行盆栽试验,研究各处理对孔雀草观赏性状的影响。研究发现武汉地区,孔雀草于3月中旬或7月中旬播种,观赏性状最佳;孔雀草对于基质的适应性强,除在河沙土中生长不良外,其他基质中均长势良好;施用全效复合肥作基肥和每隔7~10 d施用水溶性复合肥,均能使孔雀草植株具有良好的观赏性;2次摘心孔雀草株型最好。证实了通过调节播种期,选择合适的基质,配套肥水管理和摘心措施可以有效控制孔雀草的观赏效果。

2.8 其他

试管花卉是利用植物组织培养技术,在实验室人工控制条件下,将事先培养好的小植株种植在具有较好观赏性的透明容器中,在密封空间里控制生长的一系列迷你微型植物的总称。试管花卉又被称为"天使花房"或"迷你花屋"[98]。试管花卉因具有无须水肥管理、观赏时间长等优点,近年来受到都市人的青睐,具有巨大的商业潜力。尽管目前有关试管花的报道已有不少,但应用于试管花制作的植物类型还十分有限。齐迎春[99]以孔雀草种子为起始材料,在培养获得试管苗的基础上,研究孔雀草试管花的培养条件,以期获得孔雀草试管花卉生产的最佳培养方式。孔雀草种子在MS培养基中萌发后,待长出2片真叶,继代到添加不同B9或者不同蔗糖浓度的培养基中,培养结果显示B9对于植株高度没有明显影响,但严重抑制花芽形成。不同蔗糖浓度植株高度与花芽形成比较显示,随着蔗糖浓度的升高,植株高度显著降低,在30 g/L的培养基中,植株株高为8.5 cm,而在80 g/L培养基中只有6.1 cm。培养50 d统计,蔗糖30 g/L的处理,开花率为85%,而45 g/L以上的处理开花率达100%,在80 g/L的处理中单朵花期可比对照组(蔗糖浓度30 g/L)延长11 d。该试验建立了孔雀草实生苗到试管成花体系,丰富了试管花卉材料。

近年来,国内外对万寿菊组织培养做了较多研究,以万寿菊腋芽或带腋芽的茎段为材料,建立了万寿菊的增殖扩繁技术。以万寿菊子叶为外植体进行培养,可以得到胚性愈伤并形成体胚。齐迎春[100]通过离体再生体系的研究,旨在为转基因创造孔雀草优良品种提供技术支持。研究将孔雀草品种 T. patula'Little Hero Golden'的叶片、子叶和下胚轴接种于4种含有不同浓度IAA、NAA和BA的MS培养基上,比较不同外植体的再生植株的能力。试验研究了孔雀草叶片、子叶和下胚轴再生植株的能力。结果表明叶片再生植株能力较子叶和下胚轴强;还探索了激素及光照对孔雀草叶片再生的影响,获得了5种孔雀草均适应的培养条件,所有再生植株均能成苗并表现出正常的形态特征,从而建立了适合于5种基因型孔雀草的离体高效再生体系。并且诱导愈伤组织和分化不定芽是在同一种培养基完成,简化了培养环节,提高了工作效率,节约人力物力。为孔雀草育种及转基因研究奠定了基础。

丛枝菌根真菌(Arbuscular Mycorrhiza Fungi,AMF)是一类可与宿主植物的根形成共生体——丛枝菌根的土壤真菌,其菌丝在根细胞内的特殊变态结构——泡囊和丛枝状细胞。由于丛枝菌根可增加植物根部的吸收面积,促进对矿物元素及水分的吸收,因此增进植物根部及地上部生长，同时还可增强植物对土传真菌性病害及线虫的抵抗性，提高植物移植后的存活率。近年来，有不少关于丛枝菌根真菌应用于各种农田作物、蔬菜等的报道，多有促进生长、提高产量的作用。孔雀草是一种广泛应用的观赏花卉，也是 AMF 的宿主植物。马剑[101] 在盆栽孔雀草上接种两种丛枝菌根真菌（*Glomus mosseae* 和 *Glomus versiforme*），研究对其营养生长和生殖生长的影响。在两个月的试验期内，前 40 d 两种处理在株高、茎粗、主叶片数上都表现出显著的促进宿主植物营养生长的作用，在单株花蕾数上表现出延缓生殖生长的作用；后 20 d 两种处理在茎粗方面以及处理 *G. versiforme* 在株高上仍然表现出显著的促进宿主植物营养生长的作用，而两种处理在单株花蕾数上表现出促进生殖生长的作用，但对花冠直径没有影响。从试验的结果分析，丛枝菌根真菌接种剂可以显著促进花卉植物的营养生长，对其生殖生长也有一定的促进作用，且施用简便，应进一步开展更多花卉品种、更大面积的应用试验，以促进其在该领域的广泛应用。

随着人们生活水平的提高，对环境的美化要求就越高，孔雀草势必能顺应市场的需求，需求量增大，此时，国内选育出优良品种的孔雀草已是势在必行。花期、花型、花色、株型、抗性以及结实率都是成为优良品种的因素，所以要对孔雀草的结实率进行研究。高荣侠[102] 对不同品种的孔雀草 F2 代植株进行人工授粉，在品种内杂交尝试提高孔雀草的结实率，并同时进行品种的纯化，对人工授粉与自然授粉花朵的结实率进行比较研究。2 号：*Tagetes patula nana*，来源荷兰；3 号：*Tagetes patula nana petite Gold*，来源荷兰；4 号：*Tagetes patula nana Tangerine*，来源荷兰；5 号：孔雀草小英雄，来源美国；6 号：孔雀草橙黄色，来源甘肃酒泉；7 号：孔雀草橘黄色，来源甘肃酒泉；8 号：孔雀草红金 216.14，来源甘肃酒泉；9 号：孔雀草枣红色 914，来源甘肃酒泉；13 号：孔雀草黄边花蕊，来源甘肃酒泉；15 号：孔雀草红色 216.05，来源甘肃酒泉；20 号：孔雀草，来源华农。试验结果表明，F2 代结实率随品种、瓣形、授粉处理的不同而不同，也与管理水平、气候条件及斜纹夜蛾的为害有关。品种不同，花粉、雌蕊所携带的基因也分别不同，交配亲和性也不同，交配不亲和可能是与父母本亲缘关系远近有关。孔雀草瓣形有舌状花与筒状花之分，同一品种舌状花与筒状花所得种子播种后代的结实率存在着明显差异，大多数品种舌状花后代的结实率较高，其原因尚需进一步研究。该试验中对孔雀草的授粉处理主要有 2 种，自然授粉与人工授粉，结果显示 3 号与 6 号品种自然授粉的结实率比人工授粉的结实率高，这说明 3 号与 6 号品种自花结实能力较强。通过试验观察，9 号、13 号、15 号、20 号品种的花冠直径较大，艳丽夺目，生长势也较好，且具有花粉多的特点；9 号与 13 号在所有的品种中结实率相对较低，而 15 号与 20 号品种在所有的品种中结实率相对较高。5 号品种是从美国引进，该品种自交结实率特低，只有 3.2%。但该品种开花最早，株高最矮，分枝强，花期长，利用价值很高。通过试验观察与比较，20 号与 15 号品种结实率高且花朵大而绚丽，花粉多，分枝均匀，植株直立，是父母本的优良品种。4 号品种结实率也很高，但其他性状表现一般。经比较，舌状花的结实率普遍比筒状花好，差异最大的是 20 号与 2 号, 在播种 F3 代时可以多采收这 2 种花的舌状花上成熟的种子, 以提高后代的结实率。2 号、8 号品种舌状花后代与 3 号品种筒状花后代在 2 个授粉处理下的结实率相差不大, F2 下一代的授粉处理中可以不用人工授粉, 从而减少了工作量和工作强度。5 号品种由于花期长, 开花早, 可作为盆栽花坛花卉材料, 而且 5 号品种植株最矮, 也适于地被植物开发, 该试验中, 该品种的结实率最低, 只有 3.2%, 所以育种中适于作母本, 杂交中不用去雄, 从而减少了人力、物力, 推进了孔雀草育种的进程。

四、孔雀草栽培方法

规范化种植是生产优质高产中药材的基本保证, 为保证中药材质量提供最基本的保障[103, 104]。规范化种植万寿菊, 优选品质优良的万寿菊品种, 选择合适的环境, 控制产品中重金属、农残含量, 建立从鲜花到提取物的质量评价体系, 并进行成本控制。从繁殖、定植、肥水管理、留种与采收、病虫害防治等几方面, 较为常用的方法如下:

繁殖 (播种或扦插): 育苗以播种繁殖为主, 亦可扦插繁殖。在北方应于 2 月初在温室内播种, 最好在电热温床上播种。地温控制在 22 ℃ 左右, 保持 20 ℃ 以上的室温, 播后 4~5 d 出苗。出苗后将地温降至 18 ℃, 气温调节在 25~28 ℃, 夜间不低于 15 ℃。也可在拱棚育苗。春夏播种用品种, 播种时间以 3—7 月为宜。发芽适温为 5~15 ℃, 播后 4~10 d 发芽。秋冬季播种用品种于 11—12 月在温室内播种, 室温必须 15 ℃ 以上, 发芽快而整齐。低于 10 ℃, 发芽率显著下降, 且发芽时间明显延长。另外, 万寿菊发芽不需光照, 播种后需覆 0.5 cm 沙子或蛭石起保湿作用, 可提高发芽率和整齐度。扦插繁殖要从母株剪取 8~12 cm 嫩枝作插穗, 去掉下部叶片, 插入盆土中。每盆插 3 株, 插后浇足水。略加遮阳, 保持湿润, 2 周后可生根。在夏季进行扦插, 容易发根, 成苗快。然后, 逐渐移至有散射光处进行日常管理, 约 1 个月后可开花。

定植: 万寿菊秧苗喜温暖不耐寒, 喜阳光, 但也稍能忍耐轻霜和稍阴的环境。对床土要求不严, 但床土含水量不宜过高。矮生种较能耐瘠薄, 适宜土壤 pH5.5~6.5。当秧苗具有 5~6 对叶片, 茎粗 5~6 mm 现大蕾时就可以定植了。株距为 25~35 cm。若上盆定植, 则每盆栽植小苗 3 株。可将小苗定植在 12~15 cm 的花盆中, 栽培基质可用 1 份壤土、1 份沙、1 份腐熟厩肥, 再加入适量三元复合肥进行配制, 移植后浇多菌 800 倍液作为缓苗水。定植后的初期尽量避免阳光直射, 待缓苗后让其逐渐接受直射光。缓苗后, 浇 1 次透水, 此后应尽量少浇水, 以控制株型, 允许小苗稍萎蔫。此时要求环境温度在 16~22 ℃。

肥水管理: 万寿菊对肥水要求不严格。栽种前结合整地少施一些基肥。定植后, 每隔 2 周浇 1 次稀薄液肥。进入开花期后, 不再浇肥。剪枝后要勤浇水, 并且每周施追肥 1 次。另外, 对高秧种应设支柱防止倒伏, 或于幼苗期连续做 1~2 次拉摘心, 使植株矮化和枝干充实健壮，可减少倒伏，也能增多花枝。盛夏季节开花停止，对高秧和中秧种可全面短剪 1 次，同时注意排水防涝，立秋以后在新生侧枝的枝头又能开。可根据植株长势追施 2~3 次氮、磷、钾全元肥。为避免徒长，要保持较高的光照水平，控制氮肥的使用量。

留种与采收：为了防止因天然杂交生产变异，在夏初开花后应选择优良单株，剪取它们的侧株扦插，扦插成活后远离栽有万寿菊的圃地单独栽种，秋后可采到纯正的种子。夏初开花后已进入伏天，瘦果大多不能充分成熟，到了雨季常发霉腐烂，因此应在秋花上采种，10 月上旬种子成熟。采种的最佳时机是舌状花瓣干枯失色、总苞由绿变黄，但花梗尚青，这时将花头剪下晒干，再脱粒去杂。

病虫害防治：万寿菊幼苗易感染猝倒病，要注意土壤消毒，发现病情立即喷洒 1000 倍甲基托布津或 75% 百菌清 600 倍液加以防治。潜叶蝇对万寿菊的侵害非常大，在刚出现危害时喷药防治幼虫，可用 40% 乐果乳油 1000 倍液、50% 敌敌畏乳油 800 倍液，防治幼虫要连续喷药 2~3 次；红蜘蛛的侵害也是万寿菊夏季时的主要虫害，可喷施 1500 倍 40% 乐果乳油进行防治。开花期，易遭到鼠害，在初花期，用蔬菜茎、叶拌毒药放在大田四周及鼠洞附近，进行早期防治。

注意事项：播种时覆土不宜过浅，否则胚根裸露，影响成苗率。冬季播种时，苗期注意降低湿度，否则易感茎腐病。夏季高温干燥时，注意防治红蜘蛛危害。如遇低温高湿天气，应注意预防叶斑病。春播品种不宜用于秋播，否则株型极小，品质低下。夏季高温高湿季节，可用矮壮素控制株高。

1. 栽培技术研究进展

万寿菊喜温暖稍耐寒，喜阳光充足，不耐酷暑，耐半阴，耐瘠薄和干旱，抗性强，对土壤要求不严格，适宜 pH 为 6.0~6.5。在我国南北各地普遍栽培。目前，山东、新疆、内蒙古、云南、黑龙江等地有大面积种植，并且有逐年增长的趋势。目前，万寿菊的繁殖方式主要有传统的播种繁殖、扦插繁殖和现代化的组织培养繁殖技术。伴随国际市场对叶黄素需求的增加，作为世界上万寿菊叶黄素主产地之一，中国色素万寿菊栽培面积越来越大，也越来越重视万寿菊优良品种选育和丰产栽培技术等方面的研究[105-108]。

随着水资源的日益短缺，保水剂的应用成为农艺园林植物栽植、育苗以及环境保护工程中的一项有效节水措施。保水剂是一种新型高分子材料，能吸收并保持自身重量数百倍乃至数千倍的水，其吸收并储存的游离水分 90% 以上可被植物利用。保水剂一般应用于植物根系周围，可吸收多余的灌溉用水或自然降水，减少水分流失，当土壤中水分缺乏时，其缓慢释放所吸收的水分供植物生长发育需要。近年来，保水剂种类日渐增多，许多保水剂在生产制造过程中还加入了少量的植物营养元素，关于保水剂的应用研究也成为热点。保水剂的节水功效毋庸置疑，因此许多有关保水剂应用的研究着眼于其对植物生长过程中生理生化方面的积极调节作用上。姜丽等[109]通过保水剂在万寿菊育苗过程中的应用实验，发现使用营养保水剂可提高万寿菊幼苗的抗旱能力，并促进其根系发育、生长健壮。同时也表明低于或高于最佳比例的保水剂用量都可能产生不利于植物生长的环境。实践中，如果采用保水剂与基质混合的应用方式，为取得良好的节水与促进植物生长的效果，具体保水剂的用量应遵循科学的指导。

穴盘育苗可快速、高效、稳定地培育出大批的幼苗，适合大规模花卉育苗的需要。在工厂化育苗条件下，高度集约化往往导致穴盘苗根际和光合的营养面积小，容易发生徒长而影响穴盘苗的质量，而幼苗的质量对植株后期生长发育存在着显著的影响。植物生长延缓剂（PGR）可以使植物株型紧凑、茎秆粗壮、叶色浓绿、根系发达。烯效唑（S_{3307}）是一种用量少、效率高、无残留的植物生长延缓剂，对降低株高、防止植株徒长有着重要的作用。水杨酸（SA）可以调节植物的某些生长发育过程，能诱导植物产生抗逆性，抵抗不良因素造成的伤害，将其用于植物抵抗非生物胁迫（重金属、臭氧、紫外辐射、高温、低温、干旱、盐渍等逆境）的研究也开始受到广泛关注。李宁毅[110]采用万寿菊为材料，在前期试验结果的基础上，选用对培育万寿菊穴盘壮苗作用明显并对其定植后观赏性状有良好影响的S3307处理浓度，将其与SA配合对万寿菊穴盘苗进行处理，研究其对万寿菊穴盘苗生长与抗性生理的影响，为进行万寿菊工厂化育苗提高幼苗质量提供理论依据。以万寿菊穴盘苗为试验材料，研究不同浓度S3307及其与SA复配对万寿菊穴盘苗生长和抗性生理的影响，结果见表2-33~表2-36。表明与ck相比，S3307及其与SA复配可降低万寿菊穴盘苗株高、冠幅，提高茎粗、根体积、根冠比（R/T）、根活力、全株干重，降低其叶片中丙二醛（MDA）含量、相对电导率，提高其叶片中叶绿素、可溶性糖、脯氨酸（Pro）的含量及过氧化物酶（POD）、超氧化物歧化酶（SOD）、苯丙氨酸解氨酶（PAL）的活性。说明S_{3307}及其与SA复配改善了万寿菊穴盘苗的生长状况和生理代谢水平。最佳处理为 10 mg/L S_{3307} +100 mg/L SA。

表2-33　S_{3307} 及其与 SA 复配对万寿菊穴盘苗生长的影响

处理	株高（cm）	冠幅（cm）	茎粗（cm）	干重根冠比	全株干重（g）	根体积（mL）
ck	8.18aA	13.20aA	3.91cB	0.477cB	0.3544cC	3.5dD
T1	6.29cB	10.63cBC	3.95bcB	0.526bB	0.5463aAB	5.4cC
T2	5.71dB	9.22dC	3.98bcB	0.537bB	0.4639bB	5.6cC
T3	6.60bcB	11.32bB	4.26aA	0.661aA	0.6024aA	6.9aA
T4	5.96cdB	9.8cC	4.11abAB	0.637aA	0.5671aA	6.3bB

表 2-34 S3307 及其与 SA 复配对万寿菊穴盘苗生理特性的影响

处理	根活力 [μg/ (g·h)]	叶绿素含量 [μg/ (g·FM)]	可溶性糖含量 (mg/mL)
ck	661.03dD	28.18eE	1.43dC
T1	1305.14bAB	30.73cC	2.35bcB
T2	1207.55cC	30.31dD	2.28cB
T3	1365.86aA	33.56aA	2.57aA
T4	1233.57cBC	32.42bB	2.43bAB

表 2-35 S3307 及其与 SA 复配对万寿菊穴盘苗相对电导率、丙二醛、脯氨酸含量的影响

处理	相对电导率 (%)	MDA 含量 (nmol/L)	Pro 含量 [μg/ (g·FM)]
ck	40.35aA	18.39aA	99.70dD
T1	32.14dD	13.23cC	103.21bcBC
T 2	35.86bB	13.95bB	101.70cdCD
T 3	30.96eE	11.61eE	124.76aA
T 4	35.27cC	12.74dD	105.05bB

表 2-36 S3307 及其与 SA 复配对万寿菊穴盘苗 SOD、POD、PAL 活性的影响

处理	SOD 活性 [U/ (g·FM)]	POD 活性 [U/ (g·FM)]	PAL 活性 [(U/ (g·FM)]
ck	30.73eD	20.51eE	9.15eE
T1	54.45cB	33.46cC	17.32cC
T 2	50.41dC	29.25dD	15.41dD
T 3	63.78aA	36.16aA	20.12aA
T 4	60.21bA	34.56bB	18.54bB

谢嘉霖等[111]将稻壳、锯屑、泥炭、蛭石和珍珠岩按不同比例混合制成栽培基质,用以波丝菊、万寿菊为主要组成部分的野花组合做试材进行无土栽培试验。结果表明波丝菊、万寿菊在处理 1(泥炭:蛭石:珍珠岩 =2:1:1)、处理 5(稻壳:泥炭 =3:2)和处理 8(稻壳:锯屑:珍珠岩 =2:1:1)中生长和开花较好。其中处理 5 和处理 8 以稻壳为栽培基质的主要原料,原料来源丰富,生产成本低,适宜在南方推广。孙婵娟[112]开展了万寿菊的快速繁殖及试管开花研究,林淦等[113]用万寿菊植株生长状态的叶片组织作为外植体,获得完整了万寿菊组织培养植株,万茜等[114]研究认为,以铵态氮和硝态氮比例约为 1:4 进行万寿菊水培,可以作为万寿菊大规模培养的一种途径。张美玲等[115]以万寿菊为试材,研

究了一氧化氮（NO）和过氧化氢（H₂O₂）对植物不定根形成中的影响及其相互关系。结果表明，外源 NO 供体肖普纳（SNP）和 H₂O₂ 可显著地促进万寿菊外植体不定根的形成，且呈现明显的剂量效应，最适的 SNP 和 H₂O₂ 浓度分别为 50 μM 和 200 μM。NO 和 H₂O₂ 共同处理的万寿菊不定根的数量和根长显著高于 NO 或 H₂O₂ 单独处理。NO 在 H₂O₂ 诱导万寿菊不定根形成的信号途径中起了重要作用；同时，H₂O₂ 包含在 NO 诱导不定根形成途径中。NO 引起万寿菊外植体内源 H₂O₂ 含量增加，H₂O₂ 亦促进内源 NO 积累。可见，NO 和 H₂O₂ 在万寿菊不定根形成过程中具有协同诱导效应，两者在促进不定根形成过程中可能通过互作反应提高各自的信号水平。色素万寿菊品种繁多，其产量、性状和适应性等优劣不一。

李娜等[116] 在露地栽培了 10 个品种的色素万寿菊，调查其株高、茎粗、株幅、花径、产量等指标，并对这些性状进行相关分析，结果见表 2-37、表 2-38，表明 VI 号品种的产量最高，各项形态指标优良，适合露地种植；IX 和 X 号产量虽次于 VI 号品种，其他形态指标与 VI 号品种相差不多；III 和 V 号品种产量最低，其余品种表现介于 I 和 IV 号之间；小区产量与平均花瓣层数、单株花数呈极显著正相关，与株高、花径、平均花瓣长度呈显著正相关。研究证实了不同品种在形态指标、产量指标存在差异，从参试品中筛选出了适合辽宁地区露地栽培的优良色素万寿菊品种。

表 2-37　不同色素万寿菊品种产量比较

品种代号	品种来源	平均单花重 (g)	花数（株）	平均花瓣长度 (cm)	平均花瓣层数	小区产量 (kg)	折合亩产量 (kg)
VI	赤峰	157	89	3.5	8	41.92	2796.00
X	赤峰	54	158	3.5	3	25.59	1706.86
IX	赤峰	67	103	3.9	4	20.70	1380.69
IV	赤峰	25	216	2.967	5	16.2	1080.54
VIII	赤峰	40	132	3.86	4	15.84	1056.53
II	赤峰	20	235	2.6	2	14.10	940.67
VII	赤峰	27	152	3.53	3	12.31	821.08
I	赤峰	26	140	3.3	2	10.92	728.36
III	赤峰	29	120	3.47	3	10.44	696.35

表 2-38 色素万寿菊各性状的相关分析

相关系数	株高 (cm)	茎粗 (cm)	株幅 (cm)	花径 (cm)	平均花瓣层数	平均花瓣长度 (cm)	单株花数 (株)	平均单花重 (g)
茎粗	0.604*							
株幅	0.8852**	0.0871						
花径	0.6609*	0.7017*	0.7230*					
平均花瓣层数	0.6387*	0.9663**	0.3607	0.6783*				
平均花瓣长度	0.6787*	0.7080*	0.6156*	0.9608	0.6735			
单株花数	0.7123*	0.4299	0.5128	0.8129**	0.8724**	0.8663**		
平均单花重	0.3180	0.9053**	0.1977	0.4553	0.9347**	0.4661	0.7399**	
小区产量	0.6206*	0.2328	0.3187	0.6016*	0.9695**	0.6168*	0.8621**	0.9677**

注：*：$P < 0305$，**：$P < 0.01$。

如何提高色素万寿菊的产量是广大种植者最关心的问题。色素万寿菊产量是多个经济性状因素共同作用的结果，弄清各因素对产量贡献的主次关系，对选育色素万寿菊新品种具有重要意义。灰色关联度分析具有需要样本少、方法简便、信息量大等优点，在新品种筛选、区域试验和农艺性状相关分析方面得到越来越多的重视和利用。近年来，灰色系统理论在农业上的应用对于新品种的综合评价起到了一定的作用。吴志刚等[117] 运用灰色关联度分析方法，对 10 个色素万寿菊杂交组合的单株产量和 7 个主要性状（株高、株幅、茎粗、分枝数、花径、单株花数、单花重）进行灰色关联度分析，以研究各农艺性状对产量的影响。结果表明单株花数、单花重、花径对单株产量的影响较大，结果与生产情况基本一致，说明在色素万寿菊育种后代选择上应将这几个性状作为主要指标。从而为色素万寿菊新品种选育以及新组合综合评定提供科学依据，这为后面万寿菊杂交育种的亲本选择提供了重要的理论指导，对生产具有重要的意义。

2. 栽培管理技术

2.1 万寿菊的主要病虫害及其防治 [118–123]

病虫害的发生严重影响着万寿菊和孔草的产量和质量。各地万寿菊栽培面积不断扩大，然而在栽培过程中常遭受各种病原生物的侵染，造成不同程度的经济损失，重者可减产 20% ~ 30%，故需要做好防治。

2.1.1　虫害

万寿菊田是一个由万寿菊—害虫—中性昆虫—天敌组成的农田生态系统，在这个系统中，它们彼此联系、相互作用，形成了复杂的食物链关系，中性昆虫是捕食性节肢动物的主要食源，对生态平衡起主要调节作用，只有明确了万寿菊田节肢动物的种类及构成比例，才能有针对性地、更好地开展对万寿菊田害虫的综合治理工作。通过对大庆地区万寿菊田节肢动物种类调查[118]，经鉴定有 8 目 17 科 20 种，其中植食类 12 种，捕食类 5 种和中性昆虫 3 种。植食类中以玉米蚜和甜菜夜蛾为优势种群，捕食类中以异色瓢虫和龟纹瓢虫为优势种群。基于调查结果、综合多年防治经验及文献提出万寿菊田害虫的综合防治技术。万寿菊田害虫的综合防治，不是指对某一害虫的单一防治，亦不是几种防治方法的简单结合，而是要用现代经济学、生态学和环境科学的观点对万寿菊害虫实行全面治理。

农业防治：实行适时中耕、秋耕、春耕耙地，深翻改土，直接杀伤土壤中越冬的地下害虫（蛴螬、金针虫、蝼蛄等），并破坏其越冬环境；及时铲除田间地头杂草，可切断小地老虎繁殖和取食的桥梁寄主，减轻其为害。在秋春季大范围地处理田间遗留秸秆，压低小地老虎和玉米螟的越冬数量。种植抗虫品种是解决万寿菊田害虫危害的根本途径。

化学防治：对万寿菊田害虫进行化学防治，在查明万寿菊田害虫、天敌及中性昆虫的主要种类、结构比例和发生特点的基础上，强调防治主要害虫、兼治次要害虫、同时保护天敌及中性昆虫，对害虫进行可持续控制。

人工物理防治：用灯光诱杀小地老虎、金龟子、甘蓝夜蛾的成虫；早春在田间设置黄板诱杀蚜虫、蓟马；在傍晚 7—8 时可进行人工捕捉东北大黑金龟子。

生物防治：①保护利用天敌动物。蜘蛛、瓢虫、食蚜蝇等是万寿菊田蚜虫的主要天敌，它们的捕食能力很强，应加以保护利用。在进行化学防治时尽可能选用高效、低毒低残留对天敌杀伤力小的化学农药，少用触杀剂，多用内吸剂，并要注意施药方式和部位，合理施肥、浇水，促进万寿菊健壮生长，改善小气候环境、以利天敌的生存和繁殖。②利用寄生线虫治虫。国内已利用线虫防治小地虎取得初步成效。也是有效防治蛴螬的生物杀虫制剂。另外，微孢子虫（一种原生动物）防治蝗虫的效果也非常好。③利用生物农药。用 100 亿活孢子/mL 的乳剂 500 倍液防治万寿菊田的蚜虫和鳞翅目害虫等，效果很显著，效果可以达 84% 左右。④利用杀虫素治虫。杀虫素是一些放线菌在代谢中产生的活性物质。日本从金色链霉菌中获得一种杀蜗素，对红蜘蛛毒性很强。国内投产的杀蚜素，对蚜虫防效显著；7051 对红蜘蛛、蓟马、防效显著。⑤利用真菌治虫。使害虫致病的真菌称为虫生真菌，有 500 多种。应用较多的为虫霉属、白僵菌属、赤座霉属真菌。白僵菌属中常见的是白僵菌，广泛寄生于鳞翅目、鞘翅目、同翅目等 200 多种昆虫。⑥利用细菌治虫。杀螟杆菌、青虫菌、苏云金杆菌菌粉，以及苏云金杆菌乳剂等，可以防治多种鳞翅目害虫。对螨类也有一定的防效。⑦利用病毒治虫。核型多角体病毒、颗粒体病毒是应用最多的病毒。田间可利用病毒进行防治甘蓝夜蛾等鳞翅目幼虫。

2.1.2　病害

主要的病害有灰霉病、褐斑病（叶枯病）、枯萎病、疫病以及早春花期易遭受蚜虫和红蜘蛛危害。只要正确诊断病害，及时开展保护防治工作，就可有效地控制各种病害，获得较高的经济效益。

2.1.2.1　万寿菊灰霉病

灰霉病从苗期至成株期均可发病。叶、茎、花蕾、花都能受害。叶片染病，初期在叶上产生水渍状斑点，扩展后为不规则形病斑，湿度大时病皮腐烂，其上产生灰色霉层。花蕾受害，为黄白色干枯。花受害后，先花瓣变色，逐渐扩展使整个花朵腐烂，潮湿时也产生灰色霉层，有时还可产生黑色菌核，灰霉病害对花朵产量及质量影响极大。发病规律：病菌为半知菌亚门，灰葡萄孢属，病菌以菌核随病残体在土中越冬，第 2 年条件适宜时引起发病，在病株上产生大量分生孢子，借气流传播，经伤口、残花及弱组织侵入，最适温度为 18～20 ℃，高温条件下易发病，植株过密，通风不良，温度过大易发病。防治措施：加强养护管理，合理轮作。保护地育苗时要加强通风，科学浇水，降低湿度。及时清除病残体，集中处理，减少菌源。花朵要及时采收，可减轻发病。药剂防治发病初期用 50% 速克灵可湿性粉剂 1000～1500 倍液喷雾。保护地可用一熏灵 II 0.2～0.3 g/m² 熏烟。

2.1.2.2　万寿菊褐斑病

万寿菊褐斑病又叫叶枯病，是万寿菊发生普遍、危害严重的一种叶部病害。病菌主要为害叶片，发病初期在叶片上产生针头大褐色小点，扩展后为圆形或近圆形紫褐色病斑，后期病斑中央变为灰白色，潮湿时在病斑上产生蓝色霉层，发病严重时病斑连片，叶片萎蔫，植株开花小而少，严重影响产量。发病规律：病菌为半知菌亚门，细交链孢霉。病菌以分生孢子随病残体在田间或土中越冬，第 2 年 6 月下旬开始发病，分生孢子经气流、雨水传播，直接侵入引起发病。在病叶上又产生新的分生孢子，进行再传播再侵染，连作地、植株缺肥、管理差、栽植过密、通风不良易发病。水分不匀，植株长势弱也易发病。防治措施：合理轮作；加强养护管理，施足基肥，合理密植，科学浇水，及时除草，增强植株本身抗病力；秋季及时清除病残体，集中处理，减少菌源；发现病叶摘除后，及时喷药保护，50% 扑海因可湿性粉剂 1000～1500 倍液或 70% 托布津可湿性粉剂 1000 倍液喷雾，7～10 d1 次，连治 2 次。研究发现万寿菊中的微量元素铁与褐斑病有着极其密切的关系，液态肥中含氮量影响其中的含铁螯合物含量，进而引发褐斑病。因此，可通过调整铁元素的含量来预防叶斑病的发生。

2.1.2.3　万寿菊枯萎病

枯萎病为全株性维管束病害，发病初期症状不明显，发展到中后期，植株一侧叶片变色，中午萎蔫，早晚恢复，几天后，全株枯死。横切病茎可见维管束变褐。湿度大时可见病茎表面生成白色霉层或枯黄色黏质物。发病规律：病菌以厚垣孢子随病残体在土中越冬，可在土中长期存活。病菌经土壤、粪肥、流水传播，经伤口或根毛侵入。连作、土壤黏重、多雨年份湿度大，起苗伤或中耕除草伤根伤茎，地下害虫重，偏施氮肥等情况发病重。防治措施：实行轮作，合理施肥，不偏施氮肥。定植及中耕除草时应避免伤根、伤茎，及时防治地下害虫，减少病菌侵入机会。改良土壤，控制土壤含水量，可减轻发病。及时拔除病株并处理病穴，用 50% 多菌灵可湿性粉剂 500 倍液浇病穴土壤。试验发现 20% 移栽 1500 倍液、30% 苗菌敌 1000 倍液、70% 代森锌 900 倍液防治效果很好。

2.1.2.4　万寿菊疫病

苗期至成株期均可发病。病菌主要为害叶和茎。叶片发病初期产生水渍状斑点，迅速向外扩展，形成不规则形黑褐色病斑。后叶萎蔫下垂。由叶可蔓延到叶柄及茎，茎可变黑腐烂，这种现象绕茎一周会使全株枯死。湿度大时在病部可见白色霉层。发病规律：病菌以卵孢子随病残体在土中越冬。第 2 年条件适宜时，借流水及土壤传播。连作，植株过密，湿度过大易发病。防治措施：选择地势高燥地块栽植，实行轮作。选用无病床土育苗或进行床土消毒。及时处理病株，减少苗源。发病初期可用 64% 杀毒矾可湿性粉剂 500 倍液喷雾。

2.2　万寿菊及孔雀草的繁殖

万寿菊繁殖常用方法有播种、扦插。播种繁殖发芽适温 19 ~ 21 ℃，播后 7 ~ 9 d 发芽。早花种开花需 60 d。播种 11 月至翌年 3 月间进行。冬春播种的 3—5 月开花。播种可在庭院直播或盆播。盆栽的，播种后约 1 个月即可挖苗上盆定植。扦插繁殖插穗可以选择嫩枝，中上部活力较强的有侧枝的茎段以及侧芽扦插后拱棚内保持较低的土壤湿度和较高的空气湿度。扦插繁殖可于 6—8 月间剪取长约 10 cm 的嫩枝直接插于庭院，遮阴覆盖，生长迅速。直接插于花盆亦可。夏秋扦插的 8—12 月开花。扦插不论插地或插床（盆）均可成活[30]。

2.3　万寿菊采花与收种

万寿菊花期比较长，在花完全开放后采摘，采摘位置在花托处剪断，不带花柄，然后摊开曝晒，主要经常翻动，不能有变黑、发霉的菊花。秋后采种，10 月上旬种子成熟。采种的最佳时期是舌状花瓣干枯失色总苞由绿变黄，花梗尚青时，将花头剪下晒干，再脱粒。

2.4　施肥

施肥对万寿菊根系生长发育和生理活性的研究也很重要。但目前是国内外研究的薄弱环节。作物根系作为吸收、固定、合成、储藏、支持作物生长的重要器官，根系的发育状况直接左右着作物对水分和养分的吸收性能，良好的根系发育和根系吸收活力有利于作物吸收空间的扩大，时间的延续，促进作物对水分和养分的有效吸收。根系的生长发育除受水分、土壤通气状况、植物品种特性诸多因素影响外，土壤的营养状况对根系的生长起着举足轻重的作用。从根系发育的形态特征考虑，施肥影响到根长、根重、根体积、根表面积、根活力以及根系下扎深度。根系是水肥作用的最初对象[64]。张礼军[124] 就水分和肥料等外界环境因子对小麦等作物根系时空分布、根系生理生态特征及其地上地下部分关系的变化特征的研究已经很深入，但是目前国内外在施肥对万寿菊的生长发育和花产量及其叶黄素含量方面的研究甚少，尤其是在万寿菊的需肥规律和新品种的培育方面仍然处于探索阶段。进一步研究探寻万寿菊的需肥规律和施肥对其花产量及花朵中叶黄素含量的影响，为促进万寿菊的高效优质栽培、提高万寿菊经济产量和合理施肥提供科学依据。

近年来，为了减少生产成本投入，提高氮肥利用率，保证氮肥对作物合理地有效供给，满足作物生长发育需求，各类用于提高氮肥利用率的控释肥和缓释肥的开发与研制便成了研究热点。各类万寿菊专用缓释肥是目前万寿菊的重点研究方向之一。控释肥的应用能使养分的释放与作物的吸收相同步，持续平稳向万寿菊等生育时期长、需肥量大的作物提供养分，保证其正常的生长发育，提高万寿菊的产量和品质，调控开花时间，减少施肥次数，减少工时。宋付朋等[125]采用自己制作的控释花卉复肥对万寿菊进行了盆栽试验，结果表明，控释花卉肥在盆栽万寿菊上的最佳施肥量是 4 g/盆，控释花卉肥具有明显促进万寿菊生长发育和满足万寿菊长期的养分需求。王静[126]研究了对万寿菊施相同氮量（0.378 g/盆）的普通尿素（CK）处理、包衣尿素（CU）处理和脲醛（UF）处理，从花卉形态指标、生物量、花产量等分析，试验结果表明：脲醛的氮素利用率比其他两种氮肥都高，脲醛改善了氮肥供应状况，达到了氮素控释的目的，减少了施氮量，提高了氮素利用率和氮肥生产效率，成为万寿菊专用氮肥理想品种。而包衣尿素在万寿菊上的应用效果正相反，所以它不适合在万寿菊上施用。

近年来，万寿菊鲜花已成为提取天然食用色素的一种工业原料，市场应用前景广阔，国际需求量不断增加。但是随着万寿菊种植面积的扩大，产业化种植不断发展、增加，但氮浓度为 400 mg/kg 时不仅上述指标明显降低，而且花的开放天数缩短、花色变差，病虫危害也随叶片含氮量增加而加重[127]。王雅琴等[63]研究表明，万寿菊苗期营养液以 N 浓度 150 mg/kg、P 浓度 40 mg/kg、K 浓度 150 mg/kg 最有利于苗期生长，培育壮苗。其配方为 KH_2PO_4 用量 87.7 mg/kg；KNO_3 用 323.8 mg/kg；NH_4NO_3 施用 68.1 mg/kg；$Ca(NO_3)_2 \cdot 4H_2O$ 用量 683 mg/kg；$MgSO_4 \cdot 7H_2O$ 施用 24 mg/kg。王冬梅等[128]研究表明澳洲液肥对万寿菊的生长有促进作用，最适合叶面施肥，浓度为 8 mL（配比 500 mL 的水），最适合施肥间隔是 10 d 1 次。曾丽等[67]采用"宝力丰"复合肥进行不同浓度叶面喷施肥，分析了不同施肥水平对万寿菊植株的株高、茎的红化程度、叶总面积、侧枝数、花朵数、单花直径、花干鲜重等的影响。结果表明：叶面喷施复合肥浓度为 8‰的，对万寿菊的生长发育有着显著的促进作用，其植株生长健壮，花期提前且鲜花产量较高。施肥时间对菊科植物生长及花产量和品质具有非常重要的作用，因为菊科植物生长的各个阶段对营养元素的需求有所不同。研究从不同 K、P、K 配施方面出发，研究施肥万寿菊的茎、叶、花及根系的生长发育和生理的影响，探讨了施肥对万寿菊花朵中叶黄素的效应，同时研究了叶面喷施氮肥对万寿菊生长发育和花产量的影响。

参考文献

[1] 李福荣 . 万寿菊雄性不育的遗传与应用研究 [D]. 北京：北京林业大学，2005.

[2] 李春楠，傅巧娟，陈一，等 . 利用 SRAP 标记分析中国主栽孔雀草品种的遗传多样性 [J]. 植物生理学报，2014，50(9)：1429-1434.

[3] 姚德权 . 万寿菊和孔雀草的形态特征与区分 [J]. 科技创新导报，2010，13：140

[4] 吴志刚，王平，赵景云，等 . 色素万寿菊产量构成因素的灰色关联度分析 [J]. 中国种业，2011 (1)：43-45.

[5] 张春华 . 色素万寿菊杂交种通菊一号的选育 [J]. 内蒙古农业科技，2010 (5)：70-71.

[6] 张春华 . 色素万寿菊杂交组合产量性状的配合力和遗传力分析 [J]. 中国园艺文摘，2011 (11)：11-12.

[7] 张永强，刘锦荣，高文学 . 色素万寿菊杂交育种后代的性状表现 [J]. 中国种业，2008 (07)：47-48.

[8] 赵景云，王平，李娜，等 . 万寿菊 7 号选育报告 [J]. 农村实用工程技术：温室园艺，2005 (5)：58-60.

[9] 李娜，赵景云，王平，等 . 万寿菊 9 号选育报告 [J]. 北方园艺，2006 (1)：47-48.

[10] 王国云，樊强，李福荣，等 . 万寿菊杂交一代制种生产技术 [J]. 内蒙古农业科技，2000 (增刊)：48-49.

[11] 田海燕，王平，沈向群，等 . 万寿菊 W205 雄性不育两用系的遗传及植物学特征研究 [J]. 北方园艺，2007(2)：105-107.

[12] 梁顺祥，唐道城，郭京，等 . 万寿菊杂种优势与 POD 同工酶的关系 [J]. 北方园艺，2007 (1)：161-164.

[13] 梁顺祥，唐道城，郭京，等 . 万寿菊雄性不育品系的 POD 同工酶分析 [J]. 青海大学学报，2007，25 (1)：46-50.

[14] 梁顺祥，唐道城，马鸿颖 . 2007 年中国园艺学会观赏园艺专业委员会年会论文集 [C]. 北京：中国林业出版社，2007：178-180.

[15] 王贵余 . 万寿菊保护地杂交制种技术 [J]. 中国种业，2003 (10)：59-70.

[16] 龚仲幸，余昌明 . 万寿菊杂交育种实验初报 [J]. 浙江林业科技，2006，26 (5)：31-33.

[17] 孙伯筠，李福荣，张荷亮，等 . 万寿菊 F1 杂交选育的研究 [J]. 华北农学报，2005，20 (专辑)：44-46.

[18] 曹义国，王和栋 . 孔雀草的繁殖 [J]. 中国林副特产，1999 (5)：37-38.

[19] 林镕 . 中国植物志 [M]. 北京：科学出版社，1979：387-389.

[20] 金波 . 花卉资源原色图谱 [M]. 北京：中国农业出版社，1999：375

[21] 霍雅楠，王文，祁智，等 . 孔雀草的研究进展 [J]. 北方农业学报，2017，45 (4)：123-126.

[22] 傅巧娟，李春楠，陈一，等 . 基于表型性状的孔雀草种质遗传多样性分析 [J]. 植物遗传资源学报，2015，16 (5)：1117-1122.

[23] 齐迎春, 宁国贵, 包满珠. 应用 ISSR 分子标记和表型性状评价孔雀草自交系的遗传关系 [J]. 中国农业科学, 2007, 40 (6): 1236–1241.

[24] 周振春, 强继业, 朱程青. ^{60}Co-γ 射线对孔雀草种子的发芽率及幼苗生长的影响 [J]. 安徽农业科学, 2006, 34 (18): 4691–4692, 4722.

[25] 陈肖英, 郑平, 徐明全, 等. 太红 1 号孔雀草选育研究初报 [J]. 热带农业科学, 2010, (30): 30–34.

[26] 张维成, 王娜. 酒泉地区孔雀草引种与栽培管理初报 [J]. 园林绿化, 2016 (4): 57–58

[27] 胡燕. 孔雀草自交系、雄性不育系的选育及杂交育种 [D]. 武汉: 华中农业大学, 2010.

[28] 何燕红, 艾叶, 吴颖, 等. 孔雀草花芽分化和花药发育 [J]. 华中农业大学学报, 2013 (32): 18–24.

[29] 潘晨, 胡燕, 包满珠, 等. 孔雀草杂交组合遗传效应分析 [J]. 中国农业科学, 2014, 7 (12): 2395–2404.

[30] 姚德权. 万寿菊和孔雀草的形态特征与区分 [J]. 科技创新导报, 2010, 13: 140

[31] 包维红, 代立熠, 邓浩昌, 等. 孔雀草不育系优势育种研究 [J]. 华中农业大学学报, 2016 (35): 29–35.

[32] 张劲林, 吕玉峰, 边勇, 等. 中国境内（内地）一种新的入侵植物——印加孔雀草 [J]. 2014, 28: 65–67.

[33] 仇晓玉, 罗建, 土艳丽, 等. 入侵植物印加孔雀草与本地植物青稞的竞争效应 [J]. 中国农学通报, 2020, 36 (5): 110–114.

[34] 土艳丽, 王力平, 王喜龙, 等. 利用昆虫携带的花粉初探西藏入侵植物印加孔雀草在当地传粉网络中的地位 [J]. 生物多样性, 2019, 27(3): 306–313.

[35] 栾艳, 梁丽新, 李颖. 药用植物生产技术问答（三）花皮类 [M]. 北京: 中国农业出版社. 2002: 120.

[36] 张桂英, 王守权. 万寿菊 [J]. 林木花卉, 2001, (2): 44.

[37] 张继冲, 续九如, 李福荣, 等. 万寿菊的研究进展 [J]. 西南园艺, 2005, 33 (5): 17.

[38] 李廷华, 曹广才, 姚高宽. 食药用花卉 [M]. 北京: 中国农业出版社. 2004: 158.

[39] 张永清. 药用观赏植物栽培与利用 [M]. 北京: 华夏出版社. 2000: 381–383.

[40] 张春花, 黄前晶, 孟桂兰, 等. 色素万寿菊及其深加工产品的国内外研究、生产现状 [J]. 内蒙古农业科技, 2006, (2): 65–67.

[41] 鲁涤非. 花卉学 [M]. 北京: 中国农业出版社, 1998.

[42] 包满珠. 花卉学 [M]. 北京: 中国农业出版社, 2003: 200–210.

[43] 赵瑞, 葛晓光, 马健, 等. 番茄穴盘育苗株型化学调控的研究 [J]. 中国蔬菜, 2000, (3): 17–20.

[44] 齐迎春, 陈翔, 朱意, 等. 孔雀草试管花卉研究 [J]. 江西农业学报, 2012.01.

[45] 何燕红, 董森, 马爽, 等. 孔雀草的开花特性与繁殖系统 [J]. 华中农业大学学报, 2015, 34: 9–15.

[46] 何燕红, 艾叶, 吴颖, 等. 孔雀草花芽分化和花药发育 [J]. 华中农业大学学报, 2013, 32 (2): 18–24.

[47] 田治国, 王飞, 张文娥, 等. 高温胁迫对孔雀草和万寿菊不同品种生长和生理的影响 [J]. 园艺学报,

2011，38（10）：1947-1954.

[48]霍雅楠，王文，祁智，等.孔雀草的研究进展[J].北方农业学报，2017，45（4）：123-126.

[49]阳周华，蔡华.苗期低温处理对孔雀草开花的影响[J].安徽农学通报，2008，14：118-119.

[50]孙海龙，姜兆博.不同培养条件对孔雀草种子发芽的影响[J].生物技术世界，2014，2：169.

[51]田治国，王飞，张文娥，等.高温胁迫对孔雀草和万寿菊不同品种生长和生理的影响[J].园艺学报，
　　2011，10：1947-1954.

[52]韩雪，刘海艳.地木耳提取物对盐碱条件下孔雀草种子萌发的影响[J].现代园艺，2014，13：55.

[53]张立磊，王少平.盐胁迫对孔雀草种子发芽的影响[J].北方园艺，2012，23：86-88.

[54]张雷，周丽倩.海水胁迫对孔雀草种子萌发的影响[J].黑龙江农业科学，2019，8：93-96.

[55]伟，李璟，蔡仕珍.几种钠盐对孔雀草萌发期胁迫效应的比较[J].种子，2013，32：96-99.

[56]韩雪.外源水杨酸对盐胁迫下孔雀草种子萌发的影响[J].黑龙江农业科学，2016，2：91-92

[57]袁大刚，刘成，吴德勇，等.沼液浸种对万寿菊种子发芽及幼苗生长的影响[J].中国中药杂志.2011，
　　7：817-822.

[58]王慧娟，孟月娥，赵秀山，等.^{60}Co-γ射线辐射万寿菊对发芽率及生长的影响[J].中国农学通报，
　　2009，25（19）：161-163.

[59]周志凯，任旭琴，沙颖.叶面施肥和遮光对孔雀草生理特性的影响[J].湖北农业科学，2011（10）：
　　2041-2043.

[60]任旭琴，周志凯，王连臻，等.叶面施肥和遮光对孔雀草生长和开花的影响[J].甘肃农业大学学报，
　　2010，45：96-99.

[61]吕静，程志鹏，陆磊.热干化污泥及污泥复混肥应用于孔雀草盆栽试验研究[J].给水排水，2013，
　　39：234-236.

[62]何建春，张恩和，张礼军，等.叶面喷施氮肥对万寿菊生长发育和花产量的影响[J].甘肃农业大学学
　　报，2008，43（5）：92-97.

[63]王雅琴，王向东，王洪军.万寿菊营养液配比试验的研究[J].长春大学学报，2006，2：70-72.

[64]何建春.氮磷钾配施对万寿菊产量与品质的影响[D].兰州：甘肃农业大学，2008.

[65]赵德柱，陈丽华，方晓翠，等.不同施肥量对万寿菊鲜花产量的影响[J].现代农业科技，2010，11：
　　198，201.

[66]王立凤，姜海忠.不同氮肥处理对万寿菊生物学性状及产量影响[J].中国农学通报，2011，27（31）：
　　218-221.

[67]曾丽，彭勇政，茹瑾，等.不同浓度复合肥叶面喷施对万寿菊生长的影响[J].上海交通大学学报（农
　　业科学版），2005，23（4）：383-386.

[68]张功，王丹萍，王金硕，等.长白山区孔雀草育苗及绿化栽培技术[J].2017，18：90.

[69]何静雯，赵晟，岳庆春，等.弱光胁迫下"鄞红"葡萄光合特性及相关基因的表达[J].西南农业学报，
　　2018，31（12）：2520-2526.

[70] 邢红爽，张一丹，邢丽君，等 . AM 真菌增强孔雀草耐阴性的效应 [J]. 菌物学报，2020，39（4）：1–11.

[71] 刘敏，厉悦，汲文宪，等 . 五种黄色系菊科植物幼苗对干旱胁迫的生理响应及抗旱性评价 [J]. 北方园艺，2016，11：61–67.

[72] 梁艳，杨晓杰，刘敏，等 . 鸡冠花的离体快繁及试管开花研究 [J]. 北方园艺，2012（8）：127–130.

[73] 陈敏资，金伟，等 . 烯效唑和多效唑对万寿菊生育及生理活性的调控 [J]. 辽宁师范大学学报（自然科学版），1995，18（4）：326–330.

[74] 范燕萍，余让才 . 多效唑对蒲苞花株型控制及生理效应的研究 [J]. 华南农业大学学报，1996，17（2）：79–82.

[75] 石贵玉，邓欢爱，黄小芳 . 复合多效唑对水仙的矮化效应 [J]. 广西师范大学学报（自然科学版），2002，20（3）：76–78.

[76] 杨春瑜，王振宇，王萍，等 . 龙牙楤木叶绿素性质的研究 [J]. 中国林副特产，2001，4：7–11.

[77] 杨守军，姜伟 . 多效唑对万寿菊观赏性状及生理活性的影响 [J]. 山东农业科学，2005，2：45–47，51.

[78] 任吉君，王艳，孙秀华，等 . 多效唑、矮壮素和摘心对孔雀草的矮化效应 [J]. 沈阳农业大学学报，2006，37（3）：390–394.

[79] 张立磊，王少平 . 盐胁迫对孔雀草种子发芽的影响 [J]. 北方园艺，2012（23）：86–88.

[80] 王明新，陈亚慧，白雪，等 . 孔雀草对镉胁迫的响应及其积累与分布特征 [J]. 环境化学，2014，11：1878–1884.

[81] 张凯凯，陈兴银，杨鹏，等 . 不同浓度镉胁迫对孔雀草 DNA 甲基化的影响 [J]. 草业科学，2016，9：1673–1680.

[82] 张银秋，台培东，李培军，等 . 镉胁迫对万寿菊生长及生理生态特征的影响 [J]. 环境工程学报，2011，1：195–199.

[83] 蒋保安，姚文根，王磊磊，等 . 不同浓度梯度的氯化镧对孔雀草的影响 [J]. 安徽林业科技，2014，40（4）：31–33.

[84] 于志民，孙磊 . 喷施木醋液对孔雀草影响的研究 [J]. 国土与自然资源研究，2013，1：84–85.

[85] 孔垂华 . 新千年的挑战——第三届世界植物化感作用大会综述 [J]. 应用生态学报，2003，14（5）：837–875.

[86] 王大力，祝心如 . 豚草的化感作用研究 [J]. 生态学报，1996，16（1）：11–19.

[87] 韩利红 . 紫茎泽兰对本地植物的化感作用 [D]. 西双版纳：中国科学院研究生院，2006.

[88] 赵静，刘利华，樊潜 . 护坡植物的选择 [C]// 河南省土木建筑学会 2009 年学术年会论文集 . 北京：中国建筑工业出版社，2009：3.

[89] GRICE A C, WESTOBY M. Aspects of the dynamics of the seed-banks and seedling populations of Acacia victoriae and Cassia spp [J]. In arid Western New South Wales Australian Journal of Ecology, 1987(12)：209–215.

[90] 魏科梁，夏振尧，夏栋，等 . 孔雀草、盐肤木对紫花苜蓿的化感效应研究 [J]. 福建林业科技，2012，

39，47–50.

[91] 黄玉梅，张杨雪，刘庆林，等 . 孔雀草水浸提液对 4 种园林植物化感作用的研究 [J]. 草业学报，2015，6：150–158.

[92] 谢修鸿，刘玉伟，王晓红，等 . 孔雀草水提液对自身生长及土壤微生物数量和酶活性的影响 [J]. 北方园艺，2015，6：157–160.

[93] 冯丹，杨斌 . 孔雀草与月季混栽对月季长管蚜的影响 [J]. 湖北农业科学，2011（50）：1581–1583.

[94] 尹文亮，刘甜甜，陈诗东，等 . 孔雀草栽培基质的筛选 [J]. 河南农业，2017，2：28–31.

[95] 张春玲，马爽，包满珠，等 . 孔雀草栽培技术研究 [J]. 安徽农业科学，2015，43（25）：49–51.

[96] 胡雨彤，时连辉，刘登民，等 . 不同比例珍珠岩对污泥堆肥理化性状与孔雀草生长的影响 [J]. 应用生态学报，2014，25（7）：1949–1954.

[97] 王静，凌朋，方磊，等 . 不同栽培基质对孔雀草生长的影响 [J]. 海峡科技与产业，2017，8：215–217.

[98] 黄浅，赖钟雄，栾爱业，等 . 试管花卉的生产与应用 [J]. 亚热带农业研究，2007（4）：300–304.

[99] 齐迎春，陈翔，朱意，等 . 孔雀草试管花卉研究 [J]. 江西农业学报，2012，24（1）：21–22.

[100] 齐迎春，叶要妹，刘国锋，等 . 不同基因型孔雀草高效植株再生体系的建立 [J]. 中国农业科学，2005，38（7）：1414–1417.

[101] 马剑，龙宣杞，杨蓉，等 . 接种丛枝菌根菌对盆栽孔雀草生长的影响 [J]. 新疆农业科学，2007，44（4）：461–464.

[102] 高荣侠 . 人工授粉对不同品种孔雀草结实率的影响 [J]. 北方园艺，2011，5：105–108.

[103] 郭微 . 万寿菊叶黄素提取工艺优化及分离纯化 [D]. 黑龙江：哈尔滨工程大学，2006.

[104] 张树宝，孙宗全 . 万寿菊栽培管理技术 [J]. 中国林副特产，2001（4）：28–29.

[105] 邹瑜，王继涛 . 色素万寿菊栽培技术 [J]. 北方园艺，2004（5）：42–47.

[106] 陈晶，张宝国 . 万寿菊价值及其栽培技术 [J]. 农业工程技术（温室园艺），2008（1）：59.

[107] 王俊平 . 万寿菊栽培管理技术 [J]. 现代农村科技，2011（15）：54.

[108] 华井霞，刘秀霞，王文举等 . 无公害万寿菊栽培技术 [J]. 吉林农业，2012（2）：72–73.

[109] 姜丽，李芳，赵燕翎 . 保水剂在万寿菊育苗中的应用及存在的问题 [J]. 北京园林，2008，24（3）：38–40.

[110] 李宁毅，孙莉娟，刘冰等 . S3307 及其与 SA 复配对万寿菊穴盘苗生长和抗性生理的影响 [J]. 种子，2010，29（8）：38–41.

[111] 谢嘉霖，徐秋华 . 波丝菊、万寿菊的稻壳复合基质栽培试验 [J]. 江苏农业科学，2010，4：188–190.

[112] 孙婵娟 . 万寿菊的快速繁殖及试管开花研究 [D]. 重庆：西南大学，2009.

[113] 林淦，周建平 . 快速离体培养万寿菊植株叶片组织 [J]. 江西农业学报，2006，18（3）：92–93.

[114] 万茜，胡志辉 . 万寿菊水培营养液的调试 [J]. 种子，2002，1：37，87.

[115] 张美玲，廖伟彪，肖洪浪 . 一氧化氮和过氧化氢对万寿菊不定根形成的影响 [J]. 中国沙漠 .2012，1：105–111.

[116]李娜，王平，吴志刚，等．色素万寿菊品种筛选试验[J].辽宁农业科学，2010，3：80-82.

[117]吴志刚，王平，赵景云，等．色素万寿菊产量构成因素的灰色关联度分析[J].中国种业，2011，1：43-45.

[118]范文艳，王丽艳．大庆万寿菊田节肢动物种类调查及害虫防治研究[J].安徽农学通报，2010，16（5）：107-109.

[119]黄前晶．东北地区色素万寿菊常见虫害及防治[J].中国园艺文摘，2010，11：98-99，123.

[120]赵德柱，李云海，方晓翠，等．万寿菊褐斑病农药防治试验[J].云南农业斟技，2010，6：44-46.

[121]王婷，王龙，王生荣等．万寿菊叶斑病病原鉴定及其生物学特性研究[J].甘肃农业大学学报，2010，45（3）：66-68.

[122]付军臣，张巍，魏国先，等．色素万寿菊主要病害识别及防治[J].北方园艺，2007，5：224.

[123]高洁，白庆荣，董然等．万寿菊细菌性叶斑病的发生与病原菌鉴定[J].吉林农业大学学报，2002，24（2）：94-96，107.

[124]张礼军．灌溉与供磷对间套作物生理特征和籽粒品质的调控[D].甘肃农业大学硕士学位论文．2004.

[125]宋付朋，张民，胡莹莹，等．控释花卉肥在盆栽万寿菊上的肥效研究[J].山东农业大学学报（自然科学版），2002，33（2）：134-139.

[126]王静．环境因素对花卉生长的影响及调控效应研究[D].咸阳：西北农林科技大学，2005：34-37.

[127]马国瑞．园艺植物与施肥[M].北京：中国农业出版社，1992.

[128]王冬梅，王竞红．澳洲液肥对万寿菊高生长和花冠大小的影响[J].林业科技，2004，6（29）：56.

第三章
孔雀草化学成分研究

一、万寿菊属植物化学成分研究

1. 万寿菊属植物的化学成分概述

万寿菊属植物全世界约有 30 种，我国常见栽培品种有 2 种，分别为孔雀草和万寿菊[1]。《北京植物志》（1992 版）修订时，在万寿菊属下除以上 2 种外，还记录了细叶万寿菊、香万寿菊，并在补编中又补录了小花万寿菊（别名印加孔雀草）[2]。孔雀草（*Tagetes patula* L.）又名法兰西菊、红黄草、藤菊、西番菊、臭菊花、缎子花（云南）、小万寿菊，也被称为多枝万寿菊，为菊科万寿菊属植物，原产墨西哥，现在我国各地均有栽培，是一种常见的观赏花卉。株高 30 ~ 100 cm，茎直立，近基部分枝，分枝斜开展。叶羽状分裂，长 2 ~ 9 cm，宽 1.5 ~ 3 cm，裂片线状披针形，边缘有锯齿，齿端长有细芒，齿的基部通常有 1 个腺体。头状花序单生，径 3.5 ~ 4 cm，花序梗长 5 ~ 6.5 cm，金黄色或橙色，带有红色斑；管状花冠黄色，长 10 ~ 14 mm，与冠毛等长，具 5 齿裂，基部带有红褐斑。花较万寿菊小而多，花期 7—9 月。喜阳光，但在半阴处栽植也能开花。对土壤要求不严，耐移植，生长迅速，栽培管理简单。孔雀草园林用途广泛，普遍应用于花坛花境庭院[3]。

万寿菊（*Tagetes erecta* L.）又名臭芙蓉、里苦艾、万寿灯等，为菊科万寿菊属一年生草本植物，高 50 ~ 150 cm，茎粗壮直立，具有纵细条棱，分枝向上平展。叶缘具腺体，释放异味，头状花序单生，黄至橙色。万寿菊原产于墨西哥，其病虫害较少、生存能力较强。万寿菊原产于墨西哥，自 20 世纪 80 年代我国开始引种万寿菊，目前已在东北、西北、华北、西南等地区广泛栽培。

万寿菊属植物不仅具有观赏价值，同时具有药用价值。孔雀草主要含有噻吩类、黄酮及其苷类、萜类、甾体类、挥发油等成分，具有较好的抗菌、抗炎、降血压和治疗心血管疾病的作用，能治疗百日咳、气管炎、感冒，在食品、医药及禽类饲料生产中应用广泛。万寿菊主要含有类胡萝卜素、黄酮类化合物、氨基酸、维生素、挥发油、脂肪酸、多糖、氨基酸、矿物质等多种化学成分。其中叶黄素（一种类胡萝卜素类）是万寿菊的主要活性成分。叶黄素是人眼视网膜黄斑色素主要组成部分，能够预防并辅助治疗老年性黄斑变性，同时具有良好的抗氧化、抗癌活性，能够用于癌症、心血管等疾病的防治，并提高机体免疫功能。万寿菊中的叶黄素含量远高于甘蓝、玉米、猕猴桃、菠菜等蔬果，并且万寿菊适合大规模种植，提取成本低，所以万寿菊是工业上提取天然叶黄素的理想原料。

孔雀草（*Tagetes patula* L.）和万寿菊（*Tagetes erecta* L.）二者同属于万寿菊属，植株形态相近而引起混淆，应注意的是英文文献中的 French Marigold（法国万寿菊）对应的是孔雀草（*Tagetes patula* L.），African Marigold（非洲万寿菊）对应的是万寿菊（*Tagetes erecta* L.）[4]。孔雀草的头状花絮梗顶端稍增粗，总苞长 1.5 cm，宽 0.7 cm，万寿菊的头状花序梗端呈棍棒状膨大，总苞长 1.8 ~ 2 cm，宽 1 ~ 1.5 cm。孔雀草的舌状花为金黄色或橙黄色，带红色斑，舌片多少圆形，管部常短于冠毛；万寿菊的舌状花呈黄色或暗橙黄色，无红色斑，舌片倒卵形，管部与冠毛几乎等长。孔雀草的叶裂片呈线状披针形，而万寿菊的叶裂片呈椭圆形或披针形，可以根据以上特征区分孔雀草和万寿菊植株[1]。此外，万寿菊的叶缘背面具油腺点，有强臭味，孔雀草的茎带紫色，叶片锯齿明显而修长[5]。万寿菊和孔雀草如图 3-1[6]。

A ~ C 为万寿菊的 3 个品种，分别为：Discovery Orange、Inca Yellow、Inca Orange；

D ~ E 为孔雀草的 3 个品种，分别为：Durango Bee、Durango Yellow、Safari Red

图 3-1　万寿菊和孔雀草

2. 噻吩类成分

孔雀草全草均含有噻吩类成分，但以根部含量最高。巴基斯坦学者从孔雀草根中分离得到 2 个噻吩类成分，分别为 5′-hydroxymethyl-5-（3-butene-1-ynyl）-2，2′-bithiophene 和 5′-methyl-5-[4-（3-methyl-1-oxobutoxy）-1-butynyl]-2，2′-bithiophene[7]。

匈牙利学者从孔雀草根中分离得到 8 种噻吩类成分，分别为 5-（3-buten-1-ynyl）-2，2′-bithienyl（BBT）、5′-methyl-5-（3-buten-1-ynyl）-2、2′-bithienyl（MeBBT）、5-（1-pentynyl）-2，2′-bithienyl（PBT）、5-（4-hydroxy-1-butynyl）-2，2′-bithienyl（BBTOH）、2，2′，5，2-terthienyl（α-T）、5-（4-acetoxy-1-butynyl）-2，2′-bithienyl（BBTOAc）、5-methylaceto-5′-（3-buten-1-ynyl）-2，2′-bithienyl（AcOCH₂BBT）和 5-（3，4-diacetoxy-1-butynyl）-2，2′-bithienyl（BBT（OAc）2）[8]。

孔雀草叶中也含有丰富的噻吩类成分，占到干叶重的 0.05% ~ 1%。印度学者从孔雀草愈伤组织中提取得到噻吩类成分，并发现该成分能够杀灭蚊虫幼虫[9]。孔雀草叶经蒸馏水清洗 30 min，乙醇处理 2 ~ 3 s，无菌蒸馏水清洗后，0.1% HgCl₂ 处理 5 min 灭菌，无菌蒸馏水清洗 3 次，剪成 2 mm×5 mm 组织碎块，置于含有 2 mg/L 2，4-二氯苯氧乙酸，2 mg/L 细胞分裂素，3% 蔗糖，100 mg/L 肌醇和 1% 琼脂的 MS8 培养基（愈伤组织的维持培养基）中培养。湿度控制在 60% ~ 70%，温度控制在（25±2）℃，光照强度为 40 µmol/（m²·s），每天光照 16 h。每 7 h 收集组织，记录湿重，60 ℃下干燥 48 h，得到干燥的愈伤组织。取愈伤组织 500 mg 加入己烷提取 12 h，滤过，己烷润洗，氮气吹干，残渣以己烷复溶，4 ℃避光保存。经 GC-MS 鉴定发现 α-Terthienyl 是孔雀草愈伤组织中噻吩类物质的主要成分。噻吩类成分结构见图 3-2。

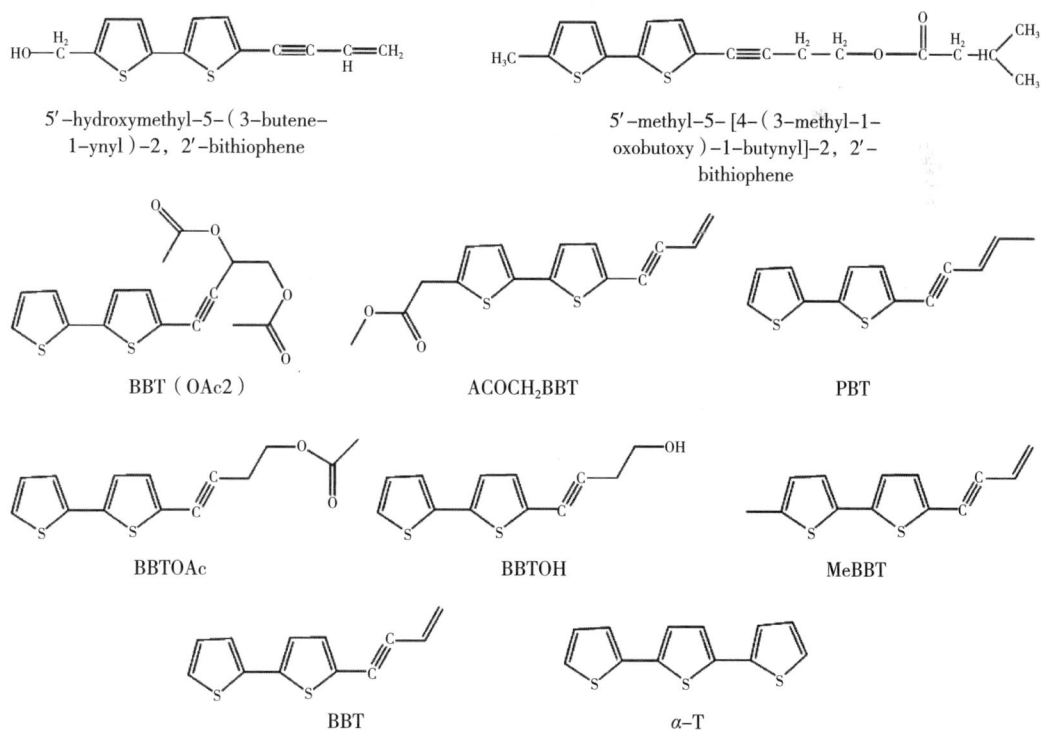

图 3-2　万寿菊属植物噻吩类成分

3. 黄酮类成分

黄酮类化合物原指一类以 2- 苯基色原酮为基本母核的化合物（具有 C_6–C_3–C_6 基本结构），现泛指 2 个苯环通过 3 个碳原子连接而成的化合物。天然黄酮类化合物主要包括黄酮、黄酮醇、二氢黄酮、二氢黄酮醇、异黄酮、橙酮、查尔酮、黄烷、黄烷醇等，多以苷的形式存在，具有活血化瘀、抗菌消炎、抗病毒、保肝、雌激素样等广泛的药理作用。孔雀草和万寿菊的花、叶、茎中均含有黄酮类成分。孔雀草中黄酮类成分包括万寿菊素、山奈酚 -7-O-α-L- 鼠李糖苷，山奈酚 -3-O-β-D- 葡萄糖苷，槲皮素 -7-O-α-L- 鼠李糖苷，槲皮素 -3-O-α-L- 阿拉伯糖苷等。万寿菊中的黄酮类成分主要包括槲皮素（quercetin）、槲皮万寿菊素（quercetagetin），木樨草素，槲皮素万寿菊苷，万寿菊属苷，山奈酚和芦丁等。

P.BY 等[4] 于 1941 年从万寿菊中分离得到槲皮素万寿菊苷（quercetagetin-7-O-glucoside，即槲皮万寿菊素 -7-O-β- 吡喃葡萄糖苷，万寿菊苷）。杨念云等[10] 从万寿菊花中分离得到槲皮万寿菊素 -3-O- 葡萄糖苷（万寿菊苷，tagetiin）。丁宙等[11] 于 1990 年利用有机溶剂提取和重结晶的方法从孔雀草（*Tagetes patula* L.）花中分离得到万寿菊素（patuletin），从万寿菊（*Tagetes erecta* L）花中分离得到槲皮万寿菊素（quercetagetin）。黄帅等[12, 13] 从万寿菊花中鉴定出 5，7-dimethoxy quercetin，quercetagetin 5-methyl ether，quercetagetin 7-methyl ether 等黄酮类成分和 β- 谷甾醇，豆甾醇三萜类成分。张宇等[14] 从万寿菊茎叶中分离得到山奈酚、芦丁等黄酮类成分，4'- 甲氧基 - 泽兰素 -3-O- 葡萄糖苷、β- 谷甾醇，以及没食子酸，胡萝卜苷成分。

以色列学者采用索氏提取法提取、分离孔雀草花中有效成分，得到 6 个黄酮类成分（槲皮素、六羟黄酮、万寿菊素、槲皮素 -3-O- 葡萄糖苷、六羟黄酮 -7-O- 葡萄糖苷和六羟黄酮 -3，7-O- 二葡萄糖苷）和一个类胡萝卜素成分（叶黄素）[15]。提取、分离方法如下：600 g 孔雀草干花粉末经二氯甲烷提取 48 h 至无色，残渣加入 5 倍量乙醇继续提取高极性物质，40 ℃真空干燥得到二氯甲烷粗提物和乙醇粗提物。二氯甲烷粗提物经柱层析硅胶柱氯仿 - 己烷溶剂体系进一步纯化分离。以己烷初始洗脱，随后逐渐增加体系中氯仿含量，3% 氯仿 - 己烷洗脱得到类胡萝卜素成分叶黄素 1，3% 氯仿 - 己烷洗脱得到万寿菊素。乙醇粗提物采用硅胶柱以二氯乙烷 - 甲醇体系进行洗脱分离，采用薄层色谱（TLC）对各组分进行初步表征。以二氯乙烷进行初始洗脱，随后逐步增加体系中甲醇的含量。2%、3%、5%、7% 和 10% 的甲醇 - 二氯乙烷溶液洗脱分别得到馏分 1，2，3，4，5。采用 Sephadex LH-20 柱以 2% 甲醇氯仿溶液对馏分 2 进行再次洗脱，进一步 TLC 分离得到万寿菊素（在二氯乙烷粗提物中也分离得到万寿菊素）。采用硅胶柱，以 8% 甲醇氯仿洗脱馏分 5 得到六羟黄酮，利用聚酰胺柱乙醇水溶液进一步洗脱纯化。

于淼等[16] 采用 95% 乙醇提取孔雀草茎叶成分，利用硅胶柱色谱，开放型 ODS 柱色谱，Flash ODS 柱色谱及制备 HPLC 等色谱技术分离乙酸乙酯部位，根据化合物的理化性质，^{1}H–NMR，^{13}C–NMR 等光谱数据进行结构鉴定。从乙酸乙酯萃取部分中分离得到 8 个化合物，经光谱分析确定其结构分别为丁香脂素 –4′–O–β–D– 葡萄糖苷、2– 甲氧基 –4–（2– 丙烯基）苯基 –β–D– 葡萄糖苷、邻苯二甲酸二丁酯、万寿菊素、β– 胡萝卜苷、β– 谷甾醇、4– 烯丙基 –2，6– 二甲氧基苯基葡萄糖苷、1–β–D– 吡喃葡萄糖苷 –2 6– 二甲氧基 –4– 丙烯基苯酚。

王宇萌等[17]从孔雀草茎叶中得到 2 个新的苯并呋喃类化合物，分别为 2，3– 二氢苯并吡喃糖苷和 14–hydroxy–2，3–dihydro–euparin–3–O–β–D–glucoside，并分离得到 14 个已知化合物，包括 10 个黄酮类化合物（万寿菊素、槲皮素、槲皮素 –3–O–α–L– 阿拉伯糖苷、槲皮素 –7–O–α–L– 鼠李糖苷、山柰酚、山柰酚 –3–O–β–D– 葡萄糖苷、山柰酚 –3–O–α–L– 阿拉伯糖苷、山柰酚 –7–O–α–L– 鼠李糖苷、山柰酚 –3–O–β–D– 鼠李糖苷、山柰酚 –3–O–β–D– 吡喃葡萄糖苷和 6– 甲氧基 – 山柰酚 –7–β–D– 葡萄糖苷），3 个苯丙素类化合物（1–β–D– 吡喃葡萄糖苷 –2，6– 二甲氧基 –4– 丙烯基苯酚、4– 烯丙基 –2，6– 二甲氧基苯基葡萄糖苷、2– 甲氧基 –4–（2– 丙烯基）苯基 –β–D– 葡萄糖苷）和 1 个木脂素成分（丁香脂素 –4′–O–β–D– 葡萄糖苷）。孔雀草和万寿菊中黄酮类成分结构见图 3–3。

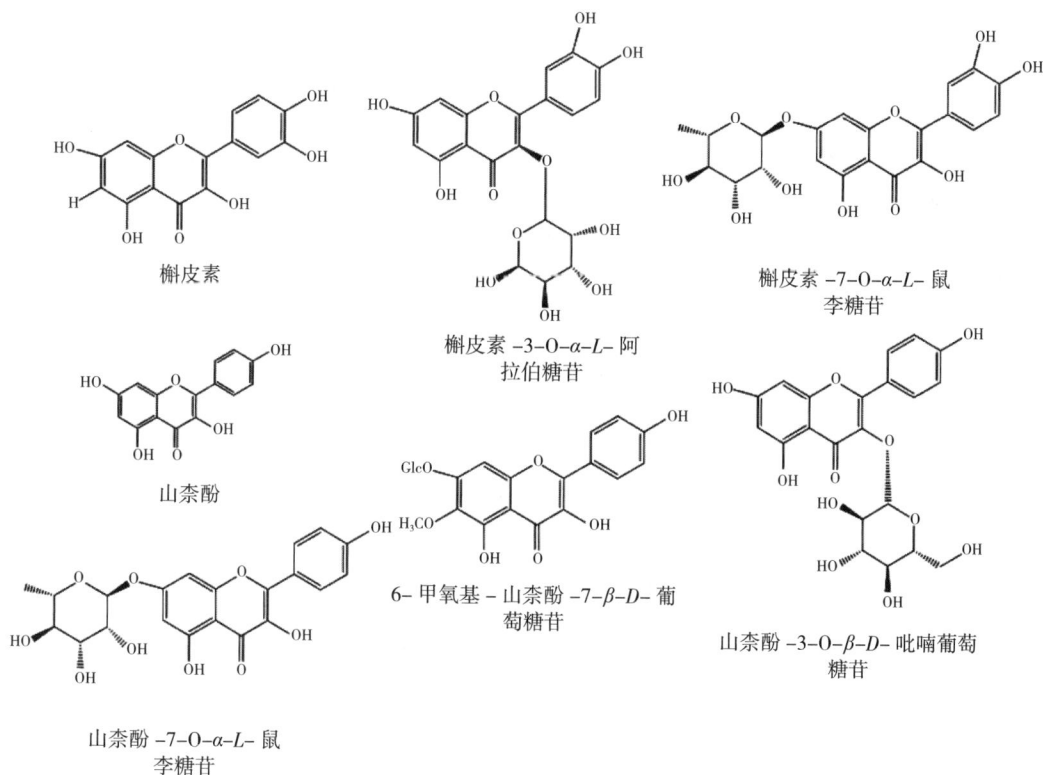

槲皮素

槲皮素 –3–O–α–L– 阿拉伯糖苷

槲皮素 –7–O–α–L– 鼠李糖苷

山柰酚

6– 甲氧基 – 山柰酚 –7–β–D– 葡萄糖苷

山柰酚 –3–O–β–D– 吡喃葡萄糖苷

山柰酚 –7–O–α–L– 鼠李糖苷

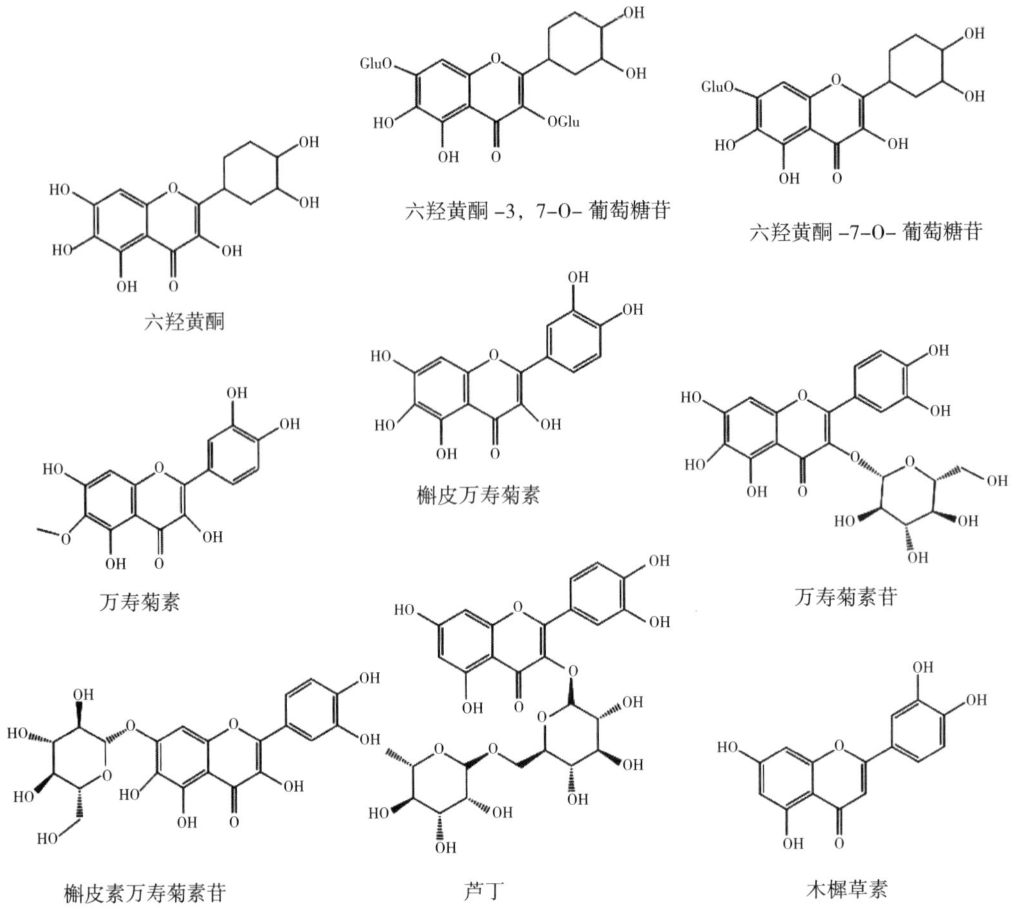

六羟黄酮

六羟黄酮 -3，7-O- 葡萄糖苷

六羟黄酮 -7-O- 葡萄糖苷

万寿菊素

槲皮万寿菊素

万寿菊素苷

槲皮素万寿菊素苷

芦丁

木樨草素

图 3-3　万寿菊属植物中黄酮类成分结构

高山等[18]采用超声波法提取万寿菊中的木樨草素，并利用响应面法优化出提取工艺（乙醇 62.5%，料液比 1:43，提取 30.2 min），万寿菊中的木樨草素得率为 2.22%。李刚刚等[19]采用微波提取技术，从提取叶黄素后的万寿菊残渣中提取万寿菊黄酮。并采用正交设计方法优化了提取工艺，发现影响黄酮提取效率的因素由大到小依次为：微波的功率＞提取温度＞料液比＞提取时间，最终确定了最佳提取工艺为：以 70% 乙醇为提取剂，微波功率 300 W，提取温度 70 ℃，料液比 1:8，微波辅助回流 1 h，提取 2 次，可获得最大提取效率，黄酮浸膏得率为 15.86%，浸膏中总黄酮含量为 44.01%，总黄酮收率为 6.98%。提取流程图见图 3-4。

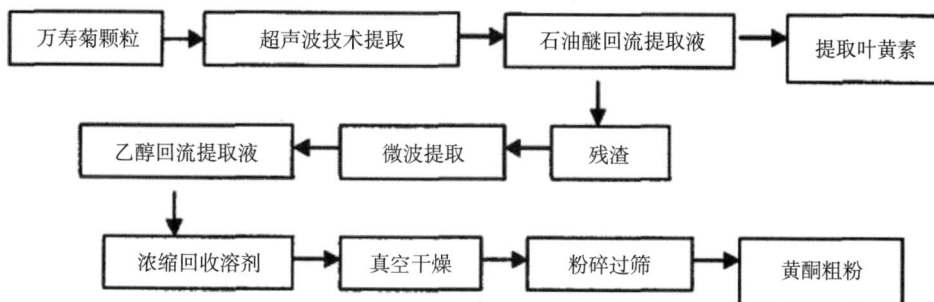

图 3-4 从万寿菊颗粒残渣中提取黄酮成分流程图

李国玉等[20] 利用硅胶柱色谱、Sephadex LH-20 色谱等技术，从万寿菊根的 95% 乙醇提取物中分离得到 9 个化合物，包括 5- 羟甲基糠醛基 – 甲基 – 丁二酸酯、5，7，3′- 三羟基 -3，6，4′- 三甲氧基黄酮、丁香酸、5，7，4′- 三羟基 -3，6- 二甲氧基黄酮、万寿菊素 -4′- 甲氧基 -7-O-β-D- 葡萄糖苷、万寿菊苷、5，3′- 二羟基 -3，6，4′- 三甲氧基 – 黄酮 -7-O-β-D- 葡萄糖苷、2，2′- 二联噻吩 -5- 醇和 3- 羟基 -4- 甲氧基苯甲酸。

袁云香[21] 以孔雀草叶片为外植体诱导愈伤组织，进行悬浮培养，测定了悬浮细胞的总黄酮含量。称取研碎的孔雀草悬浮细胞 0.1 g 置于 25 mL 的容量瓶中，加入一定体积分数的乙醇提取，离心取上清，加蒸馏水定容至刻度。精确吸取 2.5 mL 样品，加入质量分数为 5% 的亚硝酸钠 1 mL，混匀，放置 6 min，加质量分数为 10% 硝酸铝 1 mL 混匀，放置 6 min，加质量分数为 4% NaOH 10 mL，再加水至 25 mL，摇匀放置 15 min，于 510 nm 波长处测定吸光度；重复 3 次求平均值。根据回归方程计算提取物中总黄酮含量，并按下式计算孔雀草悬浮细胞中总黄酮得率。总黄酮得率 =（提取液中总黄酮的浓度 × 提取液的体积）/ 孔雀草悬浮细胞质量 ×100%。同时，作者采用响应面法对以上提取工艺进行了优化，分别考察了固料比、乙醇浓度、提取时间和提取温度 4 个因素对总黄酮提取效率的影响。研究发现，提取时间和乙醇浓度对黄酮提取效率有明显影响，提取温度和液料比达到显著水平，其影响大小依次为：提取时间 > 乙醇浓度 > 提取温度 > 固液比。最终确定了孔雀草悬浮细胞总黄酮的最佳提取条件为：固液比 1:25，乙醇浓度 72%，提取温度 59 ℃，提取时间 3.2 h，总黄酮得率可达 21.37%。对孔雀草天然色素及药用成分的利用重要是通过干花直接提取，而通过测定孔雀草悬浮细胞的总黄酮含量，优化其最佳工艺条件，为植物组织培养生产天然色素及药用成分等次生代谢产物的开发与利用奠定基础，在一定程度上打破地域和季节的限制，弥补了天然植物材料的不足。孔雀草中除了含有大量脂溶性色素，还含有一部分水溶性色素成分，这些成分主要是二氢黄酮。张瑞等[22] 利用正交设计法，考察了不同浓度的乙醇溶剂、提取时间、温度、固液比和浸提次数对孔雀草中黄酮类成分提取效率的影响。发现孔雀草中黄酮类成分在日光照射：60 ℃以上的高温条件下不稳定，其最佳的提取条件为 60% 乙醇作为浸提剂，50 ℃下浸提 4 h。

4. 类胡萝卜素成分

孔雀草和万寿菊含有丰富的类胡萝卜素成分。类胡萝卜素是具有异戊二烯单元的萜类化合物，是脂溶性色素，包括胡萝卜素和叶黄素两大类。万寿菊主要含有的叶黄素（$C_{40}H_{56}O_2$）属于叶黄素类，是含氧类胡萝卜素。叶黄素易溶于醇，纯品为鲜红色晶体，叶黄素的化学结构见图3-5。万寿菊中的叶黄素主要以脂肪酸酯的形式存在，叶黄素与脂肪酸形成脂肪酸酯增加了叶黄素的脂溶性而易于机体吸收。橙色品种万寿菊干花中类胡萝卜素含量达到0.6~2.5%，包括叶黄素、玉米黄素、α-胡萝卜素、β-胡萝卜素、紫黄素、9-cis-β-carotene、13-cis-β-carotene等成分，其中叶黄素占总类胡萝卜素88%~92%，是万寿菊中类胡萝卜素的主要成分[6, 23]。万寿菊花中类胡萝卜素化学结构见图3-5，类胡萝卜素组成见表3-1，脂肪酸组成见表3-2[23]。

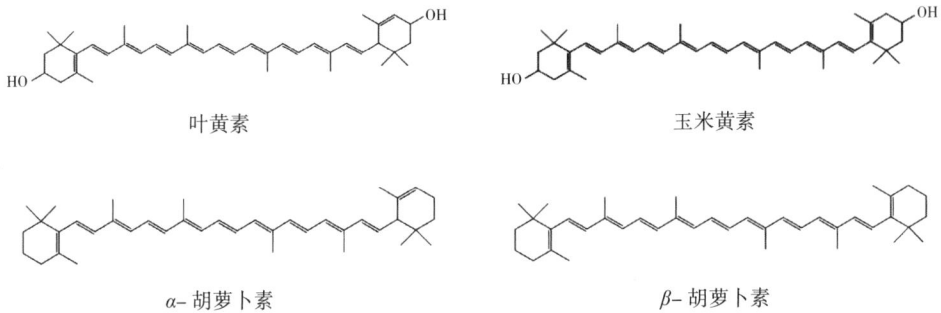

叶黄素　　　　　　　　　　　玉米黄素

α-胡萝卜素　　　　　　　　　β-胡萝卜素

图3-5　万寿菊属植物中类胡萝卜素成分结构

表3-1　万寿菊中类胡萝卜素的组成

化合物	含量（mg/g）
叶黄素	2.13
叶黄素酯	11.21
玉米黄素	0.56
其他类胡萝卜素化合物	2.51
合计	16.41

表3-2　万寿菊中脂肪酸的组成

脂肪酸	含量（%）
月桂酸	2.4

续表

脂肪酸	含量（%）
棕榈酸	30.4
油酸	5.6
亚麻酸	4.7
肉豆蔻	17.1
硬脂酸	15.3
亚油酸	12.7
未知	11.8

4.1 叶黄素的提取

目前万寿菊中叶黄素酯的提取方法主要有常压有机溶剂、超声波辅助、酶辅助、微波辅助、盐析辅助、超临界流体和亚临界流体萃取等提取方式。常压有机溶剂提取常用溶剂为正己烷、乙酸乙酯，该法得到的叶黄素纯度不高，且存在有机溶剂残留。李凤伟等[24]对传统提取方法进行了改进，采用ASE-100加速溶剂萃取仪提取万寿菊中的叶黄素。ASE-100加速溶剂萃取仪，能够在萃取过程中向萃取池施加压力，使萃取溶剂始终处于液态，并提高溶剂温度，从而加快提取速度，提高提取效率。利用ASE-100加速溶剂萃取仪提取一个样品通常需要15~25 min，大大缩短了提取时间，提高了工作效率，并且工艺流程简单，操作方便，提取彻底。李凤伟等经正交试验，得到万寿菊中叶黄素的最佳提取工艺：提取温度80 ℃、料液比1:30（g/mL）、静态萃取时间10 min、萃取3次、冲洗体积70%。

超声波辅助是指在溶剂萃取过程中辅以超声波处理，超声波的空化效应使提取物料细胞结构瞬间破碎，促进胞内物质的释放、扩散和溶解，从而缩短提取时间、降低提取温度、提高提取效率。代刚等[25]研究发现，当料液比1:30，超声功率800 W，提取时间20 min，提取温度30 ℃时，超声辅助法提取率可达93.9%，明显优于常规溶剂提取方法。

酶法辅助是利用纤维素酶等破坏植物细胞结构，增加萃取溶剂的渗透性从而提高萃取效率。微波辅助法是指在溶剂萃取过程中辅以微波处理，缩短萃取组分分子从物料内部扩散到萃取溶剂界面的时间，微波辅助法对温度要求不高，可以适当降低萃取温度，从而避免高温破坏目标组分，提高萃取效率[26]。成功等[27]以新疆尉犁县的万寿菊花粉末为原料，乙酸乙酯为提取溶剂，考察了微波辅助提取万寿菊色素的最优条件。结果显示，560 W微波辅助处理20 s，料液比1:20时可高效率提取万寿菊中叶黄素。马娜等[28]采用丙酮/磷酸氢二钾两相盐析体系萃取万寿菊花中叶黄素，确定最优盐析体系组成为27%(w/w)丙酮/18%（w/w）磷酸氢二钾。通过单因素实验考察了提取温度、静置时间、料液比等对叶黄素在两相间分配行为的影响，并运用响应曲面法研究磷酸氢二钾质量分数、料液比、温度 3 个因素对万寿菊花中叶黄素得率的影响，发现磷酸氢二钾质量分数 20%，料液比 1:40，萃取温度 42 ℃时提取效率最高，叶黄素富集于上相丙酮相，得率为 6.23 mg/g。付晓茜[29] 采用酶辅助盐析萃取方法从万寿菊花中提取叶黄素和酚类物质，发现在最佳工艺条件下［双水相体系组成：30%（w/w）乙醇 /19%（w/w）硫酸铵，物料粉碎：120 目，料液比 1:45，果胶酶量：4.2 U/g，pH=4.00，温度：37 ℃，酶解 117 min］，叶黄素得率最高，达到（5.59±0.13）mg/g，回收率达到 99.81%。付晓茜结合微波和酶辅助方法，进一步改进提取工艺，发现当双水相体系组成为 28% 乙醇 /20% 硫酸铵，物料粉碎 160 目，料液比 1:45 g/m L，果胶酶用量为 4.5 U/g，pH=5.00，温度为 45 ℃，酶解 150 min，微波功率 270 W，微波时间 120 s，可进一步提高万寿菊中叶黄素的萃取效率，并且这种微波 - 酶辅助方法的提取效率高于微波辅助双水相、酶辅助双水相和索氏提取法。

超临界流体萃取（简称 SFE）是一种迅速发展起来的新型绿色分离技术。超临界 CO_2 萃取是采用 CO_2 作溶剂，超临界状态下的 CO_2 流体有较大密度和介电常数，对许多物质具有很强溶解力，分离速率远比液体萃取快，并随压力和温度的变化而急剧变化，溶剂和萃取物容易分离。与常规的分离方法相比，具有萃取温度低、选择性强、高效率、低能耗、无污染等特点，特别适用于脂溶性、高沸点、热敏性物质的提取，同时也适用于不同组分的精细分离[30]。超临界流体萃取流程如图 3-6 所示。

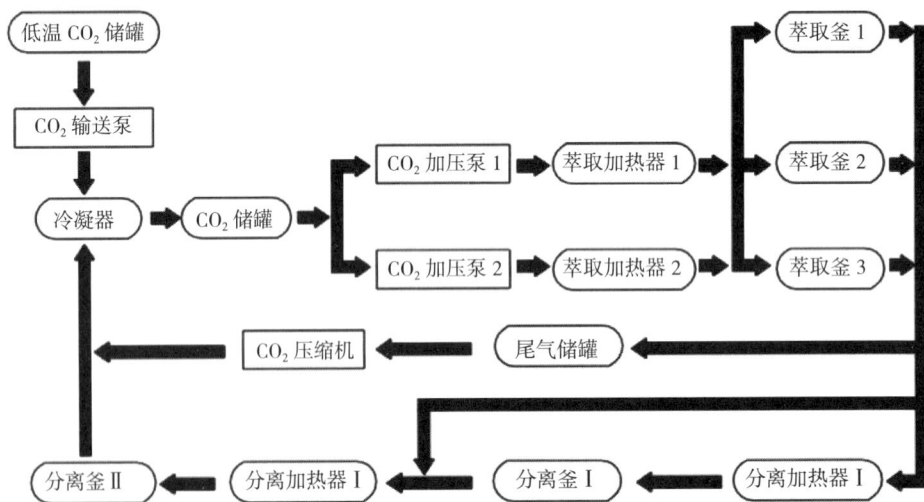

图 3-6　超临界流体萃取流程图

黄晨等[31] 采用超临界 CO_2 流体萃取万寿菊中的类胡萝卜素成分，以万寿菊干花颗粒为原料，系统考察了从万寿菊干花颗粒中提取类胡萝卜素的超临界 CO_2 流体提取工艺。在单因素实验的基础上，采用正交设计实验，对类胡萝卜素的制备工艺进行优化，以萃取温度、萃取压力以及萃取时间为因素，以所得类胡萝卜素的含量为指标进行实验，确定在 62 ℃、48 MPa 下萃取 178 min，萃取效率最高，类胡萝卜素的得率为 6.9775 mg/g。李大婧等 [32] 采用超临界 CO_2 提取分离万寿菊花中的叶黄素脂肪酸酯，得到含量为 20% 的萃取物。

尽管超临界流体萃取具有萃取温度低、选择性强、高效率、低能耗、无污染等诸多优点，但超临界流体萃取方法对仪器设备要求高，成本高。近年来出现亚临界提取方法，相比超临界 CO_2，亚临界流体萃取压力较低，对设备要求不高。亚临界流体萃取溶剂通常为正丁烷，但具有安全性风险。陶正国等 [33] 报道了一种新型溶剂，作者采用 R134a 流体提取万寿菊花中叶黄素酯。R134a，即 1，1，1，2- 四氟乙烷，化学性质稳定，安全无毒，且具有不燃特性，作为一种新型的亚临界提取剂，在操作安全性方面远胜于正丁烷。而且，相比于同样安全的超临界 CO_2 流体，亚临界 R134a 具有较低的操作压力（临界温度 101.1 ℃，临界压力 4.06 MPa）和较大的偶极距（2.058），扩散系数大、黏度小，对叶黄素类物质的溶解能力更强，不需要引入极性溶剂即可快速提取叶黄素。作者采用固定料液比（1:2）和提取次数（3 次），设计了提取温度、压力和时间的三水平正交试验。在正交试验的基础上，进一步优化了温度、时间和压力的最佳条件。实验发现，提取温度对回收率的影响最大，48 ℃时提取效率最高，温度升高提取效率降低，可能与叶黄素酯受热分解有关，最佳提取压力应当在 1.0 ~ 1.2 MPa 之间，料液比控制在 1:1.5，提取 4 次，每次 20 min 即可获得绝大部分叶黄素。在优化反应条件下叶黄素回收率可以达到 98% 以上，得到的叶黄素油树脂纯度较高，叶黄素含量达 22% 以上，较目前市场上亚临界丁烷提取、平转式正己烷提取的平均水平提高 50% 左右。该方法与超临界流体萃取的产品相近，简化生产应用中的后续纯化工艺，性价比更高，适用范围更广，值得开发。

印度学者从废弃的孔雀草花中提取叶黄素，选择黄色、橙色和红色 3 种不同栽培品种的孔雀草花瓣，以甲醇为提取溶剂，索氏提取器提取，全程避光，过滤，浓缩后减压干燥，得到花瓣中的叶黄素成分，采用紫外 – 可见分光法在 445 nm 下检测叶黄素含量 [34]。张瑞等 [35] 从孔雀草干花瓣中，用不同溶剂提取其中的脂溶性色素成分（主要是类胡萝卜素），并采用正交设计优化提取工艺。研究发现，乙酸乙酯浸提孔雀草红色素效果优于不同浓度的乙醇，浸提效果随着温度的升高而升高，提取时间 4 ~ 5 h 最佳，适当增加固液比充分浸润花瓣有利于色素提取，当固液比为 1:30 最为适宜。正交实验发现，在诸多影响因素中，温度最为关键，其次是固液比，最后是提取时间。最终确定的最佳提取工艺为：以乙酸乙酯为提取溶剂，固液比为 1:30，45 ℃下提取 4.5 h，可获得最大提取效率。所提取的色素色泽鲜艳，性质稳定，可用于提取天然色素。

4.2　叶黄素的纯化

孔雀草和万寿菊中的叶黄素以叶黄素酯的形式存在，叶黄素酯须转化为游离的叶黄素才能被机体吸收。天然叶黄素的制备工艺包括鲜花发酵、干燥制粒、黄素酯提取、黄素酯皂化和黄素纯化等步骤。天然植物色素分离纯化的方法很多，从大类上可分为结晶分离纯化法、薄层色谱和柱色谱分离法、气相色谱及高效液相色谱分离法等。而从工业生产的角度来讲，以结晶法最优。结晶分离纯化法简单易行，节约成本，所需设备易得到，更适合天然色素的工业化生产。叶黄素传统的纯化方法是柱层析和重结晶，得到结晶叶黄素纯度很高，达 95% 以上，但柱层析需要消耗大量溶剂，费时费力不经济；而重结晶大多使用了含氯有机溶剂，应用受到限制。刘洪海等[36]另辟蹊径，省略发酵、制粒等步骤，万寿菊鲜花经甲醇处理后，直接用正己烷提取叶黄素酯，在叶黄素酯皂化的最佳条件下（KOH/甲醇浓度为 20%，提取液：KOH 为 4:1，时间：40 min，温度：50 min），经丙酮：甲醇（V:V）为 1:1 的混合溶剂重结晶后，得到纯度为 97.2% 的叶黄素晶体。王闯等[37]将叶黄素的提取与皂化过程简化为一道工序，在提取的同时进行了皂化处理，简化了传统叶黄素的制备工艺。具体工艺为：取万寿菊花粉颗粒 1.00 g（过 20 目筛），加入石油醚（42.6 mL/g）、KOH-乙醇溶液（质量浓度为 0.1 g/mL，用量为 20 mL/g），提取温度为 60 ℃，进行水浴加热回流提取和皂化处理。提取结束后趁热过滤，残渣洗涤两次，合并滤液及洗涤液。将滤液真空浓缩至无馏出液，加入 60 mL 50% 乙醇溶液，醋酸水溶液调 pH 至中性，离心去除上清液，沉淀物经真空冷冻干燥，得到反式叶黄素粗品，得率为 1.499%。反式叶黄素粗品溶于乙酸乙酯后，去离子水萃取，除多余的皂化物质和水溶性杂质，收集乙酸乙酯相，减压浓缩回收溶剂。向浓缩物中加入 4 倍体积的正己烷-丙酮混合溶剂（体积比为 4:1），室温下静置 30 min，过滤，分别用少量 0～5 ℃无水乙醇和去离子水洗涤，经真空冷冻干燥，制得反式叶黄素晶体，纯度达到 90.42%，与传统纯化方法获得的叶黄素晶体纯度相当。

孔雀草脂溶性色素经提取后为液体，经浓缩后呈半流动状油树脂，因此需分离纯化。张瑞[38]等从孔雀草干花中提取色素成分，孔雀草干花瓣→剪碎→浸提→过滤→滤液→真空浓缩→天然色素粗提物（深红色稠状物）→滤渣，对滤渣进行纯化。分别采用了浓缩降温法、外加晶核法、冷冻法、外加晶核与冷冻处理法、双溶剂结晶法、双溶剂与冷冻处理结晶法、双溶剂与真空浓缩结晶法处理孔雀草脂溶性色素浓缩溶液，均未得到色素结晶体。说明常规方法均不适用于孔雀草脂溶性色素的纯化结晶。天然色素分子均具有亲水基团和亲脂基团，可以作为一种具有双亲性的表面活性剂分子，与一定的溶剂分子形成溶质液晶。制备天然色素溶质液晶模板，一方面使之作为反应器提供色素晶核形成的空间，另一方面使之作为结晶反应物直接参与结晶反应，易于控制，可以高效地获得纯度相对较高的色素结晶体，为工业化生产奠定基础。这种方法避免了样品的前期提纯过程，对粗提物纯度要求不是很高，甚至可以通过不同色素分子在溶质液晶模板中形成的不同液晶结构，靶向地分离纯化所需色素分子或去除杂质分子[39]。张瑞等[40]采用三溶剂结晶法纯化孔雀草中脂溶性色素成分。使用三溶剂结晶法，可使有机物在这三相中达到一定的饱和状态从而以结晶的形式析出。该实验采用的 3 种溶剂为乙醚、乙醇、水。其中乙醇和水配制成 40% 乙醇溶液、50% 乙醇溶液、60% 乙醇溶液、70% 乙醇溶液、80% 乙醇溶液。乙醚与上述各种浓度的乙醇溶液比例（体积比）为 13:1、13:2、12:1，放置一段时间（48 h），每隔 12 h 观察所出现的现象。经 48 h 处理后，乙醚:60% 乙醇溶液（体积比）为 13:2 的一组配比样获得了孔雀草色素的红色针状结晶体，溶液的颜色变为橙红色，显微镜下观察结晶颗粒呈现红色针状结晶簇，离心处理后使用乙醚溶解呈现深红色，初步判断为孔雀草脂溶性色素结晶体。采用三溶剂结晶法当溶剂配比使混合液呈现溶质液晶态时，随着溶剂的挥发，溶液的不断浓缩，结晶体出现并不断长大。

5. 甾体类成分

巴基斯坦学者从孔雀草干燥花序中分离得到类固醇和烯萜成分，包括 β- 谷甾醇、豆甾醇、胆固醇和羽扇豆醇[7]。结构见图 3-7。

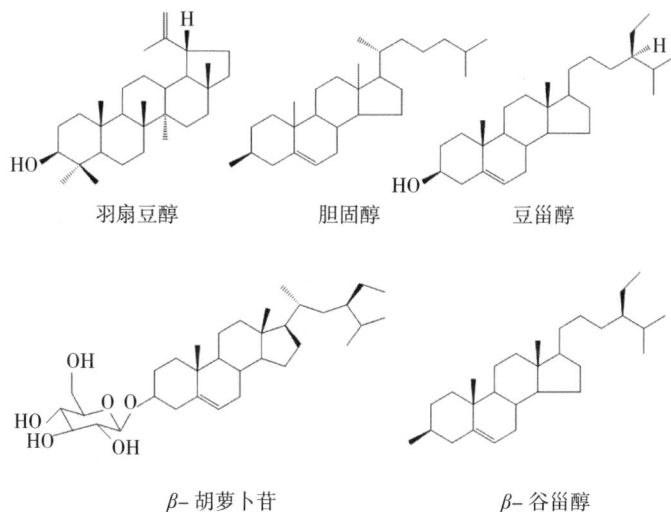

图 3-7 万寿菊属植物中甾体类成分结构

6. 挥发油成分

万寿菊属植物具有独特香气，含有丰富的挥发油类成分，应用于香精、香水的调制。作为天然的食品香料，万寿菊挥发油还可应用于糖果、饮料、调味品等食品。挥发油（volatile oil）是一类具有挥发性、芳香气味、能随水蒸气蒸馏出来的油状液体的总称，也被称作精油（essential oil）。挥发油具有多种药理活性，包括祛痰、止咳、平喘、解热、抗菌消炎等。挥发油主要包括萜类化合物（单萜、倍半萜及其含氧衍生物）、芳香族、脂肪族化合物等。水蒸气蒸馏法是目前萃取万寿菊中挥发油的主流方法，另有采用微波辅助溶剂提取。万寿菊属植物地上部分含有挥发油，尤其是嫩叶含量最高[7]。通过蒸汽蒸馏

3 ~ 4 h，利用石油醚或苯萃取可获得高纯度挥发油，但长时间蒸馏会破坏挥发油成分。

意大利学者 C. Romagnoli 等 [41] 采用水蒸气蒸馏法从孔雀草花中提取挥发性成分，并采用 GC-MS 联用技术鉴定出其中的 30 个成分，分别为 3- 己烯 -1- 醇、α- 蒎烯、桧烯、α-Mircene、β- 水芹烯、对 - 伞花烯、柠檬烯、顺 – 罗勒烯、反 – 罗勒烯、二氢万寿菊酮、异松油烯、芳樟醇、异 – 罗勒烯、反 – 万寿菊酮、顺 – 万寿菊酮、异龙脑、4- 松油醇、α-Terpineolo、胡椒酮、Piperitone、2- 苯乙醇、醋酸冰片酯、胡椒烯酮、石竹烯、β- 胡椒烯、大牛儿烯 D、β- 甜没药烯、δ- 荜澄茄烯、反 – 橙花椒醇、桉油烯醇、氧化石竹烯，占到总挥发油的 89.1%，其中胡椒酮占 24.74%，胡椒烯酮占 22.93%，异松油烯占 7.8%，二氢万寿菊酮占 4.91%，顺 – 万寿菊占 4.62%，柠檬烯占 4.52%，别罗勒烯占 3.66%。并发现孔雀草挥发油成分能够抑制灰霉病和指状青霉菌 2 种植物病菌的生长，对二者的完全抑制浓度分别为 10 μL/mL 和 1.25 μL/mL，胡椒酮和胡椒烯酮是其抗菌的主要活性成分。巴西学者 [42] 采用水蒸气蒸馏法提取孔雀草地上部分（包括茎、叶、花）的挥发油成分，利用 GC-MS 联用技术鉴定出其中的 19 种成分，包括柠檬烯、α- 罗勒烯、反 –β- 罗勒烯、二氢万寿菊酮、γ- 松油烯、异松油烯、蒿酮、1，3，8-p-menthatriene、Cis-epoxy-ocymene、(E) – 万寿菊酮、龙脑、(+) – 反 – 香苇醇、3，9-Epoxy-p-mentha-1，8（10）–Diene、4-Vinyl-guaiacol、圆叶薄荷酮、(E) –β- 金合欢烯、氧化丁香烯、橙花椒醇、桉油烯醇。

吴云骥等 [43] 采用水蒸气蒸馏法提取万寿菊挥发油，并采用 GC-Ms 联用技术进行了定性分析。发现万寿菊挥发油的主要含有石竹烯（22.70%）、斯巴醇（8.51%）、胡椒酮（7.00）和胡椒二烯酮（3.12%）等成分。这些成分在野菊花（Chrysanthemi Indici）中并未检测到，而野菊花中含有的成分如龙脑、樟脑、1，8- 桉叶脑等在万寿菊中均未检测到，说明万寿菊与野菊花虽同为菊科，但化学成分上存在较大差别。李健等 [44] 采用水蒸气蒸馏法提取黑龙江产地的万寿菊花中挥发油，挥发油得率为 0.0943%。经气相色谱 – 质谱（GC-MS）定性定量分析，共分离出 47 个峰，鉴定出其中的 40 个化合物，主要为萜类化合物，包括异松油烯（32.91%）、α- 罗勒烯（11.18%）、柠檬烯（10.87%）、石竹烯（7.46%）、β- 月桂烯（5.64%）、反 –β- 罗勒烯（5.34%）和 2- 异丙基 –5- 甲基 –3- 环己烯 –1- 酮（2.52%）等。

司辉等 [45] 采用水蒸气蒸馏法提取万寿菊中挥发油成分，在最佳提取工艺下：料液比为 1:10，蒸馏 18 h，得油率达到 0.54%。然后应用气相色谱—质谱联用（GC-MS）方法鉴别出挥发油中的 47 个化学成分，包括 14 个萜类化合物，含量占到总挥发油的 56%；11 个醇类化合物，含量占总挥发油的 14.03%；4 个苯类化合物，含量占总挥发油的 13.41%。其中萜类挥发油主要包括冰片烯（18.31%）、氧化石竹烯（16.09%）、石竹烯（13.41%）、1- 甲基 –4-（1- 甲基乙烯基）– 苯（10.14%）、荜澄茄烯（2.70%）、1- 甲氧基 –4-（丙烯基）– 苯（2.41%）、紫穗槐烯（1.25%）等。由此可见，水蒸气蒸馏得到的万寿菊挥发油主要为萜类成分。李大婧等[32]采用超临界 CO_2 萃取万寿菊花中挥发性成分，并鉴别出香树脂素及其同分异构体 3- 羟基熊果 -12 烯和 3- 羟基齐墩果 -12 烯（21.00%），α- 豆甾醇、β- 豆甾醇和 β- 谷甾醇等甾醇类物质（10.79%），维生素 E（4.36%）等生理活性成分。

陈红兵等[46]采用水蒸气蒸馏法提取了万寿菊属植物孔雀草（Tagetes patula）根的挥发油，并用气相色谱 - 质谱联用技术对其化学成分进行分析，发现万寿菊根的挥发油中含有萜类、醛、酮、酯、酚等化合物，具体含量为 2- 呋喃甲醛（7.81%）、α- 松油醇（17.34%）、β- 松油醇（6.05%）、2- 己烯醛（12.92%）、胡椒酮（4.65%）、2- 甲基 -5- 异丙基苯酚（5.03%）、庚醛（8.65%）、2，5- 二环戊烯基戊酮（10.20%）、邻苯二甲酸丁酯（2- 乙基）乙酯（22.63%）、顺丁烯二酰亚胺（4.70%）。张丽媛等[26]采用微波辅助方法萃取万寿菊残渣中的挥发油，选石油醚作为提取溶剂，料液比 1:6（g/mL），微波功率为 700 W，萃取 60 s，挥发油萃取率可达到 1.575%，远高于水蒸气蒸馏的 0.54%。

胡建安等[47]采用 GC-MS 方法对孔雀草中挥发油类成分进行了分析，鉴定出其中的 64 种成分，主要为 2- 蒈烯和 β- 水芹烯，约占精油组成的 30%，万寿菊酮约占 2%。此外，孔雀草挥发油中还含有 α- 香柠檬烯、β- 石竹烯、二氢香芹酮、桃金娘烯醇和反 - 八氢化 -3a- 甲基 -2H- 茚 -3- 酮等成分。孔雀草全草提取的精油具有独特香色，可用于调制香精、香水，并具有杀菌、消炎和活血通经功能。在用水蒸气蒸馏法提取孔雀草精油时，油水分离后可得到大量水相蒸馏副产物，这些副产物中同样含有丰富的挥发油成分，孙凌峰等利用 GC-MS 联用技术分析出其中的 28 个化合物，其中以含氧化合物为主：β- 松油醇、胡椒烯酮、胡淑酮、桃金娘醛、α- 松油醇、1，8- 桉叶素、α- 乙基苯乙醇等，这些成分占到萃取物总重量的 90% 以上[48]。

此外，万寿菊还含有有机酸、氨基酸、多糖以及矿物质等成分。其中有机酸类成分主要包括丁香酸、3，4- 二羟基苯甲酸、3，4- 二羟基 -5- 甲氧基苯甲酸、没食子酸、亚油酸甘油单酯等。万寿菊的种维生素成分，主要包括 VC、VPP、VB$_1$、VB$_2$，其中 VB$_2$ 含量高达 4.26 mg/g[49]。黄帅等[50]从万寿菊花的乙醇浸膏中分离得到 3，4- 二丁香酸 -α-D- 葡萄糖及其异构体 3，4- 二丁香酸 -β-D- 葡萄糖，一对新的丁香酸的葡萄糖苷异构体。杨念云等[10]从万寿菊花中分离得到丁香酸、尿嘧啶和甘露醇。刘佳斌等[51]采用"酸溶碱沉"法从万寿菊根提取总生物碱，并发现水溶性生物碱能够明显抑制西瓜枯萎病菌菌丝的生长。

7. 孔雀草和万寿菊的质量控制

7.1 高效液相色谱法（HPLC）

孔雀草和万寿菊作为经济作物，其经济价值主要在于所含有的叶黄素成分。叶黄素可辅助治疗老年性黄斑退化病等眼部疾病，并具有多种生物活性。此外，万寿菊含有的叶黄素酯是一种天然着色剂，在饲料中添加万寿菊不仅可以补充营养，还可以提高蛋黄的着色品质。因此，叶黄素的含量是评价色素万寿菊品质的一项重要指标。目前，分析检测叶黄素的主要方法有紫外 – 可见分光光度法、色谱法、质谱、液质联用、核磁共振等，应用最广泛的是高效液相色谱法（HPLC）。色谱柱一般选择 C_{18} 色谱柱，流动相多为甲醇 – 水、乙腈 – 水、甲醇 – 乙腈体系梯度洗脱，也有采用甲醇 – 乙腈 – 乙酸乙酯 – 水、正己烷 – 乙酸乙酯 – 异丙酮、乙腈 – 甲醇 – 二氯甲烷等复杂体系梯度洗脱，复杂体系虽然操作略微烦琐，但能够较好改善色谱峰分离度和色谱峰形，避免拖尾 [52, 53]。叶黄素含有多个共轭双键，在 450 nm 处有最大紫外吸收，所以检测波长多选择 450 nm 或 450 nm 附近，流速多为 0.75 mL/min 或 1 mL/min，温度为室温，进样量为 5 μL ~ 20 μL。研究发现，万寿菊干花中叶黄素含量明显高于万寿菊颗粒，提示万寿菊干花可能是提取分离叶黄素的理想原料 [54]。

叶黄素作为一种代谢产物，其含量在万寿菊生长过程中并不是保持不变的，而是一个动态变化过程。研究发现，自万寿菊花蕾形成之后，花中的叶黄素含量呈现先增加后降低的变化趋势，在花蕾形成的第 16 ~ 22 d 叶黄素含量最高，达到 12.97 mg/g（以鲜花干重计算），所以应该在此阶段采摘 [55]。叶黄素本身也是一种色素，所以万寿菊叶黄素的含量与颜色也存在一定关系。研究发现，黄绿色的万寿菊花中色素含量为 0.024%，而橙色花的色素含量高达 1.148%，颜色越深叶黄素酯含量越高。因此，生产时宜选用橙色品系的万寿菊花作为提取叶黄素的原料 [56]。此外，万寿菊花的色素含量与脂肪酸的含量呈正相关（R^2=0.974），即色素含量越高，脂肪酸的含量也越高 [56]。

黄酮类成分是万寿菊的另一类活性成分，近年来逐渐受到关注。吕邵娃等 [57] 建立了 HPLC 方法（YMC C_{18} 色谱柱，0.1% 甲酸水溶液 – 乙腈梯度洗脱，检测波长 257 nm，柱温室温，流速 1.0 mL/min，进样量为 10 μL）对万寿菊根中的 5，7，3′– 三羟基 –3，6，4′– 三甲氧基黄酮、5，7，4′– 三羟基 –3，6– 二甲氧基黄酮、万寿菊苷、5，3′– 二羟基 –3，6，4′– 三甲氧基 – 黄酮 –7–O–β–D– 葡萄糖苷和 5– 羟甲基糠醛基 – 甲基 – 丁二酸酯进行了定量分析，其中万寿菊苷含量最高，为 0.2825%。常永宏等 [58] 采用 C_{18} 色谱柱柱，甲醇 – 水流动相等度洗脱，在 345 nm 下检测，流速为 1.0 mL/min，建立了 HPLC 方法检测了万寿菊中山奈苷的含量。研究发现黄色万寿菊花中山奈苷含量为 6.30 mg/g，高于橘黄色万寿菊花的 2.10 mg/g。

7.2　指纹图谱

指纹图谱研究作为一种多指标的质量控制模式，可较全面反映被测样品所含化学成分的种类和数量，已逐渐成为国内外广泛接受的质量评价模式。苏瑞等 [59] 采用 HPLC–UV 方法对黑龙江产地的 14 个不同产区、不同颜色的万寿菊花醇提物进行分析，建立了万寿菊花醇提物的 HPLC 指纹图谱，共标定 8 个共有峰。经 LC–MS 鉴定了其中 5 个共有峰，分别为万寿菊素、异槲皮素、异槲皮素苷和槲皮万寿菊素及其苷。该 HPLC 指纹图谱具有较好的精密度、重复性和稳定性，14 个不同产区的各种颜色万寿菊花的指纹图谱具有相似的总体特征，相似度大于 0.85，说明该方法能够较好应用于万寿菊的质量控制。王宇萌等[17]建立了 3 种不同颜色的孔雀草（杂色、黄色和橘色）茎叶成分的 HPLC 指纹图谱，标定了 20 个共有峰，10 批样品间的共有峰相似度在 0.910 ~ 0.977，并发现 3 种颜色的孔雀草的茎叶成分平均峰面积存在明显差异，其中橘色的平均峰面积最大。

二、孔雀草化学成分研究

1. 化学成分概述

孔雀草为菊科万寿菊属植物，拉丁学名：*Tagetes patula* L.，主要分布于四川、贵州、云南等地，现全国各地均有栽培。全草可入药，夏、秋季采收，鲜用或晒干。味苦、性凉。功能：清热解毒，止咳。主治：风热感冒、咳嗽、百日咳、痢疾、腮腺炎、乳痈、疖肿、牙痛、口腔炎、目赤肿痛[60]。

孔雀草中含有大量黄酮类化合物：万寿菊素（patuletin）、槲皮万寿菊素（quercetagetin）、万寿菊苷（patulitrin）、槲皮万寿菊苷（quercetagitrin）；噻吩类：α-三联噻吩（α-terthienyl）；挥发油类：Z-罗勒烯酮（Z-ocimenone）、E-罗勒烯酮（E-ocimenone）、柠檬烯（limonene）、β-丁香烯（β-caryophyllene）、万寿菊酮（tagetone）、辣薄荷酮（piperitone）和辣薄荷烯酮（piperitenone）。

花中含万寿菊素及其苷和槲皮万寿菊素、土木香脑（helenine）、堆心菊素（helenien）、玉红色素（rubichrome）、堇黄质（violaxanthin）等色素及别万寿菊素（allopatuletin）。

根中含 α-三联噻吩，须根含 5-（4-乙酰氧基-1-丁炔基）-2，2-联噻吩［5-（4-acetoxy-1-butynyl）-2，2-bithiophene］、5-（1-丁烯基）-2，2-联噻吩［5（1-nuten-1-yl）-2，2-bithiophene］、异兰草素（isoeuparin）等成分。

目前孔雀草的研究多集中在农林园艺方面，在药学开发方面研究较少，现仅有少量的孔雀草挥发油、根及花部成分研究。为更好地开发利用孔雀草，作者对孔雀草的茎叶和花分别展开了化学成分研究，以使孔雀草变废为宝，造福广大的农民及患者。

2. 孔雀草茎叶化学成分研究

2.1 孔雀草茎叶化学成分的提取

2.1.1 药材提取

孔雀草中含有大量黄酮类化合物，如万寿菊素、槲皮万寿菊素、万寿菊苷、槲皮万寿菊苷及噻吩类化合物，由于这类成分受热结构容易发生变化，且这类成分易溶于乙醇等有机溶剂。因此我们采用乙醇温浸法对孔雀草茎叶进行提取。

孔雀草（15 kg）以 120 L 95% 乙醇 45 ℃下温浸 24 h，提取 3 次，过滤合并提取液，50 ℃下减压浓缩回收乙醇。剩余药渣继以 75 L 60% 乙醇温浸 24 h，过滤，浓缩，与 95%

提取液合并，减压浓缩至 3 L。

2.1.2 提取物的纯化

浓缩液以 30 ~ 60 ℃石油醚萃取 4 次（3 L×4 次），合并萃取液，蒸去石油醚，得黑色石油醚萃取物。剩余水层继以乙酸乙酯萃取 4 次（3 L×4 次），蒸去乙酸乙酯，得黄褐色萃取物。剩余水层挥去剩余有机溶剂。

萃取后剩余水液，经 AB-8 大孔吸附树脂，分别以水、60% 乙醇、95% 乙醇依次洗脱，将各部分洗脱液，减压浓缩蒸干，将 60% 乙醇树脂洗脱物与乙酸乙酯萃取物和合并得到 330 g 浸膏。其具体提取流程如图 3-8 所示。

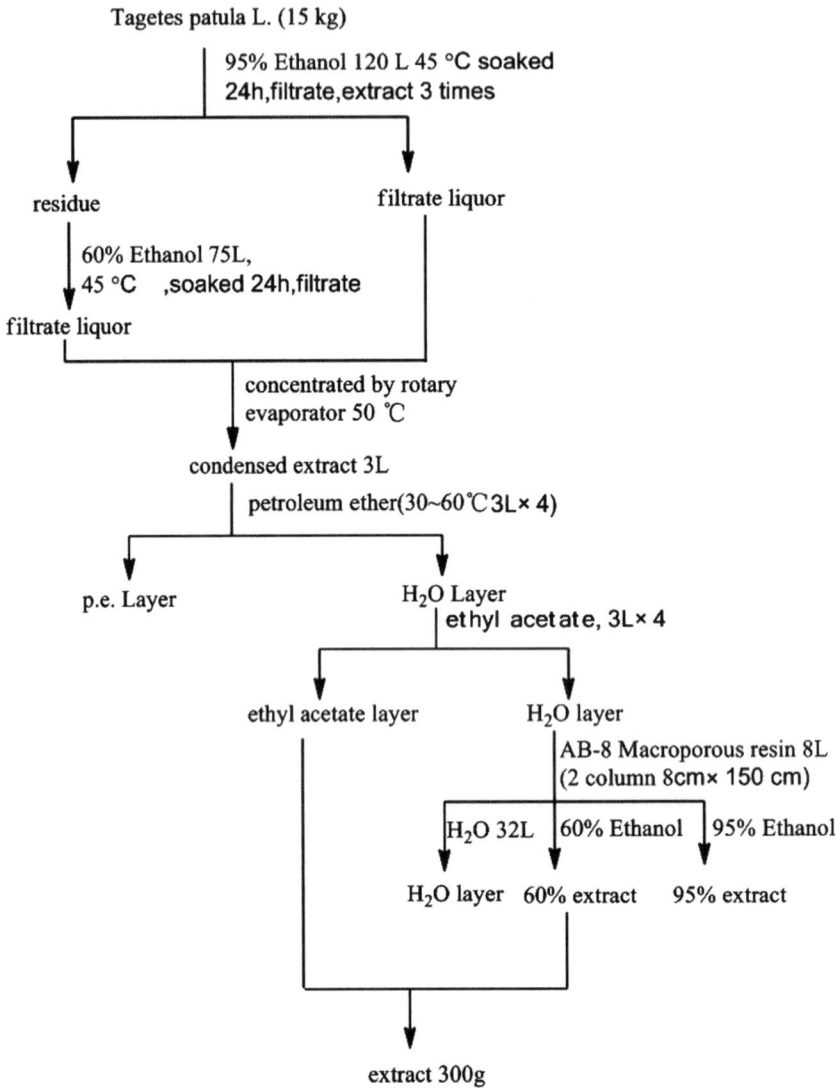

图 3-8 孔雀草提取流程图

2.2　孔雀草茎叶提取物的分离

通过一系列硅胶柱色谱、聚酰胺柱色谱、ODS 柱色谱及制备型反相 HPLC 等色谱学分离手段，对孔雀草乙酸乙酯萃取物与 60% 乙醇洗脱物的化学成分进行了系统研究，从中分离得到 25 个化合物，具体分离流程见图 3–9 ~ 图 3–14。

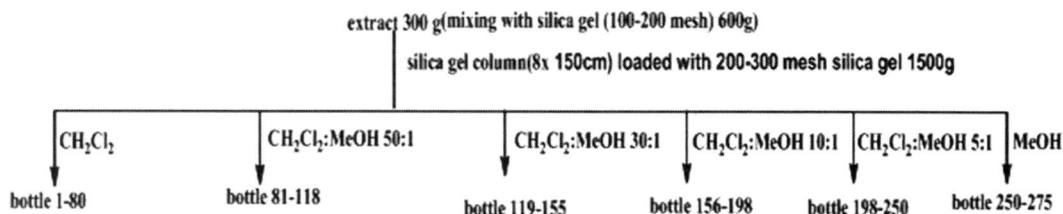

extract 300 g(mixing with silica gel (100-200 mesh) 600g)

silica gel column(8x 150cm) loaded with 200-300 mesh silica gel 1500g

CH_2Cl_2	CH_2Cl_2:MeOH 50:1	CH_2Cl_2:MeOH 30:1	CH_2Cl_2:MeOH 10:1	CH_2Cl_2:MeOH 5:1	MeOH
bottle 1-80	bottle 81-118	bottle 119-155	bottle 156-198	bottle 198-250	bottle 250-275

图 3-9　孔雀草提取物分离流程 1

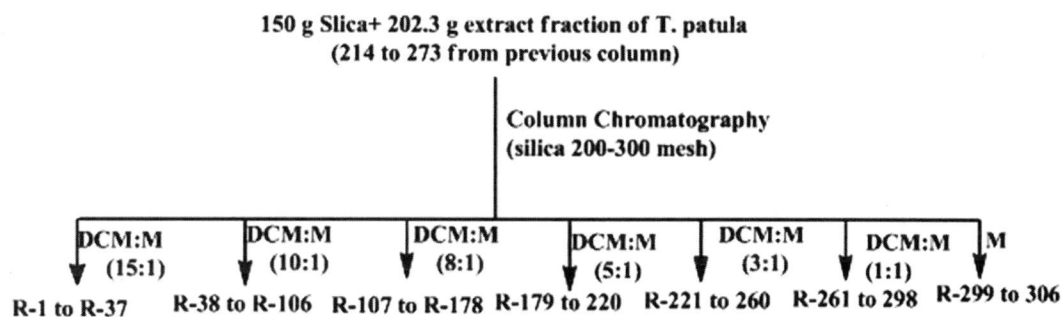

150 g Slica+ 202.3 g extract fraction of T. patula
(214 to 273 from previous column)

Column Chromatography
(silica 200-300 mesh)

DCM:M (15:1)	DCM:M (10:1)	DCM:M (8:1)	DCM:M (5:1)	DCM:M (3:1)	DCM:M (1:1)	M
R-1 to R-37	R-38 to R-106	R-107 to R-178	R-179 to 220	R-221 to 260	R-261 to 298	R-299 to 306

图 3-10　孔雀草提取物分离流程图 2

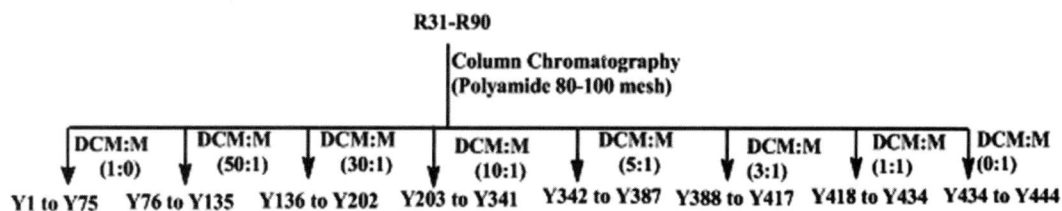

R31-R90

Column Chromatography
(Polyamide 80-100 mesh)

DCM:M (1:0)	DCM:M (50:1)	DCM:M (30:1)	DCM:M (10:1)	DCM:M (5:1)	DCM:M (3:1)	DCM:M (1:1)	DCM:M (0:1)
Y1 to Y75	Y76 to Y135	Y136 to Y202	Y203 to Y341	Y342 to Y387	Y388 to Y417	Y418 to Y434	Y434 to Y444

图 3-11　孔雀草提取物分离流程图 3

Y-272 to 320 (part A ppt)

↓

ODS pressure column

↓

HPLC

↓

KQCR-1,2,4,5,6

Y-213-232

↓

ODS pressure column

↓

HPLC

↓

KQCR-8,9

Y-147-202

↓

ODS pressure column

↓

HPLC

↓

KQCR-17,20,22

Y-233-271

↓

ODS pressure column

↓

HPLC

↓

KQCR-11,12,13

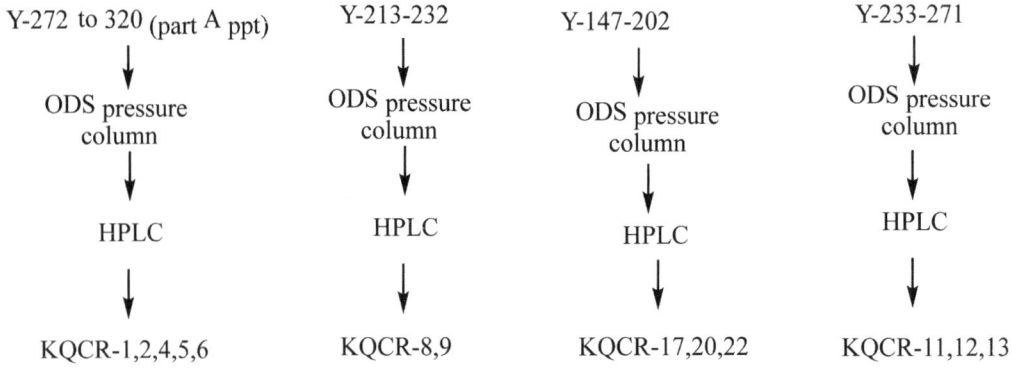

图 3-12　孔雀草提取物分离流程图 4

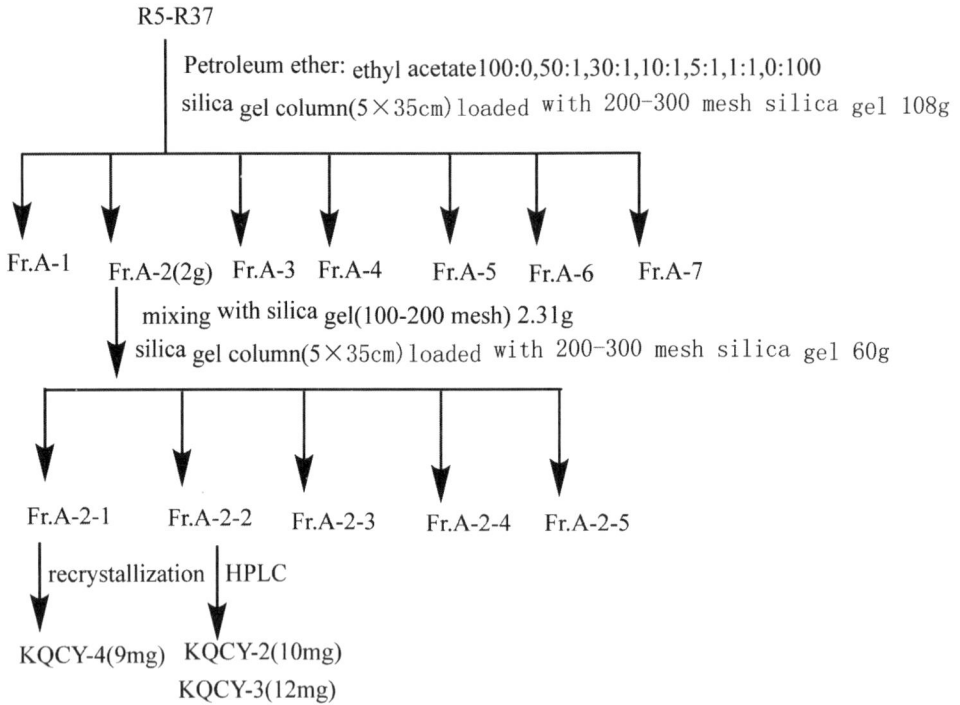

R5-R37

Petroleum ether: ethyl acetate100:0,50:1,30:1,10:1,5:1,1:1,0:100
silica gel column(5×35cm)loaded with 200-300 mesh silica gel 108g

Fr.A-1　Fr.A-2(2g)　Fr.A-3　Fr.A-4　Fr.A-5　Fr.A-6　Fr.A-7

mixing with silica gel(100-200 mesh) 2.31g
silica gel column(5×35cm)loaded with 200-300 mesh silica gel 60g

Fr.A-2-1　Fr.A-2-2　Fr.A-2-3　Fr.A-2-4　Fr.A-2-5

recrystallization ｜ HPLC

KQCY-4(9mg)　KQCY-2(10mg)
KQCY-3(12mg)

图 3-13　孔雀草提取物分离流程图 5

bottle 156-198

(100-200 mesh) 21g ,silica gel column(5.5×65cm) loaded with 200-300 mesh silica gel 263g, CH₂Cl₂:CH₃OH
100:0,50:1,20:1,10:1,5:1,2:1

Fr.D-1 Fr.D-2 Fr.D-3 Fr.D-4 Fr.D-5 Fr.D-6

recrystallization

Polyamide gel
CH₂Cl₂:CH₃OH 4:1
KQCY-19(9mg)

KQCY-6(27.9mg)
KQCY-7(16.7mg)

927mg,open ODS gel,30% CH₃OH/H₂O

1   2   3   4   5   6

ODS Flash gel, 35% CH₃OH 30 min,
55% CH₃OH/H₂O 15 min

3.1(40mg)   3.2(125mg)   3.3(524mg)

HPLC
40%CH₃OH/H₂O

KQCY-12(14.8mg)

HPLC
40%CH₃OH/H₂O

HPLC
42%CH₃OH/H₂O

HPLC
37%CH₃OH/H₂O

KQCY-9(64.5mg)

KQCY-18(8.2mg)
KQCY-17(8mg)

KQCY-11(4.8mg)

KQCY-15(9mg)

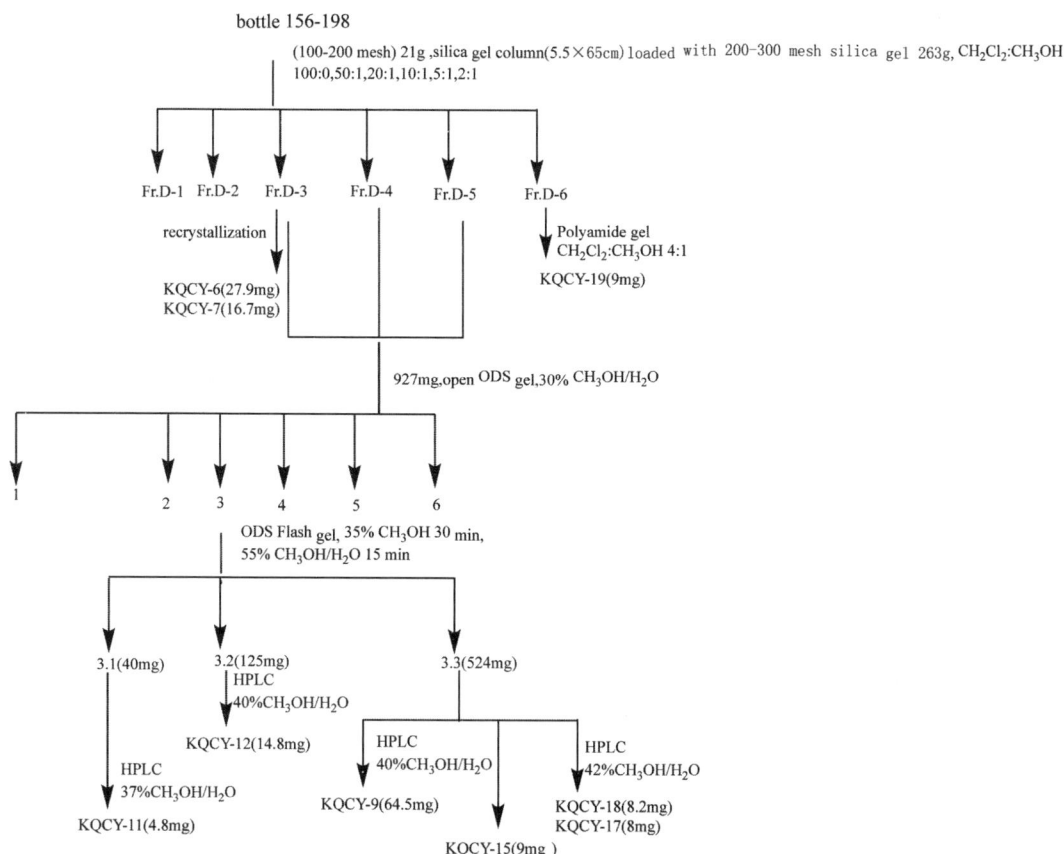

图 3-14　孔雀草提取物分离流程图 6

2.3　孔雀草茎叶中分离化合物的鉴定

通过一系列柱色谱，从孔雀草中分离得到 25 个化合物，利用理化性质、波谱学（^{1}H–NMR、^{13}C–NMR 和 HSQC、HMBC）等手段鉴定了它们的化学结构，结构见表 3–3 分别为：①槲皮素 -7-O-α-L 鼠李糖苷；②槲皮素 -3-O-α-L- 阿拉伯糖苷；③山柰酚 -3-O-β-D- 半乳糖苷；④山柰酚 -3-O-β-D 葡萄糖苷；⑤山柰酚 -3-O-β-D- 木糖苷；⑥万寿菊素 -3-O-α-L- 阿拉伯糖苷；⑦山柰酚 -7-O-α-L- 鼠李糖苷；⑧山柰酚；⑨山柰酚 -3-O-α-L- 阿拉伯糖苷；⑩万寿菊素；⑪ 4′- 甲氧醚万寿菊素；⑫山柰素 -3-O-β-D- 芹糖 -7-O-α-L- 鼠李糖苷；⑬二十醇；⑭邻苯二甲酸二丁酯；⑮ β- 谷甾醇；⑯ 2-methoxy-4-（2-propenyl）phenyl β-D-glucoside；⑰ 1-β-D-glucopyranosyl-2，6-dimethoxy-4-propenylphenol；⑱丁香脂素 -4′-O-β-D- 单葡萄糖苷；⑲ 1-（2-（1，2-dihydroxyethyl）-6-hydroxybenzofuran-5-yl）ethanone；⑳ 2，3-dihydro-euparin-14-O-β-D-glucoside；㉑ 4- 烯丙基 -2，6- 二甲氧基苯基葡萄糖苷；㉒槲皮素；㉓ 6-hydroxy-gnaphaliol 3-O-β-D-glucopyranoside；㉔ 6- 甲氧基 - 山柰酚 -7-β-D- 葡萄糖苷；㉕二十四醇，其中化合物 6、

19、20、23 为新化合物。化合物 1、2、3、4、5、9、11、12、13、14、16、17、18、21、22、24，为首次从孔雀草中分离得到。

表 3-3　孔雀草中分离得到的化合物

No.	谱图 No.	结构	No.	谱图 No.	结构
1[*]	KQCR-1	 槲皮素 -7-O-α-L- 鼠李糖苷	2[*]	KQCR-2	 槲皮素 -3-O-α-L- 阿拉伯糖苷
3[*]	KQCR-4	 山柰酚 -3-O-β-D- 半乳糖苷	4[*]	KQCR-5	 山柰酚 -3-O-β-D- 葡萄糖苷
5[*]	KQCR-6	 山柰酚 -3-O-β-D- 木糖苷	6[**]	KQCR-8	 万寿菊素 -3-O-α-L- 阿拉伯糖苷
7	KQCR-9	 山柰酚 -7-O-α-L- 鼠李糖苷	8	KQCR-11	 山柰酚

续表

No.	谱图 No.	结构	No.	谱图 No.	结构
9*	KQCR–12	山奈酚 –3–O–α–L– 阿拉伯糖苷	10	KQCY–6	万寿菊素
11*	KQCR–13	4′– 甲氧醚万寿菊苷（4′–Methoxylpatulitrin）	12*	KQCR–17	山奈素 –3–O–β–D– 芹糖 –7–O–α–L– 鼠李糖苷
13*	KQCY–2	二十醇	14*	KQCY–4	邻苯二甲酸二丁酯
15	KQCY–7	β– 谷甾醇	16*	KQCY–9	2-methoxy-4-（2-propenyl）phenyl β–D-glucoside

No.	谱图 No.	结构	No.	谱图 No.	结构
17*	KQCY-11	1-β-D-glucopyranosyl-2, 6-dimethoxy-4-propenylphenol	18*	KQCY-12	丁香脂素-4'-O-β-D-单葡糖苷（syringaresinol-4'-O-β-D-monoglucoside）
19**	KQCY-15	1-（2-（1, 2-dihydroxyethyl）-6-hydroxybenzofuran-5-yl）ethanone	20**	KQCY-17	2, 3-dihydro-euparin-14-O-β-D-glucoside
21*	KQCY-18	4-烯丙基-2,6-二甲氧基苯基葡萄糖苷	22*	KQCY-19	槲皮素
23**	KQCR-20	6-hydroxy-gnaphaliol 3-O-β-D-glucopyranoside	24*	KQCR-22	6-甲氧基-山柰酚-7-O-β-D-葡萄糖苷［7-O-（6-Methoxykaempferol）-β-D-glucopranoside］

No.	谱图 No.	结构	No.	谱图 No.	结构
25	KQCY-3	二十四醇			

注：*：首次从孔雀草中分离得到；**：新化合物。

化合物 1（KQCR-1）

槲皮素 -7-O-α-L- 鼠李糖苷（quercetin-7-O-α-L-rhamnosepyranoside）（图 3-15）

淡黄色无定形粉末（甲醇），盐酸 - 镁粉反应阳性，molish 反应阳性，确定为黄酮苷类化合物。根据 13C-NMR 谱图，确定结构中共存在 21 个碳信号，$\delta 176.03$ 为羰基峰信号，在 130 ~ 165 存在 7 个连氧烯碳信号，$\delta 60 ~ 75$ 之间存在 4 个碳信号，结合 $\delta 17.93$ 及 98.43，确定结构中存在 1 个鼠李糖基。与文献[61]中槲皮素 -7-O-α-L- 鼠李糖苷数据完全一致，确定化合物 1 结构为槲皮素 -7-O-α-L- 鼠李糖苷（quercetin-7-O-α-L-rhamnosepyranoside）。其信号归属如下：

^{13}C-NMR（100 MHz，DMSO-d$_6$）δ：147.91（C-2），136.2（C-3），176.03（C-4），161.39（C-5），98.83（C-6），161.39（C-7），94.13（C-8），155.69（C-9），104.65（C-10），121.81（C-1′），115.59（C-2′），145.09（C-3′），147.46（C-4′），115.16（C-5′），120.09（C-6′），98.43（C-1″），70.06（C-2″），70.33（C-3″），71.57（C-4″），69.85（C-5″），17.93（C-6″）。

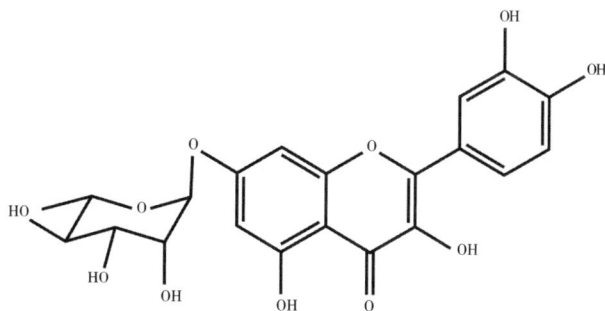

图 3-15 槲皮素 -7-O-α-L- 鼠李糖苷

化合物 2（KQCR-2）

槲皮素 -3-O-α-L- 阿拉伯糖苷（quercetin-3-O-α-L-arabinopyranoside）、番石榴苷（guaijaverin）（图 3-16）

　　淡黄色无定形粉末（甲醇），盐酸－镁粉反应阳性，molish 反应阳性，确定为黄酮苷类化合物。^{13}C-NMR 提示该结构含有 20 个碳原子，结合 δ70.7、71.6、66.0、64.2 及 100 左右信号确定，结构中含有 1 个五碳糖，与阿拉伯木糖基化学位移值相吻合，确定其为阿拉伯糖苷；同时结合 δ130～165 间 7 个连氧烯碳信号，且存在 δ133.6 碳信号，初步怀疑为槲皮素 –3–O– 阿拉伯糖苷。^{1}H-NMR δ12.63 提示结构中存在 5– 羟基，δ6.19（1H，d，J=1.96 Hz），δ6.39（1H，d，J=1.96 Hz），δ6.83（1H，d，J=8.48 Hz），δ7.49（1H，d，J=2.16 Hz），δ7.65（1H，dd，J=2.18，8.46 Hz）证实结构中存在着 1 对 AX 和 ABX 系统，与槲皮素苷元母核相吻合，5.26（1.0H，d，J=5.12 Hz）证实阿拉伯糖的构型为 α 构型。经文献[62, 63]中槲皮素 –3–O–α–L– 阿拉伯糖苷数据基本一致，因此确定化合物 2 为槲皮素 –3–O–α–L– 阿拉伯糖苷（番石榴苷）。其信号归属如下：

　　^{1}H-NMR（400 MHz，DMSO-d$_6$）δ：3.20（1H，dd，J=2.22，11.30 Hz，H-5″），3.50（1.0H，dd，J=3.06，6.98 Hz，H-3″），3.59（0.9H，dd，J=5.5，11.44 Hz，H-5″），3.64（0.9H，m，H-4″），3.74（1.0H，dd，J=5.1，7.0 Hz，H-6″），5.21（1H，OH），5.26（1.0H，d，J=5.12 Hz，H-1″），6.19（0.9H，d，J=1.96 Hz，H-6），6.39（0.9H，d，J=1.96 Hz，H-8），6.83（1.0H，d，J=8.48 Hz，H-5′），7.49（1H，d，J=2.16 Hz，H-2′），7.65（1.0H，dd，J=2.18，8.46 Hz，H-6′），9.21（1H，s，OH），9.70（1H，s，OH），10.82（1H，OH），12.63（1H，s，5-OH）。

　　^{13}C-NMR（100 MHz，DMSO-d$_6$）δ：156.3（C-2），133.6（C-3），177.4（C-4），161.1（C-5），98.7（C-6），164.6（C-7），93.5（C-8），156.1（C-9），103.7（C-10），120.8（C-1′），115.6（C-2′），144.9（C-3′），148.6（C-4′），115.3（C-5′），122.0（C-6′），101.4（C-1″），70.7（C-2″），71.6（C-3″），66.0（C-4″），64.2（C-5″）。

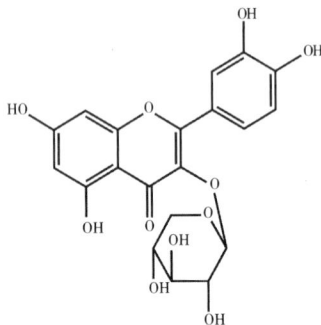

图 3-16　槲皮素 –3–O–α–L– 阿拉伯糖苷

化合物 3（KQCR-4）

山奈酚 –3–O–β–D– 半乳糖苷（Kaempferol-3-O-β-D-galactopyranoside）（图 3-17）

淡黄色无定形粉末（甲醇），盐酸－镁粉反应阳性，molish 反应阳性，确定为黄酮苷类化合物。^{13}C-NMR 提示该结构含有 19 个碳原子，δ130.95、115.05 碳信号远远强于其他信号，推测其可能为重叠碳信号，故结构中应含有 21 个碳原子，δ101.71、71.2、73.1、67.88、75.76、60.18 信号，为 1 个明显的半乳糖基碳信号。结合 120~165 之间连氧烯碳数目，以及 1 个结构对称苯环，推测苷元母核可能为山奈酚，经与文献[64]碳谱数据对比，基本一致，因此确定化合物 3 为山奈酚 -3-O-β-D- 半乳糖苷。其信号归属如下：

^{13}C-NMR（100 MHz，DMSO-d$_6$）：156.42（C-2），133.2（C-3），177.45（C-4），161.19（C-5），98.82（C-6），164.69（C-7），93.72（C-8），156.25（C-9），103.75（C-10），120.87（C-1′），130.95（C-2′），115.05（C-3′），159.96（C-4′），115.05（C-5′），130.95（C-6′），101.71（C-1″），71.2（C-2″），73.1（C-3″），67.88（C-4″），75.76（C-5″），60.18（C-6″）。

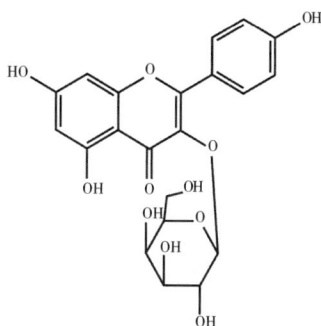

图 3-17　山奈酚 -3-O-β-D- 半乳糖苷

化合物 4（KQCR-5）

紫云英苷（Astragalin）、山奈酚 -3-O-β-D- 葡萄糖苷（Kaempferol-3-o-β-D-glucopyranoside）（图 3-18）

淡黄色无定形粉末（甲醇），盐酸 - 镁粉反应阳性，molish 反应阳性，确定为黄酮苷类化合物。^{13}C-NMR 提示该结构可能含有 19 个碳原子，δ130.95、115.05 碳信号远远强于其他信号，推测其可能为重叠碳信号，故结构中应含有 21 个碳原子，δ101.25、74.19、76.45、69.84、77.36、60.81 信号，为一个明显的葡萄糖基碳信号。结合 120~165 之间连氧烯碳数目，以及 1 个结构对称苯环，推测苷元母核可能为山奈酚，经与文献[65-67]碳谱数据对比，基本一致，因此确定化合物 3 为山奈酚 -3-O-β-D- 葡萄糖苷。其信号归属如下：

^{13}C-NMR（125 MHz，DMSO-d6）δ：155.41（C-2），132.93（C-3），176.7（C-4），161.00（C-5），99.7（C-6），168.2（C-7），94.13（C-8），156.70（C-9），102.39（C-10），120.87（C-1′），130.66（C-2′，6′），115.05（C-3′，5′），159.99（C-4′），101.25（C-1″），74.19（C-2″），76.45（C-3″），69.84（C-4″），77.36（C-5″），60.81（C-6″）。

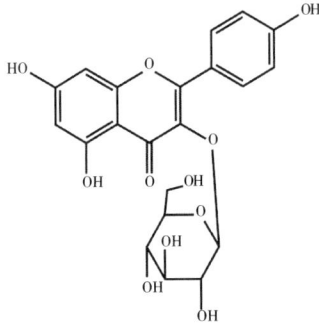

图 3-18　山柰酚 -3-O-β-D- 葡萄糖苷

化合物 5（KQCR-6）

山柰酚 -3-O-β-D- 木糖苷（Kaempferol-3-O-β-D-xylopyranoside）（图 3-19）

淡黄色无定形粉末（甲醇），盐酸 - 镁粉反应阳性，molish 反应阳性，确定为黄酮苷类化合物。^{13}C-NMR 提示该结构可能含有 19 个碳原子，δ130.54、115.21 碳信号远远强于其他信号，推测其可能为重叠碳信号，故结构中应含有 21 个碳原子，其碳信号除糖基部分外，与化合物 4 山柰酚 -3-O-β-D- 葡萄糖苷的苷元部分完全一致，因此推测化合物 5 的苷元母核为山柰酚。^{1}H-NMR 中 δ12.50（1H，s）为其 5 位羟基质子信号，6.87（2H，d，J=8.85 Hz）、7.99（2H，d，J=8.85 Hz）证实结构中存在 B 环的 AA′BB′系统，6.05（1H，d，J=1.55 Hz）、6.25（1H，d，J=1.35 Hz）证实结构中存在着 A 环的 AX 系统，5.30（1H，d，J=7.05 Hz）为糖端基氢质子信号；经与文献[68, 69] 比对，确定 δ101.92、73.66、75.84、69.36、65.87 为 β-D- 木糖基片段碳信号，因此确定该化合物为山柰酚 -3-O-β-D- 木糖苷，其信号归属如下：

^{13}CNMR（125 MHz，DMSO-d$_6$），δ：155.27（C-2），132.8（C-3），176.63（C-4），160.98（C-5），99.73（C-6），168.2（C-7），94.14（C-8），156.63（C-9），102.33（C-10），120.65（C-1′），130.54（C-2′，6′），115.21（C-3′，5′），160.18（C-4′），101.92（C-1″），73.66（C-2″），75.84（C-3″），69.36（C-4″），65.87（C-5″）。

^{1}H-NMR（500 MHz，DMSO-d$_6$）δ：2.96-3.7（5H，m），5.30（1H，d，J=7.05 Hz，H-1″），6.05（1.0H，d，J=1.55 Hz，H-6），6.25（1.0H，d，J=1.35 Hz，H-8），6.87（2H，d，J=8.85 Hz，H-2′，H-6′），7.99（2H，d，J=8.85 Hz，H-3′，H-5′），12.50（1H，s，5-OH）。

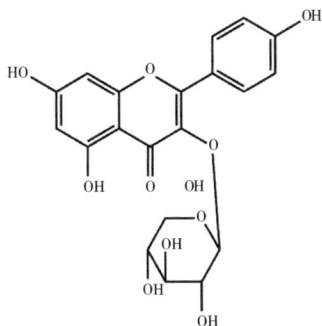

图 3-19 山柰酚 -3-*O*-β-*D*- 木糖苷

化合物 6（KQCR-8）

万寿菊素 -3-*O*-α-*L*- 阿拉伯糖苷（patuletin-3-*O*-α-*L*-arabonipyranoside）（图 3-20）

淡黄色无定形粉末（甲醇），盐酸 - 镁粉反应阳性，molish 反应阳性，确定为黄酮苷类化合物。^{1}H-NMR 中存在 δ12.72（1H，s）为 5 位羟基质子信号，3.75（3H，s）为 1 个甲氧基质子信号，6.50（1H，s）为苯环上孤立氢质子。6.84（1H，d，J=8.45 Hz）、7.51（1H，d，J=2.25 Hz）、7.65（1H，dd，J=2.20，8.45 Hz）表明结构中存在着 1 个 ABX 苯环体系，其分别对应着黄酮 B 环的 5′、6′、2′ 质子。^{13}C-NMR 提示该结构可能含有 21 个碳原子，在 δ130～165 之间存在着 8 个连氧烯碳信号，δ177.60 为 1 个羰基碳信号。由 δ133.34 证实糖基连接在 3 位碳上。由糖的碳化学位移 δ101.4、70.69、71.63、66.02、64.21 证实该糖为 α-*L*- 阿拉伯糖，δ59.86 则为 1 个甲氧基碳信号。经与万寿菊素 -3-*O*-β-*D*- 吡喃葡萄糖苷 [70] 比较，苷元部分化学位移基本一致，因此确定该化合物为万寿菊素 -3-*O*-α-*L*- 吡喃阿拉伯糖苷。经文献检索，确证该化合物为一个新化合物。结合 HSQC、HMBC 谱，数据归属如下所示：

^{13}C-NMR（DMSO-d$_6$，125 MHz）δ：156.14（C-2），133.34（C-3），177.6（C-4），152.25（C-5），131.37（C-6），158.15（C-7），93.82（C-8），151.53（C-9），103.97（C-10），121.98（C-1′），115.34（C-2′），144.97（C-3′），148.58（C-4′），115.69（C-5′），120.91（C-6′），101.4（C-1″），70.69（C-2″），71.63（C-3″），66.02（C-4″），64.21（C-5″），59.86（-OCH$_3$）。

^{1}H-NMR（DMSO-d$_6$，500 MHz）δ：3.23（1.1H，dd，J=2.48，11.43 Hz，H-5″），3.53（1.1H，dd，J=3.33，7.08 Hz，H-2″），3.61（1H，d，J=11.40 Hz，H-5″），3.61（1H，d，J=15.00 Hz，H-4″），3.66（1H，dd，J=11.05，2.4 Hz，H-3″），3.75（3 H，s，6-OCH$_3$），5.27（1H，d，J=5.20 Hz，H-1″），6.50（1H，s，H-8），6.84（1.0 H，d，J=8.45 Hz，H-5′），7.51（1.0 H，d，J=2.25 Hz，H-2′），7.65（1.0 H，dd，J=2.20，8.45 Hz，H-6′），12.72（1H，s，5-OH）。

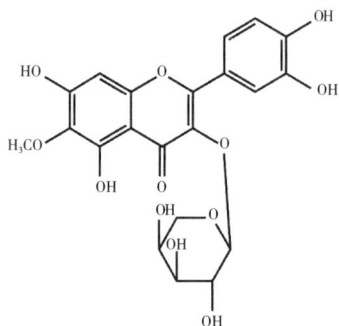

图 3-20　万寿菊素 -3-O-α-L- 阿拉伯糖苷

化合物 7（KQCR-9）

山奈酚 -7-O-α-L- 鼠李糖苷 （Kaempferol-3-O-α-L-rhamnosepyranoside）（图 3-21）

淡黄色无定形粉末（甲醇），盐酸 - 镁粉反应阳性，molish 反应阳性，确定为黄酮苷类化合物。^{13}C-NMR 中共存在 21 个碳信号，δ17.88 提示该糖可能为 1 个鼠李糖。在δ130～165 之间存在着 6 个连氧烯碳信号，δ177.60 为 1 个羰基碳信号。碳谱中存在着133.34 证实糖基并不连接在 3 位碳上，δ129.60、115.42 强度远远大于其他信号，为重叠碳信号，怀疑苷元为山奈酚。山奈酚 7 位碳化学位移值为 164 左右，而在 ^{13}C-NMR 中存在一个 161.38 的碳信号，因此确定鼠李糖基连接在了山奈酚的 7 位碳上，经与文献 [71] 对比，数据完全吻合，因此确定该化合物为山奈酚 -7-O-α-L- 鼠李糖苷。信号归属如下所示：

^{13}C-NMR （125 MHz，DMSO-d$_6$）δ：147.76（C-2），136.00（C-3），176.03（C-4），160.35（C-5），98.79（C-6），161.38（C-7），94.31（C-8），155.70（C-9），104.65（C-10），121.50（C-1′），129.60（C-2′，6′），115.42（C-3′，5′），159.33（C-4′），98.39（C-1″），70.03（C-2″），70.24（C-3″），71.58（C-4″），69.82（C-5″），17.88（C-6″）。

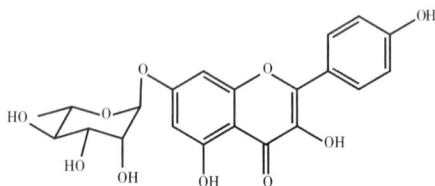

图 3-21　山奈酚 -7-O-α-L- 鼠李糖苷

化合物 8（KQCR-11）

山奈酚 （Kaempferol）（图 3-22）

淡黄色无定形粉末（甲醇），盐酸 - 镁粉反应阳性，molish 反应阴性，确定为黄酮苷元。^{13}C-NMR 中 δ129.37、115.39 强度远远大于其他信号，为重叠碳信号，结合结构中存在着 6 个连氧烯碳信号，怀疑结构为山柰酚，经与文献[72]比对，数据完全一致，因此确定结构为山柰酚。信号归属如下：

^{13}C-NMR（DMSO-d_6，125 MHz）δ：146.8（C-2），135.6（C-3），175.86（C-4），156.1（C-5），98.2（C-6），164.33（C-7），93.4（C-8），160.64（C-9），102.82（C-10），121.67（C-1'），129.37（C-2'，6'），115.39（C-3'，5'），159.14（C-4'）。

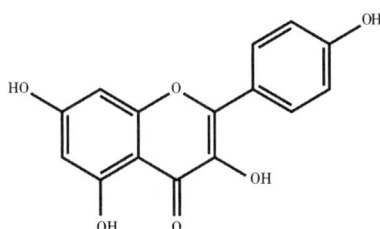

图 3-22　山柰酚

化合物 9（KQCR-12）

山柰酚 -3-O-α-L- 阿拉伯糖苷（Kaempferol-3-O-α-L-arabonipyranoside）（图 3-23）

淡黄色无定形粉末（甲醇），盐酸 - 镁粉反应阳性，molish 反应阳性，确定为黄酮苷类化合物。^{13}C-NMR 提示结构中含有 20 个碳信号，其中 1 个羰基碳信号，化学位移值为 175.86，在 δ130～165 之间存在着 6 个连氧烯碳信号，δ130.91、115.23 为重碳信号，初步怀疑其为山柰酚母核，苷元部分存在着 δ133.51，因此确定糖基连接在 3 位碳上。δ101.20、70.74、71.53、65.59、64.13 为 α-L- 阿拉伯糖基信号碳原子，结合文献[64]，最终确定化合物 9 为山柰酚 -3-O-α-L- 阿拉伯糖苷。其信号归属如下：

^{13}C-NMR（DMSO-d_6，125 MHz）δ：156.32（C-2），133.51（C-3），175.86（C-4），161.16（C-5），98.72（C-6），164.44（C-7），93.65（C-8），156.11（C-9），103.82（C-10），120.64（C-1'），130.91（C-2'，6'），115.23（C-3'，5'），160.01（C-4'），101.20（C-1''），70.74（C-2''），71.53（C-3''），65.59（C-4''），64.13（C-5''）。

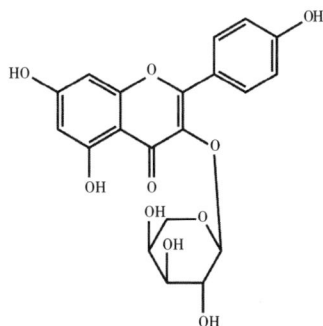

图 3-23　山柰酚 -3-O-α-L- 阿拉伯糖苷

化合物 10（KQCY-6）

万寿菊素（Patuletin）（图 3-24）

淡黄色无定形粉末（甲醇），盐酸 - 镁粉反应阳性，molish 反应阴性，确定为黄酮苷元。^{13}C-NMR 提示结构中含有 16 个碳信号，其中 1 个羰基碳信号 $\delta 176.01$，在 130～165 之间 8 个连氧烯碳，$\delta 59.95$ 为 1 个甲氧基碳信号。经与文献 [65] 中万寿菊素结构数据比对，完全一致，因此确定化合物 10 为万寿菊素。信号归属如下：

^{13}C-NMR（DMSO-d6，125 MHz）δ：146.92（C-2），135.37（C-3），176.01（C-4），151.32（C-5），130.80（C-6），157.14（C-7），93.59（C-8），151.32（C-9），103.34（C-10），121.95（C-1′），115.04（C-2′），145.01（C-3′），147.67（C-4′），115.56（C-5′），119.96（C-6′），59.95（6-OCH$_3$）

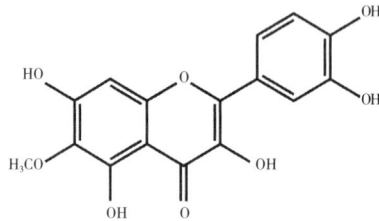

图 3-24　万寿菊素

化合物 11（KQCR-13）

4′- 甲基醚万寿菊苷（4′-Methoxylpatulitrin）（图 3-25）

淡黄色无定形粉末（甲醇），盐酸 - 镁粉反应阳性，molish 反应阳性，确定为黄酮苷。^{13}C-NMR 提示结构中含有 23 个碳信号，其中 1 个羰基碳信号 $\delta 176.3$，在 130～165 之间 8 个连氧烯碳，$\delta 55.6$、60.3 为 2 个甲氧基碳信号，$\delta 100.2$、73.2、76.7、69.6、77.2、60.6 的存在，表明该结构中含有 1 个葡萄糖基，经与文献 [73] 中 4′- 甲基醚万寿菊苷结构数据比对，基本一致，因此确定化合物 10 为 4′- 甲基醚万寿菊苷。^{1}H-NMR 谱图中在低场区域观察到 3 组活泼氢信号，$\delta 12.66$、12.44、9.34，此外在 7～7.8，观察到 4 组烯氢信号，由 7.71（1H，d，J=2.25 Hz，H-2′）、7.10（1H，d，J=8.75 Hz，H-5′）、7.67（1H，dd，J=2.18，8.63 Hz，H-6′）推测结构中含有 ABX 耦合芳氢，$\delta 5.13$（1H，d，J=7.30 Hz，H-1″），结合碳谱 $\delta 100.2$ 证实结构中 β- 葡糖糖基的存在。此外，$\delta 3.78$（3H，s，OCH$_3$-6）、3.86（3H，s，OCH$_3$-4′）表明结构中存在着 2 个甲氧基，具体信号归属如下：

^{13}C-NMR（DMSO-d$_6$，125 MHz）δ：147.2（C-2），136.3（C-3），176.3（C-4），151.1（C-5），131.8（C-6），156.4（C-7），93.9（C-8），151.4（C-9），105（C-10），123.4（C-1′），114.9（C-2′），146.2（C-3′），149.5（C-4′），111.8（C-5′），119.8（C-6′），100.2（C-1″），73.2（C-2″），76.7（C-3″），69.6（C-4″），77.2（C-5″），60.6（C-6″），60.3（OCH$_3$-6），

55.6（OCH$_3$-4′）。

^{1}H-NMR（DMSO-d$_6$，500MHz）δ：12.66（1H，OH-5），12.44（1H，OH-3），9.34（1H，OH-3′），6.95（1H，s，H-8），7.71（1H，d，J=2.25Hz，H-2′），7.10（1H，d，J=8.75Hz，H-5′），7.67（1H，dd，J=2.18，8.63Hz，H-6′），5.13（1H，d，J=7.30Hz，H-1″），3.78（3H，s，OCH$_3$-6），3.86（3H，s，OCH$_3$-4′），3.1-3.75（H-2″～H-6″）。

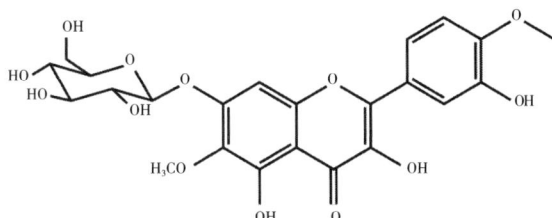

图3-25　4′-甲基醚万寿菊苷（4′-Methoxylpatulitrin）

化合物 12（KQCR-17）

山奈酚 -3-D-β-D- 呋喃芹糖 -7-α-L- 鼠李糖苷 （图3-26）

淡黄色无定形粉末（甲醇），盐酸 - 镁粉反应阳性，molish 反应阳性，确定为黄酮苷。^{13}C-NMR（DMSO，125 MHz）提示结构中含有 26 个碳信号，其中 1 个羰基碳信号 δ177.69，在 133～165 之间 6 个连氧烯碳，δ130.66、115.58 丰度较高，应为重叠碳信号，结合连氧烯碳数目，推测结构为山奈酚糖苷，其中存在 δ133.62 应为山奈酚 3 位成苷。δ98.36、71.57、70.22、70.03、69.77、17.86 为一组明细的鼠李糖基碳信号，δ109.17、77.15、79.36、75.16、62.80 为一组戊糖基碳信号，通过文献数据 [74, 75] 对比，发现化合物 12 与山奈酚 -3-O-β-D- 呋喃芹糖 -7-O-α-L- 鼠李糖苷数据基本一致，仅在芹糖部分化学位移存在较大的差距，其可能因为芹糖的构型不同。

^{1}H-NMR（DMSO，500 MHz）谱图中在低场区域观察到 1 组活泼氢信号，δ12.65 为山奈酚 5 位羟基氢信号，由 δ6.44（1H，d，J=1.6 Hz）、6.81（1H，d，J=1.4 Hz）得知其为苯环间位氢信号，二者分别归属为山奈酚的 6，8 位氢。由 δ7.97（2H，d，J=8.85 Hz）和 6.91（2H，d，J=8.8 Hz）可以推断黄酮的 B 环为 4′ 取代，二者分别归属于山奈酚的 2′，6′ 和 3′，5′ 氢。δ5.55（1H，brs）和 1.13（3H，d，J=6.2 Hz）为典型的鼠李糖端基氢和末位甲基氢信号。结合 HMBC 中 δ5.55（1H，brs）与 69.77、161.58（C-7）远程相关，确定山奈酚的 7 位羟基与鼠李糖成苷。δ5.74（1H，d，J=2.2 Hz）为芹糖基端基氢信号，根据文献 4.19（1H，d，2.15 Hz）、3.6（1H，d，9.5 Hz）、3.51（1H，d，9.5 Hz）、3.34（1H，d，11.15 Hz）、3.31（1H，d，11.15 Hz）为芹糖基剩余氢信号。δ5.74（1H，d，J=2.2 Hz）与 133.62（C-3）远程相关，因此山奈酚的 3 位羟基与芹糖成苷。

芹糖构型的确定：

芹糖是天然界第一个发现的分支糖。它在形成呋喃环状结构时，分子中增加了2个不对称碳即 C_1 和 C_3，可以生成4个异构体（Ⅰ、Ⅱ、Ⅲ、Ⅳ），异构体命名是以 α、β 表示 Cl 构型，D、L 表示 C_2 构型，再用1个 D、L 表示 C_3 构型。结构Ⅰ～Ⅳ可分别命名为 Ⅰ：D–apio–α–D–furanose，Ⅱ：D–apio–β–D–furanose，Ⅲ：D–apio–α–L–furanose，Ⅳ：D–apio–β–L–furanose。

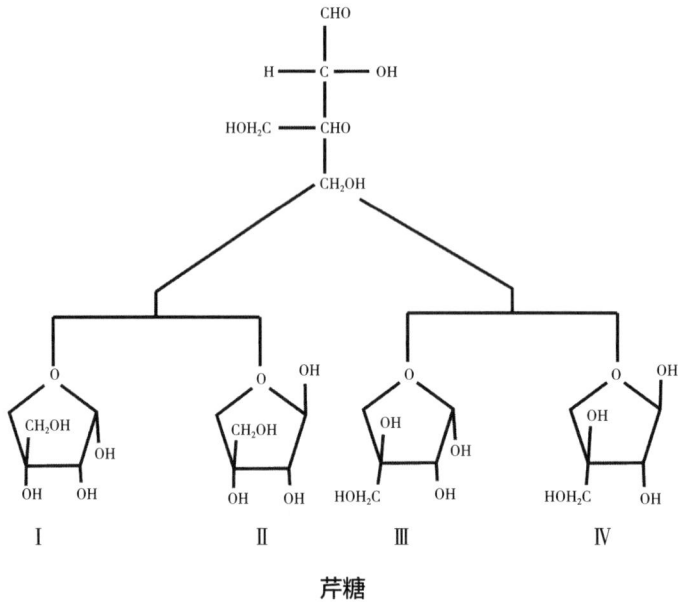

芹糖

（1） C_1 构型。

氢谱和碳谱数据证明 C_1 氢和 C_2 氢处于异侧。氢谱中 D– 芹糖的 J2，1 为 2.2 Hz，文献报道[76]，呋喃糖 C_1 和 C_2 氢处于同侧，J2，1 是 3.5～8 Hz，处于异侧，J2，1 是 0～8 Hz，一般小于 2 Hz。碳谱中，C_1 氢和 C_2 氢处于同侧或异侧，C_1 的化学位移值要发生大于 5×10^{-6} 的变化，Apiin 是一个已知结构的含有 D– 芹糖的黄酮苷，在 Apiin 中，D– 芹糖的构型为Ⅱ式[77]。Apiin 的芹糖与化合物 12 中芹糖端基碳信号没有变化，说明它们的构型是一致的。

（2） C_3 构型。

结构Ⅱ中，C_3 为 D 型，C_3 羟基与 C_2 羟基处于同侧；结构Ⅳ中，C_3 是 L 型，C_3 羟甲基和 C_2 羟基处于同侧。碳谱中，邻位同侧的羟基比羟甲基的屏蔽作用大，化学位移相差 5×10^{-6} 左右[78]，因此Ⅱ和Ⅳ比较，C_2 的化学位移应发生几个 10^{-6} 的变化。Apiin 中，芹糖 C_3 为 D 型，Apiin 的碳谱和化合物 12 的碳谱相比，芹糖 C_2 的化学位移变化不大，因此化合物 12 中芹糖的 C_3 为 D 型。

具体信号归属如表 3-4：

表 3-4 化合物 12 的碳氢归属

| No. | 化合物 12 (DMSO) | | | 文献 [74] | | 文献 [75] | 文献 [79] |
	^{13}C	^1H	BC	^{13}C (CD$_3$OD)	^1H (DMSO)	^{13}C (DMSO)	^{13}C
2	157.34			159.68			
3	133.62			135.47			
4	177.69			179.58			
5	160.88			161.50			
6	99.34	6.44 (1H, d, 1.6)	94.52, 160.8 (C-8, C-5)	99.78	6.47 (1H, d, 2)		
7	161.58			163.31			
8	94.52	6.81 (1H, d, 1.4)	161.58, 105.65, 99.34 (C-7, 10, 6)	95.54	6.83 (1H, d, 2)		
9	160.73			161.50			
10	105.65			107.35			
1'	120.08			122.57			
2', 6'	130.66	7.97 (2H, d, 8.85)	115.58, 157.34, 160.73 (C-3', 5', 2', 6', 2, 9)	131.96	8.0 (2H, d, 8)		
3', 5'	115.58	6.91 (2H, d, 8.8)	115.58, 120.08, 130.66 (C-3', 5', 1', 2', 6')	116.39	6.95 (2H, d, 8)		
4'	155.95			157.79			

续表

No.	化合物 12 (DMSO)		BC	文献[74]		文献[75]	文献[79]
	^{13}C	^{1}H		^{13}C (CD$_3$OD)	^{1}H (DMSO)	^{13}C (DMSO)	^{13}C
1″	98.36	5.55 (1H, brs)	69.77, 161.58 (C–5″, 7)	100.45	5.45 (1H, d, 2)		
2″	71.57	3.30 (1H, dd, 9.15)	17.86, 70.22 (C–6″, 2″)	71.60			
3″	70.22	3.64 (1H, d, 3.2, 9.15)	71	72.05			
4″	70.03	3.44 (1H, m)	71.57 (C–2″)	73.60			
5″	69.77	3.85 (1H, dd, 1.75, 2.95)	70.2	71.20			
6″	17.86	1.13 (3H, d, 6.2)	71.57, 70 (C–2″, 5″)	18.08	1.12 (3H, d, 6)		
1‴	109.17	5.74 (1H, d, 2.2)	133.62 (C–3)	111.16	5.6 (1H, d, 4.6)	109.0	107.1
2‴	77.15	4.19 (1H, d, 2.15)	62.80, 109.17 (5‴, 1‴)	78.19		76.5	75.4
3‴	79.36		79.36, 62.80, 109., 77.15 (C–3‴, 5‴, 1‴, 2‴)	81.03		79.1	78.1
4‴	75.16	3.6 (1H, d, 9.5), 3.51 (1H, d, 9.5)		C–78.58		74	74.2
5‴	62.80	3.34 (1H, d, 11.15), 3.31 (1H, d, 11.15)	75.16, 79.36 (C–4‴, 3‴)	65.76		64.4	62.4

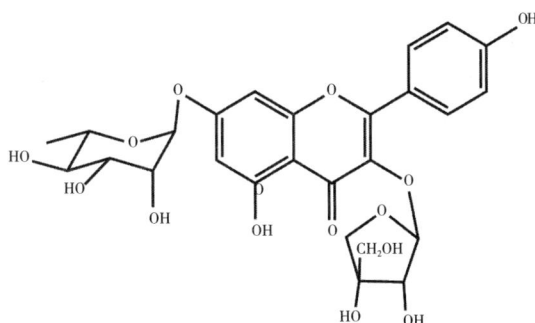

图 3-26　山柰酚 -3-O-β-D- 呋喃芹糖 -7-α-L- 鼠李糖苷

化合物 13（KQCY-2）

1-Eicosanol（二十醇）（图 3-27）

无色油状液体，易溶于石油醚、二氯甲烷。^{13}C-NMR（CDCl$_3$，125 MHz）中，除 δ63.19 外，均分布在 δ14.19 ~ 32.90 高场区，提示该化合物应为一个脂肪醇类化合物。δ63.19、δ14.19 应分别为连氧碳信号和甲基碳信号，δ29.78 碳信号丰度异常强，提示该化合物具有很多相同化学移位的碳，仅根据核磁共振碳谱并不能判断出化合物碳的数目，因此，继续通过 GC-MS 分析，结合 GC-MS 确定其结构，其主要质谱峰为 m/z 280.3、252.2、236.2、208.2、196.1、167.1、153.2、139.1、125.1、111.1、97.1、83.0、69.1、57.0、43.0、28.0。通过 GC-MS NIST02 标准质谱图库检索，质谱数据与 NIST MS number 232985 基本一致，鉴定化合物 2 为 1-Eicosanol。碳谱数据归属如下：

δ63.19（C-1）、32.90（C-2）、32.01（C-18）、29.78、29.68、29.52、29.44、25.82（C-3）、22.77（C-19）、14.19（C-20）。

图 3-27　1-Eicosanol（二十醇）

化合物 14（KQCY-4）

结构式如图 3-28。

黄色油状物，易溶于石油醚、二氯甲烷、三氯甲烷、甲醇和乙醚；薄层色谱（TLC）：展开剂 = 石油醚（沸点 60-90），碘蒸汽显色，5% 香草醛浓硫酸试剂显紫色斑点。

^{1}H-NMR（CDCl$_3$，500 MHz）和 ^{13}C-NMR（CDCl$_3$，125 MHz）核磁谱中，显示该化合物含有 11 个氢原子和 8 个碳原子，δH 7.72、7.52 分别含有一个氢，四重峰，且为对称的峰型，耦合常数 J=2.6，8.8 Hz，结合 δC 128.86、130.90、132.38，推测为苯环上双取代

且完全对称的结构；δH 4.31，两个氢，三重峰，耦合常数 J=6.6 Hz，邻碳耦合，结合 δC 65.57，推断该结构片段为一端与亚甲基，另一端与季碳相连的—CH_2—；δH 0.96 与亚甲基相连的—CH_3 氢原子；δ30.61、19.21 为饱和碳信号，结合 δH 1.43、1.72 的峰 0.96 含有三个氢，三重峰，耦合常数 J=7.4 Hz，结合 δ13.72，可推测该结构片段—CH_2—CH_2—。通过查阅文献，其碳谱数据与文献 [80] 中邻苯二甲酸二丁酯对照基本一致，故确定该化合物为邻苯二甲酸二丁酯（Dibutyl phthalate）。^{13}C–NMR、^{1}H–NMR 数据见表 3–5。

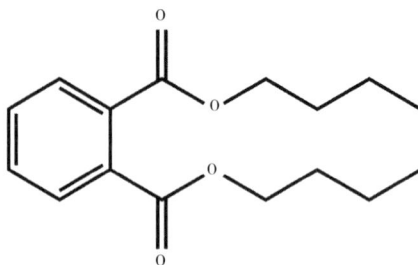

图 3-28 化合物 14 的结构式

表 3-5 化合物 14 的 ^{13}C-NMR 和 ^{1}H-NMR 数据

No.	化合物 15（CDCl$_3$）	
	^{13}C-NMR	^{1}H-NMR
1	167.80	
2	132.40	
3	128.86	7.71（1H，dd，J=9.2，2.2 Hz）
4	130.99	7.52（1H，dd，J=2.6，8.8 Hz）
1′	65.65	4.31（2H，t，J=6.6 Hz）
2′	30.65	1.72（2H，tt，J=6.6，8.3 Hz）
3′	19.27	1.43（2H，dd，J=15.1，7.5 Hz）
4′	13.80	0.96（3H，t，J=7.4 Hz）

化合物 15（KQCY-7）

β- 谷甾醇（图 3-29）

白色粉末，^{13}C-NMR（125 MHz，CDCl$_3$）共有 29 个碳信号，其中 1 对烯烃碳信号 δ：140.72（C-5）、121.72（C-6），1 个连氧碳信号 71.80（C-3），其余信号均为烷基信号，推测为谷甾醇。碳谱数据经与文献 [81] 对照，基本一致，故确定该化合物为 β- 谷甾醇

（β-sitosterol）。信号归属如下：

^{13}C-NMR（125 MHz，CDCl$_3$）δ：140.72（C-5），121.72（C-6），71.80（C-3），56.73（C-14），55.79（C-17），50.07（C-9），45.78（C-4），42.26（C-13），39.73（C-12），37.21（C-1），36.48（C-10），36.12（C-20），33.89（C-7），1.89（C-8），31.86（C-22），31.63（C-2），29.69（C-24），29.07（C-25），28.23（C-16），25.97（C-28），24.28（C-15），23.0（C-27），21.05（C-11），19.82（C-26），19.39（C-19），18.99（C-27），18.75（C-21），11.96（C-29），11.84（C-18）。

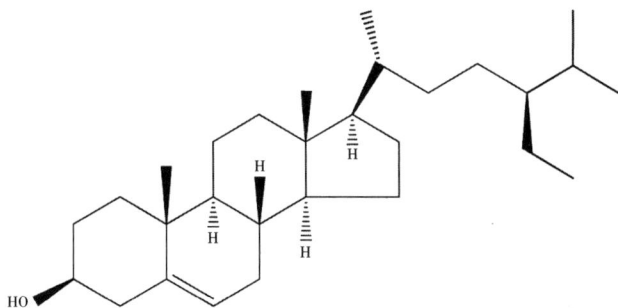

图 3-29 β- 谷甾醇

化合物 16（KQCY-9 10）

2-methoxy-4-（2-propenyl）phenyl β-D-glucoside（图 3-30）

白色粉末，^{13}C-NMR（CD$_3$OD，125 MHz）图谱中显示有 16 个碳信号，其中 1 组葡萄糖基碳信号，δ103.29、75.12、78.01、71.54、78.32、62.70；δ56.88 提示结构中含有 1 个甲氧基，剩余 δ150.99、146.52、139.13、136.65、122.26、118.54、115.99、114.39、40.88 由这 9 个碳信号推测该化合物母核为苯丙烯类化合物，经与文献[82]比对，数据完全一致，因此确定化合物 16 结构为 2-methoxy-4-（2-propenyl）phenyl β-D-glucoside。具体信号归属如下：

^{13}C-NMR（CD$_3$OD，125 MHz）δ：146.52（C-1），150.99（C-2），114.39（C-3），122.26（C-4），136.65（C-5），118.54（C-6），139.13（C-8），115.99（C-9），103.29（C-1′），75.12（C-2′），78.01（C-3′），71.54（C-4′），78.32（C-5′），62.7（C-6′），56.88（C-OCH$_3$）。

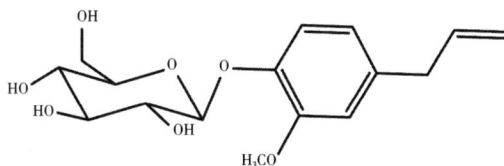

图 3-30　2-methoxy-4-（2-propenyl）phenyl β-D-glucoside

化合物 17（KQCY-11）

1-β-D-glucopyranosyl-2，6-dimethoxy-4-propenylphenol（图 3-31）

白色粉末，^{13}C-NMR（CD$_3$OD，125 MHz）图谱中显示有 14 个碳信号，其中 1 组典型的葡萄糖基碳信号，δ105.65、75.90、77.99、71.52、78.51、62.77；δ57.17 丰度异常，为 2 个甲氧基信号叠加在一起，剩余 δ154.42、136.41、135.59、132.15、126.60、105.13、18.60 结合氢谱数据，发现其中 δ154.42 和 105.13 为重叠碳信号，因此该化合物共含有 17 个碳。该化合物除 6 个糖基碳和 2 个甲氧基碳外，还有 4 对烯碳信号和 1 个甲基碳信号，由 δ18.60 确定为 1 个末端甲基信号，由以上初步确定该化合物为 1 个带有 2 个甲氧基的苯丙素单糖苷，[13]H-NMR（CD$_3$OD，500 MHz）中，由 δ6.22（1.0H，qd，J=5.22，19.51Hz，H-8）、6.35（1H，dd，J=1.40，15.70 Hz H-7）、1.86（3H，dd，J=1.43，6.48 Hz，H-9）确定结构中含有 1 个丙烯基片段，3.85（6H，s，OCH$_3$×2）为 2 个甲氧基氢信号，6.67（2H，s，H-3，5）为芳环上的 2 个氢信号，4.84（1H，d，J=7.50 Hz，H-1′）为葡萄糖端基氢信号，由偶合常数判断，该葡萄糖为 β 构型。3.67（1.4H，dd，J=5.23，11.98 Hz，H-6′）、3.79（1H，dd，J=2.43，11.98 Hz，H-6′）为葡萄糖 6 位氢信号。经与文献[83]比对，数据基本一致，因此确定该化合物为 1-β-D-glucopyranosyl-2，6-dimethoxy-4-propenylphenol。信号归属如下：

^{13}C-NMR（CD$_3$OD，125MHz）δ：136.41（C-1），154.42（C-2，6），105.12（C-3，5），135.59（C-4），132.15（C-7），126.6（C-8），18.6（C-9），105.65（C-1′），75.9（C-2′），78.51（C-3′），71.52（C-4′），77.99（C-5′），62.77（C-6′），57.17（C-OCH$_3$×2）。

[13]H-NMR（CD$_3$OD，500MHz）δ：6.67（2H，s，H-3，5），6.35（1H，dd，J=1.40，15.70 Hz H-7），δ6.22（1.0H，qd，J=5.22，19.51Hz，H-8），1.86（3H，dd，J=1.43，6.48 Hz，H-9），4.84（1H，d，J=7.50 Hz，H-1′），3.48（1H，m，H-2′），3.41（1H，m，H-3′，4′），3.21（1H，m，H=5′），3.67（1.4H，dd，J=5.23，11.98 Hz，H-6′），3.79（1H，dd，J=2.43，11.98 Hz，H-6′），3.85（6H，s，OCH$_3$×2）。

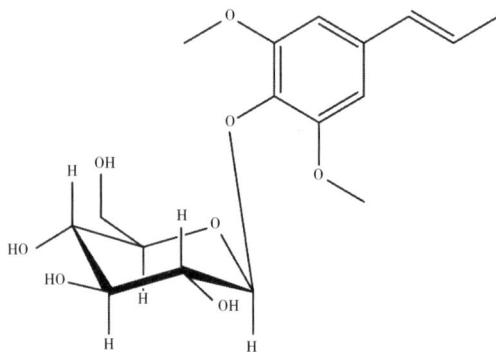

图 3-31 1-β-D-glucopyranosyl-2，6-dimethoxy-4-propenylphenol

化合物 18（KQCY-12）

丁香脂素 -4′-*O*-*β*-*D*- 单葡糖苷（syringaresinol-4′-*O*-*β*-*D*-monoglucoside）（图 3-32）

淡黄色无定型粉末（MeOH），^{13}C-NMR（CD[3]OD，125 MHz），谱图中有一组典型的葡萄糖基碳信号，*δ*105.53（C-1″），75.88（C-2″），78（C-3″），71.53（C-4″），78.5（C-5″），62.77（C-6″），确定该化合物为葡萄糖苷类化合物。在 *δ*130～160 之间可以观察到 3 对烯碳信号，推测为芳环的碳信号，由于结构中存在着丰度相差悬殊的碳信号，怀疑部分碳信号重叠。经与文献[84]比对，数据基本一致，因此确定化合物 18 为丁香脂素 -4′-*O*-*β*-*D*-单葡糖苷（syringaresinol-4′-*O*-*β*-*D*-monoglucoside）。信号归属如下：

^{13}C-NMR（CD[3]OD，125 MHz）*δ*：136.45（C-1），135.82（C-1′），104.76（C-2, 6），105.07（C-2′, 6′），149.53（C-3, 5′），154.58（C-3′, 5），139.72（C-4），133.27（C-4′），87.34（C-7），87.74（C-7′），55.66（C-8），55.87（C-8′），73.02（C-9），73.09（C-9′），57.01（C-2OCH[3]），57.26（C-2OCH[3]），105.53（C-1″），75.88（C-2″），78（C-3″），71.53（C-4″），78.5（C-5″），62.77（C-6″）。

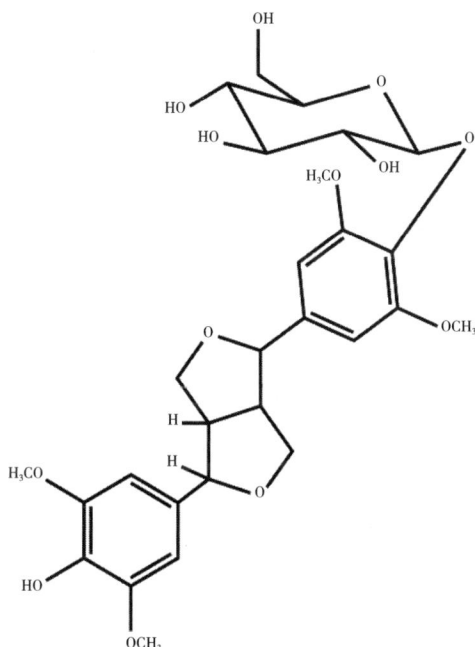

图 3-32 丁香脂素 -4′-*O*-*β*-*D*- 单葡糖苷（syringaresinol-4′-*O*-*β*-*D*-monoglucoside）

化合物 19（KQCY-15）

1-（2-（1，2-dihydroxyethyl）-6-hydroxybenzofuran-5-yl）ethanone（图 3-33）

淡黄色无定型粉末（MeOH），^{1}H-NMR（CD[3]OD，500 MHz）中共观察到 7 组氢信号，其中 3 组烯氢信号，*δ*6.74（1H，s，H-3）、6.94（1H，s，H-7）、8.15（1.0H，s，H-4）均

为单峰，由 δ3.81（1H，dd，J=6.60，11.25 Hz，H-13）、3.88（1H，dd，J=5.15，11.25 Hz，H-13）确定二者为同碳上连氧碳氢信号，二者为磁不等同氢。结合 δ4.77（1.1H，t，J=5.85 Hz，H-12）确定结构中存在 1 个 -OCHCH$_2$O- 片段，δ2.69（3H，s，H-11）为乙酰基中甲基的信号，经与文献[85]中 12，13- 二羟基泽兰素比对，氢谱数据部分相同，仅在 12，13 位氢信号存在差异，化合物 19 较 12，13- 二羟基泽兰素缺少 1 个甲基，同时多了 1 个连氧碳上氢信号，因此初步推断化合物 19 为 12，13- 二羟基泽兰素衍生物化合物 19 的碳氢归属见表 3-6。

^{13}C-NMR（CD$_3$OD，125 MHz）中，存在着 1 个羰基碳信号 δ206.08，在 100～165 之间，存在 8 个烯碳信号，可能为 1 个苯环和双键组合而成，此外，还存在着 1 个甲基碳信号 27.01 和 2 个连氧碳信号 69.81、65.5，经与文献[85]中 12，13- 二羟基泽兰素比对，碳谱数据大部分相同，仅结果中少 1 个甲基碳信号，结合 HSQC，HMBC 谱图数据，最终确定化合物 19 为 1-（2-（1，2-dihydroxyethyl）-6-hydroxybenzofuran-5-yl）ethanone，经 SCIFinder 检索，该化合物未见诸报道，为一新化合物（12 位立体构型未定）。

表 3-6　化合物 19 的碳氢归属

No.	化合物 19			12，13- 二羟基泽兰素	
	^{13}C	^{1}H	HMBC	^{13}C	^{1}H
2	160.29			163.6	
3	104.68	6.74 (1H，s，H-3)	69.81，122.59，125.57，160.29 (C-12，4，9，8)	103.8	6.63（1H，s）
4	125.57	8.15 (1.0H，s，H-4)	104.68，99.94，118.19，206.08，160.91，160.29 (C-3，7，5，10，6)	125.5	8.04（1H，s）
5	118.19			122.8	
6	160.91			161.9	
7	99.94	6.94 (1H，s，H-7)，	69.81，122.59，125.57，160.29 (C-12，9，4，8)	99.9	6.84（1H，s）
8	162.03			160.9	
9	122.59			118.1	
10	206.08			206.1	

No.	化合物 19			12，13-二羟基泽兰素	
11	27.01	2.69（3H，s）	118.19，125.57，206.08（C-5，4，10）	27.0	2.59（3H，s）
12	69.81	4.77（1.1H，t，J=5.85 Hz）	65.5，104.68，160.29（C-13，3，2）	72.9	
13	65.5	3.81（1H，dd，J=6.60，11.25 Hz），3.88（1H，dd，J=5.15，11.25 Hz）	69.81，160.29（C-12，2）	69.2	3.65（2H，d，J=10Hz）
14	—	—	—	23.6	1.47（3H，s）

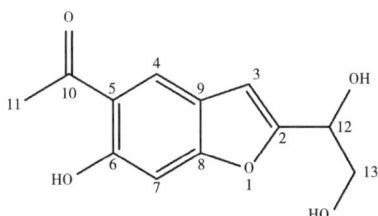

图 3-33　1-（2-（1，2-dihydroxyethyl）-6-hydroxybenzofuran-5-yl）ethenone

化合物 20（KQCY-17）

2，3-dihydro-euparin-14-O-β-D-glucoside（2Hβ，3-dihydroeuparine-14-O-β-D-glucoside）（图 3-34）

白色无定型粉末（MeOH），^{1}H-NMR（CD$_3$OD，500 MHz）低场区，共观察到 4 组烯烃氢信号，δ7.68（0.9H，s，H-4）、6.27（0.9H，s，H-7）、5.28（0.9H，s，H-13）、5.32（0.9H，s，H-13），在高场区 δ2.54（3H，s，H-11）存在着 1 个甲基氢信号，4.28（1.0H，d，J=7.85 Hz，H-1′）为 β-D 葡萄糖端基氢信号，3.66（1.0H，dd，J=5.43，11.88 Hz，H-6′）、3.87（1.0H，dd，J=1.80，11.90 Hz，H-6′）为葡萄糖 6 位氢信号，3.39（1H，dd，J=9.63，15.73 Hz，H-3）、3.13（1.0H，ddd，J=1.00，7.55，15.48 Hz，H-3）为 3 位氢信号。经与化合物 2，3-dihydro-14-isobutyryloxyeuparin[86] 氢谱数据时对比，初步确定该化合物苷元为 14-Hyolroxy-2H，3-dihydroeuparineo。

^{13}C-NMR（CD$_3$OD，125 MHz）中，存在着 1 个酮羰基碳信号 δ204.2，1 个甲基信号 26.42，推测结构中含有甲基酮。103.72（C-1′）、71.71（C-2′）、78.03（C-3′）、75.11（C-4′）、78.12（C-5′）、62.83（C-6′）为典型的葡萄糖碳信号，结合氢谱中端基氢的偶

合常数，确定该化合物为 β-D- 葡萄糖苷化合物。在 97～168 之间还存在其他 8 个碳信号，余下的芳环及烯碳信号。此外还含有 2 个连氧烷基碳 86.4（C-2）、70（C-14），1 个烷基碳信号 34.44（C-3）。推测该化合物为苯骈呋喃甲基酮类化合物，经与文献[87] 比对，发现该化合物的苷元部分与化合物 14-Hydroxy-2Hβ，3-dihydroeuparine 基本一致，结合 HSQC、HMBC，葡萄糖端基氢 4.28（1.0H，d，J=7.85 Hz，H-1′）与 δ70（C-14）远程相关，化合物 20 与其苷元相比，14 位碳向低场位移了 6.7ppm。14 位氢 δ4.48（1.0H，d，J=12.80 Hz）、4.23（1.0H，d，J=12.80 Hz）可同时观察到与葡萄糖端基碳 δ103.72（C-1′）远程相关，因此确定葡萄糖基连接在苷元的 14 位，最终确定化合物 20 为 2Hβ，3-dihydroeuparine-14-O-β-D-glucoside，经 SCIFinder 检索，该化合物未见报道，为一新化合物，化合物 20 的碳氢归属见表 3-7。

表 3-7　化合物 20 的碳氢归属

	化合物 20（CD₃OD）			文献（CDCl₃）	
NO.	C	H	BC	14-Hydroxy-2Hβ，3-dihydroeuparine C[87]	2，3-dihydro-l4-isobutyryloxyeuparin H[86]
2	86.4	5.48 (1H, t, J=8.48 Hz)	34.44，70，115.02，113.99，145.82，167.78，120.45 (C-3，14，9，13，12，8，5)	84.72	5.36 (bt, 9.7, 7.6Hz)
3	34.44	3.39 (1H, dd, J=9.63, 15.73 Hz) 3.13 (1.0H, ddd, J=1.00, 7.55, 15.48 Hz)	167.78，145.82，128.64，120.45，86.4，70 (C-8，12，4，5，2，14)	33.12	3.37 (dd, 9.7, 15.2Hz) 3.09 (dd, 7.6, 15.4Hz)
4	128.64	7.68 (1H, s)	34.44，98.44，120.45，115.02，167.78，166.65，204.2 (C-3，7，5，9，6，8，10)	126.23	7.5 (s)
5	120.45			117.84	
6	166.65			165.58	
7	98.44	6.27 (1H, s)	115.02，120.45，166.65，167.78，204.2 (C-5，9，6，8，10)	97.73	6.37 (s)
8	167.78			165.14	

续表

	化合物 20 （CD₃OD）		文献（CDCl₃）	
9	115.02		113.35	
10	204.2		201.56	
11	26.42	2.54 （3H，s）	25.74	2.54 （s）
12	145.82		146.13	
13	113.99	5.28 （1H，s） 5.32 （1H，s）	34.44，70，86.4， 145.82 （C-3，14， 2，12）	112.28	5.27 （s） 5.33 （s）
14	70	4.48 （1.0H，d， J=12.80 Hz） 4.23 （1.0H，d， J=12.80 Hz）	86.4，103.72， 113.99，145.82 （C-2，C-1'，13， 12），	62.33	4.71 （d，13.6 Hz） 4.63 （d，14 Hz）
1'	103.72	4.28 （1.0H，d， J=7.85 Hz）	70，78.03，75.11 （C-14，3'，4'）		
2'	75.11	3.21 （1H，dd， J=7.95，8.90 Hz）	103.72，78.03 （C- 1'，C-3'）		2.1 （m）
3'	78.03	3.34 （1H，d， J=8.95 Hz）	71.71，75.11，（C- 2'，C-4'）		0.94 （d，6.4 Hz）
4'	71.71	3.27 （2H，dd， J=4.50 Hz）	62.12，78.03 （C-5'，C-3'）		0.94 （d，6.4 Hz）
5'	78.12	3.27 （2H，dd， J=4.50 Hz）	62.83，71.71 （C-6'，62.83）		
6'	62.83	3.66 （1.0H，dd， J=5.43，11.88 Hz） 3.87 （1.0H，dd， J=1.80，11.90 Hz）	71.71，78.12 （C-2'，5'）		

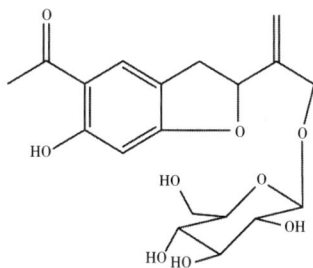

图 3-34　2Hβ，3-dihydroeuparine-14-O-β-D-glucoside

化合物 21（KQCY-18）

4- 烯丙基 -2，6- 二甲氧基苯基葡萄糖苷（图 3-35）

白色无定型粉末（MeOH），^{1}H-NMR（CD$_3$OD，500MHz）在低场区，共观察到 4 组烯烃氢信号，化学位移值分别为 δ5.05（1.0H，ddd，J=1.42，3.01，10.15 Hz，H-9a）、5.10（1.0H，ddd，J=1.68，3.01，17.08 Hz，H-9b）、5.96（1H，m，J=4.51 Hz，H-8）、6.53（2H，s，H-2，6），δ3.83（6H，s）为 2 个甲氧基碳信号，由 δ4.81（1H，d，J=7.60 Hz，H-1′）、3.67（1.3H，dd，J=5.15，11.95 Hz，H-6′a）、3.79（1.1H，dd，J=2.43，11.98 Hz，H-6′b）可知结构中含有 1 个 β-D- 葡萄糖基，它们分别归属于葡萄糖端基和末位氢信号。由 δ6.53 和 3.83 积分可知，化合物为一对称结构。

^{13}C-NMR（CD$_3$OD，125 MHz）中，共有 14 个碳信号，由于结构对称，部分信号重叠，故结构中共有 17 个碳，其中 105.61（C-1′）、75.76（C-2′）、78.34（C-3′）、71.38（C-4′）、77.85（C-5′）、62.63（C-6′）为典型的葡萄糖基碳信号，表明该化合物为葡萄糖苷。δ57.02（C-OCH$_3$×2）为 2 个典型的甲氧基碳信号，此外碳谱中还存在 9 个碳信号，其中 1 个烷基信号 δ41.35（C-7），推测为苯丙烯葡萄糖苷类，经与文献[88]比对，数据完全一致，因此确定化合物 21 为 4- 烯丙基 -2，6- 二甲氧基苯基葡萄糖苷。信号归属如下：

^{1}H-NMR（MeOD，500 MHz）δ：6.53（2H，s，H-3，5），3.34（2H，d，J=6.75 Hz，H-7），5.96（1H，m，J=4.51 Hz，H-8），5.05（1.0H，ddd，J=1.42，3.01，10.15 Hz，H-9a），5.10（1.0H，ddd，J=1.68，3.01，17.08 Hz，H-9b），4.81（1H，d，J=7.60 Hz，H-1′），3.21（1.0H，m，J=2.44 Hz，H-2′），3.47（1H，m，J=3.86 Hz，H-3′），3.41（2H，dd，J=2.50，7.05 Hz，H-4′，5′），3.67（1.3H，dd，J=5.15，11.95 Hz，H-6′a），3.79（1.1H，dd，J=2.43，11.98 Hz，H-6′b），3.83（6H，s，OCH$_3$×2）。

^{13}C-NMR（CD$_3$OD，125 MHz）δ：134.74（C-1），154.19（C-2，6），107.57（C-3，5），138.41（C-4），41.35（C-7），138.66（C-8），116.17（C-9），105.61（C-1′），75.76（C-2′），78.34（C-3′），71.38（C-4′），77.85（C-5′），62.63（C-6′），57.02（C-OCH$_3$×2）。

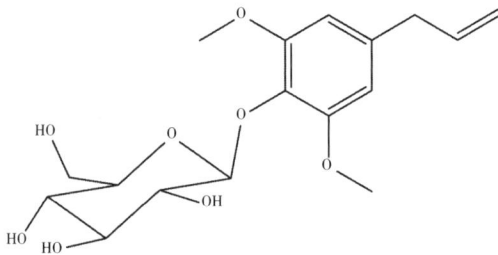

图 3-35 4- 烯丙基 -2，6- 二甲氧基苯基葡萄糖苷

化合物 22（KQCY-19）

槲皮素 （图 3-36）

黄色粉末，^{13}C-NMR（125 MHz，CD$_3$OD），谱图中共有 15 个碳信号，化学位移均在 93～180 之间，其中 1 个羰基 δ177.33（C-4），推测为黄酮类化合物，碳谱数据经与文献[89] 对比，基本一致，故鉴定化合物 22 为槲皮素。信号归属如下：

^{13}C-NMR（125 MHz，CD$_3$OD），δ：148.01（C-2），137.22（C-3），177.33（C-4），162.50（C-5），99.24（C-6），165.56（C-7），94.42（C-8），158.24（C-9），104.53（C-10），124.16（C-1'），116.01（C-2'），146.21（C-3'），148.76（C-4'），116.23（C-5'），121.69（C-6'）

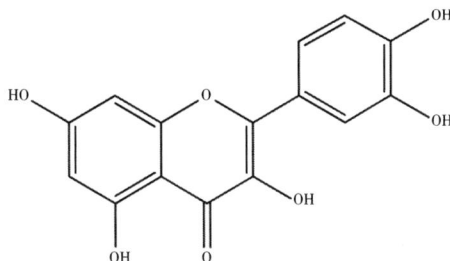

图 3-36　槲皮素

化合物 23（KQCR-20）

6-hydroxy-gnaphaliol 3-O-β-D-glucopyranoside（图 3-37）

白色无定型粉末（MeOH），^{13}C-NMR（CD$_3$OD，125 MHz）中存在 19 个碳信号，由 δ205.07、26.64 推测结构为甲基酮类化合物，δ105.58、75.19、78.14、71.52、78.23、62.83 为一典型的葡萄糖基碳信号，此外在 δ95～168 之间存在着 8 个烯碳信号，推测结构中含有 1 个苯环和 1 个双键。剩余两个碳信号 δ89.94、81.00 为 2 个连氧碳信号，结合前面分离出类似结构化合物，因此推测整体结构为苯骈呋喃甲基酮苷类化合物。经与文献[90, 91]gnaphaliol 9-O-β-D-glucopyranoside 碳谱氢谱数据比对，大部分一致，仅在 5、6、7、9、10 位碳信号存在较大差异，6 位化学位移由 133.0×10^{-6} 向低场位移 34×10^{-6} 至 167.56×10^{-6}，因此确定化合物 23 结构的 6 位连接着 1 个羟基，相对应 5，7，9 位向高场位移 10×10^{-6} 左右，10 位向低场位移 6×10^{-6} 左右，因此初步判断化合物 23 为 6-hydroxy-gnaphaliol 3-O-β-D-glucopyranoside。

^{1}H-NMR（CD$_3$OD，500MHz）低场区，共观察到 4 组烯烃氢信号，δ8.18（1H，s，H-4）、6.3（1H，s，H-7）、5.41（1H，s，H-13a）、5.36（1H，s，H-13b）分别归属于 H-4 和 H-7。δ4.54（1H，d，J=7.80 Hz，H-1'）、4.00（1H，dd，J=11.63，2.18，H-6'a）、3.74（1H，dd，J=11.58，6.08，H-6'b）分别为 β-D 葡萄糖端基氢信号和 6 位氢信号，4.24（1H， d, J=13.85)、4.15（1H, d, J=13.80）为 14 位醇羟基氢信号。结合 HSQC、HMBC、δ4.54（1H, d, J=7.80 Hz, H-1′）与 81.00（C-3）远程相关，5.33（1H, d, J=6.8 Hz, H-3）与 105.58（C-1′）远程相关，确定葡萄糖基连接在 3 号碳上，化合物 23 的碳氢归属见表 3-8。最终确定化合物 23 为 6-hydroxy-gnaphaliol 3-O-β-D-glucopyranoside，经 SCIFinder 检索，该化合物未见报道，为一新化合物。

表 3-8　化合物 23 的碳氢归属

序号	化合物 23			gnaphaliol 9-O-β -D-glucopyranoside[90, 91]	
	^{13}C	^{1}H	BC	^{13}C	^{1}H
2	89.94	5.27（1H, d, J=6.65 Hz）	63.52, 114.48, 115.84, 144.87（C-14, 9, 13, 12）	89.2	5.28（1H, d, 6.9）
3	81.00	5.33（1H, d, J=6.8 Hz）	63.52, 63.52, 144.87, 105.58, 133.25, 121.18, 167.72（C-14, 2, 12, 1′, 4, 5, 8）	81.2	5.43（1H, d, 6.9）
4	133.25	8.18（1H, s）	81.00, 98.63, 121.18, 167.72, 167.56, 205.05,（C-3, 7, C-5, 6, 8, 10）	131	8.32（1H, d, 2.0）
5	121.18 (−10.82)			132	
6	167.56 (34.56)			133	7.96（1H, dd, 8.6, 2.0）
7	98.63 (−12.27)	6.3（1H, s）	115.84, 121.18, 167.56, 167.72（C-5, 9, 6, 8）	111	6.92（1H, d, 8.6）
8	167.72			165.4	
9	115.84 (13.26)			129.1	
10	205.07 (6.0)			199.7	
11	26.64	2.61（3H, s）	133.25, 115.84, 205.07 (C-4, 9, 10)	26.6	2.59（3H, s）
12	144.87			144.6	

序号	化合物 23			gnaphaliol 9-O-β-D-glucopyranoside[90, 91]	
	^{13}C	^{1}H	BC	^{13}C	^{1}H
13	114.48	5.41 (1H, s)	63.52, 89.94 (C–14, 2)	114.5	5.42 (1H, s)
		5.36 (1H, s)	63.52, 89.94, 144.87 (C–14, 2, 12)		5.39 (1H, s)
14	63.52	4.24 (1H, d, J=13.85)	89.94, 114.48, 144.87 (C–2, 13, 12)	63.5	4.26 (1H, d, 13.9)
		4.15 (1H, d, J=13.80)	89.94, 114.48, 144.87 (C–2, 13, 12)		4.16 (1H, d, 13.9)
1′	105.58	4.54 (1H, d, J=7.80Hz)	81.00 (C–3)	105.4	4.58 (1H, d, 7.8)
2′	75.19	3.16 (1H, dd, J=9.1, 8.0)	71.52, 78.14, 105.58 (C–1, 3, 4)	75.1	3.17 (1H, dd, 9.0, 7.8)
3′	78.14	3.37 (1H, dd, J= 9.1, 9.0)	75.19, 71.52 (C–2′, 4′)	78.1	3.37 (1H, dd, 9.1, 9.0)
4′	71.52	3.28 (1H, dd, J= 9.1, 9.0)	62.83, 78.23 (C–5′, 6′)	71.3	3.29 (1H, dd, 9.0, 9.0)
5′	78.23	3.42 (1H, ddd, J=2.28, 6.15, 9.60 Hz)	71.52 (C–4′)	78	3.43 (1H, m)
6′	62.83	4.00 (1H, dd, J=11.63, 2.18)	71.52 (C–4′) 78.23 (C–5′)	62.7	4.00 (1H, dd, 11.7, 2.1)
		3.74 (1H, dd, J=11.58, 6.08)			3.76 (1H, dd, 11.7, 5.8)

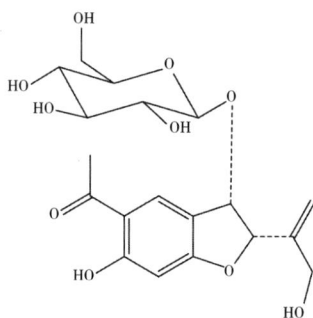

图3-37 6-hydroxy-gnaphaliol 3-O-β-D-glucopyranoside

化合物 24（KQCR-22）

6- 甲 氧 基 – 山 奈 酚 –7–β–D– 葡 萄 糖 苷［7–O–（6–Methoxykaempferol）–β–D–glucopranoside］（图 3–38）

淡黄色无定型粉末（CH₃OH），¹³C NMR 中存在着 1 组典型的葡萄糖基碳信号 δ101.98（C–1″）、74.79（C–2″）、77.93（C–3″）、71.32（C–4″）、78.43（C–5″）、62.54（C–6″） 和 1 个甲氧基碳信号 δ61.53（OCH₃–6）。此外在 93～180 间存在着 15 个碳信号，推测为黄酮苷类化合物，经与文献[92] 数据比对，基本一致，因此化合物 24 鉴定为 6- 甲氧基 – 山奈酚 –7–β–D– 葡萄糖苷。信号归属如下：

¹³C–NMR（CD₃OD，125 MHz），δ：149.07（C–2），137.38（C–3），177.59（C–4），153.07（C–5，9），133.29（C–6），157.50（C–7），95.37（C–8），106.68（C–10），123.43（C–1′），116.38（C–2′，6′），130.88（C–3′，5′），160.88（C–4′），101.98（C–1″），74.79（C–2″），77.93（C–3″），71.32（C–4″），78.43（C–5″），62.54（C–6″），61.53（OCH₃–6）。

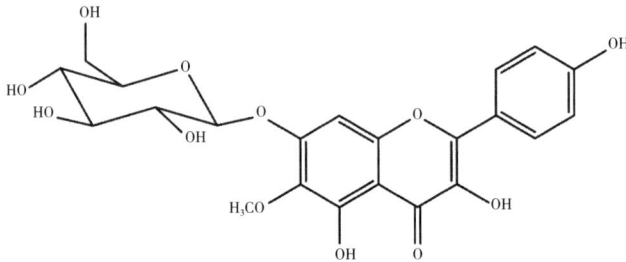

图 3-38　6- 甲氧基 – 山奈酚 -7-O-β-D- 葡萄糖苷

化合物 25（KQCY-3）

1–Tetracosanol（二十四醇）（图 3–39）

无色油状液体，易溶于石油醚、二氯甲烷。因化合物状态与化合物 13 相似，且极性相近，怀疑为脂肪酸或脂肪醇类，通过 GC-MS 分析，其主要质谱峰为 m/z 336.3、308.3、280.3、252.2、236.2、210.2、195.2、168.2、153.1、125.1、97.0、82.0、57.0、41.0、25.9，图谱中并未观测到分子离子峰 m/z 354.6。通过 GC-MS NIST02 标准质谱图库检索，鉴定化合物 24 为 1–Tetracosanol，标准图谱中也未检测到分子离子峰（NIST MS number 3517876）。

图 3-39　1-Tetracosanol（二十四醇）

附　图

孔雀草茎叶中分离得到的化合物 1 ~ 25 的相关谱图见附图 3-1 ~ 附图 3-71。

13C sample KOCR-1 in DMSO.esp

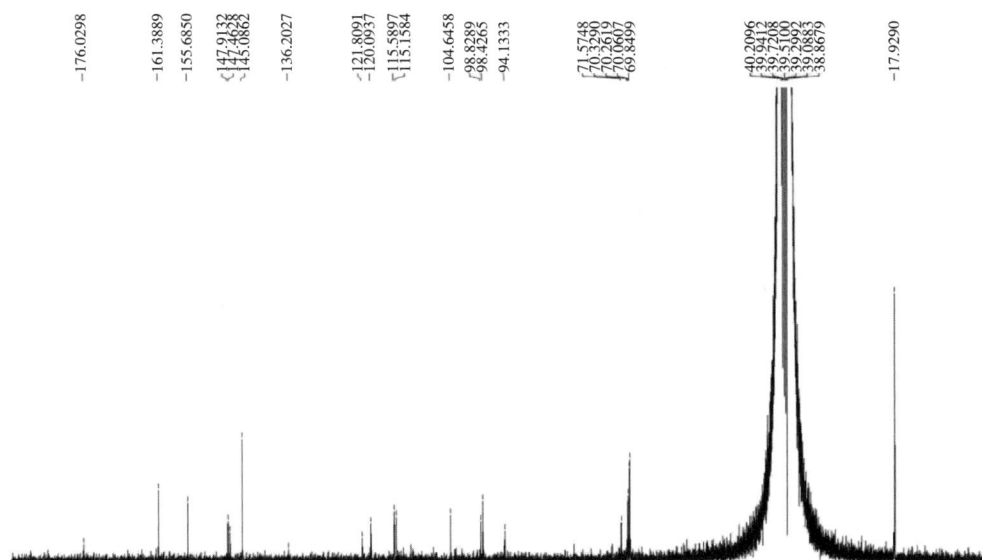

附图 3-1　化合物 1 的 ^{13}C-NMR 谱图

13C sample KOCR-2 in DMSO.esp

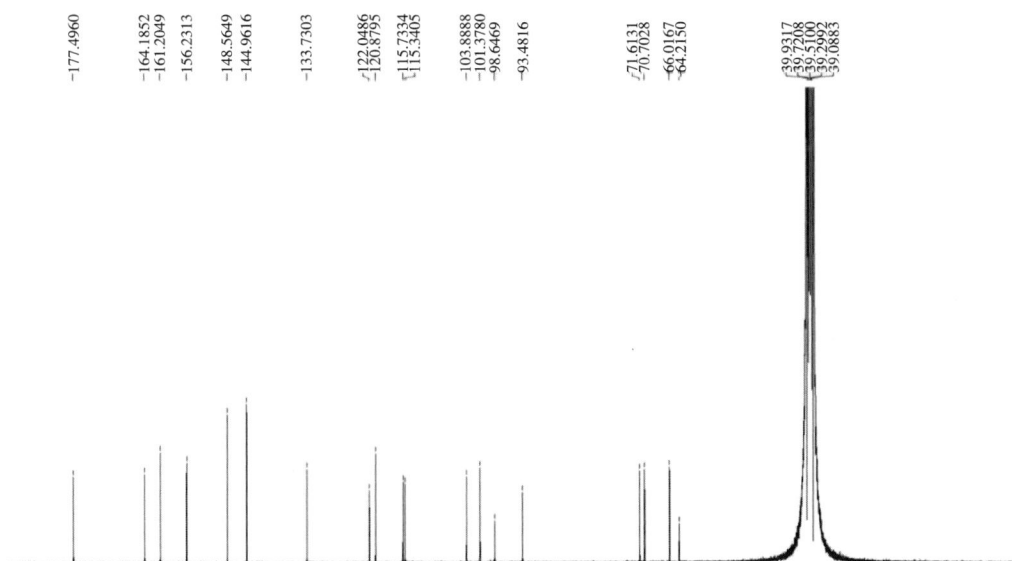

附图 3-2　化合物 2 的 ^{13}C-NMR 谱图

1H　sample：KQCR-2 in DMSO

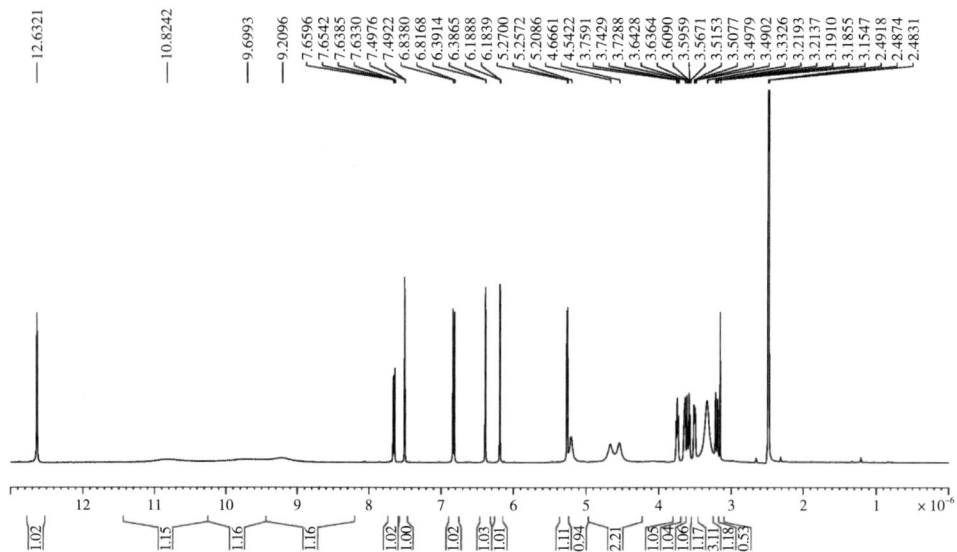

附图 3-3　化合物 2 的 ^{1}H-NMR 谱图

1H　sample：KQCR-2 in DMSO

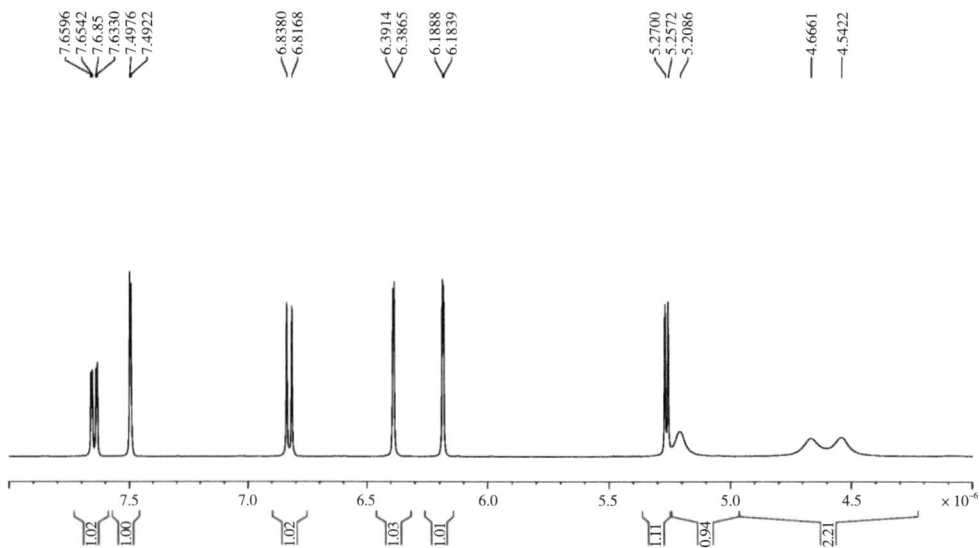

附图 3-4　化合物 2 的 ^{1}H-NMR 谱放大图

1H sample：KQCR-2 in DMSO

3.7591
3.7429
3.4288
3.6428
3.6364
3.6090
3.5954
3.5804
3.5671
3.5153
3.5077
3.4949
3.4902
3.3326
3.2193
3.2137
3.1910
3.1855
3.1547

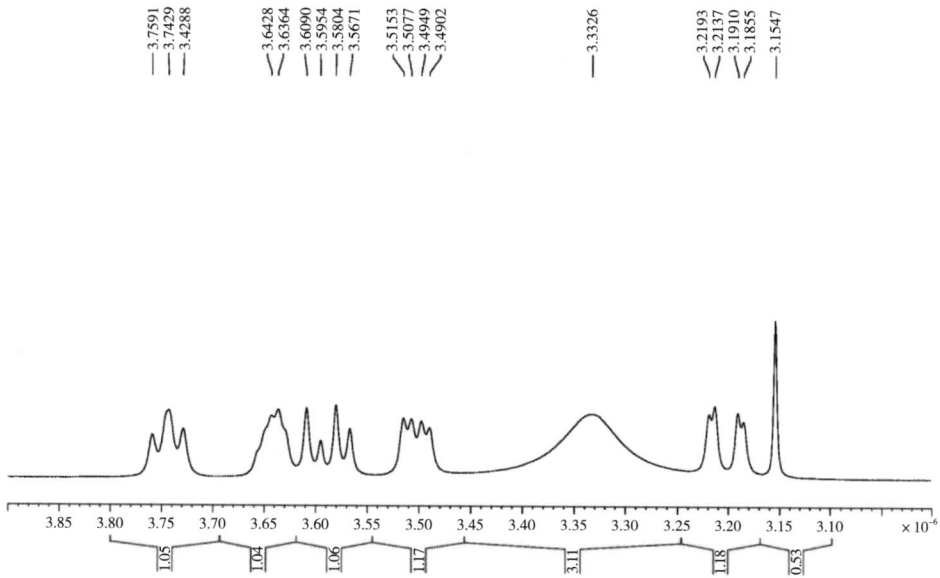

| 1.05 | 1.04 | 1.06 | 1.17 | 3.11 | 1.18 | 0.53 |

3.85 3.80 3.75 3.70 3.65 3.60 3.55 3.50 3.45 3.40 3.35 3.30 3.25 3.20 3.15 3.10 ×10⁻⁶

附图 3-5 化合物 2 的 ¹H-NMR 谱放大图

13C sample KOCR-4 in DMSO.esp

177.4451
164.6901
161.1857
159.9561
156.4229
156.2504
133.2033
130.9512
120.8699
115.0530
103.7450
101.7134
98.8194
93.7212
75.7626
73.0985
73.2011
67.8758
60.1806
40.1521
39.9317
39.7208
39.5100
39.2992
39.0883
38.8775

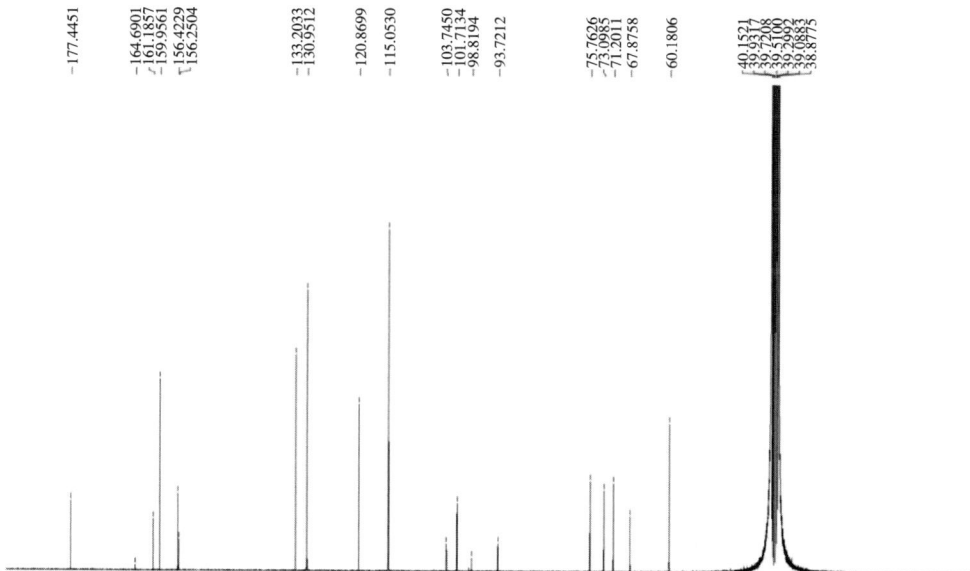

附图 3-6 化合物 3 的 ¹³C-NMR 谱图

13C   sample：KQCR-5 in DMSO

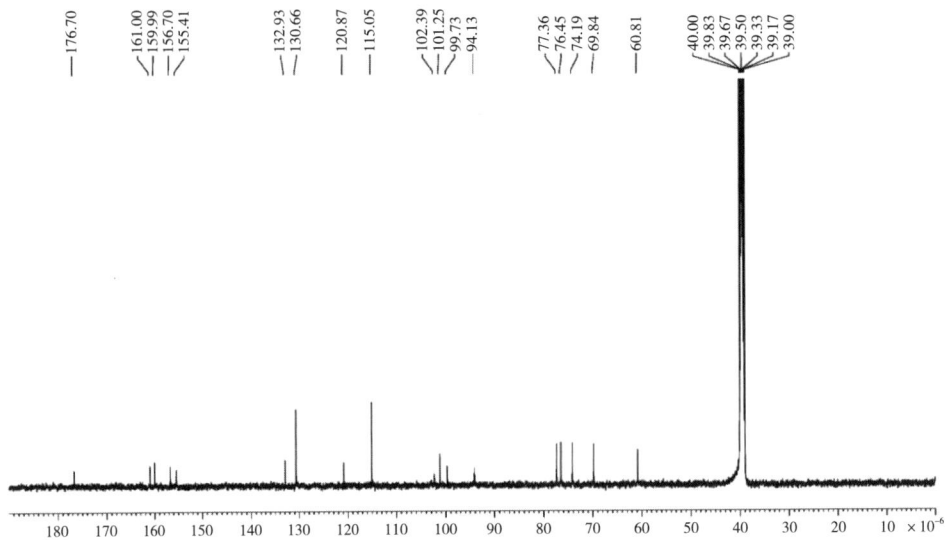

附图 3-7　化合物 4 的 ^{13}C-NMR 谱图

13C   sample：KQCR-6 in DMSO

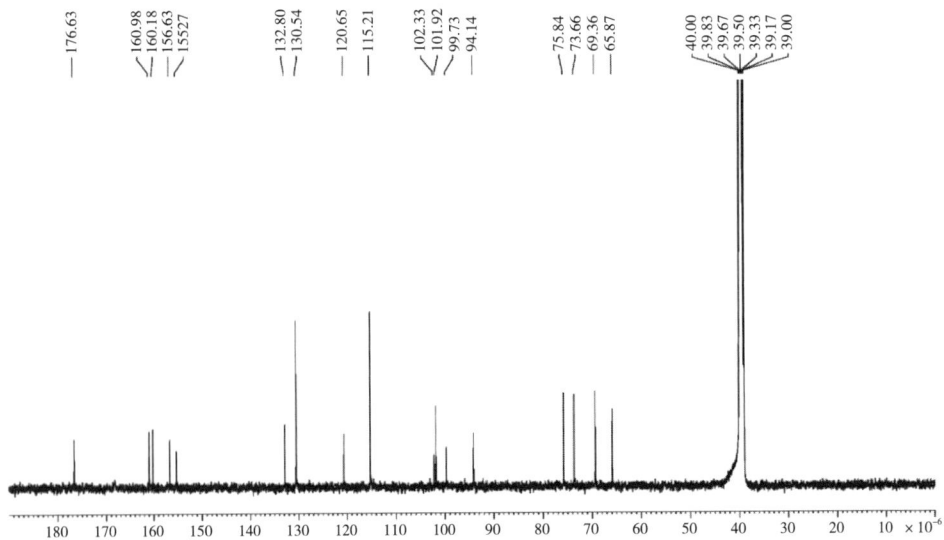

附图 3-8　化合物 5 的 ^{13}C-NMR 谱图

1H   sample：KQCR-6 in DMSO

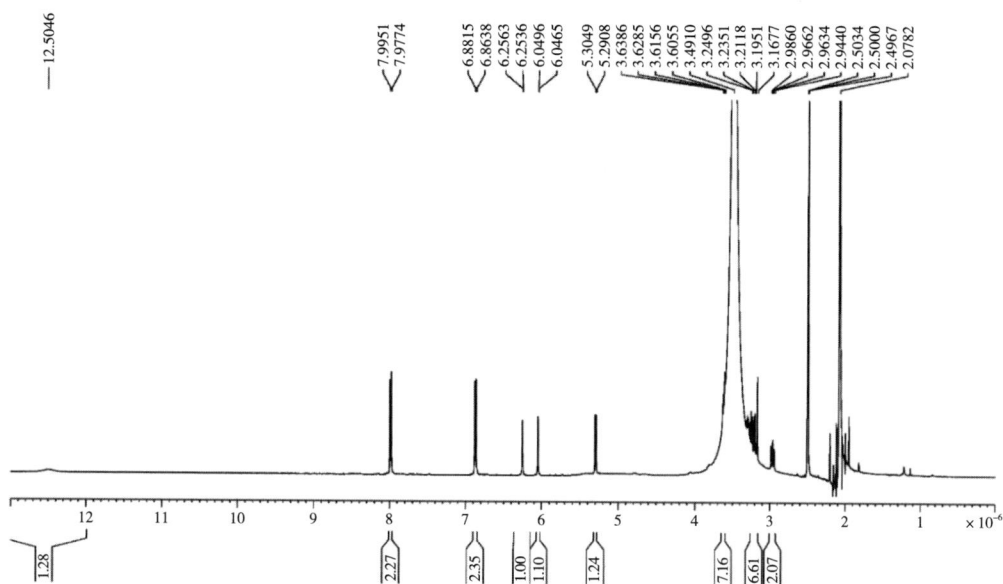

附图 3-9 化合物 5 的 ^{1}H-NMR 谱图

1H   sample：KQCR-6 in DMSO

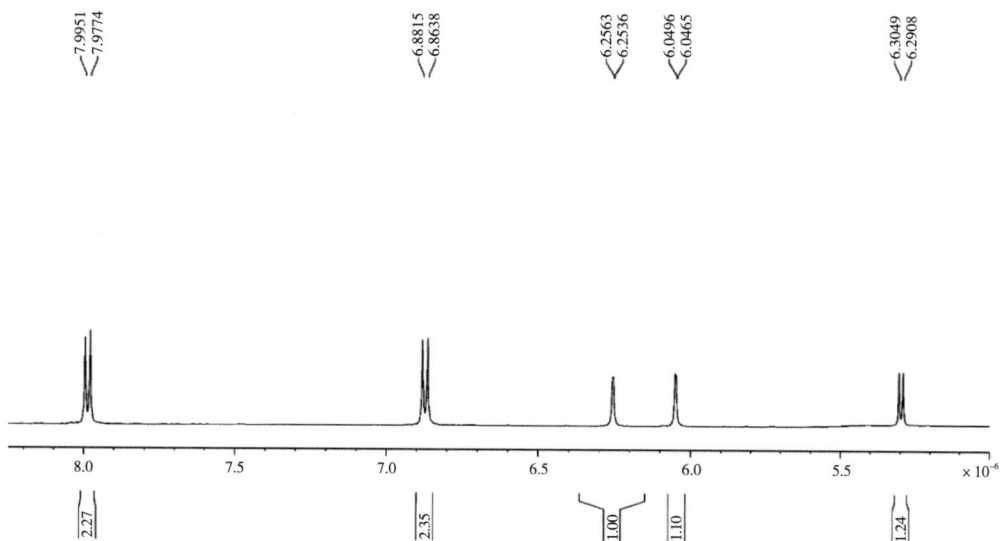

附图 3-10 化合物 5 的 ^{1}H-NMR 谱放大图

1H sample：KQCR-6 in DMSO

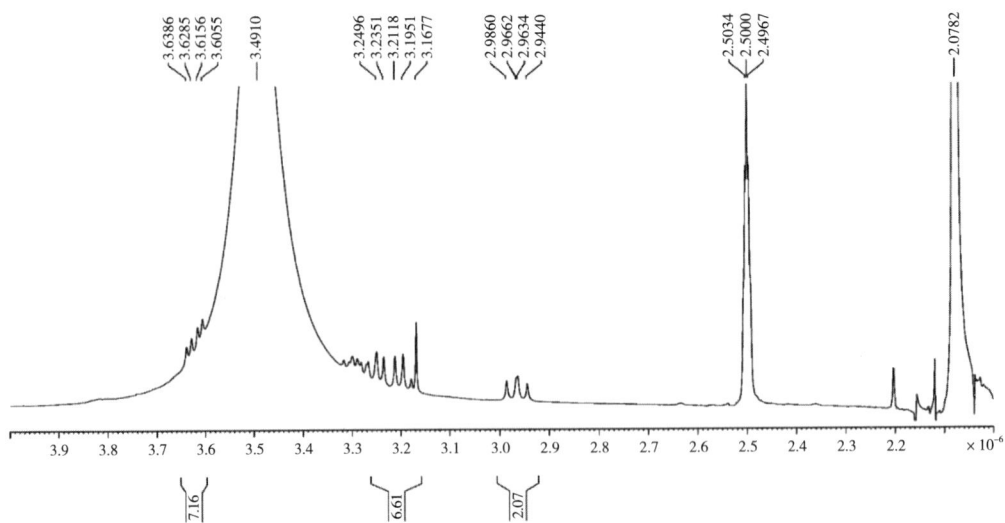

附图 3-11　化合物 5 的 ¹H-NMR 谱放大图

HMBC KQCR-6

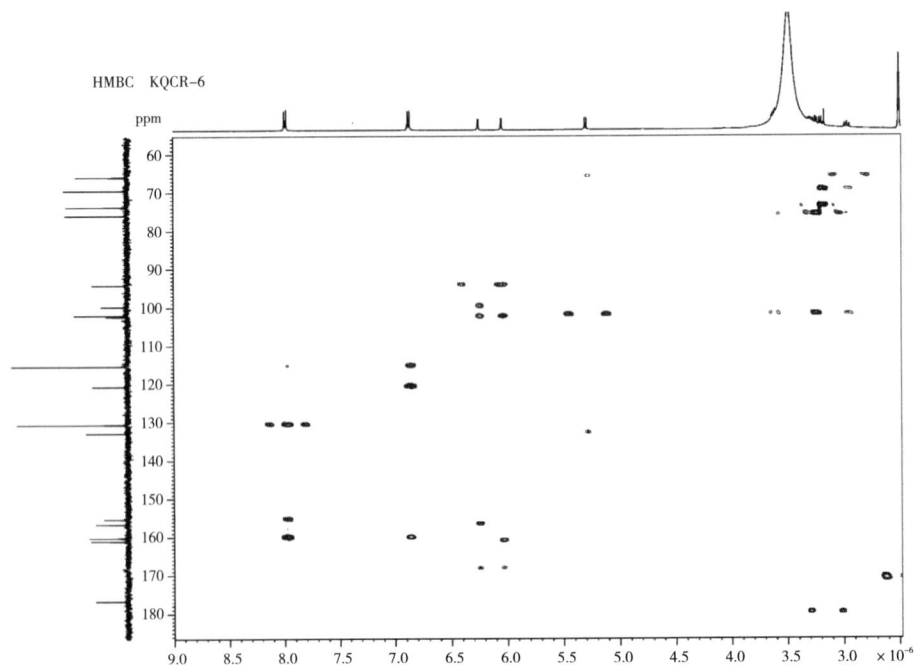

附图 3-12　化合物 5 的 HMBC 谱图

HMBC KQCR-6

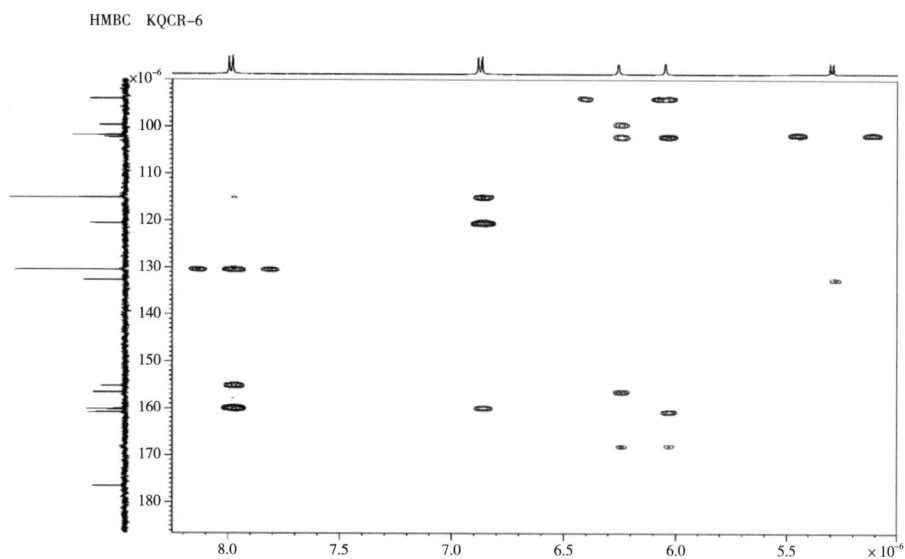

附图 3-13 化合物 5 的 HMBC 谱放大图

HMBC KQCR-6

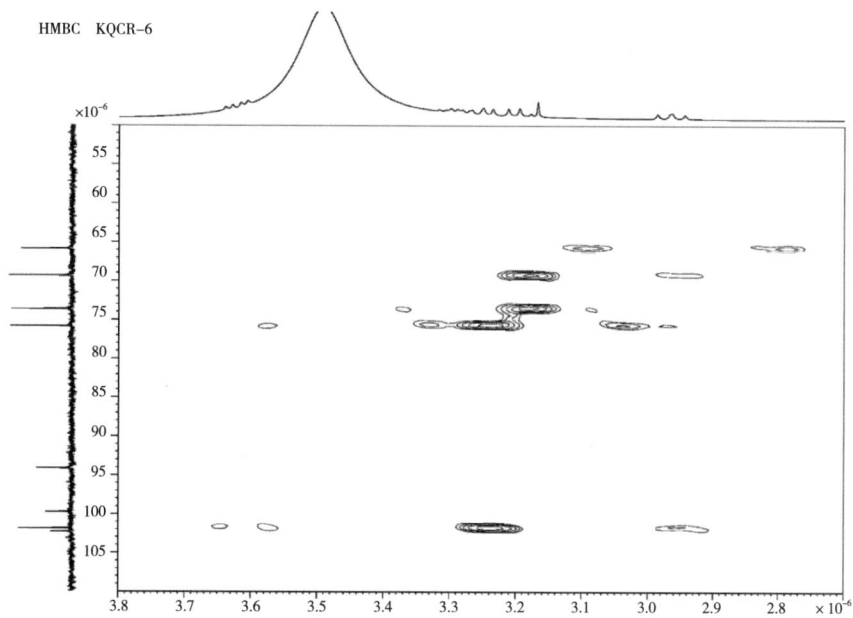

附图 3-14 化合物 5 的 HMBC 谱放大图

13C　sample：KQCR-8 in DMSO

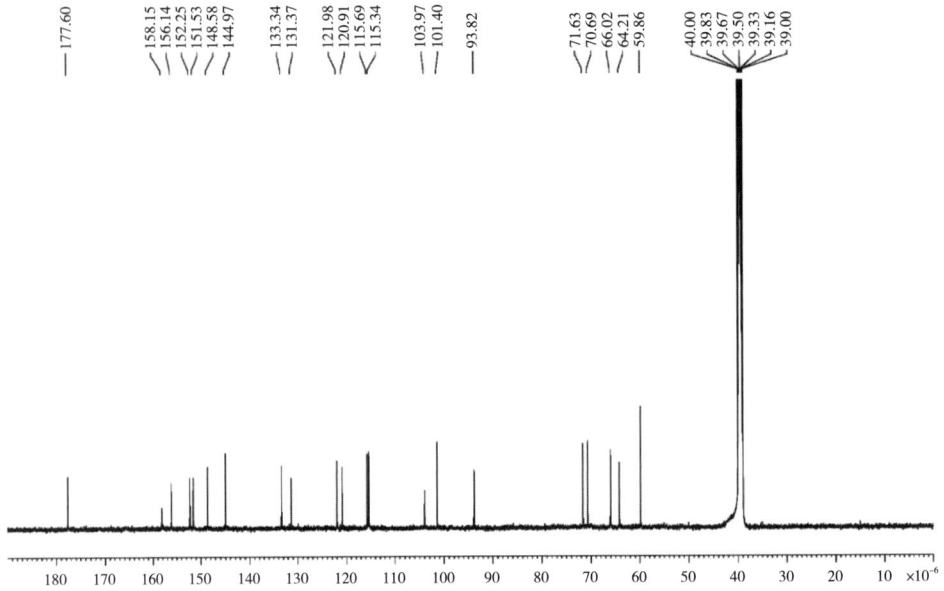

附图 3-15　化合物 6 的 ^{13}C-NMR 谱图

1H　sample：KQCR-8 in DMSO

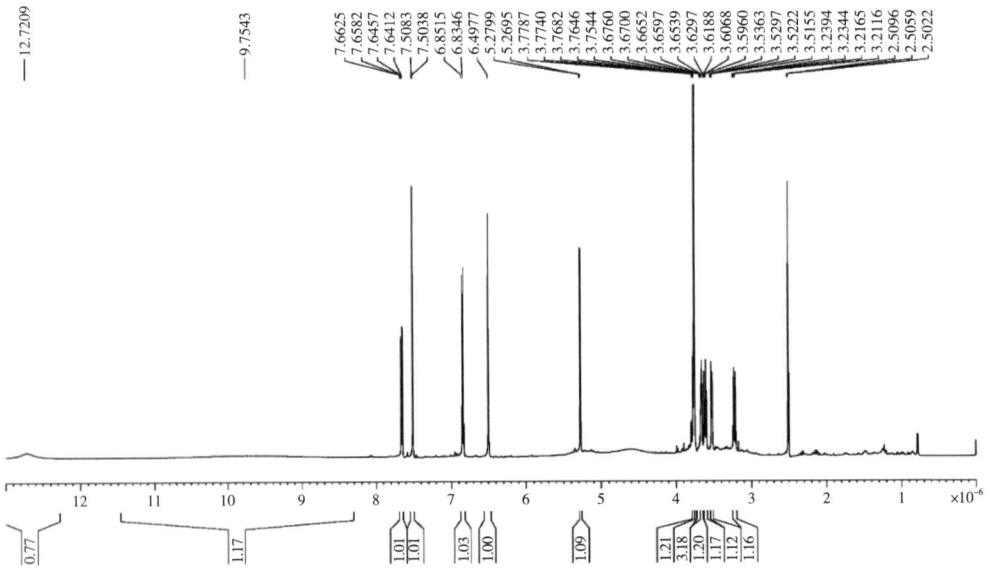

附图 3-16　化合物 6 的 ^{1}H-NMR 谱图

1H　sample：KQCR-8 in DMSO

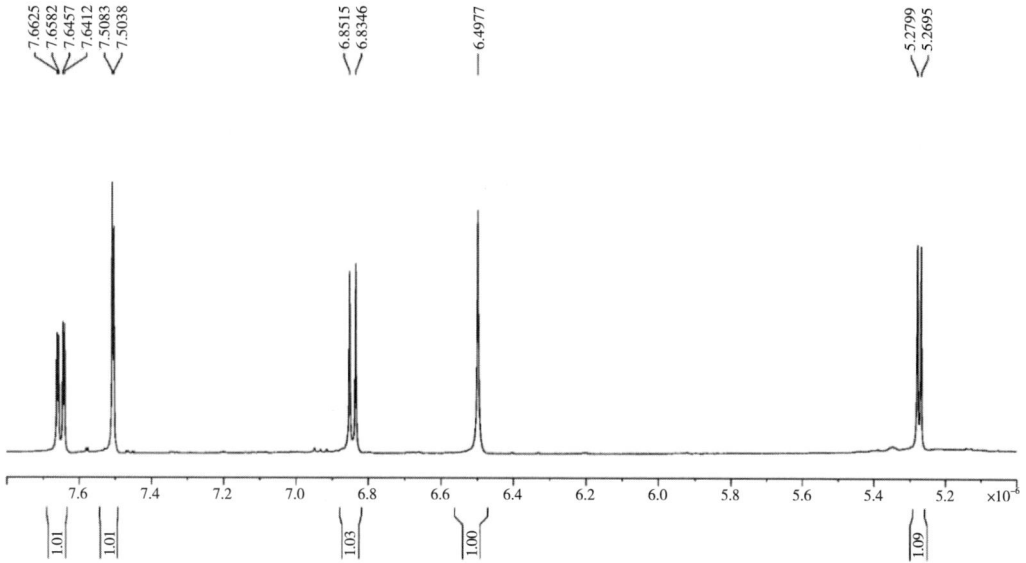

附图 3-17　化合物 6 的 ^{1}H-NMR 谱放大图

1H　sample：KQCR-8 in DMSO

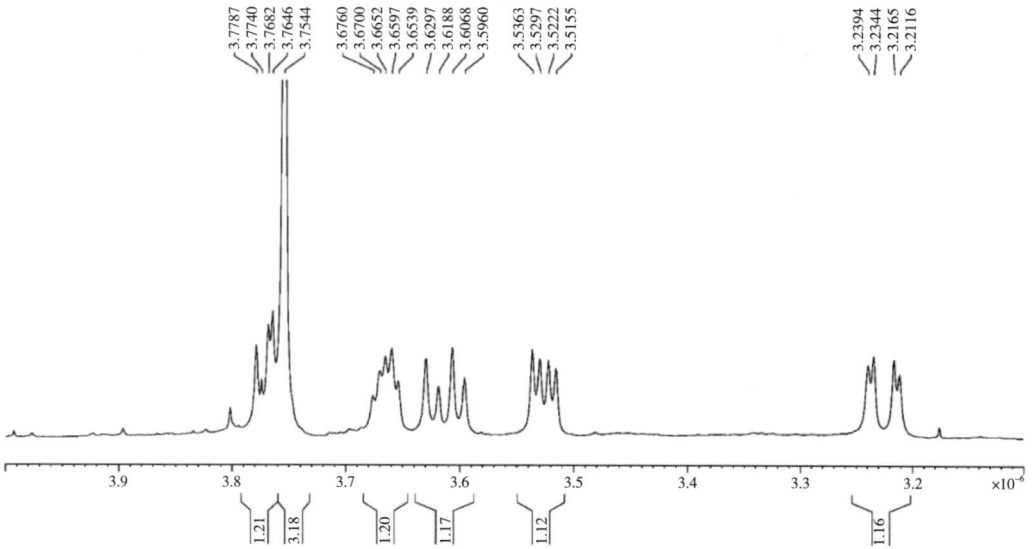

附图 3-18　化合物 6 的 ^{1}H-NMR 谱放大图

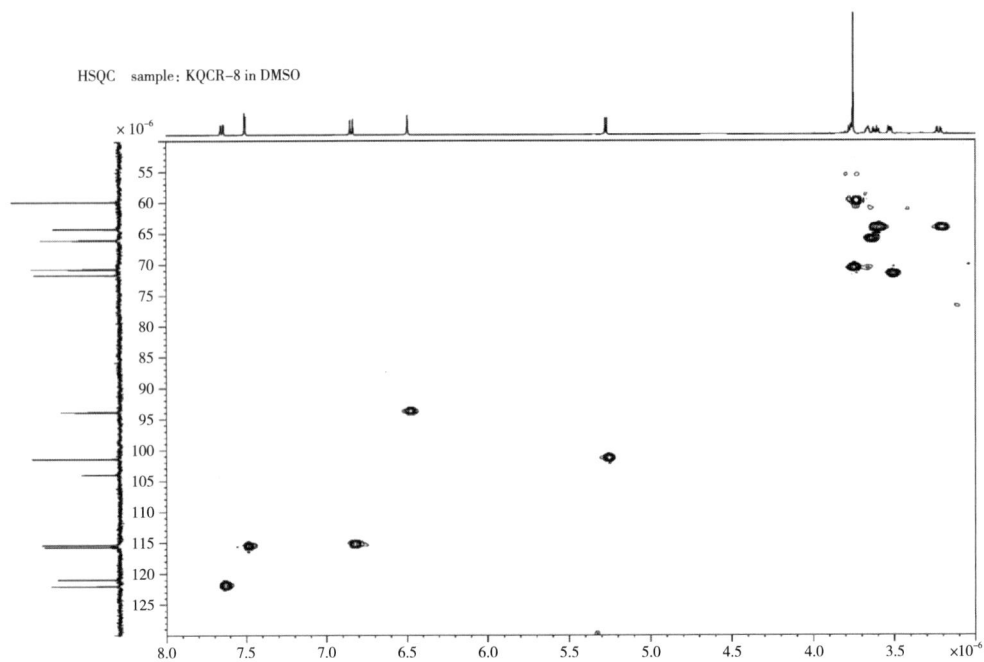

附图 3-19　化合物 6 的 HSQC 谱图

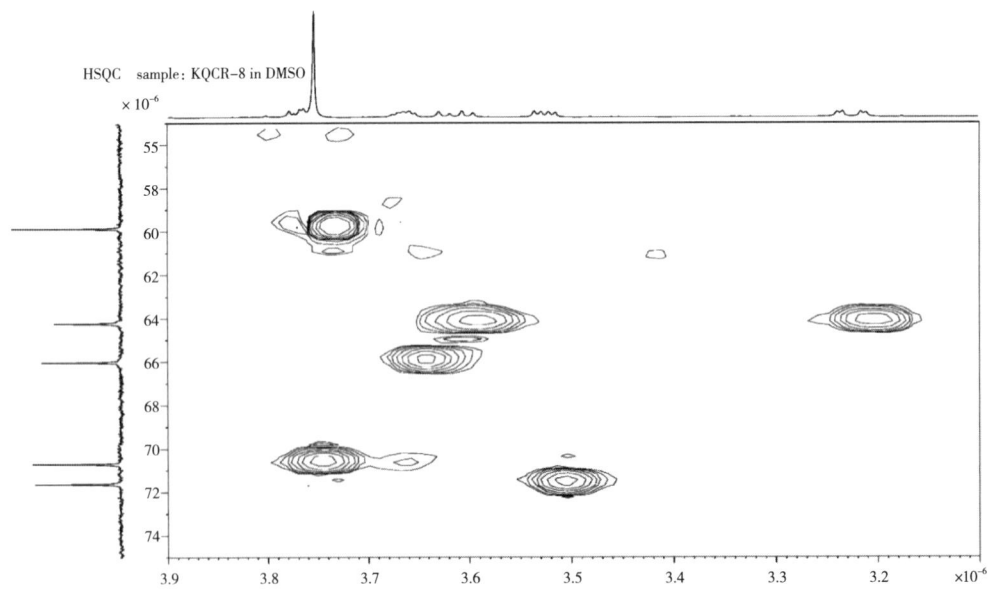

附图 3-20　化合物 6 的 HSQC 谱放大图

HMBC　KQCR-8

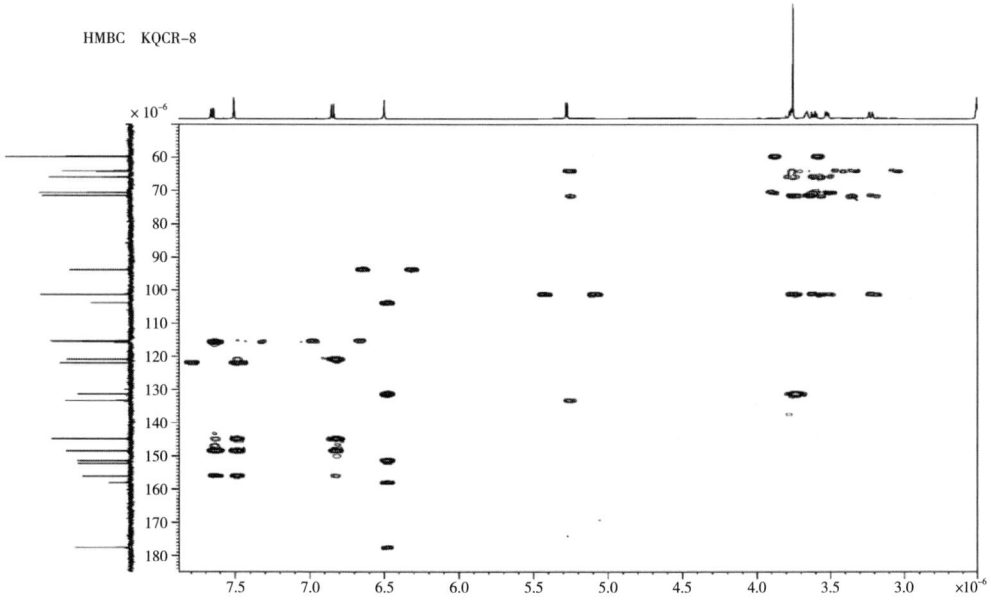

附图 3-21　化合物 6 的 HMBC 谱图

HMBC　KQCR-8

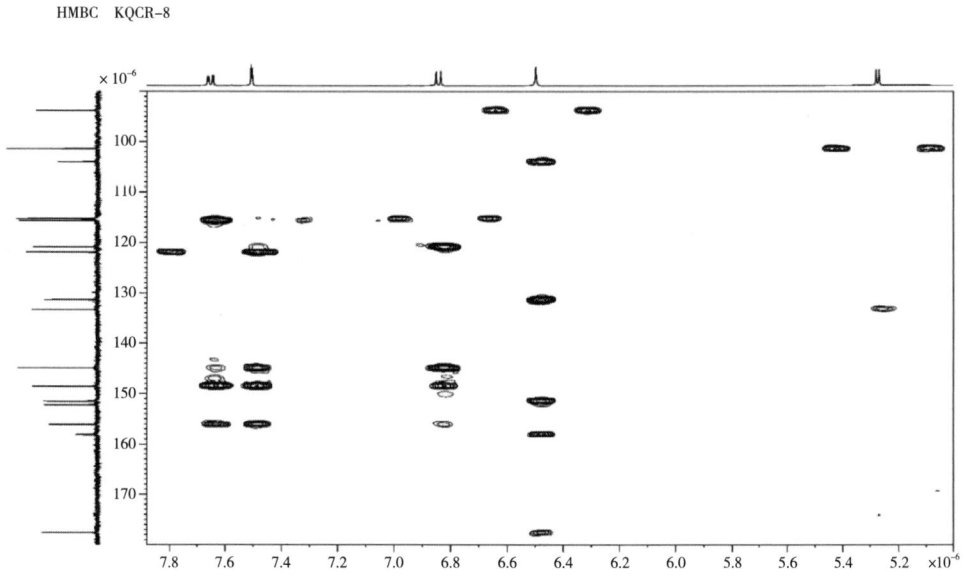

附图 3-22　化合物 6 的 HMBC 谱放大图

HMBC KQCR-8

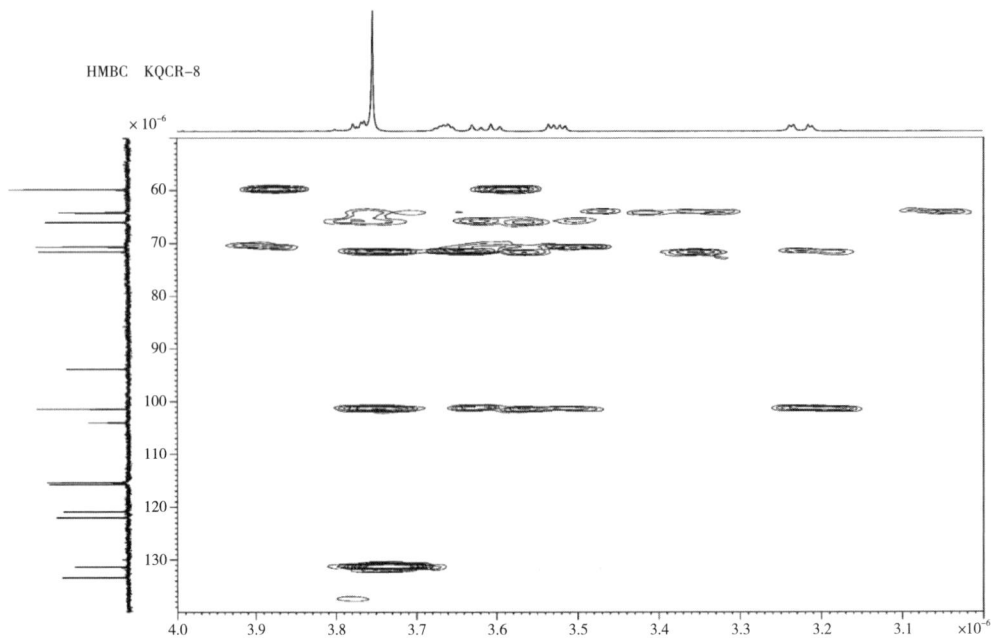

附图 3-23　化合物 6 的 HMBC 谱放大图

13C　sample：KQCR-9 in DMSO

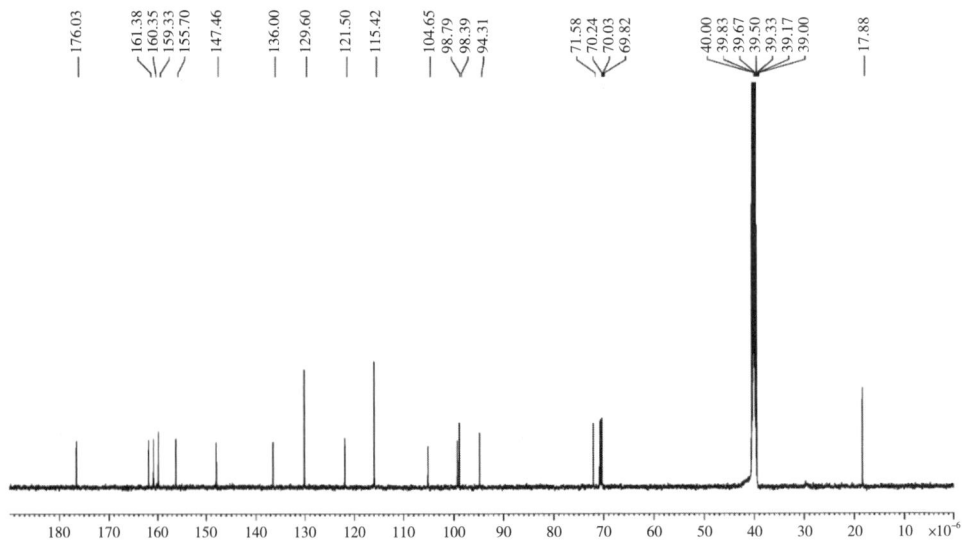

附图 3-24　化合物 7 的 ^{13}C-NMR 谱图

13C   sample：KQCR-11 in DMSO

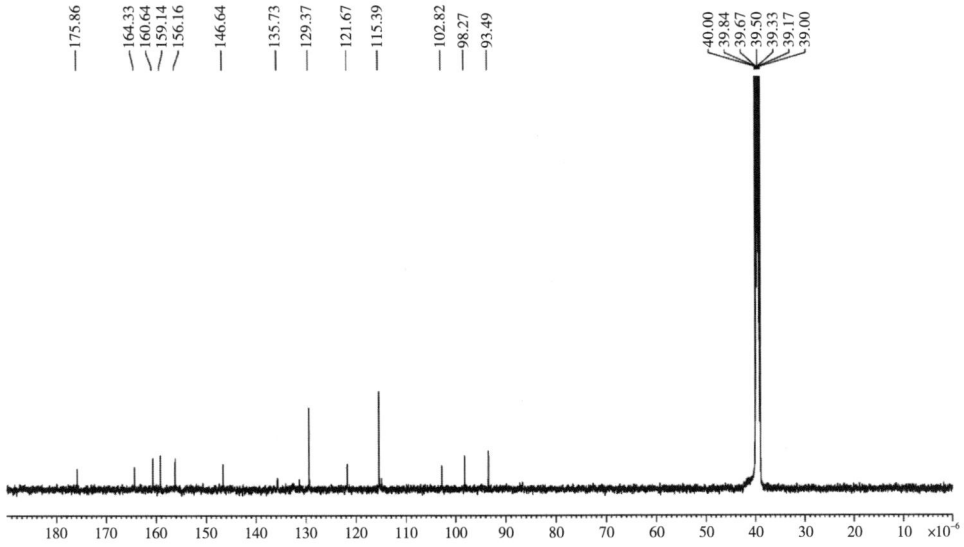

附图 3-25 化合物 8 的 ^{13}C-NMR 谱图

13C   sample：KQCR-12 in DMSO

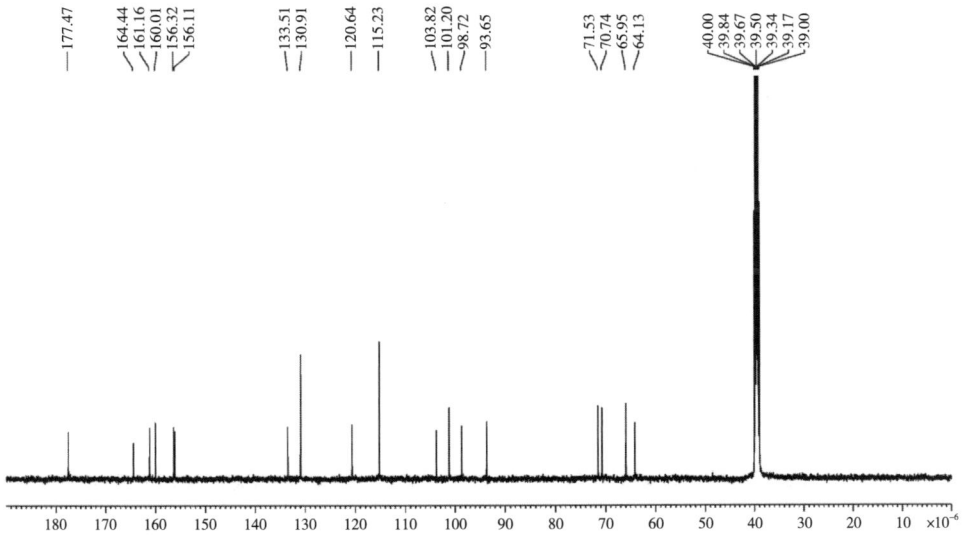

附图 3-26 化合物 9 的 ^{13}C-NMR 谱图

13C   sample：KQCR-5 in DMSO

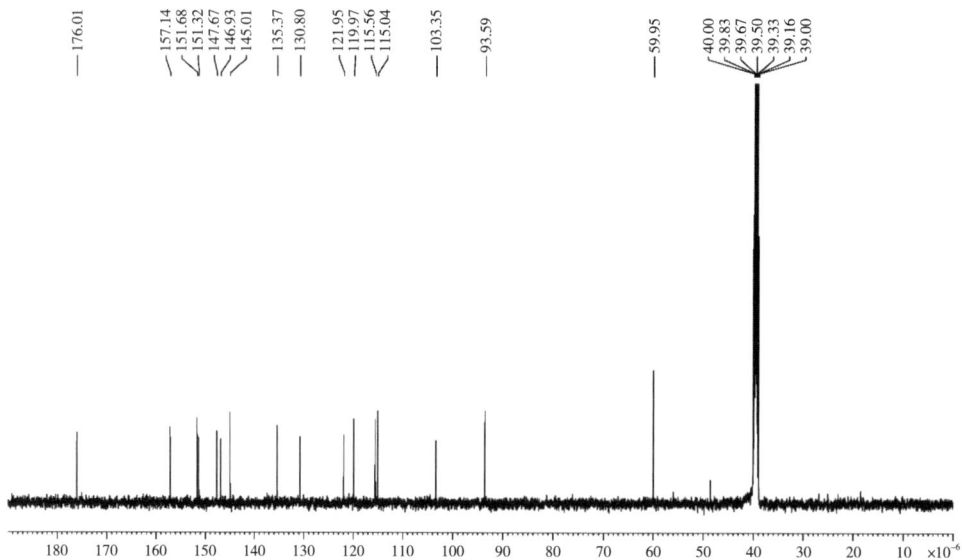

附图 3-27　化合物 10 的 ^{13}C-NMR 谱图

13C   sample：KQCR-13 in DMSO

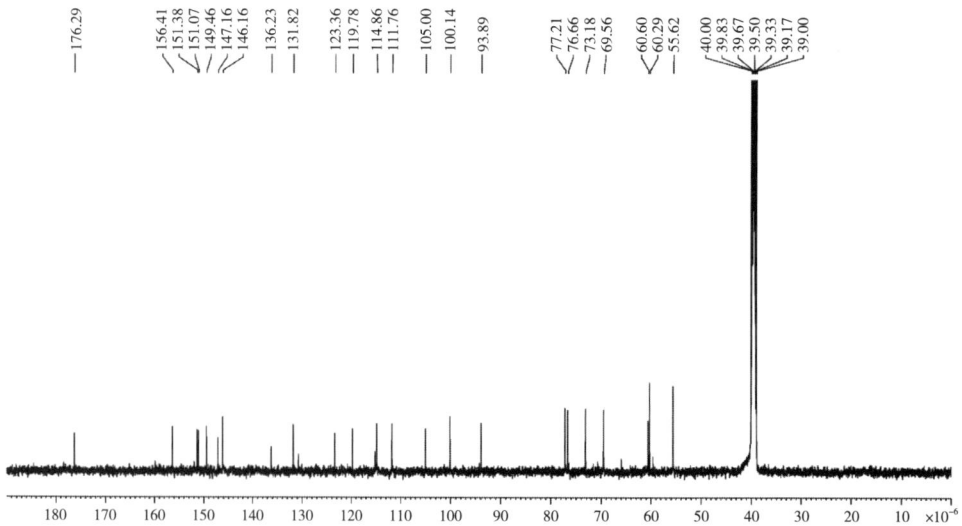

附图 3-28　化合物 11 的 ^{13}C-NMR 谱图

1H　sample：KQCR-13 in DMSO

12.6421
12.4317
9.3294
7.7018
7.6974
7.6676
7.6632
7.6504
7.6459
7.0938
7.0763
6.9404
5.1296
5.1149
3.8459
3.7679
3.7268
2.4969
2.4933
2.4898
2.4862
2.4828
2.0723

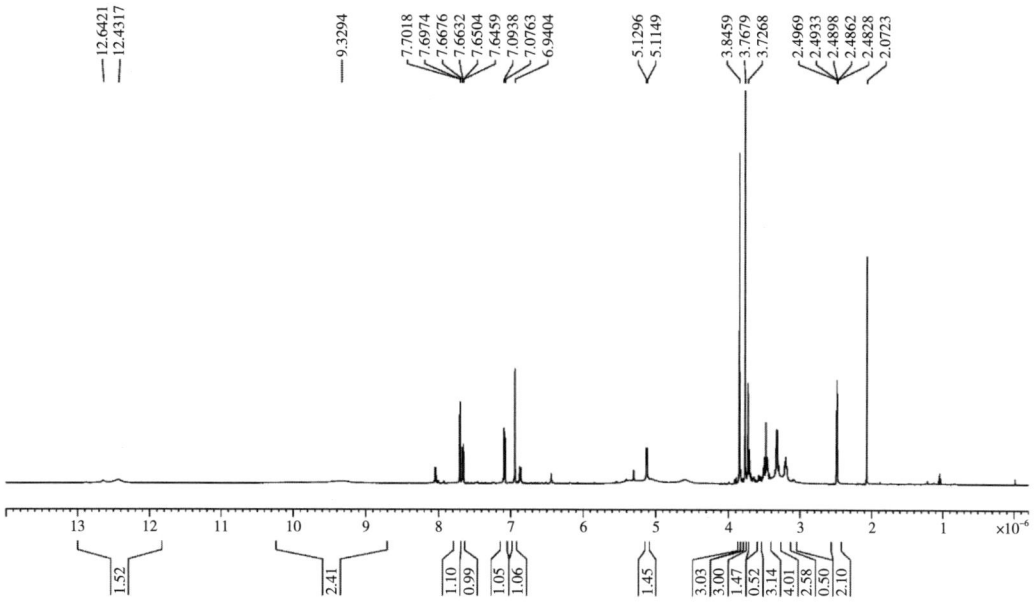

13　12　11　10　9　8　7　6　5　4　3　2　1　×10⁻⁶

1.52　2.41　1.10　0.99　1.05　1.06　1.45　3.03　3.00　1.47　0.52　3.14　4.01　2.58　0.50　2.10

附图 3-29　化合物 11 的 ¹H-NMR 谱图

13C　sample：KQCR-17 in DMSO

177.69
161.58
160.88
160.73
157.34
155.95
133.62
130.66
120.08
115.58
109.17
105.65
99.34
98.36
94.52
79.36
77.15
75.16
71.57
70.22
70.03
69.77
62.80
40.00
39.83
39.66
39.50
39.33
39.16
39.00
17.86

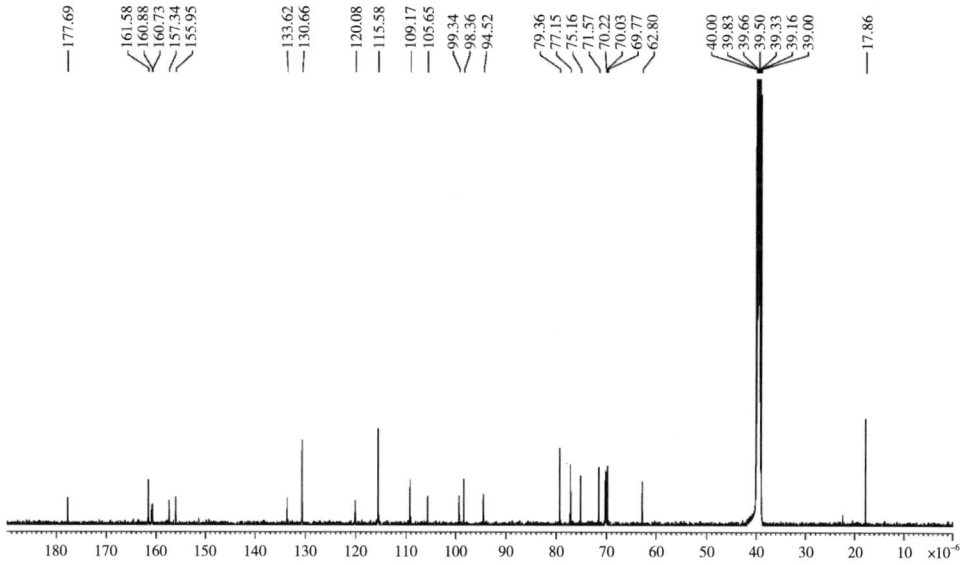

180　170　160　150　140　130　120　110　100　90　80　70　60　50　40　30　20　10　×10⁻⁶

附图 3-30　化合物 12 的 ¹³C-NMR 谱图

1H   sample：KQCR-13 in DMSO

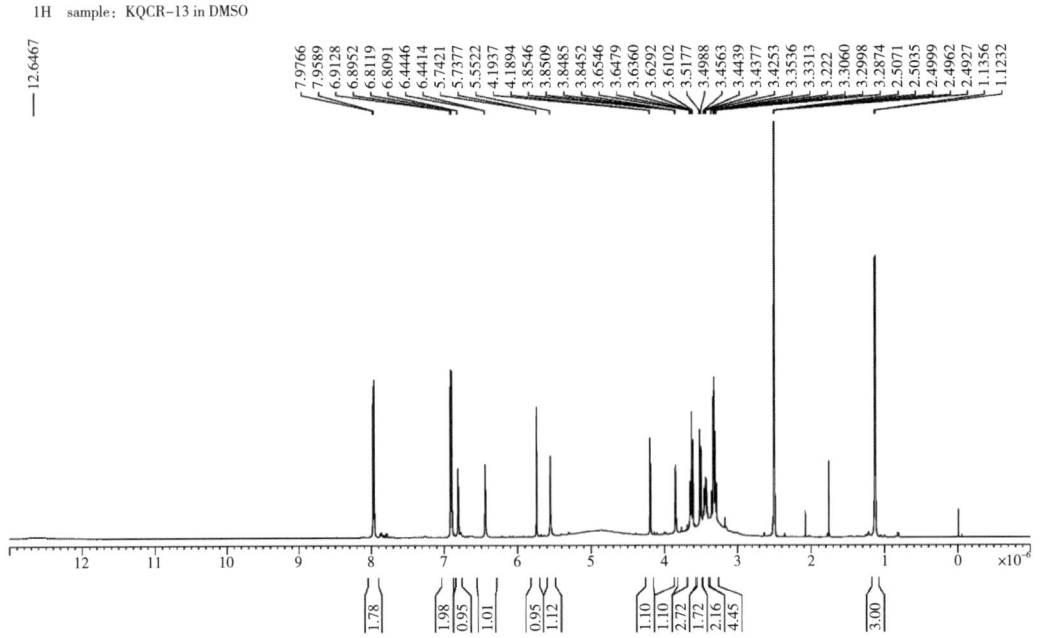

附图 3-31　化合物 12 的 ^{1}H-NMR 谱图

1H   sample：KQCR-17 in DMSO

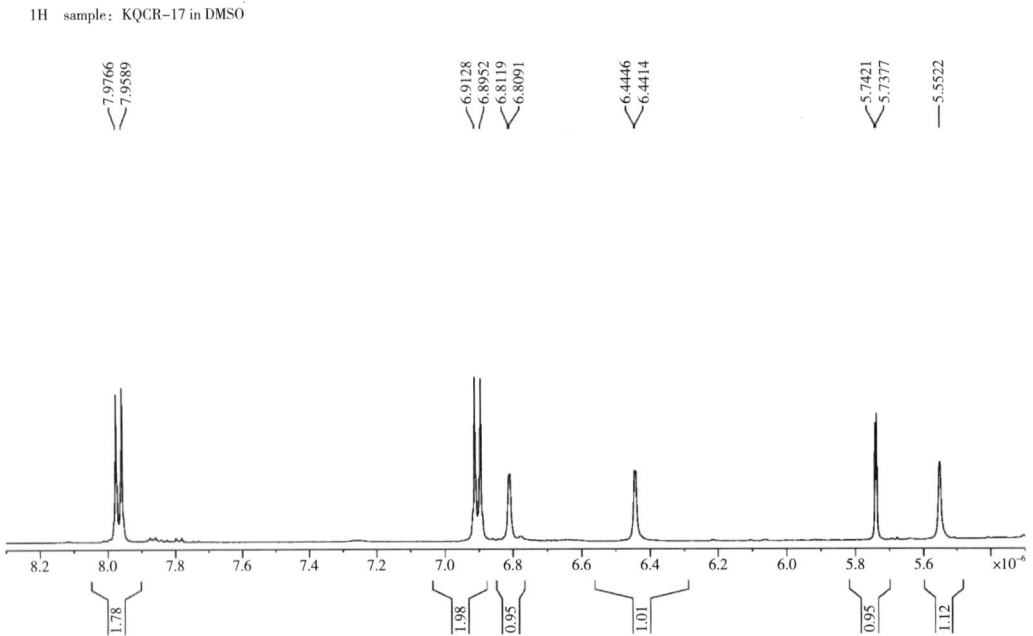

附图 3-32　化合物 12 的 ^{1}H-NMR 放大谱图

1H   sample：KQCR-17 in DMSO

4.1937
4.1894

3.8546
3.8509
3.8485
3.8452

3.6546
3.6479
3.6360
3.6292
3.6102

3.5177
3.4988

3.4563
3.4439
3.4377
3.4253

3.3536
3.3313
3.3222
3.3060
3.2998
3.2874

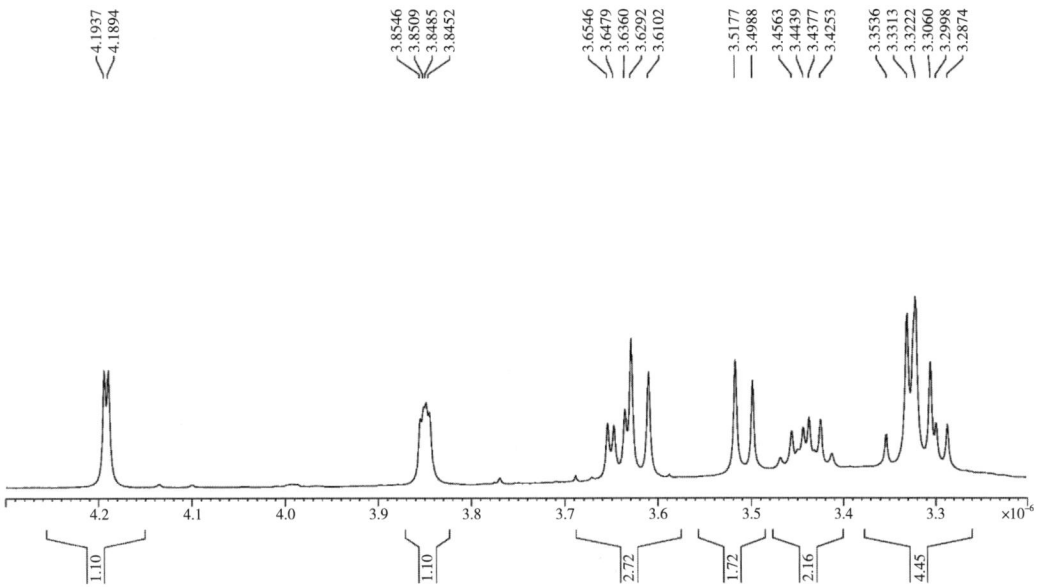

4.2 4.1 4.0 3.9 3.8 3.7 3.6 3.5 3.4 3.3 ×10⁻⁶

1.10   1.10   2.72   1.72   2.16   4.45

附图 3-33　化合物 12 的 ¹H-NMR 放大谱图

63.18

32.90
32.01
29.78
29.74
29.70
29.68
29.52
29.44
25.82

22.77

14.19

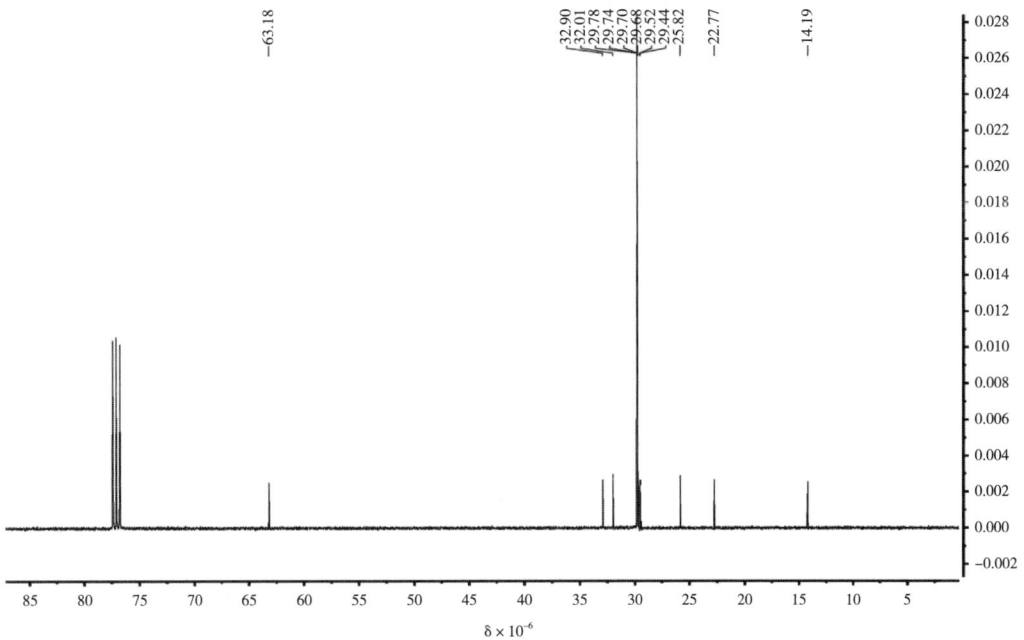

0.028
0.026
0.024
0.022
0.020
0.018
0.016
0.014
0.012
0.010
0.008
0.006
0.004
0.002
0.000
-0.002

85 80 75 70 65 60 55 50 45 40 35 30 25 20 15 10 5

δ × 10⁻⁶

附图 3-34　化合物 13 的 ¹³C-NMR 谱图

扫描 3220（24.431 分）：GCMS16110802. D\data. ms（–3143）（–）

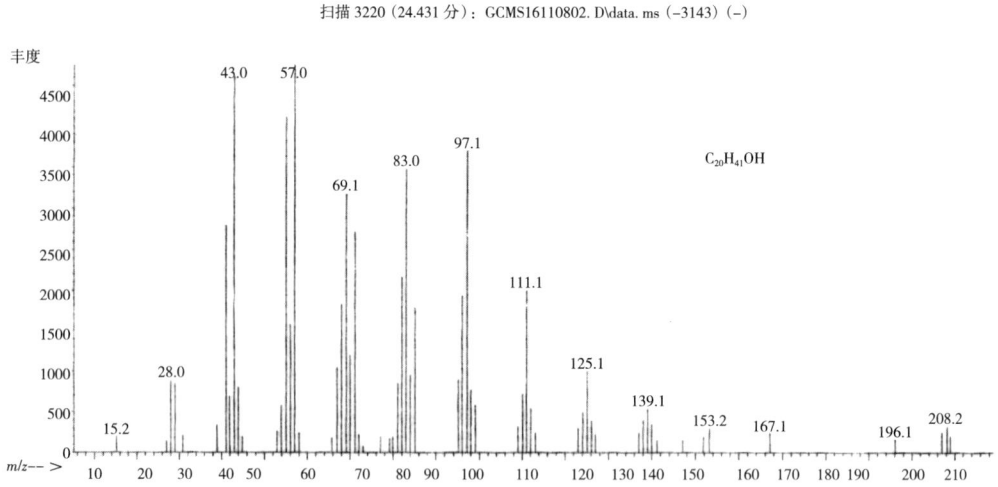

附图 3-35　化合物 13 的 MS 谱图

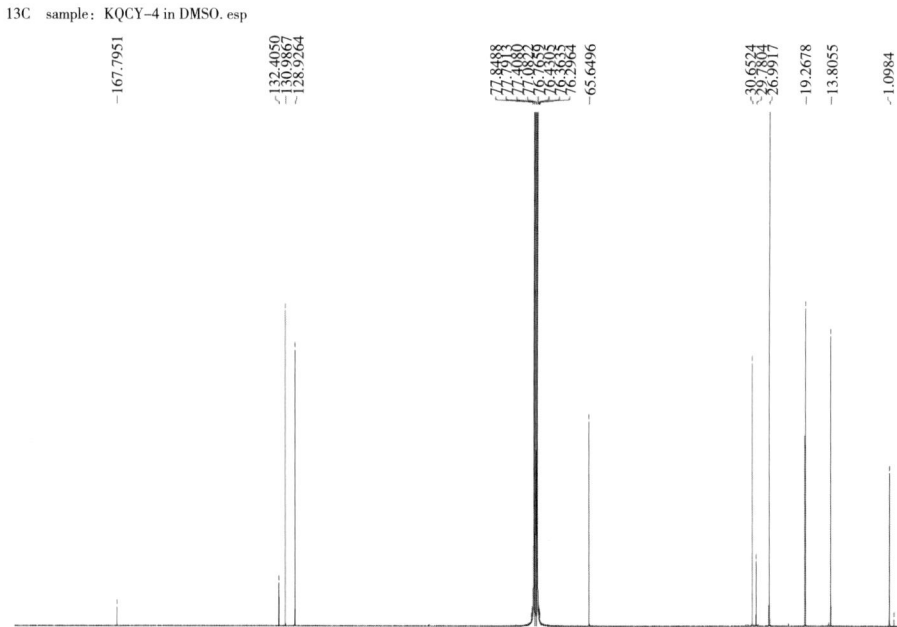

附图 3-36　化合物 14 的 ^{13}C-NMR 谱图

1H　sample：KQCY-4 in CDC13

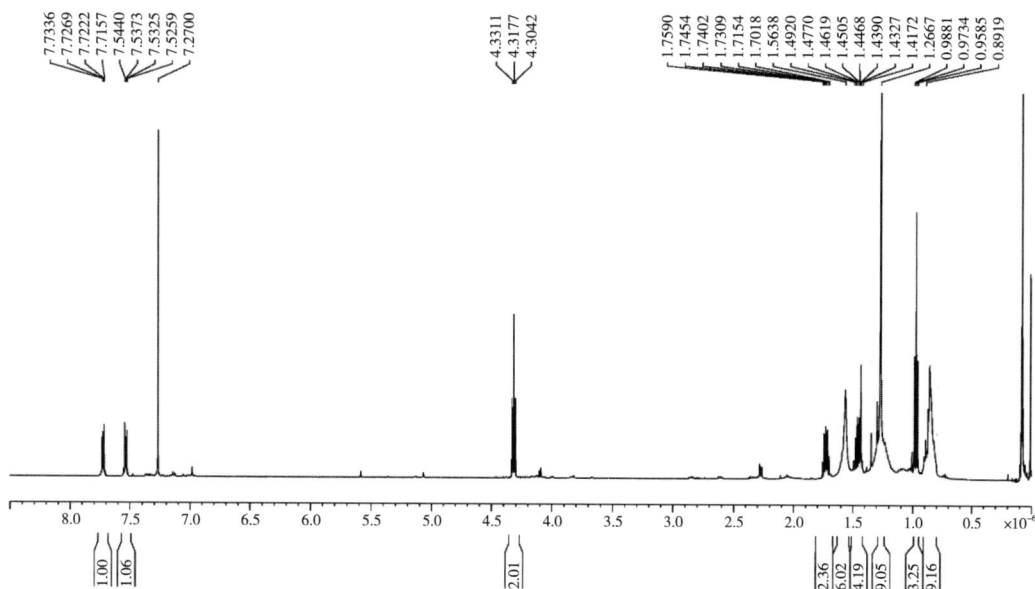

附图 3-37　化合物 14 的 ^{1}H-NMR 谱图

1H　sample：KQCY-4 in CDC13

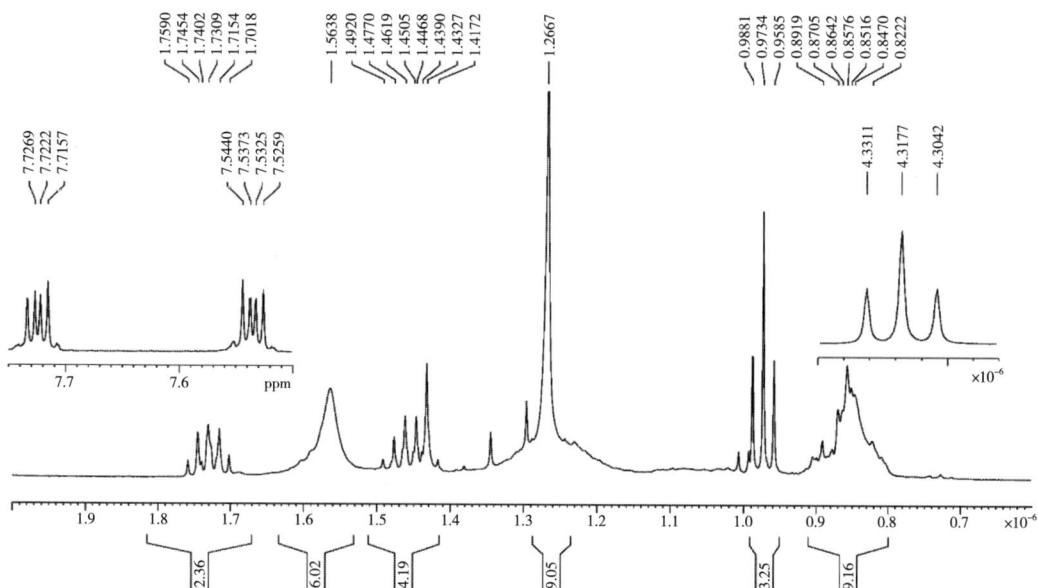

附图 3-38　化合物 14 的 ^{1}H-NMR 放大谱图

13C　sample：KQCY-7 in CDC13

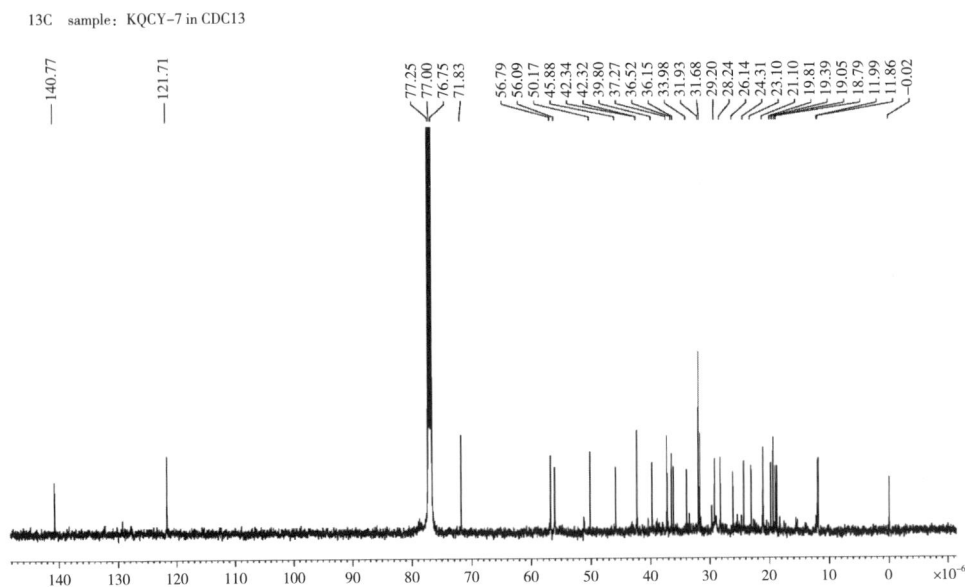

附图 3-39　化合物 15 的 ^{13}C-NMR 谱图

13C　sample：KQCY-9 in MeOD

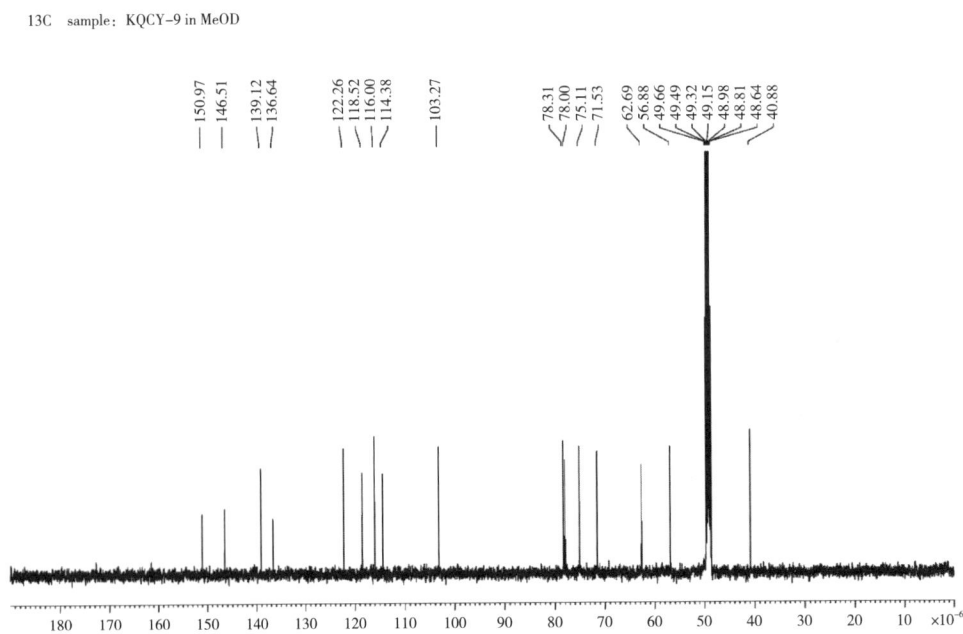

附图 3-40　化合物 16 的 ^{13}C-NMR 谱

1H sample：KQCY-9 in MeOD

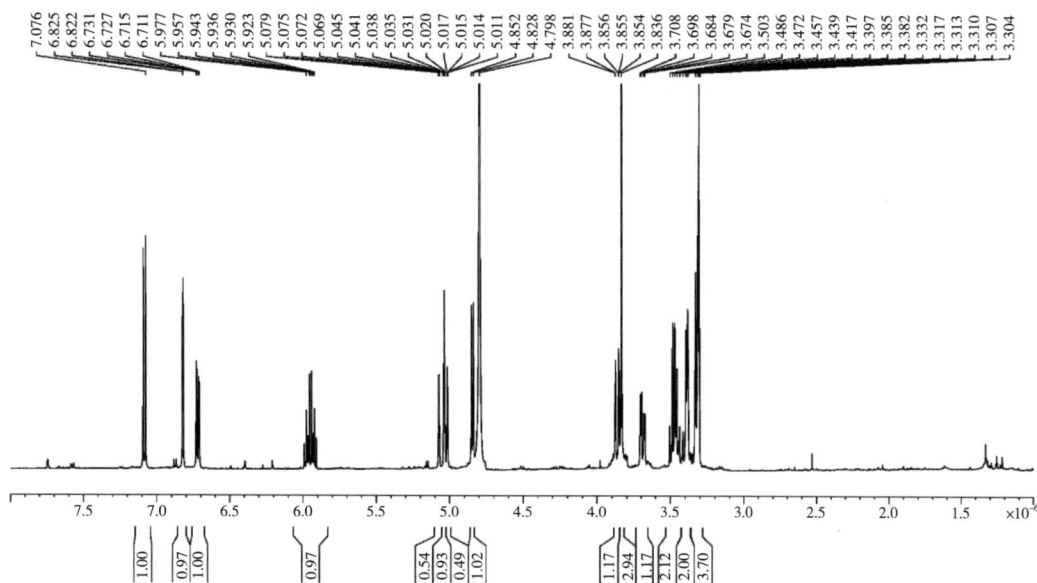

附图 3-41 化合物 16 的 ^{1}H-NMR 谱图

1H sample：KQCY-9 in MeOD

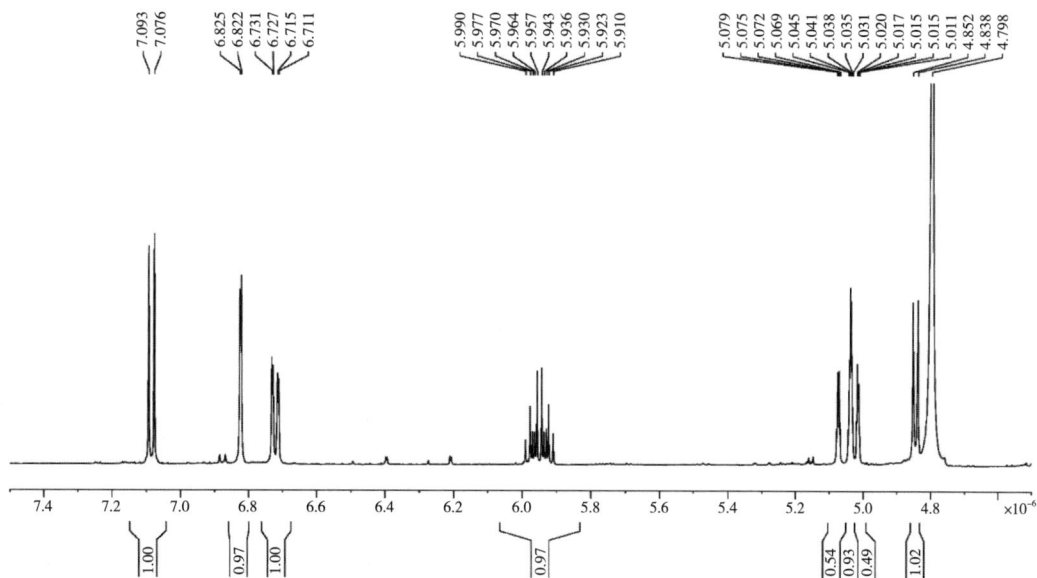

附图 3-42 化合物 16 的 ^{1}H-NMR 放大谱图

1H   sample：KQCY-9 in MeOD

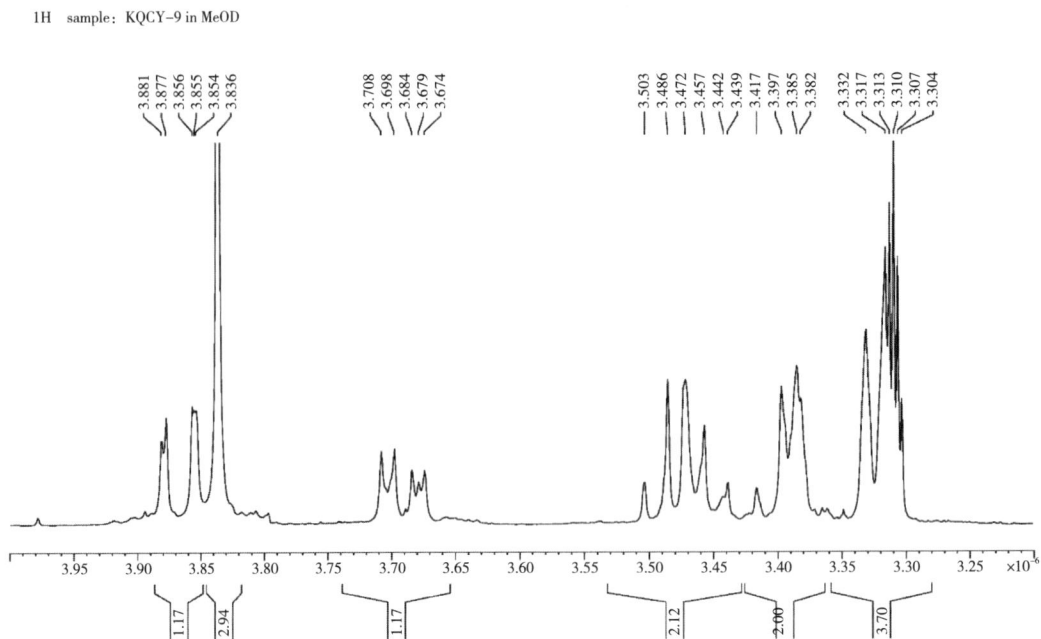

附图 3-43　化合物 16 的 ¹H-NMR 放大谱图

13C   sample：KQCY-11 in MeOD

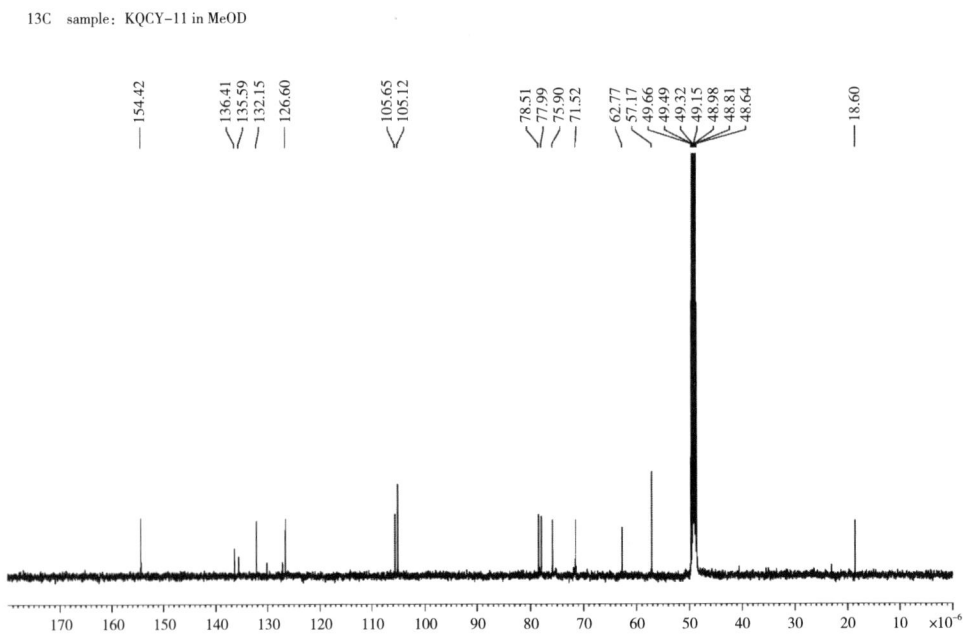

附图 3-44　化合物 17 的 ¹³C-NMR 谱图

1H　sample：KQCY-11 in MeO

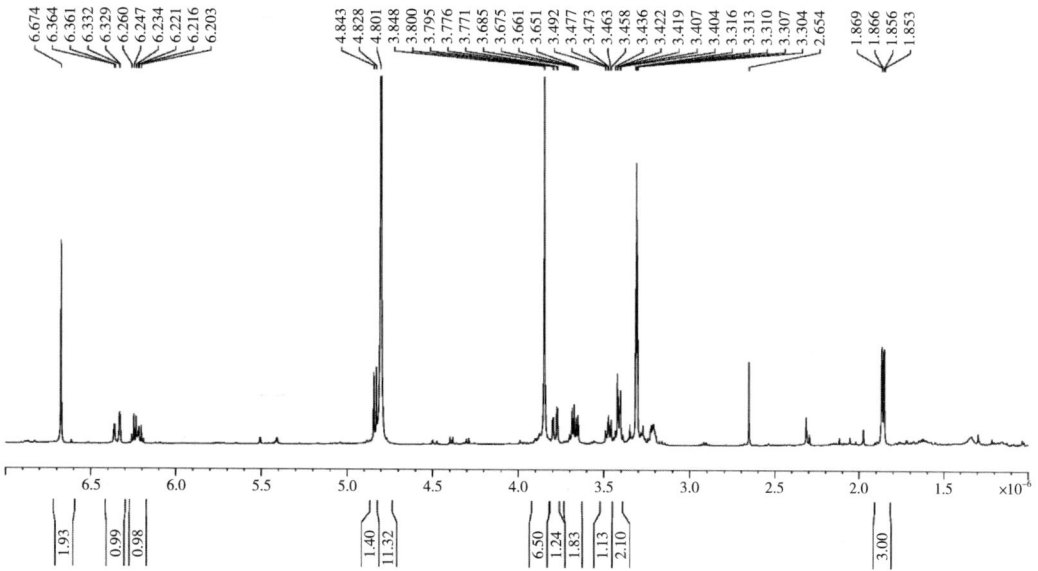

附图 3-45　化合物 17 的 ^{1}H-NMR 谱图

1H　sample：KQCY-11 in MeO

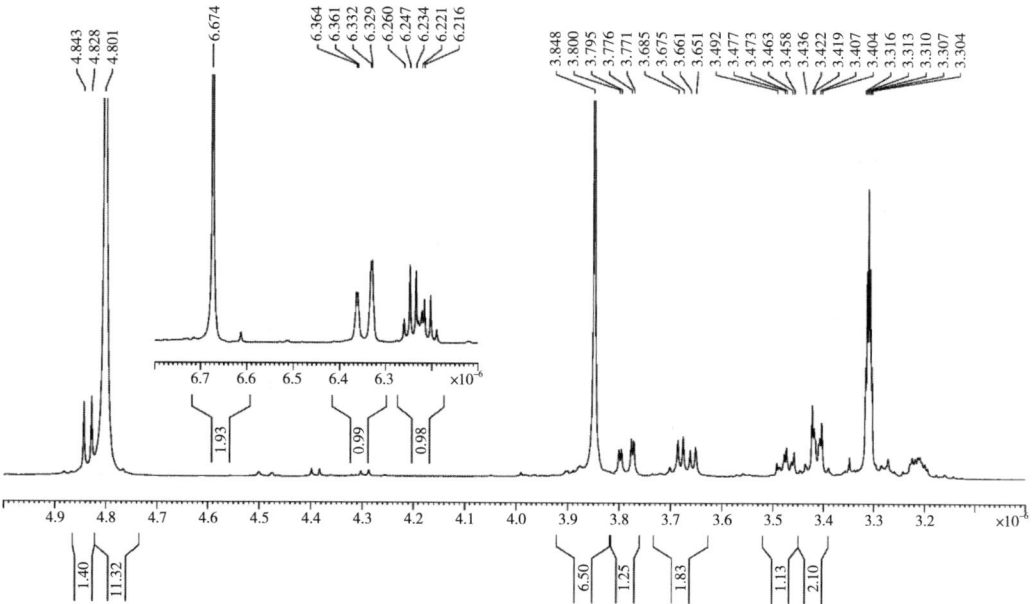

附图 3-46　化合物 17 的 ^{1}H-NM 放大 R 谱图

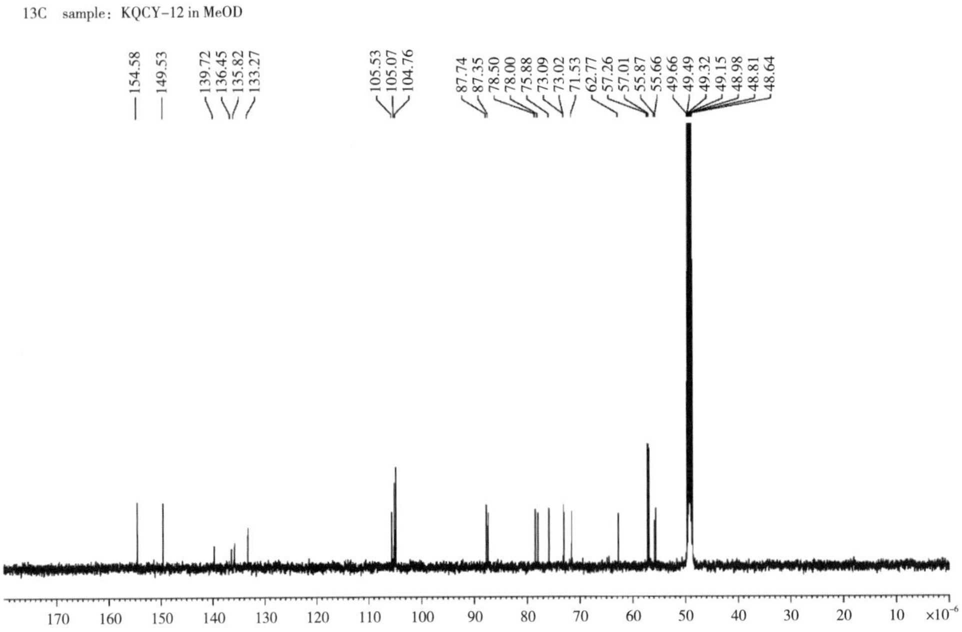

13C   sample: KQCY-12 in MeOD

附图 3-47　化合物 18 的 ^{13}C-NMR 谱图

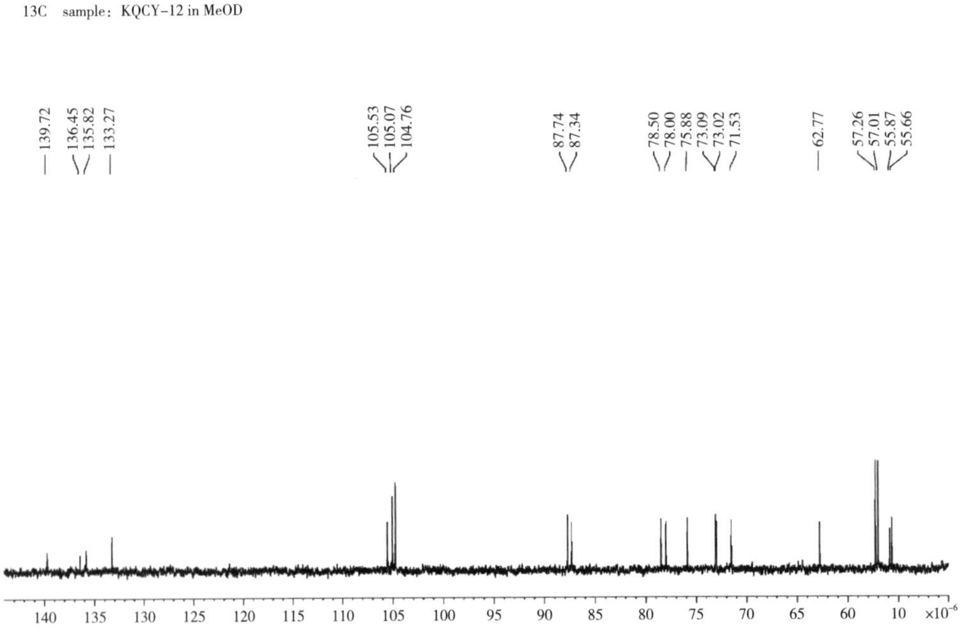

13C   sample: KQCY-12 in MeOD

附图 3-48　化合物 18 的 ^{13}C-NMR 放大谱图

13C　sample：KQCY–15 in MeOD

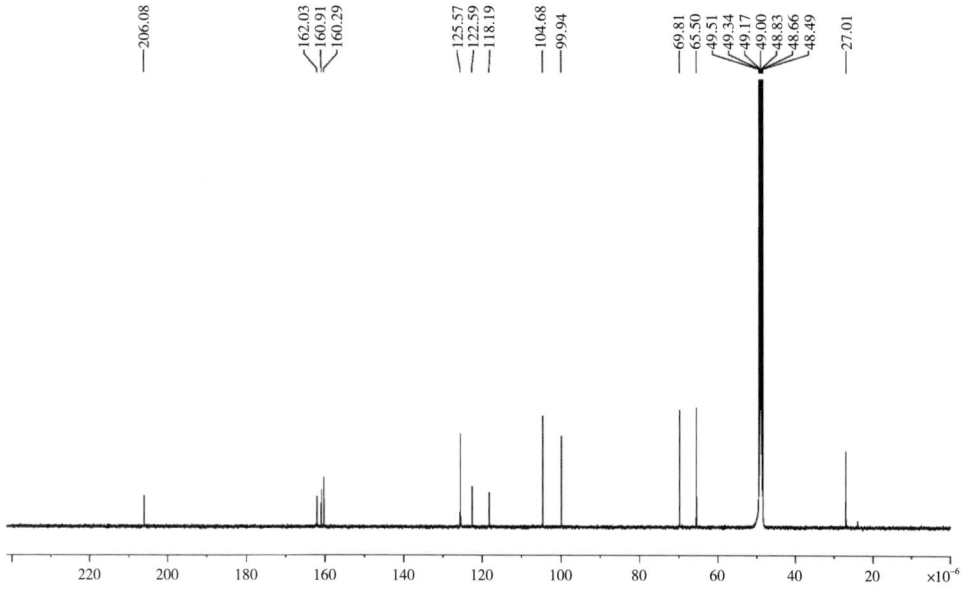

附图 3-49　化合物 19 的 ^{13}C-NMR 谱图

1H　sample：KQCY–15 in MeOD

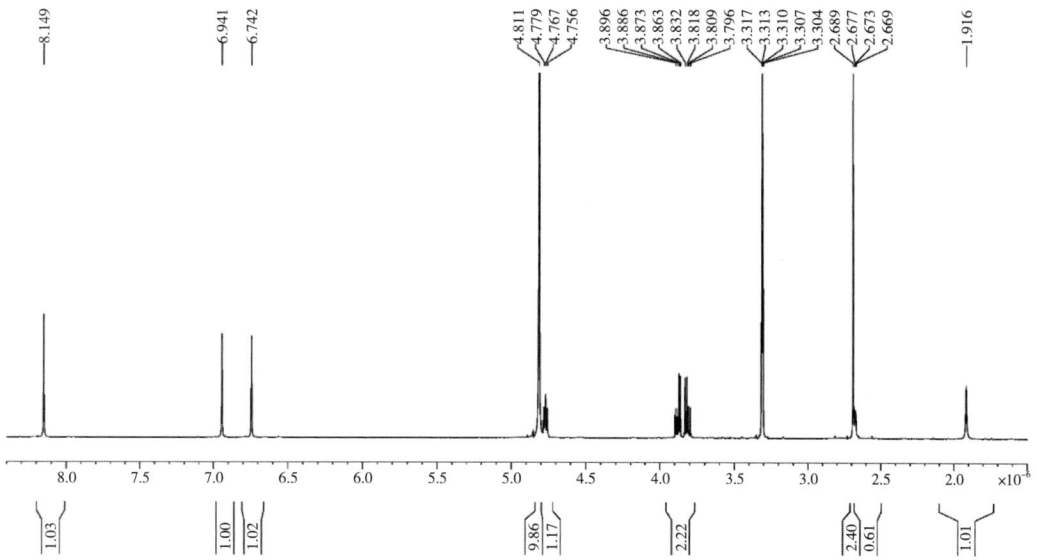

附图 3-50　化合物 19 的 ^{1}H-NMR 谱图

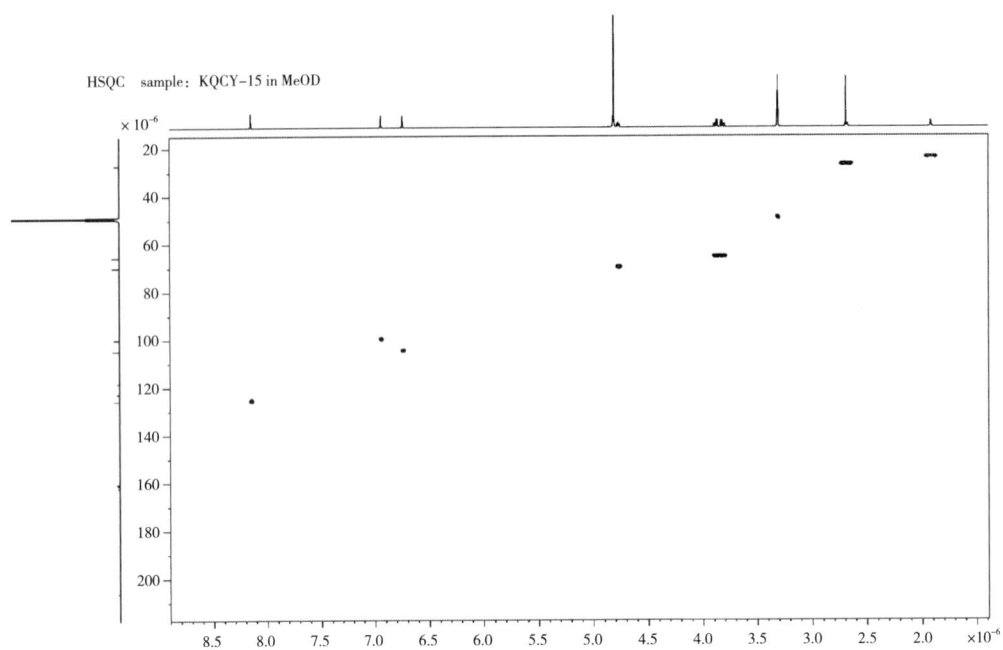

附图 3-51 化合物 19 的 HSQC 谱图

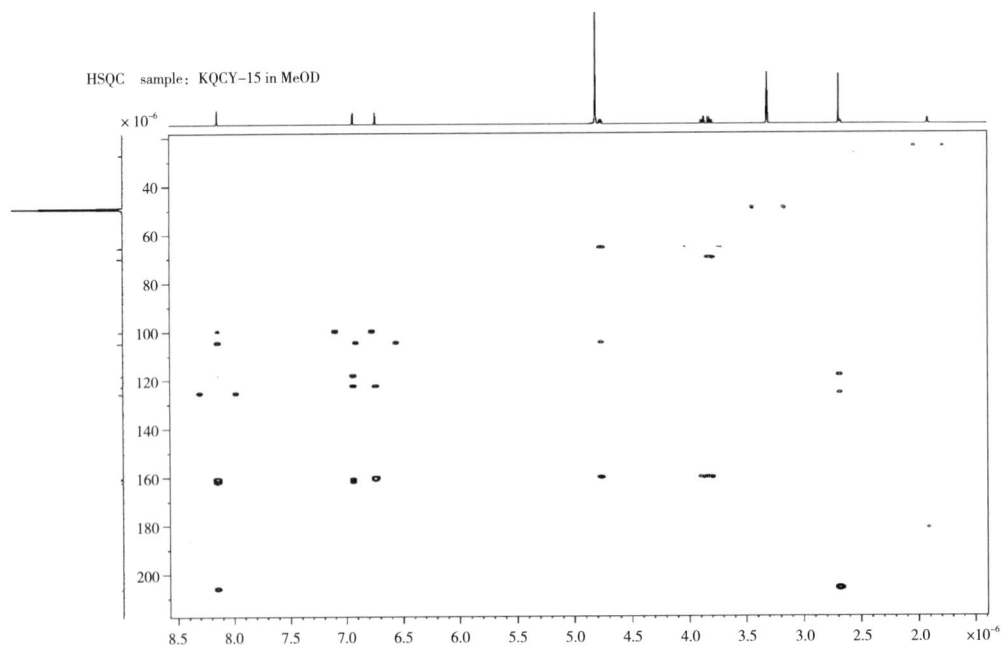

附图 3-52 化合物 19 的 HMBC 谱图

13C　sample：KQCY-17 in MeOD

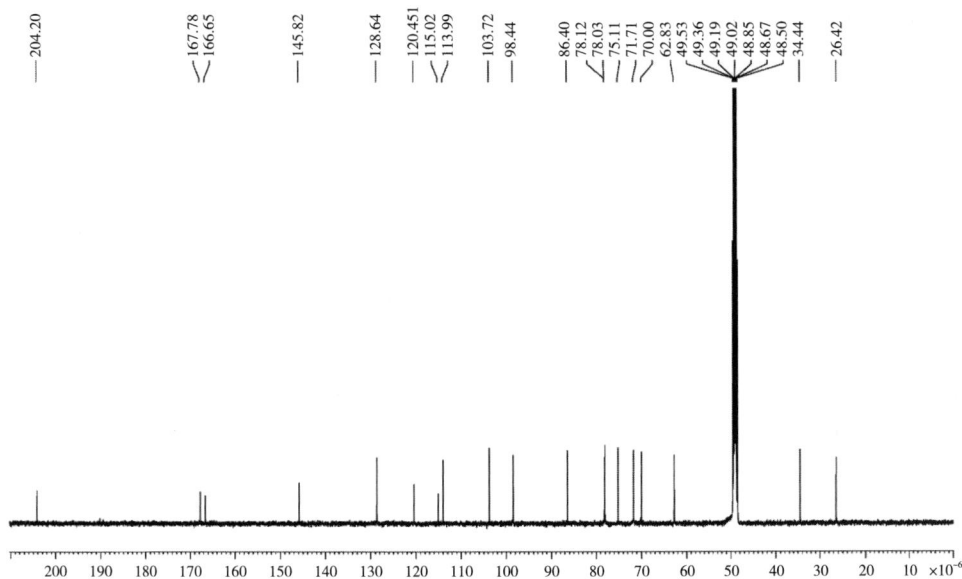

附图 3-53　化合物 20 的 ^{13}C-NMR 谱图

1H　sample：KQCY-17 in MeOD

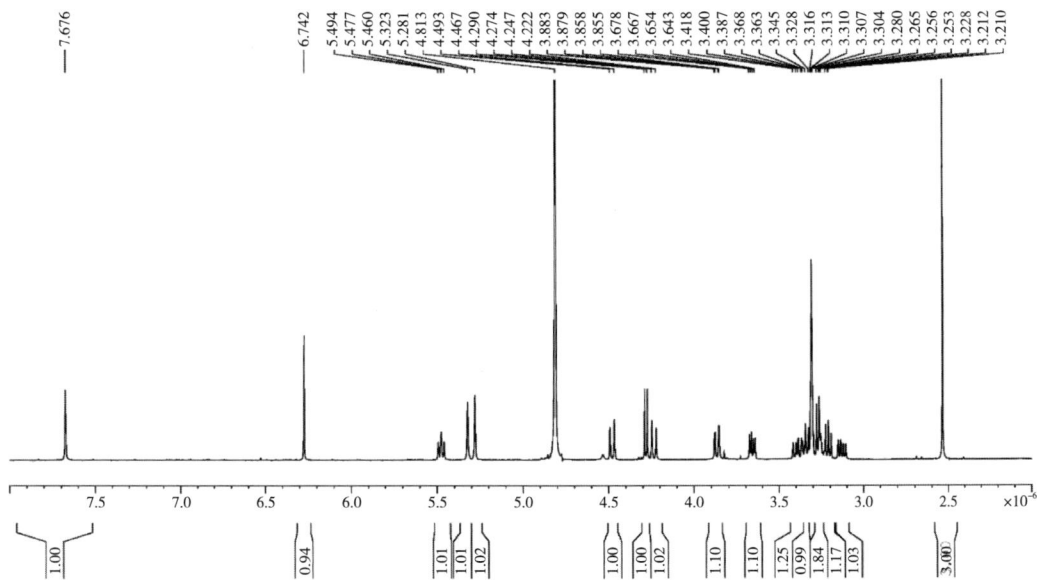

附图 3-54　化合物 20 的 ^{1}H-NMR 谱图

1H　sample：KQCY-17 in MeOD

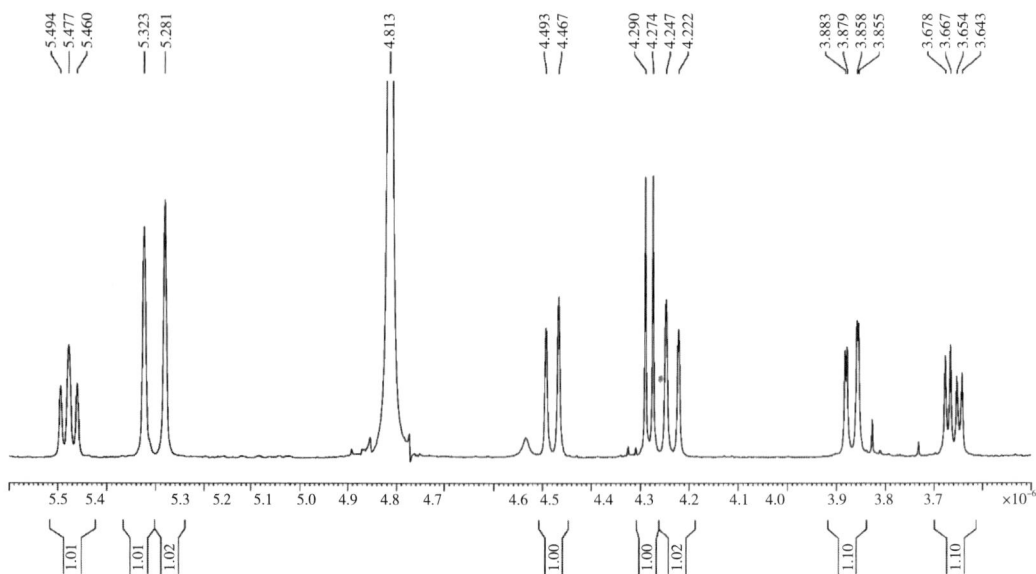

附图 3-55　化合物 20 的 ^{1}H-NMR 谱图

1H　sample：KQCY-17 in MeOD

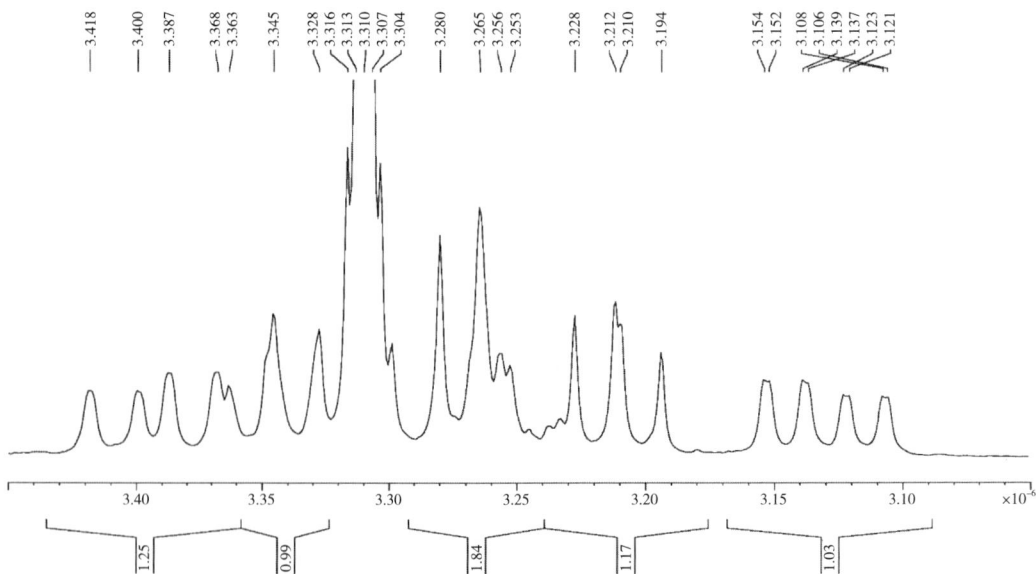

附图 3-56　化合物 20 的 ^{1}H-NMR 放大谱图

13C sample: KQCY-18 in MeOD

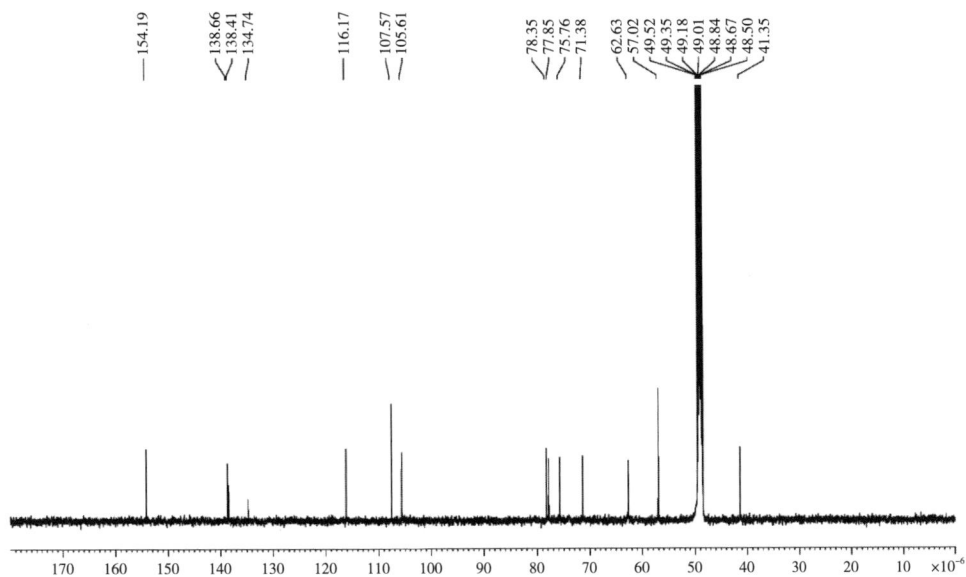

附图 3-57 化合物 21 的 ^{13}C-NMR 谱图

H sample: KQCY-18 in MeOD

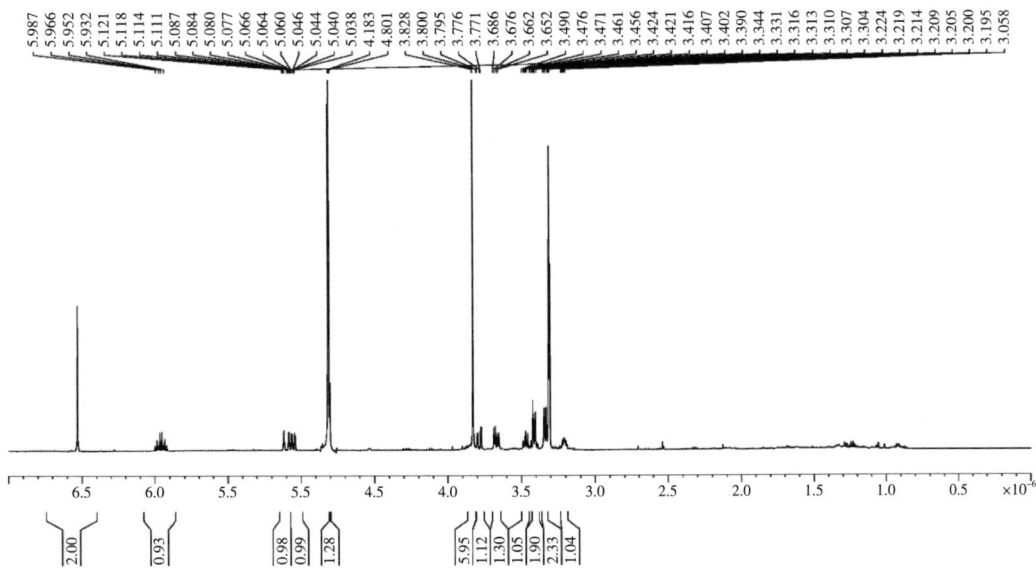

附图 3-58 化合物 21 的 ^{1}H-NMR 谱图

H   sample：KQCY-18 in MeOD

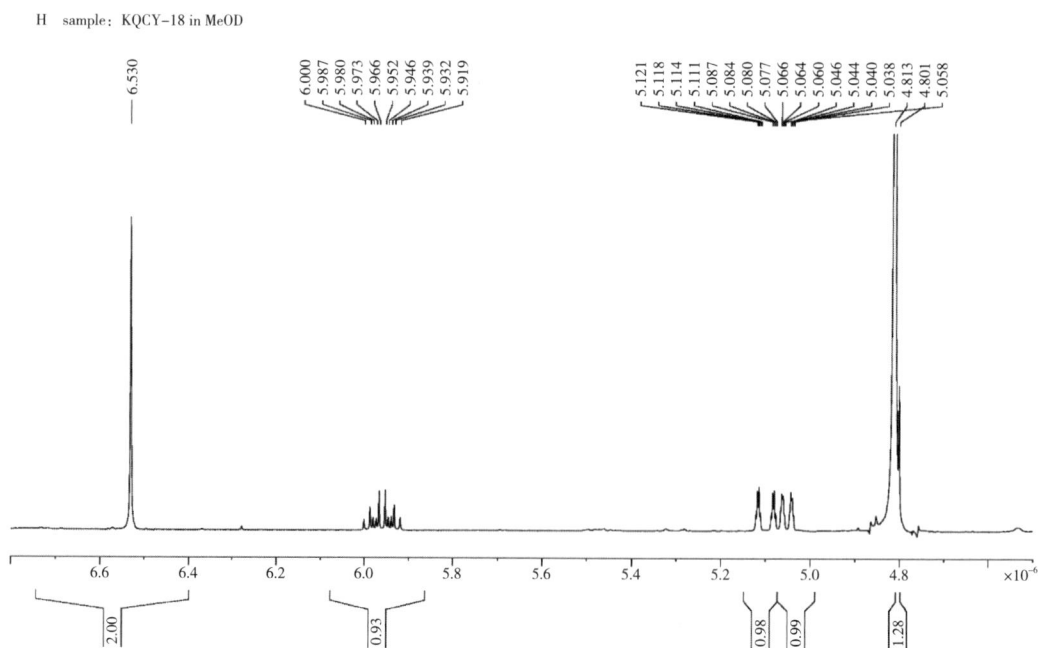

附图 3-59　化合物 21 的 ^{1}H-NMR 放大谱图

H   sample：KQCY-18 in MeO

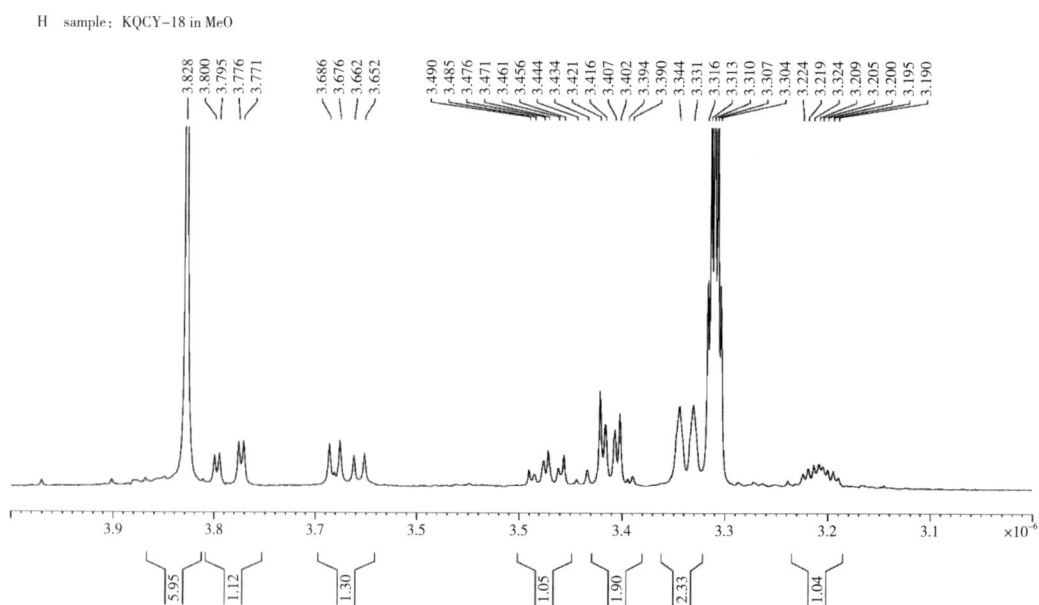

附图 3-60　化合物 21 的 ^{1}H-NMR 放大谱图

13C   sample：KQCY-19 in MeOD

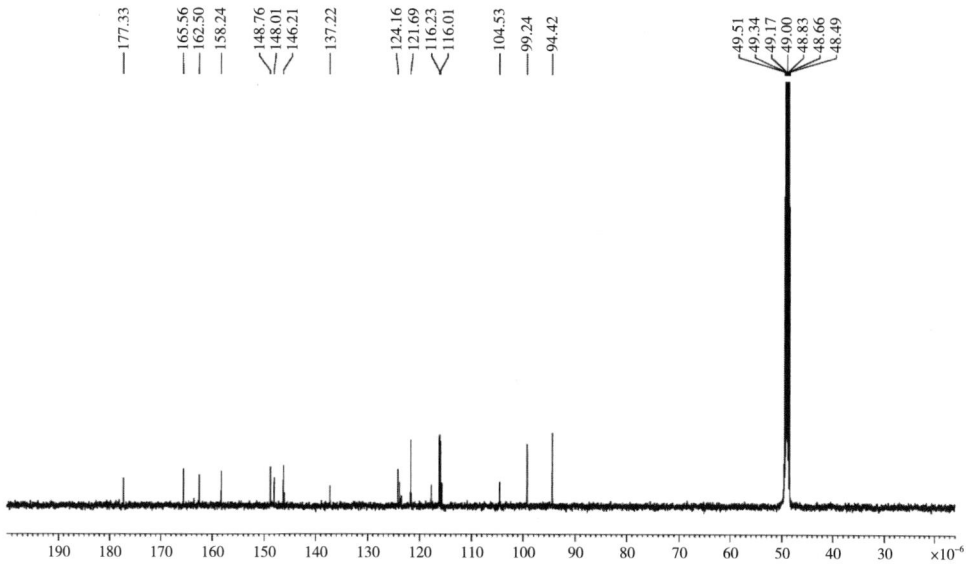

附图 3-61　化合物 22 的 ^{13}C-NMR 谱图

13C   sample：KQCY-20 in MeOD

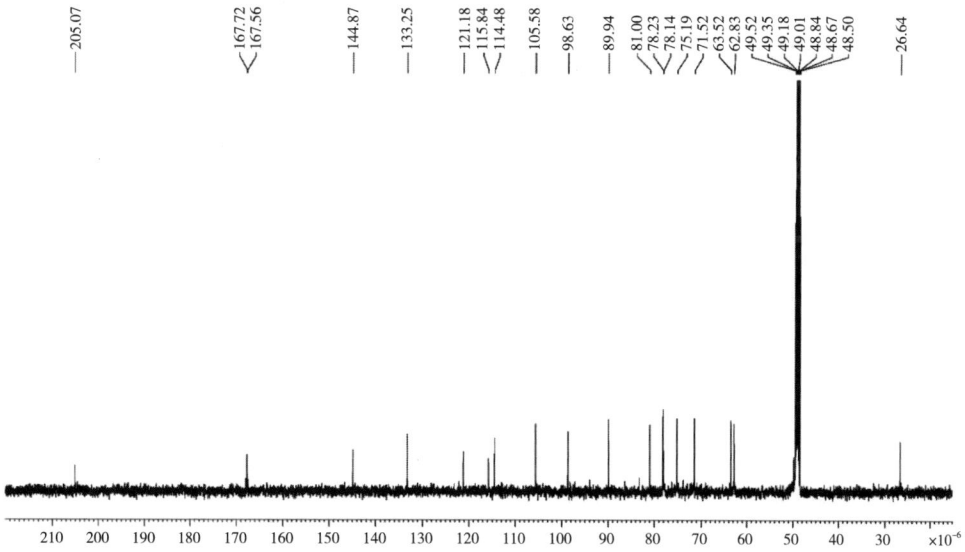

附图 3-62　化合物 23 的 ^{13}C-NMR 谱图

1H　sample：TPCR-20 in MeOD

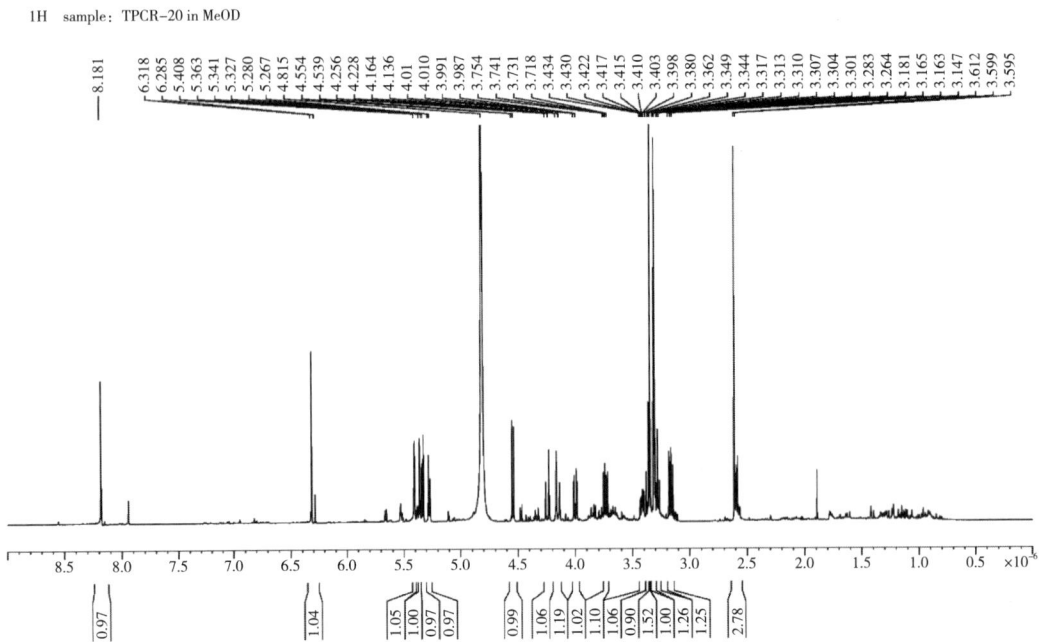

附图 3-63　化合物 23 的 ¹H-NMR 谱图

1H　sample：TPCR-20 in MeOD

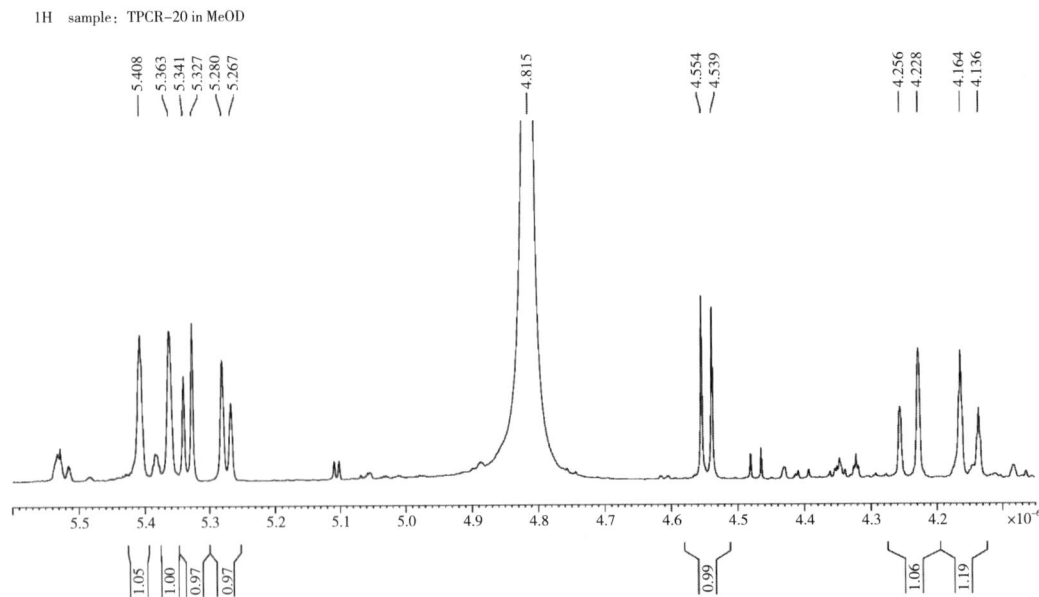

附图 3-64　化合物 23 的 ¹H-NMR 放大谱图

1H　sample：TPCR-20 in MeOD

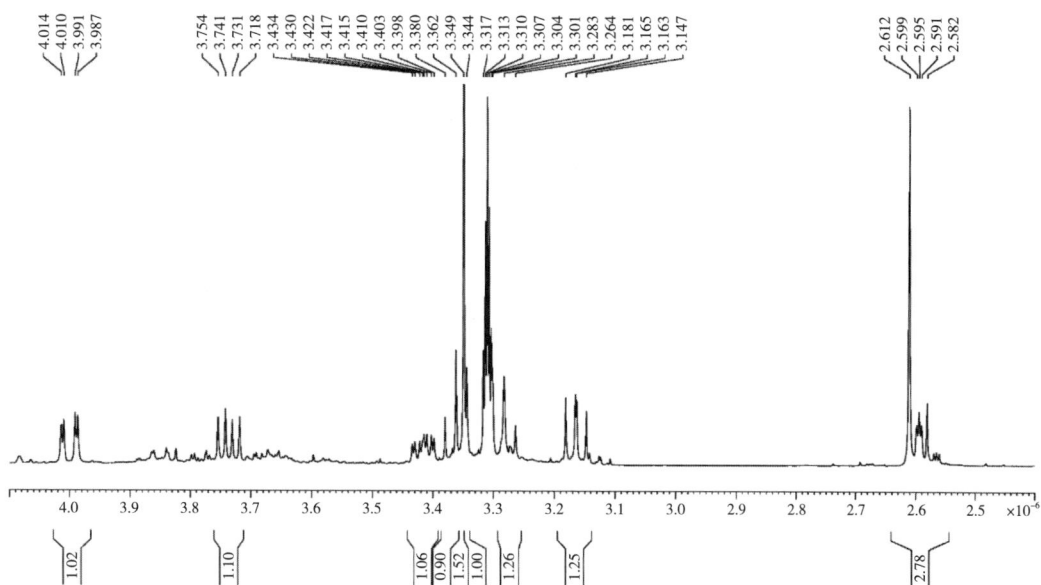

附图 3-65　化合物 23 的 ^{1}H-NMR 放大谱图

HSQC　sample：KQCR-20 in MeOD

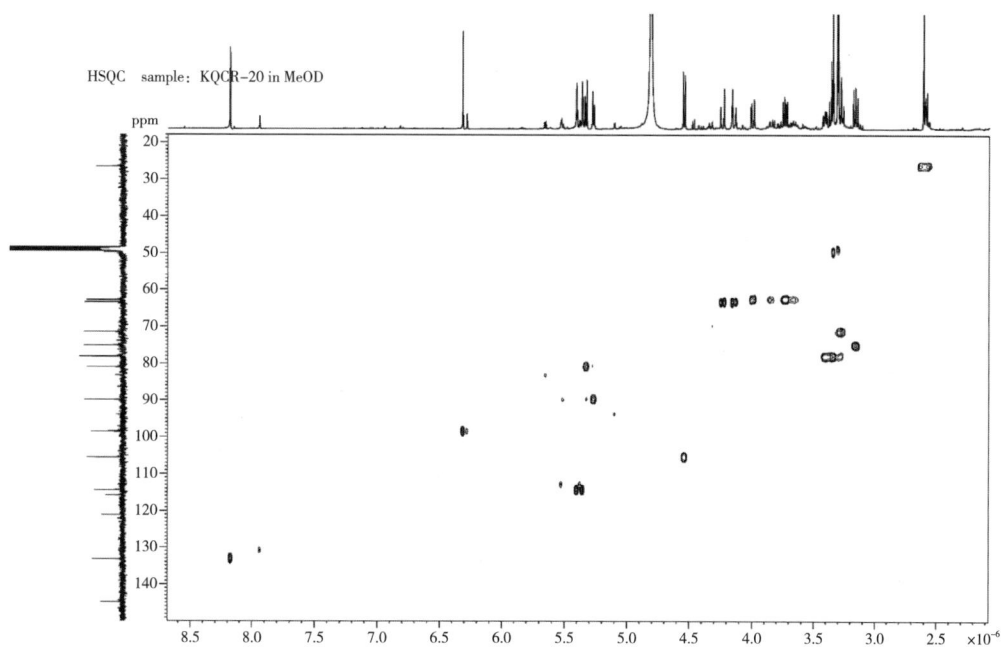

附图 3-66　化合物 23 的 HSQC 谱图

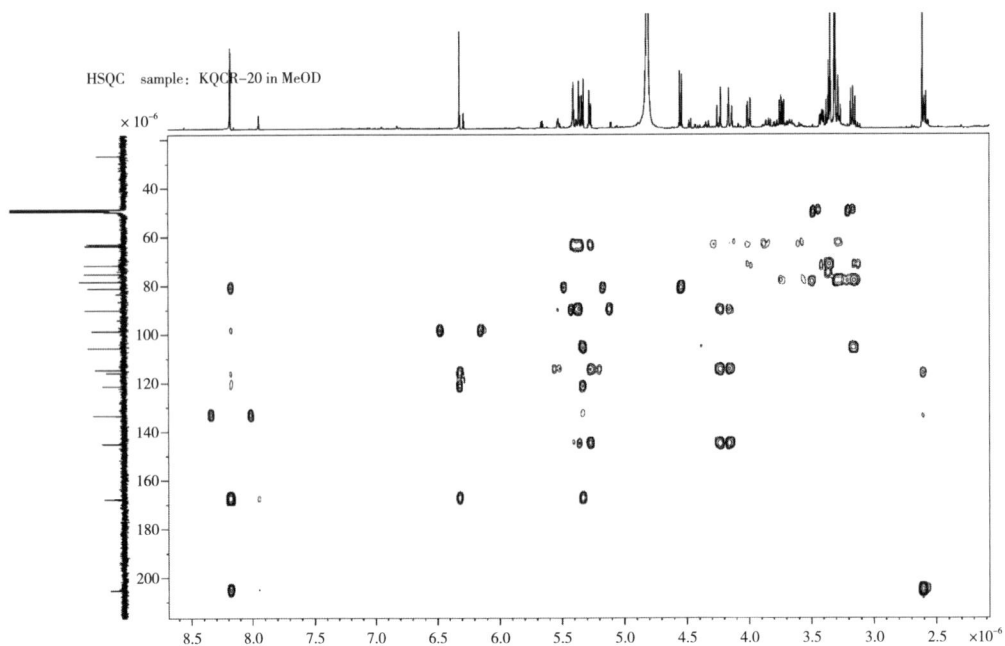

附图 3-67 化合物 23 的 HMBC 谱图

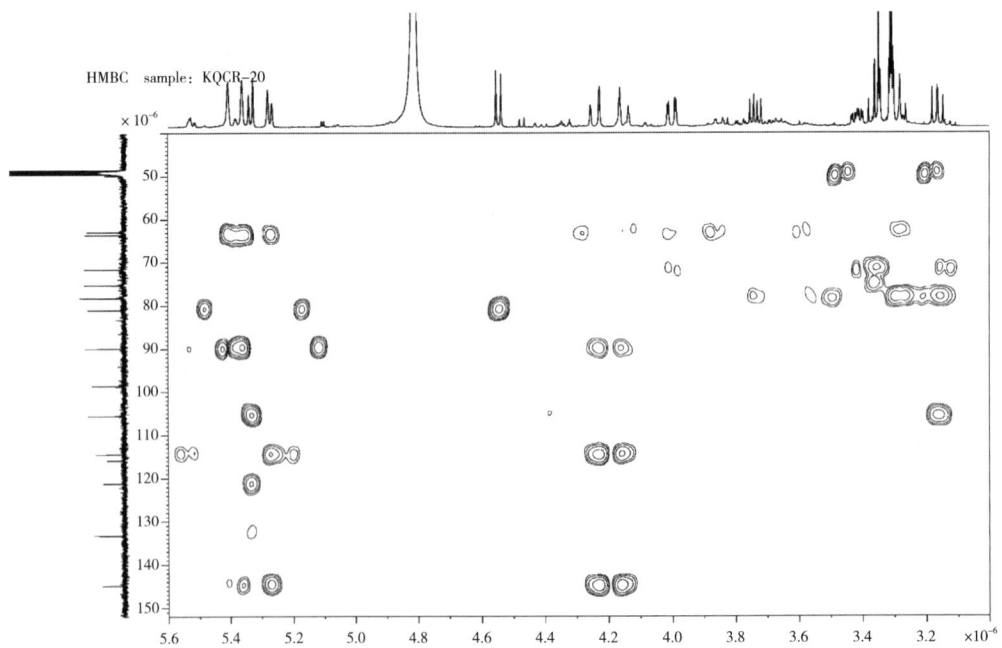

附图 3-68 化合物 23 的 HMBC 谱图

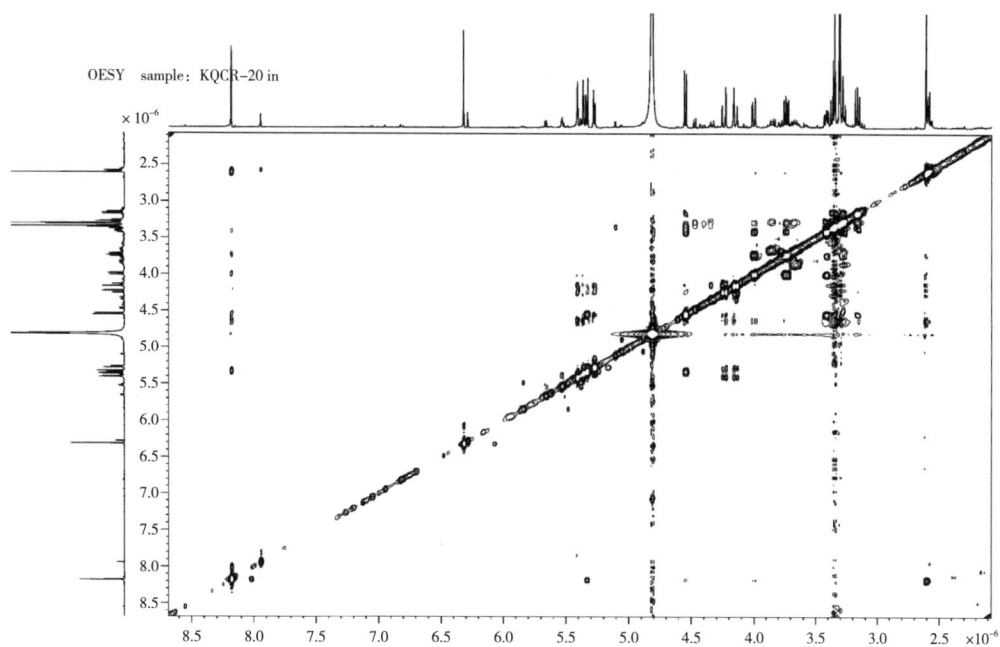

附图 3-69 化合物 23 的 NOE 谱图

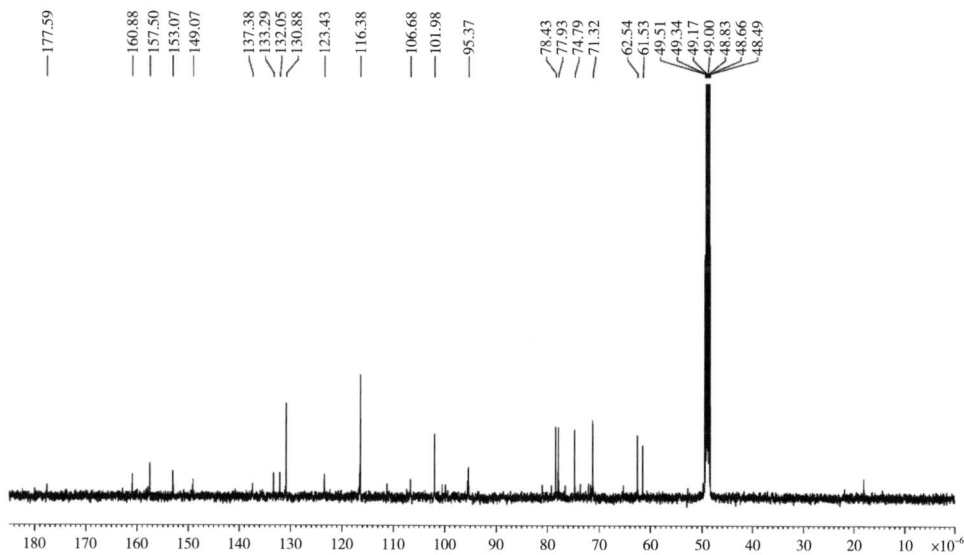

附图 3-70 化合物 24 的 ^{13}C-NMR 谱图

扫描 2681 （20.358 分）：GCMS16110403. D\data. ms

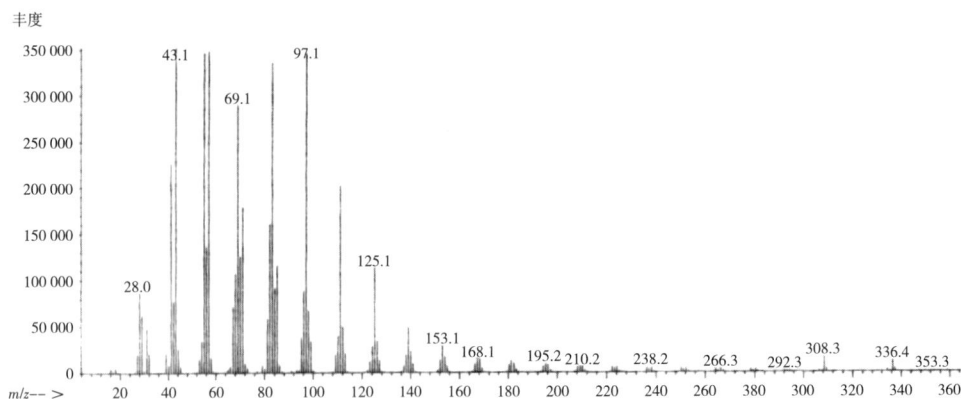

附图 3-71　化合物 25 的 EI-MS 谱图

3. 孔雀草茎叶指纹图谱及万寿菊素含量测定研究

孔雀草 *Tagetes patula* L. 为菊科万寿菊属一年生草本植物，大多作为观赏性植物，花期过后则被丢弃，造成孔雀草资源的严重浪费。近年来国外报道显示孔雀草还具有抗氧化、抗菌、抗虫等多种药理活性，应用前景广泛，但目前仍没有学者对于孔雀草的化学成分及质量评判标准进行研究，因此研究组对不同花色孔雀草茎叶甲醇提取液进行指纹图谱分析，通过建立指纹图谱比较不同花色的孔雀草茎叶化学成分差异，以期为孔雀草茎叶资源的质量控制和进一步开发应用提供依据。

3.1　孔雀草茎叶指纹图谱研究

3.1.1　仪器与试药

Agilent1260 高效液相色谱仪（美国安捷伦科技有限公司）、万分之一分析天平（Acculab 型 Sartorius group）、十万分之一分析天平（CP225D 型 Sartorius group）、CQ-250 超声波清洗器（上海超声仪器厂）、UV-3010 型紫外可见分光光度计（日本东芝公司）、中药色谱指纹图谱相似度评价系统 2004A（国家药典委员会）、HH-S 型恒温水浴锅（巩义市予华仪器有限公司）、旋转蒸发仪。

孔雀草（采于辽宁省大连经济技术开发区铁山西路 11-10 号，大连五舟神草健康科技有限公司孔雀草种植基地），取不同花色的孔雀草茎叶，共 10 批样品，分别记为 S1 ~ S10（批号：2017080101 ~ 2017080110），采集时间均为 2017 年 8 月 1 日（表 3-9）。

色谱纯乙腈（Duksan，韩国德山）；色谱纯甲醇（Oceanpak alexative chemical，瑞典）；水为纯净水；色谱纯磷酸（天津市科密欧化学试剂有限公司）。

表 3-9　样品信息表

No.	性状描述	样品信息
S1 ~ S3	花朵为杂色红黄相间，茎绿色中略带紫色，S1 ~ S3 茎高分别为 22 cm、20 cm、20.5 cm	
S4 ~ S7	花朵为黄色，茎绿色中略带紫色，S4 ~ S7 茎高分别为 22 cm、23 cm、20 cm、19 cm	
S8 ~ S10	花朵为橘色，茎绿色中略带紫色，S8 ~ S10 茎高分别为 24 cm、20 cm、21.5 cm	

3.1.2　实验方法

3.1.2.1　对照品溶液的制备

取山奈酚 –3–O–α–L– 阿拉伯糖苷、槲皮素 –3–O–α–L– 阿拉伯糖苷、槲皮素 –7–O–α–L– 鼠李糖苷、万寿菊素 –3–O–α–L– 阿拉伯糖苷、山奈酚 –3–O–β–D– 木糖苷、山奈酚 –3–O–β–D– 葡萄糖苷、山奈酚、山奈酚 –7–O–α–L– 鼠李糖苷、万寿菊素、山奈酚 –3–O–β–D– 半乳糖苷对照品适量，精密称定，分别以甲醇溶解后定容，用甲醇分别配成质量浓度为 1.0 mg/mL 的对照品储备液，摇匀，即得。以上样品均由本课题组从孔雀草茎叶乙醇提物乙酸乙酯部位中分离得到，并经 NMR 等技术鉴定其结构，质量分数均大于 98.0%。

3.1.2.2　供试品溶液制备

取孔雀草茎叶 S1 样品的干燥粉末（过 60 目药筛）约 0.5 g，精密称定至 25 mL 容量瓶中，加甲醇 23 mL，采用超声提取，频率 70 Hz，超声 30 min，摇匀，甲醇定容至刻度，经 0.45 μm 滤膜滤过，得供试品溶液，冷藏避光备用。

3.1.2.3　色谱条件

色谱柱：Thermo（250 mm ×4.6 mm，5 μm）柱，二极管阵列检测器（DAD），以乙腈

（C）–磷酸水溶液（D，0.1%）为流动相梯度洗脱，流动相梯度见表 3–10，流速 1.0 mL/min；柱温 30 ℃；检测波长 254 nm，进样量：20 μL。

表 3–10　HPLC 梯度洗脱条件

时间（min）	乙腈（%）
0	10
5	17
15	17
29	57
36	80
43	80

3.1.2.4　提取方法考察

不同提取溶剂：

取孔雀草茎叶，S1 样品的干燥粉末（60 目筛）约 0.5 g，共 3 份，精密称定至 25 mL 容量瓶中，分别加甲醇、正丁醇、乙酸乙酯 23 mL，采用超声提取，频率 70 Hz，超声 30 min，摇匀，甲醇定容至刻度，经 0.45 μm 滤膜滤过，得供试品溶液，按上述色谱条件，进供试品各 20 μL，注入高效液相色谱仪，记录 43 min 内色谱图。

不同提取方式：

取孔雀草茎叶，S1 样品的干燥粉末（60 目筛）约 0.5 g 共 3 份，精密称定至 250 mL 圆底烧瓶中，分别加入甲醇 25 mL，分别采用回流提取、索氏提取、超声提取，频率 70 Hz，超声 30 min。分别过滤至 25 mL 容量瓶中，甲醇定容至刻度，摇匀，经 0.45 μm 滤膜滤过，得供试品溶液，按上述色谱条件，进供试品各 20 μL，注入高效液相色谱仪，记录 43 min 色谱图。

3.1.2.5　方法学考察

取 S1 孔雀草茎叶供试品进样 20 μL，按照 3.1.2.3 项下分别考察精密度、重复性、稳定性，以峰 18 万寿菊素为参照，计算各峰与万寿菊素峰面积比值、相对保留时间的 RSD。

3.1.2.6　孔雀草茎叶的 HPLC 指纹图谱中的特征峰及指纹图谱的确立

分别精密吸取供试液各 20 μL，注入液相色谱仪，记录 43 min 色谱图。借助 Agilent 软件对 10 批供试品的检测结果进行处理，提取面积百分比大于 0.35%（峰面积 400）的峰作为有效峰，组成相应样本。用中药色谱指纹图谱相似度评价系统（2004A 版）对数据进行分析，提取共有峰并生成对照图谱。选取的 22 个共有峰的面积占总面积的 90% 以上。

3.1.3　实验结果

3.1.3.1　不同提取溶剂考察

不同提取溶剂考察见图 3-40。

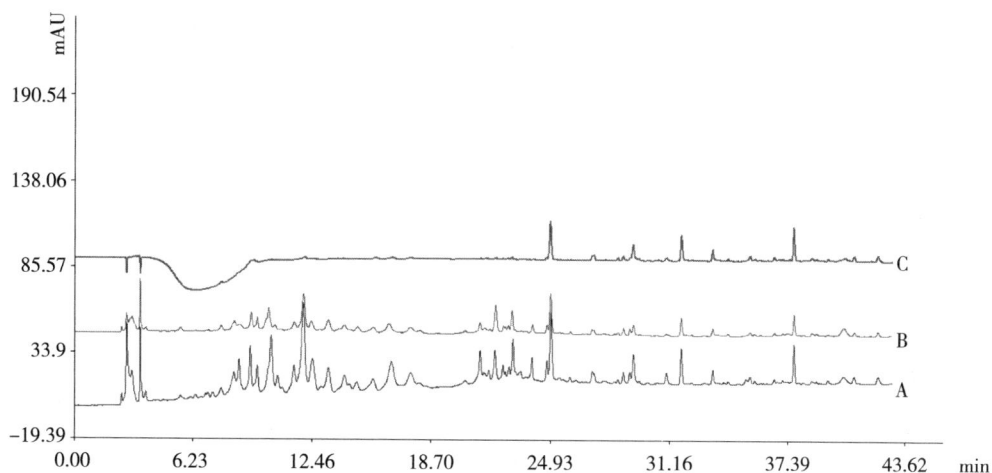

A- 甲醇；B- 正丁醇；C- 乙酸乙酯

图 3-40　不同提取溶剂考察

3.1.3.2　不同提取方式

不同提取方法考察见图 3-41，不同提取方法的共有峰峰面积见表 3-11。

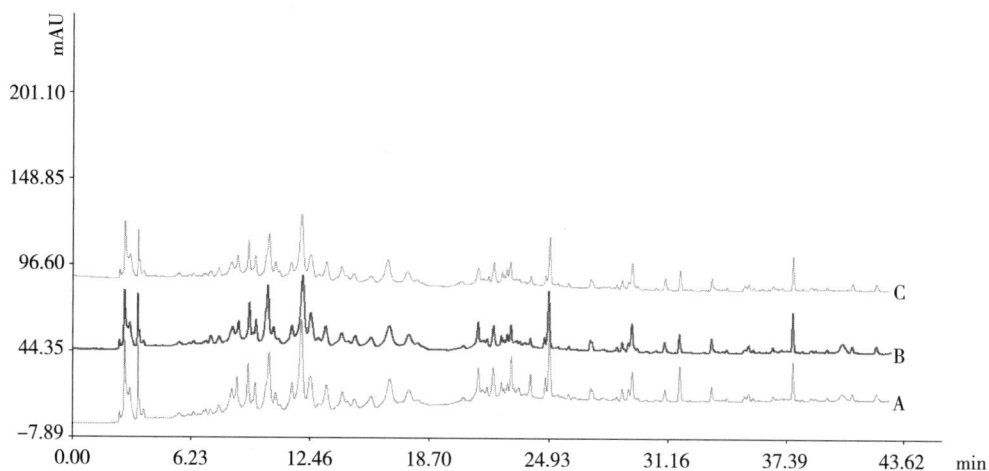

A- 回流提取；B- 超声提取；C- 索式回流提取

图 3-41　不同提取方法考察

表 3-11　不同提取方法的共有峰峰面积　　　　（单位：mAU*S）

No.	RT (min)	A	B	C
1	8.4	193.7	221.6	181.8
2	9.3	213.6	300.6	241.7
3	10.3	465.0	548.5	444.4
4	11.5	184.3	248.7	188.7
5	12.0	684.1	774.3	685.7
6	12.5	287.5	350.6	286.9
7	13.3	344.0	232.7	193.0
8	14.1	150.8	227.9	231.8
9	14.7	68.9	152.3	89.1
10	15.6	120.8	177.3	116.6
11	16.5	321.1	433.0	361.9
12	17.5	154.7	224.9	203.7
13	20.4	23.2	27.3	74.4
14	21.7	24.9	54.5	53.0
15	22.0	150.4	156.0	163.1
16	22.9	74.8	121.1	152.9
17	24.0	64.0	125.3	99.7
18	24.9	340.0	303.9	245.0
19	27.1	50.3	86.7	65.5
20	29.3	101.3	150.2	140.1
21	31.0	48.1	58.3	56.4
22	31.8	111.8	90.3	81.6
23	33.4	73.3	65.2	59.5
24	35.2	17.5	22.1	26.8
25	37.7	151.3	158.8	126.6
26	40.4	117.7	127.6	0.0
27	42.2	48.3	40.7	35.7

3.1.3.3 供试品指纹图谱

通过与标准品对比，色谱图中峰 12 为槲皮素 –3–O–α–L– 阿拉伯糖苷，峰 13 为山奈酚 –3–O–β–D– 葡萄糖苷，峰 14 为山奈酚 –3–O–α–L– 阿拉伯糖苷，峰 15 为山奈酚 –3–O–β–D– 木糖苷，峰 16 为槲皮素 –7–O–α–L– 鼠李糖苷，峰 17 为山奈酚 –3–O–α–L– 鼠李糖苷，峰 18 为万寿菊素，峰 19 为山奈酚，并以峰 18 万寿菊素为参照峰。色谱图如图 3–42、图 3–43 所示。

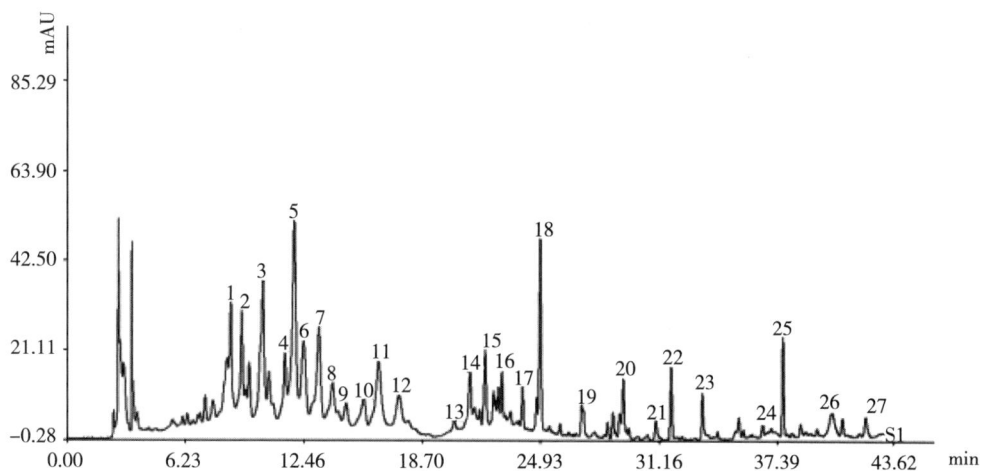

图 3-42　孔雀草茎叶指纹图谱及对照品标注

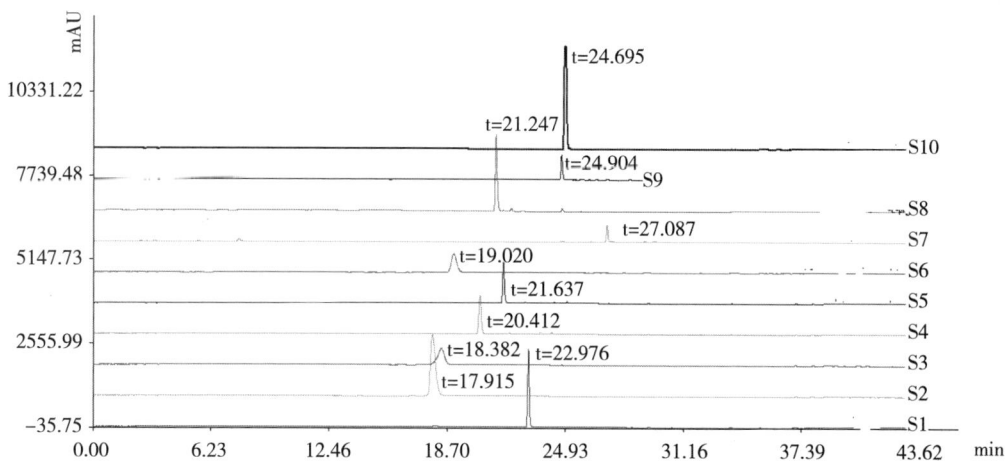

图 3-43　对照品色谱图

S1– 槲皮素 –7–O–α–L– 鼠李糖苷；S2– 槲皮素 –3–O–α–L– 阿拉伯糖苷；S3– 山奈酚 –3–O–β–D– 半乳糖苷；S4– 山奈酚 –3–O–β–D– 葡萄糖苷；S5– 山奈酚 –3–O–β–D– 木糖苷；S6– 万寿菊素 –3–O–α–L– 阿拉伯糖苷；S7– 山奈酚；S8– 山奈酚 –3–O–α–L– 阿拉

伯糖苷；S9- 万寿菊素；S10- 山奈酚 -3-O-α-L- 鼠李糖苷。

3.1.3.4　方法学考察结果

精密度：取同一批孔雀草茎叶供试品溶液，按照 3.1.2.3 色谱条件连续进样 5 次，进行 HPLC 测定，进样体积为 20 μL，采集其色谱图，考察色谱峰的相对保留时间和相对峰面积，结果见表 3-12、表 3-13 和图 3-44。

表 3-12　精密度考察实验中的峰面积比值

No.	RT (min)	S1	S2	S3	S4	S5	RSD (%)
3	10.3	1.283	1.428	1.341	1.15	1.035	11.19
5	12.0	1.943	2.084	2.167	2.069	1.931	4.40
6	12.5	0.905	0.874	0.918	0.872	0.829	3.50
7	13.2	0.992	1.133	1.157	1.208	0.976	8.46
11	16.5	0.98	0.984	0.99	1.063	1.04	3.34
12	17.4	0.426	0.529	0.443	0.394	0.47	10.03
14	21.2	0.479	0.506	0.488	0.574	0.481	7.03
15	22.0	0.495	0.513	0.46	0.533	0.505	4.84
16	22.9	0.202	0.229	0.166	0.264	0.225	14.93
17	24.0	0.174	0.176	0.164	0.153	0.142	7.96
18	24.9	1	1	1	1	1	0.00
19	27.1	0.288	0.155	0.152	0.162	0.245	27.78
22	31.8	0.374	0.369	0.359	0.394	0.365	3.20
25	37.7	0.506	0.526	0.474	0.521	0.574	6.22

表 3-13　精密度考察实验中的相对保留时间

No.	S1	S2	S3	S4	S5	RSD (%)
3	0.412	0.412	0.412	0.409	0.412	0.37
5	0.483	0.478	0.483	0.481	0.478	0.49
6	0.498	0.499	0.502	0.501	0.499	0.32
7	0.53	0.532	0.532	0.53	0.532	0.22
11	0.656	0.659	0.662	0.662	0.659	0.38
12	0.694	0.7	0.698	0.698	0.7	0.35
14	0.854	0.853	0.851	0.85	0.853	0.20

No.	S1	S2	S3	S4	S5	RSD（%）
15	0.885	0.883	0.882	0.882	0.883	0.13
16	0.921	0.919	0.921	0.921	0.919	0.10
17	0.961	0.964	0.961	0.961	0.964	0.17
18	1	1	1	1	1	0.00
19	1.087	1.088	1.086	1.086	1.088	0.09
22	1.275	1.275	1.273	1.273	1.275	0.08
25	1.513	1.514	1.512	1.512	1.514	0.06

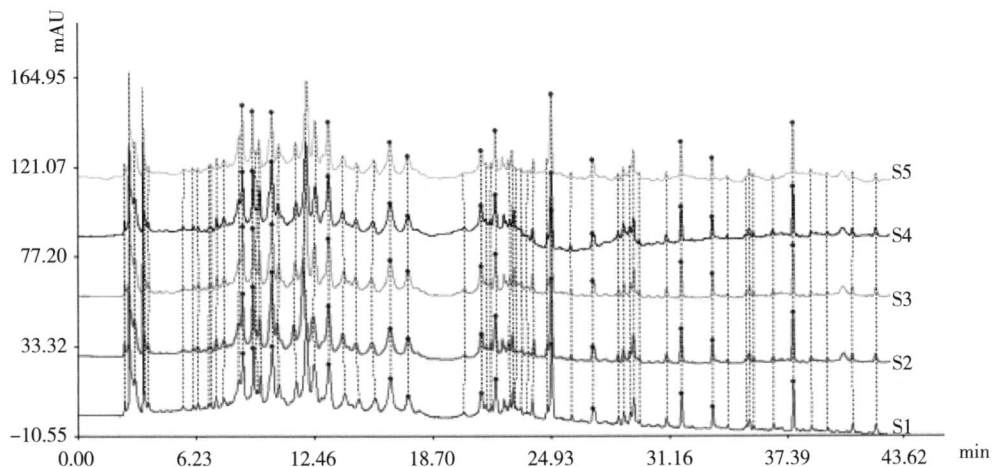

图 3-44 孔雀草茎叶精密度考察实验中的指纹图谱

　　稳定性：取同一批孔雀草茎叶供试品溶液，按照 3.1.2.3 色谱条件，分别在 0 h，2 h，4 h，8 h，12 h 进样 5 次，进行 HPLC 测定，进样体积为 20 μL，采集其色谱图，考察色谱峰的相对保留时间和相对峰面积，结果见表 3-14、表 3-15 和图 3-45。

表 3-14 稳定性考察实验中的峰面积比值

No.	RT (min)	S1	S2	S3	S4	S5	RSD（%）
3	10.3	1.24	1.365	1.288	1.162	1.305	5.99
5	12.1	1.84	1.991	2.021	2.089	2.048	4.77
6	12.5	0.764	0.903	0.837	0.836	0.83	5.88
7	13.3	0.971	0.991	0.914	1.044	1.047	5.58

No.	RT (min)	S1	S2	S3	S4	S5	RSD (%)
11	16.6	0.871	0.972	0.877	0.981	0.988	6.25
12	17.6	0.408	0.531	0.36	0.347	0.377	18.31
14	21.3	0.413	0.515	0.42	0.42	0.477	10.04
15	22.0	0.4	0.455	0.415	0.437	0.434	4.98
16	22.9	0.217	0.226	0.202	0.178	0.188	9.67
17	24.0	0.183	0.186	0.204	0.189	0.182	4.83
18	24.9	1	1	1	1	1	0.00
19	27.1	0.143	0.148	0.148	0.142	0.145	2.00
22	31.8	0.321	0.469	0.327	0.345	0.335	17.28
25	37.7	0.44	0.446	0.439	0.444	0.454	1.35

表 3-15　稳定性考察实验中的相对保留时间　　　　（单位：min）

No.	S1	S2	S3	S4	S5	RSD (%)
3	0.415	0.412	0.412	0.41	0.41	0.45
5	0.485	0.485	0.484	0.479	0.484	0.46
6	0.502	0.501	0.503	0.499	0.5	0.24
7	0.533	0.533	0.536	0.532	0.53	0.39
11	0.667	0.668	0.671	0.662	0.662	0.52
12	0.705	0.704	0.708	0.697	0.702	0.53
14	0.854	0.855	0.853	0.851	0.852	0.16
15	0.885	0.883	0.885	0.882	0.883	0.13
16	0.919	0.92	0.919	0.92	0.921	0.09
17	0.961	0.961	0.963	0.961	0.962	0.09
18	1	1	1	1	1	0.00
19	1.086	1.086	1.086	1.086	1.087	0.02
22	1.273	1.273	1.275	1.274	1.275	0.06
25	1.512	1.512	1.513	1.512	1.514	0.05

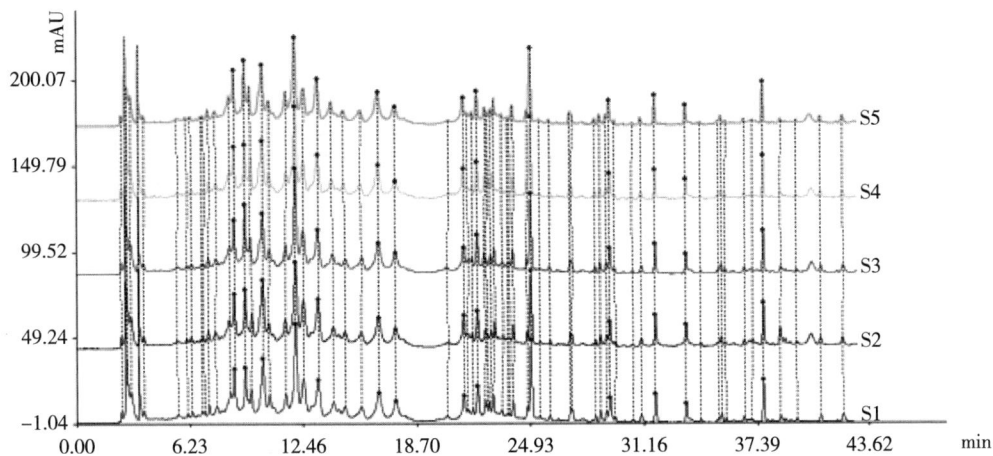

图 3-45 孔雀草茎叶稳定性考察实验中的指纹图谱

重复性实验：取同一批孔雀草茎叶共 6 份，按照 3.1.2.3 色谱条件，进行 HPLC 测定，进样体积为 20 μL，采集其色谱图，考察色谱峰的相对保留时间和相对峰面积，结果见表 3-16、表 3-17 和图 3-46。

表 3-16 重复性实验的相对峰面积

No.	RT (min)	S1	S2	S3	S4	S5	S6	RSD (%)
3	10.3	1.136	1.342	1.378	1.368	1.392	1.392	6.77
5	12.0	2.001	1.96	1.929	2.012	2.109	2.109	3.40
6	12.5	0.817	0.844	0.835	0.846	0.855	0.855	1.57
7	13.3	1.012	0.837	1.067	1.012	0.774	0.774	13.22
11	16.5	0.902	0.953	1.016	0.945	0.976	0.976	3.65
12	17.5	0.359	0.425	0.353	0.455	0.371	0.371	9.69
14	21.3	0.471	0.41	0.514	0.444	0.291	0.291	21.13
15	22.0	0.415	0.413	0.474	0.442	0.445	0.445	4.70
16	22.9	0.216	0.221	0.247	0.22	0.243	0.243	5.59
17	24.0	0.173	0.227	0.203	0.188	0.204	0.204	8.24
18	24.9	1	1	1	1	1	1	0.00
19	27.1	0.141	0.144	0.153	0.148	0.144	0.144	2.61
22	31.8	0.316	0.367	0.339	0.329	0.345	0.345	4.60
25	37.7	0.419	0.428	0.472	0.445	0.434	0.434	3.81

表 3-17　重复性的相对保留时间　　　　　　　　（单位：min）

No.	S1	S2	S3	S4	S5	S6	RSD（%）
3	0.412	0.413	0.413	0.414	0.413	0.413	0.179
5	0.483	0.483	0.481	0.480	0.481	0.483	0.246
6	0.501	0.503	0.502	0.500	0.499	0.502	0.258
7	0.534	0.535	0.530	0.533	0.532	0.530	0.364
11	0.668	0.668	0.660	0.659	0.663	0.661	0.586
12	0.703	0.705	0.700	0.701	0.698	0.702	0.350
14	0.852	0.855	0.852	0.852	0.853	0.851	0.164
15	0.883	0.884	0.882	0.884	0.884	0.883	0.098
16	0.921	0.919	0.920	0.919	0.919	0.921	0.083
17	0.960	0.963	0.961	0.963	0.964	0.961	0.151
18	1.000	1.000	1.000	1.000	1.000	1.000	0.000
19	1.086	1.086	1.087	1.087	1.087	1.087	0.024
22	1.273	1.274	1.274	1.275	1.275	1.274	0.058
25	1.512	1.513	1.513	1.514	1.514	1.513	0.052

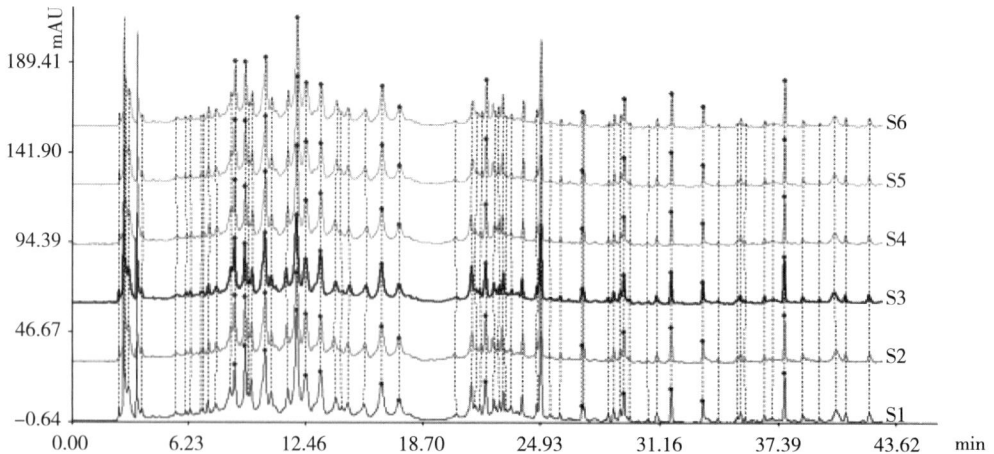

图 3-46　孔雀草茎叶重复性指纹图谱

3.1.3.5　10 批药材指纹图谱

孔雀草茎叶 10 批样品指纹图谱如图 3-47，孔雀草茎叶 10 批样品指纹图谱 – 对照图如图 3-48。

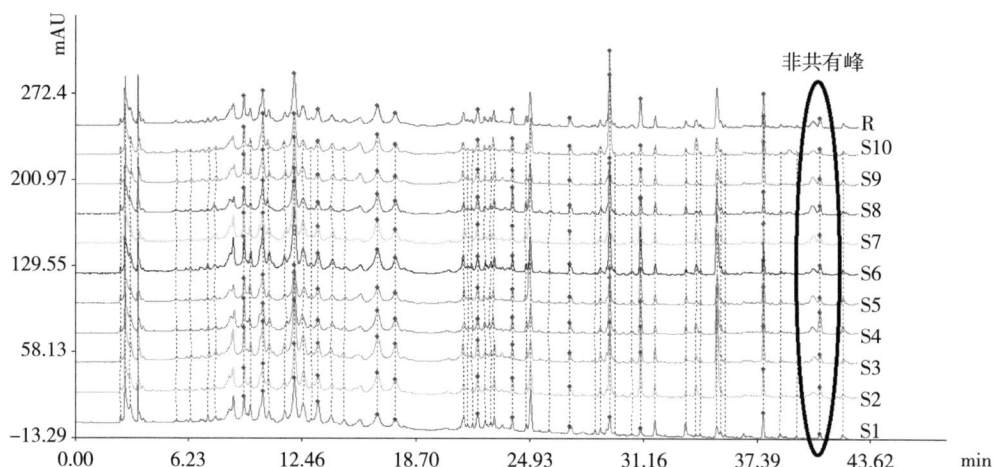

R- 对照指纹图谱

图 3-47　十批样品孔雀草茎叶指纹图谱

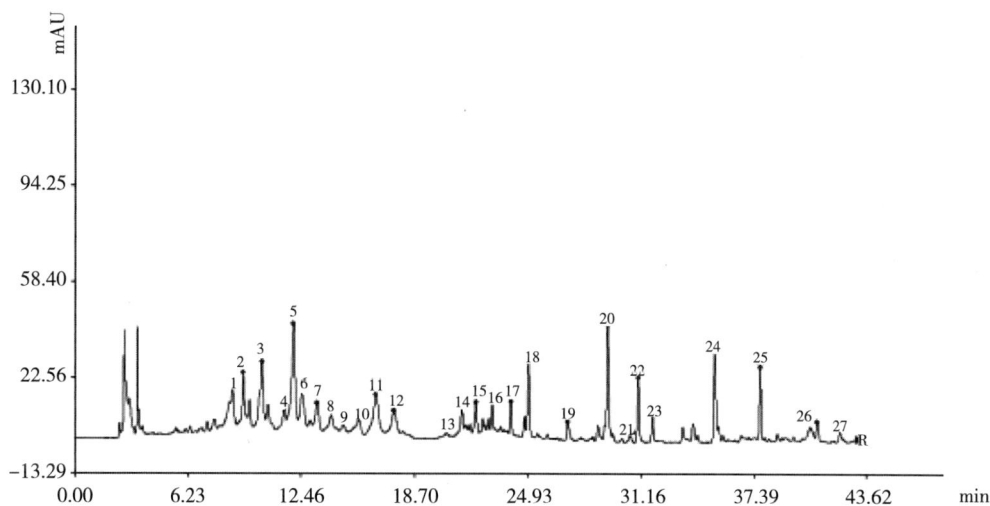

12：槲皮素 -3-O-α-L- 阿拉伯糖苷；13：山柰酚 -3-O-β-D- 葡萄糖苷；14：山柰酚 -3-O-α-L- 阿拉伯糖苷；15：山柰酚 -3-O-β-D- 木糖苷；16：槲皮素 -7-O-α-L- 鼠李糖苷；17：山柰酚 -3-O-α-L- 鼠李糖苷；18：万寿菊；19：山柰酚

图 3-48　十批孔雀草茎叶样品指纹图谱—对照图谱

3.1.3.6　10 批孔雀草茎叶药材峰面积比及相对保留时间的指纹图谱测定结果

10 批样品色谱峰面积如表 3-18，10 批样品相对峰面积如表 3-19，10 批样品相对保留时间如表 3-20，10 批样品相似度分析结果如表 3-21。

表 3-18 10 批样品色谱峰面积

No.	RT (min)	S1	S2	S3	S4	S5	S6	S7	S8	S9	S10
1	8.5	107.9	145.5	0	135.8	119.3	132.4	132.1	126.1	0	109.8
2	9.3	152.2	156.7	186.3	165.4	125.6	225.8	158.9	155.8	159.3	176.5
3	10.3	344.7	286.5	405.1	225.3	253.2	438.6	232.2	295	342.8	344.2
4	11.5	118.5	91.4	131.2	79.2	78.7	108.9	88	40.3	82.2	108.1
5	12.1	528.3	561.2	694.4	630.3	455	757.4	662.9	525.8	406.2	476.8
6	12.5	215.3	196.3	281.4	170.6	178.8	240.5	222.2	164.2	169.5	123.8
7	13.4	224.9	152.7	152.4	104.4	139.8	167.1	144.6	87.8	68.8	112.1
8	14.1	78	56.1	128.3	76.9	84.5	145.9	84.9	68.4	100	110.8
9	14.8	51.4	32.4	45.2	29.1	32.6	36	27	19.4	34.5	39.3
10	15.7	103.7	109.1	85.5	86.4	124.6	85.6	0	125.4	128.2	173.1
11	16.6	229.7	368	401.6	354.2	228.9	408.2	373.6	310.9	200.9	269.4
12	17.6	103.9	245.3	192.1	167.4	112.1	208.5	183.5	150.1	72.5	101.8
13	20.5	13.5	19.8	27	20	14.7	34.2	19.8	18.3	0	10.8
14	21.3	118.4	67.8	133	81.1	88	132.7	97	74.7	89.3	101.5
15	22.1	98.6	101.8	129	76.1	85.8	89.3	102.2	104.5	87.3	73.8
16	23.0	60.6	81.9	66.4	76.1	54.1	74.2	55.7	53.4	53.1	66
17	24.0	58.3	80.4	72.2	73.4	64.7	81.9	82.8	113.3	57.8	68.1
18	24.9	279	219.9	139.5	186.4	323.9	232.5	148.1	310.6	115.5	231.1
19	27.1	40.1	71.3	60.9	68.8	34.3	78.1	76	74	41.3	65.4
20	29.3	108.1	404.9	269.8	398.3	221.1	457.1	452.6	379.7	187.8	692.1
21	31.0	56	286.8	233.4	201	225.8	286.9	306.8	114.8	107.1	70
22	31.8	88.6	67.8	83.3	48	54.6	58.7	66	63.8	56.5	57.2
23	33.4	100.4	24.6	32.3	40.2	49.3	21	21.6	42.8	33.6	68.7
24	35.2	80.6	576	410.4	357.5	233.5	473.7	449.5	114.8	127.3	129
25	37.7	130.6	138.3	184.2	232	225.3	152.9	104	112.6	210	193.9
26	40.5	0	99.6	85.2	117.3	156	85.9	133	154.7	111.9	72.6
27	42.1	41.5	44.1	47.2	78.1	58.8	21.2	20.5	27	44.8	43.2

表 3-19　10 批样品相对峰面积 RSD

No.	RT	S1	S2	S3	S4	S5	S6	S7	S8	S9	S10	RSD (%)
4	11.5	0.43	0.42	0.94	0.43	0.24	0.47	0.59	0.13	0.71	0.47	47.32
7	13.4	0.81	0.69	1.09	0.56	0.43	0.72	0.98	0.28	0.6	0.49	37.28
11	16.6	0.82	1.67	2.88	1.9	0.71	1.76	2.52	1	1.74	1.17	44.08
12	17.6	0.37	1.12	1.38	0.9	0.35	0.9	1.24	0.48	0.63	0.44	48.52
万寿菊素	24.9	1	1	1	1	1	1	1	1	1	1	0
20	29.3	0.39	1.84	1.93	2.14	0.68	1.97	3.06	1.22	1.63	3	48.6
22	31.0	0.2	1.3	1.67	1.08	0.7	1.23	2.07	0.37	0.93	0.3	62.08
24	35.2	0.29	2.62	2.94	1.92	0.72	2.04	3.04	0.37	1.1	0.56	69.32
25	37.7	0.47	0.63	1.32	1.24	0.7	0.66	0.7	0.36	1.82	0.84	51.55

表 3-20　10 批样品相对保留时间 RSD

No.	S1	S2	S3	S4	S5	S6	S7	S8	S9	S10	RSD(%)
4	0.52	0.49	0.48	0.48	0.49	0.48	0.48	0.48	0.49	0.48	2.24
7	0.54	0.54	0.54	0.53	0.53	0.54	0.54	0.54	0.53	0.54	0.26
11	0.66	0.67	0.67	0.66	0.67	0.66	0.67	0.67	0.67	0.67	0.26
12	0.70	0.71	0.70	0.70	0.70	0.71	0.71	0.71	0.71	0.70	0.32
万寿菊素	1.00	1.00	1.00	1.00	1.00	1.00	1.00	1.00	1.00	1.00	0.00
20	1.17	1.18	1.17	1.17	1.18	1.17	1.18	1.17	1.17	1.17	0.06
22	1.24	1.22	1.24	1.24	1.24	1.24	1.24	1.24	1.24	1.24	0.59
24	1.41	1.41	1.41	1.41	1.41	1.41	1.41	1.41	1.41	1.41	0.06
25	1.51	1.51	1.51	1.51	1.51	1.51	1.51	1.51	1.51	1.51	0.06

表 3-21　10 批样品相似度分析结果

	S1	S2	S3	S4	S5	S6	S7	S8	S9	S10	对照指纹图谱
S1	1	0.825	0.887	0.876	0.894	0.868	0.849	0.884	0.921	0.785	0.915
S2	0.825	1	0.952	0.954	0.907	0.944	0.963	0.882	0.879	0.845	0.964

	S1	S2	S3	S4	S5	S6	S7	S8	S9	S10	对照指纹图谱
S3	0.887	0.952	1	0.933	0.892	0.927	0.933	0.874	0.952	0.825	0.963
S4	0.876	0.954	0.933	1	0.926	0.949	0.976	0.922	0.911	0.872	0.979
S5	0.894	0.907	0.892	0.926	1	0.943	0.898	0.946	0.906	0.858	0.958
S6	0.868	0.944	0.927	0.949	0.943	1	0.952	0.939	0.897	0.884	0.977
S7	0.849	0.963	0.933	0.976	0.898	0.952	1	0.897	0.878	0.841	0.967
S8	0.884	0.882	0.874	0.922	0.946	0.939	0.897	1	0.895	0.928	0.958
S9	0.921	0.879	0.952	0.911	0.906	0.897	0.878	0.895	1	0.855	0.949
S10	0.785	0.845	0.825	0.872	0.858	0.884	0.841	0.928	0.855	1	0.91
对照指纹图谱	0.915	0.964	0.963	0.979	0.958	0.977	0.967	0.958	0.949	0.91	1

3.1.4　小结

通过考察乙酸乙酯、水饱和正丁醇、甲醇 3 种溶剂对孔雀草茎叶的提取效果，结果表明乙酸乙酯提取成分较少，水饱和正丁醇提取成分含量较低，故选择甲醇作提取溶剂。同时通过对比超声波提取法、回流提取法和连续回流提取法，结果表明超声波提取法效果最好，因此选用超声波提取法制备供试品溶液。

成功建立了孔雀草茎叶指纹图谱，通过对辽宁大连五舟神草健康科技有限公司提供的杂色、黄色、橘黄色孔雀草茎叶中化学成分进行比较分析，识别 22 个共有峰，利用标准品确定了其中的 8 个色谱峰。10 批样品的 HPLC 指纹图谱基本一致，各个色谱峰的相对峰含量有差异。只有杂色样品中的 S1 缺少 26 号共有峰。选取其中 9 个分离度较大、峰面积较大的峰，求得相对峰面积及相对保留时间的 RSD，结果显示峰 22、24 相对峰面积差异较大，峰 7 相对峰面积差异较小。

通过对 10 批样品指纹图谱中万寿菊素色谱峰面值对比，发现黄色样品中万寿菊素峰面积最大，橘黄色样品次之，杂色样品峰面积最小。由此，推断黄色花的孔雀草茎叶万寿菊素的含量较其他花色高。

10 批孔雀草之间相似度较高，与对照指纹图谱的相似度分别为 0.915、0.964、0.963、0.979、0.958、0.977、0.967、0. 958、0.949、0.910，证明不同花色孔雀草茎叶化学成分、含量较为相似。

3.2　孔雀草茎叶中万寿菊素含量测定

根据本课题组活性筛选结果及查阅文献发现，以万寿菊素为代表的黄酮类成分具有非常好的抗氧化、治疗心血管疾病和抑制肿瘤细胞增殖活性，可以作为孔雀草茎叶质量评价的指标性成分。故采用高效液相色谱法建立孔雀草茎叶中万寿菊素的含量测定方法，并对十批药材中水分含量进行测定，为孔雀草质量控制和日后合理利用孔雀草资源奠定基础。

3.2.1　孔雀草茎叶中水分含量测定

3.2.1.1　仪器及试药

万分之一分析天平（Acculab 型，Sartorius group，德国）；电热鼓风干燥箱（202-1 型，上海阳光实验仪器有限公司）；高速万能粉碎机（武义县屹立工具有限公司）；称量瓶。

孔雀草茎叶样品信息见表 3-22。

表 3-22　孔雀草茎叶样品信息表

No.	性状描述	批号
S1		20170801
S2	花朵为杂色红黄相间，茎绿色中略带紫色，S1 ~ S3 茎高分别为 22 cm、20 cm、20.5 cm	20170802
S3		20170803
S4		20170804
S5	花朵为黄色，茎绿色中略带紫色，S4 ~ S7 茎高分别为 22 cm、23 cm、20 cm、19 cm	20170805
S6		20170806
S7		20170807
S8		20170808
S9	花朵为橘色，茎绿色中略带紫色，S8 ~ S10 茎高分别为 24 cm、20 cm、21.5 cm	20170809
S10		20170810

3.2.1.2　测定方法

根据 2015 版《中国药典》附录Ⅸ H 第一法测定，测定方法如下：孔雀草茎叶粉碎，过 60 目筛，混合均匀后，取供试品粉末 2 g，平铺于干燥至恒重的扁形称量瓶中，厚度不超过 5 mm，疏松供试品不超过 10 mm，精密称定，打开瓶盖在 105 ℃干燥 5 h，将瓶盖盖好，移置干燥器中，冷却 30 min，精密称定，再在上述温度干燥 1 h，冷却，称重，至连续两次冷却称重的差异不超过 5 mg 为止。根据减失的重量，计算供试品中含水量（%）。

含水量 =（M2-M4/M2-M1）×100%，其中 M1 为称量瓶的重量；M2 为干燥前样品与扁形称量瓶的重量之和；M3 为前一次干燥后样品与扁形称量瓶的重量之和；M4 为最终干燥后样品与扁形称量瓶的重量之和；M2-M1 为样品重量；M2-M4 为样品中含有水的重量。

3.2.1.3　实验结果

测得 10 批样品中，含水量在 7.59% ~ 10.82% 不等，因此建议孔雀草茎叶作为原材料加以开发利用时，建议水分含量不超过 11.0%（表 3–23）。

表 3-23　不同批次孔雀草茎叶中水分测定

No.	M1 (g)	M2 (g)	M3 (g)	M4 (g)	含水量 (%)	平均含水量 (%)	RSD (%)
S1	14.5001	16.5588	16.4062	16.4031	7.56	7.59	0.55
	16.5523	18.5570	18.4071	18.4042	7.62		
S2	14.9247	16.9821	16.7688	16.7684	10.39	10.44	0.71
	20.5541	22.6549	22.4349	22.4345	10.49		
S3	19.2221	21.2457	21.0453	21.043	10.02	10.11	1.33
	16.7001	18.687	18.4864	18.4842	10.21		
S4	17.1410	19.1952	19.0044	18.9995	9.53	9.66	1.89
	20.0955	22.1405	21.9451	21.9404	9.78		
S5	16.2145	18.2287	18.0286	18.0239	10.17	10.13	0.60
	19.5563	21.5628	21.3654	21.3605	10.08		
S6	14.8368	16.8869	16.6924	16.6912	9.55	9.49	0.91
	16.68	18.5995	18.4188	18.4186	9.42		
S7	20.1206	22.1456	21.946	21.9413	10.09	10.11	0.31
	18.2254	20.2456	20.045	20.0409	10.13		
S8	19.9150	21.9647	21.7425	21.7421	10.86	10.82	0.59
	20.1156	22.1638	21.9438	21.9432	10.77		
S9	18.5749	20.6105	20.4212	20.4149	9.61	9.64	0.38
	20.1162	22.2153	22.0163	22.0125	9.66		
S10	18.4176	20.4681	20.2737	20.2697	9.68	9.67	0.14
	16.2285	18.2479	18.0576	18.0529	9.66		

3.2.2　孔雀草茎叶中万寿菊素含量测定

孔雀草茎叶指纹图谱研究结果表明，3 种颜色孔雀草共有的特征性成分且含量占比较大的化学成分是万寿菊素。因此，为了进一步对孔雀草质量标准研究奠定基础，拟对不同花色孔雀草茎叶甲醇提取液中万寿菊素含量进行测定，通过 HPLC 高效液相色谱仪测定分析，比较不同花色的孔雀草茎叶中万寿菊素含量差异，以期为孔雀草茎叶资源的质量控制和进一步开发应用提供依据。

3.2.2.1　仪器和试药

Agilent1260 高效液相色谱仪（真空脱气机、紫外检测器、四元泵、柱温箱、Rev. b.04.03 化学工作站，美国安捷伦科技有限公司）；万分之一分析天平（Acculab 型，Sartorius group，德国）；十万分之一分析天平（CP225D 型，Sartorius group，德国）；CQ-250 超声波清洗器（上海超声仪器厂）；高速万能粉碎机（武义县屹立工具有限公司）；恒温水浴锅（HH-S 型，巩义市予华仪器有限公司）。

万寿菊素对照品为实验室自制，纯度达到 98% 以上；色谱纯乙腈（Duksan，韩国德山）；色谱纯甲醇（Oceanpak alexative chemical，瑞典）；水为纯净水。孔雀草茎叶药典未见收载，收集孔雀草茎叶样品共 10 份（S1 ~ S10，批号 20170801 ~ 20170810），由大连五舟神草健康科技有限公司提供）。

3.2.2.2　实验方法与结果

（1）对照品溶液的制备。

取经干燥至恒重的万寿菊素对照品 4.85 mg，精密称定，置 10 mL 棕色量瓶中，甲醇溶解定容，摇匀，作为母液。精密吸取母液 1 mL，置另一个 10 mL 棕色量瓶中，以甲醇定容，摇匀，制成每 1 mL 含 0.0485 mg 的溶液，即得对照品溶液。

（2）测定波长的选择。

取浓度为 0.485 mg/mL 的万寿菊素对照品溶液 1 mL，加甲醇稀释定容在 100 mL 容量瓶中，以甲醇为空白，在 UV-3010 型紫外可见分光光度计下扫描，溶液在 371 nm 处有最大吸收，故选择 371 nm 为测定波长。万寿菊素紫外吸收光谱见图 3-49。

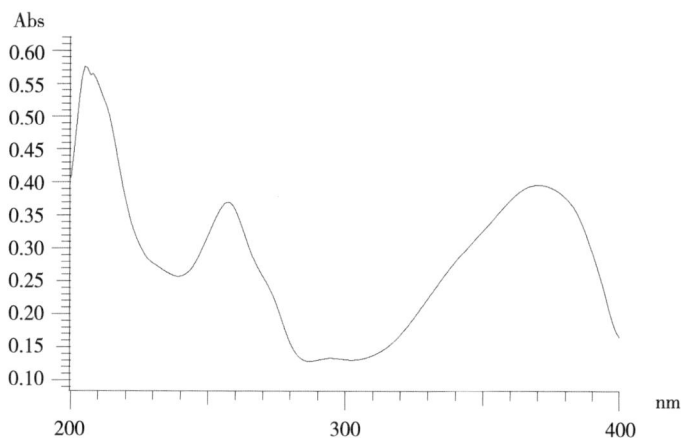

图 3-49　万寿菊素紫外可见光吸收图

（3）供试品溶液的制备。

取孔雀草粉末（60 目筛）约 1 g，精密称定，置索氏提取器中，加三氯甲烷加热回流 3 h 至无颜色，弃去三氯甲烷液，药渣挥干溶剂，连同滤纸筒移入 150 mL 圆底烧瓶中，加甲醇 50 mL，放置 15 min，回流提取，保持微沸 1 h，滤过，放入蒸发皿中蒸至近干，残渣加甲醇溶解并转移至 5 mL 容量瓶中，加甲醇稀释至刻度，摇匀，滤过，取续滤液，即得。

（4）标准品纯度检测。

①标准品薄层色谱纯度检识。

对照品纯度检测：5 cm×20 cm 硅胶 H 薄层色谱，以 0.5% 羧甲基纤维素钠溶液作为黏合剂铺板。

色谱条件 1：取上述对照品溶液，于硅胶板上，分别点样 5 μL、10 μL、15 μL。以甲苯:乙酸乙酯:甲酸 = 5:4:1 展开，喷以 2%AlCl₃ 显色剂，紫外 365 nm 及白炽灯下观察结果，Rf=0.65，且呈单一斑点。

色谱条件 2：取同一规格薄层硅胶色谱板，分别点样 5μL、10μL、15μL，以氯仿:甲醇:甲酸（8:1:0.1）展开，喷以 2%AlCl₃ 显色剂，紫外及白炽灯下观察结果，Rf=0.37，且呈单一斑点。

色谱条件 3：取同一规格薄层硅胶色谱板，分别点样 5μL、10μL、15μL，以甲醇:乙酸:水（90:5:5）展开，喷以 2%AlCl₃ 显色剂，于紫外及白炽灯下观察，Rf=0.53，且呈单一斑点。

以上 3 种不同展开剂展开条件下，万寿菊素展开均呈现单一斑点，且展距适中，表明所制备的万寿菊素样品纯度较高。

②标准品高效液相色谱法纯度检识。

分别吸取对照品储备液（0.0485 mg/mL）及空白溶剂（甲醇）各 10 μL，以甲醇 – 磷酸水（38.5:61.5）作为流动相，371 nm 作为检测波长，1 mL/min 流速，40 ℃柱温条件下，检测时间 30 min，注入高效液相色谱仪，记录万寿菊素色谱峰面积，色谱图见图 3–50。面积归一化后，万寿菊素面积百分比为 99.426%，因此万寿菊素纯度较高，大于 99%，可以作为孔雀草质量标准研究中标准品使用。

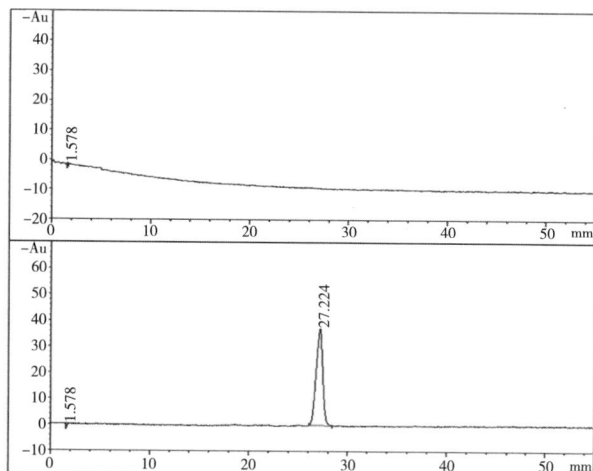

图 3-50 万寿菊素纯度检查色谱图

（5）色谱条件。

①色谱条件考察。

色谱柱：Chairl 柱（4.6 mm × 150 mm，5 μm）；检测波长为 371 nm；流速：1.0 mL/min；柱温：40 ℃，进样量 10 μL。

取孔雀草茎叶，S1 样品粉末（过 60 目药筛）约 1 g，精密称定。置索氏提取器回流加热提取，加三氯甲烷溶液 100 mL，回流至无颜色，弃去三氯甲烷溶液，药渣连同滤纸筒挥干溶剂，分别放置在 150 mL 具塞圆底烧瓶和锥形瓶中，精密加入 50 mL 甲醇，静置 15 min，一份回流提取，保持微沸 1 h。摇匀，滤过，放入蒸发皿中蒸至近干，甲醇溶解残渣并定容至 5 mL 容量瓶，摇匀，经 0.45 μm 滤膜滤过，取续滤液，按如下色谱条件，进供试品 10 μL，注入高效液相色谱仪，记录万寿菊素分离度、拖尾因子、对称因子。

由表 3-24 可知，流动相中加入 1‰磷酸后，万寿菊素的分离度有所改善，在 38.5% 甲醇 – 磷酸水条件下，万寿菊素色谱峰保留时间为 27.13 min，分离度为 2.15，拖尾因子、对称因子均在 0.95 ~ 1.05，表明该条件下，万寿菊素可以很好得到分离，保留时间较为适中，且峰形对称。因此最终确定 38.5% 甲醇 – 磷酸水作为万寿菊素含量测定的流动相。

表 3-24　色谱条件比较

流动相比例	峰分离度	拖尾因子	对称因子
45.5% 甲醇水	2.34	1.39	0.72
45.5% 甲醇磷酸水	0.68	1.15	1.05
44% 甲醇磷酸水	0.92	1.19	0.92
42.5% 甲醇磷酸水	1.28	0.91	1.31

流动相比例	峰分离度	拖尾因子	对称因子
40.5% 甲醇磷酸水	1.40	1.01	0.88
38.6% 甲醇磷酸水	1.70	0.96	1.10
38.5% 甲醇磷酸水	2.15	1.00	0.97
38.0% 甲醇磷酸水	1.93	0.90	1.13

根据分离度，拖尾因子，对称因子三者综合考量，选择 38.5% 甲醇 – 磷酸水作为色谱条件。

②色谱条件确定。

色谱柱：Chairl 柱（4.6 mm×150 mm，5 μm）；流动相：甲醇 – 磷酸水溶液（38.5:61.5）；检测波长为 371 nm；检测时间：30 min；流速：1.0 mL/min；柱温：40 ℃，进样量 10 μL。在选定色谱条件下万寿菊素与相邻组分分离良好，如图 3–51 所示。

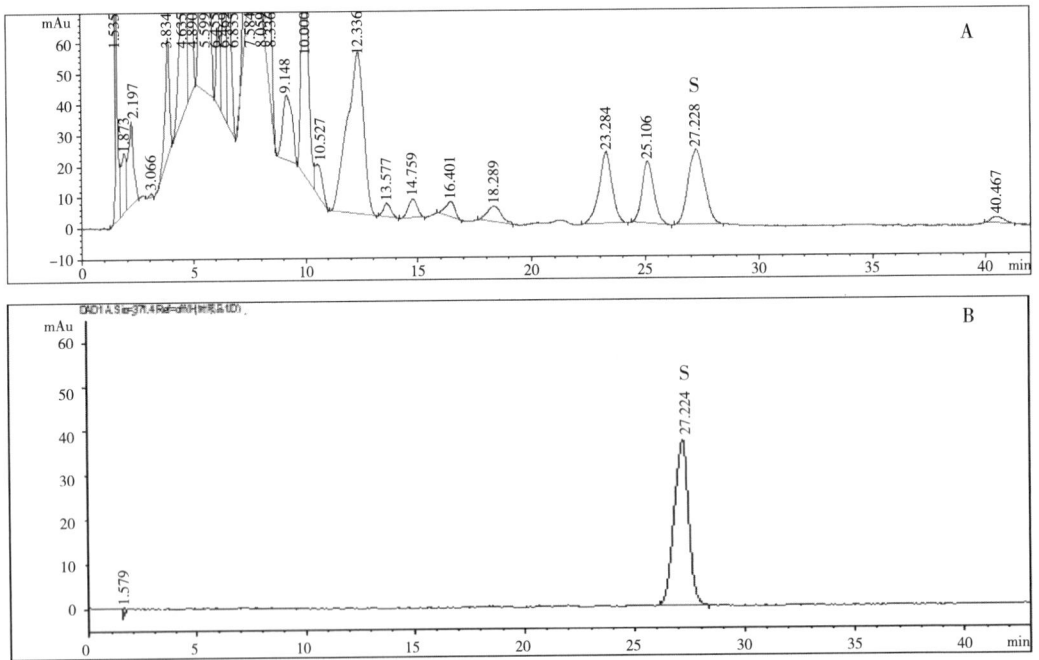

A：供试品；B：对照品

图 3-51　对照品及样品的 HPLC 色谱图

（6）脱脂条件考察。

供试品 1：取本品粉末（60 目筛）1 g，精密称定，连同滤纸筒移入 150 mL 圆底烧瓶中，精密加甲醇 50 mL，密塞，放置 15 min，回流提取，保持微沸 1 h，滤过，放入蒸发皿中蒸至近干，残渣加甲醇溶解并分别转移至 5 mL 容量瓶中，加甲醇稀释至刻度，摇匀，滤过，取续滤液，即得。

供试品 2：取本品粉末（60 目筛）1 g，精密称定，置索氏提取器中，加 100 mL 石油醚加热回流 3 h 至无颜色，弃去石油醚液，药渣挥干溶剂，连同滤纸筒移入 150 mL 圆底烧瓶中，精密加甲醇 50 mL，密塞，放置 15 min，回流提取，保持微沸 1 h，滤过，放入蒸发皿蒸至近干，残渣加甲醇溶解并分别转移至 5 mL 容量瓶中，加甲醇稀释至刻度，摇匀，滤过，取续滤液，即得。

供试品 3：取本品粉末（60 目筛）1 g，精密称定，置索氏提取器中，加 100 mL 三氯甲烷加热回流至无颜色，弃去三氯甲烷液，药渣挥干溶剂，连同滤纸筒移入 150 mL 圆底烧瓶中，精密加甲醇 50 mL，密塞，放置 15 min，回流提取，保持微沸 1 h，滤过，放入蒸发皿中蒸至近干，残渣加甲醇溶解并分别转移至 5 mL 容量瓶中，加甲醇稀释至刻度，摇匀，滤过，取续滤液，即得。

供试品 4：将三氯甲烷溶液蒸干，残渣加甲醇溶解并分别转移至 5 mL 容量瓶中，加甲醇稀释至刻度，摇匀，滤过，取续滤液，即得。

供试品 5：将石油醚溶液蒸干，残渣加甲醇溶解并分别转移至 5 mL 容量瓶中，加甲醇稀释至刻度，摇匀，滤过，取续滤液，即得。

将上述样品，注入高效液相色谱仪，记录峰面积。结果如表 3-25 所示。

表 3-25　脱脂条件考察

脱脂溶剂	样品量（g）	万寿菊素峰面积（mAU*S）	提取量（万寿菊素/药材量）(mg/g)
—	1.0525	609.5	0.0828
石油醚	1.0564	759.4	0.1027
三氯甲烷	1.0552	1162.5	0.1574

脱脂条件考察所得万寿菊素的峰面积分别为：未脱脂提取峰面积为 609.5（mAU*S）；石油醚脱脂提取峰面积为 759.4（mAU*S），三氯甲烷脱脂提取峰面积为 1162.5（mAU*S）。脱脂后石油醚及三氯甲烷溶液中均不含万寿菊素。三氯甲烷脱脂万寿菊素提取量最大且用三氯甲烷脱脂提取所得样液颜色更淡。综上所得，三氯甲烷脱脂后，提取效果最佳，因此确定样品在提取前，先用三氯甲烷去除脂溶性杂质以提高万寿菊素的提取率。

（7）供试品制备方法考察。

①提取方式考察。

取孔雀草茎叶，S1 样品粉末（过 60 目筛）约 1 g，共 2 份，精密称定，装入滤纸包中，置索氏提取器中，加三氯甲烷溶液 100 mL，回流至索氏提取器中溶液无颜色，弃去三氯甲烷溶液，药渣连同滤纸筒挥干溶剂，分别放置在 150 mL 具塞圆底烧瓶和锥形瓶中，精密加入 50 mL 甲醇，静置 15 min，一份回流提取，保持微沸 1 h。另一份超声提取，频率 70 Hz，超声 30 min，放冷，再称定重量，用甲醇补足减失的重量，摇匀，滤过，放入蒸发皿中蒸至近干，甲醇溶解残渣并定容至 5 mL 容量瓶，摇匀，经 0.45 μm 滤膜滤过，取续滤液，按选定项下色谱条件，分别取供试品溶液各 10 μL，注入高效液相色谱仪，记录万寿菊素色谱峰面积，计算提取量，测定结果见表 3-26。

表 3-26　不同提取方法考察

提取方式	样品量（g）	万寿菊素峰面积（mAU*S）	提取量（万寿菊素／药材量）(mg/g)
超声提取	1.0556	832.8	0.1322
回流提取	1.0525	1160	0.1847

结果表明甲醇回流提取较甲醇超声提取万寿菊素含量高，故选择回流提取法作为提取方式。

②提取溶剂考察。

取孔雀草茎叶，S1 样品粉末（60 目筛）约 1 g 共 3 份，精密称定。装入滤纸包中，置索氏提取器中，加三氯甲烷 100 mL，回流至索氏提取器中溶剂无颜色，弃去三氯甲烷溶液，药渣连同滤纸筒挥干溶剂，将这 3 份样品分别放入 150 mL 具塞圆底烧瓶，分别加 50% 甲醇 50 mL、70% 甲醇 50 mL、甲醇 50 mL，浸泡 15 min，回流提取，微沸 1 h。滤过，放入蒸发皿中蒸至近干，不同溶剂溶解残渣并定容至 5 mL 容量瓶，摇匀，经 0.45 μm 滤膜滤过，取续滤液，按选定项下色谱条件，分别取供试品溶液各 10 μL，注入高效液相色谱仪，记录万寿菊素色谱峰面积，计算提取量，测定结果见表 3-27。

表 3-27　不同提取溶剂考察

提取溶剂	样品量（g）	万寿菊素峰面积（mAU*S）	提取量（万寿菊素／药材量）(mg/g)
甲醇	1.0525	1160	0.1847
70% 甲醇	1.0564	1059.3	0.1680
50% 甲醇	1.0552	216.5	0.0344

结果表明甲醇回流提取所得万寿菊素提取量高，故选择甲醇为提取溶剂。

③提取时间考察。

取孔雀草茎叶，S1 样品粉末（60 目筛）约 1 g 共 3 份，精密称定。置索氏提取器回流加热提取，加三氯甲烷 100 mL，回流至无颜色，弃去三氯甲烷溶液，药渣连同滤纸筒挥干溶剂，将这 3 份样品分别放入 150 mL 具塞圆底烧瓶，分别加甲醇 50 mL，浸泡 15 min，回流提取，分别保持微沸 1 h、2 h、3 h。滤过，分别用各自提取溶剂洗 2~3 次，放入蒸发皿中蒸至近干，不同溶剂溶解残渣并定容至 5 mL 容量瓶，摇匀，经 0.45 μm 滤膜滤过，取续滤液，按选定色谱条件，进供试品各 10 μL，注入高效液相色谱仪，记录待测峰峰面积，计算提取量，测定结果见表 3-28。

表 3-28　不同提取溶剂考察

提取时间	样品量（g）	万寿菊素峰面积（mAU*S）	提取量（万寿菊素 / 药材量）(mg/g)
1 h	1.0051	943.8	0.1425
2 h	1.0067	1173.5	0.1769
3 h	1.0194	1165.4	0.1735

结果表明甲醇回流 2 h 提取率最高，提取 3 h 与 2 h 相比，提取率差异不大，为节约时间，故提取时间选择 2 h。

④提取次数考察。

取孔雀草茎叶，S1 样品粉末（过 60 目药筛）约 1 g 共 2 份，精密称定。置索氏提取器回流加热提取，加三氯甲烷 100 mL，回流至提取器中溶液无颜色，弃去三氯甲烷溶液，药渣连同滤纸筒挥干溶剂，将这 2 份样品分别放入 150 mL 具塞圆底烧瓶，一份加甲醇 50 mL，另一份加甲醇 50 mL，浸泡 15 min，回流提取，微沸 1 h，其中，一份倒出提取液再放入甲醇 50 mL，回流提取，微沸 1 h。滤过，分别用各自提取溶剂洗 2～3 次，放入蒸发皿中蒸至近干，不同溶剂溶解残渣并定容至 5 mL 容量瓶，摇匀，经 0.45 μm 滤膜滤过，取续滤液，分别吸取续滤液各 10 μL，注入高效液相色谱仪，记录待测峰峰面积，计算提取量，测定结果见表 3-29。

表 3-29　不同提取次数考察

提取次数	样品量（g）	万寿菊素峰面积（mAU*S）	提取量（万寿菊素 / 药材量）(mg/g)
1 次	1.0067	1173.5	0.1769
2 次	1.0215	1281.7	0.1904

结果表明，提取 2 次万寿菊素含量较高，但相对提取 2 次所得万寿菊素提取量并无较大差异，从节约溶剂角度考虑，故提取次数选择 1 次。

（8）方法学考察。

①色谱柱考察。

考察 3 根不同商品规格的色谱柱，色谱柱规格见表 3-30，考察结果见表 3-31。

表 3-30　色谱柱商品规格表

No.	规格
1	Chirl-sy20151118c18003-C_{18} (4.6 mm × 150 mm，5 μm)
2	Thermo -31605-254630-C_{18} (4.6 mm × 250 mm，5 μm)
3	Phenomenex 238364-3-C_{18} (4.6 mm × 250 mm，5 μm)

表 3-31　最小理论塔板数考察结果

No.	t_R	分离度	n	对称因子	拖尾因子
1	27.823	1.60	6816	0.82	1.118
2	21.672	1.79	7392	0.94	1.032
3	27.401	1.70	6499	0.58	1.449

　　结果表明 3 种不同的 ODS 色谱柱对于万寿菊素的分析符合要求，表明该方法的系统适用性和耐用性良好。选择 3 种不同商品规格的 ODS 色谱柱进行最小理论塔板数的考察，结果表明，3 根色谱柱所测样品分离度均大于 1.5，最小理论塔板数均大于 3000。本实验最小理论塔板数考察结果符合有关规定。

　　②线性关系考察。

　　分别精密吸取对照品溶液（0.0485 mg/mL）4 μL、6 μL、8 μL、10 μL、12 μL、14 μL 注入高效液相色谱仪。按设定的色谱条件进行测定，结果见表 3-32。线性方程为 $Y=2922.7X-16.633$，$R^2=0.9997$，$r=0.9998$，万寿菊素在 0.194 ~ 0.679 μg 范围内线性关系良好，如图 3-52。

表 3-32　线性关系考察

进样量（g）	0.194	0.291	0.388	0.485	0.582	0.679
峰面积（mAU*S）	549.1	843.5	1114.7	1395.5	1670.9	1981

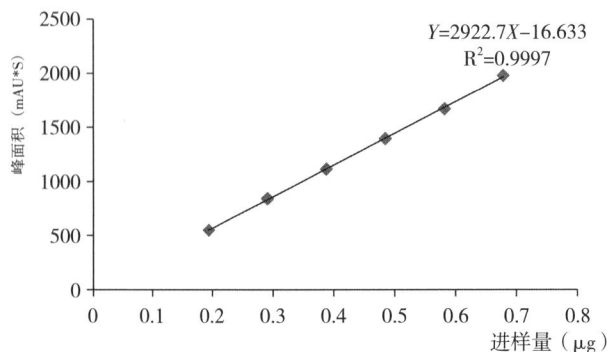

图 3-52　线性关系考察

③精密度考察。

精密吸取供试品溶液，重复进样6次，每次10 μL，记录峰面积值。万寿菊素色谱峰面积基本一致，平均峰面积为1241.75，RSD为2.64%，精密度符合有关规定（图3-33）。

表3-33　精密度考察

进样次数	1	2	3	4	5	6	均值	RSD (%)
峰面积（mAU*S）	1284.4	1248.4	1197.2	1251.2	1260.3	1209.0	1241.75	2.64

④稳定性考察。

在室温条件下，精密吸取同一样品溶液。放置0 h、2 h、5 h、8 h、10 h、12 h，分别进样10 μL测定，记录时间间隔内样品中万寿菊素的峰面积。结果见表3-34。结果表明万寿菊素在12 h内基本稳定。

表3-34　稳定性考察

测定时间（h）	样品量（g）	万寿菊素峰面积（mAU*S）	万寿菊素含量（mg/g）	RSD (%)
0		1065.7	0.1646	
2		1073.3	0.1658	
5	1.0747	1121.1	0.1732	2.9
8		1079.9	0.1668	
10		1123.2	0.1735	
12		1142.9	0.1766	

⑤重复性考察。

孔雀草茎叶样品6份每份约1.0 g，精密称定按照供试品溶液制备方法制备供试品溶液，每次进样10 μL，测得万寿菊素含量，结果见表3-35。结果表明万寿菊素的相对标准偏差小于3%，方法重复性较好。

表3-35　重复性试验考察结果

进样次数	样品量（g）	万寿菊素峰面积（mAU*S）	万寿菊素含量（mg/g）	平均含量（mg/g）	RSD (%)
1	1.0361	1126.4	0.1822		
2	1.0612	1149.2	0.1814	0.1786	2.24
3	1.0147	1049.8	0.1733		

续表

进样次数	样品量 (g)	万寿菊素峰面积 (mAU*S)	万寿菊素含量 (mg/g)	平均含量 (mg/g)	RSD (%)
4	1.0592	1135.7	0.1797		
5	1.0437	1129.6	0.1813		
6	1.0007	1037.9	0.1738		

⑥加样回收率考察。

由重复性考察项可知，本批次样品中万寿菊素含量为 0.1786 mg/g，称取样品 0.5 g，共 6 份，精密称定，分别精密加入浓度为 0.0485 mg/mL 的对照品储备液 1.84 mL，制备供试品溶液，测定峰面积，并计算加样回收率。结果见表 3-36。实验结果表明万寿菊素对照品的平均加样回收率为 97.73%，RSD 为 1.05%，符合药典要求。

表 3-36　加样回收率考察

No.	样品重量 (g)	样品中万寿菊素含量 (mg)	对照品加入量 (mg)	测得量 (mg)	回收率 (%)	平均回收率 (%)	RSD (%)
1	0.4996	0.0892		0.1752	96.37		
2	0.4951	0.0884		0.1758	97.95		
3	0.4965	0.0887	0.0892	0.1749	96.61	97.73	1.05
4	0.5011	0.0895		0.1780	99.23		
5	0.5044	0.0901		0.1781	98.68		
6	0.4906	0.0876		0.1746	97.52		

⑦定量限考察。

进已知浓度的对照品，选出一段基线平稳的时间段（25～26 min），测出噪声值，根据其相应的峰高值，将对照品溶液稀释至 10 倍信噪比的浓度，重复进样 5 次，计算相对标准偏差，测定结果见表 3-37。定量限为 1.62×10^{-2} μg。

表 3-37　定量限的测定

对照品浓度 (mg/mL)	峰高 (mAU)	信噪比 (S/N)	峰面积 (mAU*S)	均值 (mAU*S)	RSD (%)
	1.47	21.0	75.76		
1.62×10^{-3}	1.82	21.5	72.49	73.25	3.31
	1.51	21.5	70.77		

对照品浓度 (mg/mL)	峰高 (mAU)	信噪比 (S/N)	峰面积 (mAU*S)	均值 (mAU*S)	RSD (%)
	1.53	21.8	71.35		
	1.66	20.2	75.86		

（9）不同批次孔雀草茎叶中万寿菊素的含量测定。

按供试品溶液制备项下方法制备样品液，每份样品平行做 2 份。精密吸取样品液 10 μL，注入高效液相色谱仪中，测定万寿菊素的色谱峰面积，用外标法计算干燥样品中万寿菊素的含量。平行做 2 份。结果见表 3–38、表 3–39。

表 3–38 不同批次孔雀草茎叶中万寿菊素含量测定结果

No.	样品重量（g）	万寿菊素含量（mg/g）	万寿菊素平均含量（mg/g）
S1	1.0774	0.2005	0.2005
	1.0775	0.2005	
S2	1.0485	0.2987	0.2986
	1.0468	0.2984	
S3	1.0566	0.1549	0.1540
	1.0651	0.1532	
S4	1.0439	0.2256	0.2232
	1.0106	0.2208	
S5	1.077	0.3253	0.3235
	1.0983	0.3216	
S6	1.0857	0.1933	0.1920
	1.0569	0.1907	
S7	1.0351	0.1548	0.1540
	1.0021	0.1531	
S8	1.0046	0.2448	0.2437
	1.0024	0.2425	
S9	1.0496	0.0940	0.0948
	1.062	0.0956	

No.	样品重量（g）	万寿菊素含量（mg/g）	万寿菊素平均含量（mg/g）
S10	1.1029	0.1757	0.1719
	1.0998	0.1681	

以干燥品计万寿菊素含量 = 万寿菊素平均含量（mg/g）/（1– 含水量）× 100%。

表 3-39　以干燥品计样品中万寿菊素含量

No.	万寿菊素平均含量（mg/g）	平均含水量（%）	以干燥品计万寿菊素含量（mg/g）
S1	0.2005	7.59	0.2170
S2	0.2986	10.44	0.3334
S3	0.154	10.11	0.1713
S4	0.2232	9.66	0.2471
S5	0.3235	10.13	0.3600
S6	0.192	9.49	0.2121
S7	0.154	10.11	0.1713
S8	0.2437	10.82	0.2733
S9	0.0948	9.64	0.1049
S10	0.1719	9.67	0.1903

结果表明不同花色孔雀草茎叶中万寿菊素平均含量不同，黄色花孔雀草茎叶万寿菊素平均含量最高，杂色花次之（图 3-53）。根据实验数据，由于万寿菊素在植物中的含量差别较大，测定 10 批样品中，万寿菊素含量大多高于 0.17 mg/g，仅有一批样品含量为 0.1049 mg/g，因此暂定孔雀草茎叶中万寿菊素含量应不低于 0.15 mg/g。

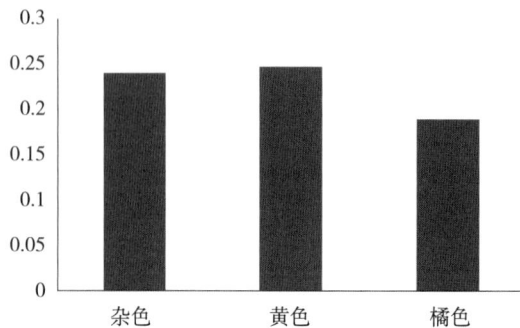

图 3-53　不同花色孔雀草茎叶中万寿菊素平均含量柱形图（以干燥品计）

4. 孔雀草花的化学成分研究

本实验室前期对孔雀草全草的化学成分进行了分离鉴定，研究结果表明孔雀草全草含有黄酮类、糖苷类成分[16]。本课题前期通过体内、体外实验证明了孔雀草花具有保肝的药效作用，并且其有效部位为水煎液和醇洗组分，本研究对孔雀草花化学成分进行分离鉴定，以期发现活性较高的化合物，为临床新药的开发奠定基础。

4.1　孔雀草花提取分离研究

4.1.1　仪器和试药

Acculab 型万分之一分析天平（Sartorius group，德国）；KQ-250 DE 型超声波清洗器（昆山市超声仪器有限公司）；HITACHI 7100 制备型高效液相色谱仪；柱层析聚酰胺（沧州华众科技有限公司）；Sephadex LH-20（美国 GE 公司）；柱层析硅胶（青岛海洋化工厂）；YMC-Pack ODS-A 柱（250 mm × 10 mm，5 μm）。

4.1.2　实验方法

取孔雀草干花 8 kg，剪碎打粉。以 10 倍量 95% 乙醇回流提取 3 次，每次 6 h。过滤，将提取液合并浓缩。药渣用 60% 乙醇再次提取，过滤后合并。减压浓缩至无醇味。分别用 10 L 石油醚、二氯甲烷、正丁醇依次萃取，重复数次直到实现组分分离[93]。回收试剂，分别得到石油醚层（360 g，收率为 4.50%）、二氯甲烷层（102 g，收率为 1.28%）、正丁醇层（500 g 收率为 6.25%）。正丁醇层提取物经硅胶柱色谱分离，用 CH_2Cl_2—CH_3OH（100:0 → 75:25 → 75:50 → 50:50 → 25:75 → 0:100）梯度洗脱，得到 Fr.b.1 ~ Fr.b.6。取 Fr.2（105 g）经过聚酰胺，水 – 甲醇（100:0 → 0:100）梯度洗脱，得 5 个馏分 Fr.b.2.1 ~ Fr.b.2.5。Fr.b.2.4 为化合物 1（11 g）。取 Fr.b.2.2（5 g）经 Sephadex LH-20 分离，甲醇作为洗脱剂，得到 13 个馏分，Fr.b.2.2.1 ~ Fr.b.2.2.13。Fr.2.2.11（500 mg）经 Sephadex LH-20，再经制备液相色谱，以 42% 甲醇为流动相，检测波长 210 nm，得到化合物 2（15 mg）。Fr.b.2.5（5 g）经 Sephadex LH-20 分离，甲醇洗脱，得 7 个馏分 Fr.b.2.5.1 ~ Fr.b.2.5.7，Fr.b.2.5.4 及其沉淀，沉淀薄层检视为单点。得到化合物 3（16 mg）。Fr.b.2.5.4 经硅胶柱色谱分离，用 CH_2Cl_2-CH_3OH 梯度洗脱（50:0 → 0:1）。得到 6 个馏分 Fr.b.2.5.4.1 ~ Fr.b.2.5.4.6，Fr.b.2.5.4.5 经硅胶柱色谱分离，CH_2Cl_2-CH_3OH（20:1）部分得到化合物 4（10 mg）。

二氯甲烷层提取物经硅胶柱色谱分离，用 CH_2Cl_2-CH_3OH（100:0 → 50:1 → 30:1 → 20:1 → 10:1 → 5:1 → 0:1）梯度洗脱，经薄层板检识得到 7 个馏分，Fr.c.1 ~ Fr.c.7。Fr.c.4（12 g）经硅胶柱色谱分离，乙酸乙酯:二氯甲烷:甲醇:水（80:40:10:2）作为洗脱剂。得到 5 个馏分，Fr.c.4.1 ~ Fr.c.4.5。Fr.c.4.4（8 g）经硅胶柱色谱，CH_2Cl_2—CH_3OH 梯度洗脱（40:1 → 30:1 → 20:1 → 10:1 → 0:1）得到 Fr.c.4.4.1 ~ Fr.c.4.4.5。Fr.c.4.4.1 经硅胶柱色谱 CH_2Cl_2-CH_3OH（50:1 → 40:1 → 30:1 → 20:1 → 10:1），得到 Fr.c.4.4.4.1 ~ Fr.c.4.4.4.5 从 CH_2Cl_2: CH_3OH（30:1）部分得到化合物 5（5 mg）。Fr.c.4.4.4.3 经 Sephadex LH-20 分离，

甲醇洗脱，得到化合物 6（5 mg）。Fr.c.3（3.2 g）经硅胶柱色谱 CH_2Cl_2: CH_3OH 梯度洗脱（20:1 → 10:1 → 5:1 → 0:1）得到 4 个馏分，Fr.c.3.1 ～ Fr.c.3.4。在 CH_2Cl_2–CH_3OH 20:1 部分得到化合物 7（6 mg）。Fr.c.3.2（60 mg）Sephadex LH–20 分离，甲醇洗脱后，得到 Fr.3.2.5，再经硅胶柱色谱分离，用二氯甲烷:甲醇:水:冰醋酸（20:3:1:0.1）洗脱得到化合物 8（20 mg）。正丁醇层取 400 mg，经制备液相甲醇:水（38:72）得到化合物 9（20 mg）提取分离流程图如图 3-54，孔雀草花分离流程图如图 3-55、图 3-56。

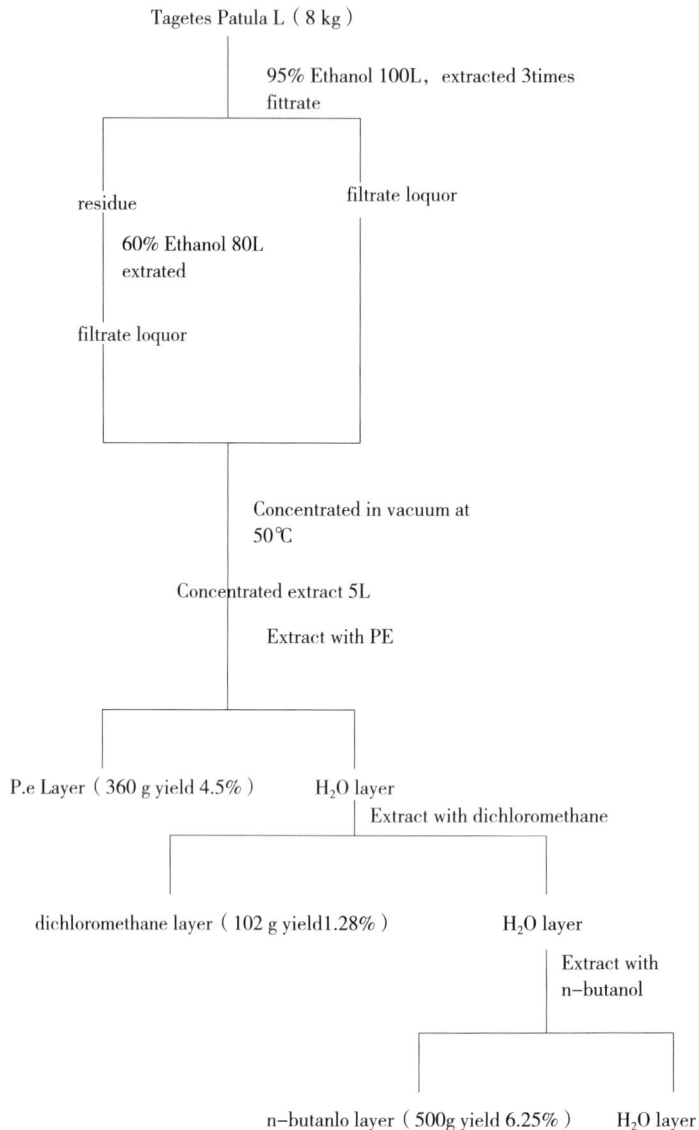

Tagetes Patula L（8 kg）

95% Ethanol 100L，extracted 3times
fittrate

residue　　　　　　　　　　　filtrate loquor

60% Ethanol 80L
extrated

filtrate loquor

Concentrated in vacuum at
50℃

Concentrated extract 5L

Extract with PE

P.e Layer（360 g yield 4.5%）　　　H_2O layer

Extract with dichloromethane

dichloromethane layer（102 g yield1.28%）　　　H_2O layer

Extract with
n-butanol

n-butanlo layer（500g yield 6.25%）　　　H_2O layer

图 3-54　提取流程图

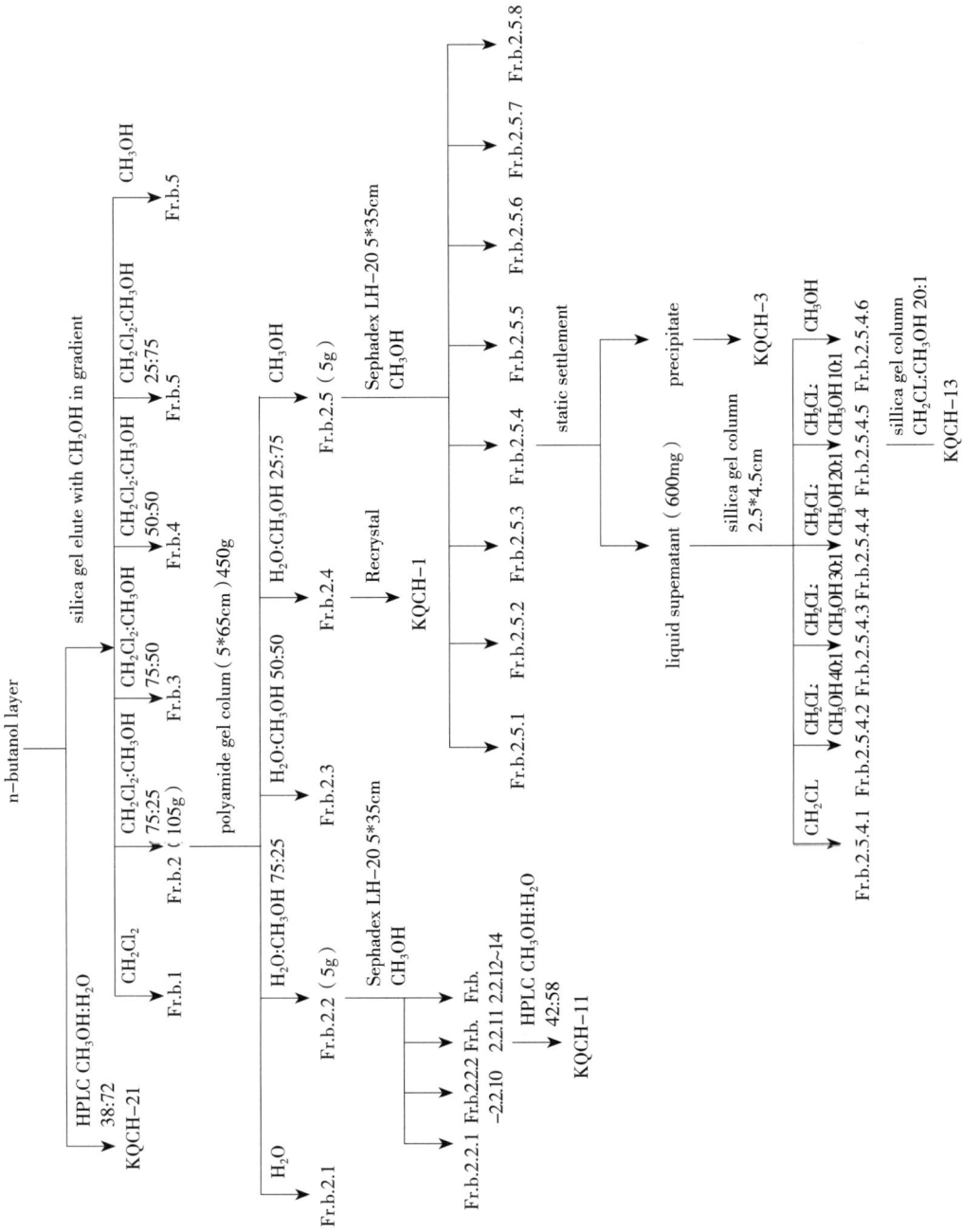

图 3-55 孔雀草花分离流程图 I

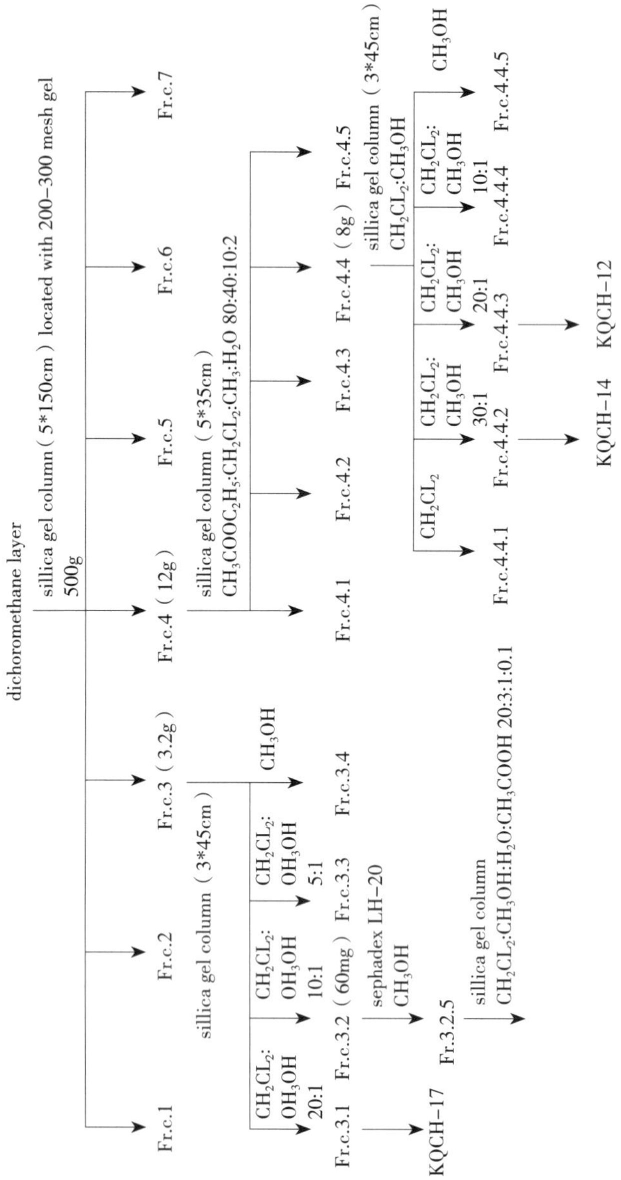

dichoromethane layer

sillica gel column（5*150cm）located with 200–300 mesh gel 500g

Fr.c.1　　Fr.c.2　　Fr.c.3（3.2g）　Fr.c.4（12g）　Fr.c.5　　Fr.c.6　　Fr.c.7

sillica gel column（3*45cm）

CH₂CL₂: OH₃OH 20:1 Fr.c.3.1

CH₂CL₂: OH₃OH 10:1 Fr.c.3.2（60mg）

CH₂CL₂: OH₃OH 5:1 Fr.c.3.3

CH₃OH Fr.c.3.4

sephadex LH–20 CH₃OH

KQCH–17 Fr.3.2.5

sillica gel column CH₂CL₂:CH₃OH:H₂O:CH₃COOH 20:3:1:0.1

sillica gel column（5*35cm）CH₃COOC₂H₅:CH₂CL₂:CH₃:H₂O 80:40:10:2

Fr.c.4.1　Fr.c.4.2　Fr.c.4.3　Fr.c.4.4（8g）Fr.c.4.5

CH₂CL₂ Fr.c.4.4.1

CH₂CL₂: CH₃OH 30:1 Fr.c.4.4.2

CH₂CL₂: CH₃OH 20:1 Fr.c.4.4.3

sillica gel column（3*45cm）

CH₂CL₂:CH₃OH

CH₂CL₂: CH₃OH 10:1 Fr.c.4.4.4

CH₃OH Fr.c.4.4.5

KQCH–14　　KQCH–12

图 3–56　孔雀草花分离流程图 Ⅱ

4.1.3 实验结果

孔雀草花采用 95% 乙醇提取后,药渣 60% 醇提,减压回浓缩收溶剂,用石油醚、二氯甲烷、正丁醇萃取。将二氯甲烷层和正丁醇层中的流分根据极性不同采用正反相硅胶柱,分子大小差异采用凝胶柱,以及制备液相纯化。共分离得到 9 个化合物,经真空干燥后重量如表 3-40。

表 3-40 化合物样品量

化合物名称	重量(mg)
Comp.1(KQCH-1)	11000
Comp.2(KQCH-11)	15
Comp.3(KQCH-3)	16
Comp.4(KQCH-15)	10
Comp.5(KQCH-14)	5
Comp.6(KQCH-12)	5
Comp.7(KQCH-17)	6
Comp.8(KQCH-19)	20
Comp.9(KQCH-21)	20

4.2 孔雀草花化学成分鉴定

通过一系列柱色谱,从孔雀草中分离得到 9 个化合物,其中 1 个新化合物。利用理化性质、波谱学(^{1}H-NMR、^{13}C-NMR 和 HSQC、HMBC、MS)等手段鉴定了它们的化学结构,结构见表 3-41,分别为:①万寿菊素;②原儿茶酸;③万寿菊双黄酮;④槲皮素;⑤没食子酸;⑥6-甲氧基山奈酚;⑦胡萝卜苷;⑧天师酸;⑨万寿菊素 7-O-β-D 葡萄糖苷。其中化合物③为新化合物,化合物⑧、⑨为首次从孔雀草花中分离得到。

表 3-41 化合物名称及结构

No.	Name	Structure	Method
Comd.1 (KQCH-1)	万寿菊素 (Patuletin)		^{13}C-NMR ^{1}H-NMR

No.	Name	Structure	Method
Comd.2 （KQCH-11）	原儿茶酸 （Protocatechuic acid）		^{13}C-NMR ^{1}H-NMR
Comd.3[**] （KQCH-3）	万寿菊素双黄酮 （Patuletin biflavone）		^{13}C-NMR ^{1}H-NMR HMBC HMQC HRESIMS
Comd.4 （KQCH-15）	槲皮素 （Quercetin）		^{13}C-NMR ^{1}H-NMR
Comd.5 （KQCH-14）	没食子酸 （Gallic acid）		^{13}C-NMR ^{1}H-NMR
Comd.6 （KQCH-12）	6-甲氧基山奈酚 （6-methoxy kaempferol）		^{13}C-NMR ^{1}H-NMR
Comd.7 （KQCH-17）	胡萝卜苷 （Daucosterol）		^{13}C-NMR ^{1}H-NMR

No.	Name	Structure	Method
Comd.8[*]（KQCH-19）	天师酸（Tianshic acid）		^{13}C-NMR ^{1}H-NMR HRESIMS
Comd.9[*]（KQCH-21）	万寿菊素 7-O-β-D-葡萄糖苷（Patuletin-7-O-β-D-glucopyranoside）		^{13}C-NMR ^{1}H-NMR HRESIMS

注：**：新化合物；*：该植物首次发现。

4.2.1　黄酮类化合物解析

化合物 3[**]（KQCH-3）

万寿菊素双黄酮

黄色粉末，不易溶于甲醇，溶于吡啶。254 nm 下有暗斑。其氢谱（500 MHz，DMSO-d_6）给出 5 个酚羟基质子信号：δ12.72（1H，s）、9.87（1H，s）、9.52（1H，s），9.34（2H，s），其中 δ12.72 为形成氢键缔合的酚羟基质子信号。氢谱还给出 1 组苯环上呈 AMX 耦合类型的质子信号：δ6.79（1H，d，J=8.5 Hz）、7.51（1H，br.d，J=8.5 Hz）和 7.81（1H，s）。此外，氢谱还给出 1 个甲氧基质子信号 δ3.69（3H，s），以及 1 个脂肪族质子信号 δ4.37（1H，s）。该化合物的碳谱（125 MHz，DMSO-d_6）给出 17 个碳信号，包括 15 个 sp^2 杂化碳信号和 1 个甲氧基碳信号 δ60.0 以及 1 个 sp^3 杂化碳信号 δ17.0。sp^2 杂化碳中包含一个羰基碳信号 δ176.3。综合以上信息，推测该化合物可能为黄酮类化合物，其中 δ12.72 为黄酮 5 位酚羟基质子信号，呈 AMX 耦合类型的质子 δ6.79、7.51 和 7.81 连接于黄酮的 B 环。由于除上述 AMX 耦合系统外无其他芳香质子信号，可推知该黄酮 A 环和 C 环均被取代。通过 HMQC 谱对该化合物的碳氢质子信号一一对应如下：δ6.79（δ115.5）、δ7.51（δ119.9）、δ7.81（δ115.0）、δ3.69（δ60.1）、δ4.37（δ17.0）。在该化合物的 HMBC 谱中：δ6.79 的质子与 δ122.3，144.9 的碳相关，δ7.51 的质子与 δ115.5、147.5 的碳相关，δ7.81 的质子与 119.9、144.9、147.5 的碳相关，酚羟基质子 δ9.52 与 δ115.5、144.9 的碳相关，δ9.34 与 δ115.0、147.5 的碳相关，根据上述信息可将该黄酮的 B 环信号归属如下：

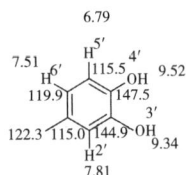

黄酮的 B 环信号

在该化合物的 HMBC 谱中还可观察到 $\delta 12.72$（5-OH）与 $\delta 102.7$、130.2、149.1 的碳相关，甲氧基质子 $\delta 3.69$ 与 $\delta 130.2$ 的碳相关，可推知甲氧基连于黄酮 6 位。又因连甲氧基的碳信号为 $\delta 130.2$，可知该黄酮 A 环为连三氧代，即 7 位连有羟基。$\delta 4.37$ 的质子与 $\delta 104.6$、149.1、155.0 的碳相关，可知该脂肪碳连接于 8 位上。根据上述信息可将该黄酮的 A 环信号归属如下：

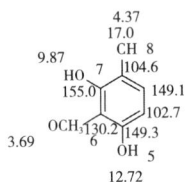

黄酮的 A 环信号

HMBC 谱还给出了酚羟基质子 $\delta 9.34$ 与 $\delta 135.1$、146.9、176.3 的碳之间存在相关，根据上述相关信息可将该黄酮的 C 环归属如下：

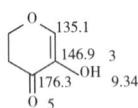

黄酮的 C 环信号

根据以上分析，得出该化合物的结构片段为：

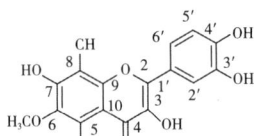

结合高分辨质谱提供的准分子离子峰：675.0997［M–H］$^-$（calc. for $C_{33}H_{24}O_{16}$），相对分子质量：676.1064。可知该化合物为 2 个万寿菊素通过 1 个亚甲基 – 碳单元连接起来。最终确定该化合物的结构如下，经文献查阅为一未见报道的新化合物，命名为万寿菊素双黄酮。碳氢数据见表 3–42。

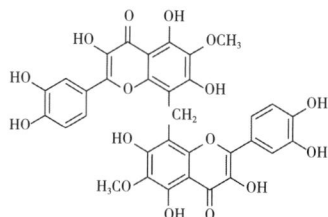

表 3–42　化合物 3（万寿菊素双黄酮）碳氢数据（DMSO-d_6）

No.	^{13}C-NMR	^{1}H-NMR
2	135.1	
3	146.9	
4	176.3	
5	149.3	
6	130.2	
7	155.0	
8	104.6	
9	149.1	
10	102.7	
–CH	17.0	4.37（1H, s）
1′	122.3	
2′	115.0	7.81（1H, s）
3′	144.9	
4′	147.5	
5′	115.5	6.79（1H, d, J=8.5 Hz）
6′	119.9	7.51（1H, br.d, J=8.5 Hz）
3–OH		9.34（1H, s）
5–OH		12.72（1H, s）

续表

No.	¹³C-NMR	¹H-NMR
6–OCH₃	60.1	3.69（3H，s）
7–OH		9.87（1H，s）
3′–OH		9.34（1H，s）
4′–OH		9.52（1H，s）

化合物 1（KQCH–1）

万寿菊素

黄色针状结晶，紫外 254 nm 下有暗斑并伴随拖尾。

该化合物的 ¹H-NMR（DMSO-d₆，500 MHz）中有 5 个酚羟基质子信号：δ12.60（1H，s）、10.72（1H，s）、9.63（1H，s）、9.40、9.35，其中 δ12.60 为黄酮 5–OH 信号。此外，在芳香质子区有 1 组质子信号为 δ6.91（1H，d，J=8.5 Hz）、7.57（1H，dd，J=8.5，2.0 Hz）、7.70（1H，d，J=2.0 Hz），为 1 组呈 AMX 耦合的质子。此外，氢谱还给出 1 个芳香质子的单峰信号 δ6.54，以及 1 个甲氧基质子信号 δ3.78。该化合物的 ¹³C-NMR（DMSO-d6，125 MHz）核磁谱显示，该化合物共有 16 个碳信号，sp2 杂化碳信号 15 个。其中 δ176.5（C=O）、δ147.4（C-2）、δ135.9（C-3）为黄酮 C 环碳信号，由此 3 个数据可推断为黄酮醇的骨架类型。其余 12 个芳香碳信号，为黄酮 A 环和 B 环碳；此外，碳谱还给出 1 个甲氧基碳信号 δ60.5。将该化合物的碳氢数据与文献 [92] 对照基本一致，鉴定该化合物为万寿菊素。其碳氢信号归属见表 3–43。

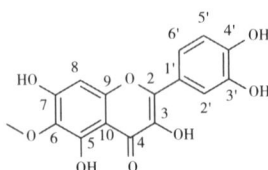

万寿菊素

化合物 4（KQCH–13）

槲皮素

黄色粉末，易溶于甲醇。紫外 365 nm 下有暗斑。

该化合物的氢谱 ¹H-NMR（DMSO-d6，500 MHz）中给出了 5 个酚羟基质子信号，δ12.50（1H，s）、10.79（1H，s）、9.60（1H，s）、9.38（1H，s）、9.31（1H，s），其中 δ12.50

是黄酮 A 环 5-OH 信号。此外氢谱还给出 1 组 AMX 耦合质子信号：δ7.68（1H，s）、7.55（1H，br.d，J=8.0 Hz）、6.90（1H，d，J=8.0 Hz）。以及 2 个芳氢单峰 6.19（1H，s）、6.41（1H，s）。^{13}C-NMR（DMSO-d_6，125 MHz）显示有 15 个碳信号。将该化合物与文献[94]比较数据基本一致，鉴定化合物 4 为槲皮素，数据见表 3-43。

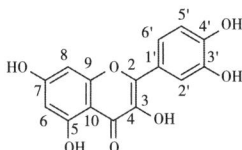

槲皮素

表 3-43　化合物 1（万寿菊素）、化合物 4（槲皮素）碳氢数据（DMSO-d_6）

No.	化合物 1		化合物 4	
	^{1}H-NMR	^{13}C-NMR	^{1}H-NMR	^{13}C-NMR
2	—	147.4	—	146.6
3	—	135.9	—	135.6
4	—	176.5	—	175.7
5	—	151.8	—	156.0
6	—	131.3	6.19 (s)	98.0
7	—	157.7	—	163.7
8	6.54 (s)	94.1	6.41 (s)	93.2
9	—	152.2	—	160.6
10	—	103.8	—	102.9
1′	—	122.4	—	121.8
2′	7.70 (d, J=2.0 Hz)	115.5	7.68 (s)	114.9
3′	—	145.5	—	144.9
4′	—	148.2	—	147.5
5′	6.91 (d, J=8.5 Hz)	116.1	6.90 (d, J=8.0 Hz)	115.4
6′	7.57 (dd, J=8.5, 2.0 Hz)	120.5	7.55 (br.d, J=8.0 Hz)	119.8

No.	化合物 1		化合物 4	
	^{1}H-NMR	^{13}C-NMR	^{1}H-NMR	^{13}C-NMR
3-OH	9.63 (s)		9.60 (s)	
5-OH	12.60 (s)		12.50 (s)	
7-OH	10.72 (s)		10.79 (s)	
3'-OH	9.35 (s)		9.31 (s)	
4'-OH	9.40 (s)		9.38 (s)	
—OCH₃	3.78 (s)	60.5		

化合物 6（KQCH-12）

6- 甲氧基山奈酚

黄色无定形粉末。

该化合物的 ^{1}H-NMR（DMSO-d$_6$，500 MHz）中的 4 个酚羟基信号，分别为 δ12.57、10.71、10.13、9.40。其中 δ12.57 为黄酮 A 环 5-OH。δ3.38（3H，s）为 1 个—OCH₃ 信号。氢谱还给出 1 组呈 AA'MM'耦合的质子信号 δ8.04（2H，d，J=8.3 Hz）、6.93（2H，d，J=8.3 Hz），提示该黄酮 B 环 4' 单取代。此外氢谱还有 1 个呈单峰的芳氢 δ6.55。由 ^{13}C-NMR（DMSO-d6，125 MHz）谱可知，该化合物有 16 个碳信号，其中 δ61.3 为甲氧基碳信号。经与文献[95] 数据对比基本一致，化合物 6 被鉴定为 6- 甲氧基山奈酚，数据见表 3-44。

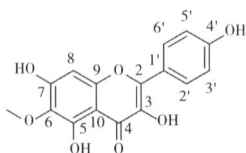

6- 甲氧基山奈酚

化合物 9*（KQCH-21）

万寿菊素 7-O-β-D- 葡萄糖苷

黄色无定形粉末，易溶于甲醇。

该化合物的 ^{1}H-NMR（DMSO-d$_6$，500 MHz）中，δ12.49（1H，s）为黄酮 5-OH 质子信号。δ3.77 为 1 个 -OCH₃ 信号。此外该化合物还有 4 个芳氢信号，其中 δ6.93（1H， s）为孤立芳氢信号，$\delta6.90$（1H，d，J=7.0 Hz）、$\delta7.55$（1H，dd，J=7.0，1.5 Hz）、$\delta7.72$（1H，d，J=1.5 Hz）为 1 组 AMX 耦合质子。$\delta5.13$（1H，d，J=6.0 Hz）是糖端基质子信号，$\delta3.34\sim3.50$ 的多重峰是糖上其余的质子信号，推测为黄酮苷类结构。由 ^{13}C-NMR（DMSO-d_6，125 MHz）谱给出 22 个碳信号，其中 $\delta60.80$ 为甲氧基碳信号；$\delta100.58$、73.66、77.15、70.02、77.70、61.08 为 1 组葡萄糖碳信号，结合端基质子的信号推断该葡萄糖端基构型为 β；$\delta148.4$、132.3、176.6、145.5、136.3、151.9、94.3、148.2、105.4、122.3、115.9、145.5、148.2、116.0、120.5 为黄酮母核上的碳信号。结合 HR-ESI-MS m/z：517.0982[M+Na]$^+$ 可知其分子式为 $C_{22}H_{22}O_{13}$。该化合物与文献[96] 数据基本一致，鉴定该化合物是万寿菊素 7-O-β-D- 葡萄糖苷。信号归属见表 3-44，该化合物为孔雀草中首次分离得到。

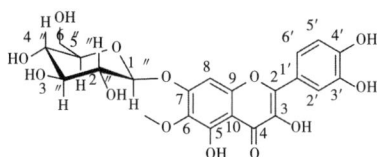

万寿菊素 7-O-β-D- 葡萄糖苷

表3-44　化合物 6（6- 甲氧基山柰酚）、化合物 9（万寿菊素 7-O-β-D- 葡萄糖苷）碳氢数据（DMSO-d_6）

No.	化合物 6		化合物 9	
	^{1}H-NMR	^{13}C-NMR	^{1}H-NMR	^{13}C-NMR
2	—	136.6	—	148.4
3	—	148.3	—	132.3
4	—	177.4	—	176.6
5	—	153.0	—	145.5
6	—	132.1	—	136.3
7	—	158.5	—	151.9
8	6.55（s）	95.0	6.93（s）	94.3
9	—	152.7	—	148.2
10	—	104.7	—	105.4
1′	—	123.0	—	122.3
2′	8.05（d，J=8.3 Hz）	116.7	7.72（d，J=1.5 Hz）	115.9

续表

No.	化合物6		化合物9	
	¹H-NMR	¹³C-NMR	¹H-NMR	¹³C-NMR
3′	6.94 (d, J=8.3 Hz)	130.8	—	145.5
4′	—	160.5	—	148.2
5′	6.94 (d, J=8.3 Hz)	130.8	6.90 (d, J=7.0 Hz)	116.0
6′	8.05 (d, J=8.3 Hz)	116.7	7.55 (dd, J=7.0, 1.5 Hz)	120.5
3-OH	9.40 (s)			
5-OH	12.57 (s)		12.49 (s)	
7-OH	10.71 (s)			
3′-OH				
4′-OH	10.13 (s)			
—OCH₃	3.38 (s)		3.77 (s)	60.80
Glc-1″			5.13 (d, J=6 Hz)	100.58
2″			3.34–3.50 (m)	73.66
3″				77.15
4″				70.02
5″				77.10
6″				61.08

4.2.2　酚酸类化合物结构解析

化合物2（KQCH-11）

原儿茶酸

白色针状结晶，易溶于甲醇。紫外灯254 mm下有紫红色斑点，并伴有拖尾。

该化合物的 ¹H-NMR（CD₃OD，500 Hz）给出1个ABX耦合系统的质子信号，δ 6.80（1H, d, J=8 Hz）、δ7.44（1H, br s）、δ7.41（1H, s）。没有完全裂分开。由 ¹³C-NMR（CD₃OD，125 MHz）可知7个碳信号，有1个δ170.2信号是C=O。其余为苯环上碳信号其中δ145.9和δ151.4为苯环上连氧碳信号。该化合物与文献[97]数据基本一致，鉴定该化合物为原儿茶酸。该化合物结构式如下，碳氢信号归属见表3-45。

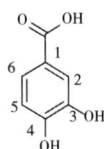

原儿茶酸

化合物 5（KQCH-14）

没食子酸

白色晶体，易溶于甲醇，紫外灯下有拖尾。

该化合物的 ^{1}H-NMR（CD$_3$OD，500 Hz）有 1 对孤立的苯环质子，δ7.06（2H，s）。由 ^{13}C-NMR（CD$_3$OD，125 MHz）可知 5 个碳信号，其中 δ110.8 和 146.9 由其峰响应推测为对称碳信号，推测该化合物为对称取代的苯环。δ170.9 为羰基碳信号。该化合物与文献 [98] 数据基本一致，鉴定化合物是没食子酸。信号归属见表 3-45。

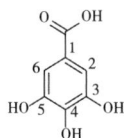

没食子酸

表 3-45　化合物 2（原儿茶酸）及化合物 5（没食子酸）碳氢数据（CD$_3$OD）

No.	化合物 2		化合物 5	
	^{1}H-NMR	^{13}C-NMR	^{1}H-NMR	^{13}C-NMR
C=O	—	170.2	—	170.9
1	—	123.1	—	122.5
2	7.44（br s）	115.6	7.06（s）	110.8
3	—	145.9	—	146.9
4	—	151.4	—	140.1
5	6.80（d，J=8 Hz）	117.6	—	146.9
6	7.41（s）	123.8	7.06（s）	110.8

4.2.3　甾醇糖苷化合物结构解析

化合物 7（KQCH-17）

胡萝卜苷

白色粉末，微溶于氯仿、甲醇。硫酸乙醇显色后呈紫红色。

^{13}C-NMR（C_5D_5N，125 MHz）可知该化合物有 35 个碳信号，其中 δ140.9 和 121.9 为双键碳，δ102.6、75.4、78.5、71.7、78.1、62.8 为 1 组葡萄糖碳信号。经与文献[99]数据对照，鉴定该化合物为胡萝卜苷。信号归属见表 3-46。

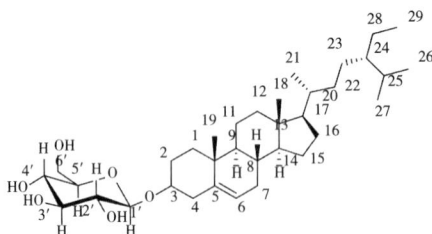

胡萝卜苷

表 3-46　化合物 7（胡萝卜苷）碳谱数据（C_5D_5N）

No.	^{13}C-NMR	No.	^{13}C-NMR
1	37.5	19	20.0
2	29.5	20	36.4
3	75.4	22	34.2
4	39.4	23	26.4
5	140.9	24	46.0
6	121.9	26	19.4
7	32.0	27	19.2
8	32.2	28	23.4
9	50.3	29	12.2
10	36.9	1′	102.6
11	21.3	2′	75.4
12	40.0	3′	78.5
13	42.5	4′	71.7
14	56.2	5′	78.1

续表

No.	^{13}C-NMR	No.	^{13}C-NMR
15	24.5	6′	62.8
16	28.5		
17	56.8		
18	12.0		

4.2.4　长链有机酸类化合物结构解析

化合物 8*（KQCH–19）

天师酸

白色针晶，紫外灯下有暗斑。

HR–ESI–MS m/z：329.2375[M–H]⁻，提示分子式为 $C_{18}H_{34}O_5$。^{13}C–NMR（CD₃OD，600 MHz）给出的 18 个碳信号中，δ177.7 为羧基碳信号，δ136.6 和 δ130.8 为 2 个烯烃碳信号，δ76.7、75.7、73.3 为 3 个连氧 sp³ 杂化碳信号。经与文献[100]对照，数据基本一致，鉴定为天师酸。信号归属见表 3–47。该化合物为孔雀草中首次分离得到。

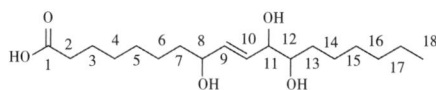

天师酸

表 3–47　化合物 8（天师酸）碳氢数据（CD₃OD）

No.	^{1}H-NMR	^{13}C-NMR
1	—	177.7
2 ~ 7，13 ~ 17	2.27（t，H–2），1.34（s，H–4 ~ 6，14 ~ 17），1.45 ~ 1.60（m，H–3，7，13）	23.7 ~ 38.3
8	4.06	76.7
9	5.68	136.6
10	5.71	130.8
11	3.93（t）	75.7
12	3.41	73.3
18	0.91（t）	14.4

附 图

孔雀草花中分离得到的化合物 1～9 的相关谱图见附图 3-72～附图 3-93。

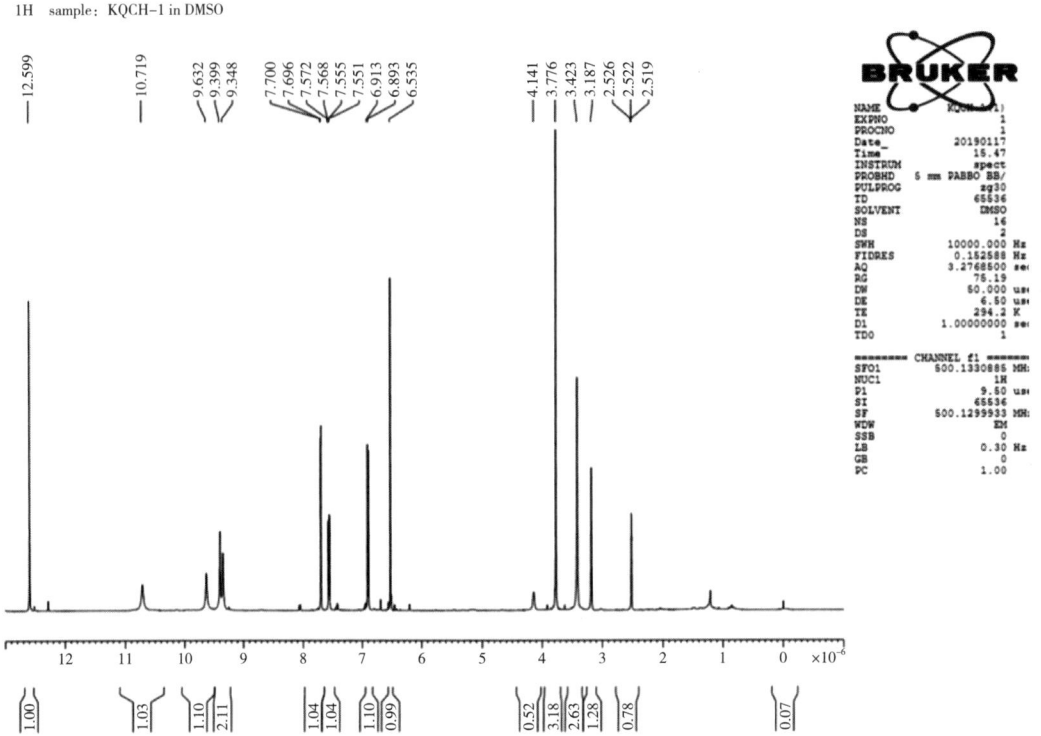

附图 3-72 化合物 1（KQCH-1）的 ^{1}H-NMR 谱图（500 MHz，DMSO-d_6）

13C sample：KQCH-1 in DMSO

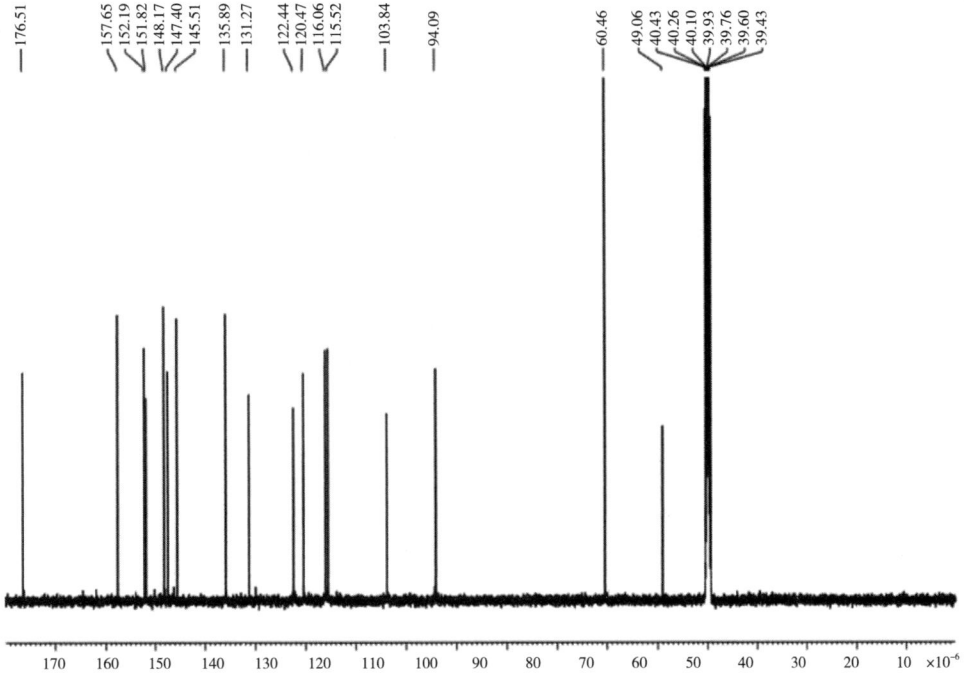

附图 3-73　化合物 1（KQCH-1）的 ^{13}C-NMR 谱图（125 MHz，DMSO-d$_6$）

1H sample：KQCH-11 in CD3OD

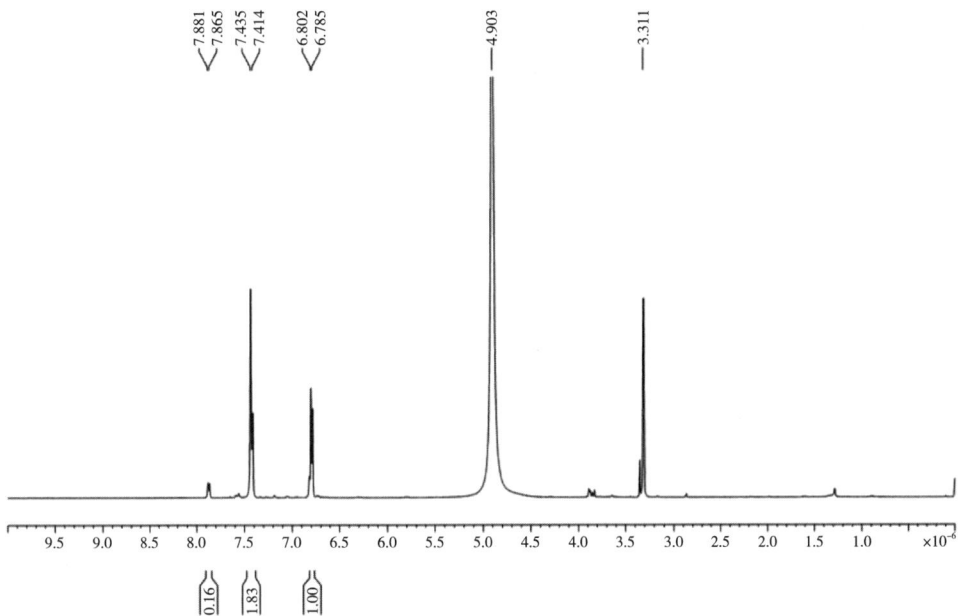

附图 3-74　化合物 2（KQCH-11）的 ^{1}H-NMR 谱图（500 MHz，DMSO-d$_6$）

13C   sample：KQCH-11 in CD3OD

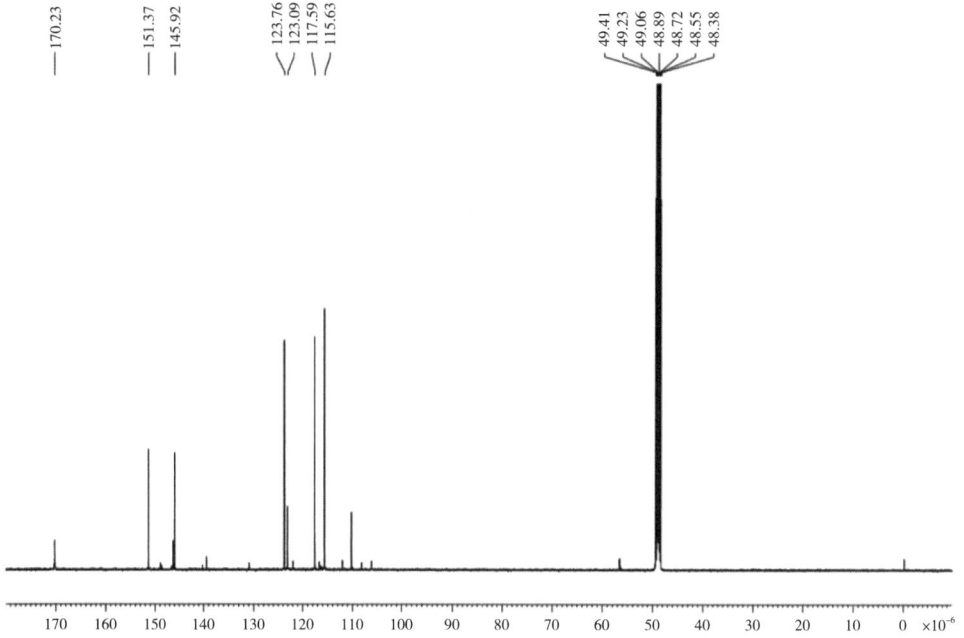

附图 3-75　化合物 2（KQCH-11）的 ^{13}C-NMR 谱图（125 MHz，DMSO-d$_6$）

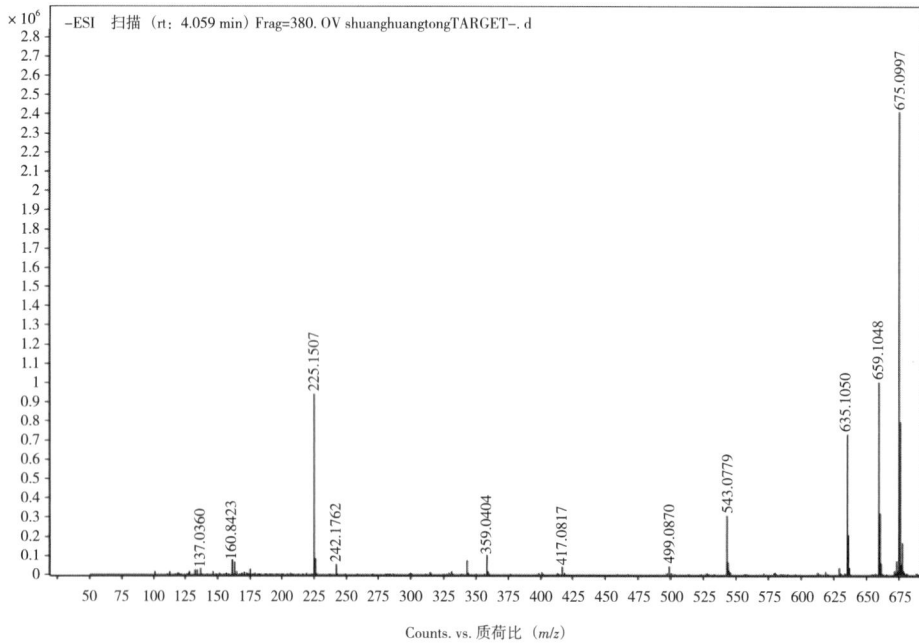

附图 3-76　化合物 3（KQCH-3）的高分辨质谱图

1H　sample：KQCH-3 in DMSO

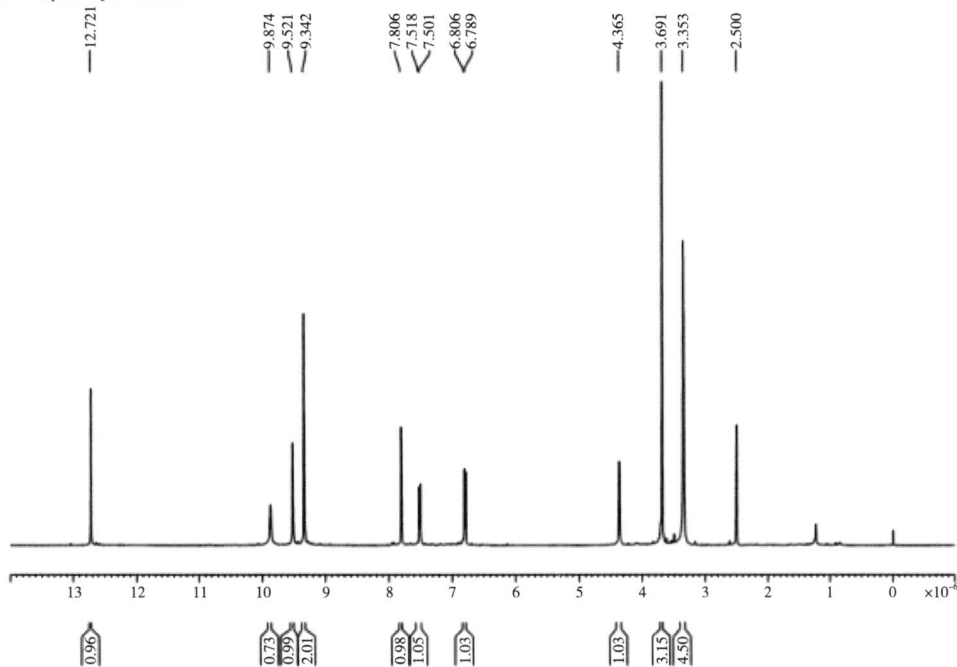

12.721

9.874
9.521
9.342

7.806
7.518
7.501

6.806
6.789

4.365

3.691
3.353

2.500

13　12　11　10　9　8　7　6　5　4　3　2　1　0　×10⁻⁶

0.96

0.73
0.99
2.01

0.98
1.05

1.03

1.03

3.15
4.50

附图 3-77　化合物 3（KQCH-3）的 ¹H-NMR 谱图（500 MHz，DMSO-d₆）

13C　sample：KQCH-3 in DMSO

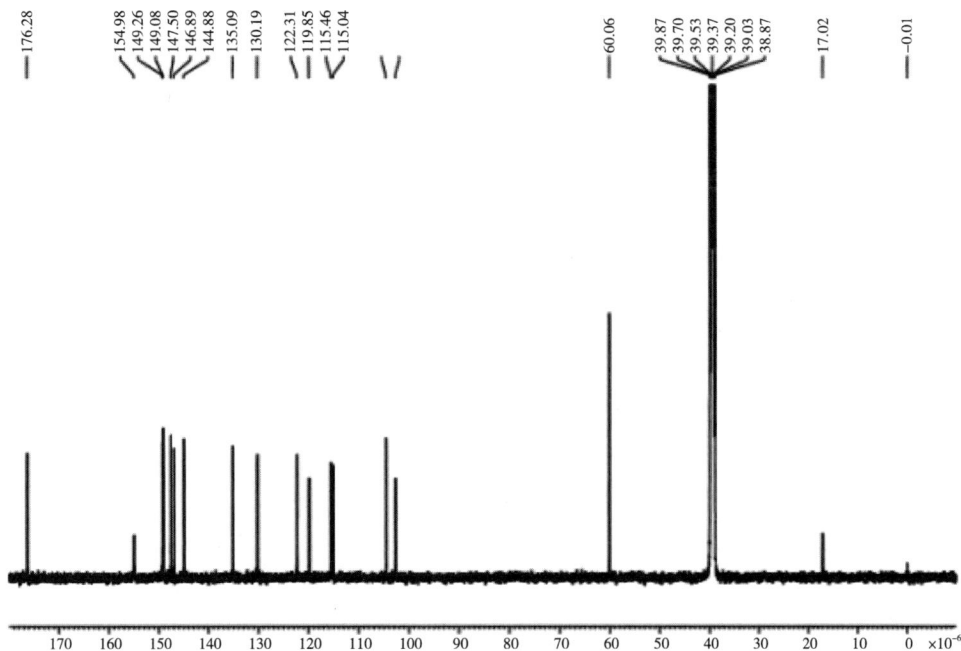

176.28

154.98
149.26
149.08
147.50
146.89
144.88

135.09
130.19

122.31
119.85
115.46
115.04

60.06

39.87
39.70
39.53
39.37
39.20
39.03
38.87

17.02

-0.01

170　160　150　140　130　120　110　100　90　80　70　60　50　40　30　20　10　0　×10⁻⁶

附图 3-78　化合物 3（KQCH-3）的 ¹³C-NMR 谱图（125 MHz，DMSO-d₆）

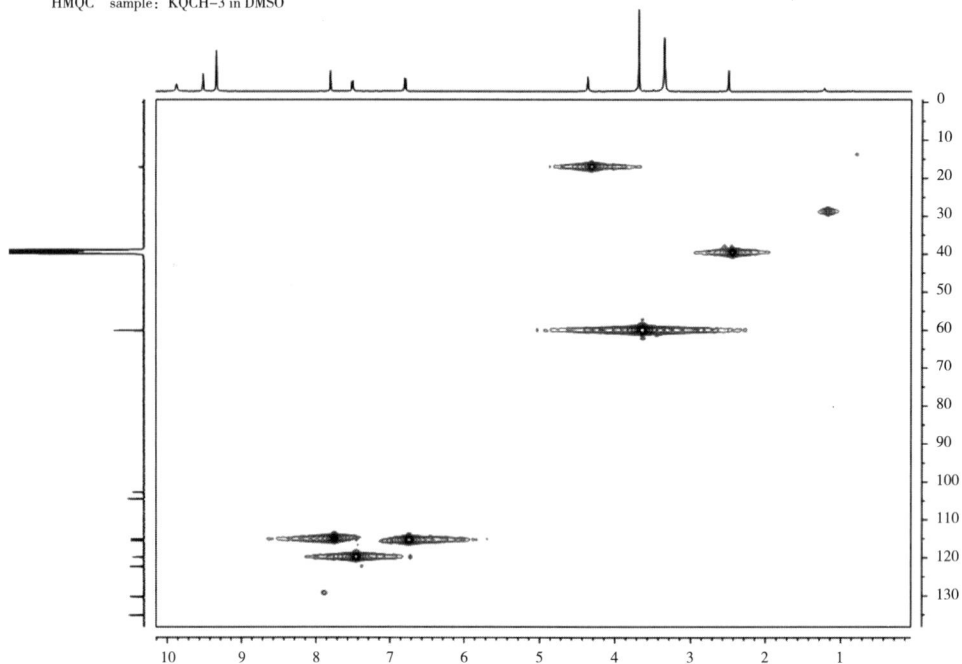

附图 3-79　化合物 3（KQCH-3）的 HMQC 谱图

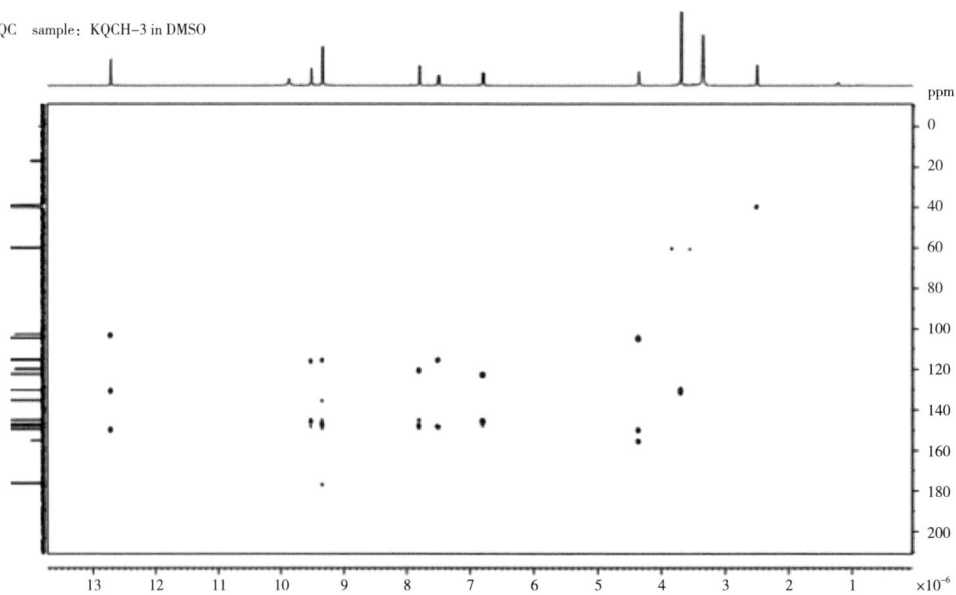

附图 3-80　化合物 3（KQCH-3）的 HMBC 谱图

1H sample：KQCH-13 in DMSO

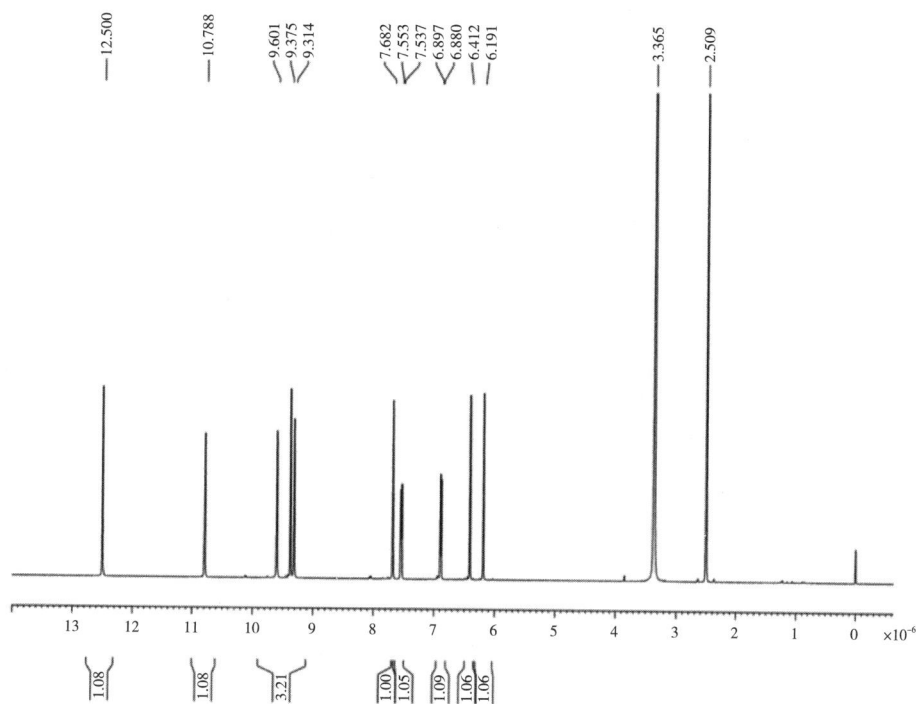

附图 3-81 化合物 4（KQCH-13）的 ^{1}H-NMR 谱图（500 MHz，DMSO-d$_6$）

13C sample：KQCH-13 in DMSO

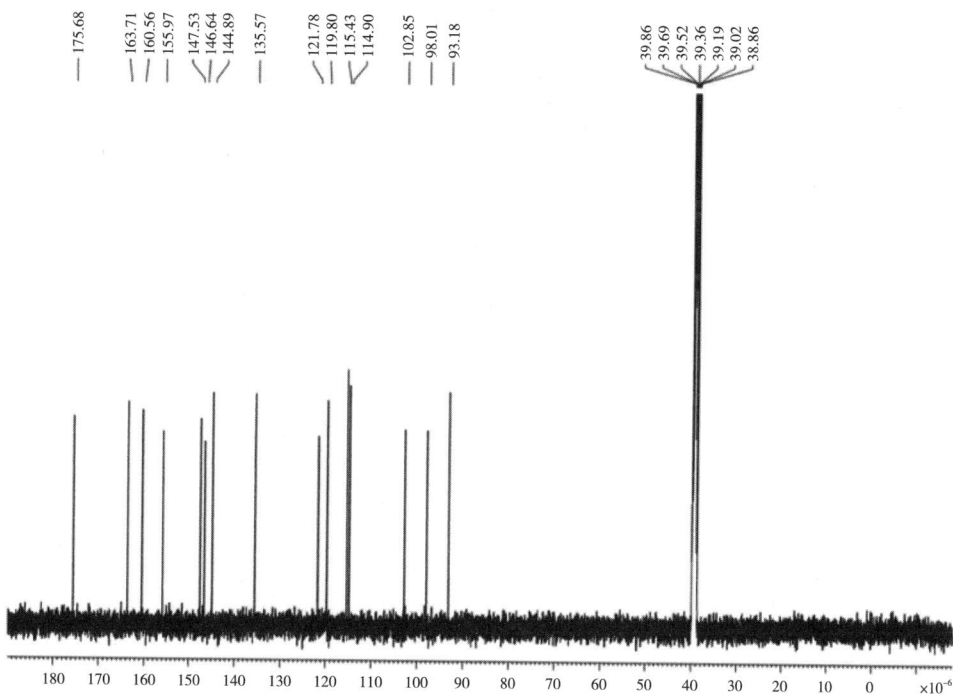

附图 3-82 化合物 4（KQCH-13）的 ^{13}C-NMR 谱图（125 MHz，DMSO-d$_6$）

1H　sample：KQCH-14 in CD₃OD

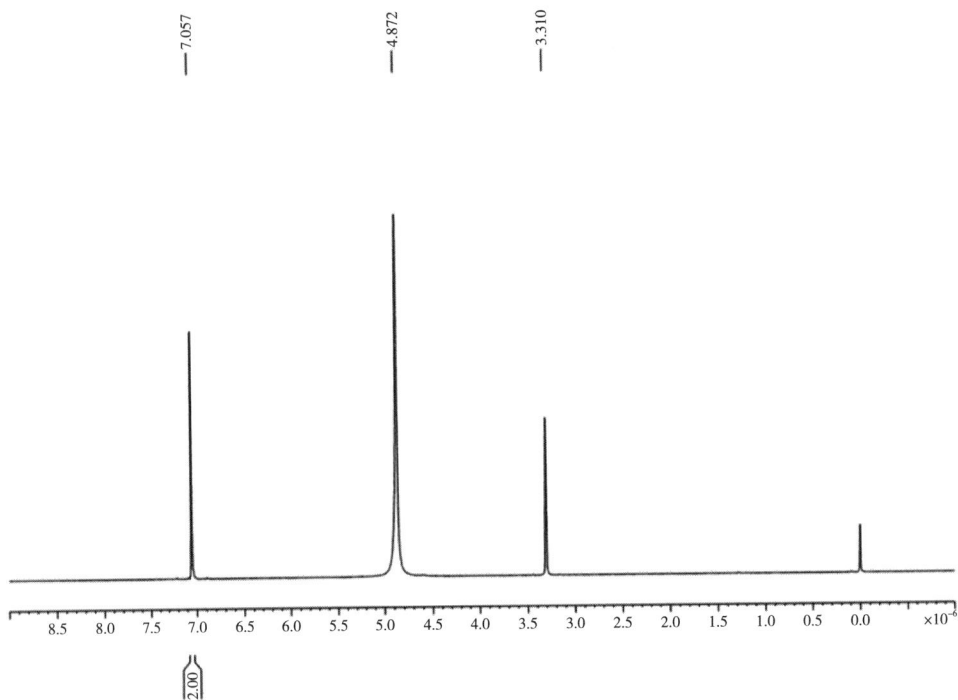

附图 3-83　化合物 5（KQCH-14）的 ¹H-NMR 谱图（500 MHz，CD₃OD）

13C　sample：KQCH-14 in CD₃OD

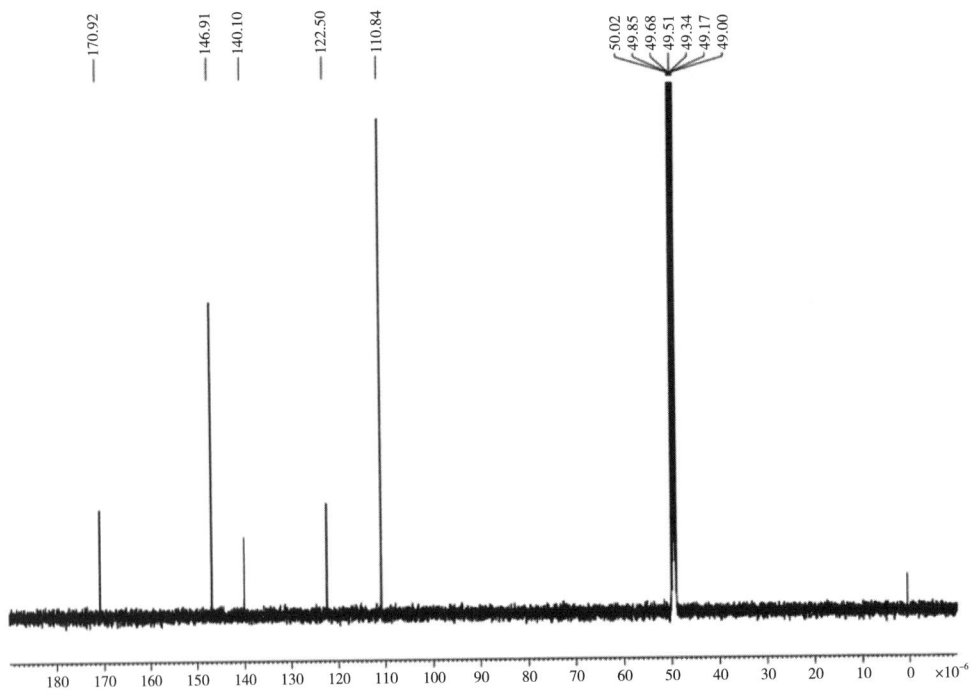

附图 3-84　化合物 5（KQCH-14）的 ¹³C-NMR 谱图（125 MHz，CD₃OD）

1H sample: KQCH-12 in DMSO

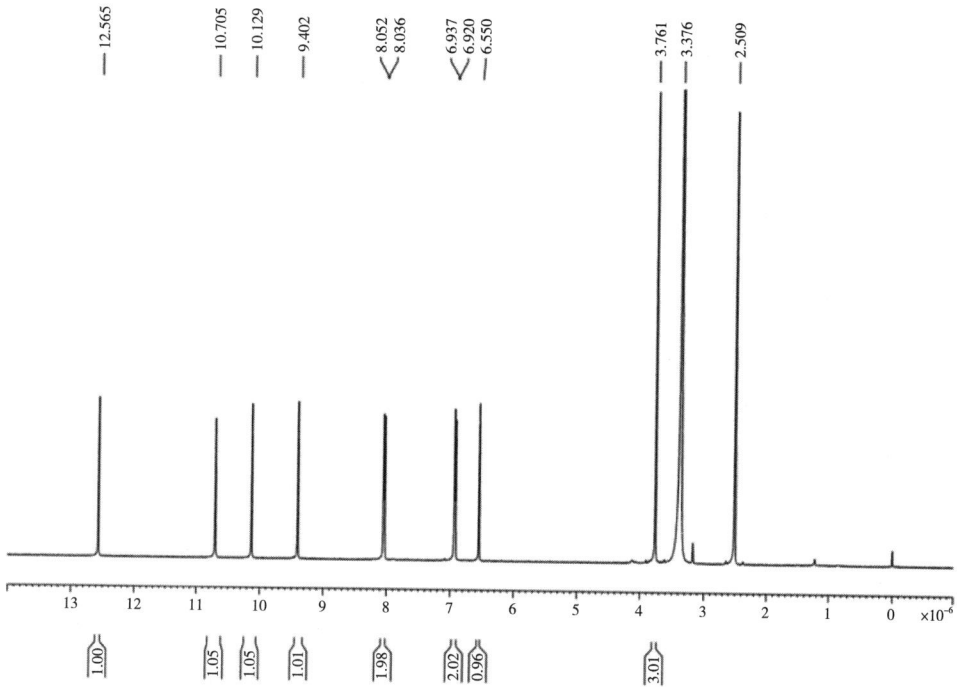

附图 3-85 化合物 6（KQCH-12）的 ^{1}H-NMR 谱图（500 MHz，DMSO-d$_6$）

13C sample: KQCH-12 in DMSO

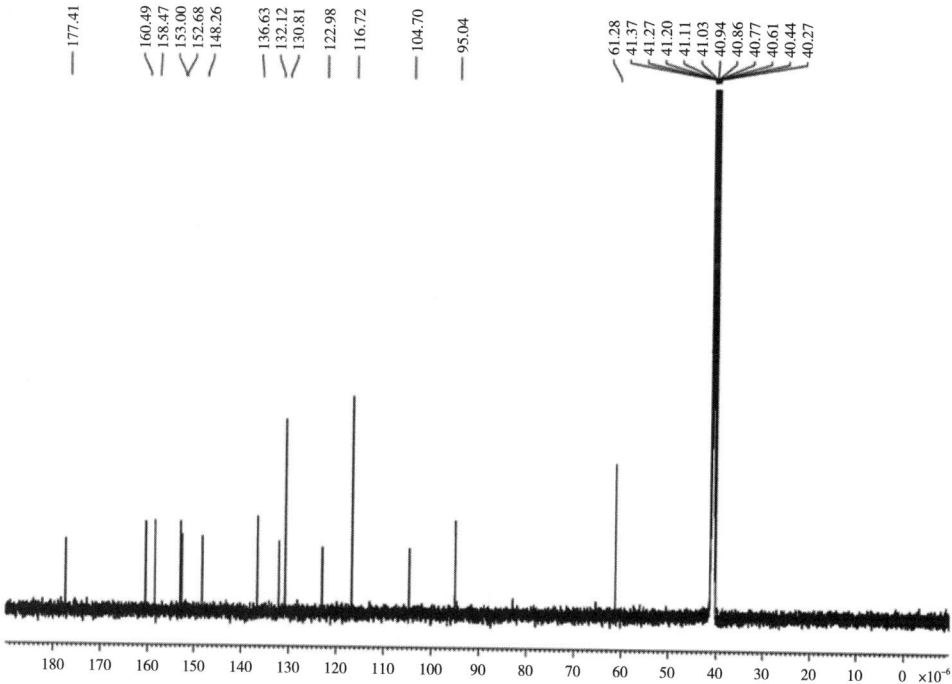

附图 3-86 化合物 6（KQCH-12）的 ^{13}C-NMR 谱图（125 MHz，DMSO-d$_6$）

13C　　sample：KQCH-17 in C5D5N

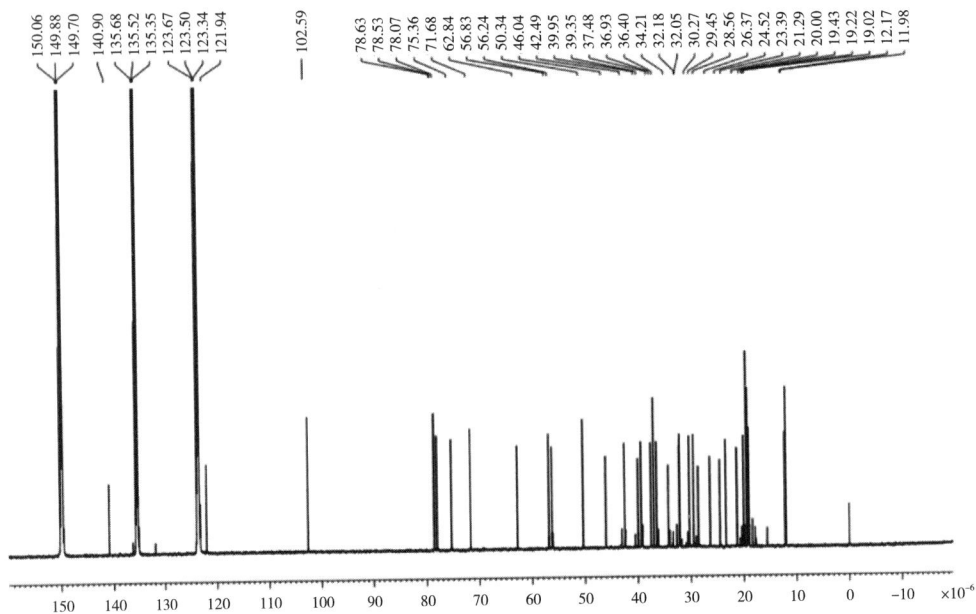

附图 3-87　化合物 7（KQCH-17）的 ^{13}C-NMR 谱图（125 MHz，C5D5N）

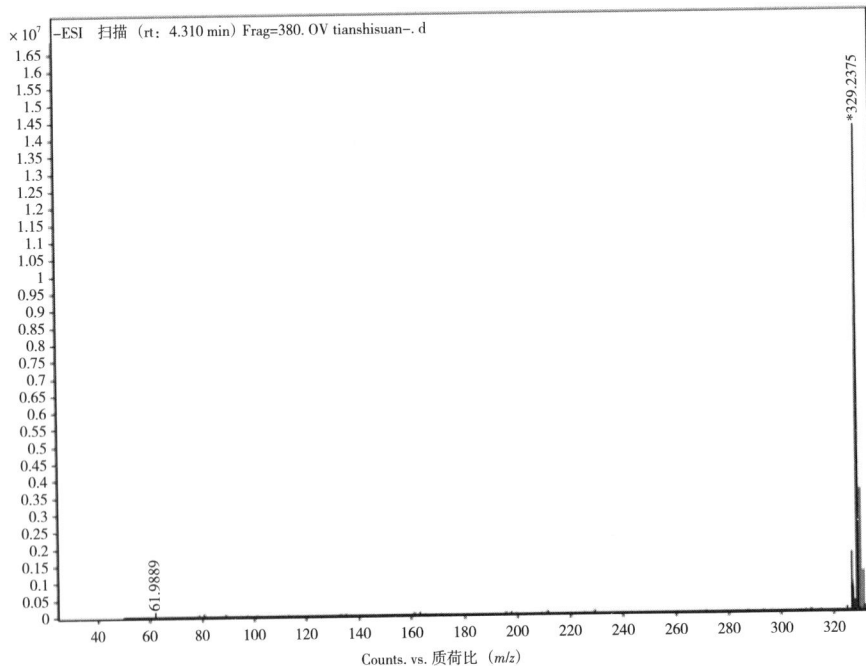

附图 3-88　化合物 8（KQCH-17）高分辨质谱图

1H   sample：KQCH-19 in CD₃OD

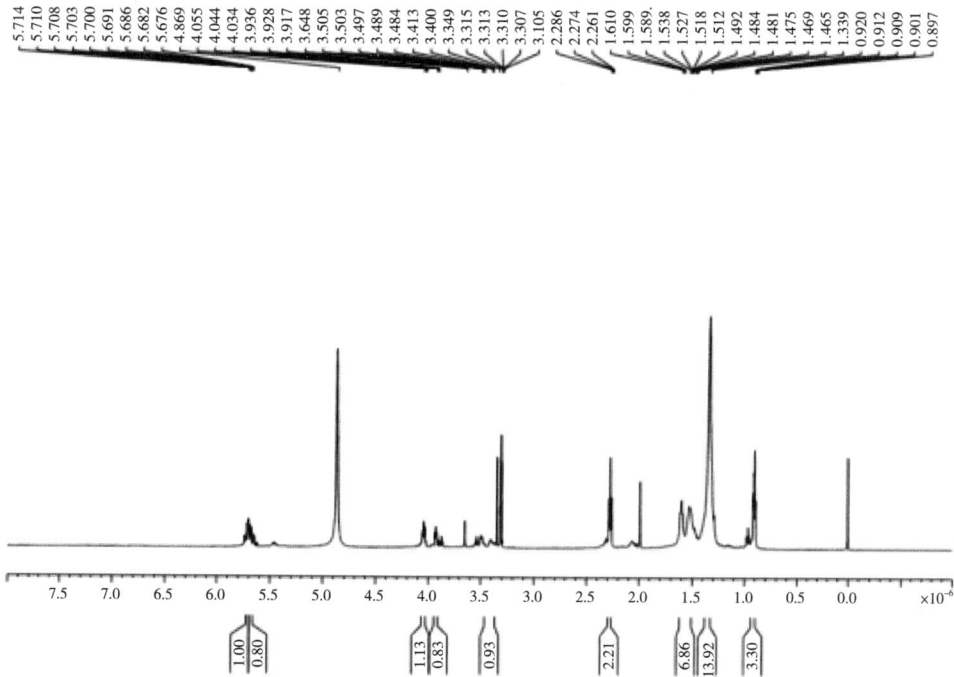

附图 3-89 化合物 8（KQCH-19）的 ¹H-NMR 谱图（600 MHz，CD₃OD）

13C   sample：KQCH-19 in CD₃OD

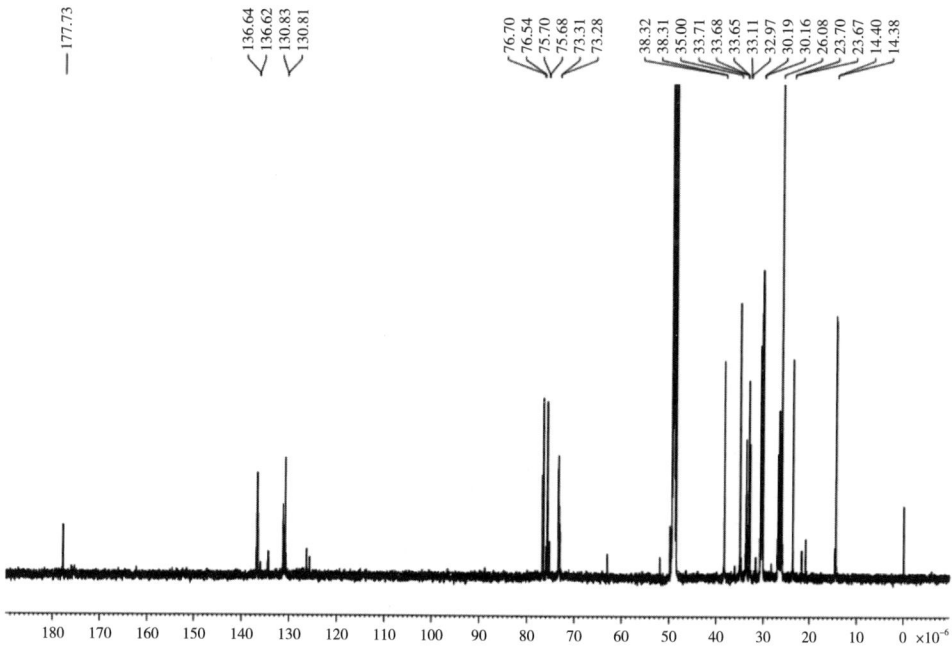

附图 3-90 化合物 8（KQCH-19）的 ¹³C-NMR 谱图（150 MHz，CD₃OD）

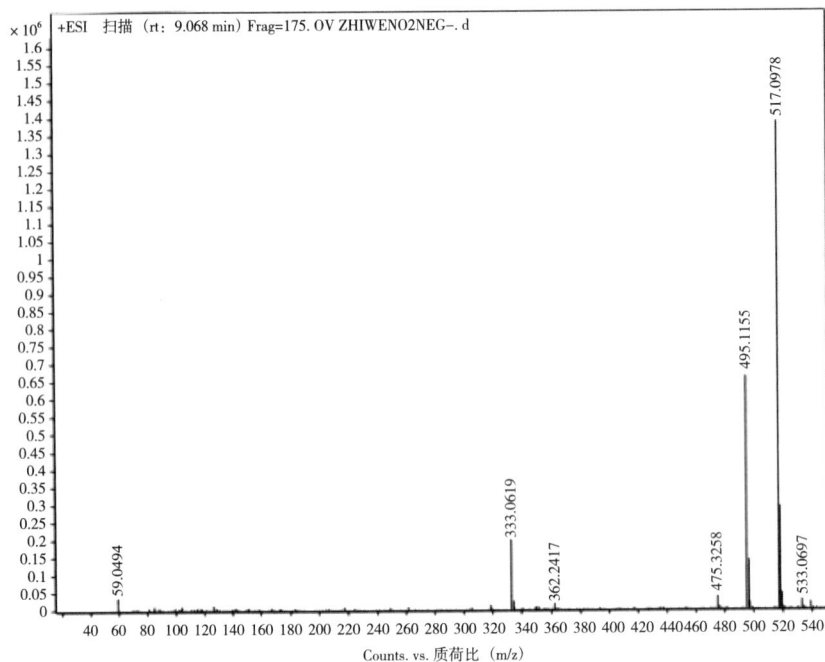

附图 3-91　化合物 9（KQCH-21）高分辨质谱图

1H　sample：KQCH-21 in DMSO

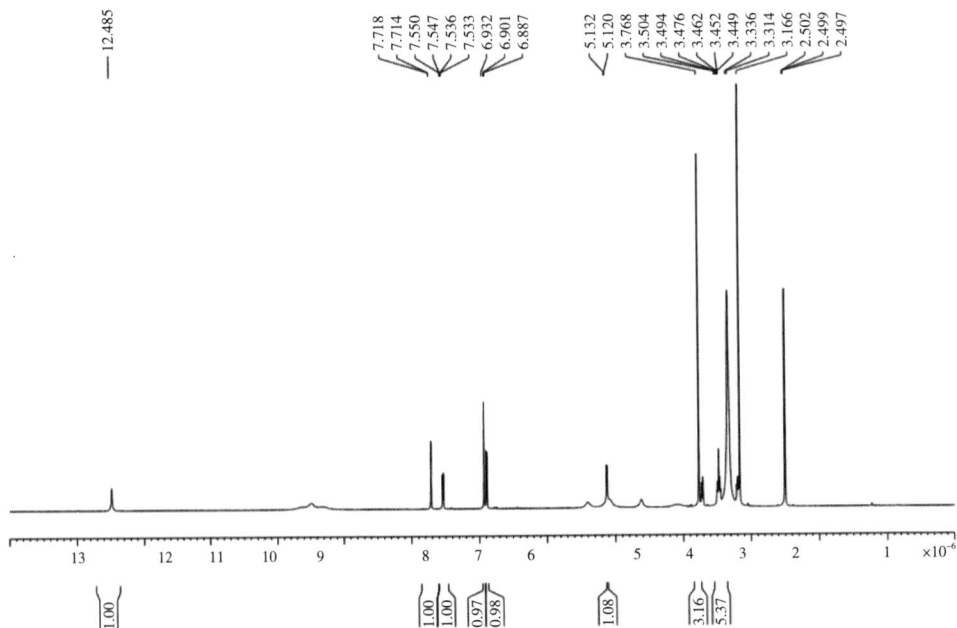

附图 3-92　化合物 9（KQCH-21）的 ^{1}H-NMR 谱图（500 MHz，DMSO-d$_6$）

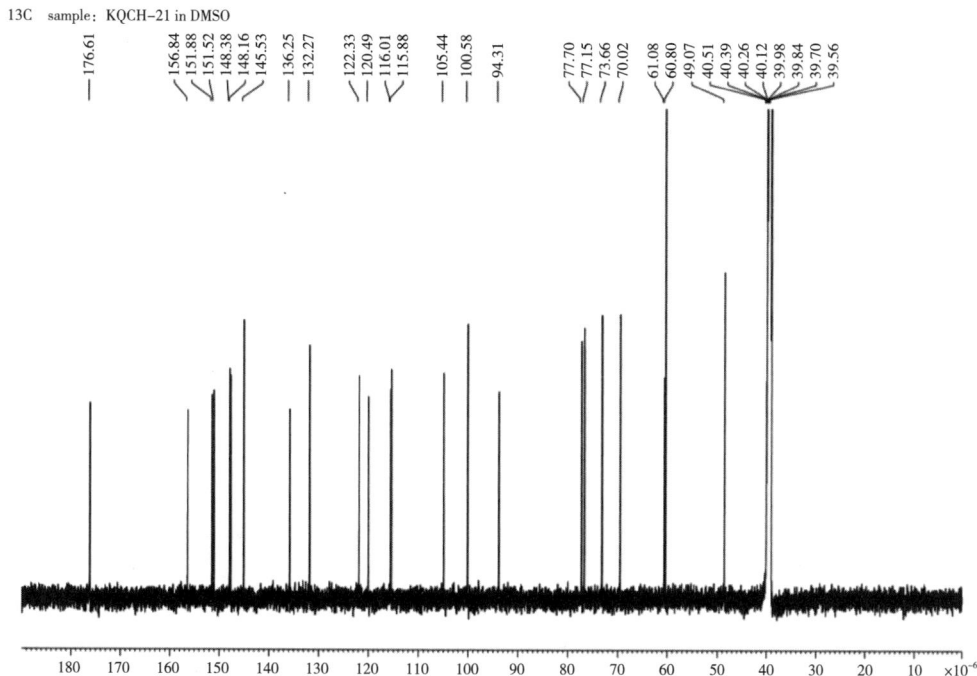

13C sample：KQCH–21 in DMSO

176.61 156.84 151.88 151.52 148.38 148.16 145.53 136.25 132.27 122.33 120.49 116.01 115.88 105.44 100.58 94.31 77.70 77.15 73.66 70.02 61.08 60.80 49.07 40.51 40.39 40.26 40.12 39.98 39.84 39.70 39.56

附图 3-93 化合物 9（KQCH-21）的 ^{13}C-NMR 谱图（125 MHz，DMSO-d_6）

5. 孔雀草花的指纹图谱、万寿菊素及其 7-O-β-D- 葡萄糖苷含量测定

孔雀草 *Tagetes patula* L. 为菊科万寿菊属一年生草本植物，在对其的药理作用以及化学成分方面的研究，发现黄酮类物质是其保肝、抗肝损伤的有效成分。在分离实验中得到多种黄酮类化合物，如槲皮素、6- 甲氧基山柰酚、万寿菊素等，其中万寿菊素含量高达 0.1375%，可推知以万寿菊素为代表的黄酮类化合物是孔雀草花中的主要成分。孔雀草作为可食用的天然植物，应用广泛、具有一定的药用价值。但在中国药典中并未收录，市场上也有以次充好、鱼龙混杂的现象。对孔雀草花进行质量控制方法的研究，制定相关标准，能够为保障其应用的安全性和有效性奠定基础。根据孔雀草花的颜色从中选择出具有代表性品种，迪阿哥蜜蜂（红黄相间色）、水星（黄色）、P09-2（红色）、珍妮（橙色）[101]，推测植物花的颜色可能与黄酮含量存在一定的相关。因此本章建立不同批次及花色孔雀草花的指纹图谱，对孔雀草花整体化学特征进行客观评价。并以孔雀草花中含量最多的两种成分——万寿菊素及其 7-O-β-D- 葡萄糖苷为指标，测定其在不同花色孔雀草花中的含量，探寻颜色与含量的联系。

5.1 孔雀草花的指纹图谱研究

5.1.1 仪器与试药

Agilent1260 高效液相色谱仪（美国安捷伦科技有限公司）、万分之一分析天平

（Acculab 型 Sartorius group）、十万分之一分析天平（CP225D 型，Sartorius group）、CQ–250
超声波清洗器（上海超声仪器厂）、高速万能粉碎机（武义县屹立工具有限公司）、HH–S
型恒温水浴锅（巩义市予华仪器有限公司）。

　　不同颜色的孔雀草花，12 批 S1 ~ S12（批号：2019100101 ~ 2019100112），2019 年 10
月采于辽宁省大连，由大连五舟神草健康科技有限公司提供（表 3–48）。

　　色谱级甲醇（Oceanpak alexative chemical，瑞典）、色谱级磷酸（天津市科密欧化学试
剂有限公司）、水为纯净水。

表 3–48　孔雀草花样品信息表

批号	颜色特征描述	样品图
S1 ~ S3	花朵为红黄相间杂色，名称：迪阿哥蜜蜂	
S4 ~ S6	花朵为黄色，名称：水星	
S7 ~ S9	花朵为红色，名称：P09–2	
S10 ~ S12	花朵为橙色，名称：珍妮	

5.1.2　实验方法

5.1.2.1　对照品溶液的制备

　　精密称定万寿菊素 –7–O–β–D– 葡萄糖苷、万寿菊素对照品适量，加甲醇溶解于容量
瓶中。摇匀即得，备用。

5.1.2.2　供试品溶液的制备

S1 样品粉末（60 目筛），精密称取 0.5 g，转移置具塞锥形瓶中，移液管吸取甲醇 25 mL，称定重量，超声 30 min，放冷再称重，甲醇补足减失重量。摇匀，经 0.45 μm 滤膜滤过，取续滤液作为供试品溶液。

5.1.2.3　波长的选择

采用二极管阵列检测器，分别在 220 nm、254 nm、365 nm 下进行样品检测，选取峰数目尽可能多的波长作为检测波长。

5.1.2.4　色谱条件

色谱柱：Thermo C_{18}（250 mm × 4.6 mm，5 μm）柱；

柱温：30 ℃；

检测器：二极管阵列检测器（DAD）

检测波长：220 nm；

流速：1.0 mL/min；

流动相：0.1% 磷酸水溶液（A）– 甲醇（B）为流动相梯度洗脱

进样量：10 μL。

HPLC 梯度洗脱条件如表 3–49。

表 3-49　HPLC 梯度洗脱条件

t（min）	B（%）
0	5
6	15
18	28
20	36
32	42
40	57
51	73
53	80
57	100
65	100

5.1.2.5　提取溶剂考察

精密称取，3 份 S1 样品每份 0.5 g，分别转移至具塞锥形瓶中，分别加入 25 mL 甲醇、70% 甲醇、50% 甲醇，超声 30 min，摇匀，冷却至室温再称重，加对应溶剂补足减失重量，0.45 μm 微孔滤膜滤过，取续滤液。按"5.1.2.4"项下方法，进行测定，记录 65 min 色谱图。

5.1.2.6　方法学考察

精密度考察：

精密称取 S1 样品 0.5 g，制备供试品。吸取溶液 10 μL，注入 HPLC 测定，连续进样 5 次，计算各共有峰峰面积 RSD 值。

稳定性考察：

制备供试品溶液，分别于 0 h、2 h、4 h、8 h、12 h、24 h 吸取 10 μL，注入 HPLC 测定，计算各共有峰峰面积 RSD 值。

重复性考察：

取孔雀草 S1 药材粉末 6 份，每份的 0.5 g，精密稳定制备供试品溶液，HPLC 测定，计算各共有峰 RSD。

5.1.2.7　孔雀草花的 HPLC 指纹图谱中的共有峰及指纹图谱的确立

12 批孔雀草，制备供试品，精密吸取 10 μL，注入液相色谱仪，进样测定。记录色谱图。采用 Agilent 脱机软件色对谱图进行处理，导入《中药色谱指纹图谱相似度评价系统》（2004A 版）以 S1 为参照峰，进行峰匹配，并生成对照图谱。选取了稳定性较好的共有峰，使面积占总面积的 90% 以上[102]。

5.1.2.8　不同类型孔雀草花相似度比较

采用高效液相进行测定。运用中药色谱指纹图谱相似度评价系统（2004A 版）将孔雀草花的色谱图导入并计算相似度。

5.1.3　实验结果

5.1.3.1　检测波长的确定

供试品溶液在 220 nm 波长下色谱峰较多，能最大限度反映样品的图谱特征，且各组分的响应值较高，因此选择 220 nm 作为指纹图谱检测波长（图 3-57）。

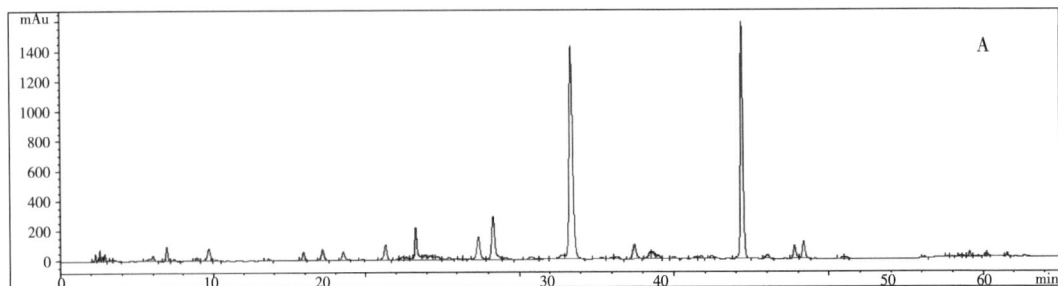

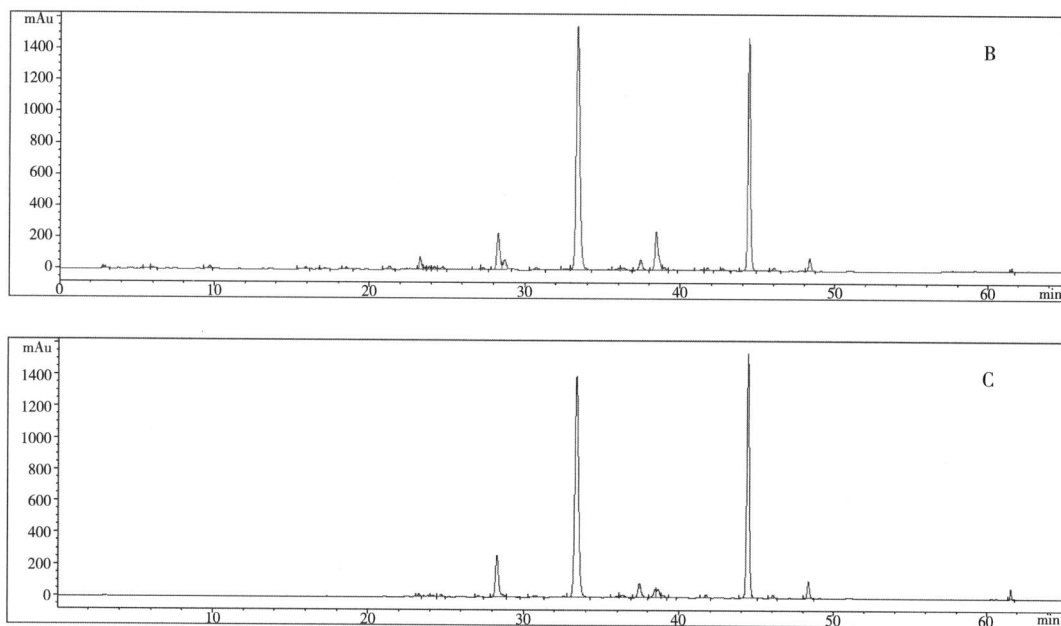

A–220 nm，B–254 nm，C–365 nm

图 3-57　孔雀草花不同检测波长下的 HPLC 色谱图

5.1.3.2　提取溶剂考察

以 3 种不同溶剂制备的供试品溶液的 HPLC 谱图中均有两个主峰，可见这 2 种成分含量远远高于其他成分。70% 甲醇为提取溶剂的供试品谱图中这 2 种成分的峰面积高于 50% 甲醇和甲醇；其他类型的成分也在 70% 甲醇为提取溶剂的供试品谱图中更多。故选择 70% 甲醇提取效果更好溶剂（图 3-58）。

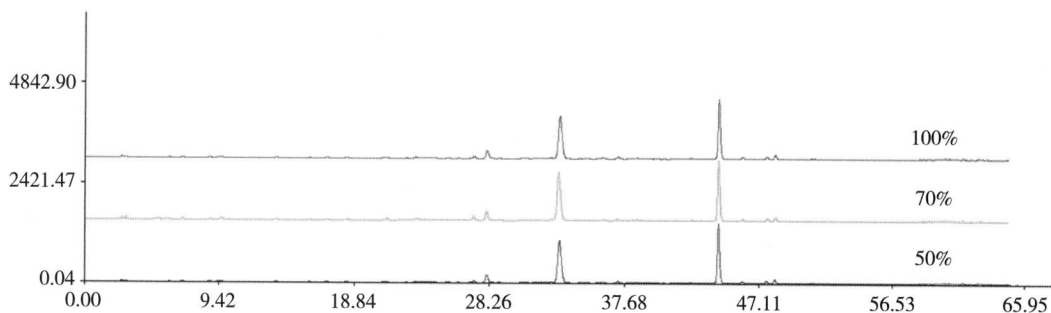

图 3-58　孔雀草花提取溶剂考察

5.1.3.3　方法学考察结果

精密度：

同一批样品，精密度测定结果如表 3-50、表 3-51，图 3-59 所示，计算了 6 个共有峰相对于 15 号峰的相对峰面积，各共有峰相对峰面积 RSD < 3%，色谱图的相似度＞0.99，表明该设备精密度良好。

表 3-50　仪器精密度考察结果

No.	保留时间 (min)	1次	2次	3次	4次	5次	RSD（%）
8	21.387	0.0126	0.0125	0.0125	0.0126	0.0126	0.44
9	23.479	0.0110	0.0108	0.0106	0.0109	0.0108	1.44
10	28.672	0.0980	0.0972	0.0970	0.0970	0.0970	0.46
11	29.161	0.0557	0.0549	0.0556	0.0548	0.0549	0.79
12	33.809	1.3687	1.3369	1.3619	1.3623	1.3315	1.24
13	38.955	0.1691	0.1682	0.1652	0.1648	0.1639	1.37
15	44.627	1.0000	1.0000	1.0000	1.0000	1.0000	0.00

表 3-51　精密度考察样品相似度分析

No.	S1	S2	S3	S4	S5	对照指纹图谱
S1	1	0.999	1	1	1	1
S2	0.999	1	1	0.999	0.999	1
S3	1	1	1	1	0.999	1
S4	1	0.999	1	1	1	1
S5	1	0.999	0.999	1	1	1
对照指纹图谱	1	1	1	1	1	1

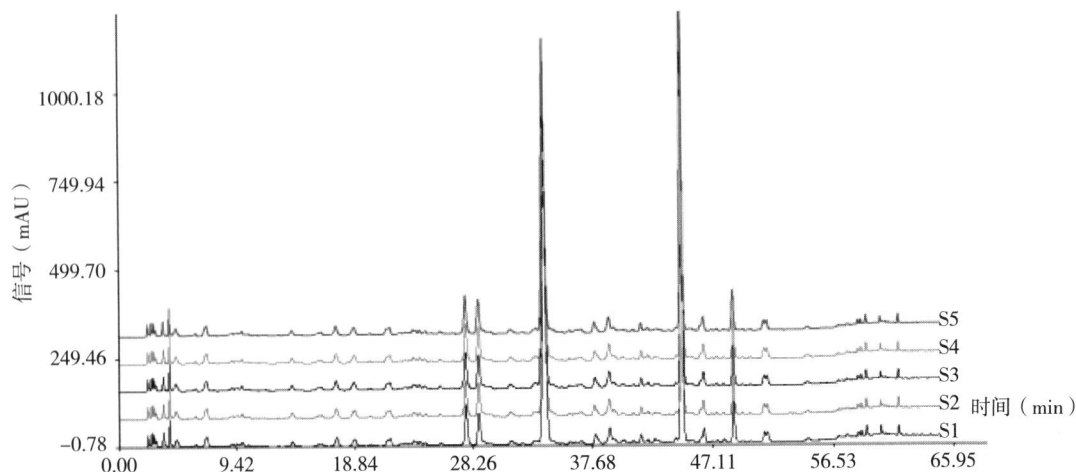

图 3-59　精密度实验指纹图谱

稳定性：

同一批样品，样品稳定性测定结果如表 3-52、表 3-53，图 3-60 所示，计算各共有相对峰面积 RSD < 1.2%，色谱图相似度 > 0.99，结果表明样品 24 h 内稳定。

表 3-52　稳定性考察结果

No.	保留时间	0	2	4	8	12	24	RSD (%)
8	21.402	0.0125	0.0126	0.0127	0.0126	0.0124	0.0125	0.84
9	23.566	0.0112	0.0110	0.0113	0.0112	0.0111	0.0113	1.12
10	28.688	0.0982	0.0975	0.0974	0.0971	0.0972	0.0972	0.41
11	29.541	0.0550	0.0553	0.0558	0.0548	0.0547	0.0543	0.94
12	33.984	1.3410	1.3558	1.3602	1.3422	1.3610	1.3669	0.78
13	39.105	0.1670	0.1687	0.1674	0.1688	0.1669	0.1679	0.49
15	44.864	1.0000	1.0000	1.0000	1.0000	1.0000	1.0000	0.00

表 3-53　稳定性考察样品相似度分析

No.	S1	S2	S3	S4	S5	S6	对照指纹图谱
S1	1	1	0.999	0.999	1	1	1
S2	1	1	0.999	0.999	0.999	0.999	1
S3	0.999	0.999	1	1	1	1	1
S4	0.999	0.999	1	1	1	1	1
S5	1	0.999	1	1	1	1	1
S6	1	0.999	1	1	1	1	1
对照指纹图谱	1	1	1	1	1	1	1

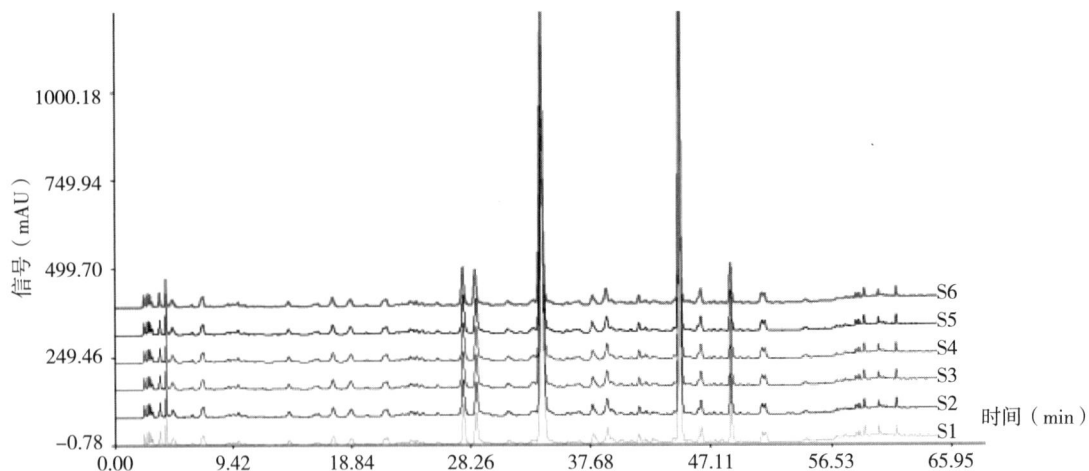

图 3-60　稳定性实验指纹图谱

重复性：

取同一批样品，6 份。方法重复性测定结果如表 3-54、表 3-55、图 3-61 所示，计算各共有峰面积 RSD < 1.4%，色谱图相似度 > 0.99，结果表明方法重复性良好。

表 3-54　重复性测定结果

No.	保留时间 (min)	S1	S2	S3	S4	S5	S6	RSD (%)
8	21.392	0.0125	0.0126	0.0126	0.0126	0.0125	0.0125	0.41
9	23.540	0.0111	0.0112	0.0113	0.0113	0.0111	00113	0.88
10	28.690	0.0988	0.0986	0.0975	0.0971	0.0990	0.0978	0.65
11	29.258	0.0555	0.0559	0.0560	0.0551	0.0546	0.0543	1.34
12	33.855	1.3412	1.3560	1.3651	1.3402	1.3546	1.3425	0.67
13	39.120	0.1685	0.1674	0.1678	0.1682	0.1669	0.1689	0.50
15	44.769	1.0000	1.0000	1.0000	1.0000	1.0000	1.0000	0.00

表 3-55　重复性样品考察相似度分析

NO.	S1	S2	S3	S4	S5	S6	对照指纹图谱
S1	1	1	0.999	0.999	0.999	1	1
S2	1	1	0.999	0.999	0.999	0.999	0.999
S3	0.999	0.999	1	1	1	1	0.999
S4	0.999	0.999	1	1	1	1	1

NO.	S1	S2	S3	S4	S5	S6	对照指纹图谱
S5	0.999	0.999	1	1	1	1	1
S6	1	0.999	1	1	1	1	1
对照指纹图谱	1	0.999	0.999	1	1	1	1

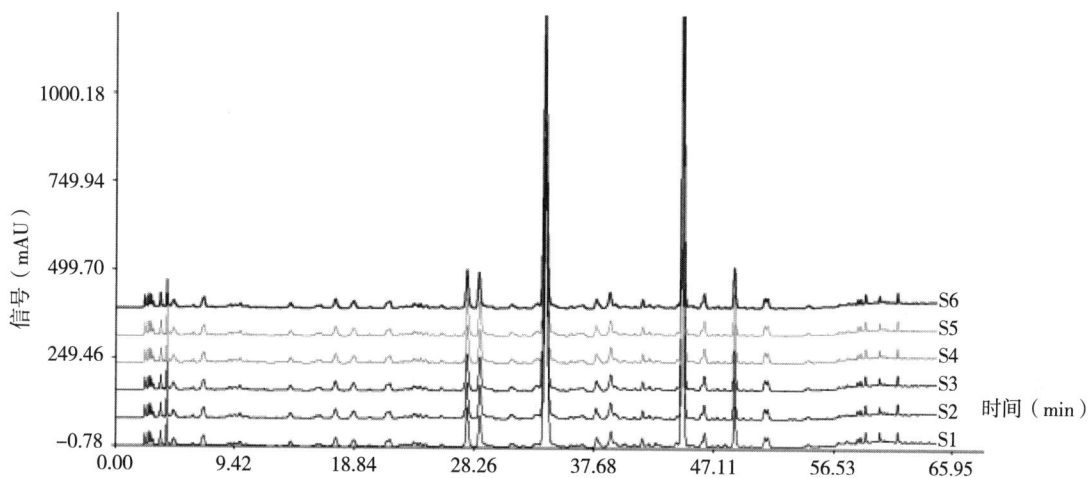

图 3-61 重复性实验指纹图谱

5.1.3.4 孔雀草药材指纹图谱

采用中药色谱指纹图谱相似度评价系统（2004A版）进行参照峰的设置、峰标定、峰匹配处理后，孔雀草指纹图谱匹配出 21 个共有峰，共有峰面积总和在所有峰的峰面积总和中比例高于 95.0%。通过与对照品比对，确定 12 号峰为万寿菊素 –7-O-β-D- 葡萄糖苷，15 号峰为万寿菊素。以万寿菊素为参照峰，图 3-62 ~ 图 3-65。

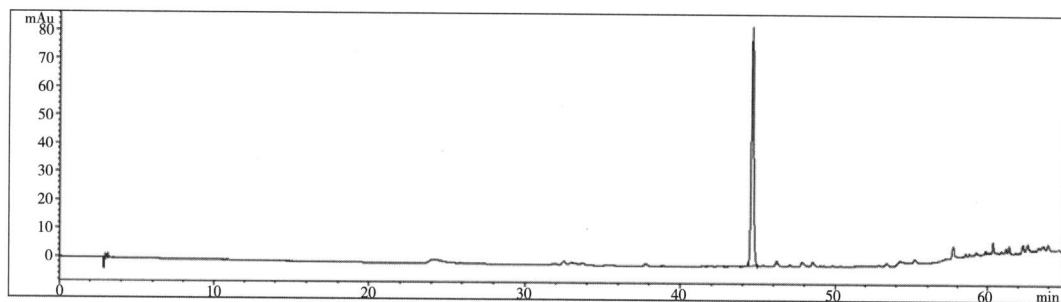

图 3-62 万寿菊对照品色谱图

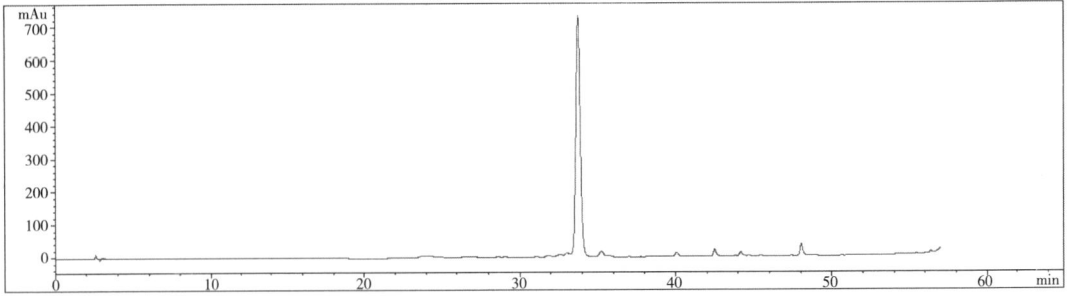

图 3-63　万寿菊素 -7-O-β-D- 葡萄糖苷对照品色谱图

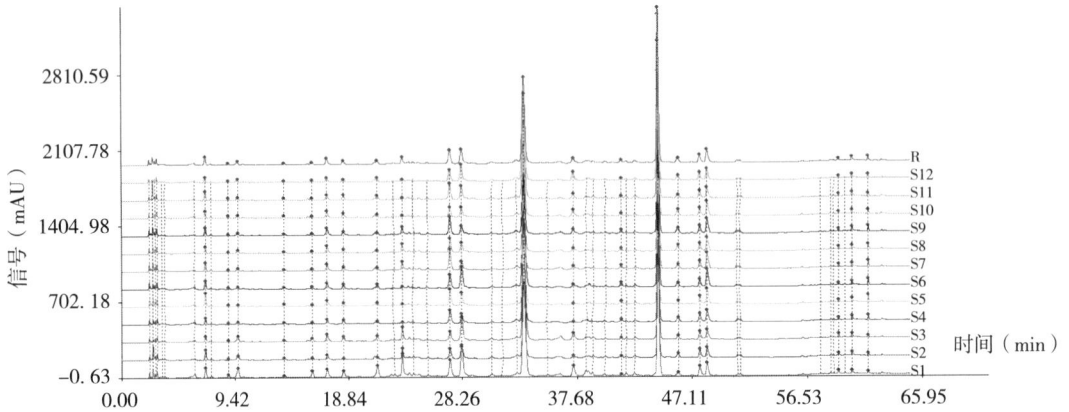

图 3-64　12 批孔雀草花药材指纹图谱

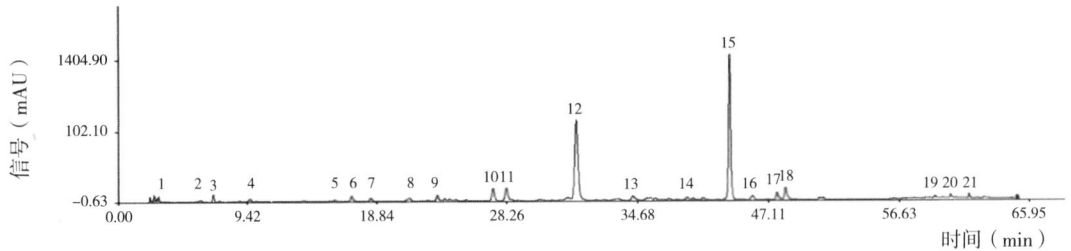

图 3-65　孔雀草花对照指纹图谱

5.1.3.5　12 批孔雀草花药材峰面积比及相对保留时间的指纹图谱测定结果

以 15 号峰为参照峰，单峰面积占总峰面积小于 10% 的共有峰，峰面积比值不做要求。12 批孔雀草花所匹配出的共有峰峰面积以及相对峰面积显示，同种化学成分在不同批次中相差较大，但是相同颜色不同批次的花中化学成分含量相对相差较小。12 批花的相对保留时间 RSD < 3.0%，可知保留时间的差别不大，可以判定花中有相似成分，但含量不一。

此外，12 号峰面积大的批次，15 号峰面积也相对较大。可推测 12 号与 15 号峰存在某种联系，即万寿菊素随着万寿菊素 -7-O-β-D- 葡萄糖苷含量的上升而增加。

5.1.3.6　相似度评价结果

设置 S1 为参照图谱，12 批孔雀草花的相似度均大于 0.9，见表 3-56 ~ 表 3-59。

表3-56　12批孔雀草花样品峰面积

No.	保留时间(min)	S1	S2	S3	S4	S5	S6	S7	S8	S9	S10	S11	S12
		红黄相间			黄色		红色			黄色			
1	6.861	845.27	817.829	456.539	489.78	1139.74	665.968	693.333	542.734	642.65	565.866	706.191	422.372
2	8.843	264.15	101.852	155.977	124.838	130.546	155.268	135.636	120.545	134.184	195.735	209.327	106.956
3	9.653	1249.205	572.707	731.569	282.711	198.954	286.165	355.494	437.939	413.02	345.367	338.202	375.093
4	13.515	183.031	141.925	192.816	214.04	235.565	226.934	189.481	190.156	194.079	213.459	270.497	148.676
5	15.812	630.857	150.352	338.736	165.664	164.001	220.853	225.483	179.072	185.206	174.406	212.595	196.640
6	17.042	939.831	538.739	876.332	515.119	710.407	725.861	832.326	834.211	870.524	781.941	603.251	573.421
7	18.438	835.592	119.33	556.957	445.803	402.693	501.887	449.383	412.655	421.63	497.213	541.986	352.215
8	21.247	1465.249	207.123	769.332	314.509	393.851	570.760	373.817	306.077	297.553	391.223	623.465	461.613
9	23.289	2462.493	1008.881	1552.585	253.476	382.779	394.58	1105.287	1057.764	1036.824	360.854	385.325	362.240
10	27.284	2370.876	1400.474	1318.677	1797.031	2010.836	1820.445	2684.354	1803.08	2330.394	1380.116	2058.275	1658.188
11	28.246	4414.679	1744.719	3322.565	1178.385	1726.481	2869.805	1165.136	1320.875	1233.023	1327.193	1790.917	2531.178
12	33.276	23224.62	11349.64	18770.18	14995.36	12003.57	17462.05	9102.974	10438.46	9389.904	10764.23	12682.06	14276.80
13	37.332	1507.756	528.261	1033.775	97.144	208.879	419.172	555.326	503.798	832.052	957.817	694.100	1192.515
14	41.262	217.236	404.176	289.865	405.097	438.067	568.204	553.936	422.957	547.39	372.828	285.389	294.022
15	44.304	18071.56	11879.25	15046.54	11244.76	15346.18	15922.69	18253.75	14710.48	16829.06	17873.26	18923.07	17441.81
16	45.965	440.354	668.928	511.193	637.908	470.257	655.461	708.441	831.276	857.49	850.68	471.852	668.716
17	47.719	1163.075	1025.999	976.630	1030.437	978.813	980.797	967.976	990.987	948.331	977.975	972.212	966.506

续表

No.	保留时间(min)	红黄相间				黄色			红色		黄色		
		S1	S2	S3	S4	S5	S6	S7	S8	S9	S10	S11	S12
18	48.33	1459.985	1385.584	1363.619	1570.671	2077.751	2355.822	2131.651	1903.749	1898.569	1948.435	1525.152	1442.355
19	59.086	400.738	335.156	458.084	328.934	335.15	338.173	392.496	345.233	380.876	311.556	337.965	325.860
20	60.203	339.165	360.720	444.571	388.193	389.172	378.148	461.746	397.084	440.164	393.505	408.627	390.544
21	61.535	164.899	152.782	194.239	289.479	428.376	385.462	469.556	297.91	412.812	249.812	209.351	235.856

表3-57　12批孔雀草样品相对峰面积

No.	保留时间(min)	红黄相间				黄色			红色		黄色			RSD (%)
		S1	S2	S3	S4	S5	S6	S7	S8	S9	S10	S11	S12	
1	6.861	0.0468	0.0688	0.0303	0.0436	0.0743	0.0418	0.0380	0.0369	0.0382	0.0317	0.0373	0.0242	34.77
3	9.653	0.0691	0.0482	0.0486	0.0251	0.0130	0.0180	0.0195	0.0298	0.0245	0.0193	0.0179	0.0215	57.18
6	17.042	0.0520	0.0454	0.0582	0.0458	0.0463	0.0456	0.0456	0.0567	0.0517	0.0437	0.0319	0.0329	17.34
9	23.289	0.1363	0.0849	0.1032	0.0225	0.0249	0.0248	0.0606	0.0719	0.0616	0.0202	0.0204	0.0208	71.56
10	27.284	0.1312	0.1179	0.0876	0.1598	0.1310	0.1143	0.1471	0.1226	0.1385	0.0772	0.1088	0.0951	20.49
11	28.240	0.2443	0.1469	0.2208	0.1048	0.1125	0.1802	0.0638	0.0898	0.0733	0.0743	0.0946	0.1451	46.00
12	33.276	1.2851	0.9554	1.2475	1.3335	0.7822	1.0967	0.4987	0.7096	0.5580	0.6023	0.6702	0.8185	33.76
13	37.332	0.0834	0.0445	0.0687	0.0086	0.0136	0.0263	0.0304	0.0342	0.0494	0.0536	0.0367	0.0684	52.70
15	44.304	1.0000	1.0000	1.0000	1.0000	1.0000	1.0000	1.0000	1.0000	1.0000	1.0000	1.0000	1.0000	0.00

续表

No.	保留 时间 (min)	S1	S2	S3	S4	S5	S6	S7	S8	S9	S10	S11	S12	RSD (%)
		红黄相间				黄色			红色			黄色		
17	47.719	0.0644	0.0864	0.0649	0.0916	0.0638	0.0616	0.0530	0.0674	0.0564	0.0547	0.0514	0.0554	19.80
18	48.330	0.0808	0.1166	0.0906	0.1397	0.1354	0.1480	0.1168	0.1294	0.1128	0.1090	0.0806	0.0827	21.29

表 3-58 12批孔雀草花样品相对保留时间

No.	S1	S2	S3	S4	S5	S6	S7	S8	S9	S10	S11	S12	RSD (%)
1	0.155	0.154	0.155	0.156	0.150	0.154	0.155	0.154	0.155	0.154	0.155	0.154	0.979
3	0.218	0.218	0.218	0.216	0.217	0.217	0.217	0.220	0.218	0.218	0.218	0.219	0.475
6	0.385	0.385	0.386	0.383	0.385	0.383	0.385	0.385	0.385	0.383	0.384	0.383	0.264
9	0.526	0.527	0.525	0.521	0.520	0.521	0.522	0.527	0.525	0.523	0.523	0.521	0.470
10	0.616	0.616	0.615	0.611	0.609	0.609	0.611	0.617	0.615	0.613	0.613	0.612	0.445
11	0.637	0.640	0.637	0.632	0.632	0.632	0.636	0.641	0.638	0.634	0.634	0.634	0.463
12	0.751	0.752	0.750	0.746	0.743	0.744	0.746	0.752	0.751	0.749	0.748	0.746	0.419
13	0.843	0.845	0.844	0.836	0.834	0.838	0.836	0.844	0.842	0.839	0.838	0.837	0.437
15	1.000	1.000	1.000	1.000	1.000	1.000	1.000	1.000	1.000	1.000	1.000	1.000	0.000
17	1.077	1.080	1.082	1.079	1.077	1.081	1.085	1.098	1.093	1.086	1.076	1.077	0.627
18	1.091	1.096	1.090	1.095	1.093	1.093	1.104	1.095	1.093	1.085	1.095	1.096	0.406

表3-59　12批孔雀草花样品相似度

No.	S1	S2	S3	S4	S5	S6	S7	S8	S9	S10	S11	S12	对照指纹图谱
S1	1	0.982	0.998	0.990	0.962	0.991	0.896	0.952	0.916	0.927	0.945	0.972	0.977
S2	0.982	1	0.985	0.981	0.99	0.992	0.952	0.985	0.965	0.970	0.980	0.991	0.995
S3	0.998	0.985	1	0.991	0.967	0.994	0.904	0.958	0.922	0.935	0.950	0.976	0.981
S4	0.990	0.981	0.991	1	0.965	0.993	0.895	0.951	0.914	0.927	0.943	0.968	0.975
S5	0.962	0.99	0.967	0.965	1	0.985	0.978	0.996	0.985	0.990	0.995	0.996	0.997
S6	0.991	0.992	0.994	0.993	0.985	1	0.930	0.974	0.945	0.957	0.969	0.988	0.991
S7	0.896	0.952	0.904	0.895	0.978	0.930	1	0.987	0.998	0.993	0.988	0.969	0.968
S8	0.952	0.985	0.958	0.951	0.996	0.974	0.987	1	0.993	0.995	0.996	0.993	0.994
S9	0.916	0.965	0.922	0.914	0.985	0.945	0.998	0.993	1	0.996	0.993	0.979	0.979
S10	0.927	0.970	0.935	0.927	0.990	0.957	0.993	0.995	0.996	1	0.997	0.987	0.985
S11	0.945	0.980	0.950	0.943	0.995	0.969	0.988	0.996	0.993	0.997	1	0.993	0.992
S12	0.972	0.991	0.976	0.968	0.996	0.988	0.969	0.993	0.979	0.987	0.993	1	0.998
对照指纹图谱	0.977	0.995	0.981	0.975	0.997	0.991	0.968	0.994	0.979	0.985	0.992	0.998	1

5.1.4　小结

中药指纹图谱能全面反映药材的多元组分，是一种综合、可量化的鉴定手段[103]，可以反映出药材的全貌。除了用于单味药的质量控制外，其在复方药的组成分析中的应用也逐渐增多[104]。本实验对不同颜色的孔雀草花进行比较，考察了花色和批次对成分的影响。

通过指纹图谱相似度评价系统对 12 批药材进行共有峰的标定及匹配，识别出 21 个共有峰。在不同花色的成分比较中得出，不论何种花色万寿菊素及其 7–O–β–D– 葡萄糖苷的含量远远超过本植物的其他成分，可作为指标成分，对质量控制有重要意义。该植物中的其他成分根据相对峰面积的比值可知，10 号、13 号在植物中的含量相差较大。12 批孔雀草花的相似度很高，均在 0.9 以上。

同时，通过指纹图谱也可初步比较指标性成分的相对含量。万寿菊素 –7–O–β–D– 葡萄糖苷峰面积在红黄相间杂色花（S1 ~ S3）、黄色花（S4 ~ S6）、红色样品（S7 ~ S9）和橙色花（S10 ~ S12）中分别为 17781.48 ± 5998、14995.36 ± 2733.45、9643.78 ± 703.01 和 10764.23 ± 1758.76。万寿菊素峰面积在红黄相间杂色花（S1 ~ S3）、黄色花（S4 ~ S6）、红色样品（S7 ~ S9）和橙色花（S10 ~ S12）中分别为 14999.12 ± 3096.43、14171.21 ± 2550.72、16597.76 ± 1782.92、18079.38 ± 761.84。由此，可以推断孔雀草红黄相间杂色花中万寿菊素 –7–O–β–D– 葡萄糖平均含量较高，万寿菊素的平均含量在橙色花中较高。

本实验采用 HPLC 法对 12 批孔雀草花进行测定，发现无论在颜色还是批次方面孔雀草花化学成分种类几乎不存在差异，但是各化学成分的含量差异较为明显。

5.2　孔雀草花中万寿菊素及其糖苷的含量测定

孔雀草花虽未被药典收录，但被《贵州草药》记载。通过前面指纹图谱的研究可知孔雀草花中主要成分是万寿菊素及其 7–O–β–D– 葡萄糖苷，并且其在不同花色的孔雀草花中含量差异较大。本部分建立了孔雀草花中万寿菊素及其 7–O–β–D– 葡萄糖苷的含量测定方法，以期为评价孔雀草花的质量奠定基础。

5.2.1　实验材料

Agilent1260 高效液相色谱仪（美国安捷伦科技有限公司）、万分之一分析天平（Acculab 型，Sartorius group，德国）、十万分之一分析天平（CP225D 型，Sartorius group，德国）、CQ–250 超声波清洗器（上海超声仪器厂）、高速万能粉碎机（武义县屹立工具有限公司）；恒温水浴锅（HH–S 型，巩义市予华仪器有限公司）。

对照品万寿菊、万寿菊素 –7–O–β–D– 葡萄糖苷均为自制，纯度＞ 95%。

不同颜色的孔雀草花，12 批 S1 ~ S12（批号：2019100101 ~ 2019100112），2019 年 10 月采于辽宁省大连，大连五舟神草健康科技有限公司提供。

5.2.2　方法与结果

5.2.2.1　对照品溶液制备

精密称定万寿菊素 –7–O–β–D– 葡萄糖苷对照品 5 mg，置 10 mL 棕色容量瓶中，以甲醇溶解定容，摇匀，作为母液。精密称定万寿菊素对照品 5 mg，置 10 mL 棕色容量瓶，以甲醇溶解定容，摇匀，作为母液。各吸取适量，经甲醇稀释配成万寿菊素 –7–O–β–D–葡萄糖苷对照品溶液（0.2008 mg/mL）和万寿菊素对照品溶液（0.1020 mg/mL）备用。

5.2.2.2　检测波长的选择

吸取 0.1020 mg/mL 的万寿菊素 1 mL 对照品溶液，加甲醇稀释并定容至 5 mL 容量瓶内。取 0.2008 mg/mL 的万寿菊素 –7–O–β–D– 葡萄糖苷对照品溶液，加甲醇稀释定容至 5 mL 容量瓶内。以甲醇为空白，平衡基线后，在紫外 UV–3010 分光光度计 200～600 nm 下进行全波长扫描。紫外吸收光谱见图 3–66、图 3–67。

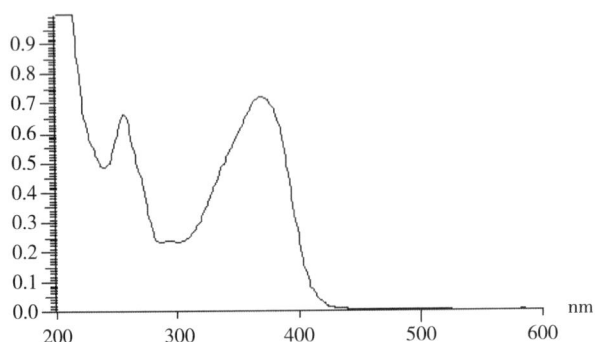

图 3-66　万寿菊素的紫外光谱（甲醇）

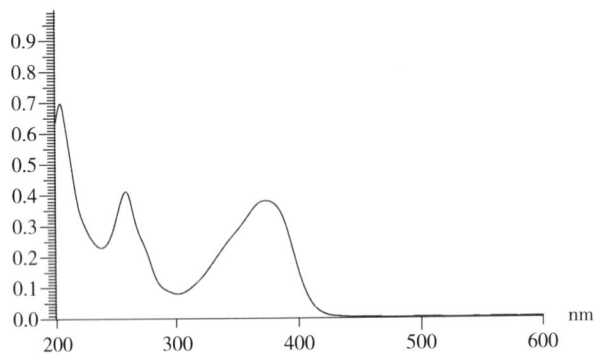

图 3-67　万寿菊素 –7–O–β–D– 葡萄糖苷的紫外光谱（甲醇）

在 254 nm 处万寿菊素 –7–O–β–D– 葡萄糖苷、万寿菊素有最大吸收，选择 254 nm 为测定波长。

5.2.2.3　标准品纯度检识

标准品按高效液相色谱法进行纯度检查。分别吸取对照品万寿菊素 –7–O–β–D– 葡萄糖苷（0.2008 mg/mL），万寿菊素（0.1020 mg/mL），空白甲醇各 10 μL，注入 HPLC，在 254 nm 下检测，甲醇 –0.3% 磷酸水梯度洗脱，流速为 1 mL/min，30 min 后记录万寿菊素 –7-O-β-D- 葡萄糖苷、万寿菊素色谱峰面积，见色谱图。面积归一化后，万寿菊素 –7-O-β-D- 葡萄糖苷面积百分比为 98.34%，万寿菊素面积百分比为 98.00%，纯度较高。检查结果如图 3-68 ~ 图 3-70，表 3-60、表 3-61 所示。

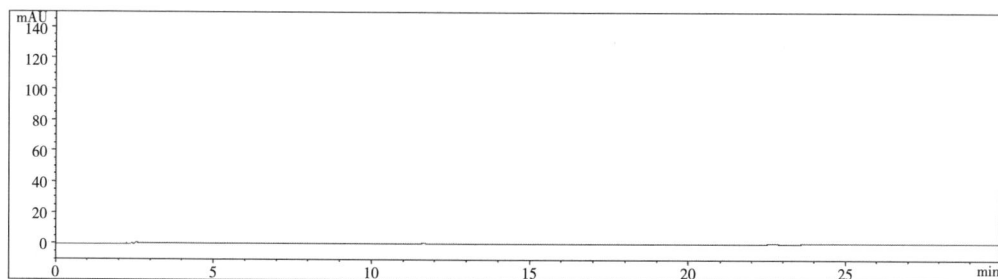

图 3-68　空白甲醇的液相色谱图

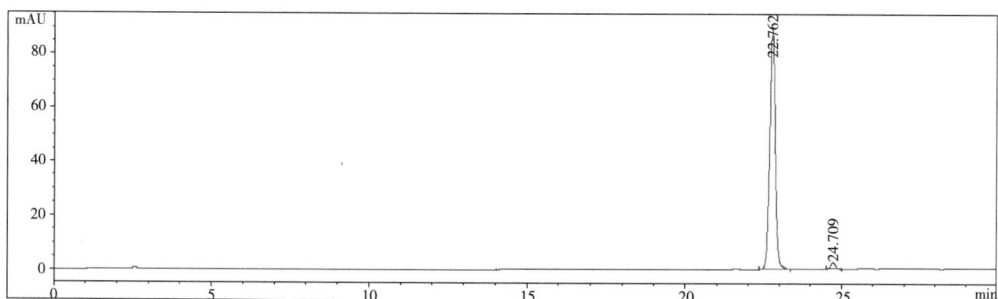

图 3-69　万寿菊素色谱图

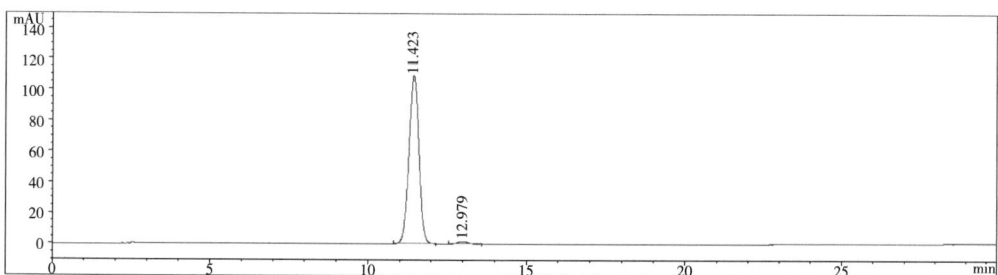

图 3-70　万寿菊素 –7-O-β-D- 葡萄糖苷色谱图

表 3-60　万寿菊素纯度

时间（min）	峰面积（mAU*S）	含量（%）
22.762	1116.1	98.00
24.709	22.8	2.00

表 3-61　万寿菊素 -7-O-β-D- 葡萄糖苷纯度

时间（min）	峰面积（mAU*S）	含量（%）
11.423	2394.6	98.34
12.978	40.4	1.66

5.2.2.4　供试品溶液的制备

精密称取孔雀草花 S1 粉末（60 目筛）0.2 g，药材转移置滤纸筒内，滤纸筒放于索氏提取器中，加石油醚 100 mL，提取 3 h，至提取器中石油醚中颜色逐渐变淡直到无色。弃去石油醚液，展开滤纸筒，挥干滤纸筒中残留的溶剂后，将滤纸筒放入 100 mL 具塞锥形瓶中，移液管吸取甲醇 50 mL，密塞，称重。放置 15 min，加热回流 0.5 h，冷却至室温。甲醇补足失重。经 0.45 μm 滤膜过滤，取续滤液，即得供试品溶液。

5.2.2.5　色谱条件

色谱条件的考察

色谱柱：Thermo C_{18}（250 mm ×4.6 mm，5 μm）柱；检测波长为 254 nm；流速：1.0 mL/min；柱温：30 ℃，进样量 10 μL。

按不同流动相条件洗脱，注入高效液相色谱仪，记录系统适用性试验指标。

表 3-62　万寿菊素 -7-O-β-D- 葡萄糖苷色谱条件比较

流动相加酸比例	塔板数	分离度	拖尾因子	对称因子
水 – 甲醇	8756	1.40	0.89	0.87
0.1% 磷酸水 – 甲醇	8724	1.93	0.90	0.89
0.3% 磷酸水 – 甲醇	8848	6.41	0.96	0.97

表 3-63　万寿菊素色谱条件比较

流动相加酸比例	塔板数	分离度	拖尾因子	对称因子
水 – 甲醇	56343	15.58	0.85	0.91
0.1% 磷酸水 – 甲醇	55621	15.49	0.87	0.92
0.3% 磷酸水 – 甲醇	78591	16.88	0.95	0.98

由表 3-62、表 3-63 可知，0.3% 磷酸下的分离度改善较大，与相邻组分分离较好，拖尾及对称因子在 0.95 ~ 1.05，各指标均在规定范围内，选择甲醇 -0.3% 磷酸水为流动相。

色谱条件的确定：

色谱柱：Thermo–Hypercarb（250 mm ×4.6 mm，5 μm）柱；

流动相：0.3% 磷酸水（A）– 甲醇（B），梯度洗脱，0～10 min，40%B～45%B；10～20 min，45%B～60%B；20～30 min，60%B～80%B；

流速：1.0 mL/min；

检测波长：254 nm；

在上述色谱条件下，将供试品、混合标准品注入高效液相色谱仪，记录峰面积（图3–71）。

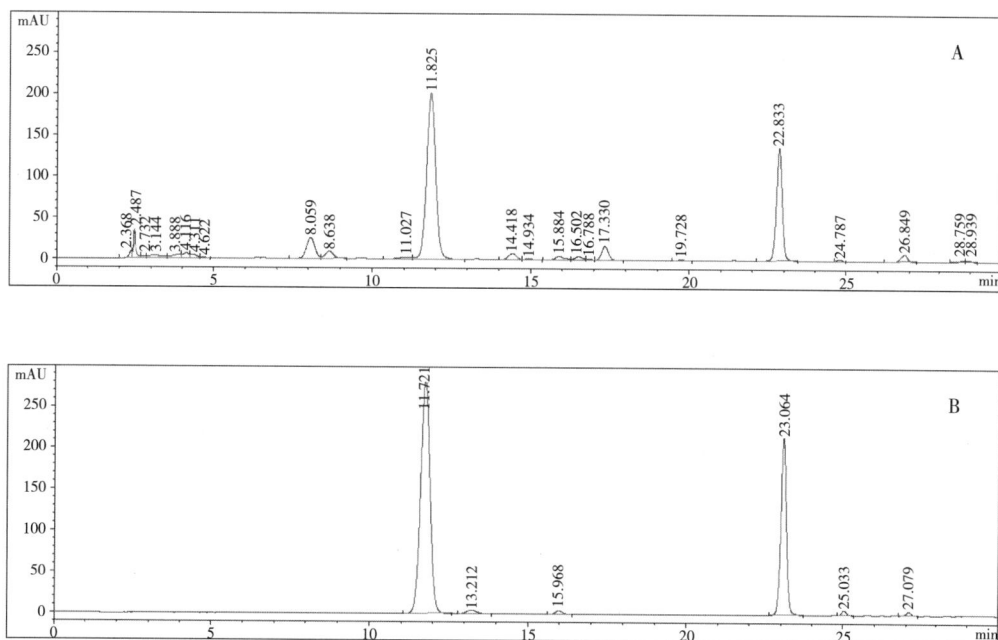

图 3–71　供试品与标准品色谱图（A– 供试品色谱图，B– 混合标准品色谱图）

其中万寿菊素 –7-O-β-D- 葡萄糖苷、万寿菊素与其他峰的分离较好，如图 3–71A（来自不脱脂样品色谱图 3–71B 混合对照品图）所示。

5.2.2.6　脱脂条件考察

供试品 1（不脱脂）：精密称取 S1 粉末 0.2 g 过筛。放于滤纸筒内包好，连同滤纸筒一并放入锥形瓶内，移液管精密吸取甲醇 50 mL，密塞，称重，放置 15 min，超声提取 30 min，冷却至室温。甲醇补足失重。

供试品 2（石油醚脱脂）：精密称取 S1 粉末 0.2 g 过筛。放于滤纸筒内包好，连同滤纸筒一并放入索氏提取器中，加 100 mL 石油醚脱脂 3 h，至提取器中石油醚液颜色逐渐变浅至无色。将石油醚液倒出置蒸发皿中，取出滤纸筒，挥干溶剂。滤纸筒放入锥形瓶内，移液管精密吸取甲醇 50 mL 于锥形瓶中，密塞，称重，放置 15 min，超声提取 30 min，冷却至室温。甲醇补足失重。0.45 μm 滤膜滤过，取续滤液，即得。

供试品 3（三氯甲烷脱脂）：精密称取 S1 粉末 0.2 g 过筛。放于滤纸筒内包好，连同滤纸筒一并放入索氏提取器中，加 100 mL 三氯甲烷脱脂 3 h，至提取器中三氯甲烷液颜色逐渐变浅至无色。取出滤纸筒，挥干溶剂。将三氯甲烷液倒入蒸发皿中，蒸干。滤纸筒放入具塞锥形瓶内，移液管精密吸取甲醇 50 mL 于锥形瓶中，密塞，称重，放置 15 min，超声提取 30 min，冷却至室温。甲醇补足失重。0.45 μm 滤膜滤过，取续滤液，即得。

供试品 4（石油醚中成分）：吸取甲醇将供试品 2 中蒸发皿的溶解残渣，0.45 μm 滤膜滤过，取续滤液，即得。

供试品 5（三氯甲烷中成分）：吸取甲醇将供试品 3 中蒸发皿的溶解残渣，0.45 μm 滤膜滤过，取续滤液，即得。

将上述供试品按"5.2.2.5"项下方法注入 HPLC，记录峰面积，并计算提取量。比较各比较不脱酯、三氯甲烷、石油醚三种不同条件下的脱酯情况以及脱脂溶液内是否含有检测成分。经 HPLC 检测，结果如表 3–64。

表 3–64　脱脂条件考察

供试品	样品量（g）	万寿菊素 -7-O-β-D- 葡萄糖苷		万寿菊素	
		峰面积（mAU*S）	提取量（mg/g）	峰面积（mAU*S）	提取量（mg/g）
1	0.2000	3495	30.18	1287	12.32
2	0.1998	3971	34.45	1743	16.71
3	0.1999	4322	38.07	1932	18.52
4	—	—	—	—	—
5	—	—	—	—	—

脱脂用的石油醚及三氯甲烷中，均不含万寿菊素及糖苷。说明脱脂不会造成样品含量的损失。使用石油醚脱脂后峰面积最大，提取量最高。因此先用石油醚进行脱脂处理有效脱去色素及脂溶性杂质，能有效提高提取量。

5.2.2.7　供试品制备方法考察

提取方式考察：

精密称取 S1 粉末两份，每份 0.2 g。放入滤纸筒内包好，连同滤纸筒一并放入索氏提取器中，加 100 mL 石油醚脱脂 3 h，至提取器中石油醚液颜色逐渐变浅至无色。弃去石油醚液，取出滤纸筒，挥干溶剂。滤纸筒分别放入锥形瓶内，移液管精密吸取甲醇 50 mL，密塞，称重，放置 15 min。一份超声提取 30 min，另一份回流提取 1 h。放冷，再称定重量，用甲醇补足减失的重量。0.45 μm 滤膜滤过，取续滤液。按"5.2.2.5"项下方法注入 HPLC，比较超声、回流两种不同的提取方式。记录色谱峰面积，计算提取量。

表 3-65 不同提取方式考察

供试品	样品量（g）	万寿菊素 -7-O-β-D- 葡萄糖苷		万寿菊素	
		峰面积（mAU*S）	提取量（mg/g）	峰面积（mAU*S）	提取量（mg/g）
回流	0.2000	4399	37.77	2109	20.20
超声	0.2000	4280	36.75	1973	18.89

由表 3-65 可知，在其他因素相同的条件下，甲醇回流比超声提取量高，故选择回流提取法作为提取方式。

提取溶剂考察：

精密称取 S1 粉末 3 份，每份 0.2 g。放入滤纸筒内包好，连同滤纸筒一并放入索氏提取器中，加 100 mL 石油醚脱脂 3 h，至提取器中石油醚液颜色逐渐变浅至无色。弃去石油醚液，取出滤纸筒，挥干溶剂。滤纸筒分别放入 3 个锥形瓶内，移液管精密吸取 50% 甲醇、70% 甲醇、甲醇各 50 mL 于 3 个锥形瓶中，密塞，称重，浸泡 15 min，回流提取 1 h。放冷，再称定重量，分别用各相应溶剂补足失重。0.45 μm 滤膜滤过，取续滤液。注入 HPLC，比较 50%、70%、纯甲醇 3 种提取溶剂。记录色谱峰面积，计算提取量。

表 3-66 不同提取溶剂考察

提取溶剂	样品量（g）	万寿菊素 -7-O-β-D- 葡萄糖苷		万寿菊素	
		峰面积（mAU*S）	提取量（mg/g）	峰面积（mAU*S）	提取量（mg/g）
纯甲醇	0.2004	5024	43.06	2840	27.14
50% 甲醇	0.2002	4180	35.86	2060	19.71
70% 甲醇	0.1999	4763	40.92	2409	23.08

由表 3-66 可知，在其他因素相同的条件下，纯甲醇提取较其他比例的甲醇提取量高，故选择纯甲醇为提取溶剂。

提取时间考察：

精密称取 S1 粉末 4 份，每份 0.2 g。放入滤纸筒内包好，连同滤纸筒一并放入索氏提取器中，加 100 mL 石油醚脱脂 3 h，至提取器中石油醚液颜色逐渐变浅至无色。弃去石油醚液，取出滤纸筒，挥干溶剂。滤纸筒分别放入 4 个锥形瓶内，移液管精密吸取甲醇 50 mL 于锥形瓶中，密塞，称重，浸泡 15 min，回流提取，分别保持微沸 20 min、30 min、60 min、120 min。放冷至室温，再称定重量，用甲醇补足减失的重量，0.45 μm 滤膜滤过，取续滤液。注入 HPLC，记录色谱峰面积，计算提取量。

表 3-67 不同提取时间考察

提取时间 (min)	样品量 (g)	万寿菊素 -7-O-β-D- 葡萄糖苷		万寿菊素	
		峰面积 (mAU*S)	提取量 (mg/g)	峰面积 (mAU*S)	提取量 (mg/g)
20	0.2005	4172	35.74	1925	18.39
30	0.2008	4227	36.15	1999	19.07
60	0.2000	4115	35.34	1956	18.73
120	0.2004	3876	33.22	1817	17.36

由表 3-67 可知，其他条件相同的情况下，在 30 min 下的提取量最大，故提取时间选择回流提取 0.5 h。

提取次数考察：

精密称取 S1 粉末 2 份，每份 0.2 g。放入滤纸筒内包好，连同滤纸筒一并放入索氏提取器中，加 100 mL 石油醚脱脂 3 h，至提取器中石油醚液颜色逐渐变浅至无色。弃去石油醚液，取出滤纸筒，挥干溶剂。滤纸筒分别放入 2 个锥形瓶内，移液管精密吸取甲醇 50 mL，密塞，称重，放置 15 min，回流提取，微沸 0.5 h，一份放冷至室温，再称定重量，用甲醇补足减失的重量；另一份甲醇补足失重后再次回流 0.5 h。滤膜滤过，取续滤液。注入 HPLC，比较提取次数。记录色谱峰面积，计算提取量。

表 3-68 提取次数考察

提取次数	样品量 (g)	万寿菊素 -7-O-β-D- 葡萄糖苷		万寿菊素	
		峰面积 (mAU*S)	提取量 (mg/g)	峰面积 (mAU*S)	提取量 (mg/g)
1	0.2001	4347	37.31	1974	18.89
2	0.2002	4303	36.91	1914	18.31

由表 3-68 可知，其他条件相同情况下，提取 1 次和 2 次对提取量的影响并不大，考虑到操作简便、提高效率等问题，故提取次数选择 1 次。

5.2.2.8 方法学考察

线性范围考察：

吸取万寿菊 -7-O-β-D- 葡萄糖苷对照品溶液，配制成 0.0803 mg/mL、0.1205 mg/mL、0.1606 mg/mL、0.2008 mg/mL、0.2410 mg/mL、0.2811 mg/mL 溶液，精密吸取上述溶液各 10 μL。进样测定。以进样量作为横坐标，万寿菊素 -7-O-β-D- 葡萄糖苷峰面积作为纵坐标，得回归线，计算线性方程；同法得到万寿菊素回归方程。线性关系考察见表 3-69、表 3-70，回归方程见图 3-72、图 3-73。

表 3-69　万寿菊素 -7-*O*-*β*-*D*- 葡萄糖苷线性关系考察

进样量（g）	0.803	1.205	1.606	2.008	2.410	2.811
峰面积（mAU*S）	2222.9	3545.7	4612.8	5749.0	6911.5	8022.5

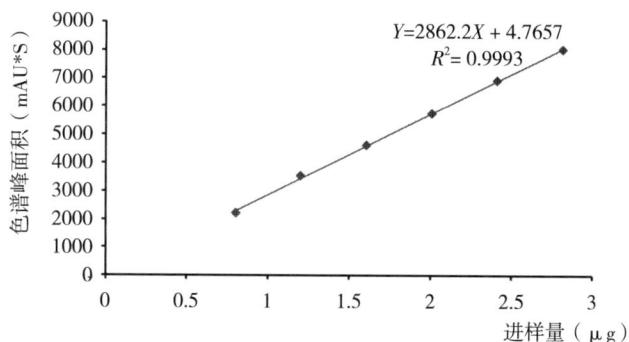

图 3-72　万寿菊素 -7-*O*-*β*-*D*- 葡萄糖苷标准曲线图

表 3-70　万寿菊素线性关系考察

进样量（g）	0.408	0.612	0.816	1.02	1.224	1.428
峰面积（mAU*S）	1064	1564	2058	2576	3142	3687

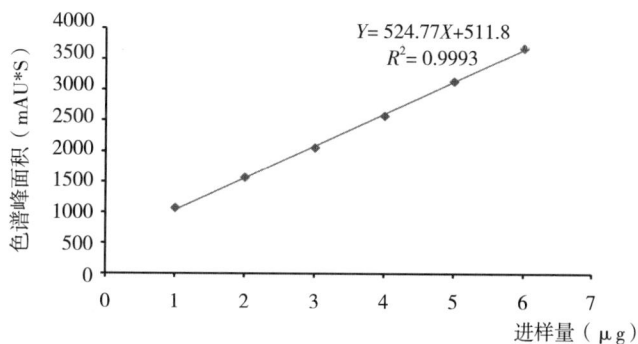

图 3-73　万寿菊素标准曲线

精密度考察：

精密称取 S1 样品粉末 0.2 g，制备供试品溶液，重复进样 6 次，每次 10 μL，分别记录万寿菊素 -7-*O*-*β*-*D*- 葡萄糖苷、万寿菊素的色谱峰面积，计算 RSD 值（表 3-71）。

表 3-71　精密度考察结果

进样次数	1	2	3	4	5	6	RSD (%)
万寿菊素 -7-O-β-D- 葡萄糖苷	4119	4228	4303	4211	4225	4277	1.50
万寿菊素	2000	1989	1975	1925	2010	2054	2.13

注：RSD < 3%，表明仪器精密度良好。

稳定性考察：

取 S1 样品粉末 0.2 g，精密称定。制备供试品溶液，将其在制备后的 0 h、2 h、4 h、8 h、12 h、24 h 时，进样 10 μL，记录万寿菊素 -7-O-β-D- 葡萄糖苷、万寿菊素的色谱峰面积数值，计算 RSD 值。稳定性考察结果见表 3-72。

表 3-72　稳定性考察结果

进样时间 (h)	0	2	4	8	12	24	RSD (%)
万寿菊素 -7-O-β-D- 葡萄糖苷	4230	4117	4215	4220	4336	4283	1.73
万寿菊素	1987	1994	1990	2003	2012	1874	2.59

注：RSD < 3%，表明样品 24 h 内稳定性好。

重复性考察：

取 S1 样品粉末 6 份，每份取 0.2 g，精密称定。制备供试品溶液，进样 10 μL，比较各样品中万寿菊素 -7-O-β-D- 葡萄糖苷、万寿菊素峰面积数值，计算 RSD 值。重复性考察见表 3-73。

表 3-73　重复性考察结果

序号	1	2	3	4	5	6	RSD (%)
万寿菊素 -7-O-β-D- 葡萄糖苷	4178	4294	4218	4306	4312	4338	1.45
万寿菊素	1957	1979	2006	2021	2084	1971	2.31

注：RSD < 3%，表明方法重复性良好。

回收率考察：

取万寿菊素 -7-O-β-D- 葡萄糖苷、万寿菊素标准品适量，精密称定。分别配制成浓度 3.60 mg/mL、2.00 mg/mL 的对照品溶液，精密称取已知含量（万寿菊素 -7-O-β-D- 葡萄糖苷 36.7 mg/g、万寿菊素 19.7 mg/g）的 S2 样品 0.1 g，共 6 份，再分别加入上述对照品溶液各 1 mL，其余按 "5.2.2.5" 项下方法操作，进样 10 μL 测定，计算回收率（表 3-74）。

表 3-74 回收率考察结果

	样品中含量（mg）	对照品加入量（mg）	实测总量（mg）	回收率（%）	平均回收率（%）	RSD（%）
万寿菊素 -7-O-β-D- 葡萄糖苷	3.642	3.600	7.153	97.5		
	3.581	3.600	7.116	98.2		
	3.609	3.600	7.176	99.1	98.4	0.63
	3.591	3.600	7.131	98.3		
	3.553	3.600	7.093	98.3		
	3.612	3.600	7.184	99.2		
万寿菊素	2.015	2.000	3.950	96.8		
	2.128	2.000	4.113	99.3		
	1.993	2.000	3.899	95.3	97.1	1.66
	2.054	2.000	4.011	97.9		
	2.035	2.000	4.000	98.3		
	1.972	2.000	3.879	95.4		

注：结果表明 RSD < 3%，回收率均在 95.0% ~ 105.0%。符合相关规定。

5.2.3 结果

经进样分析测定万寿菊素 -7-O-β-D- 葡萄糖苷、万寿菊素的色谱峰面积，外标法计算干燥样品待测成分的含量。不同批次孔雀草花中万寿菊素 -7-O-β-D- 葡萄糖苷、万寿菊素的含量测定结果如表 3-75、图 3-74 所示。

表 3-75 孔雀草花中万寿菊素 -7-O-β-D- 葡萄糖苷、万寿菊素的含量

No.	含水量（%）	万寿菊素 -7-O-β-D- 葡萄糖苷		万寿菊素	
		干燥前样品含量（mg/g）	干燥品含量（mg/g）	干燥前样品含量（mg/g）	干燥品含量（mg/g）
1	10.21	36.398	40.537	20.468	22.795
2	9.84	36.293	40.254	19.491	21.618
3	9.36	36.231	39.972	19.452	21.461
4	9.77	18.523	20.529	24.298	26.929
5	8.95	20.625	22.652	23.956	26.311
6	9.13	19.968	21.974	23.917	26.320

续表

No.	含水量 (%)	万寿菊素 -7-O-β-D- 葡萄糖苷		万寿菊素	
		干燥前样品含量 (mg/g)	干燥品含量 (mg/g)	干燥前样品含量 (mg/g)	干燥品含量 (mg/g)
7	8.99	36.371	39.964	21.475	23.596
8	9.42	34.234	37.794	19.374	21.389
9	9.26	34.786	38.336	20.068	22.116
10	8.75	20.756	22.746	35.446	38.845
11	7.86	21.945	23.817	35.593	38.629
12	8.44	20.984	22.918	35.534	38.810

注：干燥品含量 = 平均含量（mg/g）/（1- 含水量）。

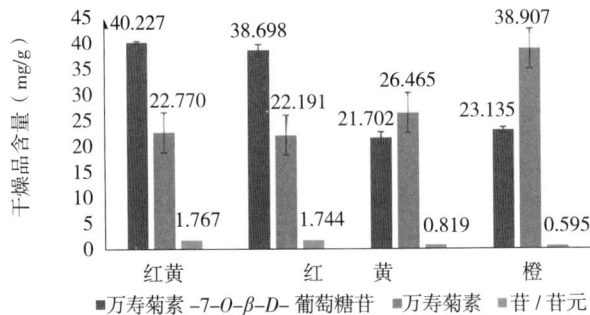

图 3-74　不同花色孔雀草花中万寿菊素 -7-O-β-D- 葡萄糖苷、万寿菊素含量

　　结果表明，不同批次孔雀草花中干燥品万寿菊素 –7-O-β-D- 葡萄糖苷在 20～40 mg/g，万寿菊素含量在 21～38 mg/g。结果显示，万寿菊素 –7-O-β-D- 葡萄糖苷在红黄相间花中的平均含量最高，红花次之。万寿菊素在橙色花中含量最高，黄色次之。从苷 / 苷元含量比值来看，红花和红黄花该比值接近 2，黄花接近 1，橙色花只有 0.5。但是从苷和苷元的总量来看，除黄色花外，红黄相间、红色化和橙色花中的苷和苷元的总量相差不大。

　　在不同花色的 12 批孔雀草中，均可准确有效测出花中主要成分含量，万寿菊素 –7-O-β-D- 葡萄糖苷及万寿菊素分离度与峰形都良好，因此，建立的 HPLC 法对质量控制有效，准确度高。

参考文献

[1] 中国科学院中国植物志编辑委员会. 中国植物志第 75 卷 [M]. 北京：科学出版社，1979.

[2] 贺士元.北京植物志 下（1992 年修订版）[M].北京：北京出版社，1993：1510.

[3] 霍雅楠，王文，祁智，等.孔雀草的研究进展 [J].北方农业学报，2017，45（4）：123–126.

[4] P S R, T R S. Isolation and constitution of quercetagitrin, a glucoside of quercetagetin[J]. Proceedings of the Indian Academy of Sciences – Section A, 1941, 14(3): 289–296.

[5] 姚德权.万寿菊和孔雀草的形态特征与区分 [J].科技创新导报，2010（13）：140.

[6] YUN J P, SOO–YUN P, MARIADHAS V A, et al. Accumulation of Carotenoids and Metabolic Profiling in Different Cultivars of Tagetes Flowers[J]. Molecules, 2017, 22(2): 313.

[7] Bano H, Ahmed S W, Azhar I, et al. Chemical constituents of Tagetes patula L.[J]. Pakistan journal of pharmaceutical sciences, 2002, 15(2): 1–12.

[8] MARGL L, TEI A, GYURJÁN I, et al. GLC and GLC–MS analysis of thiophene derivatives in plants and in in vitro cultures of Tagetes patula L. (Asteraceae)[J]. Zeitschrift f ü r Naturforschung C. A journal of biosciences, 2002, 57(1–2)：63.

[9] RAJASEKARAN T, RAVISHANAKAR G A, REDDY B O. Production of thiophenes from callus cultures of Tagetes patula L. and its mosquito larvicidal activity[J]. Indian journal of experimental biology, 2003, 41(1)：63.

[10] 杨念云，段金廒，钱士辉，等.万寿菊花的化学成分研究 [J].沈阳药科大学学报，2003，20（4）：258–259.

[11] 丁宙，李乃明，毛文书，等.万寿菊素和槲皮万寿菊素的分离和结构鉴定 [J].广州医学院学报，1990，18（01）：8–11.

[12] 黄帅，周先礼，王洪燕，等.万寿菊花的化学成分 [J].华西药学杂志，2007，22（4）：370–373.

[13] 黄帅，周先礼，王洪燕，等.西昌万寿菊花中化学成分的研究 [J].天然产物研究与开发，2006，018（B06）：57–59.

[14] 张宇，张婷婷.万寿菊茎叶化学成分研究（英文）[J].中药材，2010，33（09）：1412–1414.

[15] CHKHIKVISHVILI I, SANIKIDZE T, GOGIA N, et al. Constituents of French Marigold (Tagetes patula L.) Flowers Protect Jurkat T–Cells against Oxidative Stress[J]. Oxidative medicine and cellular longevity, 2016, 2016：4216210–4216285.

[16] 于淼，冉小库，窦德强，等.孔雀草茎、叶化学成分的分离鉴定 [J].中国实验方剂学杂志，2018, 24（07）：64–68.

[17] YU–MENG W, XIAO–KU R, MUHAMMAD R, et al. Chemical Constituents of Stems and Leaves of Tagetespatula L. and Its Fingerprint[J]. Molecules, 2019, 24(21): 3911.

[18] 高山，程丹，胡平.万寿菊木樨草素提取工艺优化研究 [J].内蒙古师范大学学报（自然科学汉文版），2012，41（6）：644–648.

[19] 李刚刚.万寿菊中叶黄素及黄酮的提取与纯化工艺研究 [D].兰州：兰州理工大学，2010.

[20] 李国玉，吕鑫宇，营计苹，等.万寿菊根中一个新的双取代丁二酸酯 [J].药学学报，2019，54（8）：1457–1460.

[21] 袁云香 . 响应面优化孔雀草悬浮细胞总黄酮的提取工艺 [J]. 食品工业科技，2015，36（10）：220-224，228.

[22] 张瑞，邢军 . 孔雀草中黄酮类色素最佳提取工艺条件及光、热稳定性的研究 [J]. 食品研究与开发，2008, 29（11）：38-41.

[23] 黄晨 . 万寿菊中类胡萝卜素的分离及性质研究 [D]. 天津：天津商业大学，2008.

[24] 李凤伟，刘丽娜 . 万寿菊花中叶黄素提取工艺的优化 [J]. 湖北农业科学，2012，51（18）：4094-4096，4108.

[25] 代刚，苏记，陈亚平，等 . 超声波提取万寿菊叶黄素酯的研究 [J]. 云南化工，2010，37（3）：39-41.

[26] 张丽媛，申书昌，刘志明，等 . 微波法辅助萃取万寿菊花挥发油及其化学成分的气质联用分析 [J]. 食品科学，2011，32（16）：326-329.

[27] 成功，黄文书，苏亚洲，等 . 微波辅助提取万寿菊色素工艺条件研究 [J]. 中国食物与营养，2008（12）：43-46.

[28] 马娜，孙伟鹏，包玲，等 . 响应面优化盐析萃取万寿菊花中叶黄素的研究 [J]. 中国食品添加剂，2017（6）：57-64.

[29] 付晓茜 . 酶辅助盐析萃取万寿菊花中的叶黄素和酚类物质 [D]. 石河子：石河子大学，2019.

[30] 康向奎 . 超临界二氧化碳萃取的优点与前景 [J]. 化工设计通讯，2020，46（06）：144-145.

[31] 黄晨，张坤生，任云霞 . 超临界 CO_2 萃取万寿菊中类胡萝卜素的研究 [J]. 食品科技，2007（12）：150-154.

[32] 李大婧，宋江峰，刘春泉 . 万寿菊花超临界萃取物的气相色谱 - 质谱分析 [J]. 食品科学，2010，31（18）：338-341.

[33] 陶正国，冼啟志，朱熇，等 . 亚临界 R134a 流体提取万寿菊花中叶黄素酯的工艺研究 [J]. 广东饲料，2017，26（9）：35-38.

[34] BHATTACHARYYA S, DATTA S, MALLICK B, et al. Production of lutein from waste Marigold (Tagetes patula L.) flowers and their in vitro radical scavenging activity[J]. Researchgate Net, 1970.

[35] 张瑞，冯作山，邢军，等 . 孔雀草中脂溶性色素最佳提取条件的研究 [J]. 食品科技，2005（1）：56-58.

[36] 刘洪海，杜平，梁红兵，等 . 万寿菊花中叶黄素酯的提取及皂化工艺 [J]. 中国食品添加剂，2009（04）：129-134.

[37] 王闯，李大婧，宋江峰，等 . 万寿菊花中反式叶黄素提取皂化工艺的优化 [J]. 食品科学，2010，31（24）：95-101.

[38] 张瑞，祝长青 . 天然孔雀草脂溶性色素纯化的研究 [J]. 新疆师范大学学报（自然科学版），2007，26（1）：56-61.

[39] 张瑞，敬思群，吉恒莹，等 . 制备溶致液晶模板分离纯化孔雀草脂溶性类胡萝卜素技术及其机理初探 [J]. 食品工业科技，2009，30（6）：111-113.

[40]张瑞，邢军.孔雀草脂溶性色素结晶分离纯化方法的研究[J].食品科技，2007，32（5）：187–190.

[41]ROMAGNOLI C, BRUNI R, ANDREOTTI E, et al. Chemical characterization and antifungal activity of essential oil of capitula from wild Indian Tagetes patula L[J]. Protoplasma, 2005, 225(1–2)：57–65.

[42]POLITI F A S, DE SOUZAMOREIRA T M, RODRIGUES E R, et al. Chemical characterization and acaricide potential of essential oil from aerial parts of Tagetes patula L. (Asteraceae) against engorged adult females of Rhipicephalus sanguineus (Latreille, 1806).[J]. Parasitology research, 2013, 112(6): 2261–2268.

[43]吴云骥，周海梅，赵萍，等.万寿菊化学成分的研究（I）——万寿菊挥发油的GC/MS分析[J].信阳师范学院学报（自然科学版），2004，17（04）：417–419.

[44]李健，宋帅娣，刘宁，等.万寿菊叶精油的提取及化学成分分析[J].食品科学，2010，31（18）：359–362.

[45]司辉，李晓，王娜，等.万寿菊挥发油的制备及其成分分析[J].香料香精化妆品，2016（1）：28–32.

[46]陈红兵，宋炜，王金胜，等.气相色谱—质谱法分析万寿菊根挥发油化学成分[J].农药，2007，46（2）：114–115.

[47]胡建安.孔雀草精油化学成分初探[J].香料香精化妆品，1992（1）：24–26.

[48]孙凌峰.孔雀草水蒸汽蒸馏液中水相部分化学成份的研究[J].香料香精化妆品，1989（Z1）：11–13.

[49]钟惠民，钟华，姚宗仁，等.野生植物万寿菊中营养成分的测定[J].山东化工，2006，35（4）：33–34.

[50]周先礼，黄帅，周小力，等.万寿菊中新的单宁类化合物[J].中国中药杂志，2012，37（03）：315–318.

[51]刘佳斌，苏炜，王金胜.万寿菊根部生物碱类提取物抑菌活性成分的研究[J].安徽农业科学，2007，35（3）：746–747.

[52]李高峰，王佩维，聂永亮，等.高效液相色谱法测定万寿菊花萃取物中的叶黄素含量[J].时珍国医国药，2009，20（4）：883–884.

[53]杨铃，陈金伟，谢琼生.HPLC测定万寿菊中叶黄素的含量[J].食品科技，2016，41（7）：289–291.

[54]赵洁，尹俊涛，李超鹏，等.HPLC测定万寿菊干花和万寿菊颗粒中叶黄素含量[J].农垦医学，2010，32（6）：496–499.

[55]王立凤，姜明，杨克军，等.不同采摘时期对万寿菊鲜花重量和叶黄素含量的影响[J].东北农业大学学报，2012，43（7）：145–148.

[56]李大婧，刘春泉，方桂珍.不同品系万寿菊花中叶黄素和叶黄素酯含量的测定[J].林产化学与工业，2007，27（2）：105–108.

[57]吕邵娃，菅计苹，谭美微，等.万寿菊的显微鉴别及5个主要成分的含量测定[J].中国医药导报，2020，17（4）：4–7，封4.

[58]常永宏，徐燕，于兰，等.HPLC法测定万寿菊中山奈苷含量[J].西北药学杂志，2004，19（4）：162–163.

[59] 苏瑞，金敏婷，许鑫，等. 黑龙江产万寿菊花醇提物的指纹图谱研究 [J]. 中草药，2012, 43（7）：1324-1327.

[60] 国家中医药管理局中华本草编委会. 中华本草 7[M]. 上海：上海科学技术出版社，1999：984-985.

[61] 项昭保，陈海生，王光利，等. 蓝萼香茶菜化学成分研究（Ⅱ）[J]. 中成药，2010, 32（09）：1622-1623.

[62] SANBONGI C, OSAKABE N, Natsume M, et al. Antioxidative Polyphenols Isolated from Theobroma cacao[J]. Journal of Agricultural and Food Chemistry, 1998, 46(2)：454-457.

[63] FRAISSE D, HEITZ A, Carnat A, et al. Quercetin 3-arabinopyranoside, a major flavonoid compound from Alchemilla xanthochlora[J]. Fitoterapia, 2000, 71(4)：463-464.

[64] 易衍，巫鑫，王英，等. 霸王花黄酮类成分研究 [J]. 中药材，2011, 34(5)：712-716.

[65] 贾陆，敬林林，周胜安，等. 地桃花化学成分研究. Ⅰ. 黄酮类化学成分 [J]. 中国医药工业杂志，2009, 40(09)：662-665.

[66] Kazuma K, Noda N, Suzuki M. Malonylated flavonol glycosides from the petals of Clitoria ternatea[J]. Phytochemistry, 2003, 62(2)：229-237.

[67] 金颖，姚贺，孙博航. 金沙槭化学成分的分离与鉴定 [J]. 沈阳药科大学学报，2016, 33（7）：531-536.

[68] WU T, CHANG F, WU P, et al. Constituents of leaves of Tetradium glabrifolium.[J]. Journal of the Chinese Chemical Society (Taipei), 1995, 42(6):929-934.

[69] OLSZEWSKA M, WOLBIS M. Flavonoids from the flowers of Prunus spinosa L.[J]. Acta Poloniae Pharmaceutica, 2001, 58(5):367-372.

[70] 刘百联，张婷，张晓琦，等. 臭灵丹化学成分的研究 [J]. 中国中药杂志，2010, 35（5）：602-606.

[71] 陈显强，周雪峰，刘大有，等. 赤雹茎的化学成分研究 [J]. 中草药，2011, 42（10）：1929-1932.

[72] 吴慧星，李晓帆，李荣，等. 番石榴叶中抗氧化活性成分的研究 [J]. 中草药，2010, 41（10）：1593-1597.

[73] 张梅，刘伟丽，高峡，等. 紫茎泽兰的化学成分研究 [J]. 热带亚热带植物学报，2015, 23（6）：697-702.

[74] 邱运平，陈秀珍，全德建，等. 一碗泡化学成分研究 [J]. 中草药，1985, 16（7）：290-292.

[75] 于津，郎惠英，肖培根. 牡丹根中的新成分——丹皮酚新甙的鉴定 [J]. 药学学报，1986, 21（03）：191-197.

[76] CAPON B, THACKER D. The Nuclear Magnetic Resonance Spectra of Some Aldofuranosides and Acyclic Aldose Acetals[C]. Proceedings of the Chemical Society, 1964(11):369.

[77] HULYALKAR R K, JONES J K N, PERRY M B. The chemistry of D-apiose: part Ⅱ. The configuration of D-apiose in apiin[J]. Canadian Journal of Chemistry, 1965, 43(7):2085-2091.

[78] VYAS D M, JARRELL H C, SZAREK W A. Carbon-13 Nuclear Magnetic Resonance Spectra of Some

Dendroketose and Other Furanose Derivatives[J]. Canadian Journal of Chemistry, 1975, 53(18):2748–2754.

[79] 黄静，涂茂浏，谢晶曦．中药红泽兰化学成分的研究 [J]．药学学报，1987, 22（04）：264–268.

[80] 蓝鸣生，罗超，谭昌恒，等．山风乙酸乙酯部位的化学成分研究 [J]．中药材，2012，35（2）：229–231.

[81] 李翔，汤华钊，苟小军，等．白鲜皮的化学成分研究 [J]．中药材，2008，31（12）：1816–1819.

[82] SCHWAB W, SCHELLER G, SCHREIER P. Glycosidically bound aroma components from sour cherry[J]. Phytochemistry, 1990, 29(2):607–612.

[83] KIEM P V, MINN C V, DAT N T, et al. Two new phenylpropanoid glycosides from the stem bark of Acanthopanax trifoliatus[J]. Archives of Pharmacal Research, 2003, 26(12):1014–1017.

[84] 吴剑峰，陈四保，陈士林，等．香港远志化学成分研究 [J]．药学学报，2007，42（7）：757–761.

[85] 谢晓玲，徐新军，陈孝，等．广东土牛膝及咽炎方合剂中 12，13- 二羟基泽兰素对照品的制备 [J]．时珍国医国药，2010（07）：1730–1732.

[86] MENELAOU M A, FRONCZEK F R, HJORTSO M A, et al. NMR Spectral Data of Benzofurans and Bithiophenes from Hairy Root Cultures of Tagetes patula Andthe Molecular Structure of Isoeuparin[J]. Spectroscopy Letters, 1991, 24(10):1405–1413.

[87] Ahmed A A, Abou–Douh A M, Mohamed A E H, et al. A new chromene glucoside from Ageratum conyzoides[J]. Planta medica, 1999, 65(02):171–172.

[88] 管惠娟，张雪，屠凤娟，等．铁皮石斛化学成分的研究 [J]．中草药，2009，40（12）：1873–1876.

[89] 张玉莲，梅任强，刘熙，等．东北岩高兰化学成分研究 [J]．中草药，2014，45（16）：2293–2298.

[90] SAHAKITPICHAN P, DISADEE W, RUCHIRAWAT S, et al. 3–hydroxydihydrobenzofuran glucosides from Gnaphalium polycaulon.[J]. Chemical & Pharmaceutical Bulletin, 2011, 59(9):1160–1162.

[91] DOBNER M J, ELLMERER E P, SCHWAIGER S, et al. New lignan, benzofuran, and sesquiterpene derivatives from the roots of Leontopodium alpinum and L. leontopodioides.[J]. Helvetica Chimica Acta, 2003, 86(3):733–738.

[92] 李余钊，章仁，郝吉，等．紫茎泽兰的化学成分研究 [J]．中药材，2019，42（9）：2058–2061.

[93] 王光寅，薛洁华，郭夫江，等．蜂斗菜化学成分研究 [J]．中国实验方剂学杂志，2013，19（16）：115–118.

[94] 谭宁华，程永现，周俊．云南拟单性木兰的化学成分 [J]．云南植物研究，2001，23（3）：352–356.

[95] 张飞，覃江江，成向荣，等．湖北旋覆花化学成分的研究（英文）[J]．天然产物研究与开发，2012，24（04）：427–431.

[96] SCHMEDA–HIRSCHMANN G, TAPIA A, THEODULOZ C, et al. Free radical scavengers and antioxidants from Tagetes mendocina[J]. Z Naturforsch C J Biosci, 2004, 59(5–6):345–353.

[97] 朱伶俐，艾志福，徐丽，等．桂枝化学成分的分离鉴定 [J]．中国实验方剂学杂志，2019，25（14）：173–178.

[98]陈圣加，黄应正，卢健，等．番石榴根中酚酸类化学成分分离鉴定 [J]. 中国实验方剂学杂志，2019，25（2）：169–174.

[99]段志航，李文娅，杨敏超，等．灯台树化学成分研究 [J]. 海南师范大学学报（自然科学版），2019，32（2）：128–131.

[100]汪豪，杜慧斌，朱峰妍，等．新疆一枝蒿化学成分的研究 [J]. 中国药科大学学报，2011，42（4）：310–313.

[101]傅巧娟，李春楠，陈一，等．基于表型性状的孔雀草种质遗传多样性分析 [J]. 植物遗传资源学报，2015，16（5）：1117–1122，1127.

[102]袁颖，栾晓宁，窦德强．褐参叶茶 HPLC 指纹图谱研究 [J]. 辽宁中医药大学学报，2017，19（3）：41–44.

[103]罗国安，梁琼麟，王义明．中药指纹图谱质量评价、质量控制与新药研发 [M]. 北京：化学工业出版社，2009.

[104]赵青舟，刘文兰，曹丽．中药复方一贯煎 HPLC 指纹图谱研究 [J]. 辽宁中医药大学学报，2018，20（12）：51–54.

[105]刘晓芳，程弘，苏来曼．《中国药典》2000 年版一部含水分的中药材部分含量测定计算的探讨 [J]. 中国药品标准，2004,5（04）：8–10.

[106]董艳．膜分离提取纯化中药多糖的工艺研究 [D]. 天津：天津大学，2007.

[107]苏媚．菊花花色嵌合体生物学特性及形成机理的研究 [D]. 苏州：苏州大学，2011.

第四章
孔雀草的药理作用研究

一、万寿菊属植物药理作用研究

万寿菊属植物原产于墨西哥，共有 56 种，其中 27 种为一年生植物，其他为多年生。起初由于宗教和祭祀活动需求，万寿菊属植物被驯化，而其中孔雀草（*Tagetes patula*）和万寿菊（*Tagetes erecta*）应用广泛。经过引种驯化，观赏万寿菊属植物已经普遍应用于世界各地。万寿菊属植物中应用最广泛的是孔雀草、万寿菊和三倍体孔雀草。

万寿菊有香味，可作芳香剂，具有镇静、降压、扩张支气管、清热解毒、化痰止咳、解痉及抗炎等作用。用于治疗上呼吸道感染、百日咳、结膜炎、口腔炎、牙痛、咽炎、眩晕、小儿惊风、闭经、血癖腹痛、痈疮肿毒、防治风湿等症。万寿菊属植物含有自由态天然叶黄素，它色泽鲜艳、抗氧化性能强、无毒、安全性高，作为天然生物制品，被广泛应用于食品、化妆品、医药及禽类饲料中等的各个领域[1]。

1. 抗氧化作用

万寿菊花的类胡萝卜素化合物主要为叶黄素、玉米黄素、β– 胡萝卜素和大量的叶黄素酯等。其中，叶黄素及其酯占大多数，具有多种生物学功能，尤以抗氧化、防治血管疾病、提高免疫力和抗癌作用突出。裴凌鹏[2-3]经实验研究发现，摄入适量万寿菊提取物（叶黄素）可以有效地增强大鼠机体抗氧化能力，从而延缓 D– 半乳糖诱发的大鼠衰老。如表 4–1 ~ 表 4–3 所示，叶黄素组血清丙二醛（MDA）含量和肝脏、肾脏、心脏、脑和前列腺等脏器匀浆 MDA 含量均比衰老模型组有所降低，而血液及各脏器超氧化物歧化酶（SOD）、谷胱甘肽过氧化物酶（GSH-Px）活性比模型组有所升高（$P < 0.01$）。可见，摄入适量的万寿菊干花颗粒提取物中叶黄素单体可以有效地降低机体各脏器组织 MDA 的产生，增强 SOD 和 GSH-Px 酶的活性，有效改善 D – 半乳糖致衰大鼠的抗氧化能力，从而达到延缓衰老的作用。

表 4-1　血清 MDA 含量和 SOD、GSH-Px 活性（n=15，$\bar{x}\pm s$）

组别	MDA (mmol/mL)	SOD (nU/mg)	GSH-Px (nU/mg)
青年对照组	6.72 ± 0.52	121.32 ± 5.21	4.18 ± 0.61
衰老模型组	14.52 ± 0.49*	94.42 ± 4.16*	2.31 ± 1.02*
正常老龄对照组	10.43 ± 0.12*	103.62 ± 4.01*	3.11 ± 0.70*

注：与青年对照组比较：*：$P < 0.01$。

表 4-2　血清 MDA 含量和肝脏 MDA 含量（n=15，$\bar{x}\pm s$）

组别	血清 MDA (mmol/mL)	肝脏 MDA (mmol/mL)
衰老模型组	14.52 ± 0.49*	5.21 ± 0.10*
叶黄素单体低剂量组	12.22 ± 0.40	4.47 ± 0.12
叶黄素单体中剂量组	11.05 ± 0.42	4.25 ± 0.12
叶黄素单体高剂量组	10.00 ± 0.45	3.68 ± 0.10

注：与其他各组比较：*：$P < 0.01$。

表 4-3　血清 SOD 和 GSH-Px 酶活性（n=15，$\bar{x}\pm s$）

组别	SOD (nU/mg)	GSH-Px (nU/mg)
衰老模型组	94.42 ± 4.16*	2.31 ± 1.02*
叶黄素单体低剂量组	97.26 ± 4.12	2.79 ± 1.06
叶黄素单体中剂量组	98.79 ± 4.17	2.95 ± 1.05
叶黄素单体高剂量组	102.78 ± 4.12	3.36 ± 1.01

注：与其他各组比较：*：$P < 0.01$。

万寿菊属植物中不同花卉品种，抗氧化能力亦不同。张东峰等人[4]通过对黄色万寿菊、橙色万寿菊、木槿等 6 种食用花卉的多酚、黄酮、花色苷、类胡萝卜素等 11 种活性成分的总量比较，并考察了 6 种食用花卉 DPPH 自由基清除能力、亚铁离子还原能力（FRAP）以及 ABTS 自由基清除能力。结果发现抗氧化活性成分含量最高的为黄色万寿菊，其次为橙色万寿菊。3 种抗氧化活性中，DPPH 自由基清除力最强的为橙色万寿菊，亚铁离子还原能力和 ABTS 自由基清除能力最强的均为黄色万寿菊。通过 Spearman 相关性分析表明，食用花卉的抗氧化活性成分含量与抗氧化能力有显著相关性，尤其多酚和黄酮的含量与 DPPH、FRAP 和 ABTS 间存在显著的相关性，这对抗氧化活性物质的针对性利用提供了理论依据。综合 3 种抗氧化活性测定结果（DPPH、FRAP 和 ABTS），得出抗氧化活性最强的是黄色万寿菊，其次是橙色万寿菊、桂花、芙蓉花、木槿花和栀子花（图 4-1）。

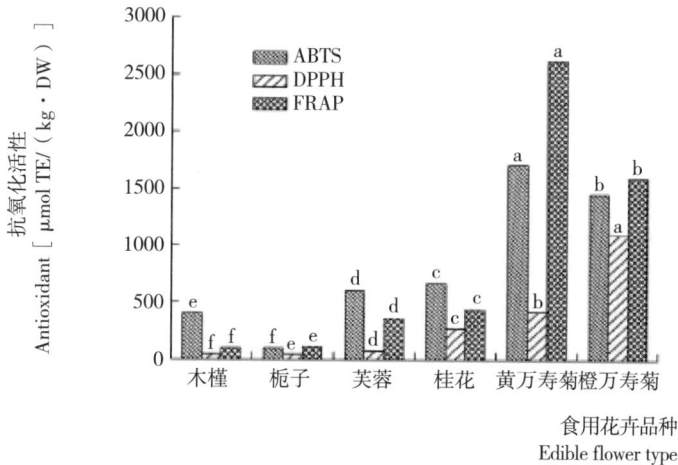

同一图例上不同小写字母代表抗氧化活性差异显著（$P < 0.05$）

图 4-1 6 种食用花卉抗氧化活性

Kaisoon 等 [5] 通过 FRAP 法对泰国的 12 种花卉进行研究，测得万寿菊具有最高的三价铁还原抗氧化能力。

万寿菊中除叶黄素、多酚、黄酮等成分之外，万寿菊多糖也具有一定抗氧化活性。何念武 [6] 等经优化工艺后获取万寿菊多糖（TEPs），并进行了 TEPs 对 DPPH、羟基自由基、ABTS 和超氧阴离子清除实验。TEPs 经纯化后得到均一多糖 TEPs-1 和 TEPs-2 具有良好的抗氧化活性。在 TEPs 质量浓度为 1.0 ~ 3.5 mg/mL 的范围内，2 种多糖对 DPPH 的清除能力与其质量浓度呈现近似的线性递增关系，TEPs-2 增加幅度明显高于 TEPs-1，但都低于 Vc。当质量浓度为 3.5 mg/mL 时，TEPs-1、TEPs-2 和 Vc 对 DPPH 的清除率分别为 45.01%、88.33% 和 100 %。此外，从表 4-4 中可以看出 TEPs-1 和 TEPs-2 对 DPPH 的 IC_{50} 值分别为 4.27 mg/mL 和 2.24 mg/mL。TEPs 质量浓度从 1.0 mg/mL 增加到 3.5 mg/mL 时，TEPs 2 种组分对·OH 的清除能力随着样品质量浓度的增加而增加。当质量浓度大于 2.5 mg/mL 时，TEPs-2 对·OH 的清除率增幅较大，Vc 对自由基清除率几乎为 100 %，而 TEPs-1 则弱于 TEPs-2。另外，从表 4-4 中可以看出 TEPs-1 和 TEPs-2 对·OH 的 IC_{50} 值分别为 5.28 mg/mL 和 2.48 mg/mL。在一定的质量浓度范围内，浓度越大，对自由基清除能力越强，待测样品和 Vc 清除超氧阴离子的能力大小顺序依次为 Vc > TEPs-2 > TEPs-1，TEPs-1 和 TEPs-2 清除羟自由基的 IC_{50} 分别为 4.38 mg/mL 和 2.62 mg/mL（表 4-4 所示）。在 1.0 ~ 3.5 mg/mL 质量浓度范围内，样品具有明显的清除 ABTS 的能力，TEPs 2 种组分中 TEPs-2 清除能力最强，IC_{50} 为 2.21 mg/mL，TEPs-1 清除能力较弱，其 IC_{50} 为 3.94 mg/mL。2 种组分对 ABTS 的清除能力均小于同浓度的 Vc，当浓度达到 3.5 mg/mL 时，TEPs-2 清除能力接近于 Vc。可见 TEPs 经分离纯化得到了 2 种均一多糖，都有一定的抗氧化能力。

表 4-4　TEPs（万寿菊多糖）对不同自由基体系清除能力的 IC$_{50}$ 值

TEPs 组分	不同自由基体系			
	DPPH	羟基自由基	超氧阴离子	ABTS
TEPS-1	4.2657	5.2801	4.3776	3.9434
TEPS-2	2.2379	2.4816	2.6167	2.2087

2. 抑菌作用 [7]

万寿菊具有广泛的抑菌作用，尤其对植物病原菌具有不同程度的抑制作用，可以用于抑制农作物、蔬菜等的菌类病害。刘佳斌 [8] 从万寿菊根中分离出 5 类具有抑菌活性的生物碱。陈红兵研究表明万寿菊的根部提取物比茎和花中的提取物抑菌作用明显。

C Romagnoli 等 [9] 研究发现，万寿菊花中的薄荷酮和薄荷烯酮能有效地抑制灰霉菌和霉菌。M Saani 等 [10] 在抗菌实验中发现，万寿菊花的甲醇提取物具有显著的抗革兰氏阴性菌和革兰氏阳性菌株的作用。王媛媛等 [11] 研究发现，万寿菊杀菌素水乳剂的抑菌谱较宽，除了对植物致病真菌表现出明显的抑制作用外，对细菌性致病菌也有较好的抑菌活性。刘佳斌等 [8, 12] 通过 TLC 制备了万寿菊根中 5 种生物碱和 7 种黄酮类成分，均对西瓜枯萎病菌有抑制作用。研究发现，万寿菊根不同溶剂粗提物对西瓜枯萎病菌菌丝生长和孢子萌发均有一定抑制作用。

此外，万寿菊提取物还对常见的食品腐败菌具有抑制作用，可将其应用于新型果蔬保鲜剂。王宪青等 [13] 研究发现，以万寿菊花为原料的氯仿提取液对青霉菌、大肠杆菌和枯草芽孢杆菌均具有抑制作用，且浓度越高，抑菌效果越好，实验得出万寿菊提取物的抑菌最小浓度为 15%。在最小抑菌浓度时，由高压液相色谱测得 α- 三连噻吩的浓度为 0.38%。经考察万寿菊以氯仿为溶剂，料液比 1:20，在 85 ℃温度下提取 5 h 制备的万寿菊提取物对 3 种微生物的抑制效果最好（表 4-5）。

表 4-5　万寿菊提取物对几种病菌的抑菌圈直径（mm）

病原菌	24 h			48 h		
	对照	处理	抑制率（%）	对照	处理	抑制率（%）
青霉	10.15	9.93	2.16	20.05	19.45	2.99
大肠杆菌	19.44	19.13	1.59	20.95	20.44	2.43
枯草芽孢杆菌	18.15	17.58	3.14	19.35	18.54	4.18

3. 镇咳祛痰作用

万寿菊具有化痰止咳之功效，可用于治疗百日咳等。吕鑫等[14]采用浓氨水引咳法考察万寿菊（*Tagetes erecta* L.）提取液低剂量（5 g/kg）、中剂量（10 g/kg）和高剂量（20 g/kg）对小鼠咳嗽潜伏期和咳嗽次数的影响。结果如表4-6显示：万寿菊提取液与喷托维林对氨水引咳小鼠的潜伏期和咳嗽次数均有显著影响（$P < 0.01$），万寿菊各剂量均有镇咳作用，且具有剂量依赖性。经方差分析及两两比较，万寿菊中剂量镇咳效果即优于喷托维林。

表4-6　万寿菊对氨水引咳小鼠的潜伏期与咳嗽次数的影响（$\bar{x} \pm s$）

组别	动物数（只）	潜伏期（s）	2 min 咳嗽次数
空白组	10	44.50 ± 9.25	23.10 ± 3.04
喷托维林组	10	70.30 ± 10.32	18.80 ± 3.62
低剂量组	10	72.60 ± 9.81	15.10 ± 2.52
中剂量组	10	74.80 ± 12.22	12.80 ± 3.01
高剂量组	10	76.30 ± 13.00	10.10 ± 2.60

贾昌平[15]实验证明万寿菊提取物聚酰胺柱色谱分离的90%乙醇洗脱部位为镇咳有效部位，并经鉴定初步判断含黄酮和酚类成分。采用Bliss法测定了万寿菊镇咳有效部位半数有效量$ED_{50}=11.95$ mg/kg，$ED_5=5.799$ mg/kg，$ED_{95}=24.712$ mg/kg，有效部位的最大给药剂量为750 mg/kg，估算治疗指数（TC_{50}/EC_{50}）$> MTD/LD_{50}=146$，提示万寿菊毒性很低，非常安全[16, 17]。

王旭飞[18]用小鼠酚红呼吸道排泌法考察了万寿菊的祛痰作用，实验结果显示：万寿菊提取液高剂量组（20 g生药/kg）具有明显的祛痰作用，根据其影响均值图判断，高剂量组效果优于氯化铵组（1 g/kg）且呈现剂量依赖性，万寿菊低剂量组无明显祛痰作用，中剂量组有一定祛痰作用，但作用不显著。采用聚酰胺柱色谱法筛选其祛痰的有效部位，发现：万寿菊花水提取物聚酰胺柱50%乙醇洗脱部分为万寿菊花水提物的祛痰有效部位，与氯化铵组比较无差异。经化学成分预试，初步判断该部位含有黄酮类化合物、蒽醌及其苷类、酚类及鞣质，不含皂苷、香豆素类、生物碱类等（表4-7）。

表 4-7　万寿菊各柱洗脱部位对小鼠酚红排泌量的影响

组别	数量	给药量（g/kg）	酚红排泌量（μg/mL，$\bar{x} \pm s$）
空白	10		3.042 ± 0.174
氯化铵	10	1	4.572 ± 1.094
水洗	10	20（相当于生药量）	3.672 ± 0.423
30% 醇洗液	10	20（相当于生药量）	4.039 ± 0.681
50% 醇洗液	10	20（相当于生药量）	4.950 ± 1.812
75% 醇洗液	10	20（相当于生药量）	3.278 ± 0.857
无水乙醇洗液	10	20（相当于生药量）	2.958 ± 0.790

4. 抗肿瘤作用

万寿菊富含叶黄素，叶黄素可能是通过其抗氧化功能而表现抗癌活性。体外实验中，发现叶黄素能使人肝细胞免受氧化诱导的损伤[19]，叶黄素可淬灭单线态氧防止脂质过氧化的发生，从而抑制肿瘤的生长。除了抗氧化功能外，叶黄素还可通过其他机制如免疫调节[20]、细胞间通信而发挥抗癌作用[21]。Pork J.S. 等研究了万寿菊提取物对小鼠乳腺癌的抑制作用，发现低水平的膳食叶黄素（0.002% 和 0.02%）即能降低乳腺癌的发生率、抑制癌生长、脂质过氧化和增长癌的潜伏期[22]。

张宇等[23]在万寿菊茎叶中提取分离得到的两种黄酮类化合物（4′- 甲氧基 - 泽兰素 -3-O-β-D- 葡萄糖苷（化合物Ⅰ）和山奈酚 -3，7-O-α-L- 双鼠李糖苷（化合物Ⅱ）），经实验发现不同浓度的两种黄酮类化合物均可抑制人胃癌细胞 SGC7901 和人肝癌细胞 SMMC7721 的增殖，且呈现浓度与时间依赖性。化合物Ⅰ作用这 2 种癌细胞 48 h 的半数抑制浓度（IC$_{50}$）分别为 111.7 mg/L，330.4 mg/L。化合物Ⅱ作用这 2 种癌细胞 48 h 的 IC$_{50}$ 分别为 683.8 mg/L、464.7 mg/L。2 种化合物作用肿瘤细胞后细胞形态发生改变，并有部分细胞发生凋亡。可见万寿菊茎叶中分离的 2 种黄酮类化合物具有体外抗肝癌和胃癌活性（表 4-8、表 4-9）。

表 4-8　2 种黄酮类化合物不同作用浓度及作用时间对 SGC7901 细胞的抑制率（$\bar{x} \pm s$，$n=3$）

药物	浓度（μmol/L）	抑制率（%）		
		24 h	48 h	72 h
0.1%DMSO		0.0	0.0	0.0
化合物Ⅰ	20	10.2 ± 2.1	13.4 ± 1.1	15.4 ± 3.5
	40	17.4 ± 1.8	23.6 ± 2.3	28.2 ± 3.6

续表

药物	浓度（μmol/L）	抑制率（%）		
		24 h	48 h	72 h
	80	30.0 ± 2.4	35.8 ± 3.2	36.1 ± 4.2
	120	35.3 ± 1.6	40.4 ± 1.2	43.5 ± 2.8
	160	36.1 ± 1.4	42.4 ± 0.6	48.5 ± 0.7
化合物Ⅱ	20	6.1 ± 0.9	5.4 ± 3.8	9.3 ± 0.5
	40	9.0 ± 1.2	8.2 ± 2.4	13.5 ± 2.8
	80	10.6 ± 1.6	11.3 ± 0.7	14.6 ± 2.1
	120	14.6 ± 1.7	16.7 ± 0.8	17.9 ± 0.2
	160	15.4 ± 2.1	18.5 ± 3.4	20.7 ± 1.7
5-氟尿嘧啶	20	10.2 ± 1.6	14.9 ± 1.9	20.7 ± 1.9
	40	19.5 ± 2.4	31.8 ± 0.6	38.5 ± 1.3
	80	24.3 ± 2.0	37.4 ± 1.0	45.7 ± 5.0
	120	38.8 ± 3.2	41.5 ± 2.1	53.2 ± 4.1
	160	47.9 ± 2.3	66.4 ± 2.6	76.5 ± 0.8

表4-9　2种黄酮类化合物不同作用浓度及作用时间对 SMMC7721 细胞的抑制率（$\bar{x} \pm s$, $n=3$）

药物	浓度（μmol/L）	抑制率（%）		
		24 h	48 h	72 h
0.1%DMSO		0.0	0.0	0.0
化合物Ⅰ	20	2.7 ± 0.7	5.0 ± 1.4	12.5 ± 0.6
	40	6.2 ± 0.9	17.1 ± 6.6	19.2 ± 0.4
	80	8.0 ± 1.0	22.3 ± 2.4	27.1 ± 0.5
	120	13.4 ± 0.8	23.1 ± 2.8	28.0 ± 1.7
	160	15.8 ± 1.6	27.2 ± 0.5	33.7 ± 4.1
化合物Ⅱ	20	3.7 ± 0.5	8.0 ± 0.4	13.4 ± 2.1
	40	4.2 ± 0.2	13.6 ± 1.5	16.3 ± 1.1
	80	17.1 ± 1.3	20.6 ± 4.7	26.4 ± 1.7
	120	19.5 ± 0.6	22.9 ± 2.4	33.2 ± 2.8

续表

药物	浓度（μmol/L）	抑制率（%）		
		24 h	48 h	72 h
5-氟尿嘧啶	160	20.1 ± 0.5	27.4 ± 2.5	36.5 ± 4.4
	20	7.8 ± 0.9	11.7 ± 1.0	16.7 ± 2.5
	40	13.5 ± 0.9	18.8 ± 2.4	25.3 ± 0.8
	80	24.1 ± 1.8	30.1 ± 0.4	37.4 ± 2.8
	120	36.5 ± 2.5	39.6 ± 0.5	43.2 ± 3.3
	160	52.7 ± 3.1	57.9 ± 0.5	78.6 ± 1.6

何念武[6]等经优化工艺获取了万寿菊多糖（TEPs），并以 MTT 法检测 TEPs 对 MCF-7 细胞生长的抑制作用，考察了 TEPs 的体外抗肿瘤活性。结果显示 TEPs 两个组分对 MCF-7 细胞均有不同程度的生长抑制作用，且呈现明显的质量浓度依赖关系。当 TEPs 质量浓度为 200 μg/mL 时，TEPs-1 对 MCF-7 的生长抑制率为 40.82%，TEPs-2 为 73.45%，CTX 为 88.98%，说明 TEPs-2 对 MCF-7 细胞抑制率高于 TEPs-1。经 Excel 软件计算可得，TEPs-1，TEPs-2 和 CTX 的 IC_{50} 值为 319.76 mg/mL、134.04 mg/mL 和 67.77 mg/mL，三者之间存在显著差异（$P < 0.05$）。

5. 保护心血管作用

叶兆伟等[24, 25]研究发现万寿菊主要提取物叶黄素通过调节血脂代谢，升高血浆 NO、cGMP 含量，减少 ET 生成等方式达到抗动脉粥样硬化的作用。实验采用超声法提取叶黄素，高脂饲料喂养家兔建立高脂血症和动脉粥样硬化模型。使用叶黄素连续给药 4 周，采用试剂盒分别测定血清总胆固醇（TC）、三酰甘油（TG）、高密度脂蛋白（HDL-C）、低密度脂蛋白胆固醇（LDL-C）及谷草转氨酶（AST）、肌酸激酶（CK）、血浆内皮素（ET）、一氧化氮（NO）和环磷酸鸟苷（cGMP）含量，取主动脉，观察动脉斑块面积并进行病理学检查。结果表明叶黄素高剂量组能降低家兔血清中 TC、TG、LDL-C 含量（$P < 0.05$），升高血浆 NO、cGMP 水平（$P < 0.05$），减少 ET 生成（$P < 0.05$），降低主动脉粥样硬化病理变化（表 4-10、表 4-11）。

表 4-10　试验各组动物 TC、TG、HDL-C、LDL-C 比较（$\bar{x} \pm s$）

组别	叶黄素 (mg/kg)	项目（mmol/L）			
		TC	TG	HDL-C	LDL-C
空白对照组	0	1.50 ± 0.06^f	0.79 ± 0.14^f	0.70 ± 0.06^f	0.51 ± 0.05^f
高脂模型组	0	$19.08 \pm 0.50^*$	$9.46 \pm 0.29^\&$	$0.39 \pm 0.04^*$	$14.69 \pm 0.83^*$
低剂量组	40	$19.02 \pm 0.51^*$	$9.41 \pm 0.28^\&$	$0.42 \pm 0.04^\&$	$14.62 \pm 0.81^*$
中剂量组	80	$18.98 \pm 0.50^*$	$9.36 \pm 0.29^\&$	$0.45 \pm 0.04^\&$	$13.61 \pm 0.29^\&$
高剂量组	160	$18.42 \pm 0.18^*$	$9.20 \pm 0.11^\#$	$0.51 \pm 0.04^\#$	$12.74 \pm 0.76^\#$
阴性对照组	6	$18.21 \pm 0.27^*$	$9.87 \pm 0.24^*$	$0.49 \pm 0.07^\#$	$13.13 \pm 0.36^\&$

注：同列数据由相同符号表示差异无统计学意义（$P > 0.05$），不同符号表示差异有统计学意义（$P < 0.05$）：$n=6$。

表 4-11　试验各组动物 AST、CK、ET、NO 和 cGMP 的比较（$\bar{x} \pm s$）

组别	药物 (mg/kg)	项目				
		CK (U/L)	AST (U/L)	ET (pg/mL)	NO (μmol/L)	cGMP (pg/mL)
空白对照组	0	1043 ± 245^f	$19 \pm 2.7^\&$	$49.41 \pm 2.45^\#$	102.17 ± 2.77^f	$40.73 \pm 2.46^*$
高脂模型组	0	$2047 \pm 230^*$	$28 \pm 2.6^*$	$97.49 \pm 2.30^*$	$91.34 \pm 4.16^{\& *}$	$32.38 \pm 1.17^\&$
低剂量组	40	$1894 \pm 187^\&$	$26 \pm 2.2^*$	$58.73 \pm 1.87^\#$	$117.46 \pm 1.72^\#$	$34.57 \pm 1.69^\&$
中剂量组	80	$1841 \pm 201^\&$	$26 \pm 2.3^*$	$53.21 \pm 2.01^\#$	$136.73 \pm 2.83^\&$	$36.71 \pm 2.75^\#$
高剂量组	160	$1451 \pm 208^\#$	$21 \pm 1.9^\&$	$50.41 \pm 2.08^\#$	$184.27 \pm 3.19^*$	$40.19 \pm 3.18^*$
阴性对照组	6	$1501 \pm 179^\#$	$20 \pm 1.7^\&$	$51.16 \pm 3.46^\#$	$173.86 \pm 4.13^*$	$40.52 \pm 2.94^*$

注：同列数据由相同符号表示差异无统计学意义（$P > 0.05$），不同符号表示差异有统计学意义（$P < 0.05$）：$n=6$。

S Mehan 等[26]研究了万寿菊提取物对异丙肾上腺素致大鼠心肌缺血的作用，发现其提取物可以显著预防异丙肾上腺素对心肌梗死大鼠的病理生理性的损伤。M Saani 等[27]研究发现，万寿菊花中包含大量的酚类物质，并且万寿菊花中有很强的 DPPH 自由基清除能力和还原能力。N Dasgupta 等[28]的实验证明万寿菊叶中的酚类化合物具有凝血活性。

6. 驱蚊杀虫作用 [29]

菊科植物是生物农药的重要资源之一。万寿菊是近年来研究较多的高效杀虫植物之一，万寿菊对昆虫的活性主要体现在蚊幼虫上，其有效成分 α- 三联噻吩对埃及伊蚊（*Aedes aegypt*)、伊蚊（*A. atropalpus*)、白纹伊蚊（*A.albopictus*) 等均有良好的光活化活性[30]。万寿菊花中含有除虫菊素，可使多种农业害虫麻痹中毒而亡；根中含有一种杀线虫的活性物质 α- 三联噻吩（α-terthienyl，简称 α-T)，可毒杀马铃薯上的金线虫等多种线虫[31]。万寿菊的杀虫机理：在光作用下，α-T 的光敏分子吸收光能，从基态转变成激发态，使生物膜发生氧化，破坏线虫细胞膜的结构和功能，最后导致线虫死亡。α-T 是广泛存在于菊科植物中具有典型光活化特性的次生物质，已有实验证实其在光照条件下通过 II 型作用机制引发单线态氧（$^1O_2$）产生光动力作用而对细胞造成损害，主要靶标为脂类、蛋白质和核酸等重要细胞组分。具有蛋白质本质的多种生物酶系，可因光动力作用引发酶活性部位或结合部位附近必需氨基酸的破坏，或引起维持酶正常催化功能的分子结构所需的远端氨基酸残基的降解，导致酶的失活。α-T 对昆虫体内的 6- 磷酸脱氢酶、苹果酸脱氢酶、乙酰胆碱酯酶、超氧化物歧化酶等均有抑制作用[32]，α-T 因其有别于传统杀虫剂的特异作用机制，在取代传统农药治理抗性害虫中尤显重要。

根据室内生物测定结果，用斜纹夜蛾 3 龄幼虫为供试昆虫，万寿菊根、茎、叶、花的乙醇提取物以及根的 4 种极性萃取物均具有较强的触杀活性，并呈剂量依赖关系。其中万寿菊根乙醇粗提物处理斜纹夜蛾在 12 h 后的 LC_{50} 为 413.56 mg/L，作用 24 h 的 LC_{50} 为 322.43 mg/L，24 h 校正死亡率可达到 95% 左右；根氯仿萃取物在浓度 5000 mg/L 和 10 000 mg/L 时处理斜纹夜蛾在 12 h 后的校正死亡率均达到 100%，且 LC_{50} 为 738.00 mg/L，作用 24 h 的 LC_{50} 为 542.43 mg/L。实验结果显示万寿菊根乙醇提取物及根的氯仿萃取物生物活性最高，万寿菊具有杀虫活性的物质集中在根中，在氯仿部位表现为最强。这个结果为进一步从万寿菊中提取分离杀虫活性成分奠定了基础。

万寿菊已经被证实是一种高效杀虫植物，作为植物源生物农药来研究具有深远的意义其根中含有大量杀虫活性物质，对昆虫及线虫都具有高效杀虫活性，已有研究表明其活性物质是噻吩类和映喃类化合物，但也有不同意见。万寿菊的化学成分复杂，其所表现出来的强烈的杀虫活性可能是几个或几类化合物综合作用的结果[33-35]，同时万寿菊对斜纹夜蛾的生物活性的作用机理也是相当复杂的，这不仅与其中的化学物质的种类和浓度相关，还取决于物质之间的协同效应[36]。万寿菊提取物在光照下对蚊幼虫的毒杀作用是有机合成杀虫剂的十几倍。12 mL/L 的万寿菊甲醇索氏提取物能有效防治白纹伊蚊，其光活化毒力基本上依赖于所含的 α- 三联噻吩。

贾昌平[15]采用室内浸虫法测定了万寿菊对斜纹夜蛾 3 龄幼虫的生物活性，筛选出具有较强杀虫效果的活性部位。用不同浓度、不同部位的万寿菊提取物处理斜纹夜蛾 3 龄幼虫 12 h、24 h、48 h，结果显示万寿菊根、茎、叶、花和根的不同溶剂的萃取物均对斜纹夜蛾 3 龄幼虫具有触杀活性，并呈剂量依赖关系，说明万寿菊杀虫活性物质集中在根部，以根的氯仿萃取物表现的活性最高。通过室内熏蒸的试验方法，测定了万寿菊根的乙醇提取物及根的 4 个不同极性溶剂的萃取物对南方根结线虫 2 龄幼虫的生物活性，结果显示：

万寿菊根的氯仿萃取物对南方根结线虫 2 龄幼虫的毒杀活性最高，熏蒸 72 h 后的校正死亡率高达 80.19%，其次是乙酸乙酯萃取物，浓度 5000 mg/L 作用 72 h 的校正死亡率可达 52.30%，同时也说明了万寿菊具有杀线虫活性的物质集中在根部，以根的氯仿萃取物表现的活性最高。

许华等 [37] 研究发现，万寿菊秸秆水提取物中含有大量的噻吩类成分，同时也有研究表明噻吩类成分具有显著的生物杀线作用 [38]。A Hajra 等 [39] 用万寿菊花瓣萃取物合成氟纳米颗粒，具有杀灭蚊虫幼虫的活性。NK Mondal 等 [40] 用万寿菊花瓣提取物合成的铜纳米粒也具有巨大的杀死蚊子幼虫的潜力。

7. 保护视力作用 [15]

近年来研究表明，叶黄素和玉米黄质可防止眼睛中视网膜一部分的光造成损害。叶黄素可以过滤高能量的可见蓝光。减少 40% 的蓝色光就可以大大降低视网膜上自由基的数量。叶黄素作为抗氧化剂，可以减轻光照对眼睛的氧化作用，控制活性氧化物和自由基的形成。

E.Ebrahimi 等 [41] 研究得出，万寿菊水醇提取物有助于减少视网膜病变、神经病变、肾病、心血管疾病等糖尿病并发症，治疗量的万寿菊提取物还有助于改善体重。

流行病学研究表明，经常食用富含类胡萝卜素尤其是叶黄素和玉米黄质的食品，能够预防年龄相关性视黄斑退化。叶黄素积聚在视网膜，增加视黄斑颜色，防止光诱导的氧化作用对视网膜的损伤。有些类胡萝卜素如 α-2 胡萝卜素、β-2 胡萝卜素和 β-2 隐黄质是维生素 A 的前体，在体内可能转化为视黄醇。许多研究者发现叶黄素的摄入量和血液叶黄素量与白内障的发生呈负相关。哈佛医学院的 Lisa C.T. 等跟踪调查了 761762 人（年龄 45～71 岁）12 年内的饮食情况，发现叶黄素与玉米黄质高摄入量的人群患白内障的危险性比一般情况人群低 22%。万寿菊中的叶黄素除能对老年性黄斑退化病和白内障等视力疾病有防护作用外，还发现万寿菊提取物还可以缓解视疲劳，对眼胀、眼痛、畏光、视物模糊、眼干涩等视疲劳症状有改善作用。

8. 提高动物免疫作用

万寿菊提取物是一种天然含氧类胡萝卜素类着色剂，常作为天然色素和营养素添加到动物饲料中。王述浩等 [42] 研究发现，万寿菊的提取物添加到家禽的饲料中可以明显改善家禽肉的色泽，并使其肉质口感更好。王述浩等 [43] 还发现将万寿菊提取物添加到肉鸡饲料中不仅可以提高肉鸡机体抗氧化能力，还可以调节机体的免疫性能和脂代谢。如表 4-12、表 4-13 所示，与对照组相比，0.15% 和 0.60% 万寿菊提取添加组的胸腺、脾脏和法氏囊指数都有所增加，且 21 d 0.15% 组法氏囊指数和 0.60% 组胸腺、脾脏和法氏囊指数较对照组差异显著（$P < 0.05$）。饲料添加了 0.15% 万寿菊提取物显著提高了血清 IL-2

水平（$P < 0.05$），0.60% 万寿菊提取物添加 IgM、IgG 和 IL-2 水平较对照组都显著增加（$P < 0.05$）。

表4-12　不同万寿菊提取物添加水平对肉鸡免疫器官指数的影响

项目	万寿菊提取物添加水平（%）			标准误差 SEM	P 值 P-Valuc
	0	0.15	0.60		
21 d					
胸腺（g/kg）	3.18[b]	3.57[b]	4.29[a]	0.167	0.013
脾脏（g/kg）	1.13[b]	1.16[b]	1.35[a]	0.033	0.009
法氏囊（g/kg）	1.76[b]	2.08[a]	2.26[a]	0.065	0.002
42 d					
胸腺（g/kg）	2.63	2.68	2.88	0.937	0.528
脾脏（g/kg）	1.14	1.17	1.18	0.347	0.882
法氏囊（g/kg）	1.12	1.26	1.26	0.725	0.678

注：同列数据由不同小写字母表示差异显著（$P < 0.05$），无字母或相同字母表示差异不显著（$P > 0.05$）；$n=8$。

表4-13　不同万寿菊提取物添加水平对肉鸡免疫器官指数的影响

项目	万寿菊提取物添加水平（%）			标准误差 SEM	P 值 P-Valuc
	0	0.15	0.60		
21 d					
IgM（μg/mL）	3.89[b]	4.44[ab]	5.12[a]	0.209	0.046
IgG（μg/mL）	441.97	486.44	501.91	11.070	0.347
IL-2（ng/mL）	63.55[c]	86.49[b]	119.88[a]	5.467	< 0.001
42 d					
IgM（μg/mL）	4.93[b]	5.69[a]	6.01[a]	0.154	0.008
IgG（μg/mL）	492.06[b]	529.78[b]	614.77[a]	16.249	0.003
IL-2（ng/mL）	81.45[b]	120.33[a]	132.80[a]	6.302	< 0.001

注：同列数据由不同小写字母表示差异显著（$P < 0.05$），无字母或相同字母表示差异不显著（$P > 0.05$）；$n=8$。

9. 毒性研究

赵珺彦等[44]对万寿菊提取物的安全性进行了毒理学考察，为其深度开发及安全性使用提供依据。研究发现万寿菊提取物对雌雄小鼠急性经口的最大耐受剂量（MTD）均大于 20.0 g/kg，属无毒级；3 项致突变试验均未见致突变作用；大鼠 30 d 喂养试验，未见明显毒性反应，其对大鼠的生长发育、血象、血生化及脏体比等指标均未见明显影响，对大鼠大体解剖、组织学观察结果也均未见明显不良影响，并且未见潜在致突变作用。

二、孔雀草药理作用研究进展

孔雀草味苦，性凉。具清热利湿、润肺止咳之功效[45]。主要用于治疗上呼吸道感染、痢疾、百日咳、牙痛、风火眼痛，外用治疗腮腺炎、乳腺炎等疾病[46, 47]。在我国民族药彝药中有记载，彝族药名依尼补此乌，以花或根入药主治蛇咬伤、热咳喘、头晕头昏等症[47]。在阿根廷孔雀草提取物内服可作利尿剂使用[48]。俄罗斯高加索地区居民常食用孔雀草，有延年益寿之效。基于孔雀草的临床作用及药用价值，国外学者对孔雀草进行了相关药理学研究，发现孔雀草具有抗氧化、抗菌、抗炎、治疗心血管疾病等方面药理活性。

1. 抗氧化作用

氧化应激是指机体内活性氧簇产生过多使机体的抗氧化能力下降，氧化与抗氧化系统平衡紊乱从而导致组织或细胞损伤。自由基过多会严重损害人体健康，会引起脂质、蛋白质和 DNA 的氧化损伤，甚至可导致动脉粥样硬化、心力衰竭与高血压等疾病的发生[49]。通常情况下我们说的"抗氧化活性"，是指抗氧化剂能够阻止或抑制自由基连锁反应能力的大小[50]。国外研究发现孔雀草中具有高含量的抗坏血酸、没食子酸、类黄酮、类胡萝卜素[51-53]。抗坏血酸即维生素 C，具有强还原性，常常被用作抗氧化剂[50]。维生素 C 能够抑制自由基损伤、保护细胞膜及亚细胞器、抗血小板及白细胞活化、增加机体免疫功能及参与解毒、减轻组织损伤并促进组织修复、改善心肺及肝脏功能等问题[54]。没食子酸对有机自由基 DPPH、羟自由基清除能力和对脂质过氧化反应的抑制作用上比抗坏血酸强，而对一氧化氮的清除率也较强，仅略低于抗坏血酸[49]。黄酮类化合物可以直接清除各种过氧化自由基，具有强还原性[55]。大多数类黄酮都有一定抗氧化活性，但不同结构的类黄酮活性有显著性差异，这取决于两个主要因素：一是类黄酮分子中羟基的数量；二是类黄酮的 3 位羟基的有无。类黄酮在人体内也能够清除游离自由基，在一定程度上预防衰老、心血管疾病和癌症等危害健康的问题[56]。在动物和人体细胞中，类胡萝卜素通过淬灭单线态氧以热的形式散失能量或消除自由基以阻碍终止反应链的进行从而发挥抗氧化损伤作用[57]。罗思敏[58]在考察孔雀草花水提物对四氯化碳致急性肝损伤小鼠的保护作用时发现，孔雀草花水提液能提高肝组织 SOD 活力，表明其保肝的机制可能与抗氧化作用有关（详见本章"四、孔雀草花保肝有效成分研究"）。

2. 抗炎作用

炎症是机体对于刺激的一种防御反应，以扩张毛细血管、增加通透性而引起以渗出和肿胀、白细胞趋化游走和结缔组织增生、形成肉芽肿为特征的早期、中期和晚期炎症[59]。研究发现孔雀草甲醇提取物能够显著抑制角叉菜胶诱发的小鼠足肿胀，降低组胺、5- 羟色胺、缓激肽及前列腺素 E1 的含量和血管通透性[60]。孔雀草中的藤菊黄素与万寿菊素也具有抗炎活性，能够抑制小鼠急性炎症。小鼠口服藤菊黄素与万寿菊素能够显著抑制角叉菜胶和组胺诱导的足肿胀，局部应用可显著抑制由佛波醇 12- 十四酸酯 13- 乙酸酯和花生四烯酸引起的耳肿胀[61]。体外实验研究也证实了孔雀草的抗炎活性作用，孔雀草花的提取物和万寿菊素、槲皮素及其衍生物以及类胡萝卜素叶黄素能够显著减轻过氧化氢激发的人类淋巴母细胞性 Jurkat T 细胞的氧化应激反应，孔雀草花的提取物减轻氧化应激作用，表现出较高的自由基清除能力，并增强了与活性氧中和相关的抗氧化酶的活性。槲皮素及其衍生物也显示出高的细胞保护活性，而高剂量的万寿菊素具有与其抗癌潜能相关的细胞毒性作用。孔雀草花中化合物使 Jurkat T 细胞中抗炎和抗氧化的白细胞介素 –10 的产生量增加，表现出明显的抗炎作用。此外还有研究发现从孔雀草花中分离出来的万寿菊素还具有轻度镇痛活性[62]，其机制可能是由于黄酮抑制前列腺素 E2 的合成与脂质过氧化及促进脑组织中一氧化氮释放。

陈文哲、刘雪莹[63]等人对孔雀草的抗炎活性组分进行了研究（详见本章"三、孔雀草抗炎作用药效物资基础研究"）。实验采用二甲苯诱导法建立急性小鼠耳肿胀模型，以阿司匹林作为阳性对照，孔雀草不同组分（水煎液、醇沉组分、上清液组分与挥发油组分）分组给药后，比较各组间耳肿胀度，毛细血管通透性和血清 TNF-a、IL-6 含量差异。结果表明孔雀草水煎液、挥发油及上清液组分能显著降低二甲苯致小鼠耳肿胀模型肿胀度，抑制毛细血管通透性的增高，并且对血清炎症因子均有不同程度的抑制作用且具有显著性降低趋势（$P < 0.01$）。孔雀草挥发油的组成十分复杂，其主要成分为 2- 莰烯和 β- 水芹烯，约占 70%，而其他约 30%。中医学理论认为挥发油通常具有发散解表、芳香开窍、理气止痛、清热解毒、杀虫抗菌等作用，现代研究表明挥发油具有祛痰、止咳、平喘、祛风、解热镇痛及抗菌消炎等作用。实验通过孔雀草中单体化合物为对照品，利用对照品与样品保留时间对孔雀草及其组分的 HPLC 色谱峰进行定性分析，发现孔雀草茎叶水煎液与上清液组分中主要含有万寿菊素、山奈酚 –7–O–α–L– 鼠李糖苷等黄酮类成分化合物，黄酮类化合物通常具有抗氧化、抗炎、镇痛、调节免疫等作用。故可以认为孔雀草水煎液发挥抗炎活性主要在于其挥发油组分与上清液组分中的总黄酮成分。与模型组比较，

孔雀草上清液组、阿司匹林组、孔雀草水煎液组及孔雀草挥发油组分能显著降低二甲苯致小鼠耳肿胀模型肿胀度，抑制毛细血管通透性的增高，结果见表4-14、表4-15。

表4-14 各组小鼠耳肿胀度比较 ($\bar{x} \pm s$)

组别	n	剂量（g/kg）	肿胀度（mg）	肿胀抑制率（%）
CO	10	—	$0.21 \pm 0.15^{4)}$	—
MO	10	—	$2.09 \pm 1.39^{2)}$	0.00
PO	10	0.20	$1.08 \pm 0.62^{1)4)}$	48.33
WD	10	2.50	$1.19 \pm 0.39^{2)4)}$	43.06
VO	10	0.00075	$1.20 \pm 0.42^{2)4)}$	42.58
AP	10	0.35	$1.73 \pm 0.95^{2)}$	17.22
SU	10	0.29	$1.22 \pm 0.59^{2)3)}$	41.63

注：（1）CO：空白组，MO：模型组，PO：阿司匹林对照组，WD：孔雀草水煎液组，VO：孔雀草挥发油组，AP：孔雀草醇沉组分组，SU：孔雀草上清液组。

（2）与CO组比较，1）：$P < 0.05$；2）：$P < 0.01$；与MO组比较，3）：P 小于 0.05；4）：$P < 0.01$。

表4-15 不同组间小鼠耳肿胀毛细血管通透性比较 ($\bar{x} \pm s$)

组别	n	剂量（g/kg）	吸光度	抑制率（%）
CO	10	—	0.0030 ± 0.001	—
MO	10	—	$0.0418 \pm 0.005^{1)}$	0.00
PO	10	0.20	$0.0034 \pm 0.002^{2)}$	91.87
WD	10	2.50	$0.0040 \pm 0.001^{2)}$	90.43
VO	10	0.00075	$0.0048 \pm 0.002^{2)}$	88.52
AP	10	0.35	$0.0351 \pm 0.003^{2)}$	16.03
SU	10	0.29	$0.0046 \pm 0.002^{2)}$	89.00

注：（1）CO：空白组，MO：模型组，PO：阿司匹林对照组，WD：孔雀草水煎液组，VO：孔雀草挥发油组，AP：孔雀草醇沉组分组，SU：孔雀草上清液组；

（2）与CO组比较，1）：$P < 0.01$；与MO组比较，2）：$P < 0.01$。

3. 抗前列腺炎作用

孔雀草具清热利湿之效。从传统中医理论层面分析，孔雀草可解前列腺炎湿热之症。在国外有孔雀草作为利尿剂使用的报道。窦德强、刘雪莹[64]课题组对孔雀草抗前列腺炎作用及活性成分进行了全面系统研究（详见本章"三、孔雀草抗炎作用药效物质基础研究")。体内采用去势联合雌激素诱导的方法建立大鼠慢性非细菌性前列腺炎模型研究，表明孔雀草茎叶水煎液及总黄酮组分能够显著降低前列腺炎细胞模型中炎症因子 IL-8 含量，孔雀草茎叶水煎液、多糖组分及总黄酮组分能够显著降低前列腺炎模型鼠 IL-1β、TNF-α、EGF 与 PSA 含量，升高 T 与 DHT 水平，增强模型鼠前列腺与肝组织中 Na$^+$/K$^+$-ATPase 活力，对大鼠慢性非细菌性前列腺炎发挥治疗作用。孔雀草抗前列腺炎谱效关系分析结果表明，孔雀草茎叶水煎液中化合物 t48 和山奈酚 -7-O-α-L- 鼠李糖苷与其抗前列腺炎药效关系最紧密。孔雀草茎叶总黄酮中化合物槲皮素 -3-O-α-L- 阿拉伯糖苷与山奈酚 -3-O-α-L- 阿拉伯糖苷对其抗前列腺炎药效贡献最大，与药效密切相关。

通过孔雀草体内外抗前列腺炎活性研究与谱效关系及代谢组学研究综合分析，表明孔雀草茎叶多糖及总黄酮组分通过显著减轻炎症、调节下丘脑—腺垂体—肾上腺轴系统与下丘脑—腺垂体—性腺轴系统，增强 ATP 酶活力，促进新陈代谢，有效调节苯丙氨酸与酪氨酸等氨基酸代谢途径，改善糖代谢与能量代谢，使发生紊乱的其他代谢途径恢复正常，使孔雀草发挥治疗慢性非细菌性前列腺炎作用。因此，孔雀草茎叶中多糖与黄酮类化合物是孔雀草抗前列腺炎的药效物质基础。

4. 抑菌作用

孔雀草全草提取的精油具有独特香色，可用于香精、香水的调制，并具有抑菌作用，可以添加制成洗涤杀菌用品。α- 三联噻吩是从孔雀草中分离出来的化合物，其结构与噻吩相近。实验证实 α- 三联噻吩在紫外照射下被活化，能够显著抑制须发癣菌、深红色发癣菌、堇色发癣菌、絮状表皮癣菌和库克氏小孢子菌这 5 种皮肤癣菌，且其抑菌作用与紫外照射时间呈依赖性，可作为较安全的皮肤病治疗药 [65]。孔雀草精油中含有多种化合物，可能成为与植物病原真菌相抗衡的合成杀真菌剂的替代品 [66]。此外，孔雀草水提液也被证明具有明显抑菌活性，且热水提取液抑菌活性较冷水和甲醇提取液抑菌活性更强，这是因为热水提取液中精油含量较高的缘故。

王云龙 [67] 等通过菌落计数实验证明孔雀草精油对伤寒沙门氏菌、金黄色葡萄球菌、大肠埃希菌这 3 类常见微生物的生长均有抑制作用（表 4-16），这与孔雀草的物质组成中存在较多的具有抑菌能力的萜类物质的结论相符。在伤寒沙门氏菌抑菌实验中，在任何稀释度下空白组的菌落数均多不可计，而添加了孔雀草精油的实验组菌落数量均少于 10。

在金黄色葡萄球菌抑菌实验中，随着稀释度的增大，空白组的菌落数由 10^3 稀释度中的多不可计减少到了 10^5 稀释度的 5 个，而在任何稀释度下添加了孔雀草精油的实验组均没有菌落形成。

在大肠埃希菌抑菌实验中，与金黄色葡萄球菌类似的，随着稀释度的增大空白组的菌落数减少，添加了孔雀草精油的实验组在任何稀释度下均没有菌落形成。

表 4-16 孔雀草抑菌实验菌落计数结果

稀释度	精油	菌落计数		
		伤寒沙门氏菌	金黄色葡萄球菌	大肠埃希菌
空白	—	0	0	0
10^3	空白	多不可计	多不可计	多不可计
	孔雀草	2	0	0
10^4	空白	多不可计	80	20
	孔雀草	0	0	0
10^5	空白	多不可计	5	1
	孔雀草	0	0	0

5. 保肝作用 [68]

罗思敏考察了不同浓度孔雀草花水提物对 CCl_4 致急性肝损伤小鼠的保护作用（详见本章"四、孔雀草花保肝有效成分研究"）。研究结果显示，低、中、高剂量（1.126 g/kg、2.252 g/kg、4.504 g/kg）孔雀草花水提液能降低肝组织中的 MDA 含量，提高 SOD 活力，表明其保肝的机制可能与抗氧化作用有关。通过观察切片，肝细胞有不同程度的炎症反应，TNF-α 和 IL-6 是非常重要的促炎因子，可导致细胞炎症和死亡。除氧化应激外，炎症也参与 CCl_4 诱导的肝毒性，CCl_4 代谢活化导致过量的促炎细胞因子 IL-6、TNF-α 和 COX-2 的产生，导致炎症形成，孔雀草花的保肝活性与抗炎促炎平衡相关。

如表 4-17 所示，与模型组比较，中剂量组小鼠 ALT 活力降低（$P < 0.05$），血清 AST 活力明显下降（$P < 0.01$）。高剂量水煎液对小鼠血清中 ALT、AST 活力有显著的抑制作用（$P < 0.01$）。随着孔雀草花水提物给药浓度的增大，ALT、AST 活力逐渐降低。

表 4-17 孔雀草花对 CCl_4 致急性肝损伤小鼠血清 AST 和 ALT 的影响（$\bar{x} \pm s$, n=10）

组别	ALT (U/L)	AST (U/L)
空白对照组	7.97 ± 3.41[**]	11.02 ± 4.63[**]
模型组	23.46 ± 6.06[##]	33.07 ± 9.37[##]
孔雀草花低剂量组	20.36 ± 5.71[##]	28.77 ± 9.09[###]
孔雀草花中剂量组	18.46 ± 5.41[##]	25.40 ± 6.35[###**]
孔雀草花高剂量组	10.00 ± 3.67[**]	17.91 ± 5.99[###]

注：与空白对照组比较，#: $P < 0.05$，##: $P < 0.01$；与模型组比较，*: $P < 0.05$，**: $P < 0.01$。

如表 4-18 所示，与模型组相比，低剂量组小鼠 MDA 含量明显降低（$P < 0.05$），SOD 明显升高（$P < 0.05$）。中剂量组和高剂量组小鼠 MDA 含量明显下降（$P < 0.01$），SOD 活力显著上升（$P < 0.01$）。提示孔雀草花有很强的抗氧化作用。

表 4-18　孔雀草花对 CCl_4 致急性肝损伤小鼠肝匀浆 MDA、SOD 的影响（$\bar{x} \pm s$，n=10）

组别	MDA (nmol/g)	AST (U/g)
空白对照组	29.16 ± 8.01[**]	2506.36 ± 305.52[**]
模型组	39.26 ± 8.51[##]	1917.63 ± 185.06[##]
孔雀草花低剂量组	32.05 ± 7.56[*]	2344.54 ± 273.53[*]
孔雀草花中剂量组	30.59 ± 4.25[**]	2480.80 ± 680.92[*]
孔雀草花高剂量组	29.03 ± 5.31[**]	2778.22 ± 503.13[**]

注：与空白对照组比较，#：$P < 0.05$，##：$P < 0.01$；与模型组比较，*：$P < 0.05$，**：$P < 0.01$。

如表 4-19 所示，模型组小鼠肝脏中 TNF-α、IL-6 含量与空白组相比明显升高，表明造模成功。与模型组相比，低剂量组小鼠 IL-6 水平明显降低（$P < 0.01$），中剂量组小鼠 IL-6（$P < 0.01$），TNF-α（$P < 0.05$）水平明显降低。高剂量组小鼠 IL-6、TNF-α 表达均有显著下降（$P < 0.01$）。可见炎症因子与剂量呈依赖关系。

表 4-19　孔雀草花对 CCl_4 致急性肝损伤小鼠肝组织 TNF-α、IL-6 的影响（$\bar{x} \pm s$，n=10）

组别	MDA (nmol/g)	AST (U/g)
空白对照组	36.50 ± 8.79[**]	27.16 ± 9.08[*]
模型组	47.33 ± 6.02[##]	35.36 ± 8.48[#]
孔雀草花低剂量组	32.52 ± 6.34[**]	28.97 ± 9.67
孔雀草花中剂量组	34.29 ± 11.59[**]	27.16 ± 5.09[*]
孔雀草花高剂量组	36.65 ± 12.12[**]	22.73 ± 9.59[**]

注：与空白对照组比较，#：$P < 0.05$，##：$P < 0.01$；与模型组比较，*：$P < 0.05$，**：$P < 0.01$。

观察孔雀草花对小鼠肝组织病理学的影响，肉眼可见，孔雀草给药组小鼠肝脏颜色较正常对照组颜色稍浅，表面颗粒状较少，略有粗糙质感，损伤明显减轻。低剂量组小鼠肝组织形态结构有恢复，界线基本清晰；中、高剂量组小鼠肝细胞水肿，坏死程度不同程度减轻，细胞索排列较有序，肝组织炎症改善并伴有少量肝细胞再生；中、高剂量孔雀草花对 CCl_4 致急性肝损伤均有明显保护作用。

6. 抗抑郁作用

刘琳琳[69]等研究孔雀草水煎液对慢性温和刺激抑郁模型小鼠的抗抑郁作用。通过 30 d 不可预见性应激方法造抑郁小鼠模型，造模同时灌胃孔雀草水煎液，过程中检测其体质量变化、糖水偏爱度等。结果发现模型组体质量明显低于空白组（$P < 0.05$），且各用药组体质量与空白组之间无明显差别。与模型组相比，空白组和孔雀草花各剂量组小鼠的基础糖水偏好值显著降低（$P < 0.05$），见表 4-20、表 4-21。

表 4-20　各组体质量比较（g, $\bar{x}\pm s$, n=8）

组别	1 d	15 d	29 d
空白组	28.25 ± 0.71	30.32 ± 1.19	31.83 ± 2.35
模型组	28.63 ± 1.32	23.33 ± 0.93 △△	20.98 ± 1.17 △△
氟西汀组	28.45 ± 0.35	23.52 ± 0.98 △△	28.74 ± 1.59 **
孔雀草花水煎液 0.5 倍组	28.67 ± 1.08	23.24 ± 0.71 △△	29.39 ± 0.42 **
孔雀草花水煎液 2 倍组	28.01 ± 0.58	23.59 ± 0.44 △△	29.14 ± 0.44 **

注：与空白组比较，△△：$P < 0.01$；与模型组比较，**：$P < 0.01$。

表 4-21　各组糖水偏爱度比较（g, $\bar{x}\pm s$, n=8）

组别	1 d	15 d	29 d
空白组	80.99 ± 3.06	75.20 ± 1.58	55.84 ± 6.24
模型组	80.23 ± 1.96	84.94 ± 1.81 △△	85.16 ± 2.37 △△
氟西汀组	80.66 ± 1.48	84.39 ± 3.62 △△	67.21 ± 3.45 **
孔雀草花水煎液 0.5 倍组	81.68 ± 6.93	84.26 ± 3.62 △△	71.01 ± 2.14 **
孔雀草花水煎液 2 倍组	79.33 ± 8.51	85.26 ± 3.92 △△	77.99 ± 2.66 **

注：与空白组比较，△△：$P < 0.01$；与模型组比较，**：$P < 0.01$。

在强迫游泳实验和悬尾实验中，孔雀草各剂量组和氟西汀均能显著缩短小鼠强迫游泳不动时间且有显著性差异。与空白组相比，模型组小鼠的悬尾不动时间显著增加，与模型组相比，孔雀草花水煎液低、高剂量和氟西汀均能显著缩短小鼠悬尾不动时间（表 4-22、图 4-2）。

表 4-22　各组强迫游泳不动时间比较（s, $\bar{x}\pm s$, n=8）

组别	15 d	28 d
空白组	8.7 ± 13.96	13.30 ± 2.75

续表

组别	15 d	28 d
模型组	$31.85 \pm 46.63^{\triangle\triangle}$	$50.92 \pm 3.02^{\triangle\triangle}$
氟西汀组	$29.90 \pm 38.62^{\triangle\triangle}$	$20.14 \pm 2.23^{**}$
孔雀草花水煎液 0.5 倍组	$31.28 \pm 20.57^{\triangle\triangle}$	$29.22 \pm 2.59^{**}$
孔雀草花水煎液 2 倍组	$36.45 \pm 19.99^{\triangle\triangle}$	$28.50 \pm 2.46^{**}$

注：与空白组比较，$\triangle\triangle$：$P < 0.01$；与模型组比较，**：$P < 0.01$。

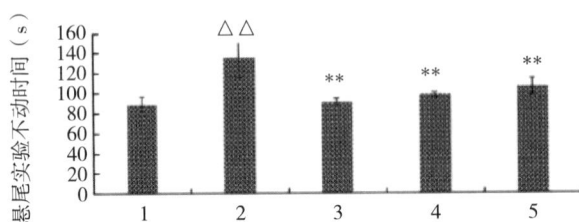

注：1：空白组；2：模型组；3：氟西汀组；4：孔雀草花水煎液 0.5 倍组；5：孔雀草花水煎液 2 倍组。与空白组比较，$\triangle\triangle$：$P < 0.01$；与模型组比较，**：$P < 0.01$

图 4-2　各组悬尾不动时间比较

经过 28 d 慢性应激刺激后，断头取脑，用 ELISA 法检测脑内单胺类神经递质的含量。模型脑内单胺类神经递质明显低于空白组（$P < 0.05$），各给药组脑内单胺类神经递质含量增加。可见孔雀草花水煎液各组能明显提高血液中 5-HT 和 NE 水平，如图 4-3、图 4-4，孔雀草花水煎液具有抗慢性不可预知应激引起的小鼠抑郁行为作用，且抗抑郁作用与其增加脑内单胺类神经递质含量有关。在实验中存在的两个给药剂量其统计学无差别证明其量效关系不明显。

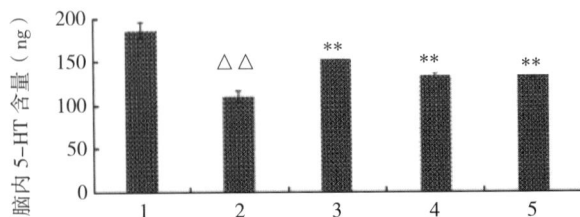

注：1：空白组；2：模型组；3：氟西汀组；4：孔雀草花水煎液 0.5 倍组；5：孔雀草花水煎液 2 倍组。与空白组比较，$\triangle\triangle$：$P < 0.01$；与模型组比较，**：$P < 0.01$

图 4-3　各组脑内 5-HT 含量比较

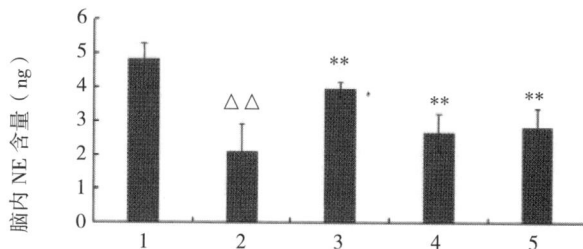

注：1：空白组；2：模型组；3：氟西汀组；4：孔雀草花水
煎液 0.5 倍组；5：孔雀草花水煎液 2 倍组。与空白组比较，
△△：$P<0.01$；与模型组比较，**：$P < 0.01$

图 4-4　各组脑内 NE 含量比较

7. 驱蚊虫作用

林琳[70]将 50 种园林观赏植物进行蚊虫驱避试验，将"Y"型嗅觉生物测定试验初步筛选出来的驱蚊效果较好的孔雀草、侧柏、薄荷、驱蚊香草、番茄 5 种植物进行室内模拟试验，以验证其驱蚊活性。将 40 日龄鸡腹部朝上固定四肢，作为引诱物，与供试植物一并放入泡沫箱一端作为处理边，蚊虫接入端为对照边。观察记录 5 min、10 min、15 min、30 min 蚊虫在两边的分布数量，计算驱避率。以不放植物作为空白对照，结果见表 4-23。试验表明：5 种植物都有一定的驱蚊作用，随时间的推移驱蚊效果逐渐减弱。同时，植物在不同时间表现出的驱蚊活性也有差异。5 min 时，薄荷、番茄对蚊的驱避效果强。而 30 min 后，孔雀草和番茄效果最佳。孔雀草的驱避效果持续时间较其他 4 种长。从表 4-24 方差分析结果可以看出，30 min 后孔雀草、番茄驱蚊效果明显，极显著大于薄荷、驱蚊香草和侧柏。进一步对驱蚊植物挥发物成分鉴定进行研究，孔雀草驱蚊持续时间长，驱避率从 5 min 时的最低到 15 min 后的最高，呈现上升趋势，可能是其挥发物挥发持续时间较长。

表 4-23　各种植物对蚊的驱避作用测定结果

植物名称	不同时间（min）处理边虫数				不同时间（min）驱避率（%）			
	5	10	15	30	5	10	15	30
空白	7	16	22	26	69.57	-14.28	-63.44	-84.62
侧柏	2	6	9	12	92.86	75.00	57.14	33.33
孔雀草	3	6	7	8	88.89	75.00	69.57	63.64
薄荷	1	4	8	10	96.55	84.62	63.64	50.00

续表

植物名称	不同时间（min）处理边虫数				不同时间（min）驱避率（%）			
	5	10	15	30	5	10	15	30
驱蚊香草	2	4	7	11	92.86	84.62	69.57	42.11
番茄	1	3	8	9	96.55	88.89	63.64	57.14

注：驱避率（%）=（对照边虫数 − 处理边虫数）/ 对照边虫数。

表 4-24　30 min 时 5 种植物驱避率方差分析表

植物名称	5% 显著水平	1% 极显著水平
孔雀草	a	A
番茄	a	A
薄荷	b	B
驱蚊香草	b	B
侧柏	c	C
空白	d	D

8. 其他药理作用

孔雀草根系甲醇提取物中的柠檬酸和苹果酸具有降低血压的作用，可致大鼠血压平均动脉下降 71% 和 43%，根系甲醇提取物中吡啶盐酸盐可增高大鼠动脉血压，平均可增长 34% [71]。临床试验证实孔雀草能够有效治疗拇趾外翻及其相关病症 [72]。在阿根廷，孔雀草提取物被认为具有镇静和利尿作用，而孔雀草水煎液则具有兴奋剂、健胃与促进排气的作用。在哥伦比亚和委内瑞拉孔雀草水煎液通过洗浴或擦拭用于治疗风湿病 [73]。

三、孔雀草抗炎作用药效物质基础研究 [64]

窦德强课题组对孔雀草的抗炎作用及作用机制、作用组分进行了全面系统的研究，为孔雀草的应用提供了参考依据。

1. 孔雀草水煎液对二甲苯致小鼠耳肿胀及毛细血管通透性的影响

采用二甲苯涂耳诱导小鼠急性耳肿胀模型，通过灌胃给药考察孔雀草茎叶水煎液低剂量（1 倍量，2.5 g/kg），中剂量（3 倍量，7.5 g/kg）与高剂量（5 倍量，12.5 g/kg）对二甲苯致耳肿胀及毛细血管通透性的影响，并测定血清中 IL-6、TNF-α 含量，从而得出孔雀草茎叶水煎液抗急性炎症的最佳有效剂量。

1.1　实验方法

1.1.1　动物分组

将 54 只小鼠按体重随机分为 6 组，分别为空白组、模型组、阳性对照组（阿司匹林，0.2 g/kg）、孔雀草茎叶水煎液低剂量组（1 倍量即 2.5 g/kg）、中剂量组（3 倍量即 7.5 g/kg）、高剂量组（5 倍量即 12.5 g/kg），每组 9 只。各给药组均给予相应药物，模型组给同体积蒸馏水，给药体积 0.5 mL/20 g，连续灌胃给药一周，末次给药称体重，禁食。

1.1.2　小鼠毛细血管通透性实验

各组动物，末次给药 30 min 后尾静脉注射 0.5% 伊文思蓝 0.2 mL/20 g。然后立即进行 1.1.3 实验，待 1.1.3 实验结束后，将各组右耳片剪碎，放入 4 mL 35% 丙酮水溶液中，37 ℃ 浸泡 48 h，每日轻摇试管 2～3 次，3000 r/min 离心 15 min，取上清液于 UV-2100 紫外分光光度计 611 nm 下测定吸光度，并比较试验组与对照组 OD 值的差异显著性。

按下式计算试验组小鼠耳郭伊文思蓝染料渗出抑制率：

$$抑制率 = \frac{对照组渗出量（OD 值）- 实验组渗出量（OD 值）}{对照组渗出量（OD 值）} \times 100\%$$

1.1.3　二甲苯致小鼠耳肿胀实验

在 1.1.2 实验尾静脉注射伊文思蓝后，立即在小鼠右耳前后涂抹二甲苯共 20 μL，左耳为对照。30 min 后处死小鼠，沿耳郭剪下左、右两耳片，分别在同一部位用 8 mm 打孔器打下圆耳片，用电子天平精密称定两耳片重量，计算肿胀度，并比较各组间肿胀度差异。

$$肿胀度（mg）= 致炎右耳重量（mg）- 未致炎左耳重量（mg）$$

$$肿胀抑制率 = \frac{模型组平均肿胀度 - 给药组平均肿胀度}{模型组平均肿胀度} \times 100\%$$

1.1.4　血清中 IL-6、TNF-α 含量测定

二甲苯致炎 30 min 后眼球取血，3000 r/min 离心 10 min，取上清，ELISA 法检测血清 IL-6、TNF-α 含量。

1.2　实验结果

1.2.1　不同剂量的孔雀草茎叶水煎液对二甲苯致小鼠耳肿胀肿胀度影响

小鼠右耳涂抹二甲苯后，模型组的肿胀度与空白组相比明显增加（$P < 0.01$）。阿司匹林和低剂量孔雀草茎叶水煎液与模型组相比二甲苯致小鼠耳肿胀肿胀度显著降低（$P < 0.01$）。实验结果见表 4-25。

表4-25　不同剂量的孔雀草茎叶水煎液对二甲苯致小鼠耳肿胀影响 ($\bar{x}\pm s$, $n=9$)

组别	剂量 (g/kg)	耳肿胀肿胀度 (mg)	肿胀抑制率 (%)
CON	—	$0.52 \pm 0.27^{**}$	—
MOD	—	$2.42 \pm 1.25^{\#\#}$	0
POS	0.2	$1.09 \pm 0.60^{**}$	55.04
WDL	2.5	$1.10 \pm 0.53^{**}$	54.58
WDM	7.5	$1.74 \pm 0.38^{\#\#}$	27.99
WDH	12.5	$1.99 \pm 1.37^{\#\#}$	17.88

注：(1) CON：空白组，MOD：模型组，POS：阿司匹林对照组，WDL：孔雀草水煎液低剂量组，WDM：孔雀草水煎液中剂量组，WDH：孔雀草水煎液高剂量组。

(2) $\#P$：< 0.05，$\#\#P$：< 0.01 与空白对照组比较；$*$：$P < 0.05$，$**$：$P < 0.01$ 与模型组比较。

1.2.2　不同剂量的孔雀草茎叶水煎液对毛细血管通透性的影响

模型组小鼠耳郭伊文思蓝染料渗出的 OD 值与空白组比较，其差异具有极显著意义（$P < 0.01$）。阿司匹林组和低、中、高，3 个剂量组的孔雀草茎叶水煎液与模型组相比均能显著减少小鼠耳郭伊文思蓝染料渗出量（$P < 0.01$）。实验结果见表4-26。

表4-26　不同剂量的孔雀草茎叶水煎液对二甲苯致小鼠耳肿胀模型毛细血管通透性的影响 ($\bar{x}\pm s$)

组别	剂量 (g/kg)	吸光度	抑制率 (%)
CON	—	$0.004 \pm 0.003^{**}$	—
MOD	—	$0.041 \pm 0.005^{\#\#}$	0
POS	0.2	$0.004 \pm 0.002^{**}$	90.24
WDL	2.5	$0.007 \pm 0.004^{**}$	82.93
WDM	7.5	$0.011 \pm 0.005^{\#\#**}$	73.17
WDH	12.5	$0.012 \pm 0.001^{\#\#**}$	70.73

注：(1) CON：空白组，MOD：模型组，POS：阿司匹林对照组，WDL：孔雀草水煎液低剂量组，WDM：孔雀草水煎液中剂量组，WDH：孔雀草水煎液高剂量组。

(2) $\#P$：< 0.05，$\#\#P$：< 0.01 与空白对照组比较；$*$：$P < 0.05$，$**$：$P < 0.01$ 与模型组比较。

1.2.3　不同剂量的孔雀草茎叶水煎液对二甲苯致小鼠耳肿胀模型血清中 IL-6、TNF-α 含量影响

模型组小鼠血清 IL-6、TNF-α 含量与空白组相比均明显升高（$P < 0.01$），阿司匹林及低、中剂量的孔雀草茎叶水煎液灌胃给药对二甲苯所致的急性小鼠耳肿胀血清炎症因子

均有不同程度的抑制作用，其中阿司匹林组和低剂量孔雀草茎叶水煎液组与模型组相比，降低趋势有显著性统计学意义（$P < 0.01$）。实验结果见表 4-27。

表 4-27 不同剂量的孔雀草茎叶水煎液对二甲苯致小鼠耳肿胀 IL-6、TNF-α 含量影响（$\bar{x} \pm s$, n=9）

组别	剂量（g/kg）	IL-6（pg/mL）	TNF-α（pg/mL）
CON	—	114.20 ± 7.47**	209.80 ± 29.28**
MOD	—	144.36 ± 11.17##	269.50 ± 24.70##
POS	0.2	120.55 ± 6.23**	219.56 ± 36.78**
WDL	2.5	126.05 ± 3.23##**	223.14 ± 15.66**
WDM	7.5	138.75 ± 4.51##	240.33 ± 11.91#*
WDH	12.5	143.11 ± 5.75##	266.69 ± 2.93##

注：(1) CON：空白组，MOD：模型组，POS：阿司匹林对照组，WDL：孔雀草水煎液低剂量组，WDM：孔雀草水煎液中剂量组，WDH：孔雀草水煎液高剂量组。

(2) # P: < 0.05，## P: < 0.01 与空白对照组比较；*: $P < 0.05$，**: $P < 0.01$ 与模型组比较。

在以血管通透性增加为主要改变的急性炎症模型实验中，模型组小鼠血清的 IL-6 和 TNF-α 浓度较空白组均明显升高，表明造模成功。其中低剂量孔雀草茎叶水煎液组小鼠血清 IL-6 与 TNF-α 浓度明显低于模型组，此外中剂量孔雀草茎叶水煎液组小鼠血清 TNF-α 浓度与模型组相比也具有统计学意义，IL-6 浓度与模型组相比无明显差异。而高剂量孔雀草茎叶水煎液组小鼠血清 IL-6 与 TNF-α 浓度与模型组相比均无明显差异，这可能是剂量过高造成的抑制作用。

孔雀草味苦，性凉。具清热利湿，润肺止咳之效。结果遵循中医清热泻火的治疗原则，证明了低剂量孔雀草茎叶水煎液对出二甲苯致小鼠耳肿胀急性炎症模型具有明显抗炎作用。

2. 孔雀草及其组分对二甲苯致小鼠耳肿胀及毛细血管通透性的影响

根据上一节实验结果低剂量孔雀草茎叶水煎液（1 倍量，2.5 g/kg）对由二甲苯致小鼠耳肿胀急性炎症具有明显抗炎作用，故本节采用低剂量孔雀草茎叶水煎液进一步考察孔雀草抗炎作用的有效物质基础。采用二甲苯涂耳诱导小鼠急性耳肿胀模型，通过灌胃给药考察低剂量孔雀草茎叶水煎液及其组分（1 倍量，2.5 g/kg）对二甲苯致耳肿胀及毛细血管通透性的影响，并测定血清中炎症因子 IL-6 与 TNF-α 水平。

2.1 实验方法

2.1.1 药品制备

称取 150 g 孔雀草茎叶粗粉，第 1 次加 10 倍量水，浸润 4 h，文火煎煮提取 1 h，静置冷却后，水煎液用 200 目滤布过滤，滤渣加 8 倍量水，文火再次煎煮 1 h，水煎液静置放凉后，滤布过滤，合并 2 次水煎液滤液，3000 r/min 离心 10 min，除去沉淀，上清液减压浓缩回收溶剂，剩余少量溶剂，置低温冷冻干燥机冻干，计算收率。临用前取适量 0.5% CMC-Na 配制成 100 mg/mL（以生药计）溶液。置于 –20 ℃冰箱中冷冻保存备用。

称取 1 kg 孔雀草茎叶粗粉，第 1 次加 10 倍量水，浸渍 4 h，文火煎煮提取 1 h，同时提取挥发油，静置冷却后，水煎液用 200 目滤布过滤，滤渣加 8 倍量水，文火再次煎煮 1 h，同时提取挥发油，水煎液静置放凉后，滤布过滤，合并 2 次水煎液滤液，将合并后的水煎液沉降离心浓缩至 1.5 L。调节乙醇浓度至 70%，醇沉 2 次，将醇沉物与上清液各自合并，65 ℃严格控温，减压回收溶剂，剩余少量溶剂，置低温冷冻干燥机冻干，计算收率。临用前取适量 0.5% CMC-Na 配制成 100 mg/mL（以生药计）溶液（表 4-28）。置冰箱中 –20 ℃冷冻保存备用。

表 4-28 灌胃液配制表

灌胃液	$m_总$ (g)	收率（%）	m (mg)	V_{CMC-Na} (mL)	C (mg/mL)
孔雀草茎叶水煎液	36.90	24.13	1206.50	50	24.13
孔雀草挥发油组分	3.00	0.30	15.00	50	0.30
孔雀草茎叶多糖组分	141.30	14.13	706.50	50	14.13
孔雀草茎叶总黄酮组分	115.30	11.53	576.50	50	11.53

2.1.2 动物分组

70 只小鼠按体重随机分为 7 组，分别为空白组、模型组、阳性对照组（阿司匹林，0.2 g/kg）、孔雀草茎叶水煎液组（2.5 g/kg）、孔雀草茎叶多糖组分组（0.35 g/kg），孔雀草茎叶总黄酮组分组（0.29 g/kg），孔雀草茎叶挥发油组分组（0.75 mg/kg），每组 10 只。各给药组均给予相应药物，空白与模型组给同体积 0.5% CMC-Na，给药体积 0.5 mL/20 g，连续灌胃 7 d，末次给药前称体重，禁食。

2.1.3 抗炎实验

同前一节方法进行小鼠毛细血管通透性实验、二甲苯致小鼠耳肿胀实验及血清中 IL-6、TNF-α 含量测定。

2.2 实验结果

2.2.1 孔雀草及其组分对二甲苯致小鼠耳肿胀肿胀度影响

小鼠右耳涂抹二甲苯后，与空白组比较，模型组的肿胀度明显增加（$P < 0.01$）。与模型组比较，阿司匹林、孔雀草茎叶水煎液及孔雀草茎叶挥发油组分能显著降低二甲苯致

小鼠耳肿胀模型肿胀度（$P < 0.01$），孔雀草茎叶总黄酮组分也能够降低二甲苯致小鼠耳肿胀模型肿胀度（$P < 0.05$）。实验结果见表4-29。

表4-29　孔雀草及其组分对二甲苯致小鼠耳肿胀肿胀度影响（$\bar{x} \pm s$，n=10）

组别	剂量（g/kg）	耳肿胀肿胀度（mg）
CON	—	$0.21 \pm 0.15^{**}$
MOD	—	$2.09 \pm 1.39^{\#\#}$
POS	0.20	$1.08 \pm 0.62^{\#***}$
WAD	2.50	$1.19 \pm 0.39^{\#\#**}$
EOC	0.00075	$1.20 \pm 0.42^{\#\#**}$
POL	0.35	$1.73 \pm 0.95^{\#\#}$
FLA	0.29	$1.22 \pm 0.59^{\#\#*}$

注：（1）CON：空白组，MOD：模型组，POS：阿司匹林对照组，WAD：孔雀草茎叶水煎液组，EOC：孔雀草茎叶挥发油组，POL：孔雀草茎叶多糖组分组，FLA：孔雀草茎叶总黄酮组分组。

（2）#：$P < 0.05$，##：$P < 0.01$ 与空白对照组比较；*：$P < 0.05$，**：$P < 0.01$ 与模型组比较。

2.2.2　孔雀草及其组分对二甲苯致小鼠耳肿胀毛细血管通透性的影响

与空白组比较，模型组与孔雀草茎叶多糖组分组小鼠耳郭伊文思蓝染料渗出的 OD 值具有极显著意义（$P < 0.01$）。与模型组比较，阿司匹林、孔雀草茎叶水煎液及其组分均能显著降低小鼠耳郭伊文思蓝染料渗出的 OD 值（$P < 0.01$）。实验结果见表4-30。

表4-30　孔雀草及其组分对二甲苯致小鼠耳肿胀毛细血管通透性的影响（$\bar{x} \pm s$，n=10）

组别	剂量（g/kg）	吸光度	抑制率（%）
CON	—	$0.003 \pm 0.001^{**}$	—
MOD	—	$0.042 \pm 0.005^{\#\#}$	0
POS	0.20	$0.003 \pm 0.002^{**}$	91.87
WAD	2.50	$0.004 \pm 0.001^{**}$	90.43
EOC	0.00075	$0.005 \pm 0.002^{**}$	88.52
POL	0.35	$0.035 \pm 0.003^{\#\#**}$	16.03
FLA	0.29	$0.005 \pm 0.002^{**}$	89.00

注：（1）CON：空白组，MOD：模型组，POS：阿司匹林对照组，WAD：孔雀草茎叶水煎液组，EOC：孔雀草茎叶挥发油组，POL：孔雀草茎叶多糖组分组，FLA：孔雀草茎叶总黄酮组分组。

（2）#：$P < 0.05$，##：$P < 0.01$ 与空白对照组比较；*：$P < 0.05$，**：$P < 0.01$ 与模型组比较。

2.2.3 孔雀草及其组分对二甲苯致小鼠耳肿胀模型血清中 IL-6、TNF-α 含量影响

模型组小鼠血清 IL-6、TNF-α 含量与空白组相比均明显升高（$P < 0.01$），阿司匹林、孔雀草茎叶水煎液、孔雀草茎叶挥发油组分及总黄酮组分灌胃给药对二甲苯所致的急性小鼠耳肿胀血清炎症因子均有显著性不同程度的抑制作用（$P < 0.01$）。实验结果见表 4-31。

表 4-31　孔雀草及其组分对二甲苯致小鼠耳肿胀模型血清中 IL-6、TNF-α 含量（$\bar{x} \pm s$, $n=10$）

组别	剂量（g/kg）	IL-6（pg/mL）	TNF-α（pg/mL）
CON	—	$118.00 \pm 21.75^{**}$	$215.90 \pm 47.60^{**}$
MOD	—	$155.89 \pm 17.61^{\#\#}$	$282.63 \pm 30.88^{\#\#}$
POS	0.20	$120.80 \pm 15.65^{**}$	$219.31 \pm 15.23^{**}$
WAD	2.50	$126.26 \pm 17.65^{**}$	$223.02 \pm 11.23^{**}$
EOC	0.00075	$129.90 \pm 9.94^{**}$	$225.43 \pm 11.68^{**}$
POL	0.35	$153.26 \pm 13.03^{\#\#}$	$275.39 \pm 16.18^{\#\#}$
FLA	0.29	$131.22 \pm 16.56^{**}$	$229.56 \pm 14.22^{**}$

注：(1) CON：空白组，MOD：模型组，POS：阿司匹林对照组，WAD：孔雀草茎叶水煎液组，EOC：孔雀草茎叶挥发油组，POL：孔雀草茎叶多糖组分组，FLA：孔雀草茎叶总黄酮组分组。

(2) #: $P < 0.05$，##: $P < 0.01$ 与空白对照组比较；*: $P < 0.05$，**: $P < 0.01$ 与模型组比较。

实验结果表明，与模型组比较，孔雀草茎叶水煎液组、孔雀草茎叶挥发油组分组和孔雀草茎叶总黄酮组分组能够明显降低小鼠的耳肿胀度、毛细血管通透性及血清中细胞因子 TNF-α、IL-6 含量。这表明孔雀草茎叶水煎液、挥发油组分及总黄酮组分具有一定的抗炎作用。

到目前为止，尚无孔雀草及其组分抗炎活性的研究报道，本实验通过对孔雀草 3 种组分的抗急性炎症活性研究，初步探讨了孔雀草及其组分的抗炎作用，为孔雀草的深入研究与开发利用奠定了基础。

3. 孔雀草及其组分体外抗前列腺炎活性初探

本节实验通过 MTT 法检测孔雀草及其组分对人正常前列腺基质细胞（WPMY-1）增殖作用的影响，ELISA 法检测孔雀草及其组分对 LPS 诱导人正常前列腺基质细胞（WPMY-1）释放 IL-8 含量的影响，初步探究孔雀草抗前列腺炎活性物质基础。

3.1　实验方法

3.1.1　人正常前列腺基质永生化细胞传代培养方法

将人正常前列腺基质永生化细胞（WPMY-1）置于 37 ℃，含 5% CO_2 的培养箱中，细胞呈成肌细胞状，贴壁生长，每天换液，待细胞贴壁达 70% ~ 80% 时，倒掉旧培养液，

加入 5 mL 的新鲜培养液，轻轻吹打细胞，传代到新的培养瓶中。传代比例 1:2，3 天传代 1 次。

3.1.2　MTT 法检测孔雀草及其组分对 WPMY-1 细胞增殖作用的影响

取对数生长期的 WPMY-1 细胞，将细胞浓度调整为 2×10^5 个 /mL，100 µL/ 孔接种于 96 孔板中，当细胞铺满板底达到 70% ~ 80% 时，吸弃旧培养液，每孔分别加入终浓度为 200 µg/mL、100 µg/mL、50 µg/mL、20 µg/mL、10 µg/mL、1 µg/mL 含普乐安、左氧氟沙星、孔雀草茎叶水煎液、孔雀草茎叶挥发油组分、孔雀草茎叶多糖组分、孔雀草茎叶总黄酮组分的培养液（以生药计）。每组每个浓度 3 个复孔，同时设置空白组（只接种细胞）和调零孔（不接种细胞，只加培养液）。加药完毕后将 96 孔板置于 CO_2 培养箱中培养 48 h 后，每孔加入新鲜配制的 5 mg/mL MTT 溶液 10 µL，继续培养 4 h。吸弃上清液，每孔加入 DMSO 100 µL，振荡 10 min 后用酶标仪测定 492 nm 处吸光度（OD）值，计算增殖抑制率。

$$增殖抑制率 = \left[\left(1 - \left(A_{实验} - A_{调零} \right) / \left(A_{空白} - A_{调零} \right) \right) \right] \times 100\%$$

3.1.3　ELISA 法检测 IL-8 释放量

取对数生长期 WPMY-1 细胞，调整细胞密度为 1×10^5 个 /mL，每孔 1 mL 接种于 24 孔板中。待细胞贴壁达 70% ~ 80% 时，设置空白对照组、LPS 模型组、阳性对照组与实验组。中药阳性对照组（普乐安组）加入终浓度为 50 µg/mL 普乐安溶液，西药阳性对照组（左氧氟沙星组）加入终浓度为 100 µg/mL 的左氧氟沙星溶液，各实验组分别加入终浓度为 20 µg/mL 的含孔雀草茎叶水煎液、孔雀草茎叶挥发油组分、孔雀草茎叶多糖组分、孔雀草茎叶总黄酮组分的培养液（以生药计），每组 6 个复孔。预处理 2 h 后，除空白对照组外，每孔分别加入终浓度为 10 mg/L 的 LPS。作用 24 h 后，收集每孔的细胞上清液，3000 r/min 离心 20 min，仔细收集上清液，用于 ELISA 试剂盒检测。

3.2　实验结果

3.2.1　孔雀草及其组分对 WPMY-1 细胞增殖作用影响结果

孔雀草及其组分对 WPMY-1 细胞增殖作用影响结果如表 4-32 所示。

表 4-32　孔雀草及其组分对 WPMY-1 细胞增殖作用影响结果

组别	浓度 (µg/mL)	OD 值			OD 值 ($\bar{x} \pm s$)	抑制率（%）
CON	0	1.188	1.170	1.030	1.129 ± 0.086	0
TCM	1	1.227	1.243	1.258	1.243 ± 0.016	−10.174
	10	1.304	1.324	1.312	1.313 ± 0.010	−16.517
	20	1.289	1.293	1.214	1.265 ± 0.045	−12.208

续表

组别	浓度 （µg/mL）	OD 值			OD 值（$\bar{x} \pm s$）	抑制率（%）
	50	1.351	1.338	1.340	1.343 ± 0.007	−19.180
	100	1.104	1.087	1.087	1.093 ± 0.010	3.291
	200	0.799	1.020	0.902	0.907 ± 0.111	19.958
LEH	1	1.245	1.264	1.219	1.243 ± 0.023	−10.174
	10	1.201	1.272	1.230	1.234 ± 0.036	−9.425
	20	1.244	1.185	1.157	1.195 ± 0.044	−5.925
	50	1.189	1.191	1.159	1.180 ± 0.018	−4.518
	100	1.155	1.117	1.143	1.138 ± 0.019	−0.808
	200	1.132	1.130	0.982	1.081 ± 0.086	4.318
WAD	1	1.152	1.142	1.191	1.162 ± 0.026	−2.902
	10	1.220	1.281	1.271	1.257 ± 0.033	−11.490
	20	1.268	1.241	1.273	1.261 ± 0.017	−11.789
	50	1.344	1.264	1.373	1.327 ± 0.056	−17.744
	100	1.108	1.101	1.162	1.124 ± 0.033	0.509
	200	1.103	1.139	1.119	1.120 ± 0.018	0.808
EOC	1	1.244	1.124	1.107	1.158 ± 0.075	−2.603
	10	1.177	1.194	1.186	1.186 ± 0.009	−5.057
	20	1.232	1.083	1.111	1.142 ± 0.079	−1.137
	50	1.004	0.983	1.035	1.007 ± 0.026	10.952
	100	0.847	1.010	0.926	0.928 ± 0.082	18.103
	200	0.778	0.839	0.974	0.864 ± 0.100	23.848
POL	1	1.398	1.326	1.342	1.355 ± 0.038	−20.287
	10	1.324	1.427	1.581	1.444 ± 0.129	−28.247
	20	1.388	1.345	1.284	1.339 ± 0.052	−18.821
	50	1.420	1.353	1.244	1.339 ± 0.089	−18.821
	100	1.310	1.378	1.134	1.274 ± 0.126	−12.986

续表

组别	浓度 (µg/mL)	OD 值			OD 值 ($\bar{x}\pm s$)	抑制率（%）
	200	1.255	1.242	1.041	1.179 ± 0.120	−4.488
FLA	1	1.162	1.175	1.115	1.242 ± 1.041	−1.915
	10	1.173	1.237	1.002	1.175 ± 1.115	−0.718
	20	1.107	1.101	1.190	1.237 ± 1.002	−0.296
	50	1.077	1.081	1.020	1.101 ± 1.190	6.284
	100	1.052	1.057	1.045	1.081 ± 1.020	7.002
	200	1.005	1.025	1.109	1.057 ± 1.045	7.451

注:（1) CON：空白组，TCM：普乐安对照组，LEH：左氧氟沙星对照组，WAD：孔雀草茎叶水煎液组，EOC：孔雀草茎叶挥发油组，POL：孔雀草茎叶多糖组分组，FLA：孔雀草茎叶总黄酮组分组。

由表 4-32 可知，在低浓度范围内，各给药组均无抑制 WPMY-1 增殖的作用，表明此浓度范围内，药物对细胞无毒性作用，因此选取浓度为 20 µg/mL 进行后续实验。

3.2.2　孔雀草及其组分对 LPS 诱导人正常前列腺基质细胞（WPMY-1）释放 IL-8 含量影响结果

表 4-33　孔雀草及其组分对 LPS 诱导人正常前列腺基质细胞（WPMY-1）释放 IL-8 含量影响
（$\bar{x}\pm s$，n=6)

组别	IL-8 (pg/mL)
CON	414.475 ± 30.612[**]
LPS	1581.577 ± 64.428[##]
TCM	832.493 ± 43.843[##**]
LEH	1159.295 ± 92.498[##**]
WAD	911.538 ± 15.998[##**]
EOC	1154.342 ± 96.405[##**]
POL	1092.978 ± 63.533[##**]
FLA	891.443 ± 20.047[##**]

注:（1) CON：空白组，LPS：模型组，TCM：普乐安对照组，LEH：左氧氟沙星对照组，WAD：孔雀草茎叶水煎液组，EOC：孔雀草茎叶挥发油组，POL：孔雀草茎叶多糖组分组，FLA：孔雀草茎叶总黄酮组分组。

（2) #：$P < 0.05$，##：$P < 0.01$ 与空白对照组比较；*：$P < 0.05$，**：$P < 0.01$ 与模型组比较。

由表 4-33 可知，与空白组相比，LPS 模型组中 IL-8 含量显著增高，且差异具有统计学意义（$P < 0.05$），与模型组相比，各给药组均能降低由 LPS 诱导 WPMY-1 释放的 IL-8 含量增高，其中以普乐安组、孔雀草茎叶水煎液组、孔雀草茎叶总黄酮组分组的降低作用最为显著（$P < 0.05$），但与空白组相比仍具有较大差异（$P < 0.05$）。这可能是由于 LPS 诱导前列腺基质细胞产生多种与中性粒细胞趋化相关的物质，而孔雀草中具有能够治疗前列腺炎并能够降低趋化因子 IL-8 产生的作用。除 IL-8 外，其余炎症趋化因子也可能有相应的水平改变，故其具体机制仍需进一步探究。

4. 孔雀草水煎液抗大鼠慢性非细菌性前列腺炎作用研究

本节采用去势联合雌激素诱导的方法建立大鼠慢性非细菌性前列腺炎模型，采用灌胃给药考察低剂量（1.8 g/kg）与高剂量（5.4 g/kg）孔雀草茎叶水煎液对慢性非细菌性前列腺炎大鼠 IL-1β、TNF-α、EGF、T、DHT、PSA 等指标影响，从而确定孔雀草治疗慢性非细菌性前列腺炎的最佳剂量。

4.1 实验方法

4.1.1 分组及给药方法

40 只雄性大鼠，随机分成 4 组，每组 10 只。

大鼠术前禁食，不禁水。术前称重。75% 乙醇消毒 SD 大鼠腹部后，10% 水合氯醛腹腔内注射麻醉（0.3 mL/100 g），钳夹鼠尾如无疼痛反应，说明麻醉效果满意。将大鼠仰卧位固定于手术台上，按无菌手术操作，消毒铺巾，除假手术组外各组均行大鼠双侧睾丸去势，分别将双侧睾丸与附睾分离并且切除睾丸，然后把附睾放回阴囊，缝合切口。假手术组（SOG）组仅找出双侧睾丸与附睾分离，但不切除睾丸，然后逐层缝合关闭切口，术后及术后 5 d 连续给予肌肉注射青霉素 18 万 U/（kg·d）预防感染。将大鼠置于 25℃ 左右的环境保证环境温暖，补充水与饲料，恢复正常饮食。一周后，观察伤口愈合良好，除 SOG 外其余各组均开始在背部皮下注射苯甲酸雌二醇 0.25 mg/kg[57]，SOG 背部皮下注射溶媒即葵花籽油，造模连续 30 d。

造模结束后，连续灌胃 9 d。

① 假手术组：给予 CMCNa 灌胃液，每日 1 次。

② 前列腺炎模型组：给予 CMCNa 灌胃液，每日 1 次

③ 孔雀草茎叶水煎液低剂量组：给予孔雀草茎叶水煎液灌胃液（1.8 g/kg），每日灌胃 1 次。

④ 孔雀草茎叶水煎液高剂量组：给予孔雀草茎叶水煎液灌胃液（5.4 g/kg），每日灌胃 1 次。

注：各组灌胃时间为上午 9 时。

4.1.2 标本的采集及处理

在最后一次灌胃给药 24 h 后，采用 10% 水合氯醛溶液（0.3 mL/100 g）腹腔注射麻醉，

然后采用腹腔腹主动脉采血，使动物失血死亡后切取前列腺，所采集标本进行相应处理，同时取胸腺、肾、脾做病理学检查以验证造模部位的特异性。

4.1.3　指标检测

采用酶联免疫法试剂盒对大鼠血清中 T、DHT、PSA 水平进行检测。

前列腺与生理盐水以 1:9 比例用匀浆机使之成匀浆，3000 r/min 离心 10 min 取上清。采用酶联免疫法试剂盒对大鼠前列腺组织匀浆中 IL-1β、TNF-α、EGF 水平进行检测。

4.2　实验结果

4.2.1　前列腺腹叶形态学观察

如图 4-5 所示，假手术组大鼠前列腺腹叶质地柔软、色淡红、表面光滑、有光泽，与周围组织无粘连。模型组大鼠前列腺腹叶体积较假手术组明显增大、质稍硬，或有明显的硬结，呈暗红色、无光泽，腺体普遍与周围组织粘连。

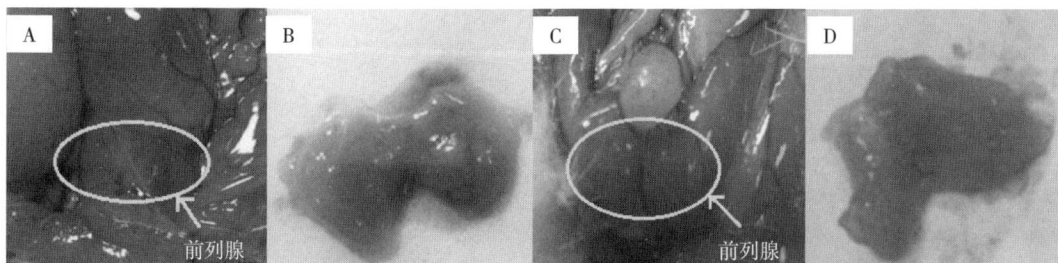

图 4-5　大鼠前列腺腹叶（注：A、B 为假手术组，C、D 为模型组）

4.2.2　病理切片 HE 染色

如图 4-6 所示，假手术组大鼠前列腺上皮细胞多呈立方形，呈柱状排列，腺腔形态不一，腺腔内有少量正常分泌物，前列腺间质未见明显炎症细胞浸润。组织结构完整，纤维组织无增生，腺体细胞均匀，基膜结构完整。模型组大鼠前列腺病理变化为腺泡上皮细胞呈乳头状增生，上皮细胞核紧凑堆积为层，腔内有分泌物，间质疏松水肿，纤维增生，间质内可见淋巴细胞和浆细胞等炎症细胞浸润。由此可见，大鼠慢性非细菌性前列腺炎模型建立成功。脾和胸腺 HE 染色病理表现均未发现有类似于前列腺的病理改变。

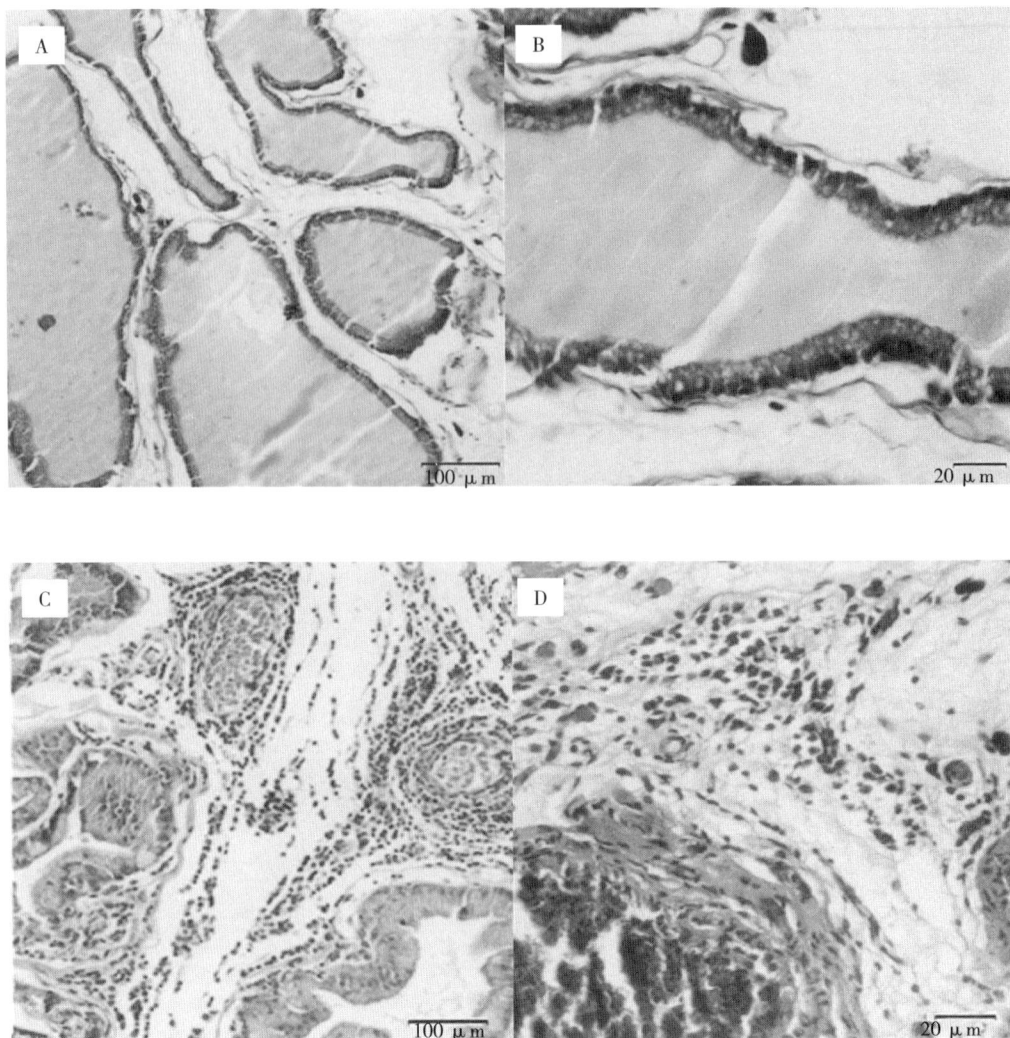

A 假手术组，10×10；B 假手术组，40×10；C 模型组，10×10；D 模型组，40×10

图 4-6　前列腺 HE 染色

4.2.3　湿重比

与假手术组相比，模型组与孔雀草茎叶高剂量水煎液组的前列腺平均湿重显著升高（$P < 0.01$）。与模型组相比，孔雀草茎叶低剂量水煎液与高剂量水煎液组前列腺平均湿重明显降低，其差异具有统计学意义（$P < 0.01$）。与假手术组相比，模型组、孔雀草茎叶低剂量水煎液组与高剂量水煎液组的前列腺湿重 / 体质量比值显著增加（$P < 0.01$）。与模型组相比，孔雀草茎叶低剂量水煎液与高剂量水煎液组前列腺湿重 / 体质量比值明显降低，其差异具有统计学意义（$P < 0.01$）。实验结果如表 4-34。

表 4-34　孔雀草茎叶水煎液对大鼠慢性非细菌性前列腺炎作用研究前列腺组织湿重及前列腺湿重 / 体质量比值影响（$\bar{x}\pm s$，n=10）

组别	前列腺平均湿重（mg）	前列腺湿重 / 体质量比值（mg/g）
SOG	193.121 ± 10.649[**]	0.844 ± 0.061[**]
MOD	284.937 ± 20.013[##]	1.602 ± 0.042[##]
WDL	182.632 ± 13.876[**]	1.040 ± 0.129[##**]
WDH	242.138 ± 15.746[##**]	1.381 ± 0.076[##**]

注：(1) SOD：假手术组，MOD：模型组，WDL：孔雀草茎叶水煎液低剂量组，WDH：孔雀草茎叶水煎液高剂量组。

(2) #：$P < 0.05$，##：$P < 0.01$ 与假手术组比较；*：$P < 0.05$，**：$P < 0.01$ 与模型组比较。

4.2.4　血清指标

与假手术组相比，模型组、孔雀草茎叶低剂量水煎液与高剂量水煎液组的 T、DHT 浓度显著降低（$P < 0.01$），模型组、低剂量与高剂量水煎液组的血清中 PSA 浓度显著升高（$P < 0.01$）；与模型组相比，孔雀草茎叶低剂量与高剂量水煎液组的 T 与 DHT 浓度明显增高（$P < 0.01$），孔雀草茎叶低剂量水煎液血清中 PSA 明显降低（$P < 0.01$）。实验结果如表 4-35。

表 4-35　孔雀草茎叶水煎液对大鼠慢性非细菌性前列腺炎模型血清中睾酮（T）、双氢睾酮（DHT）及前列腺特异性抗原（PSA）浓度影响（$\bar{x}\pm s$，n=10）

组别	剂量（g/kg）	T (nmol/L)	DHT (nmol/L)	PSA (pg/mL)
SOG	—	9.107 ± 0.515[**]	26.277 ± 2.750[**]	520.631 ± 68.799[**]
MOD	—	4.934 ± 0.743[##]	14.734 ± 2.050[##]	790.975 ± 75.603[##]
WDL	1.80	7.144 ± 0.658[##**]	21.155 ± 1.070[##**]	639.556 ± 58.751[##**]
WDH	5.40	6.087 ± 0.204[##**]	20.914 ± 3.539[##**]	740.218 ± 49.379[##]

注：(1) SOD：假手术组，MOD：模型组，WDL：孔雀草茎叶水煎液低剂量组，WDH：孔雀草茎叶水煎液高剂量组。

(2) #：$P < 0.05$，##：$P < 0.01$ 与假手术组比较；*：$P < 0.05$，**：$P < 0.01$ 与模型组比较。

4.2.5　组织指标

与假手术组相比，模型组、孔雀草茎叶低剂量与高剂量水煎液组的前列腺组织中 IL-1β、TNF-α 与 EGF 浓度显著升高（$P < 0.01$）；与模型组相比，孔雀草茎叶低剂量水煎液组前列腺组织中 IL-1β、TNF-α 与 EGF 浓度明显降低（$P < 0.01$），孔雀草茎叶高剂量水煎液组前列腺组织中 TNF-α 与 EGF 浓度也有不同程度的降低，且其差异具有统计学意义。实验结果如表 4-36。

表 4-36　孔雀草茎叶水煎液对大鼠前列腺炎模型前列腺组织中 IL-1β、TNF-α 及 EGF 浓度影响

($\bar{x} \pm s$, n=10)

组别	剂量（g/kg）	IL-1β（ng/L）	TNF-α（ng/L）	EGF（ng/L）
SOG	—	2.054 ± 0.103**	87.365 ± 4.310**	265.353 ± 20.067**
MOD	—	2.892 ± 0.196##	119.697 ± 7.808##	363.625 ± 38.296##
WDL	1.80	2.355 ± 0.133####**	99.738 ± 2.531####**	274.371 ± 14.274####**
WDH	5.40	2.651 ± 0.067####**	111.644 ± 1.944##	317.357 ± 11.291####*

注：（1）SOD：假手术组，MOD：模型组，WDL：孔雀草茎叶水煎液低剂量组，WDH：孔雀草茎叶水煎液高剂量组。

（2）#：$P < 0.05$，##：$P < 0.01$ 与假手术组比较；*：$P < 0.05$，**：$P < 0.01$ 与模型组比较。

综上，本实验通过比较不同剂量的孔雀草茎叶水煎液对大鼠慢性非细菌性前列腺炎治疗作用的强弱，发现低剂量孔雀草茎叶水煎液能够显著降低前列腺炎大鼠前列腺组织中 IL-1β、TNF-α 与 EGF 含量，升高血清中 T、DHT 水平并降低 PSA 水平，对大鼠慢性非细菌性前列腺炎的治疗效果最佳，可作为后续实验剂量选择基础。

5. 孔雀草抗大鼠慢性非细菌性前列腺炎有效部位研究

根据上一节实验结果低剂量孔雀草茎叶水煎液（1.8 g/kg），对大鼠慢性非细菌性前列腺炎的治疗效果最佳。故本节以低剂量给药量为基础进一步考察孔雀草抗慢性非细菌性前列腺炎的有效组分。本节采用去势联合雌激素诱导的方法建立大鼠慢性非细菌性前列腺炎模型，考察低剂量孔雀草茎叶水煎液及其组分（1.8 g/kg）给药时对慢性非细菌性前列腺炎大鼠 IL-1β、TNF-α、EGF、T、DHT、PSA 等指标影响。

5.1　实验方法

5.1.1　药品制备

称取 1 kg 孔雀草茎叶粗粉，第 1 次加 10 倍量水，浸渍 4 h，文火煎煮提取 1 h，同时提取挥发油，静置冷却后，水煎液用 200 目筛布过滤，滤渣加 8 倍量水，文火再次煎煮 1 h，同时提取挥发油，水煎液静置放凉后，滤布过滤，合并 2 次水煎液滤液同时合并 2 次挥发油提取液，将合并后的水煎液沉降离心浓缩至 1.5 L。用 70% 乙醇醇沉 2 次，将醇沉物与上清液各自合并，65 ℃ 严格控温，减压回收溶剂，剩余少量溶剂，置低温冷冻干燥机冻干，计算收率。临用前取适量 0.5% CMC-Na 配制成 180 mg/mL（以生药计）溶液，见表 4-37。置于冰箱中 -20 ℃ 冷冻保存备用。

表 4-37 灌胃液配制表

灌胃液	$m_{总}$ (g)	收率（%）	m (g)	$V_{\text{CMC-Na}}$ (mL)	C (mg/mL)
孔雀草茎叶水煎液	36.90	24.13	7.818	180	43.43
孔雀草茎叶挥发油组分	3.00	0.30	0.108	200	0.54
孔雀草茎叶多糖组分	141.30	14.13	5.087	200	25.43
孔雀草茎叶总黄酮组分	115.30	11.53	4.151	200	20.75
普乐安	—	—	12.500	231	54.00
盐酸左氧氟沙星	—	—	1.000	222	4.50

5.1.2 动物造模

80 只雄性大鼠，随机分成 8 组，每组 10 只。采用去势联合雌激素诱导的方法建立大鼠慢性非细菌性前列腺炎模型。造模结束后，连续灌胃 9 d。

① 假手术组：给予 CMC-Na 灌胃液，每日 1 次。

② 前列腺炎模型组：给予 CMC-Na 灌胃液，每日 1 次。

③ 西药阳性药（左氧氟沙星）组：给予左氧氟沙星灌胃液（0.045 g/kg），每日灌胃 1 次。

④ 中药阳性药（普乐安）组：给予普乐安灌胃液（0.54 g/kg），每日灌胃 1 次。

⑤ 孔雀草茎叶水煎液组：给予孔雀草茎叶水煎液灌胃液（1.80 g/kg），每日灌胃 1 次。

⑥ 孔雀草茎叶挥发油组分组：给予孔雀草茎叶挥发油灌胃液（0.0054 g/kg），每日灌胃 1 次。

⑦ 孔雀草茎叶多糖组分组：给予孔雀草茎叶多糖灌胃液（0.25434 g/kg），每日灌胃 1 次。

⑧ 孔雀草茎叶总黄酮组分组：给予孔雀草茎叶总黄酮灌胃液（0.20754 g/kg），每日灌胃 1 次。

注：各组灌胃时间为上午 9 时。

各组大鼠于最后一次灌胃前动物代谢测量分析仪监测 24 h 新陈代谢监测。各组大鼠于最后一次灌胃结束 12 h 后用代谢鼠笼收集大鼠 12 h 尿液，4 ℃ 13000 r/min 离心 10 min 后取上清，保存于 -80 ℃冰箱，测定物质代谢。

5.1.3 标本的采集及指标测定

采集前列腺标本及血样。比较各组前列腺湿重及器官系数（前列腺脏 / 体比值）。

取前列腺标本后切取大鼠肝脏 0.1 g，-80 ℃冷冻保存，组织匀浆后用于指标检测。

ELISA 法检测血清中 T、DHT、PSA 水平。

ELISA 法检测大鼠前列腺组织匀浆中 IL-1β、TNF-α、EGF 水平。

采用生化试剂盒分别对大鼠肝组织、前列腺组织匀浆中 $Na^+/K^+-ATPase$ 水平进行检测，以评价孔雀草及其组分对前列腺炎大鼠肝及前列腺 ATP 酶活力影响。

5.2　实验结果

5.2.1　前列腺 HE 染色

孔雀草茎叶水煎液组大鼠前列腺上皮细胞有轻微增生，腺腔形态不一，前列腺间质未见明显炎症细胞浸润。孔雀草茎叶挥发油组分组大鼠前列腺腺泡间质内可见淋巴细胞和浆细胞等炎症细胞浸润。孔雀草茎叶多糖组分组大鼠前列腺上皮细胞有轻微增生，腺腔内有少量正常分泌物，前列腺间质未见明显炎症细胞浸润。孔雀草茎叶总黄酮组分组大鼠前列腺上皮细胞多呈立方形，呈柱状排列，腺腔内有少量正常分泌物，前列腺间质未见明显炎症细胞浸润。组织结构完整，纤维组织无增生，腺体细胞均匀，基膜结构完整（图4-7）。

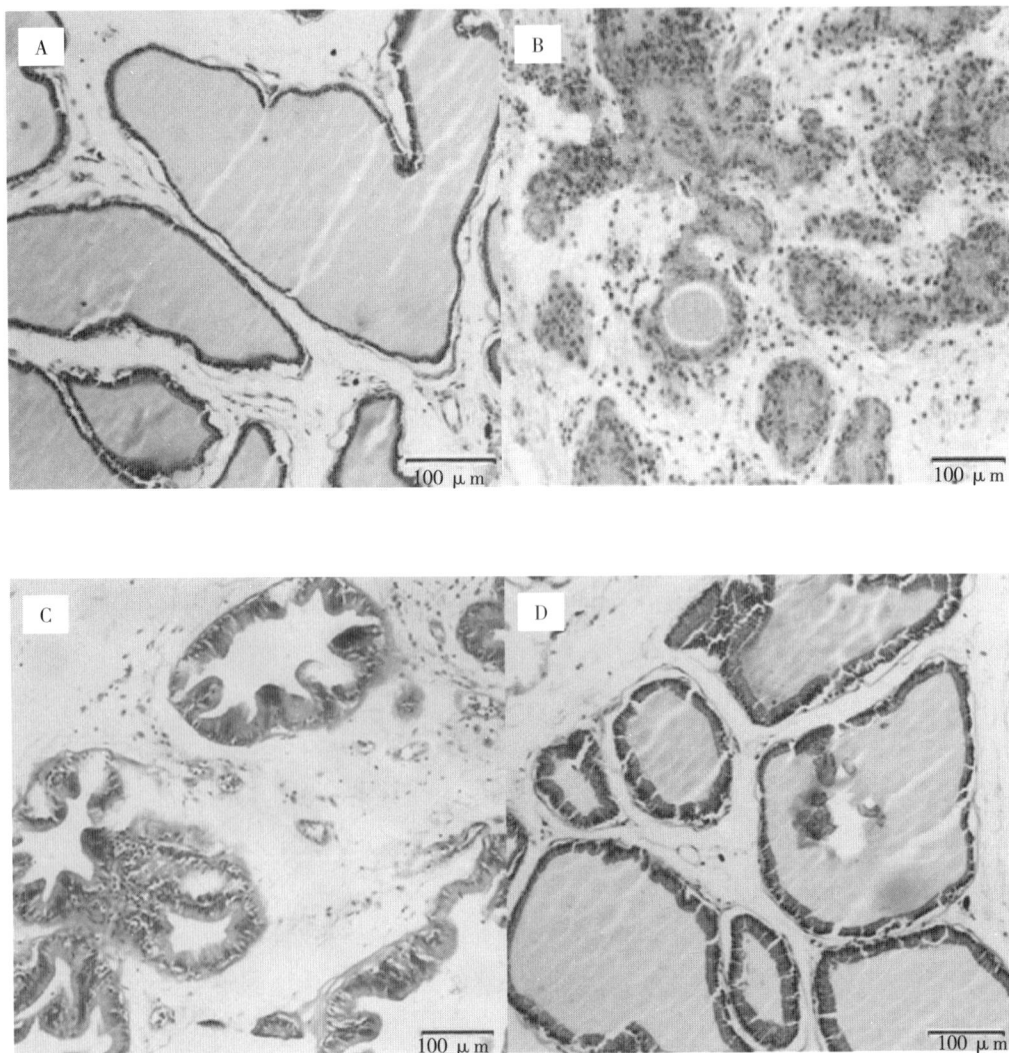

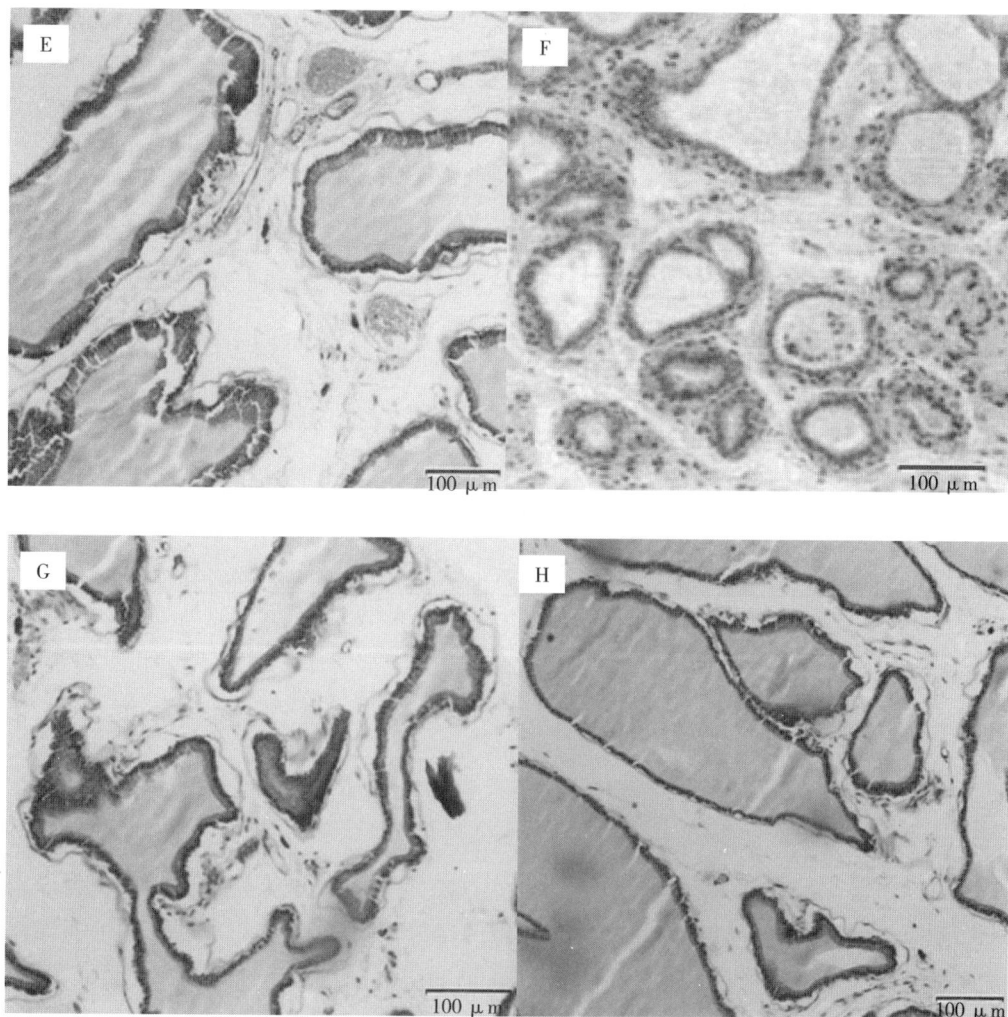

（注：A 假手术组；B 模型组；C 左氧氟沙星组；D 普乐安组；E 孔雀草茎叶水煎液组；F 孔雀草茎叶挥发油组分组；G 孔雀草茎叶多糖组分组；II 孔雀草茎叶总黄酮组分组）

图 4-7　前列腺 HE（10×10）染色

5.2.2　湿重比

实验结果如表 4-38。与假手术组比较，模型组前列腺平均湿重和前列腺湿重 / 体质量比值增加具极显著意义（$P < 0.01$）。与模型组比较，中药阳性药（普乐安）、孔雀草茎叶水煎液能够显著降低前列腺平均湿重和前列腺湿重 / 体质量比值（$P < 0.01$），孔雀草茎叶挥发油组分及总黄酮组分能够降低前列腺平均湿重，孔雀草茎叶多糖组分及总黄酮组分能够降低前列腺湿重 / 体质量比值，其差异具有统计学意义（$P < 0.05$）。

表 4-38　孔雀草及其组分对大鼠前列腺炎实验前列腺组织湿重及前列腺湿重 / 体质量比值影响

$(\bar{x} \pm s, n=8)$

组别	前列腺平均湿重（mg）	前列腺湿重 / 体质量比值（mg/g）
SOG	192.257 ± 65.326[**]	0.846 ± 0.182[**]
MOG	392.900 ± 81.078[##]	2.110 ± 0.517[##]
LEH	252.035 ± 77.258	1.321 ± 0.346
TCM	202.506 ± 82.433[**]	1.032 ± 0.382[**]
WAD	210.509 ± 71.942[**]	1.099 ± 0.296[**]
EOC	239.318 ± 105.605	1.262 ± 0.438
POL	228.450 ± 79.042[*]	1.206 ± 0.308[*]
FLA	237.494 ± 52.592[*]	1.200 ± 0.228[*]

注：(1) SOG：假手术组，MOG：模型组，LEH：盐酸左氧氟沙星组，TCM：普乐安组，WAD：孔雀草茎叶水煎液组，EOC：孔雀草茎叶挥发油组分组，POL：孔雀草茎叶多糖组分组，FLA：孔雀草茎叶总黄酮组分组。

(2) #：$P < 0.05$，##：$P < 0.01$ 与假手术组比较；*：$P < 0.05$，**：$P < 0.01$ 与模型组比较。

5.2.3　动物代谢测量分析

动物代谢测量分析系统 TES PhenoMaster 代表一种模块化的动物的新陈代谢和行为观察的最高技术研究平台。PhenoMaster 动物代谢测量分析系统通过自动地、无干涉地长期对大量的动物进行监测（24 h 甚至连续几天），从而得到动物的生理和行为参数。

由表 4-39 ~ 表 4-41 可知，无论日夜根据动物的实际体质量计算还是根据动物的瘦体质量计算，模型组与各治疗组笼中 O_2 和 CO_2 百分含量较假手术组笼中 O_2 和 CO_2 百分含量高。模型组与各治疗组笼呼吸交换率（RER）即机体单位时间内 CO_2 排出量与耗氧量的比值较假手术组笼有一定程度上的降低，模型组与各治疗组笼产热量（H）与耗能（EE）均高于假手术组笼。综上可知经过造模后的大鼠与假手术组的大鼠在新陈代谢方面有一定差异，各治疗组较模型组的新陈代谢有一定程度上的改善趋势（图 4-8）。

表 4-39　呼吸仪日间数据（n=4，$\bar{x}\pm s$）

组别	VO₂(1) [mL/(h·kg)]	VO₂(2) [mL/(h·kg)]	VCO₂(1) [mL/(h·kg)]	VCO₂(2) [mL/(h·kg)]	RER	H(1) [kcal/(h·kg)]	H(2) [kcal/(h·kg)]	EE(1)	EE(2)
SOG	1116.947±97.891	789.242±69.488	1101.42±80.989	778.311±58.054	0.987±0.023	5.620±0.474	3.971±0.337	5.618±0.471	3.970±0.335
MOG	1355.432±167.571	909.023±90.444	1328.629±198.298	890.546±109.074	0.979±0.029	6.811±0.878	4.567±0.476	6.808±0.882	4.565±0.478
LEH	1504.045±212.261	992.898±131.365	1463.648±219.180	966.307±138.032	0.974±0.013	7.546±1.079	4.982±0.670	7.541±1.079	4.978±0.671
TCM	1465.864±101.815#	982.636±69.090	1427.034±80.836##	956.352±47.537#	0.975±0.040	7.356±0.477#	4.930±0.317#	7.350±0.473#	4.927±0.314#
WAD	1427.773±76.418#	955.080±34.161#	1385.614±89.951#	926.602±43.378#	0.969±0.022	7.160±0.396#	4.789±0.178#	7.154±0.397#	4.785±0.179#
EOC	1563.977±117.389#	1019.443±53.956#	1515.716±154.583	987.523±78.858	0.966±0.035	7.840±0.628#	5.110±0.294#	7.834±0.632#	5.106±0.297#
POL	1234.932±88.971	867.239±50.161	1170.830±96.837	822.296±58.155	0.946±0.019#	6.162±0.455	4.327±0.260	6.154±0.456	4.322±0.261
FLA	1377.864±77.385#	923.591±25.288	1359.591±119.796	910.693±53.748	0.987±0.032	6.934±0.437#	4.647±0.159	6.932±0.443#	4.646±0.163

注：(1) SOG：假手术组，MOG：模型组，LEH：盐酸左氧氟沙星组，TCM：普乐安组，WAD：孔雀草叶水煎液组，EOC：孔雀草茎叶挥发油组分组，POL：孔雀草叶多糖组分组，FLA：孔雀草茎叶总黄酮组分组。(2) #：$P<0.05$，##：$P<0.01$ 与假手术组比较。*：$P<0.05$，**：$P<0.01$ 与模型组比较。

表 4-40　呼吸仪夜间数据（n=4，$\bar{x}\pm s$）

组别	VO₂(1) [mL/(h·kg)]	VO₂(2) [mL/(h·kg)]	VCO₂(1) [mL/(h·kg)]	VCO₂(2) [mL/(h·kg)]	RER	H(1) [kcal/(h·kg)]	H(2) [kcal/(h·kg)]	EE(1)	EE(2)
SOG	977.068±82.782	689.879±50.382	821.879±52.583	580.182±25.263	0.844±0.056	4.760±0.366	3.361±0.213	4.740±0.360	3.347±0.209
MOG	1141.788±126.506	766.205±70.856	953.492±135.117	639.167±73.541	0.832±0.036	5.554±0.643	3.727±0.355	5.531±0.643	3.711±0.355
LEH	1391.148±264.948	918.977±174.729	1166.523±240.31	770.682±159.056	0.836±0.016	6.773±1.310	4.474±0.864	6.744±1.307	4.455±0.862
TCM	1161.420±154.298	778.648±104.187	987.898±144.807	662.261±97.306	0.849±0.016	5.670±0.767	3.801±0.518	5.648±0.767	3.786±0.517
WAD	1182.284±60.047#	791.364±44.479	984.636±60.145	658.932±39.603	0.832±0.015	5.748±0.301#	3.848±0.217	5.724±0.301#	3.831±0.217

续表

组别	VO2 (1) [mL/ (h·kg)]	VO2 (2) [mL/ (h·kg)]	VCO2 (1) [mL/ (h·kg)]	VCO2 (2) [mL/ (h·kg)]	RER	H (1) [kcal/ (h·kg)]	H (2) [kcal/ (h·kg)]	EE (1)	EE (2)
EOC	1390.398±104.824#	906.795±61.715#	1130.500±108.907	736.773±58.072	0.813±0.040	6.730±0.520#	4.388±0.296#	6.697±0.520#	4.367±0.294#
POL	1141.511±81.548	801.818±48.541	929.739±76.343	652.773±43.190	0.814±0.019	5.527±0.403	3.882±0.236	5.500±0.402	3.863±0.235
FLA	1185.364±65.593#	794.750±27.846	1020.364±98.445	683.636±51.454	0.859±0.037	5.800±0.367	3.888±0.165	5.779±0.371	3.874±0.168#

注：(1) SOG: 假手术组，MOG: 模型组，LEH: 盐酸左氧氟沙星组，TCM: 普乐安组，WAD: 孔雀草茎叶水煎液组，EOC: 孔雀草茎叶挥发油组分组，POL: 孔雀草茎叶多糖组分组，FLA: 孔雀草茎叶总黄酮组分组。(2) #: $P < 0.05$，##: $P < 0.01$ 与假手术组比较。

表 4-41 呼吸仪一天数据 $(n=4, \bar{x} \pm s)$

组别	VO2 (1) [mL/ (h·kg)]	VO2 (2) [mL/ (h·kg)]	VCO2 (1) [mL/ (h·kg)]	VCO2 (2) [mL/ (h·kg)]	RER	H (1) [kcal/ (h·kg)]	H (2) [kcal/ (h·kg)]	EE (1)	EE (2)
SOG	1047.899±83.639	740.187±55.113	963.269±54.835	680.383±33.221	0.916±0.036	5.195±0.386	3.669±0.251	5.185±0.381	3.662±0.248
MOG	1250.101±142.096	838.600±76.081	1143.536±161.503	766.498±86.453	0.906±0.029	6.191±0.736	4.153±0.393	6.178±0.739	4.144±0.394
LEH	1448.389±234.622	956.442±150.934	1317.471±227.195	870.040±147.205	0.906±0.015	7.165±1.176	4.732±0.758	7.149±1.175	4.721±0.757
TCM	1314.404±127.835	881.164±86.722	1208.420±106.956	809.960±70.140	0.912±0.020	6.517±0.619	4.368±0.418	6.503±0.616	4.360±0.415
WAD	1305.635±55.637##	873.633±30.567	1186.155±60.703#	793.465±30.011#	0.901±0.014	6.457±0.283#	4.321±0.150#	6.442±0.284##	4.151±0.379
EOC	1478.281±94.779##	963.818±43.586##	1325.337±120.584	863.575±58.102#	0.890±0.038	7.292±0.495##	4.754±0.224##	7.273±0.498##	4.741±0.225##
POL	1188.814±85.440	834.937±49.351	1051.646±87.235	738.476±50.916	0.881±0.014	5.848±0.432	4.107±0.250	5.831±0.433	4.095±0.250
FLA	1283.094±69.013#	860.177±24.351#	1192.602±105.084	798.950±49.627	0.924±0.033	6.376±0.388#	4.274±0.150#	6.364±0.393	4.266±0.153#

注：(1) SOG: 假手术组，MOG: 模型组，LEH: 盐酸左氧氟沙星组，TCM: 普乐安组，WAD: 孔雀草茎叶水煎液组，EOC: 孔雀草茎叶挥发油组分组，POL: 孔雀草茎叶多糖组分组，FLA: 孔雀草茎叶总黄酮组分组。(2) #: $P < 0.05$，##: $P < 0.01$ 与假手术组比较。

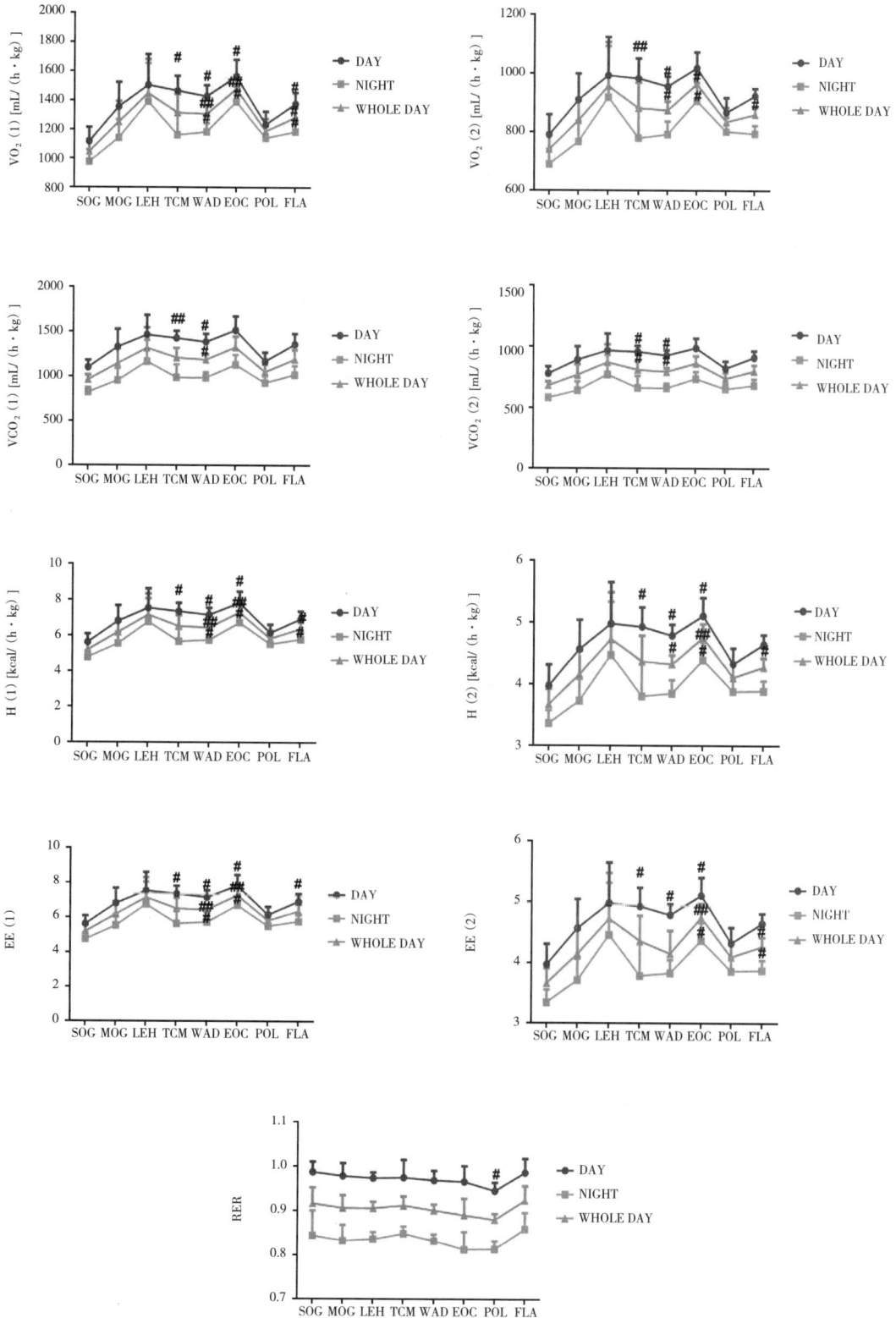

图 4-8 日间夜间及一天内大鼠 VO_2、VCO_2、RER、H、EE 变化

5.2.4　血清指标

由表 4–42 可知，与假手术组相比，模型组血清睾酮、双氢睾酮浓度明显降低（$P <$ 0.01），西药阳性药组（左氧氟沙星）与孔雀草茎叶多糖组血清睾酮浓度亦明显降低（$P <$ 0.01），中药阳性药组（普乐安）与孔雀草茎叶水煎液组血清睾酮浓度降低且具有统计学意义（$P < 0.05$），孔雀草茎叶水煎液组双氢睾酮浓度降低且具有统计学意义（$P < 0.05$）。模型组、中药阳性药组（普乐安）、孔雀草茎叶水煎液及各组分组血清中 PSA 浓度明显升高，其升高具有显著性统计学意义（$P < 0.01$）。与模型组相比，孔雀草茎叶多糖组分组与总黄酮组分组血清睾酮、双氢睾酮浓度明显升高，具有极显著性统计学意义（$P <$ 0.01），孔雀草茎叶水煎液也能够显著性升高血清中双氢睾酮浓度（$P < 0.01$），中药阳性药组（普乐安）能够显著降低大鼠前列腺炎模型血清中 PSA 浓度（$P < 0.01$），其他各治疗组血清中 PSA 浓度也有一定降低趋势（图 4–9 ~ 图 4–11）。

表 4–42　孔雀草及其组分对大鼠前列腺炎模型血清中睾酮（T）、双氢睾酮（DHT）及前列腺特异性抗原（PSA）浓度影响（$n=8$, $\bar{x} \pm s$）

组别	剂量（g/kg）	T (nmol/L)	DHT (nmol/L)	PSA (pg/mL)
SOG	—	9.295 ± 0.838**	25.790 ± 2.962**	450.069 ± 60.362**
MOG	—	4.439 ± 0.987##	14.313 ± 2.780##	692.853 ± 87.461##
LEH	0.045	5.832 ± 0.926##	19.477 ± 4.165	595.421 ± 85.333
TCM	0.540	5.878 ± 1.906#	21.645 ± 4.900	536.743 ± 30.799###**
WAD	1.800	6.442 ± 1.458#	20.006 ± 1.313##**	599.393 ± 24.732##
EOC	0.0054	6.023 ± 2.586	20.880 ± 5.102	609.517 ± 30.951##
POL	0.25434	6.542 ± 0.584###**	27.564 ± 2.569**	603.728 ± 26.226##
FLA	0.20754	6.655 ± 2.091**	30.461 ± 6.357**	601.297 ± 24.769##

注：（1）SOG：假手术组，MOG：模型组，LEH：盐酸左氧氟沙星组，TCM：普乐安组，WAD：孔雀草茎叶水煎液组，EOC：孔雀草茎叶挥发油组分组，POL：孔雀草茎叶多糖组分组，FLA：孔雀草茎叶总黄酮组分组。

（2）#: $P < 0.05$，##: $P < 0.01$ 与假手术组比较；*: $P < 0.05$，**: $P < 0.01$ 与模型组比较。

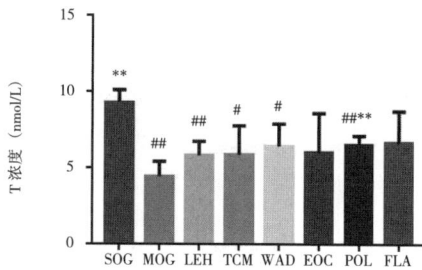

注：(1) SOG：假手术组，MOG：模型组，LEH：盐酸左氧氟沙星组，TCM：普乐安组，WAD：孔雀草茎叶水煎液组，EOC：孔雀草茎叶挥发油组分组，POL：孔雀草茎叶多糖组分组，FLA：孔雀草茎叶总黄酮组分组。

(2) #：$P < 0.05$，##：$P < 0.01$ 与假手术组比较；*：$P < 0.05$，**：$P < 0.01$ 与模型组比较。

图 4-9　孔雀草及其组分对大鼠慢性细菌性前列腺炎模型血清中睾酮（T）浓度影响

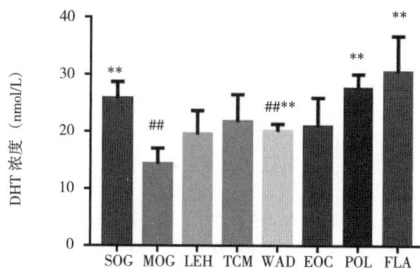

注：(1) SOG：假手术组，MOG：模型组，LEH：盐酸左氧氟沙星组，TCM：普乐安组，WAD：孔雀草茎叶水煎液组，EOC：孔雀草茎叶挥发油组分组，POL：孔雀草茎叶多糖组分组，FLA：孔雀草茎叶总黄酮组分组。

(2) #：$P < 0.05$，##：$P < 0.01$ 与假手术组比较；*：$P < 0.05$，**：$P < 0.01$ 与模型组比较。

图 4-10　孔雀草及其组分对大鼠前列腺炎模型血清中双氢睾酮（DHT）浓度影响

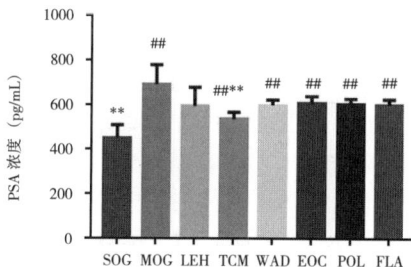

注：(1) SOG：假手术组，MOG：模型组，LEH：盐酸左氧氟沙星组，TCM：普乐安组，WAD：孔雀草茎叶水煎液组，EOC：孔雀草茎叶挥发油组分组，POL：孔雀草茎叶多糖组分组，FLA：孔雀草茎叶总黄酮组分组。

(2) #：$P < 0.05$，##：$P < 0.01$ 与假手术组比较；*：$P < 0.05$，**：$P < 0.01$ 与模型组比较。

图 4-11　孔雀草及其组分对大鼠前列腺炎模型血清中前列腺特异性抗原（PSA）浓度影响

5.2.5　组织指标

5.2.5.1　孔雀草及其组分对大鼠前列腺炎模型前列腺组织中 IL-1β、TNF-α 及 EGF 浓度影响

实验结果如表 4-43 所示。与假手术组相比，模型组前列腺组织内 IL-1β、TNF-α 浓度明显增加（$P < 0.01$），EGF 含量也有一定升高（$P < 0.05$），与模型组相比，中药阳性药组（普乐安）与孔雀草茎叶多糖组分组均能显著性降低大鼠前列腺炎模型前列腺组织中 IL-1β 含量（$P < 0.01$），孔雀草茎叶总黄酮组分组 IL-1β 含量也有降低趋势（$P < 0.05$），中药阳性药组（普乐安）能够降低前列腺炎模型中 TNF-α 含量（$P < 0.05$），孔雀草茎叶总黄酮组分组前列腺组织中 EGF 含量降低，且差异具有统计学意义（$P < 0.05$）（图 4-12 ~ 图 4-14）。

表 4-43　孔雀草及其组分对大鼠前列腺炎模型前列腺组织中 IL-1β、TNF-α 及 EGF 浓度影响
（$n=8$，$\bar{x} \pm s$）

组别	剂量（g/kg）	IL-1β (ng/L)	TNF-α (ng/L)	EGF (ng/L)
SOG	—	$1.836 \pm 0.232^{**}$	$82.082 \pm 10.259^{**}$	$269.436 \pm 61.603^{*}$
MOG	—	$2.468 \pm 0.060^{\#\#}$	$112.711 \pm 8.742^{\#\#}$	$415.927 \pm 83.091^{\#}$
LEH	0.045	2.031 ± 0.322	95.820 ± 16.797	353.003 ± 77.938
TCM	0.540	$1.449 \pm 0.203^{**}$	$92.098 \pm 12.191^{*}$	302.587 ± 56.973
WAD	1.800	1.943 ± 0.357	102.786 ± 20.115	352.026 ± 112.797
EOC	0.0054	2.059 ± 0.288	102.755 ± 16.680	294.571 ± 103.452
POL	0.25434	$1.892 \pm 0.228^{**}$	$112.775 \pm 8.714^{\#\#}$	322.504 ± 72.168
FLA	0.20754	$1.992 \pm 0.254^{*}$	107.519 ± 16.069	$273.018 \pm 35.604^{*}$

注：(1) SOG：假手术组，MOG：模型组，LEH：盐酸左氧氟沙星组，TCM：普乐安组，WAD：孔雀草茎叶水煎液组，EOC：孔雀草茎叶挥发油组分组，POL：孔雀草茎叶多糖组分组，FLA：孔雀草茎叶总黄酮组分组。
(2) #：$P < 0.05$，##：$P < 0.01$ 与假手术组比较；*：$P < 0.05$，**：$P < 0.01$ 与模型组比较。

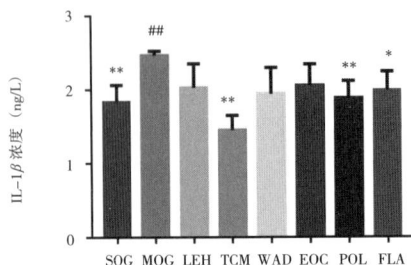

(1) SOG：假手术组，MOG：模型组，LEH：盐酸左氧氟沙星组，TCM：普乐安组，WAD：孔雀草茎叶水煎液组，EOC：孔雀草茎叶挥发油组分组，POL：孔雀草茎叶多糖组分组，FLA：孔雀草茎叶总黄酮组分组。
(2) #：$P < 0.05$，##：$P < 0.01$ 与假手术组比较；*：$P < 0.05$，**：$P < 0.01$ 与模型组比较。

图 4-12　孔雀草及其组分对大鼠前列腺炎模型前列腺组织中 IL-1β 浓度影响

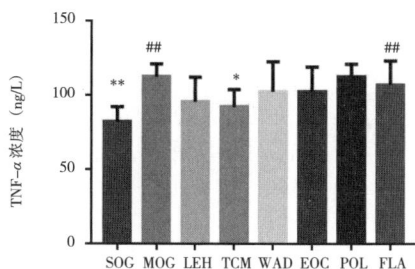

SOG：假手术组，MOG：模型组，LEH：盐酸左氧氟沙星组，TCM：普乐安组，WAD：孔雀草茎叶水煎液组，EOC：孔雀草茎叶挥发油组分组，POL：孔雀草茎叶多糖组分组，FLA：孔雀草茎叶总黄酮组分组。

\#：$P < 0.05$，\#\#：$P < 0.01$ 与假手术组比较；*：$P < 0.05$，**：$P < 0.01$ 与模型组比较

图 4-13 孔雀草及其组分对大鼠前列腺炎模型前列腺组织中 TNF-α 浓度影响

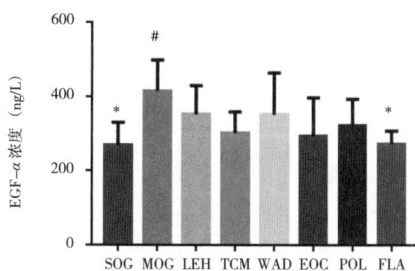

SOG：假手术组，MOG：模型组，LEH：盐酸左氧氟沙星组，TCM：普乐安组，WAD：孔雀草茎叶水煎液组，EOC：孔雀草茎叶挥发油组分组，POL：孔雀草茎叶多糖组分组，FLA：孔雀草茎叶总黄酮组分组。

\#：$P < 0.05$，\#\#：$P < 0.01$ 与假手术组比较；*：$P < 0.05$，**：$P < 0.01$ 与模型组比较

图 4-14 孔雀草及其组分对大鼠前列腺炎模型前列腺组织中 EGF 浓度影响

5.2.5.2 孔雀草及其组分对大鼠前列腺炎模型前列腺组织及肝组织中 Na⁺/K⁺-ATPase 活力影响

孔雀草及其组分对大鼠前列腺炎模型前列腺组织及肝组织中 Na^+/K^+-ATPase 活力影响

实验结果如表 4-44。与假手术组相比，模型组前列腺组织中 Na^+/K^+-ATPase 活力明显降低（$P < 0.01$），与模型组相比，孔雀草茎叶水煎液及各组分均能增强 Na^+/K^+-ATPase 活力，其中孔雀草茎叶水煎液、挥发油组分、多糖组分组 Na^+/K^+-ATPase 活力显著增强（$P < 0.01$），孔雀草茎叶总黄酮组分组 Na^+/K^+-ATPase 活力增强，其差异具有统计学意义（$P < 0.05$）。与假手术组相比，模型组、西药阳性药组（左氧氟沙星）、中药阳性药组（普乐安）、孔雀草茎叶水煎液、挥发油组分及多糖组分组肝组织中 Na^+/K^+-ATPase 活力明显降低（$P < 0.01$），与模型组相比，孔雀草茎叶多糖组分及总黄酮组分能够显著增加肝组织中的 Na^+/K^+-ATPase 活力（$P < 0.01$）（图 4-15、图 4-16）。

表4-44 孔雀草及其组分对大鼠前列腺炎模型前列腺组织及肝组织中 Na⁺/K⁺-ATPase 活力影响
($n=8$, $\bar{x} \pm s$)

组别	剂量（g/kg）	前列腺（U/mgprot）	肝（U/mgprot）	EGF（ng/L）
SOG	—	$11.586 \pm 4.205^{**}$	$15.425 \pm 1.430^{**}$	$269.436 \pm 61.603^{*}$
MOG	—	$1.937 \pm 1.663^{\#\#}$	$3.336 \pm 1.735^{\#\#}$	$415.927 \pm 83.091^{\#}$
LEH	0.045	6.048 ± 3.680	$3.718 \pm 0.957^{\#\#}$	353.003 ± 77.938
TCM	0.540	6.566 ± 4.297	$5.287 \pm 1.287^{\#\#}$	302.587 ± 56.973
WAD	1.800	$10.873 \pm 4.360^{**}$	$3.333 \pm 1.799^{\#\#}$	352.026 ± 112.797
EOC	0.0054	$11.619 \pm 3.583^{**}$	$2.578 \pm 2.726^{\#\#}$	294.571 ± 103.452
POL	0.25434	$13.255 \pm 4.997^{**}$	$11.373 \pm 0.864^{\#\#**}$	322.504 ± 72.168
FLA	0.20754	$12.538 \pm 5.425^{*}$	$13.547 \pm 1.777^{**}$	$273.018 \pm 35.604^{*}$

注：(1) SOG：假手术组，MOG：模型组，LEH：盐酸左氧氟沙星组，TCM：普乐安组，WAD：孔雀草茎叶水煎液组，EOC：孔雀草茎叶挥发油组分组，POL：孔雀草茎叶多糖组分组，FLA：孔雀草茎叶总黄酮组分组。
(2) #：$P < 0.05$，##：$P < 0.01$ 与假手术组比较；*：$P < 0.05$，**：$P < 0.01$ 与模型组比较。

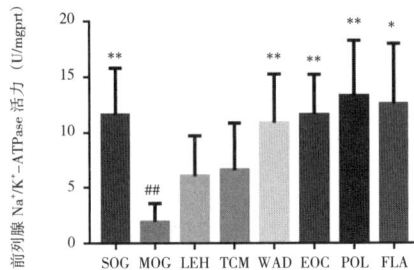

SOG：假手术组，MOG：模型组，LEH：盐酸左氧氟沙星组，TCM：普乐安组，WAD：孔雀草茎叶水煎液组，
EOC：孔雀草茎叶挥发油组分组，POL：孔雀草茎叶多糖组分组，FLA：孔雀草茎叶总黄酮组分组。
#：$P < 0.05$，##：$P < 0.01$ 与假手术组比较；*：$P < 0.05$，**：$P < 0.01$ 与模型组比较

图4-15 前列腺中 Na⁺/K⁺-ATPase 活力

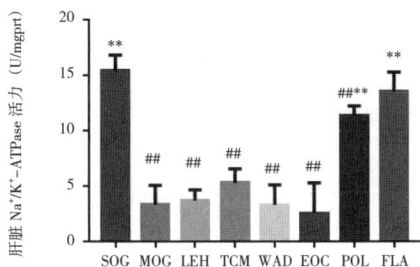

图 4-16 肝脏中 Na^+/K^+-ATPase 活力

SOG：假手术组，MOG：模型组，LEH：盐酸左氧氟沙星组，TCM：普乐安组，WAD：孔雀草茎叶水煎液组，
EOC：孔雀草茎叶挥发油组分组，POL：孔雀草茎叶多糖组分组，FLA：孔雀草茎叶总黄酮组分组。
#：$P < 0.05$，##：$P < 0.01$ 与假手术组比较；*：$P < 0.05$，**：$P < 0.01$ 与模型组比较

实验结果提示孔雀草茎叶水煎液及其组分均有治疗慢性非细菌性前列腺炎作用，由统计结果可知，尤其是孔雀草茎叶多糖组分及总黄酮组分，能够显著降低由前列腺炎引起的 TNF-α 与 IL-1β 炎症因子水平升高，降低体内 EGF 与 PSA 含量，通过调节下丘脑—腺垂体 - 肾上腺轴系统与下丘脑 - 腺垂体 - 性腺轴系统升高 T 与 DHT 激素水平，增强 Na^+/K^+-ATPase 活力，促进新陈代谢。综上，孔雀草茎叶多糖组分及总黄酮组分对大鼠慢性非细菌性前列腺炎具有一定治疗作用。

前列腺炎的病因病机较为复杂，有学者通过总结文献与老中医经验并探讨其病因病机认为湿热浊毒瘀滞精室是慢性前列腺炎的主要病机，而主要造成慢性前列腺炎重要的内在的本质因素是体虚。本实验选取去势加雌激素诱导的方法建立大鼠前列腺炎模型，通过改变激素与内分泌平衡而诱导前列腺炎。

雄激素 90% 由睾丸产生，其主要成分是睾酮。睾丸的内分泌功能受下丘脑—腺垂体调节，而睾丸分泌的激素又反馈作用于下丘脑 - 腺垂体，形成一个下丘脑—腺垂体—睾丸轴系统。大鼠进行睾丸去势手术后，体内雄激素水平降低，同时又皮下注射雌二醇，雌二醇作为一类雌激素，使得去势大鼠体内雌雄激素水平失衡。雌二醇还具有抑制睾酮合成，调节睾酮分泌的功能。此外，前列腺炎通常伴随着前列腺增生，而前列腺增生的发生就与体内雌雄激素间的失衡有关，但具体机制尚不明确，有待进一步探究。还有研究表明通过提高雄激素受体水平，雌激素对雄激素具有协同作用。临床上也常常将睾酮作为生化指标用于辅助诊断前列腺炎。当前列腺、睾丸、附睾有炎症时，血睾酮的含量一定会有不同程度降低。实验中模型组的血清睾酮水平较假手术组明显降低（$P < 0.01$），孔雀草茎叶多糖组分组与总黄酮组分组与模型组相比，血清睾酮水平的升高具有极显著意义（$P < 0.01$）。

双氢睾酮是由睾酮在 5-α 还原酶的作用下转化而成，其生物活性比睾酮强，与雄激素受体亲和力更强，形成的双氢睾酮雄激素受体复合物稳定性更强。双氢睾酮含量与前列

腺炎炎症程度呈负相关，实验结果与此相一致，与假手术组相比模型组双氢睾酮水平明显降低（$P < 0.01$），各治疗组双氢睾酮水平均有不同程度的升高。

PSA 是辅助诊断前列腺癌的一项重要指标，对于前列腺组织具有较高的特异性和敏感性，前列腺的增生、感染、炎症及其他良性疾病同样会使血清中 PSA 升高，PSA 浓度与炎症严重程度成正比，前列腺炎使血清中 PSA 升高的机制仍未完全阐明，目前最有可能的是所谓的"PSA 渗漏学说"，即前列腺的腺管及腺泡受损使腺管和腺泡内含有的 PSA 渗漏进入血液循环，从而使血清中 PSA 升高。实验结果表明，模型组比假手术组血清中前列腺特异性抗原含量高（$P < 0.01$），而与模型组相比，其余各治疗组血清中前列腺特异性抗原含量有降低趋势。

细胞因子作为一种免疫介质参与炎症反应，反映炎症的强弱。TNF-α 能够诱导产生趋化因子，介导炎性细胞向炎症局部聚集、活化并促进炎症介质的释放。IL-1β 在前列腺炎的局部炎症反应起关键作用，其能够使白细胞从血管中渗出侵入前列腺组织，诱导炎性细胞分泌细胞因子而使炎症反应加重。国外研究表明，前列腺炎患者与正常人相比，前列腺分泌物中 TNF-α 与 IL-1β 含量明显升高，可作为前列腺炎鉴别诊断的新方法。本实验中模型组前列腺组织内 IL-1β、TNF-α 浓度明显增加（$P < 0.01$），中药阳性药（普乐安）、孔雀草茎叶多糖组分及总黄酮组分均能在一定程度上降低大鼠前列腺炎模型前列腺组织中 IL-1β 与 TNF-α 含量。

生长因子信号即肽生长因子可以通过发送信号的模式调节前列腺的细胞周期和凋亡，当肽生长因子或其受体发生异常表达，可直接造成前列腺细胞的失控性生长，EGF 就是前列腺内重要的肽生长因子之一，EGF 通过与 EGF 受体结合发送信号调控前列腺上皮细胞的生长。EGF 除了通过与 EGF 受体结合产生直接增殖外，还可以通过抑制 TGF-β 诱导前列腺细胞的凋亡。前列腺细胞的平衡取决于两种因子的相互对抗作用。不同生长因子相互作用的内平衡保证了前列腺的生长内平衡，生长因子过度活跃或抑制生长因子作用减弱，都会使前列腺细胞的内平衡被破坏，导致前列腺增生。与假手术组相比，模型组前列腺组织中 EGF 含量升高（$P < 0.05$），说明前列腺炎模型中伴随前列腺增生。孔雀草茎叶总黄酮组分组与模型组相比能够降低前列腺组织中 EGF 含量（$P < 0.05$），表明孔雀草茎叶总黄酮成分能够有效治疗前列腺炎引发的增生。

健康机体存在能量平衡状态，其生成与利用之间的关系主要反映于 ATP 的生成，利用和产热作用，多种因素对此有调节作用。三磷酸腺苷酶即钠钾 ATP 酶，具有调节细胞内外钠离子、钾离子浓度梯度的作用，酶活力与机体状态密切相关。实验结果表明，造模后大鼠前列腺与肝脏中的 Na^+/K^+-ATPase 活力均有显著性降低（$P < 0.01$），这可能是由于前列腺炎引起的，机体在不正常的状态下发生了异常的能量变化，孔雀草茎叶水煎液及其各组分均能够在不同程度上提高前列腺中 Na^+/K^+-ATPase 活力，而孔雀草茎叶多糖组分与总黄酮组分能够显著提高肝组织中的 Na^+/K^+-ATPase 活力。

因此我们选择了炎症中常见的 IL-1β、TNF-α 作为反映前列腺炎炎症强弱的指标，而 T、DHT、PSA 作为反映影响前列腺炎症强弱的体内激素指标，EGF 作为辅助指标判断前列腺炎与前列腺增生间关系。前列腺炎使机体在不正常的状态下发生了异常的能量代谢，根据动物代谢测量分析系统测量结果分析，大鼠造模前后新陈代谢也发生差异性改变，这种改变具有统计学意义。细胞因子的表达随着炎症的变化发生相应的变化，有助于观测药物对慢性非细菌性前列腺炎的疗效。

多糖通常具有提高机体免疫力的作用，从实验结果可知孔雀草茎叶多糖对慢性非细菌性前列腺炎具有较好疗效，这可能是通过提高机体免疫力实现的。曾有研究表明，黄酮类化合物及其衍生物具有广泛药理作用，能够抑制白细胞黏附，从而改善微循环，减轻局部炎症。孔雀草茎叶总黄酮组分中就含有黄酮类化合物及小分子糖，其抗前列腺炎作用很可能是通过上述物质实现的，具体机制还有待于进一步探究。

本实验结果提示孔雀草茎叶水煎液及其组分均有治疗慢性非细菌性前列腺炎作用，由统计结果可知，尤其是孔雀草茎叶多糖组分及总黄酮组分，能够显著降低由前列腺炎引起的 TNF-α 与 IL-1β 炎症因子水平升高，降低体内 EGF 与 PSA 含量，通过调节下丘脑—腺垂体—肾上腺轴系统与下丘脑—腺垂体—性腺轴系统升高 T 与 DHT 激素水平，增强 Na^+/K^+-ATPase 活力，促进新陈代谢。综上，孔雀草茎叶多糖组分及总黄酮组分对大鼠慢性非细菌性前列腺炎具有一定治疗作用。

6. 孔雀草抗前列腺炎的谱效关系研究

中药谱效关系学是将中药指纹图谱与其药效联合，考察中药内在成分与其活性间关系的新方法。实验研究表明，孔雀草茎叶总黄酮组分具有显著的治疗前列腺炎作用，能够显著降低由前列腺炎引起的炎症因子水平升高，改善体内睾酮、双氢睾酮及前列腺特异性抗原水平。本节实验采用灰色关联法探究孔雀草及其组分抗前列腺炎作用的谱效关系。

6.1 实验方法

灰色关联度原理：谱效关系是结合"谱"与"效"，通过找出"谱"中对药效贡献大的色谱峰从而确定对药效起作用的化学成分。灰色关联分析是依据灰色关联度大小对各因素间与目标值相关程度的大小进行排序，通过描述系统发展过程中因素间相对变化的关联性，根据关联度大小判断药效指标与色谱峰关联性强弱。设有 n 个中药样品，每个样品有 m 项保留时间下色谱峰指标，这样构成了 m 个子序列。以样品药效学指标作为母序列，依据母序列与子序列关联度的大小，可确定不同保留时间下色谱峰对药效贡献的大小。其基本步骤如下：

（1）原始数据变换：数据均值化变换。

（2）计算关联系数：经数据变换的母序列记为 $\{X_0(k)\}$，子序列记为 $\{X_i(k)\}$，关联系数计算公式为：

$$L_{0i}=\frac{\Delta_{\min}|X_0(k)-X_i(k)|+\rho\Delta_{\max}|X_0(k)-X_i(k)|}{|X_0(k)-X_i(k)|+\rho\Delta_{\max}|X_0(k)-X_i(k)|}$$

$\Delta_{\min}|X_0(k)-X_i(k)|$ 和 $\Delta_{\max}|X_0(k)-X_i(k)|$ 分别表示所有比较序列绝对差中的最小值与最大值。由于比较序列相交，故一般取 $\Delta_{\min}|X_0(k)-X_i(k)|=0$；$\rho$ 称为分辨系数，本实验取0.5。关联系数反映两个比较序列的靠近程度，关联系数的范围为 $0<L\leqslant1$。

（3）求关联度：$\gamma_{0i}=\frac{1}{N}\sum_{K=1}^{N}L_{0i}(k)$。

（4）排关联序：将 m 个子序列对同一母序列的关联度按大小顺序排列组成关联序，记为 $\{X\}$，它反映各个子序列对母序列贡献的大小。

6.2　实验结果

6.2.1　原始数据规格化

根据本课题组实验结果归纳总结孔雀草抗前列腺炎各项指标数据得表4-45，根据前期液相实验谱图得孔雀草茎叶水煎液、总黄酮及挥发油共有峰保留时间与峰面积数据见表4-46。

根据公式：药效 $=\dfrac{|实验组-模型组|}{模型组}\times100\%$，计算药效，得表4-47。再通过数据均值化变换将原始数据规格化，药效与共有峰面积规格化数据分别见表4-48、表4-49。

表 4-45 孔雀草抗前列腺炎各项指标数据

指标	前列腺湿重 (mg)	湿重比 (mg/g)	IL-1β (ng/L)	TNF-α (ng/L)	EGF (ng/L)	T (nmol/L)	DHT (nmol/L)	PSA (pg/mL)
孔雀草茎叶水煎液组	210.509	1.099	1.943	102.786	352.026	6.442	20.006	599.393
孔雀草茎叶总黄酮组分组	237.494	1.200	1.992	107.519	273.018	6.655	30.461	601.297
孔雀草茎叶挥发油组分组	239.318	1.262	2.059	102.755	294.571	6.023	20.880	609.517
模型组	392.900	2.110	2.468	112.711	415.927	4.439	14.313	692.852

表 4-46 孔雀草抗前列腺炎药效数据

药效	前列腺湿重 (%)	湿重比 (%)	IL-1β (%)	TNF-α (%)	EGF (%)	T (%)	DHT (%)	PSA (%)
孔雀草茎叶水煎液组	46.422	47.915	21.272	8.806	15.364	45.123	39.775	13.489
孔雀草茎叶总黄酮组分组	39.554	43.128	19.287	4.606	34.359	49.921	112.821	13.214
孔雀草茎叶挥发油组分组	39.089	40.190	16.572	8.833	29.177	35.684	45.881	12.028
均值	41.688	43.744	19.044	7.415	26.300	43.576	66.159	12.910
最优	46.422	47.915	21.272	8.833	34.359	49.921	112.821	13.489
最差	39.089	40.190	16.572	4.606	15.364	35.684	39.775	12.028

20

表 4-47 药效原始数据规格化

指标	前列腺湿重	湿重比	IL$^{-1}\beta$	TNF-α	EGF	T	DHT	PSA
孔雀草茎叶水煎液组	1.114	1.095	1.117	1.188	0.584	1.035	0.601	1.045
孔雀草茎叶总黄酮组分组	0.949	0.986	1.013	0.621	1.306	1.146	1.705	1.024
孔雀草茎叶挥发油组分组	0.938	0.919	0.870	1.191	1.109	0.819	0.694	0.932
最优	1.114	1.095	1.117	1.191	1.306	1.146	1.705	1.045
最差	0.938	0.919	0.870	0.621	0.584	0.819	0.601	0.932
最差	39.089	40.190	16.572	4.606	15.364	35.684	39.775	12.028

表 4-48　孔雀草茎叶水煎液、总黄酮及挥发油共有峰保留时间与峰面积

编号	保留时间（min）	峰面积（mAU*S）（孔雀草茎叶水煎液）	峰面积（mAU*S）（孔雀草茎叶总黄酮组分）	峰面积（mAU*S）（孔雀草茎叶挥发油组分）
t1	2.471	451.376	66.498	0
t2	2.797	2234.234	1680.924	0
t3	3.418	87.084	251.796	0
t4	3.743	900.127	1040.784	0
t5	4.240	1004.432	804.610	0
t6	4.711	1023.676	168.746	0
t7	4.863	0	354.346	0
t8	5.450	509.100	537.814	0
t9	5.870	33.619	280.570	0
t10	6.431	345.563	115.934	0
t11	6.767	93.186	75.510	0
t12	7.681	1644.774	2506.079	0
t13	8.371	905.302	474.379	0
t14	9.002	274.298	112.104	0
t15	9.817	61.587	70.976	0
t16	10.300	1964.217	789.773	0
t17	10.677	918.264	529.595	0
t18	11.790	543.667	353.129	0
t19	12.371	217.116	261.365	0
t20	13.348	646.647	1330.303	0
t21	14.294	232.677	72.890	0
t22	14.957	219.409	152.566	0
t23	15.807	1798.416	806.799	0
t24	16.890	45.099	0	0
t25	20.215	2606.147	963.359	0
t26	22.322	1079.233	552.624	0

编号	保留时间 （min）	峰面积（mAU*S） （孔雀草茎叶水煎液）	峰面积（mAU*S） （孔雀草茎叶总黄酮组分）	峰面积（mAU*S） （孔雀草茎叶挥发油组分）
t27	23.059	192.464	555.487	0
t28	23.509	975.098	94.340	33.438
t29	24.327	2615.528	1871.959	0
t30	24.543	507.521	2613.937	0
t31	24.715	60.813	0	0
t32	25.011	485.904	0	0
t33	25.537	33.667	1291.242	0
t34	26.262	841.507	1330.594	0
t35	26.459	144.615	0	0
t36	26.671	778.851	94.792	16.941
t37	26.935	0	76.786	0
t38	27.449	118.654	516.712	0
t39	27.738	181.894	0	0
t40	28.130	0	0	68.085
t41	28.463	0	11.065	0
t42	28.867	338.752	266.899	13.272
t43	29.076	0	0	45.959
t44	30.151	0	31.891	0
t45	30.445	25.767	46.559	695.513
t46	30.726	26.834	32.119	0
t47	31.810	0	0	572.424
t48	32.174	15.268	0	26.527
t49	33.585	29.165	29.660	134.271
t50	35.771	0	0	86.813
t51	38.268	0	0	440.129
t52	41.798	0	0	22.859

编号	保留时间 （min）	峰面积（mAU*S） （孔雀草茎叶水煎液）	峰面积（mAU*S） （孔雀草茎叶总黄酮组分）	峰面积（mAU*S） （孔雀草茎叶挥发油组分）
t53	43.185	0	38.007	152.495
t54	44.116	40.575	61.272	31.684
t55	45.854	0	0	35.218
t56	46.492	49.656	50.335	68.016
t57	48.823	0	0	1101.266
t58	50.339	0	0	16.889

表4-49 共有色谱峰峰面积原始数据规格化

编号	保留时间 （min）	孔雀草茎叶 水煎液	孔雀草茎叶 总黄酮组分	孔雀草茎叶 挥发油组分	最优	最差
t1	2.471	2.615	0.385	0	2.615	0
t2	2.797	1.712	1.288	0	1.712	0
t3	3.418	0.771	2.229	0	2.229	0
t4	3.743	1.391	1.609	0	1.609	0
t5	4.240	1.666	1.334	0	1.666	0
t6	4.711	2.575	0.425	0	2.575	0
t7	4.863	0	3	0	3	0
t8	5.450	1.459	1.541	0	1.541	0
t9	5.870	0.321	2.679	0	2.679	0
t10	6.431	2.246	0.754	0	2.246	0
t11	6.767	1.657	1.343	0	1.657	0
t12	7.681	1.189	1.811	0	1.811	0
t13	8.371	1.969	1.031	0	1.969	0
t14	9.002	2.130	0.870	0	2.130	0
t15	9.817	1.394	1.606	0	1.606	0
t16	10.300	2.140	0.860	0	2.140	0

续表

编号	保留时间 （min）	孔雀草茎叶 水煎液	孔雀草茎叶 总黄酮组分	孔雀草茎叶 挥发油组分	最优	最差
t17	10.677	1.903	1.097	0	1.903	0
t18	11.790	1.819	1.181	0	1.819	0
t19	12.371	1.361	1.639	0	1.639	0
t20	13.348	0.981	2.019	0	2.019	0
t21	14.294	2.284	0.716	0	2.284	0
t22	14.957	1.770	1.230	0	1.770	0
t23	15.807	2.071	0.929	0	2.071	0
t24	16.890	3	0	0	3	0
t25	20.215	2.190	0.810	0	2.190	0
t26	22.322	1.984	1.016	0	1.984	0
t27	23.059	0.772	2.228	0	2.228	0
t28	23.509	2.652	0.257	0.091	2.652	0.091
t29	24.327	1.749	1.251	0	1.749	0
t30	24.543	0.488	2.512	0	2.512	0
t31	24.715	3	0	0	3	0
t32	25.011	3	0	0	3	0
t33	25.537	0.076	2.924	0	2.924	0
t34	26.262	1.162	1.838	0	1.838	0
t35	26.459	3	0	0	3	0
t36	26.671	2.624	0.319	0.057	2.624	0.057
t37	26.935	0	3	0	3	0
t38	27.449	0.560	2.440	0	2.440	0
t39	27.738	3	0	0	3	0
t40	28.13	0	0	3	3	0
t41	28.463	0	3	0	3	0

续表

编号	保留时间（min）	孔雀草茎叶水煎液	孔雀草茎叶总黄酮组分	孔雀草茎叶挥发油组分	最优	最差
t42	28.867	1.642	1.294	0.064	1.642	0.064
t43	29.076	0	0	3	3	0
t44	30.151	0	3	0	3	0
t45	30.445	0.101	0.182	2.717	2.717	0.101
t46	30.726	1.366	1.634	0	1.634	0
t47	31.810	0	0	3	3	0
t48	32.174	1.096	0	1.904	1.904	0
t49	33.585	0.453	0.461	2.086	2.086	0.453
t50	35.771	0	0	3	3	0
t51	38.268	0	0	3	3	0
t52	41.798	0	0	3	3	0
t53	43.185	0	0.599	2.401	2.401	0
t54	44.116	0.912	1.377	0.712	1.377	0.712
t55	45.854	0	0	3	3	0
t56	46.492	0.887	0.899	1.215	1.215	0.887
t57	48.823	0	0	3	3	0
t58	50.339	0	0	3	3	0

6.2.2 HPLC 图谱与前列腺湿重间的关联度

表 4-50 HPLC 图谱与前列腺湿重间的关联度

编号	保留时间（min）	峰面积（mAU*S）（孔雀草茎叶水煎液）	峰面积（mAU*S）（孔雀草茎叶总黄酮组分）	峰面积（mAU*S）（孔雀草茎叶挥发油组分）
t1	2.471	0.333	0.571	0.445
t2	2.797	0.333	0.469	0.242
t3	3.418	0.619	0.303	0.373

编号	保留时间 （min）	峰面积（mAU*S） （孔雀草茎叶水煎液）	峰面积（mAU*S） （孔雀草茎叶总黄酮组分）	峰面积（mAU*S） （孔雀草茎叶挥发油组分）
t4	3.743	0.471	0.273	0.209
t5	4.240	0.333	0.417	0.227
t6	4.711	0.333	0.582	0.438
t7	4.863	0.459	0.315	0.501
t8	5.450	0.382	0.265	0.186
t9	5.870	0.497	0.311	0.455
t10	6.431	0.333	0.744	0.377
t11	6.767	0.333	0.408	0.225
t12	7.681	0.823	0.288	0.271
t13	8.371	0.333	0.838	0.313
t14	9.002	0.333	0.866	0.351
t15	9.817	0.468	0.273	0.208
t16	10.300	0.333	0.853	0.354
t17	10.677	0.333	0.726	0.296
t18	11.790	0.333	0.603	0.273
t19	12.371	0.515	0.276	0.219
t20	13.348	0.774	0.297	0.326
t21	14.294	0.333	0.715	0.384
t22	14.957	0.333	0.538	0.259
t23	15.807	0.333	0.960	0.338
t24	16.890	0.333	0.499	0.501
t25	20.215	0.333	0.795	0.365
t26	22.322	0.333	0.866	0.317
t27	23.059	0.620	0.303	0.373
t28	23.509	0.333	0.526	0.476

编号	保留时间（min）	峰面积（mAU*S）（孔雀草茎叶水煎液）	峰面积（mAU*S）（孔雀草茎叶总黄酮组分）	峰面积（mAU*S）（孔雀草茎叶挥发油组分）
t29	24.327	0.333	0.512	0.253
t30	24.543	0.528	0.309	0.427
t31	24.715	0.333	0.499	0.501
t32	25.011	0.333	0.499	0.501
t33	25.537	0.466	0.314	0.491
t34	26.262	0.881	0.289	0.279
t35	26.459	0.333	0.499	0.501
t36	26.671	0.333	0.545	0.462
t37	26.935	0.459	0.315	0.501
t38	27.449	0.545	0.308	0.414
t39	27.738	0.333	0.499	0.501
t40	28.130	0.459	0.499	0.314
t41	28.463	0.459	0.315	0.501
t42	28.867	0.333	0.434	0.232
t43	29.076	0.459	0.499	0.314
t44	30.151	0.459	0.315	0.501
t45	30.445	0.442	0.511	0.311
t46	30.726	0.508	0.275	0.217
t47	31.810	0.459	0.499	0.314
t48	32.174	0.957	0.294	0.290
t49	33.585	0.424	0.499	0.297
t50	35.771	0.459	0.499	0.314
t51	38.268	0.459	0.499	0.314
t52	41.798	0.459	0.499	0.314
t53	43.185	0.366	0.648	0.306

续表

编号	保留时间（min）	峰面积（mAU*S）（孔雀草茎叶水煎液）	峰面积（mAU*S）（孔雀草茎叶总黄酮组分）	峰面积（mAU*S）（孔雀草茎叶挥发油组分）
t54	44.116	0.394	0.235	0.368
t55	45.854	0.459	0.499	0.314
t56	46.492	0.182	0.502	0.154
t57	48.823	0.459	0.499	0.314
t58	50.339	0.459	0.499	0.314

表 4-51　HPLC 图谱与前列腺湿重间的关联序排列

编号	孔雀草茎叶水煎液	编号	孔雀草茎叶总黄酮组分	编号	孔雀草茎叶挥发油组分
t48	0.957	t23	0.960	t7	0.501
t34	0.881	t26	0.866	t44	0.501
t12	0.823	t14	0.866	t41	0.501
t20	0.774	t16	0.853	t39	0.501
t27	0.620	t13	0.838	t37	0.501
t3	0.619	t25	0.795	t35	0.501
t38	0.545	t10	0.744	t32	0.501
t30	0.528	t17	0.726	t31	0.501
t19	0.515	t21	0.715	t24	0.501
t46	0.508	t53	0.648	t33	0.491
t9	0.497	t18	0.603	t28	0.476
t4	0.471	t6	0.582	t36	0.462
t15	0.468	t1	0.571	t9	0.455
t33	0.466	t36	0.545	t1	0.445
t7	0.459	t22	0.538	t6	0.438
t58	0.459	t28	0.526	t30	0.427
t57	0.459	t29	0.512	t38	0.414
t55	0.459	t45	0.511	t21	0.384

编号	孔雀草茎叶水煎液	编号	孔雀草茎叶总黄酮组分	编号	孔雀草茎叶挥发油组分
t52	0.459	t56	0.502	t10	0.377
t51	0.459	t49	0.499	t3	0.373
t50	0.459	t58	0.499	t27	0.373
t47	0.459	t57	0.499	t54	0.368
t44	0.459	t55	0.499	t25	0.365
t43	0.459	t52	0.499	t16	0.354
t41	0.459	t51	0.499	t14	0.351
t40	0.459	t50	0.499	t23	0.338
t37	0.459	t47	0.499	t20	0.326
t45	0.442	t43	0.499	t26	0.317
t49	0.424	t40	0.499	t58	0.314
t54	0.394	t39	0.499	t57	0.314
t8	0.382	t35	0.499	t55	0.314
t53	0.366	t32	0.499	t52	0.314
t6	0.333	t31	0.499	t51	0.314
t39	0.333	t24	0.499	t50	0.314
t35	0.333	t2	0.469	t47	0.314
t32	0.333	t42	0.434	t43	0.314
t31	0.333	t5	0.417	t40	0.314
t24	0.333	t11	0.408	t13	0.313
t21	0.333	t7	0.315	t45	0.311
t16	0.333	t44	0.315	t53	0.306
t14	0.333	t41	0.315	t49	0.297
t5	0.333	t37	0.315	t17	0.296
t42	0.333	t33	0.314	t48	0.290
t36	0.333	t9	0.311	t34	0.279

编号	孔雀草茎叶水煎液	编号	孔雀草茎叶总黄酮组分	编号	孔雀草茎叶挥发油组分
t29	0.333	t30	0.309	t18	0.273
t28	0.333	t38	0.308	t12	0.271
t26	0.333	t3	0.303	t22	0.259
t25	0.333	t27	0.303	t29	0.253
t23	0.333	t20	0.297	t2	0.242
t22	0.333	t48	0.294	t42	0.232
t2	0.333	t34	0.289	t5	0.227
t18	0.333	t12	0.288	t11	0.225
t17	0.333	t19	0.276	t19	0.219
t13	0.333	t46	0.275	t46	0.217
t11	0.333	t4	0.273	t4	0.209
t10	0.333	t15	0.273	t15	0.208
t1	0.333	t8	0.265	t8	0.186
t56	0.182	t54	0.235	t56	0.154

依据关联度的大小，确定各成分对前列腺湿重的贡献，综合 3 个提取物样品对前列腺湿重影响关联结果表明，孔雀草茎叶水煎液中有 6 个峰与对前列腺湿重影响的关联度大于 0.6，其各色谱峰关联度大小为 t48 > t34 > t12 > t20 > t27 > t3。具有高度关联的成分仅 1 种，关联度大于 0.92 的物质的为 t48。孔雀草茎叶总黄酮中有 11 个峰与对前列腺湿重影响的关联度大于 0.6，其各色谱峰关联度大小为 t23 > t26 > t14 > t16 > t13 > t25 > t10 > t17 > t21 > t53 > t18。具有高度关联的成分仅 1 种，关联度大于 0.92 的物质的为 t23，即槲皮素 –3–O–α–L– 阿拉伯糖苷（KQCR–2）。而孔雀草茎叶挥发油中没有与对前列腺湿重影响的关联度大于 0.6 的峰，如表 4–50 与表 4–51 所示。

实验仅依据 10 个标准品相对应分离得到色谱峰进行辨认，在孔雀草茎叶水煎液成分中山奈酚 –7–O–α–L– 鼠李糖苷（KQCR–9）和山奈酚 –3–O–β–D– 木糖苷（KQCR–6）与其对前列腺湿重影响具有一定关联度，孔雀草茎叶总黄酮成分中山奈酚 –3–O–β–D– 葡萄糖苷（KQCR–5）、山奈酚 –3–O–α–L– 阿拉伯糖苷（KQCR–12）与槲皮素 –3–O–α–L– 阿拉伯糖苷（KQCR–2）与其对前列腺湿重影响具有一定关联度，其中槲皮素 –3–O–α–L– 阿拉伯糖苷（KQCR–2）贡献最大，而其他关联物质的鉴定辨别还有待于进一步开展。

6.2.3　HPLC 图谱与湿重比间的关联度

表 4-52　HPLC 图谱与湿重比间的关联度

编号	保留时间（min）	峰面积（mAU*S）（孔雀草茎叶水煎液）	峰面积（mAU*S）（孔雀草茎叶总黄酮组分）	峰面积（mAU*S）（孔雀草茎叶挥发油组分）
t1	2.471	0.333	0.558	0.453
t2	2.797	0.333	0.505	0.251
t3	3.418	0.636	0.313	0.382
t4	3.743	0.464	0.292	0.218
t5	4.240	0.333	0.450	0.237
t6	4.711	0.333	0.569	0.446
t7	4.863	0.465	0.321	0.509
t8	5.450	0.380	0.286	0.195
t9	5.870	0.506	0.319	0.463
t10	6.431	0.333	0.712	0.385
t11	6.767	0.333	0.440	0.234
t12	7.681	0.793	0.303	0.280
t13	8.371	0.333	0.905	0.322
t14	9.002	0.333	0.817	0.360
t15	9.817	0.461	0.292	0.218
t16	10.300	0.333	0.806	0.362
t17	10.677	0.333	0.784	0.305
t18	11.790	0.333	0.649	0.282
t19	12.371	0.505	0.294	0.228
t20	13.348	0.802	0.309	0.334
t21	14.294	0.333	0.687	0.393
t22	14.957	0.333	0.580	0.268
t23	15.807	0.333	0.896	0.347
t24	16.890	0.333	0.491	0.509
t25	20.215	0.333	0.756	0.373

编号	保留时间 （min）	峰面积（mAU*S） （孔雀草茎叶水煎液）	峰面积（mAU*S） （孔雀草茎叶总黄酮组分）	峰面积（mAU*S） （孔雀草茎叶挥发油组分）
t26	22.322	0.333	0.937	0.326
t27	23.059	0.637	0.313	0.381
t28	23.509	0.333	0.516	0.485
t29	24.327	0.333	0.552	0.262
t30	24.543	0.538	0.317	0.435
t31	24.715	0.333	0.491	0.509
t32	25.011	0.333	0.491	0.509
t33	25.537	0.473	0.321	0.499
t34	26.262	0.847	0.304	0.288
t35	26.459	0.333	0.491	0.509
t36	26.671	0.333	0.534	0.470
t37	26.935	0.465	0.321	0.509
t38	27.449	0.557	0.316	0.423
t39	27.738	0.333	0.491	0.509
t40	28.130	0.465	0.491	0.314
t41	28.463	0.465	0.321	0.509
t42	28.867	0.333	0.470	0.242
t43	29.076	0.465	0.491	0.314
t44	30.151	0.465	0.321	0.509
t45	30.445	0.449	0.502	0.311
t46	30.726	0.499	0.294	0.227
t47	31.810	0.465	0.491	0.314
t48	32.174	0.999	0.291	0.291
t49	33.585	0.435	0.485	0.298
t50	35.771	0.465	0.491	0.314
t51	38.268	0.465	0.491	0.314

续表

编号	保留时间 （min）	峰面积（mAU*S） （孔雀草茎叶水煎液）	峰面积（mAU*S） （孔雀草茎叶总黄酮组分）	峰面积（mAU*S） （孔雀草茎叶挥发油组分）
t52	41.798	0.465	0.491	0.314
t53	43.185	0.374	0.628	0.306
t54	44.116	0.433	0.265	0.405
t55	45.854	0.465	0.491	0.314
t56	46.492	0.222	0.406	0.168
t57	48.823	0.465	0.491	0.314
t58	50.339	0.465	0.491	0.314

表 4-53　HPLC 图谱与湿重比间的关联序排列

编号	孔雀草茎叶水煎液	编号	孔雀草茎叶总黄酮组分	编号	孔雀草茎叶挥发油组分
t48	0.999	t26	0.937	t7	0.509
t34	0.847	t13	0.905	t44	0.509
t20	0.802	t23	0.896	t41	0.509
t12	0.793	t14	0.817	t39	0.509
t27	0.637	t16	0.806	t37	0.509
t3	0.636	t17	0.784	t35	0.509
t38	0.557	t25	0.756	t32	0.509
t30	0.538	t10	0.712	t31	0.509
t9	0.506	t21	0.687	t24	0.509
t19	0.505	t18	0.649	t33	0.499
t46	0.499	t53	0.628	t28	0.485
t33	0.473	t22	0.580	t36	0.470
t7	0.465	t6	0.569	t9	0.463
t58	0.465	t1	0.558	t1	0.453
t57	0.465	t29	0.552	t6	0.446
t55	0.465	t36	0.534	t30	0.435

续表

编号	孔雀草茎叶水煎液	编号	孔雀草茎叶总黄酮组分	编号	孔雀草茎叶挥发油组分
t52	0.465	t28	0.516	t38	0.423
t51	0.465	t2	0.505	t54	0.405
t50	0.465	t45	0.502	t21	0.393
t47	0.465	t58	0.491	t10	0.385
t44	0.465	t57	0.491	t3	0.382
t43	0.465	t55	0.491	t27	0.381
t41	0.465	t52	0.491	t25	0.373
t40	0.465	t51	0.491	t16	0.362
t37	0.465	t50	0.491	t14	0.360
t4	0.464	t47	0.491	t23	0.347
t15	0.461	t43	0.491	t20	0.334
t45	0.449	t40	0.491	t26	0.326
t49	0.435	t39	0.491	t13	0.322
t54	0.433	t35	0.491	t58	0.314
t8	0.380	t32	0.491	t57	0.314
t53	0.374	t31	0.491	t55	0.314
t39	0.333	t24	0.491	t52	0.314
t35	0.333	t49	0.485	t51	0.314
t32	0.333	t42	0.470	t50	0.314
t31	0.333	t5	0.450	t47	0.314
t26	0.333	t11	0.440	t43	0.314
t24	0.333	t56	0.406	t40	0.314
t18	0.333	t7	0.321	t45	0.311
t6	0.333	t44	0.321	t53	0.306
t5	0.333	t41	0.321	t17	0.305
t42	0.333	t37	0.321	t49	0.298

续表

编号	孔雀草茎叶水煎液	编号	孔雀草茎叶总黄酮组分	编号	孔雀草茎叶挥发油组分
t36	0.333	t33	0.321	t48	0.291
t29	0.333	t9	0.319	t34	0.288
t28	0.333	t30	0.317	t18	0.282
t25	0.333	t38	0.316	t12	0.280
t23	0.333	t3	0.313	t22	0.268
t22	0.333	t27	0.313	t29	0.262
t21	0.333	t20	0.309	t2	0.251
t2	0.333	t34	0.304	t42	0.242
t17	0.333	t12	0.303	t5	0.237
t16	0.333	t19	0.294	t11	0.234
t14	0.333	t46	0.294	t19	0.228
t13	0.333	t4	0.292	t46	0.227
t11	0.333	t15	0.292	t4	0.218
t10	0.333	t48	0.291	t15	0.218
t1	0.333	t8	0.286	t8	0.195
t56	0.222	t54	0.265	t56	0.168

　　对湿重比影响关联结果表明，孔雀草茎叶水煎液中有 6 个峰与对湿重比影响的关联度大于 0.6，其各色谱峰关联度大小为 t48 ＞ t34 ＞ t20 ＞ t12 ＞ t27 ＞ t3。具有高度关联的成分仅 1 种，关联度大于 0.92 的物质为 t48。孔雀草茎叶总黄酮中有 11 个峰与对湿重比影响的关联度大于 0.6，其各色谱峰关联度大小为 t26 ＞ t13 ＞ t23 ＞ t14 ＞ t16 ＞ t17 ＞ t25 ＞ t10 ＞ t21 ＞ t18 ＞ t53。具有高度关联的成分仅 1 种，关联度大于 0.92 的物质为 t26，即山柰酚 -3-O-α-L- 阿拉伯糖苷（KQCR-12）。而孔雀草茎叶挥发油中没有与对湿重比影响的关联度大于 0.6 的峰，如表 4–52 和表 4–53 所示。

　　实验仅依据 10 个标准品相对应分离得到色谱峰进行辨认，在孔雀草茎叶水煎液成分中山柰酚 -7-O-α-L- 鼠李糖苷（KQCR-9）和山柰酚 -3-O-β-D- 木糖苷（KQCR-6）对湿重比影响具有一定关联度，孔雀草茎叶总黄酮中与其对湿重比影响具有关联度的化合物为山柰酚 -3-O-α-L- 阿拉伯糖苷（KQCR-12）、槲皮素 -3-O-α-L- 阿拉伯糖苷（KQCR-

2）和山奈酚–3–O–β–D–葡萄糖苷（KQCR–5），而其他关联物质的鉴定辨别还有待于进一步开展。

6.2.4　HPLC 图谱与 IL–1β 间的关联度

表 4-54　HPLC 图谱与 IL–1β 间的关联度

编号	保留时间（min）	峰面积（mAU*S）（孔雀草茎叶水煎液）	峰面积（mAU*S）（孔雀草茎叶总黄酮组分）	峰面积（mAU*S）（孔雀草茎叶挥发油组分）
t1	2.471	0.333	0.544	0.391
t2	2.797	0.333	0.519	0.391
t3	3.418	0.616	0.314	0.391
t4	3.743	0.473	0.292	0.391
t5	4.240	0.333	0.460	0.391
t6	4.711	0.333	0.554	0.391
t7	4.863	0.457	0.321	0.391
t8	5.450	0.383	0.286	0.391
t9	5.870	0.495	0.319	0.391
t10	6.431	0.333	0.685	0.391
t11	6.767	0.333	0.450	0.391
t12	7.681	0.829	0.303	0.391
t13	8.371	0.333	0.958	0.391
t14	9.002	0.333	0.780	0.391
t15	9.817	0.469	0.292	0.391
t16	10.300	0.333	0.770	0.391
t17	10.677	0.333	0.823	0.391
t18	11.790	0.333	0.676	0.391
t19	12.371	0.516	0.294	0.391
t20	13.348	0.769	0.309	0.391
t21	14.294	0.333	0.663	0.391
t22	14.957	0.333	0.600	0.391
t23	15.807	0.333	0.851	0.391

续表

编号	保留时间（min）	峰面积（mAU*S）（孔雀草茎叶水煎液）	峰面积（mAU*S）（孔雀草茎叶总黄酮组分）	峰面积（mAU*S）（孔雀草茎叶挥发油组分）
t24	16.890	0.333	0.482	0.391
t25	20.215	0.333	0.725	0.391
t26	22.322	0.333	0.993	0.391
t27	23.059	0.617	0.314	0.391
t28	23.509	0.333	0.504	0.417
t29	24.327	0.333	0.570	0.391
t30	24.543	0.526	0.318	0.391
t31	24.715	0.333	0.482	0.391
t32	25.011	0.333	0.482	0.391
t33	25.537	0.465	0.321	0.391
t34	26.262	0.888	0.304	0.391
t35	26.459	0.333	0.482	0.391
t36	26.671	0.333	0.521	0.407
t37	26.935	0.457	0.321	0.391
t38	27.449	0.543	0.317	0.391
t39	27.738	0.333	0.482	0.391
t40	28.130	0.457	0.482	0.391
t41	28.463	0.457	0.321	0.391
t42	28.867	0.333	0.483	0.409
t43	29.076	0.457	0.482	0.391
t44	30.151	0.457	0.321	0.391
t45	30.445	0.441	0.491	0.421
t46	30.726	0.510	0.294	0.391
t47	31.810	0.457	0.482	0.391
t48	32.174	0.949	0.280	0.391
t49	33.585	0.422	0.467	0.572

续表

编号	保留时间 （min）	峰面积（mAU*S） （孔雀草茎叶水煎液）	峰面积（mAU*S） （孔雀草茎叶总黄酮组分）	峰面积（mAU*S） （孔雀草茎叶挥发油组分）
t50	35.771	0.457	0.482	0.391
t51	38.268	0.457	0.482	0.391
t52	41.798	0.457	0.482	0.391
t53	43.185	0.365	0.608	0.391
t54	44.116	0.387	0.263	0.779
t55	45.854	0.457	0.482	0.391
t56	46.492	0.175	0.300	0.971
t57	48.823	0.457	0.482	0.391
t58	50.339	0.457	0.482	0.391

表 4-55　HPLC 图谱与 IL-1β 间的关联序排列

编号	孔雀草茎叶水煎液	编号	孔雀草茎叶总黄酮组分	编号	孔雀草茎叶挥发油组分
t48	0.949	t26	0.993	t56	0.971
t34	0.888	t13	0.958	t54	0.779
t12	0.829	t23	0.851	t49	0.572
t20	0.769	t17	0.823	t45	0.421
t27	0.617	t14	0.780	t28	0.417
t3	0.616	t16	0.770	t42	0.409
t38	0.543	t25	0.725	t36	0.407
t30	0.526	t10	0.685	t9	0.391
t19	0.516	t18	0.676	t8	0.391
t46	0.510	t21	0.663	t7	0.391
t9	0.495	t53	0.608	t6	0.391
t4	0.473	t22	0.600	t58	0.391
t15	0.469	t29	0.570	t57	0.391
t33	0.465	t6	0.554	t55	0.391

续表

编号	孔雀草茎叶水煎液	编号	孔雀草茎叶总黄酮组分	编号	孔雀草茎叶挥发油组分
t7	0.457	t1	0.544	t53	0.391
t58	0.457	t36	0.521	t52	0.391
t57	0.457	t2	0.519	t51	0.391
t55	0.457	t28	0.504	t50	0.391
t52	0.457	t45	0.491	t5	0.391
t51	0.457	t42	0.483	t48	0.391
t50	0.457	t58	0.482	t47	0.391
t47	0.457	t57	0.482	t46	0.391
t44	0.457	t55	0.482	t44	0.391
t43	0.457	t52	0.482	t43	0.391
t41	0.457	t51	0.482	t41	0.391
t40	0.457	t50	0.482	t40	0.391
t37	0.457	t47	0.482	t4	0.391
t45	0.441	t43	0.482	t39	0.391
t49	0.422	t40	0.482	t38	0.391
t54	0.387	t39	0.482	t37	0.391
t8	0.383	t35	0.482	t35	0.391
t53	0.365	t32	0.482	t34	0.391
t6	0.333	t31	0.482	t33	0.391
t39	0.333	t24	0.482	t32	0.391
t35	0.333	t49	0.467	t31	0.391
t32	0.333	t5	0.460	t30	0.391
t31	0.333	t11	0.450	t3	0.391
t24	0.333	t7	0.321	t29	0.391
t21	0.333	t44	0.321	t27	0.391
t16	0.333	t41	0.321	t26	0.391

续表

编号	孔雀草茎叶水煎液	编号	孔雀草茎叶总黄酮组分	编号	孔雀草茎叶挥发油组分
t14	0.333	t37	0.321	t25	0.391
t5	0.333	t33	0.321	t24	0.391
t42	0.333	t9	0.319	t23	0.391
t36	0.333	t30	0.318	t22	0.391
t29	0.333	t38	0.317	t21	0.391
t28	0.333	t3	0.314	t20	0.391
t26	0.333	t27	0.314	t2	0.391
t25	0.333	t20	0.309	t19	0.391
t23	0.333	t34	0.304	t18	0.391
t22	0.333	t12	0.303	t17	0.391
t2	0.333	t56	0.300	t16	0.391
t18	0.333	t19	0.294	t15	0.391
t17	0.333	t46	0.294	t14	0.391
t13	0.333	t4	0.292	t13	0.391
t11	0.333	t15	0.292	t12	0.391
t10	0.333	t8	0.286	t11	0.391
t1	0.333	t48	0.280	t10	0.391
t56	0.175	t54	0.263	t1	0.391

对 IL-1β 水平影响关联结果表明，孔雀草茎叶水煎液中有 6 个峰与对 IL-1β 影响的关联度大于 0.6，其各色谱峰关联度大小为 t48 > t34 > t12 > t20 > t27 > t3。具有高度关联的成分仅 1 种，关联度大于 0.92 的物质为 t48。孔雀草茎叶总黄酮中有 11 个峰与对 IL-1β 影响的关联度大于 0.6，其各色谱峰关联度大小为 t26 > t13 > t23 > t17 > t14 > t16 > t25 > t10 > t18 > t21 > t53。具有高度关联的成分有 2 种，关联度大于 0.92 的物质为 t26 与 t13。孔雀草茎叶挥发油中有 2 个与对 IL-1β 水平影响的关联度大于 0.6 的峰。其各色谱峰关联度大小为 t56 > t54。具有高度关联的成分仅 1 种，关联度大于 0.92 的物质为 t56，结果如表 4-54 和表 4-55 所示。

实验仅依据 10 个标准品相对应分离得到色谱峰进行辨认，在孔雀草茎叶水煎液成分

中山奈酚 –7–O–α–L– 鼠李糖苷（KQCR-9）和山奈酚 –3–O–β–D– 木糖苷（KQCR-6）对 IL–1β 水平影响具有一定关联度，孔雀草茎叶总黄酮中与其对 IL–1β 水平影响具有关联度的化合物为山奈酚 –3–O–α–L– 阿拉伯糖苷（KQCR-12）、槲皮素 –3–O–α–L– 阿拉伯糖苷（KQCR-2）和山奈酚 –3–O–β–D– 葡萄糖苷（KQCR-5），其中贡献最大的是山奈酚 –3–O–α–L– 阿拉伯糖苷（KQCR-12），孔雀草茎叶挥发油中与其对 IL–1β 水平影响具有关联度的化合物并不在标准品内，而其他关联物质的鉴定辨别还有待于进一步开展。

6.2.5　HPLC 图谱与 TNF-α 间的关联度

表 4–56　HPLC 图谱与 TNF-α 间的关联度

编号	保留时间（min）	峰面积（mAU*S）（孔雀草茎叶水煎液）	峰面积（mAU*S）（孔雀草茎叶总黄酮组分）	峰面积（mAU*S）（孔雀草茎叶挥发油组分）
t1	2.471	0.333	0.751	0.374
t2	2.797	0.332	0.281	0.179
t3	3.418	0.555	0.244	0.303
t4	3.743	0.506	0.174	0.149
t5	4.240	0.332	0.250	0.166
t6	4.711	0.333	0.779	0.367
t7	4.863	0.432	0.275	0.432
t8	5.450	0.392	0.160	0.128
t9	5.870	0.462	0.266	0.384
t10	6.431	0.333	0.799	0.307
t11	6.767	0.332	0.244	0.164
t12	7.681	0.996	0.207	0.206
t13	8.371	0.332	0.486	0.246
t14	9.002	0.332	0.653	0.283
t15	9.817	0.502	0.174	0.148
t16	10.300	0.332	0.665	0.285
t17	10.677	0.332	0.428	0.230
t18	11.790	0.332	0.359	0.208
t19	12.371	0.563	0.180	0.158
t20	13.348	0.667	0.228	0.258

续表

编号	保留时间（min）	峰面积（mAU*S）（孔雀草茎叶水煎液）	峰面积（mAU*S）（孔雀草茎叶总黄酮组分）	峰面积（mAU*S）（孔雀草茎叶挥发油组分）
t21	14.294	0.333	0.853	0.315
t22	14.957	0.332	0.322	0.195
t23	15.807	0.332	0.588	0.270
t24	16.890	0.333	0.593	0.432
t25	20.215	0.333	0.726	0.295
t26	22.322	0.332	0.501	0.250
t27	23.059	0.555	0.244	0.303
t28	23.509	0.333	0.667	0.399
t29	24.327	0.332	0.307	0.190
t30	24.543	0.486	0.259	0.357
t31	24.715	0.333	0.593	0.432
t32	25.011	0.333	0.593	0.432
t33	25.537	0.438	0.273	0.421
t34	26.262	0.927	0.210	0.213
t35	26.459	0.333	0.593	0.432
t36	26.671	0.333	0.703	0.387
t37	26.935	0.432	0.275	0.432
t38	27.449	0.499	0.256	0.344
t39	27.738	0.333	0.593	0.432
t40	28.130	0.432	0.593	0.333
t41	28.463	0.432	0.275	0.432
t42	28.867	0.332	0.251	0.167
t43	29.076	0.432	0.593	0.333
t44	30.151	0.432	0.275	0.432
t45	30.445	0.412	0.635	0.333
t46	30.726	0.555	0.179	0.157

续表

编号	保留时间 （min）	峰面积（mAU*S） （孔雀草茎叶水煎液）	峰面积（mAU*S） （孔雀草茎叶总黄酮组分）	峰面积（mAU*S） （孔雀草茎叶挥发油组分）
t47	31.810	0.432	0.593	0.333
t48	32.174	0.796	0.365	0.333
t49	33.585	0.379	0.736	0.333
t50	35.771	0.432	0.593	0.333
t51	38.268	0.432	0.593	0.333
t52	41.798	0.432	0.593	0.333
t53	43.185	0.338	0.964	0.333
t54	44.116	0.251	0.109	0.162
t55	45.854	0.432	0.593	0.333
t56	46.492	0.037	0.040	0.333
t57	48.823	0.432	0.593	0.333
t58	50.339	0.432	0.593	0.333

表 4-57　HPLC 图谱与 TNF-α 间的关联序排列

编号	孔雀草茎叶水煎液	编号	孔雀草茎叶总黄酮组分	编号	孔雀草茎叶挥发油组分
t12	0.996	t53	0.964	t7	0.432
t34	0.927	t21	0.853	t44	0.432
t48	0.796	t10	0.799	t41	0.432
t20	0.667	t6	0.779	t39	0.432
t19	0.563	t1	0.751	t37	0.432
t27	0.555	t49	0.736	t35	0.432
t3	0.555	t25	0.726	t32	0.432
t46	0.555	t36	0.703	t31	0.432
t4	0.506	t28	0.667	t24	0.432
t15	0.502	t16	0.665	t33	0.421
t38	0.499	t14	0.653	t28	0.399

续表

编号	孔雀草茎叶水煎液	编号	孔雀草茎叶总黄酮组分	编号	孔雀草茎叶挥发油组分
t30	0.486	t45	0.635	t36	0.387
t9	0.462	t58	0.593	t9	0.384
t33	0.438	t57	0.593	t1	0.374
t7	0.432	t55	0.593	t6	0.367
t58	0.432	t52	0.593	t30	0.357
t57	0.432	t51	0.593	t38	0.344
t55	0.432	t50	0.593	t45	0.333
t52	0.432	t47	0.593	t58	0.333
t51	0.432	t43	0.593	t57	0.333
t50	0.432	t40	0.593	t56	0.333
t47	0.432	t39	0.593	t55	0.333
t44	0.432	t35	0.593	t53	0.333
t43	0.432	t32	0.593	t52	0.333
t41	0.432	t31	0.593	t51	0.333
t40	0.432	t24	0.593	t50	0.333
t37	0.432	t23	0.588	t49	0.333
t45	0.412	t26	0.501	t48	0.333
t8	0.392	t13	0.486	t47	0.333
t49	0.379	t17	0.428	t43	0.333
t53	0.338	t48	0.365	t40	0.333
t39	0.333	t18	0.359	t21	0.315
t35	0.333	t22	0.322	t10	0.307
t32	0.333	t29	0.307	t3	0.303
t31	0.333	t2	0.281	t27	0.303
t24	0.333	t7	0.275	t25	0.295
t28	0.333	t44	0.275	t16	0.285

续表

编号	孔雀草茎叶水煎液	编号	孔雀草茎叶总黄酮组分	编号	孔雀草茎叶挥发油组分
t36	0.333	t41	0.275	t14	0.283
t1	0.333	t37	0.275	t23	0.270
t6	0.333	t33	0.273	t20	0.258
t21	0.333	t9	0.266	t26	0.250
t10	0.333	t30	0.259	t13	0.246
t25	0.333	t38	0.256	t17	0.230
t16	0.332	t42	0.251	t34	0.213
t14	0.332	t5	0.250	t18	0.208
t23	0.332	t11	0.244	t12	0.206
t26	0.332	t3	0.244	t22	0.195
t13	0.332	t27	0.244	t29	0.190
t17	0.332	t20	0.228	t2	0.179
t18	0.332	t34	0.210	t42	0.167
t22	0.332	t12	0.207	t5	0.166
t29	0.332	t19	0.180	t11	0.164
t2	0.332	t46	0.179	t54	0.162
t5	0.332	t4	0.174	t19	0.158
t11	0.332	t15	0.174	t46	0.157
t42	0.332	t8	0.160	t4	0.149
t54	0.251	t54	0.109	t15	0.148
t56	0.037	t56	0.040	t8	0.128

对 TNF-α 水平影响关联结果表明，孔雀草茎叶水煎液中有 4 个峰与对 TNF-α 影响的关联度大于 0.6，其各色谱峰关联度大小为 t12 ＞ t34 ＞ t48 ＞ t20。具有高度关联的成分有 2 种，关联度大于 0.92 的物质为 t12 和 t34。孔雀草茎叶总黄酮中有 12 个峰与对 TNF-α 影响的关联度大于 0.6，其各色谱峰关联度大小为 t53 ＞ t21 ＞ t10 ＞ t6 ＞ t1 ＞ t49 ＞ t25 ＞ t36 ＞ t28 ＞ t16 ＞ t14 ＞ t45，具有高度关联的成分有 1 种，关联度大于 0.92 的物

质为 t53。而孔雀草茎叶挥发油中没有与对 TNF-α 水平影响的关联度大于 0.6 的峰，如表 4-56 和表 4-57 所示。

　　实验仅依据 10 个标准品相对应分离得到色谱峰进行辨认，在孔雀草茎叶水煎液成分中仅山柰酚 -7-O-α-L- 鼠李糖苷（KQCR-9）对 TNF-α 水平影响具有一定关联度，孔雀草茎叶总黄酮中与其对 TNF-α 水平影响具有关联度的化合物为山柰酚 -3-O-β-D- 葡萄糖苷（KQCR-5）和万寿菊素（KQCY-6），而其他关联物质的鉴定辨别还有待于进一步开展。

6.2.6　HPLC 图谱与 EGF 间的关联度

表 4-58　HPLC 图谱与 EGF 间的关联度

编号	保留时间（min）	峰面积（mAU*S）（孔雀草茎叶水煎液）	峰面积（mAU*S）（孔雀草茎叶总黄酮组分）	峰面积（mAU*S）（孔雀草茎叶挥发油组分）
t1	2.471	0.244	0.415	0.371
t2	2.797	0.152	0.917	0.155
t3	3.418	0.712	0.333	0.294
t4	3.743	0.158	0.333	0.120
t5	4.240	0.142	0.866	0.139
t6	4.711	0.242	0.418	0.364
t7	4.863	0.592	0.333	0.433
t8	5.450	0.118	0.333	0.096
t9	5.870	0.723	0.333	0.382
t10	6.431	0.220	0.460	0.298
t11	6.767	0.140	0.828	0.136
t12	7.681	0.295	0.333	0.185
t13	8.371	0.193	0.546	0.230
t14	9.002	0.210	0.486	0.271
t15	9.817	0.156	0.333	0.119
t16	10.300	0.211	0.483	0.273
t17	10.677	0.184	0.588	0.212
t18	11.790	0.172	0.672	0.188
t19	12.371	0.176	0.333	0.130

续表

编号	保留时间 （min）	峰面积（mAU*S） （孔雀草茎叶水煎液）	峰面积（mAU*S） （孔雀草茎叶总黄酮组分）	峰面积（mAU*S） （孔雀草茎叶挥发油组分）
t20	13.348	0.473	0.333	0.243
t21	14.294	0.223	0.453	0.306
t22	14.957	0.163	0.753	0.173
t23	15.807	0.205	0.503	0.256
t24	16.890	0.260	0.393	0.433
t25	20.215	0.216	0.471	0.285
t26	22.322	0.195	0.538	0.234
t27	23.059	0.710	0.333	0.293
t28	23.509	0.246	0.391	0.398
t29	24.327	0.160	0.801	0.166
t30	24.543	0.862	0.333	0.352
t31	24.715	0.260	0.393	0.433
t32	25.011	0.260	0.393	0.433
t33	25.537	0.614	0.333	0.422
t34	26.262	0.315	0.333	0.193
t35	26.459	0.260	0.393	0.433
t36	26.671	0.244	0.400	0.385
t37	26.935	0.592	0.333	0.433
t38	27.449	0.960	0.333	0.338
t39	27.738	0.260	0.393	0.433
t40	28.130	0.592	0.393	0.309
t41	28.463	0.592	0.333	0.433
t42	28.867	0.137	0.929	0.138
t43	29.076	0.592	0.393	0.309
t44	30.151	0.592	0.333	0.433
t45	30.445	0.593	0.386	0.305

编号	保留时间 (min)	峰面积（mAU*S） （孔雀草茎叶水煎液）	峰面积（mAU*S） （孔雀草茎叶总黄酮组分）	峰面积（mAU*S） （孔雀草茎叶挥发油组分）
t46	30.726	0.173	0.333	0.129
t47	31.810	0.592	0.393	0.309
t48	32.174	0.369	0.186	0.273
t49	33.585	0.748	0.316	0.285
t50	35.771	0.592	0.393	0.309
t51	38.268	0.592	0.393	0.309
t52	41.798	0.592	0.393	0.309
t53	43.185	0.484	0.436	0.298
t54	44.116	0.097	0.333	0.081
t55	45.854	0.592	0.393	0.309
t56	46.492	0.132	0.101	0.304
t57	48.823	0.592	0.393	0.309
t58	50.339	0.592	0.393	0.309

表4-59　HPLC 图谱与 EGF 间的关联序排列

编号	孔雀草茎叶水煎液	编号	孔雀草茎叶总黄酮组分	编号	孔雀草茎叶挥发油组分
t38	0.960	t42	0.929	t7	0.433
t30	0.862	t2	0.917	t44	0.433
t49	0.748	t5	0.866	t41	0.433
t9	0.723	t11	0.828	t39	0.433
t3	0.712	t29	0.801	t37	0.433
t27	0.710	t22	0.753	t35	0.433
t33	0.614	t18	0.672	t32	0.433
t45	0.593	t17	0.588	t31	0.433
t7	0.592	t13	0.546	t24	0.433
t58	0.592	t26	0.538	t33	0.422
t57	0.592	t23	0.503	t28	0.398

续表

编号	孔雀草茎叶水煎液	编号	孔雀草茎叶总黄酮组分	编号	孔雀草茎叶挥发油组分
t55	0.592	t14	0.486	t36	0.385
t52	0.592	t16	0.483	t9	0.382
t51	0.592	t25	0.471	t1	0.371
t50	0.592	t10	0.460	t6	0.364
t47	0.592	t21	0.453	t30	0.352
t44	0.592	t53	0.436	t38	0.338
t43	0.592	t6	0.418	t58	0.309
t41	0.592	t1	0.415	t57	0.309
t40	0.592	t36	0.400	t55	0.309
t37	0.592	t58	0.393	t52	0.309
t53	0.484	t57	0.393	t51	0.309
t20	0.473	t55	0.393	t50	0.309
t48	0.369	t52	0.393	t47	0.309
t34	0.315	t51	0.393	t43	0.309
t12	0.295	t50	0.393	t40	0.309
t39	0.260	t47	0.393	t21	0.306
t35	0.260	t43	0.393	t45	0.305
t32	0.260	t40	0.393	t56	0.304
t31	0.260	t39	0.393	t53	0.298
t24	0.260	t35	0.393	t10	0.298
t28	0.246	t32	0.393	t3	0.294
t36	0.244	t31	0.393	t27	0.293
t1	0.244	t24	0.393	t49	0.285
t6	0.242	t28	0.391	t25	0.285
t21	0.223	t45	0.386	t48	0.273
t10	0.220	t9	0.333	t16	0.273

续表

编号	孔雀草茎叶水煎液	编号	孔雀草茎叶总黄酮组分	编号	孔雀草茎叶挥发油组分
t25	0.216	t8	0.333	t14	0.271
t16	0.211	t7	0.333	t23	0.256
t14	0.210	t54	0.333	t20	0.243
t23	0.205	t46	0.333	t26	0.234
t26	0.195	t44	0.333	t13	0.230
t13	0.193	t41	0.333	t17	0.212
t17	0.184	t4	0.333	t34	0.193
t19	0.176	t38	0.333	t18	0.188
t46	0.173	t37	0.333	t12	0.185
t18	0.172	t34	0.333	t22	0.173
t22	0.163	t33	0.333	t29	0.166
t29	0.160	t30	0.333	t2	0.155
t4	0.158	t3	0.333	t5	0.139
t15	0.156	t27	0.333	t42	0.138
t2	0.152	t20	0.333	t11	0.136
t5	0.142	t19	0.333	t19	0.130
t11	0.140	t15	0.333	t46	0.129
t42	0.137	t12	0.333	t4	0.120
t56	0.132	t49	0.316	t15	0.119
t8	0.118	t48	0.186	t8	0.096
t54	0.097	t56	0.101	t54	0.081

对 EGF 水平影响关联结果表明，孔雀草茎叶水煎液中有 7 个峰与对 EGF 影响的关联度大于 0.6，其各色谱峰关联度大小为 t38 > t30 > t49 > t9 > t3 > t27 > t33，具有高度关联的成分有 1 种，关联度大于 0.92 的物质的为 t38。孔雀草茎叶总黄酮中有 7 个峰与对 EGF 影响的关联度大于 0.6，其各色谱峰关联度大小为 t42 > t2 > t5 > t11 > t29 > t22 > t18，具有高度关联的成分有 1 种，关联度大于 0.92 的物质的为 t42。而孔雀草茎叶挥发油

中没有与对 EGF 水平影响的关联度大于 0.6 的峰，见表 4-58 和表 4-59。

　　实验仅依据 10 个标准品相对辨认分离得到的色谱峰，在孔雀草茎叶水煎液成分中槲皮素 -7-O-α-L- 鼠李糖苷（KQCR-1）和山奈酚 -3-O-β-D- 木糖苷（KQCR-6）与其对 EGF 水平影响具有一定关联度，孔雀草茎叶总黄酮中与其对 EGF 水平影响具有关联度的化合物为槲皮素 -7-O-α-L- 鼠李糖苷（KQCR-1），而其他关联物质的鉴定辨别还有待于进一步开展。

6.2.7　HPLC 图谱与 T 间的关联度

表 4-60　HPLC 图谱与 T 间的关联度

编号	保留时间（min）	峰面积（mAU*S）（孔雀草茎叶水煎液）	峰面积（mAU*S）（孔雀草茎叶总黄酮组分）	峰面积（mAU*S）（孔雀草茎叶挥发油组分）
t1	2.471	0.317	0.551	0.473
t2	2.797	0.295	0.396	0.257
t3	3.418	0.672	0.327	0.398
t4	3.743	0.394	0.224	0.220
t5	4.240	0.292	0.341	0.241
t6	4.711	0.317	0.553	0.466
t7	4.863	0.472	0.382	0.531
t8	5.450	0.318	0.204	0.195
t9	5.870	0.518	0.364	0.484
t10	6.431	0.312	0.570	0.402
t11	6.767	0.292	0.332	0.238
t12	7.681	0.685	0.269	0.289
t13	8.371	0.306	0.599	0.334
t14	9.002	0.310	0.580	0.375
t15	9.817	0.391	0.223	0.220
t16	10.300	0.310	0.579	0.378
t17	10.677	0.304	0.609	0.316
t18	11.790	0.301	0.553	0.291
t19	12.371	0.431	0.231	0.231
t20	13.348	0.890	0.302	0.348

续表

编号	保留时间 （min）	峰面积（mAU*S） （孔雀草茎叶水煎液）	峰面积（mAU*S） （孔雀草茎叶总黄酮组分）	峰面积（mAU*S） （孔雀草茎叶挥发油组分）
t21	14.294	0.313	0.568	0.410
t22	14.957	0.298	0.474	0.276
t23	15.807	0.309	0.586	0.361
t24	16.890	0.321	0.540	0.531
t25	20.215	0.311	0.575	0.389
t26	22.322	0.306	0.597	0.339
t27	23.059	0.673	0.327	0.398
t28	23.509	0.318	0.532	0.509
t29	24.327	0.297	0.444	0.269
t30	24.543	0.555	0.352	0.455
t31	24.715	0.321	0.540	0.531
t32	25.011	0.321	0.540	0.531
t33	25.537	0.481	0.378	0.521
t34	26.262	0.732	0.274	0.297
t35	26.459	0.321	0.540	0.531
t36	26.671	0.318	0.539	0.492
t37	26.935	0.472	0.382	0.531
t38	27.449	0.577	0.347	0.441
t39	27.738	0.321	0.540	0.531
t40	28.130	0.472	0.447	0.298
t41	28.463	0.472	0.382	0.531
t42	28.867	0.290	0.360	0.248
t43	29.076	0.472	0.447	0.298
t44	30.151	0.472	0.382	0.531
t45	30.445	0.457	0.449	0.293
t46	30.726	0.425	0.230	0.230

续表

编号	保留时间(min)	峰面积(mAU*S)(孔雀草茎叶水煎液)	峰面积(mAU*S)(孔雀草茎叶总黄酮组分)	峰面积(mAU*S)(孔雀草茎叶挥发油组分)
t47	31.810	0.472	0.447	0.298
t48	32.174	0.863	0.249	0.259
t49	33.585	0.447	0.407	0.271
t50	35.771	0.472	0.447	0.298
t51	38.268	0.472	0.447	0.298
t52	41.798	0.472	0.447	0.298
t53	43.185	0.377	0.534	0.284
t54	44.116	0.482	0.258	0.519
t55	45.854	0.472	0.447	0.298
t56	46.492	0.188	0.122	0.080
t57	48.823	0.472	0.447	0.298
t58	50.339	0.472	0.447	0.298

表4-61　HPLC 图谱与 T 间的关联序排列

编号	孔雀草茎叶水煎液	编号	孔雀草茎叶总黄酮组分	编号	孔雀草茎叶挥发油组分
t20	0.890	t17	0.609	t7	0.531
t48	0.863	t13	0.599	t44	0.531
t34	0.732	t26	0.597	t41	0.531
t12	0.685	t23	0.586	t39	0.531
t27	0.673	t14	0.580	t37	0.531
t3	0.672	t16	0.579	t35	0.531
t38	0.577	t25	0.575	t32	0.531
t30	0.555	t10	0.570	t31	0.531
t9	0.518	t21	0.568	t24	0.531
t54	0.482	t18	0.553	t33	0.521
t33	0.481	t6	0.553	t54	0.519

编号	孔雀草茎叶水煎液	编号	孔雀草茎叶总黄酮组分	编号	孔雀草茎叶挥发油组分
t7	0.472	t1	0.551	t28	0.509
t58	0.472	t39	0.540	t36	0.492
t57	0.472	t35	0.540	t9	0.484
t55	0.472	t32	0.540	t1	0.473
t52	0.472	t31	0.540	t6	0.466
t51	0.472	t24	0.540	t30	0.455
t50	0.472	t36	0.539	t38	0.441
t47	0.472	t53	0.534	t21	0.410
t44	0.472	t28	0.532	t10	0.402
t43	0.472	t22	0.474	t3	0.398
t41	0.472	t45	0.449	t27	0.398
t40	0.472	t58	0.447	t25	0.389
t37	0.472	t57	0.447	t16	0.378
t45	0.457	t55	0.447	t14	0.375
t49	0.447	t52	0.447	t23	0.361
t19	0.431	t51	0.447	t20	0.348
t46	0.425	t50	0.447	t26	0.339
t4	0.394	t47	0.447	t13	0.334
t15	0.391	t43	0.447	t17	0.316
t53	0.377	t40	0.447	t58	0.298
t39	0.321	t29	0.444	t57	0.298
t35	0.321	t49	0.407	t55	0.298
t32	0.321	t2	0.396	t52	0.298
t31	0.321	t7	0.382	t51	0.298
t24	0.321	t44	0.382	t50	0.298
t8	0.318	t41	0.382	t47	0.298

续表

编号	孔雀草茎叶水煎液	编号	孔雀草茎叶总黄酮组分	编号	孔雀草茎叶挥发油组分
t28	0.318	t37	0.382	t43	0.298
t36	0.318	t33	0.378	t40	0.298
t1	0.317	t9	0.364	t34	0.297
t6	0.317	t42	0.360	t45	0.293
t21	0.313	t30	0.352	t18	0.291
t10	0.312	t38	0.347	t12	0.289
t25	0.311	t5	0.341	t53	0.284
t16	0.310	t11	0.332	t22	0.276
t14	0.310	t3	0.327	t49	0.271
t23	0.309	t27	0.327	t29	0.269
t26	0.306	t20	0.302	t48	0.259
t13	0.306	t34	0.274	t2	0.257
t17	0.304	t12	0.269	t42	0.248
t18	0.301	t54	0.258	t5	0.241
t22	0.298	t48	0.249	t11	0.238
t29	0.297	t19	0.231	t19	0.231
t2	0.295	t46	0.230	t46	0.230
t5	0.292	t4	0.224	t4	0.220
t11	0.292	t15	0.223	t15	0.220
t42	0.290	t8	0.204	t8	0.195
t56	0.188	t56	0.122	t56	0.080

对 T 水平影响关联结果表明，孔雀草茎叶水煎液中有 6 个峰与对 T 影响的关联度大于 0.6，其各色谱峰关联度大小为 t20 > t48 > t34 > t12 > t27 > t3。孔雀草茎叶总黄酮中有 1 个峰 t17 与对 T 影响的关联度大于 0.6，而孔雀草茎叶挥发油中没有与对 T 水平影响的关联度大于 0.6 的峰，见表 4-60 和表 4-61。

实验仅依据 10 个标准品相对应分离得到色谱峰进行辨认，在孔雀草茎叶水煎液成分

中山奈酚 –7-O-α-L- 鼠李糖苷（KQCR-9）和山奈酚 –3-O-β-D- 木糖苷（KQCR-6）与其对 T 水平影响具有一定关联度，孔雀草茎叶总黄酮中与其对 T 水平影响具有关联度的化合物并不在标准品中，而其他关联物质的鉴定辨别还有待于进一步开展。

6.2.8　HPLC 图谱与 DHT 间的关联度

表 4-62　HPLC 图谱与 DHT 间的关联度

编号	保留时间（min）	峰面积（mAU*S）（孔雀草茎叶水煎液）	峰面积（mAU*S）（孔雀草茎叶总黄酮组分）	峰面积（mAU*S）（孔雀草茎叶挥发油组分）
t1	2.471	0.184	0.256	0.396
t2	2.797	0.003	0.008	0.005
t3	3.418	0.607	0.333	0.274
t4	3.743	0.058	0.333	0.065
t5	4.240	0.018	0.051	0.028
t6	4.711	0.181	0.254	0.386
t7	4.863	0.518	0.333	0.483
t8	5.450	0.087	0.333	0.106
t9	5.870	0.635	0.333	0.412
t10	6.431	0.141	0.221	0.281
t11	6.767	0.022	0.062	0.034
t12	7.681	0.083	0.333	0.071
t13	8.371	0.088	0.163	0.160
t14	9.002	0.122	0.203	0.234
t15	9.817	0.059	0.333	0.067
t16	10.300	0.124	0.204	0.238
t17	10.677	0.070	0.140	0.125
t18	11.790	0.045	0.098	0.076
t19	12.371	0.042	0.333	0.046
t20	13.348	0.292	0.333	0.184
t21	14.294	0.147	0.226	0.295
t22	14.957	0.027	0.063	0.044

编号	保留时间 （min）	峰面积（mAU*S） （孔雀草茎叶水煎液）	峰面积（mAU*S） （孔雀草茎叶总黄酮组分）	峰面积（mAU*S） （孔雀草茎叶挥发油组分）
t23	15.807	0.111	0.191	0.209
t24	16.890	0.213	0.275	0.483
t25	20.215	0.132	0.213	0.259
t26	22.322	0.092	0.168	0.167
t27	23.059	0.605	0.333	0.274
t28	23.509	0.188	0.246	0.440
t29	24.327	0.019	0.045	0.030
t30	24.543	0.781	0.333	0.368
t31	24.715	0.213	0.275	0.483
t32	25.011	0.213	0.275	0.483
t33	25.537	0.537	0.333	0.468
t34	26.262	0.106	0.333	0.087
t35	26.459	0.213	0.275	0.483
t36	26.671	0.185	0.249	0.419
t37	26.935	0.518	0.333	0.483
t38	27.449	0.900	0.333	0.346
t39	27.738	0.213	0.275	0.483
t40	28.130	0.518	0.275	0.219
t41	28.463	0.518	0.333	0.483
t42	28.867	0.030	0.071	0.048
t43	29.076	0.518	0.275	0.219
t44	30.151	0.518	0.333	0.483
t45	30.445	0.503	0.249	0.200
t46	30.726	0.044	0.333	0.049
t47	31.810	0.518	0.275	0.219
t48	32.174	0.167	0.055	0.076

续表

编号	保留时间 (min)	峰面积（mAU*S） （孔雀草茎叶水煎液）	峰面积（mAU*S） （孔雀草茎叶总黄酮组分）	峰面积（mAU*S） （孔雀草茎叶挥发油组分）
t49	33.585	0.562	0.133	0.120
t50	35.771	0.518	0.275	0.219
t51	38.268	0.518	0.275	0.219
t52	41.798	0.518	0.275	0.219
t53	43.185	0.367	0.239	0.169
t54	44.116	0.346	0.333	0.900
t55	45.854	0.518	0.275	0.219
t56	46.492	0.462	0.233	0.320
t57	48.823	0.518	0.275	0.219
t58	50.339	0.518	0.275	0.219

表 4-63　HPLC 图谱与 DHT 间的关联序排列

编号	孔雀草茎叶水煎液	编号	孔雀草茎叶总黄酮组分	编号	孔雀草茎叶挥发油组分
t38	0.900	t9	0.333	t54	0.900
t30	0.781	t8	0.333	t7	0.483
t9	0.635	t7	0.333	t44	0.483
t3	0.607	t54	0.333	t41	0.483
t27	0.605	t46	0.333	t39	0.483
t49	0.562	t44	0.333	t37	0.483
t33	0.537	t41	0.333	t35	0.483
t7	0.518	t4	0.333	t32	0.483
t58	0.518	t38	0.333	t31	0.483
t57	0.518	t37	0.333	t24	0.483
t55	0.518	t34	0.333	t33	0.468
t52	0.518	t33	0.333	t28	0.440
t51	0.518	t30	0.333	t36	0.419

续表

编号	孔雀草茎叶水煎液	编号	孔雀草茎叶总黄酮组分	编号	孔雀草茎叶挥发油组分
t50	0.518	t3	0.333	t9	0.412
t47	0.518	t27	0.333	t1	0.396
t44	0.518	t20	0.333	t6	0.386
t43	0.518	t19	0.333	t30	0.368
t41	0.518	t15	0.333	t38	0.346
t40	0.518	t12	0.333	t56	0.320
t37	0.518	t58	0.275	t21	0.295
t45	0.503	t57	0.275	t10	0.281
t56	0.462	t55	0.275	t3	0.274
t53	0.367	t52	0.275	t27	0.274
t54	0.346	t51	0.275	t25	0.259
t20	0.292	t50	0.275	t16	0.238
t39	0.213	t47	0.275	t14	0.234
t35	0.213	t43	0.275	t58	0.219
t32	0.213	t40	0.275	t57	0.219
t31	0.213	t39	0.275	t55	0.219
t24	0.213	t35	0.275	t52	0.219
t28	0.188	t32	0.275	t51	0.219
t36	0.185	t31	0.275	t50	0.219
t1	0.184	t24	0.275	t47	0.219
t6	0.181	t1	0.256	t43	0.219
t48	0.167	t6	0.254	t40	0.219
t21	0.147	t45	0.249	t23	0.209
t10	0.141	t36	0.249	t45	0.200
t25	0.132	t28	0.246	t20	0.184
t16	0.124	t53	0.239	t53	0.169

续表

编号	孔雀草茎叶水煎液	编号	孔雀草茎叶总黄酮组分	编号	孔雀草茎叶挥发油组分
t14	0.122	t56	0.233	t26	0.167
t23	0.111	t21	0.226	t13	0.160
t34	0.106	t10	0.221	t17	0.125
t26	0.092	t25	0.213	t49	0.120
t13	0.088	t16	0.204	t8	0.106
t8	0.087	t14	0.203	t34	0.087
t12	0.083	t23	0.191	t48	0.076
t17	0.070	t26	0.168	t18	0.076
t15	0.059	t13	0.163	t12	0.071
t4	0.058	t17	0.140	t15	0.067
t18	0.045	t49	0.133	t4	0.065
t46	0.044	t18	0.098	t46	0.049
t19	0.042	t42	0.071	t42	0.048
t42	0.030	t22	0.063	t19	0.046
t22	0.027	t11	0.062	t22	0.044
t11	0.022	t48	0.055	t11	0.034
t29	0.019	t5	0.051	t29	0.030
t5	0.018	t29	0.045	t5	0.028
t2	0.003	t2	0.008	t2	0.005

对 DHT 水平影响关联结果表明，孔雀草茎叶水煎液中有 5 个峰与对 DHT 影响的关联度大于 0.6，其各色谱峰关联度大小为 t38 ＞ t30 ＞ t9 ＞ t3 ＞ t27。孔雀草茎叶总黄酮中没有峰与对 DHT 影响的关联度大于 0.6，而孔雀草茎叶挥发油中有 1 个与对 DHT 水平影响的关联度大于 0.6 的峰 t56，见表 4-62 和表 4-63。

实验仅依据 10 个标准品相对应分离得到色谱峰进行辨认，在孔雀草茎叶水煎液成分中槲皮素 -7-O-α-L- 鼠李糖苷（KQCR-1）和山柰酚 -3-O-β-D- 木糖苷（KQCR-6）与其对 DHT 水平影响具有一定关联度，孔雀草茎叶挥发油中与其对 DHT 水平影响具有关联度的化合物并不在标准品中，而其他关联物质的鉴定辨别还有待于进一步开展。

6.2.9 HPLC 图谱与 PSA 间的关联度

表 4-64 HPLC 图谱与 PSA 间的关联度

编号	保留时间 (min)	峰面积（mAU*S）（孔雀草茎叶水煎液）	峰面积（mAU*S）（孔雀草茎叶总黄酮组分）	峰面积（mAU*S）（孔雀草茎叶挥发油组分）
t1	2.471	0.333	0.552	0.457
t2	2.797	0.333	0.558	0.264
t3	3.418	0.684	0.329	0.389
t4	3.743	0.449	0.325	0.232
t5	4.240	0.333	0.500	0.250
t6	4.711	0.333	0.561	0.451
t7	4.863	0.483	0.331	0.512
t8	5.450	0.375	0.324	0.210
t9	5.870	0.530	0.330	0.467
t10	6.431	0.333	0.690	0.392
t11	6.767	0.333	0.490	0.247
t12	7.681	0.727	0.327	0.291
t13	8.371	0.333	0.983	0.331
t14	9.002	0.333	0.780	0.368
t15	9.817	0.446	0.325	0.232
t16	10.300	0.333	0.770	0.370
t17	10.677	0.333	0.853	0.315
t18	11.790	0.333	0.710	0.293
t19	12.371	0.484	0.326	0.242
t20	13.348	0.885	0.329	0.343
t21	14.294	0.333	0.668	0.399
t22	14.957	0.333	0.637	0.280
t23	15.807	0.333	0.844	0.355
t24	16.890	0.333	0.489	0.512
t25	20.215	0.333	0.728	0.381

续表

编号	保留时间 (min)	峰面积（mAU*S） （孔雀草茎叶水煎液）	峰面积（mAU*S） （孔雀草茎叶总黄酮组分）	峰面积（mAU*S） （孔雀草茎叶挥发油组分）
t26	22.322	0.333	0.984	0.335
t27	23.059	0.684	0.329	0.388
t28	23.509	0.333	0.512	0.489
t29	24.327	0.333	0.607	0.274
t30	24.543	0.568	0.330	0.441
t31	24.715	0.333	0.489	0.512
t32	25.011	0.333	0.489	0.512
t33	25.537	0.492	0.331	0.502
t34	26.262	0.771	0.327	0.299
t35	26.459	0.333	0.489	0.512
t36	26.671	0.333	0.529	0.474
t37	26.935	0.483	0.331	0.512
t38	27.449	0.590	0.330	0.428
t39	27.738	0.333	0.489	0.512
t40	28.130	0.483	0.489	0.321
t41	28.463	0.483	0.331	0.512
t42	28.867	0.333	0.525	0.256
t43	29.076	0.483	0.489	0.321
t44	30.151	0.483	0.331	0.512
t45	30.445	0.470	0.498	0.319
t46	30.726	0.479	0.326	0.240
t47	31.810	0.483	0.489	0.321
t48	32.174	0.894	0.296	0.306
t49	33.585	0.468	0.481	0.311
t50	35.771	0.483	0.489	0.321
t51	38.268	0.483	0.489	0.321

编号	保留时间 （min）	峰面积（mAU*S） （孔雀草茎叶水煎液）	峰面积（mAU*S） （孔雀草茎叶总黄酮组分）	峰面积（mAU*S） （孔雀草茎叶挥发油组分）
t52	41.798	0.483	0.489	0.321
t53	43.185	0.394	0.615	0.316
t54	44.116	0.555	0.320	0.430
t55	45.854	0.483	0.489	0.321
t56	46.492	0.349	0.405	0.231
t57	48.823	0.483	0.489	0.321
t58	50.339	0.483	0.489	0.321

表 4-65　HPLC 图谱与 PSA 间的关联序排列

编号	孔雀草茎叶水煎液	编号	孔雀草茎叶总黄酮组分	编号	孔雀草茎叶挥发油组分
t48	0.894	t26	0.984	t7	0.512
t20	0.885	t13	0.983	t44	0.512
t34	0.771	t17	0.853	t41	0.512
t12	0.727	t23	0.844	t39	0.512
t27	0.684	t14	0.780	t37	0.512
t3	0.684	t16	0.770	t35	0.512
t38	0.590	t25	0.728	t32	0.512
t30	0.568	t18	0.710	t31	0.512
t54	0.555	t10	0.690	t24	0.512
t9	0.530	t21	0.668	t33	0.502
t33	0.492	t22	0.637	t28	0.489
t19	0.484	t53	0.615	t36	0.474
t7	0.483	t29	0.607	t9	0.467
t58	0.483	t6	0.561	t1	0.457
t57	0.483	t2	0.558	t6	0.451
t55	0.483	t1	0.552	t30	0.441

编号	孔雀草茎叶水煎液	编号	孔雀草茎叶总黄酮组分	编号	孔雀草茎叶挥发油组分
t52	0.483	t36	0.529	t54	0.430
t51	0.483	t42	0.525	t38	0.428
t50	0.483	t28	0.512	t21	0.399
t47	0.483	t5	0.500	t10	0.392
t44	0.483	t45	0.498	t3	0.389
t43	0.483	t11	0.490	t27	0.388
t41	0.483	t58	0.489	t25	0.381
t40	0.483	t57	0.489	t16	0.370
t37	0.483	t55	0.489	t14	0.368
t46	0.479	t52	0.489	t23	0.355
t45	0.470	t51	0.489	t20	0.343
t49	0.468	t50	0.489	t26	0.335
t4	0.449	t47	0.489	t13	0.331
t15	0.446	t43	0.489	t58	0.321
t53	0.394	t40	0.489	t57	0.321
t8	0.375	t39	0.489	t55	0.321
t56	0.349	t35	0.489	t52	0.321
t36	0.333	t32	0.489	t51	0.321
t29	0.333	t31	0.489	t50	0.321
t2	0.333	t24	0.489	t47	0.321
t17	0.333	t49	0.481	t43	0.321
t13	0.333	t56	0.405	t40	0.321
t1	0.333	t7	0.331	t45	0.319
t6	0.333	t44	0.331	t53	0.316
t5	0.333	t41	0.331	t17	0.315
t42	0.333	t37	0.331	t49	0.311
t39	0.333	t33	0.331	t48	0.306

续表

编号	孔雀草茎叶水煎液	编号	孔雀草茎叶总黄酮组分	编号	孔雀草茎叶挥发油组分
t35	0.333	t9	0.330	t34	0.299
t32	0.333	t30	0.330	t18	0.293
t31	0.333	t38	0.330	t12	0.291
t28	0.333	t3	0.329	t22	0.280
t26	0.333	t27	0.329	t29	0.274
t25	0.333	t20	0.329	t2	0.264
t24	0.333	t34	0.327	t42	0.256
t23	0.333	t12	0.327	t5	0.250
t22	0.333	t19	0.326	t11	0.247
t21	0.333	t46	0.326	t19	0.242
t18	0.333	t4	0.325	t46	0.240
t16	0.333	t15	0.325	t4	0.232
t14	0.333	t8	0.324	t15	0.232
t11	0.333	t54	0.320	t56	0.231
t10	0.333	t48	0.296	t8	0.210

对 PSA 水平影响关联结果表明，孔雀草茎叶水煎液中有 6 个峰与对 PSA 影响的关联度大于 0.6，其各色谱峰关联度大小为 t48 > t20 > t34 > t12 > t27 > t3。孔雀草茎叶总黄酮中有 13 个峰与对 DHT 影响的关联度大于 0.6，其各色谱峰关联度大小为 t26 > t13 > t17 > t23 > t14 > t16 > t25 > t18 > t10 > t21 > t22 > t53 > t29，有高度关联的成分有 2 种，关联度大于 0.92 的物质为 t26 和 t13。而孔雀草茎叶挥发油中没有与对 DHT 水平影响的关联度大于 0.6 的峰，见表 4-64 和表 4-65。

实验仅依据 10 个标准品相对应分离得到色谱峰进行辨认，在孔雀草茎叶水煎液成分中山奈酚 -7-O-α-L- 鼠李糖苷（KQCR-9）和山奈酚 -3-O-β-D- 木糖苷（KQCR-6）与其对 PSA 水平影响具有一定关联度，孔雀草茎叶总黄酮中与其对 PSA 水平影响具有关联度的化合物为山奈酚 -3-O-α-L- 阿拉伯糖苷（KQCR-12）、槲皮素 -3-O-α-L- 阿拉伯糖苷（KQCR-2）和山奈酚 -3-O-β-D- 葡萄糖苷（KQCR-5），其中山奈酚 -3-O-α-L- 阿拉伯糖苷（KQCR-12）贡献最大，而其他关联物质的鉴定辨别还有待于进一步开展。

表 4-66 孔雀草治疗前列腺炎各指标与孔雀草不同组分共有峰间灰色关联度数据

	编号	前列腺湿重	湿重比	IL-1β	TNF-α	EGF	T	DHT	PSA
孔雀草茎叶水煎液	t3	0.619	0.636	0.616	—	0.712	0.672	0.607	0.684
	t9	—	—	—	—	0.723	—	0.635	—
	t12	0.823	0.793	0.829	0.996	—	0.685	—	0.727
	t20	0.774	0.802	0.769	0.667	—	0.89	—	0.885
	t27	0.620	0.637	0.617	—	0.710	0.673	0.605	0.684
	t30	—	—	—	—	0.862	—	0.781	—
	t34	0.881	0.847	0.888	0.927	—	0.732	—	0.771
	t38	—	—	—	—	0.960	—	0.900	—
	t48	0.957	0.999	0.949	0.796	—	0.863	—	0.894
	t49	—	—	—	—	0.748	—	—	—
孔雀草茎叶总黄酮组分	t1	—	—	—	0.751	—	—	—	—
	t2	—	—	—	—	0.917	—	—	—
	t5	—	—	—	—	0.866	—	—	—
	t6	—	—	—	0.779	—	—	—	—
	t10	0.744	0.712	0.685	0.799	—	—	—	0.690
	t11	—	—	—	—	0.828	—	—	—
	t13	0.838	0.905	0.958	—	—	—	—	0.983
	t14	0.866	0.817	0.780	0.653	—	—	—	0.780

续表

	编号	前列腺湿重	湿重比	IL−1β	TNF−α	EGF	T	DHT	PSA
孔雀草茎叶总黄酮组分	t16	0.853	0.806	0.770	0.665	—	—	—	0.770
	t17	0.726	0.784	0.823	—	—	0.609	—	0.853
	t18	0.603	0.649	0.676	—	0.672	—	—	0.710
	t21	0.715	0.687	0.663	0.853	—	—	—	0.668
	t22	—	—	—	—	0.753	—	—	0.637
	t23	0.960	0.896	0.851	—	—	—	—	0.844
	t25	0.795	0.756	0.725	0.726	—	—	—	0.728
	t26	0.866	0.937	0.993	—	—	—	—	0.984
	t28	—	—	—	0.667	—	—	—	—
	t29	—	—	—	—	0.801	—	—	0.607
	t36	—	—	—	0.703	—	—	—	—
	t42	—	—	—	0.964	0.929	—	—	—
	t45	—	—	—	0.635	—	—	—	—
	t49	—	—	—	0.736	—	—	—	—
	t53	0.648	0.628	0.608	—	—	—	—	0.615
孔雀草茎叶挥发油组分	t54	—	—	0.779	—	—	—	0.900	—
	t56	—	—	0.971	—	—	—	—	—

综合各指标与孔雀草茎叶不同组分共有峰间灰色关联度数据结果（表 4–66），分析结果表明孔雀草茎叶水煎液中化合物 t48 和山奈酚 –7–O–α–L– 鼠李糖苷（KQCR–9）与其抗前列腺炎药效关系最紧密。孔雀草茎叶总黄酮中化合物槲皮素 –3–O–α–L– 阿拉伯糖苷（KQCR–2）与山奈酚 –3–O–α–L– 阿拉伯糖苷（KQCR–12）对其抗前列腺炎药效贡献最大，与药效密切相关。孔雀草茎叶挥发油 HPLC 谱图中的化学成分对其药效贡献度小。这与其在药理实验中对治疗前列腺炎无效正吻合。综上所述并结合前期实验结果，说明孔雀草中发挥抗前列腺炎药效的化学成分主要为黄酮类化合物，因此可以确定，孔雀草中黄酮类化合物是其抗前列腺炎药效物质基础。

7. 孔雀草及其组分抗大鼠慢性非细菌性前列腺炎尿液代谢组学研究

前列腺炎是一种常见的危及成年男性的健康和生活的泌尿系统疾病，其发病机制多样，其中慢性非细菌性前列腺炎是前列腺炎中最常见的类型。前列腺炎的治疗方法多样，且具有难治愈、易反复的特点。代谢组学主要研究对象为 1000 以内的小分子物质，在系统整体性的研究上有天然的优势。目前，对于慢性非细菌性前列腺炎尿液代谢组学研究较少，因此本节采用代谢组学对孔雀草及其组分治疗大鼠慢性非细菌性前列腺炎的尿液进行研究，探索其治疗慢性非细菌性前列腺炎的效应机制。

7.1　实验材料与方法

7.1.1　实验动物

SPF 级健康成年 Sprague–Dawley 雄性大鼠（SD 大鼠）80 只，体重 180～200 g，由辽宁长生生物技术有限公司提供（许可证号：SCXK（辽）2015–0001）。

7.1.2　仪器与设备

UPLC–TOFMS：UPLC：Waters Acquity UPLC/QTOF（Waters，USA）超高效液相色谱 / 质谱联用分析仪，包括二元溶剂管理器、在线脱气仪、自动进样器、检测器、电喷雾离子源、Lockspray 源、Xevo G2 QTOF 四极杆飞行时间串联质谱检测器；MasslynxV4.1 工作站和 Markerlynx、EZinfo 分析软件（Waters，USA）；Milli–Q 纯水机（美国 Millipore 公司）；离心机（Anke TGL–16G，上海安亭科学仪器厂）；超声波清洗机（宁波江南仪器厂）；电子天平 Sartorius（赛多利斯科学仪器有限公司）。乙腈、甲醇及甲酸购自德国 Merck 公司，为色谱纯。

标准品：α– 酮戊二酸（sigma，LOT#018M0282V）、丙酮酸（sigma，LOT#SHBC2108V）、琥珀酸（sigma，LOT#38015011）、反丁烯二酸二钠盐（sigma，LOT#STBB9935V）、苹果酸（sigma，LOT#SLBJ0280V）、硬脂酸（sigma，LOT#BCBB0210V）、氨基酸混标（sigma，LOT#SLBP4300V）、盐酸多巴胺（sigma，LOT#BCBD7742V）、甜菜碱（阿拉丁，LOT#11516156）、尿囊素（阿拉丁，LOT#A1606032）、肌苷（阿拉丁，LOT#G1509027）、牛磺酸（阿拉丁，LOT#D1607159）、肌酐（阿拉丁，阿拉丁，LOT#F1523008）、左旋肉碱（阿

拉丁，LOT#C1631338）、肌酸（阿拉丁，LOT#F1529115）、尿素（阿拉丁，LOT#J1519073）、柠檬酸（阿拉丁，LOT#E1610152）、乳酸钠（中国食品药品检定研究院，100911-201501）、去氧氟尿苷（中国食品药品检定研究院，100635-200401）、泛酸钙（中国食品药品检定研究院，100370-201402）、次黄嘌呤（中国食品药品检定研究院，140661-200903）。

7.1.3 分析条件

7.1.3.1 色谱条件

色谱柱：ACQUITY UPLCTM HSS T3 column（50 mm×2.1 mm，1.7 μm，Waters Corp，Milford，USA）；进样量：4 μL；流速：0.60 mL/min；柱温：40 ℃；流动相：A：0.1%甲酸-乙腈，流动相；B：0.1%的甲酸-水溶液；梯度洗脱程序见表4-67；流出液直接导入飞行质谱，用正/负电喷雾离子源（ESI）分析。

表4-67 梯度洗脱程序

Time（min）	A%	B%	Curve
0.00	98.0	2.0	Initial
8.00	60.0	40.0	6
10.00	2.0	98.0	6
12.00	98.0	2.0	6
14.00	98.0	2.0	6

7.1.3.2 质谱条件

Micromass Q-TOF microTM 质谱进行代谢的分析与鉴定，采用正离子与负离子两种模式检测。检测条件：电喷雾离子源为ES源，溶剂气流量800 L/h，溶剂气温度（Desolvation temperation）400 ℃，孔气流量（Cone gas flow）50 L/h，离子源温度110 ℃，毛细管电压（Capillary voltage）3.0 kV，孔电压（Cone voltage）45 V，扫描时间（Scan time）1 s，撞能量6 eV，交替进行每0.2 s采集1次谱图，中间间隔0.02 s，质荷比范围：50～1200。锁定质量溶液：亮氨酸-脑啡肽（leueine-enkephalin，[M+H]=556.2771，[M-H]=554.2615），目的是确保分析的精确性和可重复性，该锁定质量溶液浓度为50 f mol/μL，流速为60 μL/min。

7.1.3.3 数据预处理

采用 Masslynx V4.1 工作站中的 Markerlynx（SCN803）模块对原始数据（原始色谱峰）进行峰检测和匹配，并对峰强度进行归一化、去噪等处理，提取出由代谢物的保留时间、质荷比和对应的峰强度组成的数据矩阵。软件具体参数设置见表4-68。

表 4-68　Markerlynx 软件参数设置

Parameter	ESI (+)	ESI (−)
Function	1	1
Analysis type	Peak Detection	Peak Detection
Initial/Final Retention Time	0.00/1z0.00min	0.00/10.00min
Low/High Mass	50.00/1200.00 Da	50.00/1200.00 Da
XIC Window（Da）	0.05	0.05
Use relative retention time	NO	NO
Peak width at 5% Height（seconds）	1.00	1.00
Peak-to-Peak Baseline Noise	0.00	0.00
Apply Smoothing	NO	NO
Marker Intensity threshold（counts）	100	100
Mass window	0.05 Da	0.05 Da
Retention time window	0.10 min	0.10 min
Noise elimination level	6.00	6.00
Deisotope data	YES	YES
Replicate% Minimum	0.00	0.00

7.1.3.4　多元统计分析

预处理的数据利用 Masslynx V4.1 工作站中的 Extended Statistics 模块，采用无监督的模式识别方法（如主成分分析，PCA）和有监督的模式识别方法（如偏最小二乘 – 判别分析，PLS-DA）。无监督的模式识别方法是通过样本特性对原始数据进行分类，把具有相似特性的数据归为一类，再用相应的可视化技术表达。PCA 是将分散在一组变量的信息集中到某几个综合指标（主要成分）上，利用主要成分提取数据集特征的方法。而 PLS-DA 是在已有知识的基础上建立信息组。利用已知信息组对未知数据进行归类、识别和预测。因为建立模型时有已知样本，所以称有监督的模式识别方法。

7.1.3.5　差异代谢物的筛选及鉴定

通过 PLS-DA 得到变量投影重要性值（variable importance in projection value，VIPvalue），筛选出 VIP > 1 的代谢物，再进一步将这些代谢物用 SPSS 17.0 软件进行 t 检验，将 VIP > 1 且 $P < 0.05$ 的代谢物定为差异代谢物，并对这些差异代谢物进行原始数

据验证，手动提取差异代谢物色谱峰验证其准确性，剔除不可靠差异代谢物。

首先应用 22 个标准品及氨基酸混合标准品和这些差异代谢物进行保留时间和质荷比的匹配，共匹配到 13 个潜在标志物。其次对剩下的差异代谢物通过 Masslynx V4.1 工作站中的 Markerlynx（SCN803）模块根据保留时间（Ret. Time）和质荷比（m/z）数据提取质谱峰，应用 i-fit 功能，计算可能的分子式，再利用 METLIN、KEGG、HMDB 等专业数据库进一步寻找可能的差异代谢物信息，结合 MS/MS 图谱推测出其可能的结构。

7.1.3.6　孔雀草抗前列腺炎机制分析

通过 MetaboAnalyst 3.0 等软件对筛选的差异代谢物进行分析富集，建立孔雀草抗前列腺炎机制通路。

7.2　实验结果

7.2.1　总离子流色谱图

7.2.1.1　正离子模式下各组大鼠尿液的总离子流色谱图

图 4-17～图 4-24 分别是假手术组、模型组、左氧氟沙星组、普乐安组、孔雀草茎叶水煎液组、孔雀草茎叶挥发油组分组、孔雀草茎叶多糖组分组、孔雀草茎叶总黄酮组分组在正离子模式下大鼠尿液的总离子流色谱图，肉眼可观察到这些图谱轮廓在保留时间 4～5 min，8～10 min 存在差异。具体差异还需进一步分析。

7.2.1.2　负离子模式下各组大鼠尿液的总离子流色谱图

图 4-25～图 4-32 分别是假手术组、模型组、左氧氟沙星组、普乐安组、孔雀草茎叶水煎液组、孔雀草茎叶挥发油组分组、孔雀草茎叶多糖组分组、孔雀草茎叶总黄酮组分组在负离子模式下大鼠尿液的总离子流色谱图，肉眼可观察到这些图谱轮廓在保留时间 3～5 min，8～10 min 存在差异。具体差异还需进一步分析。

7.2.2　PCA 与 PLS-DA 分析结果

选取 1.2.3 项下质控（QC）样品 RSD < 30% 的数列矩阵做 PCA 和 PLS-DA 分析。图 4-33～图 4-38 与图 4-45～图 4-50 是不同组别尿液样品在 T3 柱正离子模式条件下数据 PCA 和 PLS-DA 分析的得分图，图 4-31～图 4-44 与图 4-51～图 4-56 是不同组别尿液样品在 T3 柱负离子模式条件下数据 PCA 和 PLS-DA 分析的得分图。PLS-DA 分析图较 PCA 分析图更清晰地表现了各组间差异，由图可知，在 T3 柱正负离子模式下，模型组的尿液样品与假手术组的尿液样品存在明显差异，孔雀草茎叶水煎液、孔雀草茎叶多糖组分及孔雀草茎叶总黄酮组分组的尿液样品均与假手术组及模型组的尿液样品存在差异。

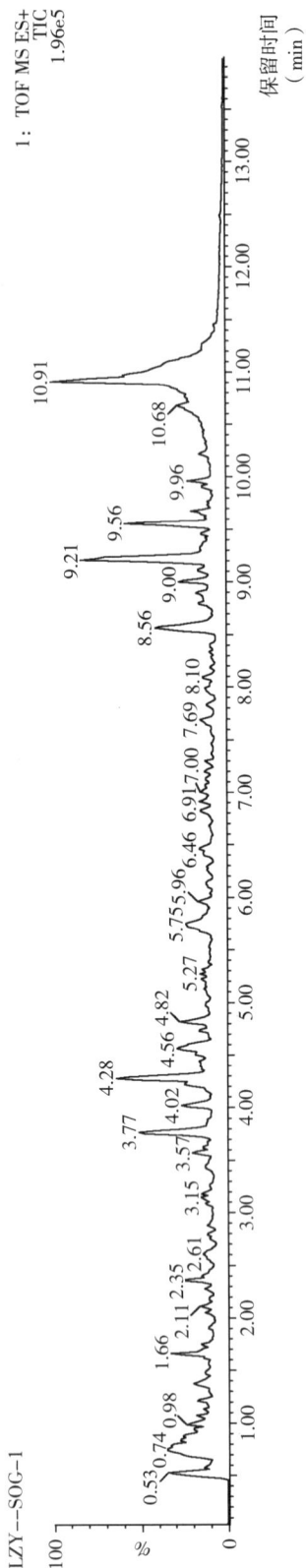

图 4-17 假手术组大鼠尿液的离子流色谱图（正离子模式）

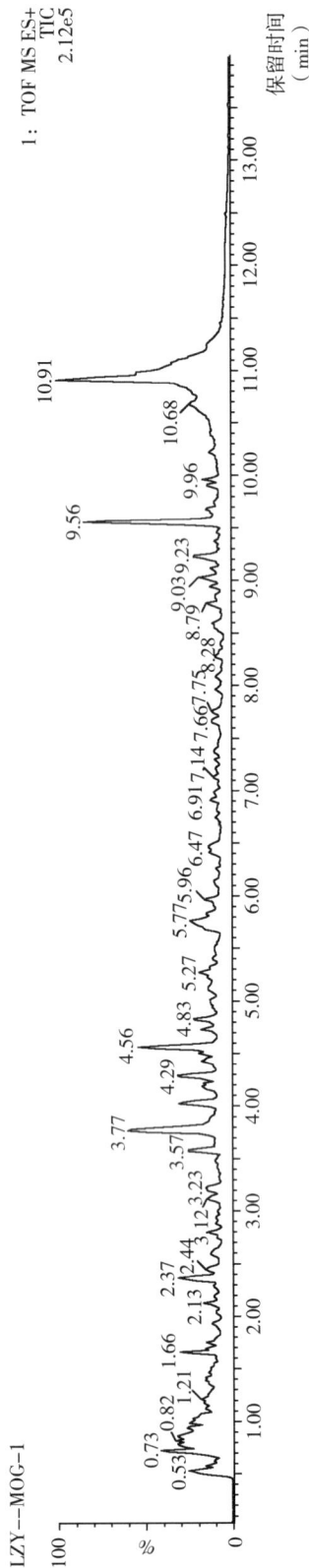

图 4-18 模型组大鼠尿液的离子流色谱图（正离子模式）

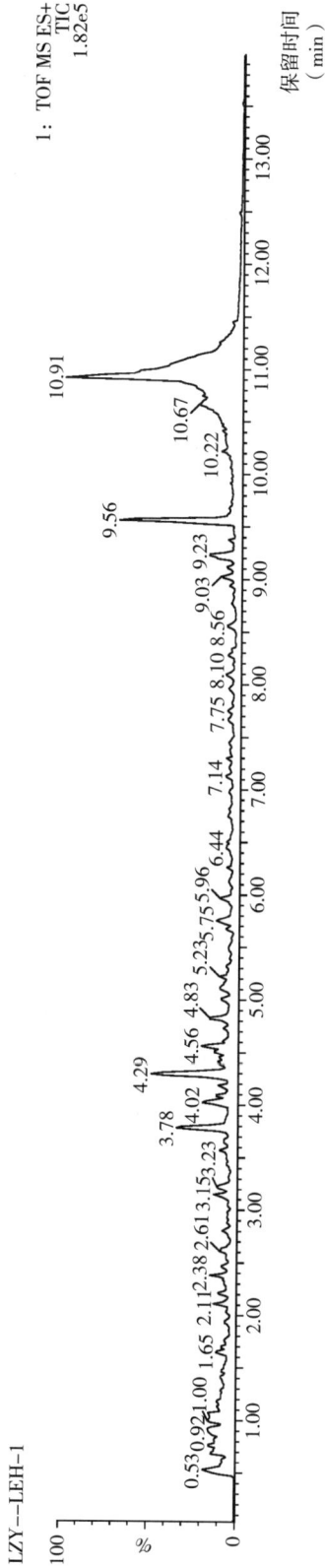

图 4-19 左氧氟沙星组大鼠尿液的总离子流色谱图（正离子模式）

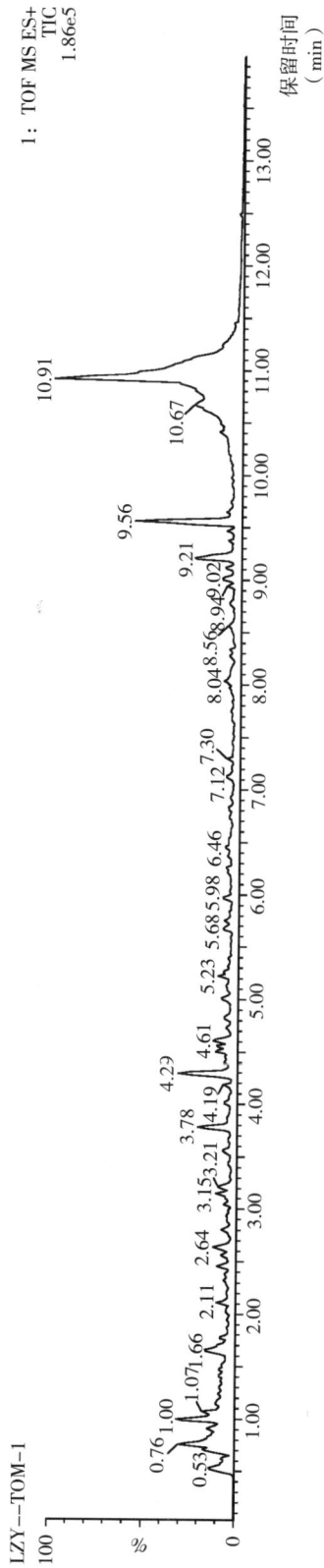

图 4-20 普乐安组大鼠尿液的总离子流色谱图（正离子模式）

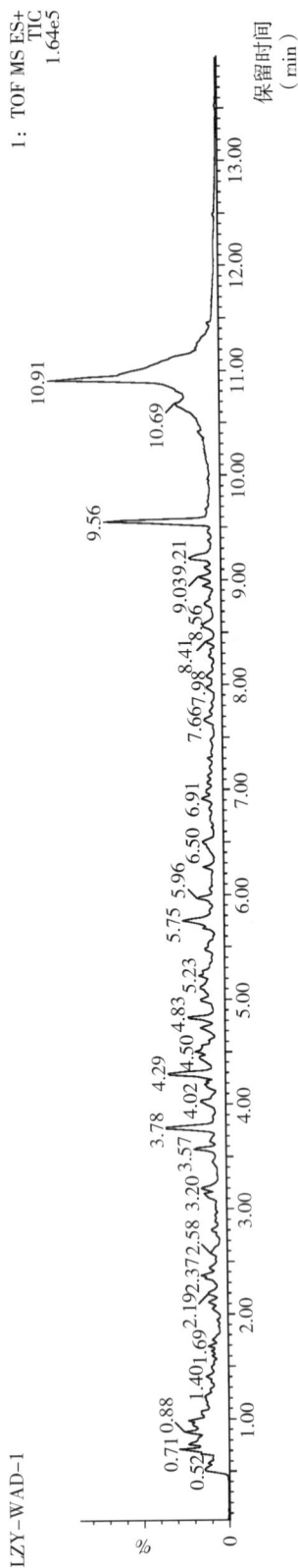

图 4-21　孔雀草茎叶水煎液组大鼠尿液的总离子流色谱图（正离子模式）

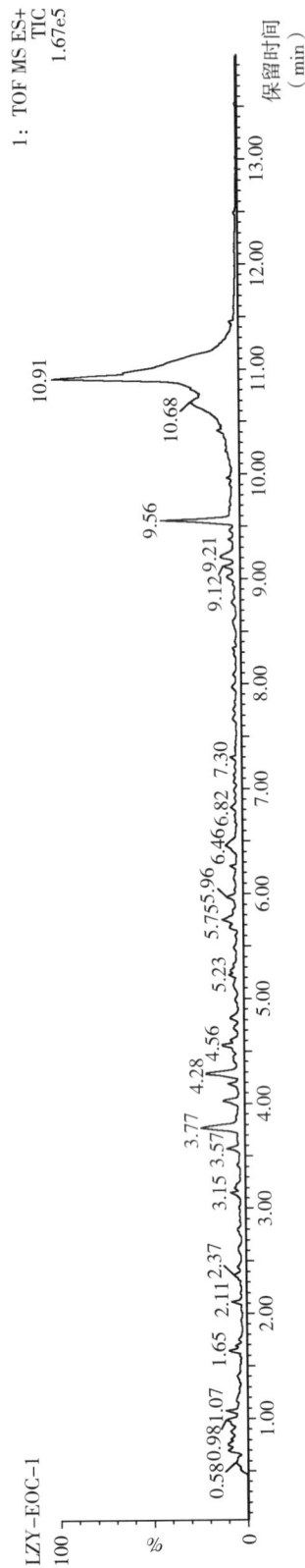

图 4-22　孔雀草茎叶挥发油组分组大鼠尿液的总离子流色谱图（正离子模式）

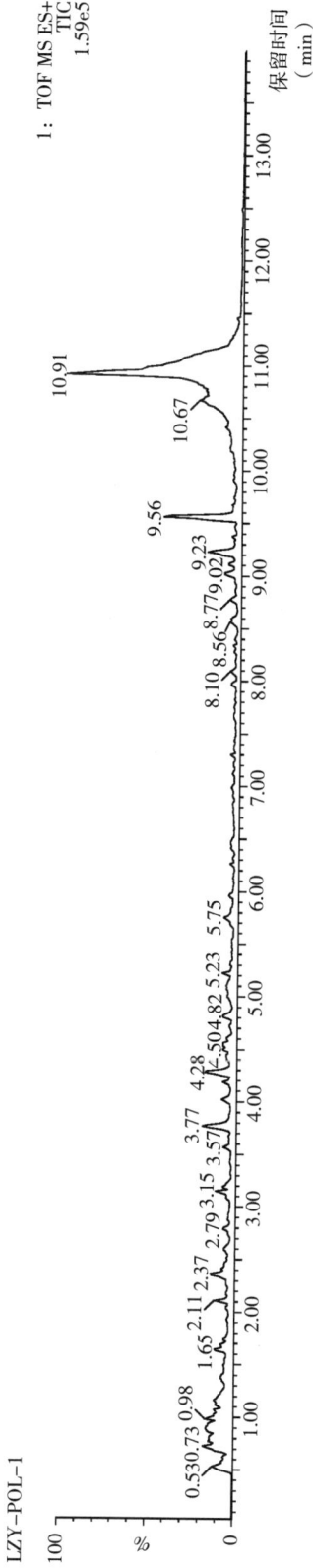

图 4-23 孔雀草茎叶多糖组大鼠尿液的总离子流色谱图（正离子模式）

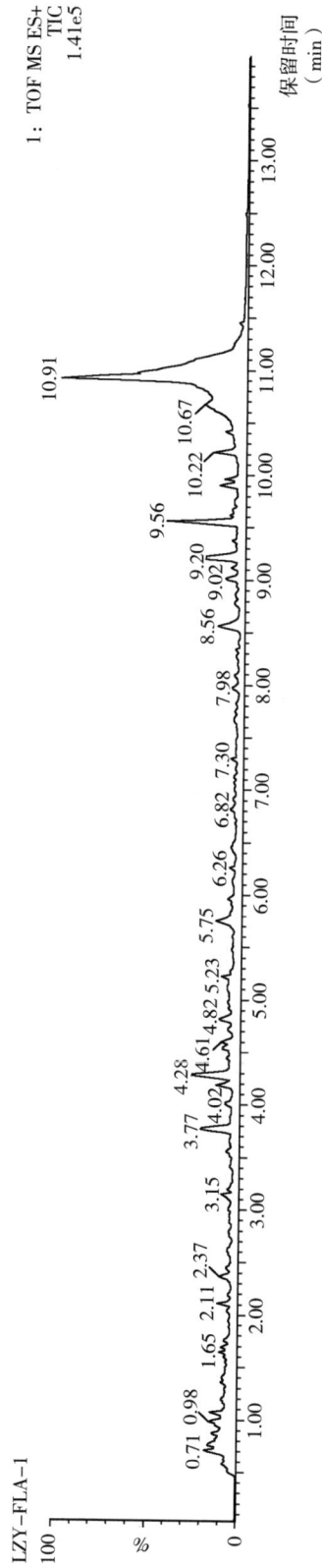

图 4-24 孔雀草茎叶总黄酮组大鼠尿液的总离子流色谱图（正离子模式）

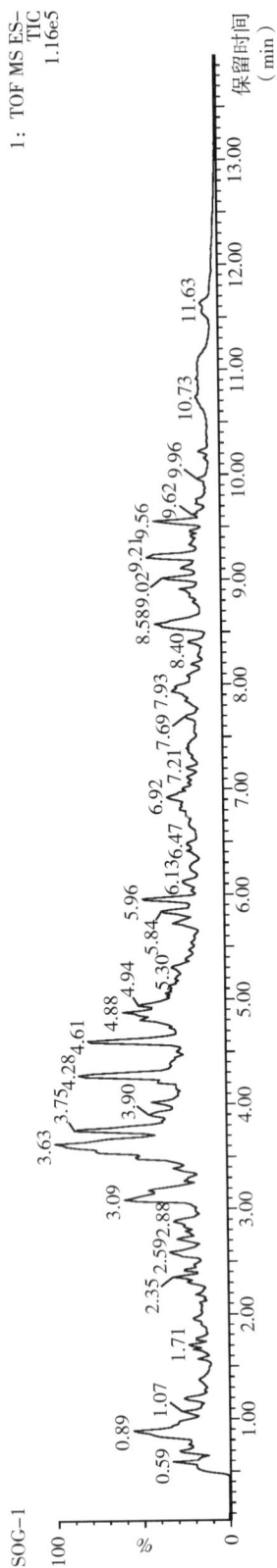

图 4-25　假手术组大鼠尿液的总离子流离子色谱图（负离子模式）

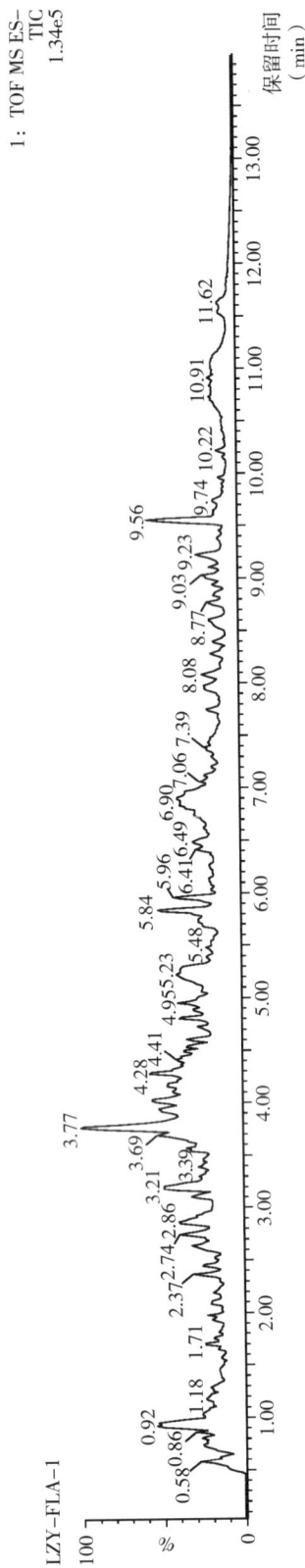

图 4-26　模型组大鼠尿液的总离子流离子色谱图（负离子模式）

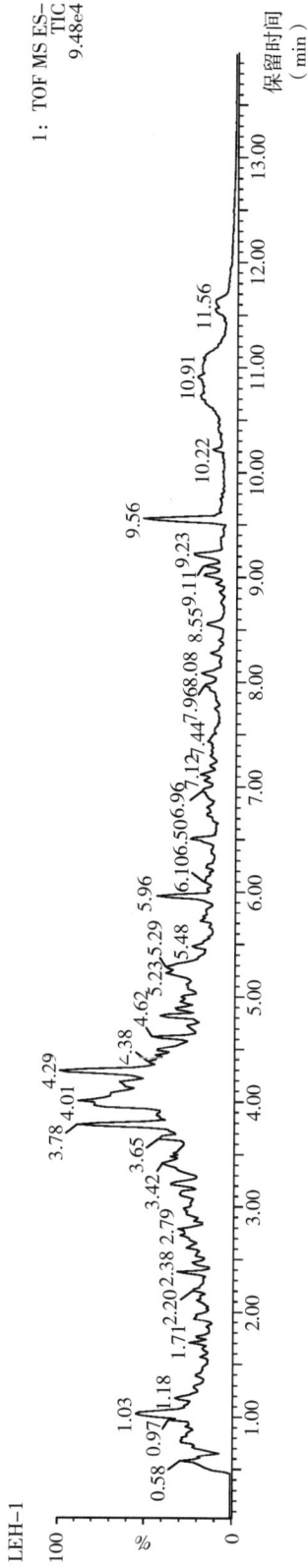

图 4-27 左氧氟沙星组大鼠尿液的总离子流色谱图（负离子模式）

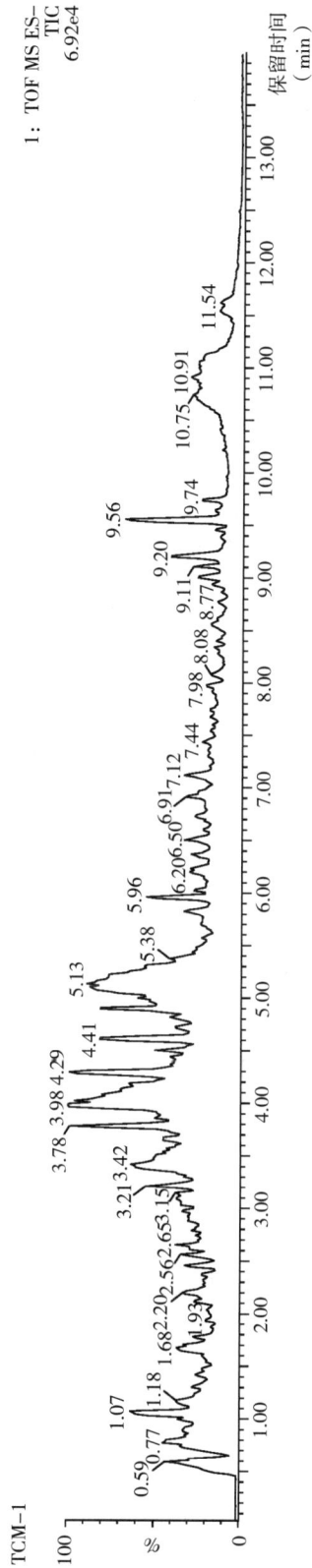

图 4-28 普乐安组大鼠尿液的总离子流色谱图（负离子模式）

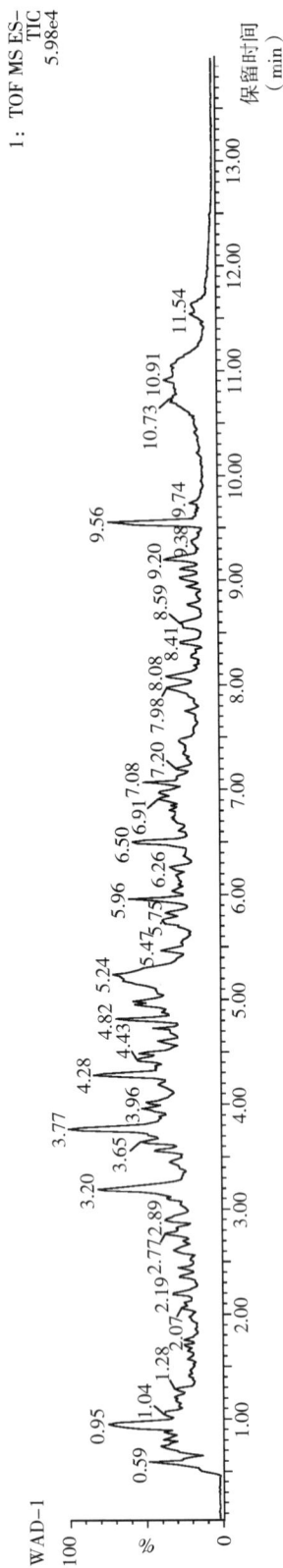

图 4-29 孔雀草茎叶水煎液组大鼠尿液的总离子流色谱图（负离子模式）

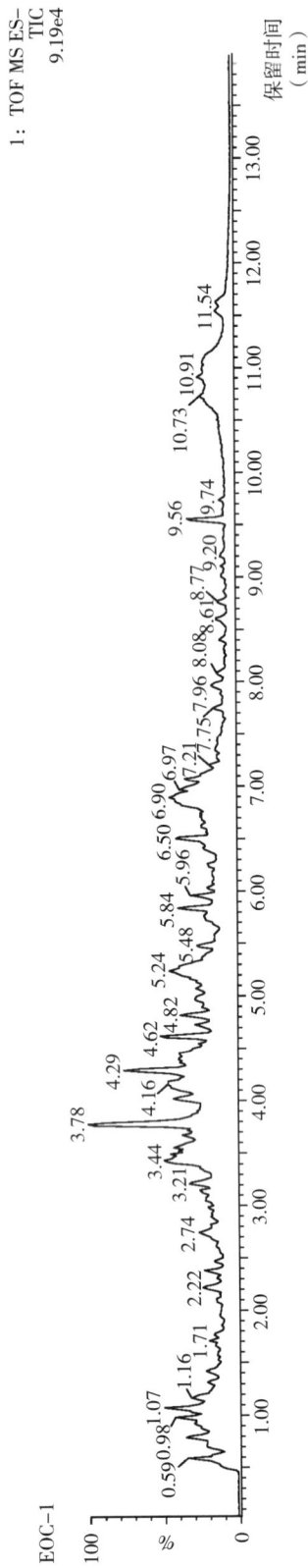

图 4-30 孔雀草茎叶挥发油组分组大鼠尿液的总离子流色谱图（负离子模式）

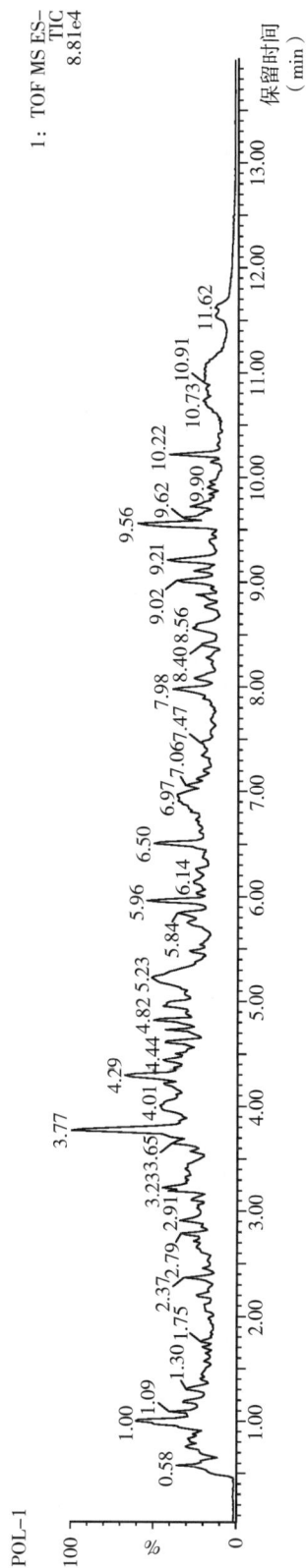

图 4-31 孔雀草茎叶多糖组组大鼠尿液的总离子流色谱图（负离子模式）

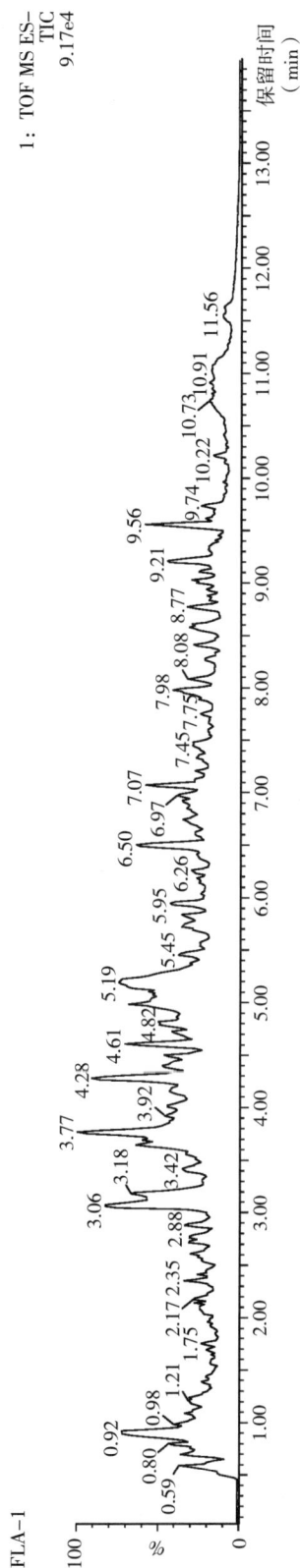

图 4-32 孔雀草茎叶总黄酮组分组大鼠尿液的总离子流色谱图（负离子模式）

7.2.2.1　正离子模式下 PCA 得分图

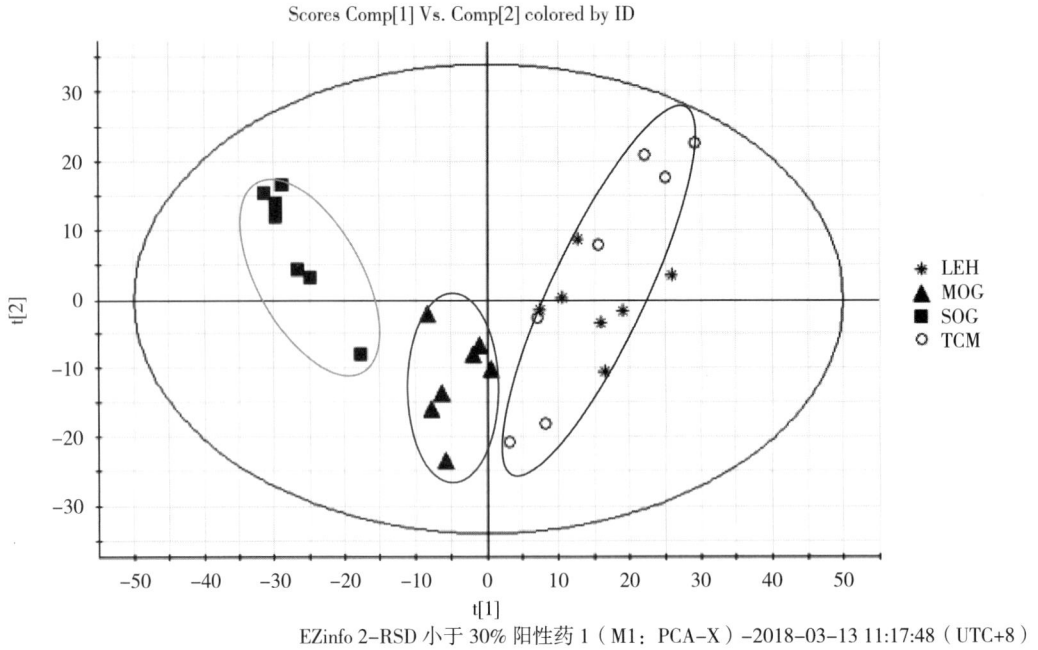

图 4-33　假手术组（SOG）、模型组（MOG）、左氧氟沙星组（LEH）及普乐安组（TCM）正离子模式下 PCA 得分图

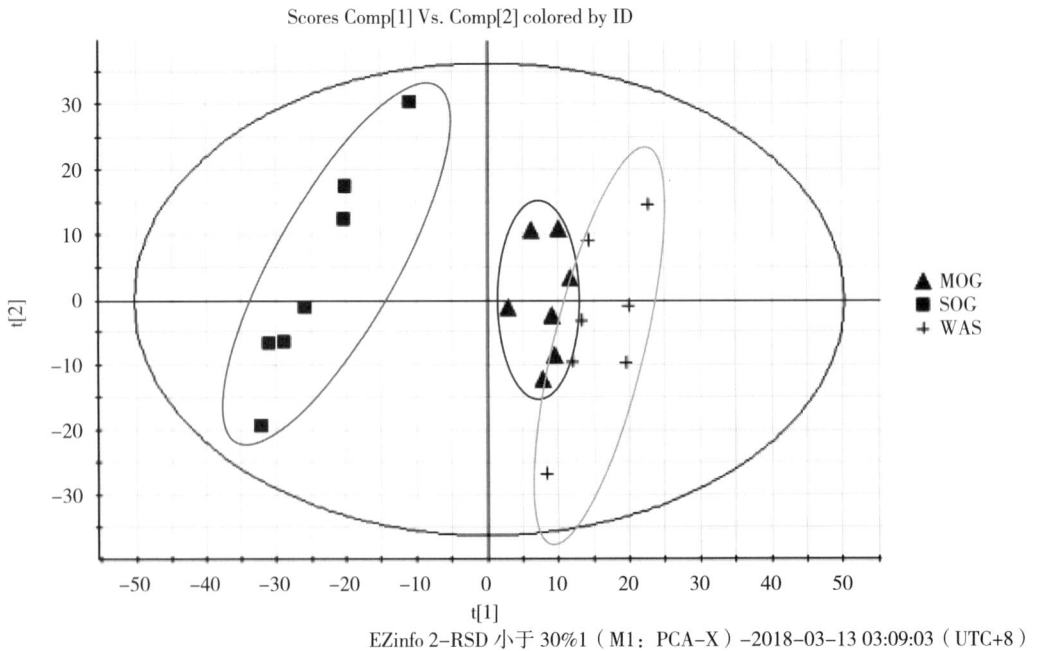

图 4-34　假手术组（SOG）、模型组（MOG）及孔雀草茎叶水煎液组（WAD）正离子模式下 PCA 得分图

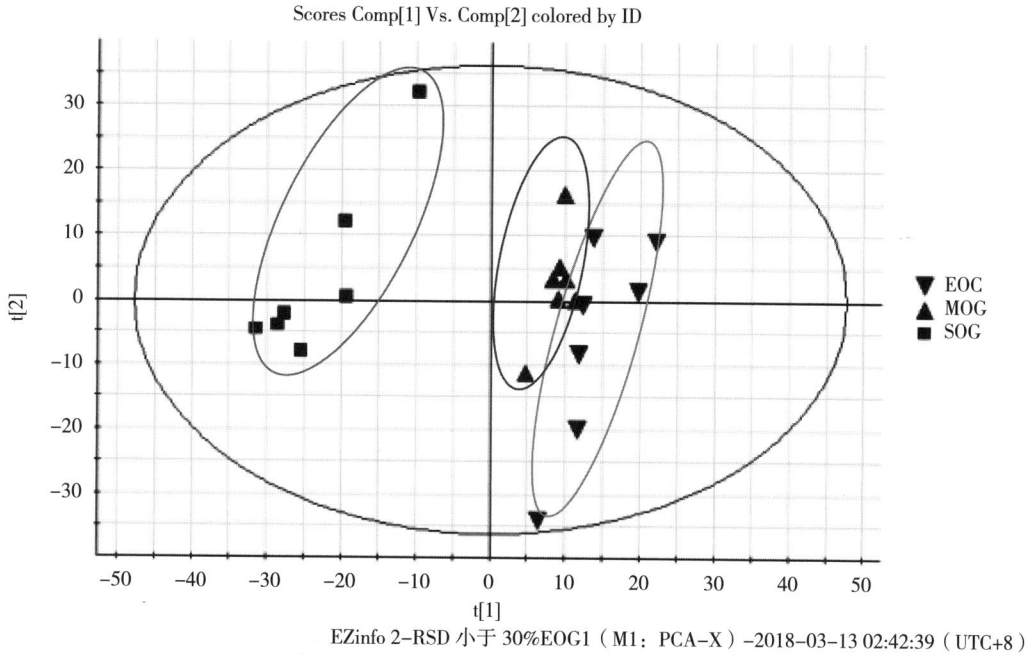

图 4-35　假手术组（SOG）、模型组（MOG）及孔雀草茎叶挥发油组分组（EOC）正离子模式下 PCA 得分图

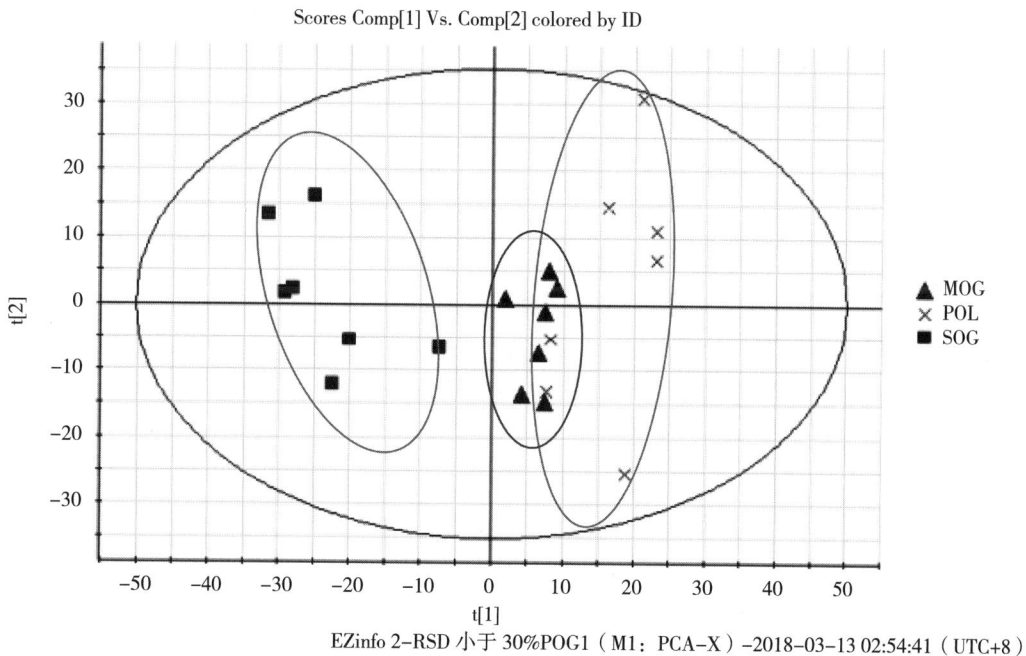

图 4-36　假手术组（SOG）、模型组（MOG）及孔雀草茎叶多糖组分组（POL）正离子模式下 PCA 得分图

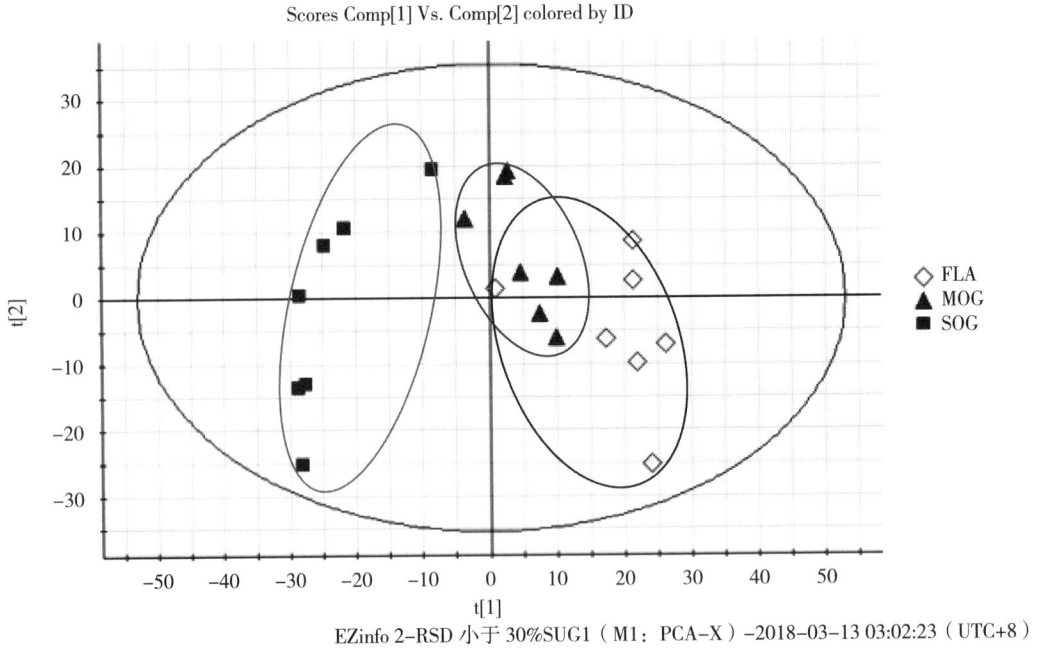

图 4-37　假手术组（SOG）、模型组（MOG）及孔雀草茎叶总黄酮组分组（FLA）正离子模式下
PCA 得分图

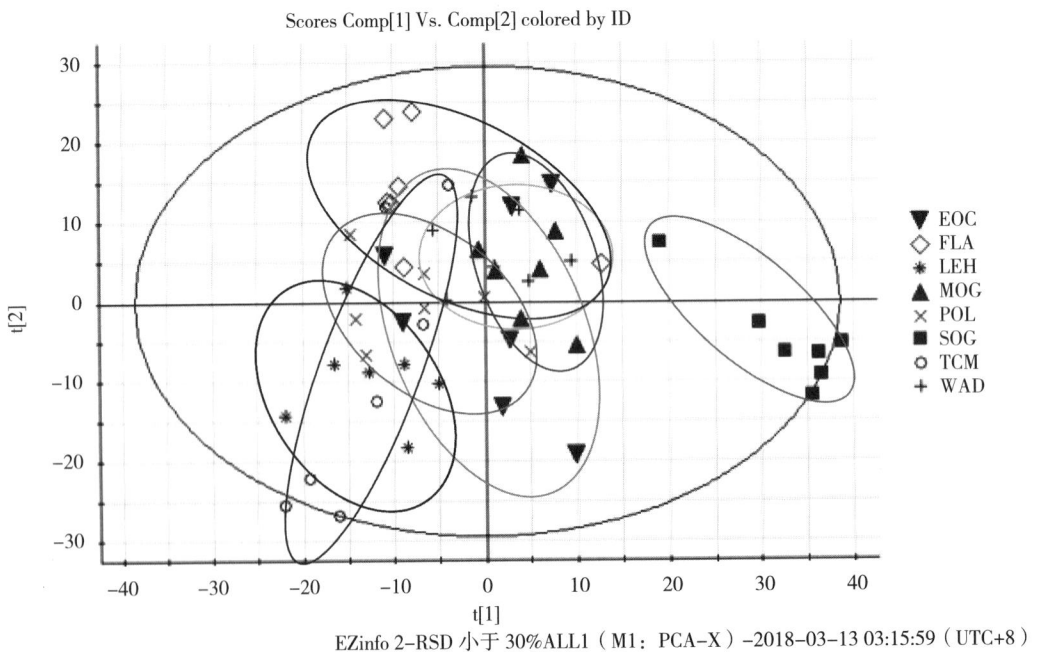

图 4-38　T3 柱正离子模式下 PCA 得分图

EOC：孔雀草茎叶挥发油组分组，FLA：孔雀草茎叶总黄酮组分组，LEH：盐酸左氧氟沙星组，MOG：模型
组，POL：孔雀草茎叶多糖组分组 SOG：假手术组，TCM：普乐安组，WAD：孔雀草茎叶水煎液组

7.2.2.2 负离子模式下 PCA 得分图

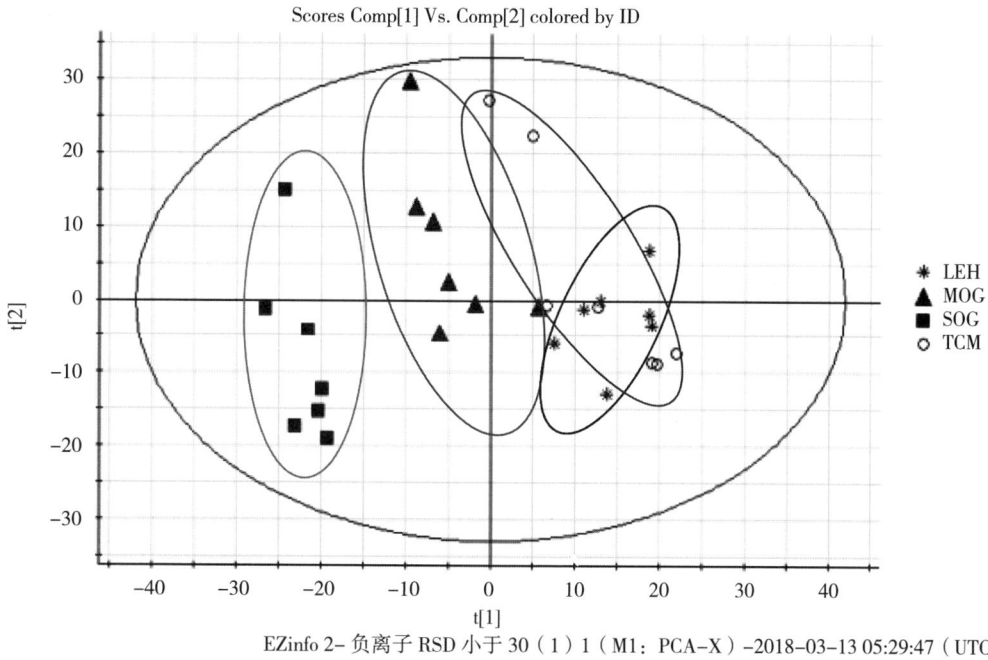

图 4-39 假手术组（SOG）、模型组（MOG）、左氧氟沙星组（LEH）及普乐安组（TCM）负离子模式下 PCA 得分图

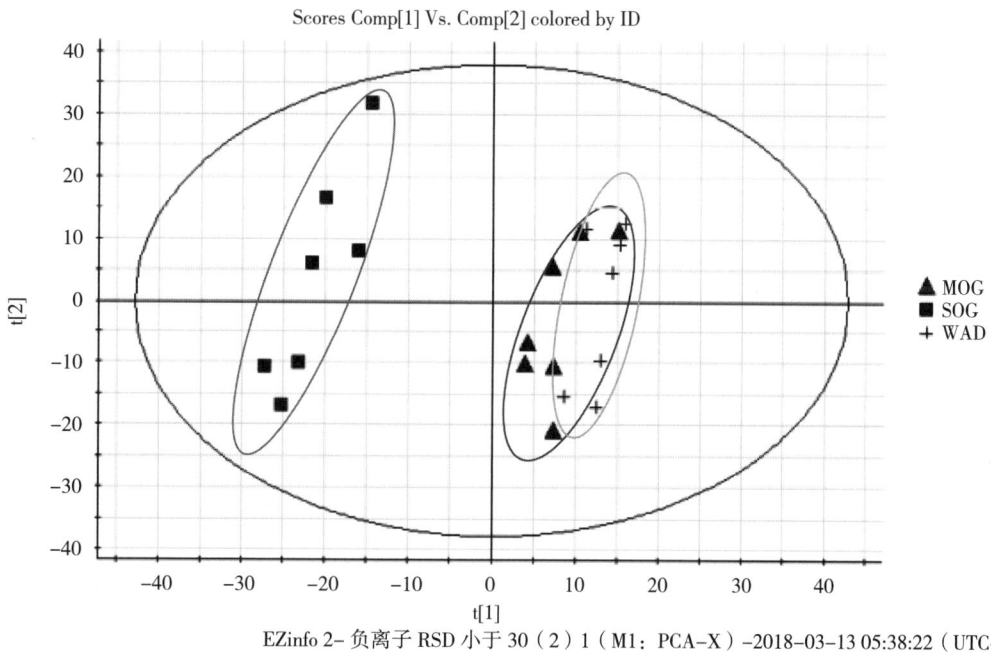

图 4-40 假手术组（SOG）、模型组（MOG）及孔雀草茎叶水煎液组（WAD）负离子模式下 PCA 得分图

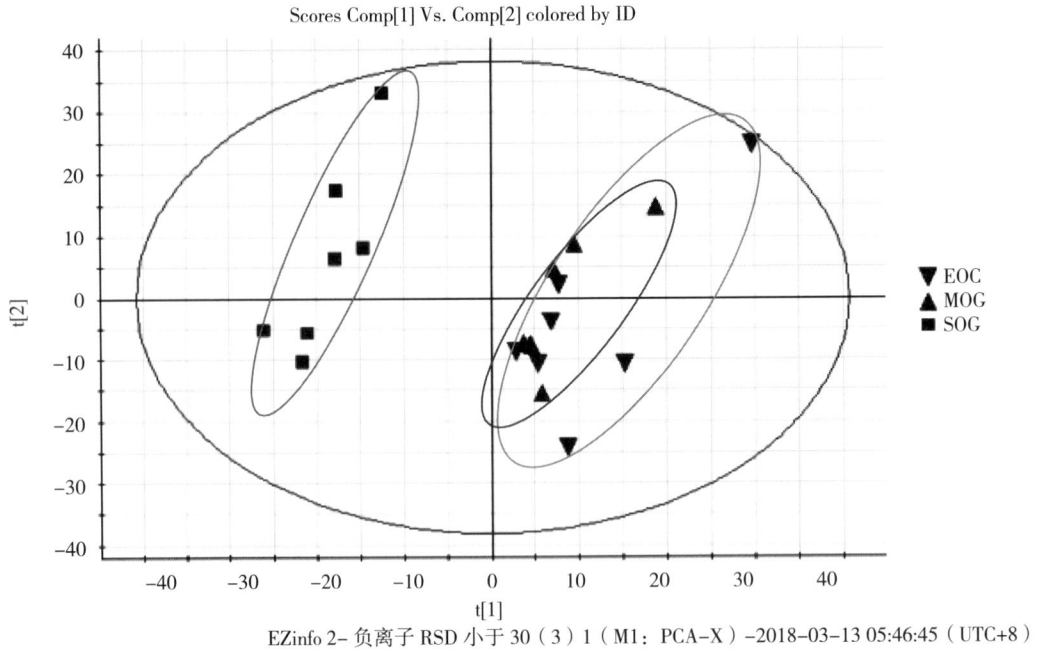

图 4-41　假手术组（SOG）、模型组（MOG）及孔雀草茎叶挥发油组分组（EOC）负离子模式下 PCA 得分图

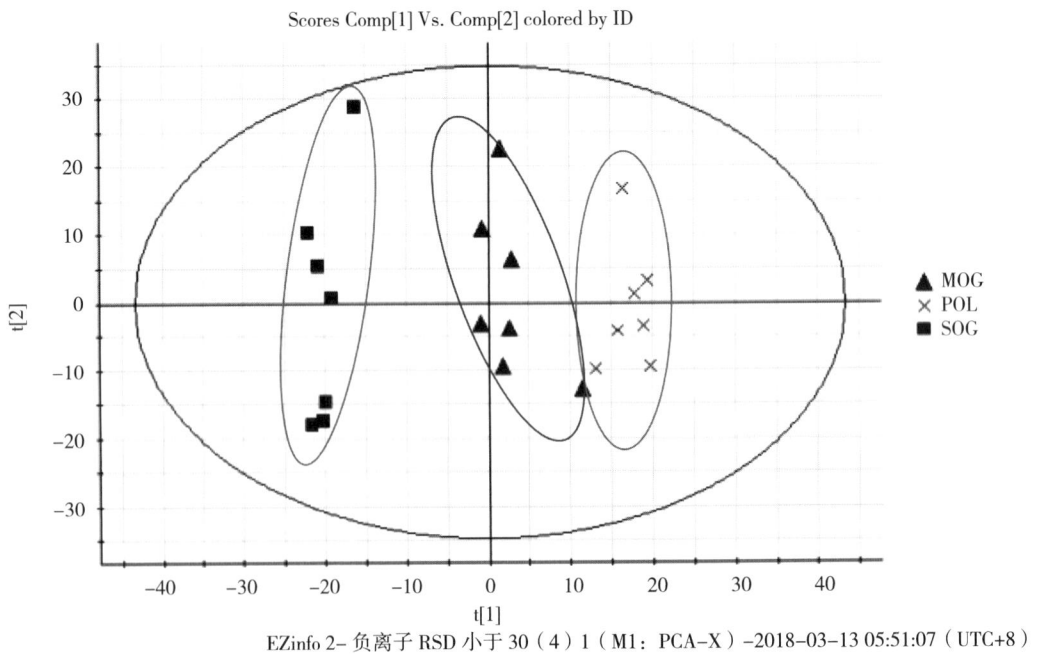

图 4-42　假手术组（SOG）、模型组（MOG）及孔雀草茎叶多糖组分组（POL）负离子模式下 PCA 得分图

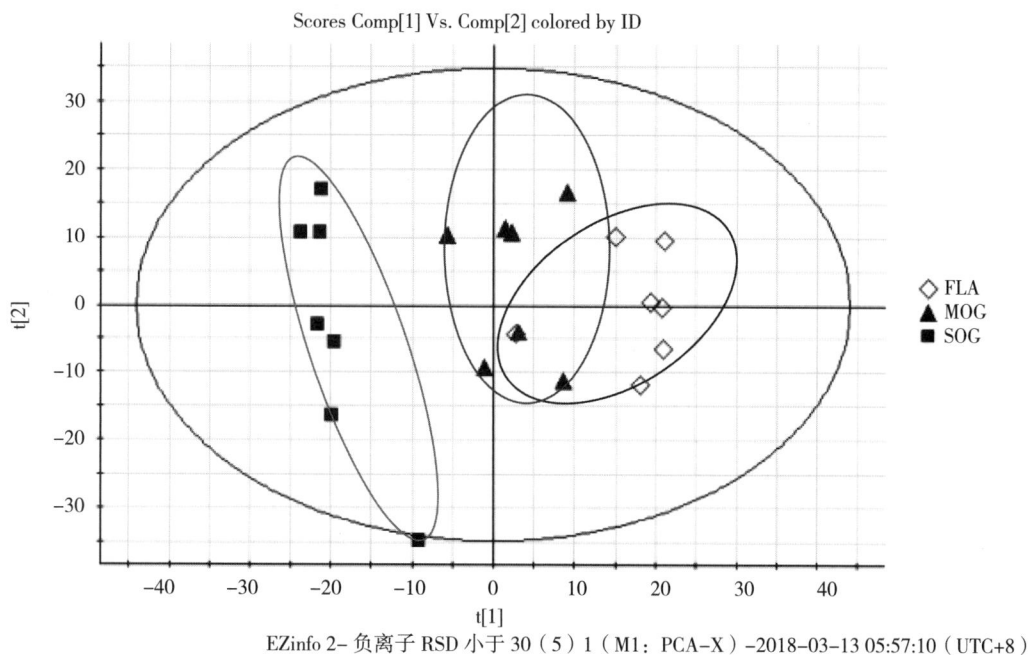

EZinfo 2– 负离子 RSD 小于 30（5）1（M1：PCA–X）–2018–03–13 05:57:10（UTC+8）

图 4-43 假手术组（SOG）、模型组（MOG）及孔雀草茎叶总黄酮组分组（FLA）负离子模式下PCA 得分图

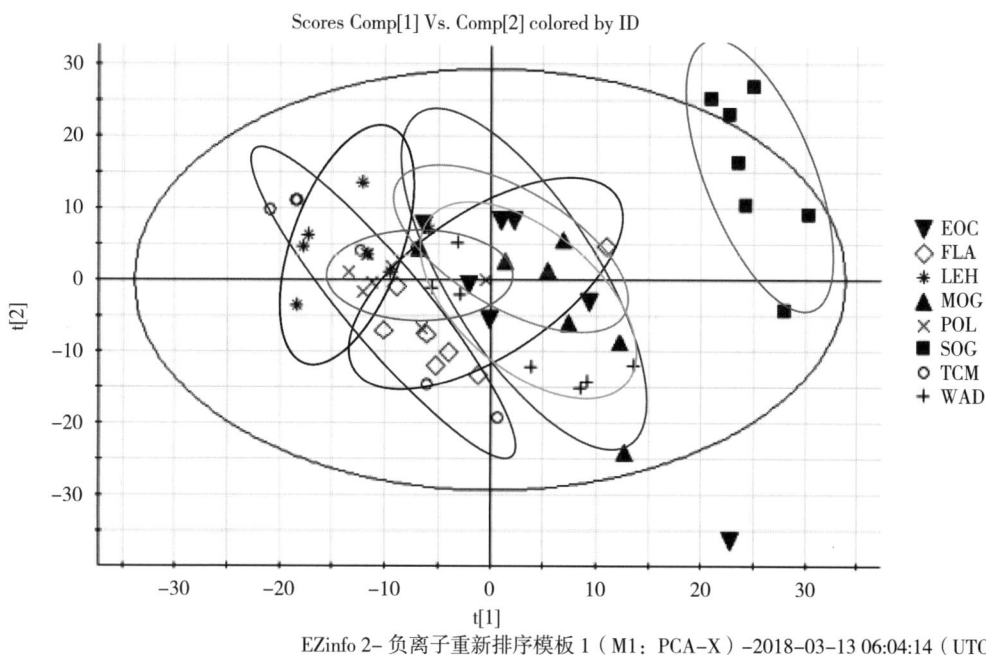

EZinfo 2– 负离子重新排序模板 1（M1：PCA–X）–2018–03–13 06:04:14（UTC+8）

EOC：孔雀草茎叶挥发油组分组，FLA：孔雀草茎叶总黄酮组分组，LEH：盐酸左氧氟沙星组，MOG：模型组，POL：孔雀草茎叶多糖组分组，SOG：假手术组，TCM：普乐安组，WAD：孔雀草茎叶水煎液组。

图 4-44 T3 柱负离子模式下 PCA 得分图

7.2.2.3 正离子模式下 PLS-DA 得分图

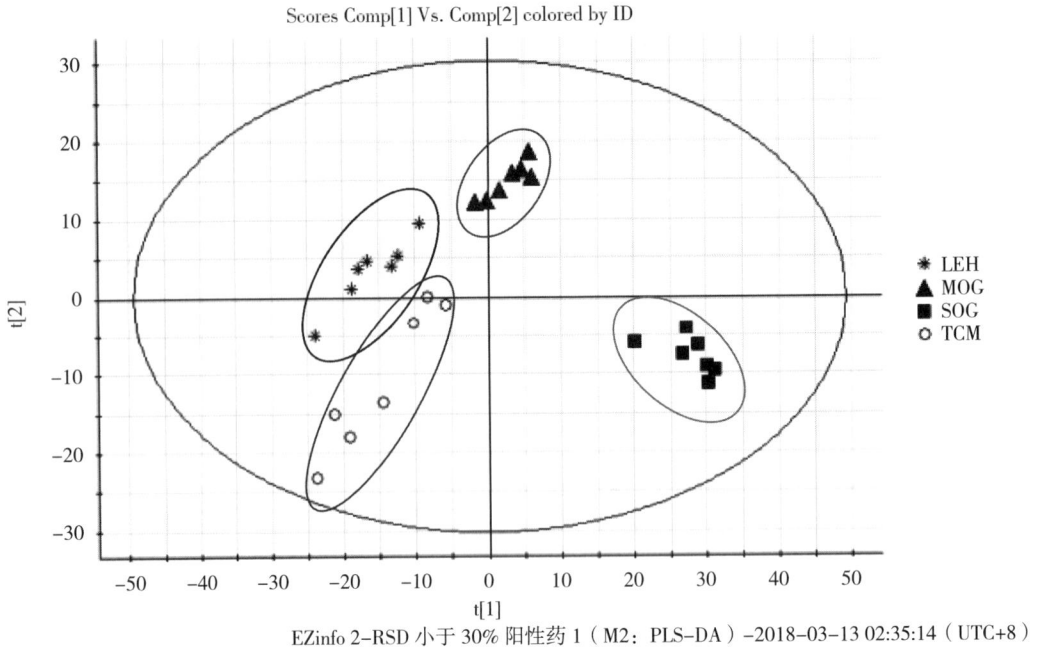

图 4-45 假手术组（SOG）、模型组（MOG）、左氧氟沙星组（LEH）及普乐安组（TCM）正离子模式下 PLS-DA 得分图

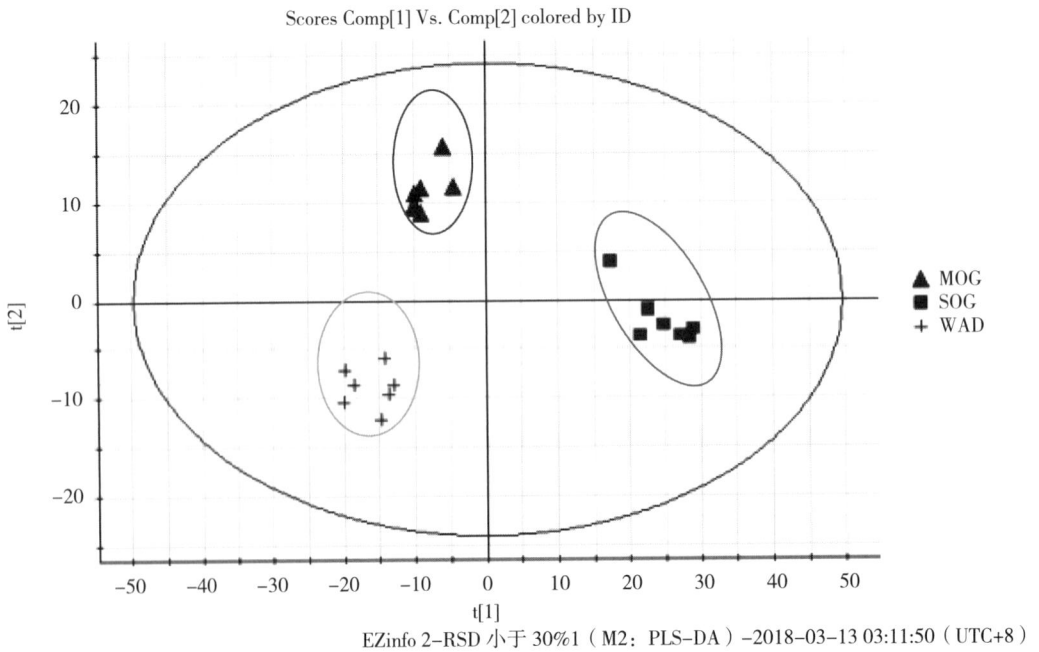

图 4-46 假手术组（SOG）、模型组（MOG）及孔雀草茎叶水煎液组（WAD）正离子模式下 PLS-DA 得分图

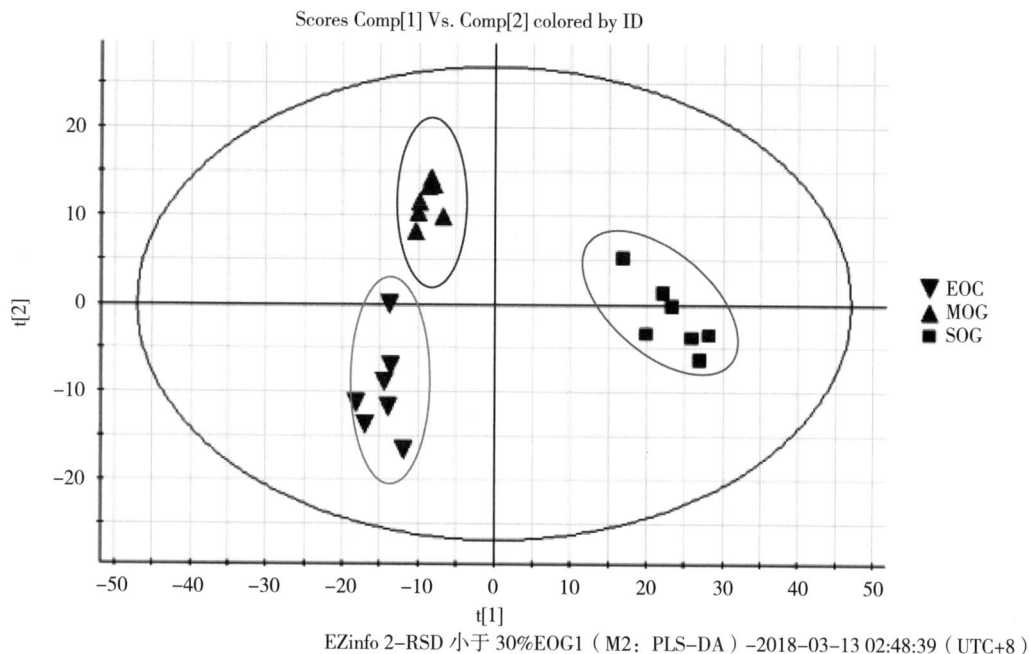

Scores Comp[1] Vs. Comp[2] colored by ID

EZinfo 2-RSD 小于 30%EOG1（M2：PLS-DA）–2018–03–13 02:48:39（UTC+8）

图 4-47　假手术组（SOG）、模型组（MOG）及孔雀草茎叶挥发油组分组（EOC）正离子模式下 PLS-DA 得分图

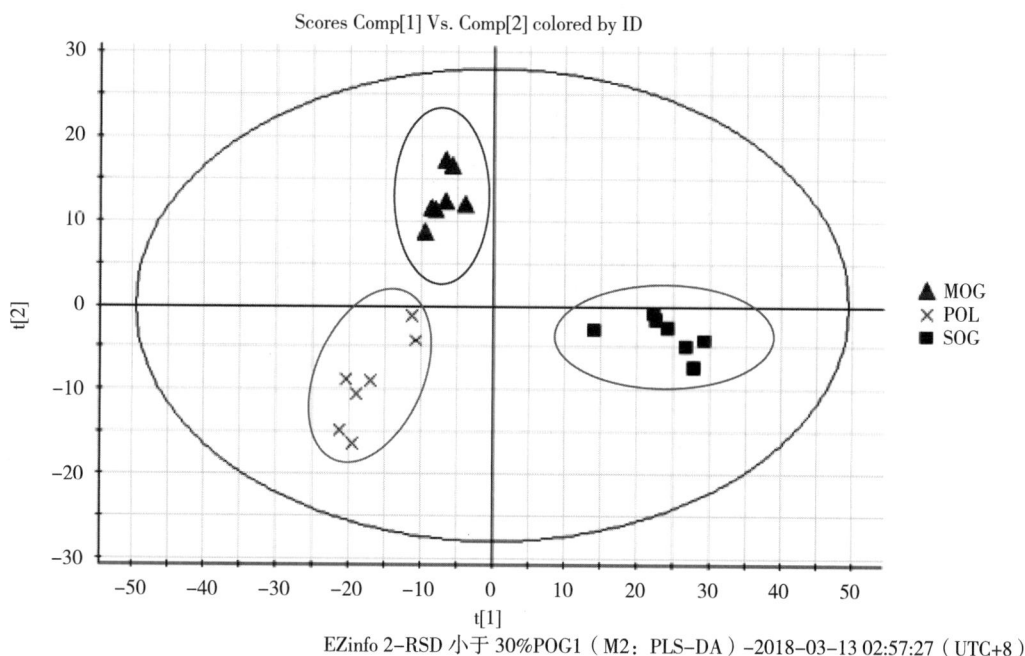

Scores Comp[1] Vs. Comp[2] colored by ID

EZinfo 2-RSD 小于 30%POG1（M2：PLS-DA）–2018–03–13 02:57:27（UTC+8）

图 4-48　假手术组（SOG）、模型组（MOG）及孔雀草茎叶多糖组分组（POL）正离子模式下 PLS-DA 得分图

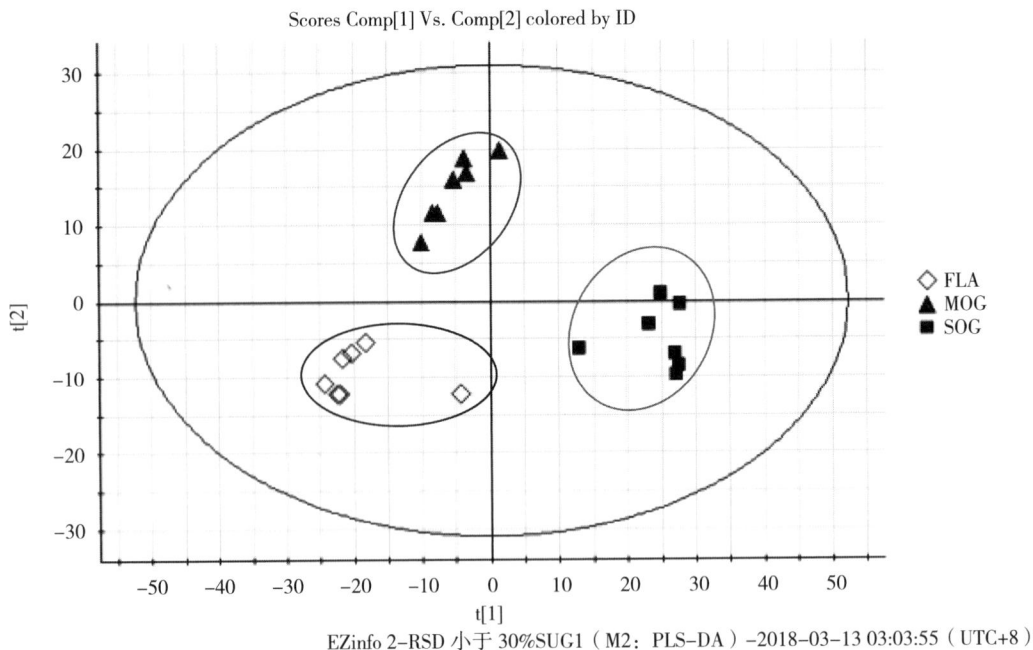

图 4-49　假手术组（SOG）、模型组（MOG）及孔雀草茎叶总黄酮组分组（FLA）正离子模式下 PLS-DA 得分图

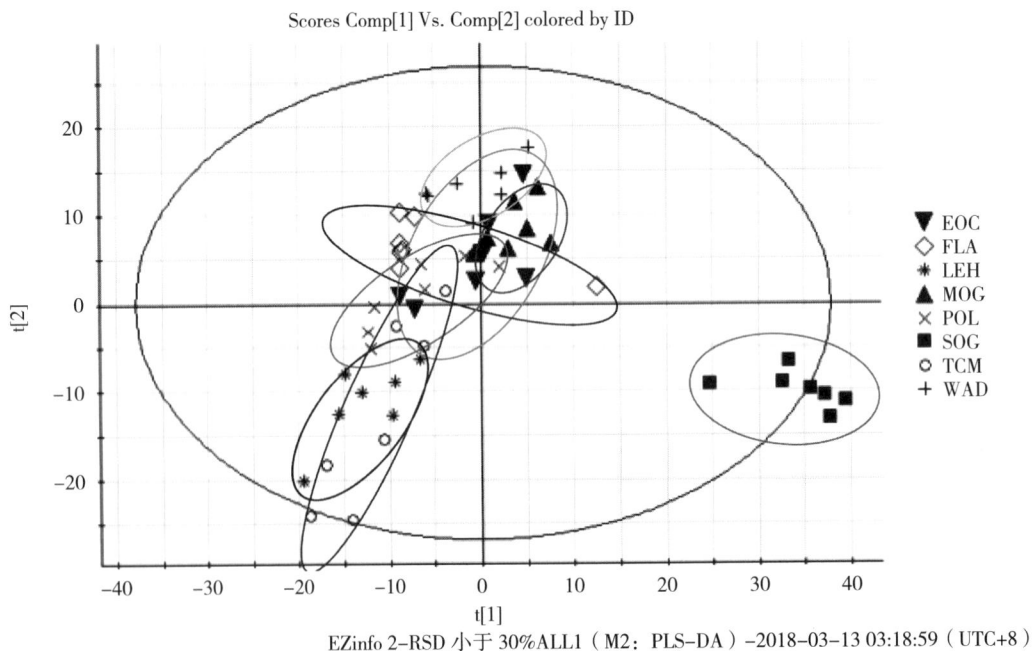

EOC：孔雀草茎叶挥发油组分组，FLA：孔雀草茎叶总黄酮组分组，LEH：盐酸左氧氟沙星组，MOG：模型组，POL：孔雀草茎叶多糖组分组，SOG：假手术组，TCM：普乐安组，WAD：孔雀草茎叶水煎液组

图 4-50　T3 柱正离子模式下 PLS-DA 得分图

7.2.2.4　负离子模式下 PLS-DA 得分图

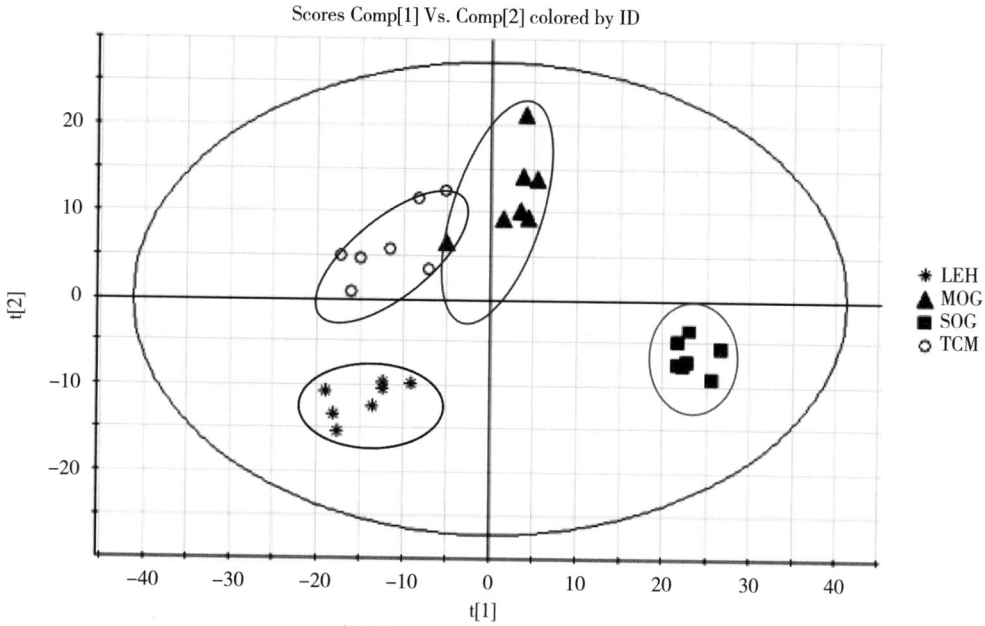

图 4-51　假手术组（SOG）、模型组（MOG）、左氧氟沙星组（LEH）及普乐安组（TCM）负离子模式下 PLS-DA 得分图

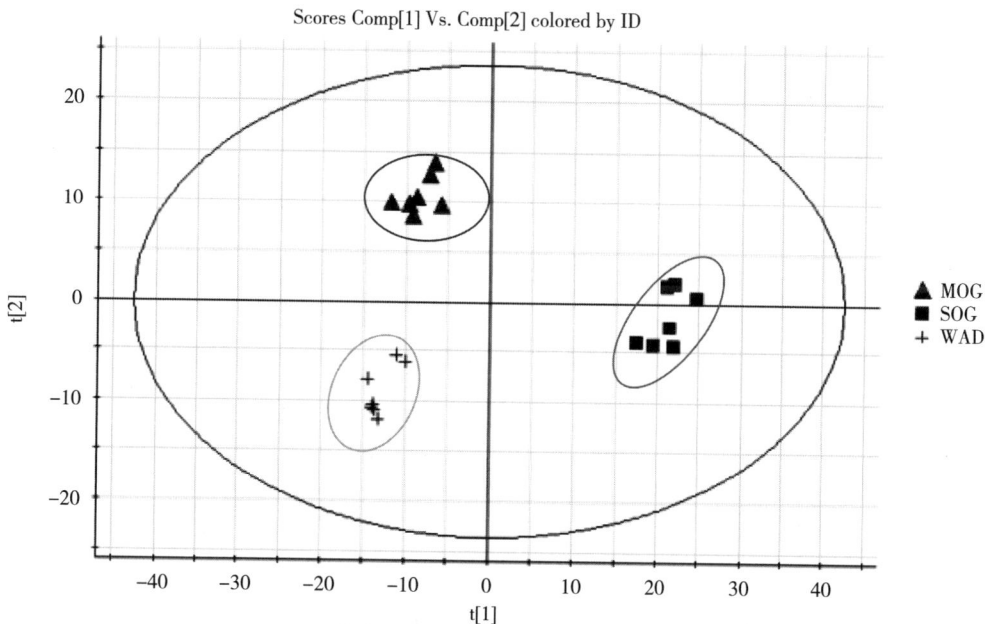

图 4-52　假手术组（SOG）、模型组（MOG）及孔雀草茎叶水煎液组（WAD）负离子模式下 PLS-DA 得分图

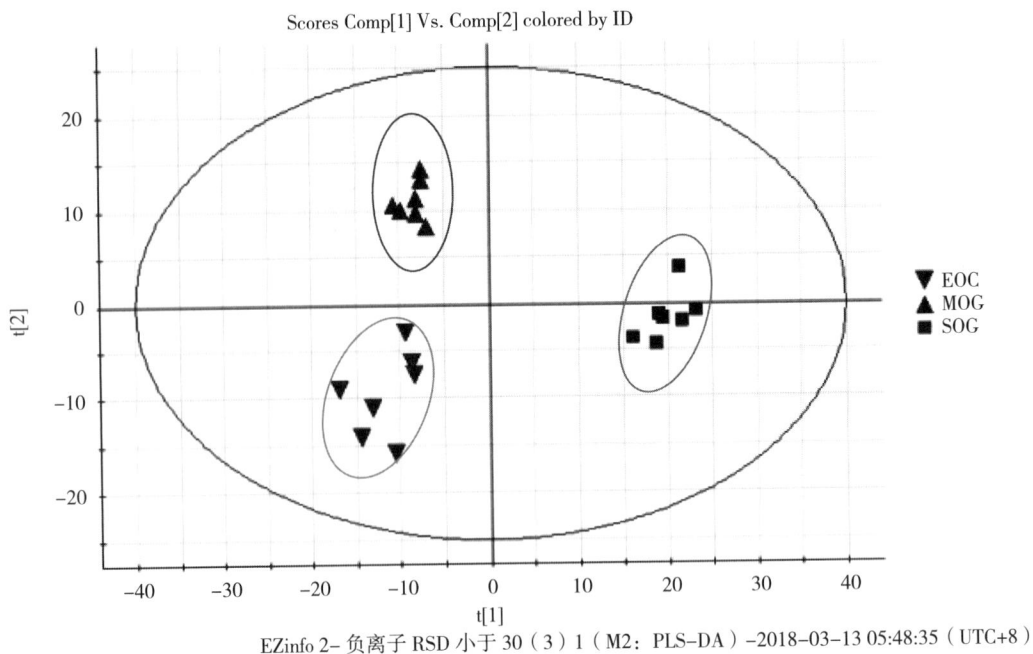

Scores Comp[1] Vs. Comp[2] colored by ID

EZinfo 2– 负离子 RSD 小于 30（3）1（M2：PLS–DA）–2018–03–13 05:48:35（UTC+8）

图 4-53 假手术组（SOG）、模型组（MOG）及孔雀草茎叶挥发油组分组（EOC）负离子模式下 PLS-DA 得分图

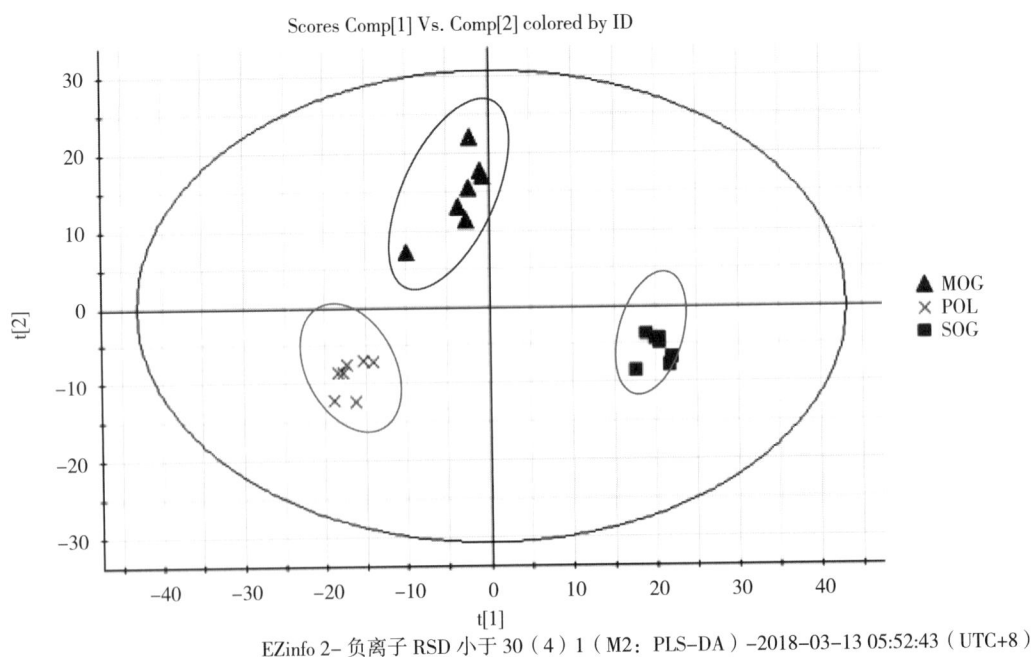

Scores Comp[1] Vs. Comp[2] colored by ID

EZinfo 2– 负离子 RSD 小于 30（4）1（M2：PLS–DA）–2018–03–13 05:52:43（UTC+8）

图 4-54 假手术组（SOG）、模型组（MOG）及孔雀草茎叶多糖组分组（POL）负离子模式下 PLS-DA 得分图

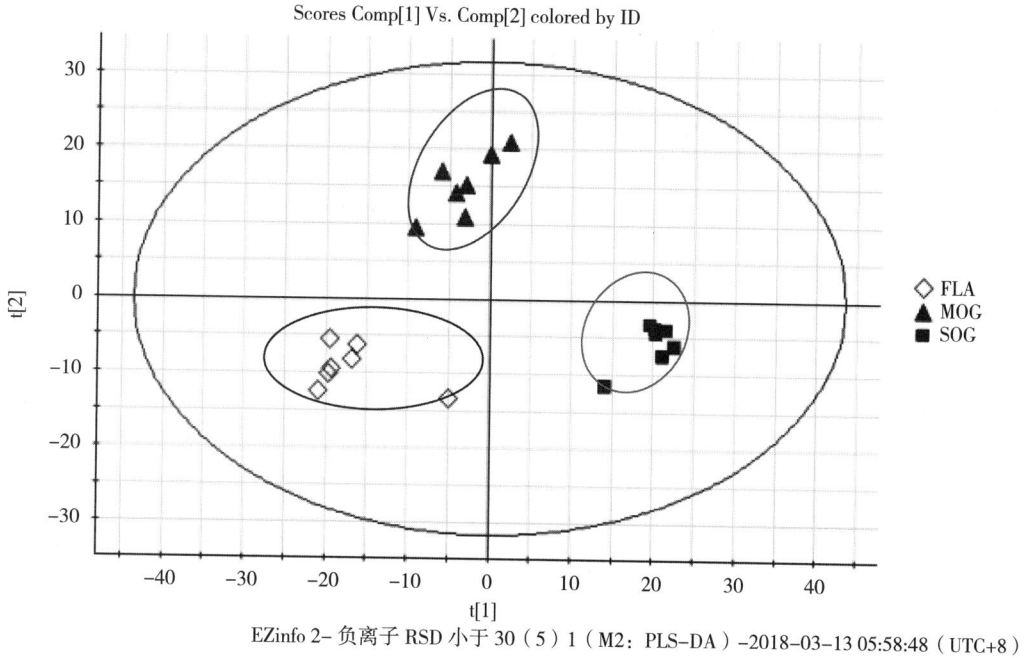

图 4-55　假手术组（SOG）、模型组（MOG）及孔雀草茎叶总黄酮组分组（FLA）负离子模式下
PLS-DA 得分图

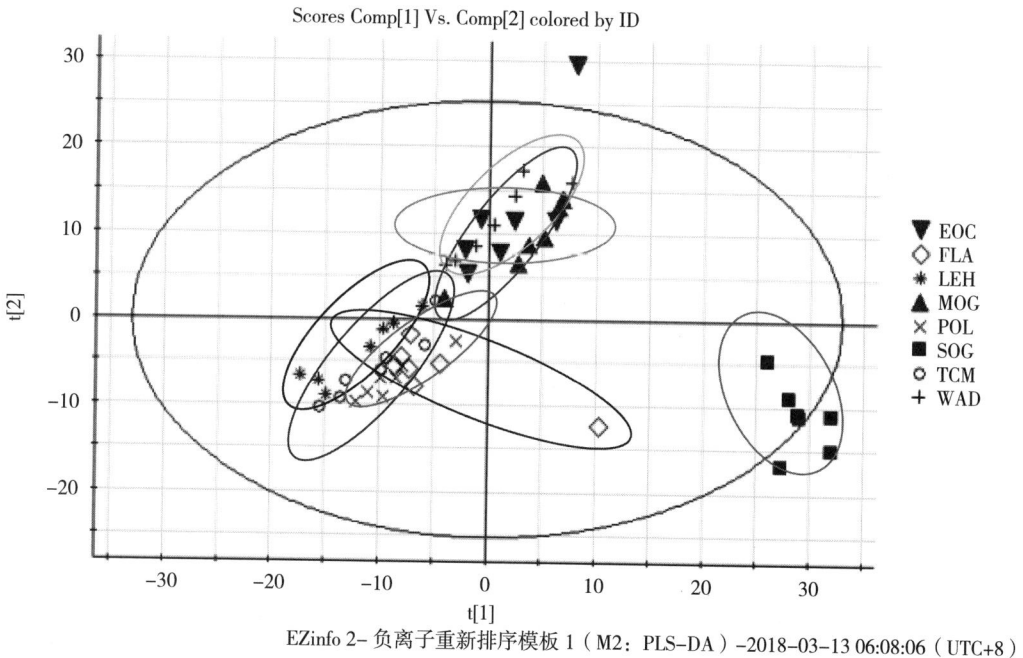

EOC：孔雀草茎叶挥发油组分组，FLA：孔雀草茎叶总黄酮组分组，LEH：盐酸左氧氟沙星组，MOG：模型
组，POL：孔雀草茎叶多糖组分组，SOG：假手术组，TCM：普乐安组，WAD：孔雀草茎叶水煎液组

图 4-56　T3 柱负离子模式下 PLS-DA 得分图

7.2.3　差异代谢物的鉴定

靶向代谢组学：利用 Masslynx 中的 Molecular Weight Calculator 模块根据标准品的元素组成计算理论质荷比，根据 m/z 提取标准品的相关信息并将标准品的保留时间（Ret. Time）和质荷比（*m/z*）与 7.1.3.5 项下处理得到的数据进行匹配，再进行原始谱图的匹配，共鉴定出 13 个差异代谢物，再利用 METLIN、KEGG、HMDB 等专业数据库进一步寻找可能的差异代谢物信息。

非靶向代谢组学：由于尿液样本中的结构类型、元素构成等相关信息均未知，故本研究采用差异代谢物鉴定步骤主要包括以下几个方法：① 确定差异代谢物的 [M+H]$^+$ 或 [M–H]$^-$ 离子，通过分子离子峰寻找该代谢物可能的元素构成；② 通过 MS 及 MS/MS 谱对元素构成进行分析，寻找代谢物存在的碎片离子峰，根据代谢物结构可能存在并且符合质谱裂解特征的碎片峰，推测差异代谢物的可能结构，通过网上数据库进行验证如 METLIN 数据库中的 MS/MS Spectrum Match 模块（https://metlin.scripps.edu/ spect_ search.php）；③ 由于尿液样品的复杂性，有些代谢物并没有裂解出碎片，通过前列腺炎可能存在的机制及由靶向代谢组学鉴定的代谢物通过 KEGG 等数据库寻找到的代谢相关性网络进行反向分析并推断代谢物的结构。同一条代谢通路上的代谢物相互间存在高度的联系，当其中某一代谢物含量发生改变时，其余相关代谢物也会发生一定的变化。本次分析非靶向代谢物共鉴定 94 个差异代谢物。

差异代谢物的鉴定结果及通路分析见表 4–69 ~ 表 4–72 及图 4–57。

表 4-69　差异代谢物信息

HMDB/METLIN	ID	Elemetal composition	Ret Time (min)	m/z	Mode	SOG	MOG	Trend	LEH	TCM	WAD	EOC	POL	FLA
METLIN 43927	roccellic acid 石蕊酸	$C_{17}H_{32}O_4$	8.4102	345.2255	ESI (-)	3.661± 1.008**	9.631± 4.415##	←	9.305± 5.165##	8.74± 3.533#	9.953± 2.489##	11.743± 4.308##	6.010± 1.042	7.396± 5.250
METLIN 129123	Glu Phe Asp Glu	$C_{23}H_{30}N_4O_{11}$	4.6906	537.1990	ESI (-)	2.683± 0.898*	6.587± 1.717##	←	1.345± 0.973*	4.598± 4.143	5.257± 1.872	3.420± 2.210	5.478± 2.797	8.699± 1.555##
HMDB 0006293	L-赤藓酮糖 L-Erythrulose	$C_4H_8O_4$	0.7694	119.0321	ESI (-)	7.328± 0.926*	3.128± 0.785##	→	2.685± 0.862##	4.535± 0.370##	5.390± 1.474	6.281± 0.813**	4.294± 2.218	3.328± 1.158##
HMDB 0014917	Nalidixic acid 萘啶酸	$C_{12}H_{12}N_2O_3$	4.8071	231.0797	ESI (-)	26.518± 6.385**	19.013± 4.723#	→	25.397± 3.498*	18.131± 4.572#	25.062± 7.936*	21.187± 4.237	20.885± 3.987	24.932± 5.597*
HMDB 0000251	Taurine 牛磺酸▲	$C_2H_7NO_3S$	0.6159	124.0016	ESI (-)	11.602± 3.276	7.743± 2.461	→	9.789± 3.407	16.793± 9.002	5.849± 3.343	4.277± 2.748#	5.750± 4.027	4.711± 1.116#
HMDB 0001250	N-Acetylarylamine 乙酰苯胺	C_8H_9NO	3.7754	134.0601	ESI (-)	75.971± 12.911	81.304± 13.300	←	52.135± 22.343	63.367± 13.652	67.609± 11.850	76.597± 7.963	60.346± 10.966	39.882± 5.878###
HMDB 0000156	L-Malic acid L-苹果酸▲	$C_4H_6O_5$	0.7309	133.0072	ESI (-)	13.550± 0.948	18.452± 6.427	←	23.698± 5.474#	22.143± 3.204##	22.004± 4.513#	21.382± 3.901#	28.251± 10.737	20.441± 6.162
METLIN 65163	Ser-Tyr-OH	$C_{18}H_{18}N_2O_8$	6.7227	389.0901	ESI (-)	60.445± 8.286**	23.021± 9.479#	→	37.155± 35.470	11.886± 9.806#	20.092± 9.582#	21.826± 10.380##	20.266± 13.606##	21.044± 13.791##
HMDB 0062781	2-oxoglutarate 2-酮戊二酸▲	$C_5H_6O_5$	0.8023	145.0105	ESI (-)	19.688± 6.005	21.403± 10.180	←	25.979± 4.395	18.852± 6.326	27.855± 9.634	25.727± 17.342	32.323± 10.926###	28.189± 10.924
HMDB 0001644	D-Xylulose D-木酮糖	$C_5H_{10}O_5$	0.7011	149.0438	ESI (-)	6.127± 0.992	3.995± 1.761	→	3.982± 2.016	3.050± 1.374##	8.997± 3.600	4.080± 1.407	2.978± 1.029##	5.406± 2.886

续表

HMDB/METLIN	ID	Elemetal composition	Ret. Time (min)	m/z	Mode	SOG	MOG	Trend	LEH	TCM	WAD	EOC	POL	FLA
HMDB 0030809	(2R, 3S) – Piscidic acid 焦磷酸	$C_{11}H_{12}O_7$	2.1073	301.0562	ESI (-)	182.574± 35.941	111.133± 41.379	→	79.687± 25.046##	157.284± 32.436	97.553± 29.386##	95.489± 15.603##	133.496± 27.207	145.323± 14.032
HMDB 0000462	Allantoin 尿囊素	$C_4H_6N_4O_3$	0.6845	157.0323	ESI (-)	18.842± 4.866	11.633± 2.367	→	8.879± 3.334#	7.821± 1.433#	10.422± 3.899	12.000± 4.270	11.590± 2.445	9.822± 3.209#
HMDB 0002285	2- Indolecar- boxylic acid 2-吲哚羧酸	$C_9H_7NO_2$	4.2007	160.0381	ESI (-)	23.483± 10.360	35.2± 13.993	←	4.925± 3.144##	8.085± 7.880*	27.027± 9.933	25.693± 20.179	18.791± 4.772	18.535± 11.711
HMDB 0002511	3, 4, 5– Trimethoxy- cinnamic acid 3,4,5-三甲氧基肉桂酸	$C_{12}H_{14}O_5$	4.6055	283.0838	ESI (-)	2.036± 0.314	2.668± 0.828	←	1.814± 1.422	0.407± 0.345###	1.560± 0.561	2.258± 0.657	0.934± 0.692**	0.906± 0.485###***
HMDB 0002205	Phenylpyruvic acid 苯丙酮酸	$C_9H_8O_3$	3.5141	163.0386	ESI (-)	6.729± 2.152	4.773± 3.043	→	3.766± 2.675	2.133± 1.958##	5.162± 2.512	3.966± 2.272	2.093± 1.898##	3.363± 1.64
HMDB 0000779	Phenyllactic acid 苯基乳酸	$C_9H_{10}O_3$	4.9128	165.0526	ESI (-)	31.256± 10.063	25.297± 7.828	→	48.908± 14.827	82.493± 19.306####	50.642± 17.382	44.47± 13.960	54.241± 23.396	13.687± 5.234#
HMDB 0000197	3– Indoleacetic Acid 3-吲哚乙酸	$C_{10}H_9NO_2$	6.1042	174.0572	ESI (-)	1.224± 0.241**	0.597± 0.198##	→	0.888± 0.147	0.192± 0.090###	0.537± 0.094##	1.189± 0.198**	0.727± 0.137#	0.998± 0.199
HMDB 0000511	Capric acid 癸酸	$C_{10}H_{20}O_2$	5.5468	217.1454	ESI (-)	1.589± 0.584**	4.567± 1.360#	←	6.322± 1.530#	3.739± 1.099#	4.400± 0.895##	4.439± 1.700	5.689± 1.397##	5.018± 1.206##

续表

HMDB/METLIN	ID		Elemetal composition	Ret. Time (min)	m/z	Mode	SOG	MOG	Trend	LEH	TCM	WAD	EOC	POL	FLA
HMDB 0000714	hippuric acid	马尿酸	$C_9H_9NO_3$	3.7722	178.0499	ESI (-)	264.455± 233.10	271.598± 41.610	←	171.532± 79.223	220.483± 54.246	242.435± 48.389	301.493± 37.178	246.098± 53.588	166.094± 15.791###
HMDB 0000158	L-tyrosine	L-酪氨酸▲	$C_9H_{11}NO_3$	1.3987	180.0632	ESI (-)	1.176± 0.714	0.916± 0.519	→	0.534± 0.204##	0.956± 0.633	1.002± 0.694	0.798± 0.599	0.767± 0.609	0.828± 0.223
METLIN 985438	15-Hydroxydehydroabietic acid	15-羟基脱氢枞酸	$C_{20}H_{28}O_3$	8.0814	315.1942	ESI (-)	12.383± 2.846*	32.294± 10.132#	←	30.762± 6.149##	22.711± 4.617#	30.992± 8.864#	22.471± 3.289##	28.184± 10.954	28.046± 3.968#
HMDB 0000734	Indoleacrylic acid	吲哚丙烯酸	$C_{11}H_9NO_2$	6.8600	186.0561	ESI (-)	2.608± 0.947	3.290± 1.236	←	0.528± 0.533###	2.055± 2.077	2.414± 0.927	3.811± 1.947	3.015± 1.339	4.151± 2.603
HMDB 0000715	Kynurenic acid	犬尿酸	$C_{10}H_7NO_3$	3.1979	188.0333	ESI (-)	2.203± 0.918	4.295± 1.883	←	6.314± 1.409##	7.962± 4.439	6.711± 1.359##	4.649± 1.987	4.029± 2.754	4.343± 1.055#
HMDB 0001316	6-Phosphogluconic acid	6-磷酸葡萄糖酸	$C_6H_{13}O_{10}P$	3.5816	275.0218	ESI (-)	100.644± 13.763	99.23± 18.290	—	133.711± 6.364###	121.899± 20.551	91.622± 11.277	101.915± 17.862	145.685± 34.706	118.486± 35.325
HMDB 0011723	Methylhippuric acid	甲基马尿酸	$C_{10}H_{11}NO_3$	4.2509	192.0669	ESI (-)	101.677± 9.146*	65.595± 16.800#	→	104.705± 20.272*	101.454± 16.713*	73.670± 12.113##	87.987± 32.050	111.639± 20.413*	135.848± 18.464***
HMDB 0000127	D-Glucuronic acid	D-葡萄糖醛酸	$C_6H_{10}O_7$	3.6827	193.0474	ESI (-)	33.042± 6.684	33.660± 6.616	←	19.783± 7.133	19.339± 3.128##	18.806± 8.730	20.603± 7.997	7.700± 6.386###	10.567± 6.209###
HMDB 0000603	Decenedioic acid	癸烯二酸	$C_{10}H_{16}O_4$	6.4998	199.0976	ESI (-)	28.572± 11.274	55.187± 22.203	←	102.008± 14.532##	67.129± 37.099	87.874± 33.351#	78.193± 37.479	84.768± 9.586##	90.405± 35.031#

续表

HMDB/METLIN	ID	Elemetal composition	Ret. Time (min)	m/z	Mode	SOG	MOG	Trend	LEH	TCM	WAD	EOC	POL	FLA
HMDB 0041720	二氢咖啡酸 3—O—葡糖苷酸 Dihydrocaffeic acid 3-O-glucuronide	$C_{15}H_{18}O_{10}$	2.4366	357.0821	ESI (−)	53.611± 5.462	49.094± 6.828	→	48.827± 10.866	33.864± 9.047##	49.452± 6.184	34.577± 12.573	39.938± 10.380	38.910± 8.687
HMDB 0000210	泛酸 Pantothenic Acid	$C_9H_{17}NO_5$	2.3662	218.1016	ESI (−)	52.055± 18.777	50.441± 7.322	→	49.706± 23.010	38.521± 11.917	47.579± 12.383	51.254± 20.456	47.750± 10.266	32.530± 10.809##
HMDB 0000508	核糖 Ribitol	$C_5H_{12}O_5$	0.6362	151.0600	ESI (−)	1.845± 0.171*	2.604± 0.359#	←	2.236± 0.362	1.956± 0.222*	2.522± 0.463	2.835± 0.476#	2.263± 0.269	1.946± 0.380
HMDB 0000735	羟基苯乙酰甘氨酸 Hydroxy-phenylacety-lglycine	$C_{10}H_{11}NO_4$	2.6014	210.0785	ESI (+)	5.313± 1.561*	2.564± 0.561#	→	10.162± 3.742*	7.263± 3.102	3.581± 1.011	4.059± 0.595*	6.482± 3.564	4.214± 2.664
HMDB 0041720	二氢咖啡酸 3—O—葡糖苷酸 Dihydrocaffeic acid 3-O-glucuronide	$C_{16}H_{20}O_{10}$	2.4334	359.0999	ESI (+)	3.221± 0.865	1.865± 0.898	→	2.351± 0.546	1.231± 0.659#	1.870± 1.328	1.048± 1.183#	1.868± 1.031	1.769± 0.317
HMDB 0002802	可的松 Cortisone	$C_{21}H_{28}O_5$	8.0752	361.2015	ESI (+)	6.426± 1.832*	12.268± 3.237#	←	14.964± 4.584	8.739± 2.921	12.961± 3.265#	11.020± 3.730	11.878± 3.596	12.088± 3.297
HMDB 0031239	亚硝酸亚乙酯 Ethyl nitrite	$C_2H_5NO_2$	3.1974	76.0398	ESI (+)	17.828± 2.808**	9.750± 1.852##	→	10.425± 2.271##	22.706± 4.149**	13.918± 9.338	16.621± 2.929**	12.076± 4.033	12.938± 3.000

续表

HMDB/METLIN ID		Elemetal composition	Ret Time (min)	m/z	Mode	SOG	MOG	Trend	LEH	TCM	WAD	EOC	POL	FLA
HMDB 0034238	1-Propanethiol 1-丙硫醇	C_3H_8S	3.7617	77.0379	ESI (+)	11.948± 3.048	7.763± 1.424	→	5.783± 1.670#	6.813± 1.215	6.805± 1.011	10.961± 2.704	8.729± 1.307	6.374± 0.789#
HMDB 0000123	Glycine 甘氨酸▲	$C_2H_5NO_2$	4.2957	76.0406	ESI (+)	150.442± 18.132**	90.765± 23.967##	→	112.710± 32.979	121.589± 8.623	77.689± 19.205##	110.343± 21.134	120.142± 32.905	112.499± 22.190
HMDB 0031512	Tiglic aldehyde 2-甲基-2-丁烯醛	C_5H_8O	3.1977	85.0652	ESI (+)	15.910± 2.831**	8.469± 1.935##	→	8.755± 1.964##	18.290± 2.852**	11.759± 7.925	14.315± 2.857*	10.206± 3.207	12.473± 3.876
HMDB 0031666	Diethyl sulfide 二乙基硫醚	$C_4H_{10}S$	4.2883	91.0551	ESI (+)	77.986± 10.187**	46.887± 12.932##	→	56.749± 15.328	61.476± 4.677##	37.826± 12.096##	48.085± 11.025	58.267± 15.326	53.498± 11.035#
HMDB 0032395	2-Methyl-1,3-cyclohexadiene 2-甲基-1,3-环己二烯	C_7H_{10}	6.2959	95.0859	ESI (+)	8.081± 4.083*	0.480± 0.248#	→	0.222± 0.259#	0.256± 0.228#	0.331± 0.277#	0.411± 0.365	0.183± 0.190#	0.752± 0.884#
HMDB 0000866	N-Acetyl-L-tyrosine N-乙酰-L-酪氨酸	$C_{11}H_{13}NO_4$	4.5571	224.0942	ESI (+)	233.429± 89.456	170.267± 88.610	→	157.935± 92.057	115.600± 40.549	121.727± 50.306	232.078± 128.676	156.762± 80.542	72.695± 32.754#
HMDB 0033301	(1x, 2x)-Guaiacylglycerol 2-glucoside	$C_{16}H_{24}O_{10}$	4.0031	377.1464	ESI (+)	6.188± 1.715	8.851± 1.064	←	14.385± 5.561#	12.519± 4.729	14.824± 4.205#	11.683± 2.926#	16.391± 10.600	14.543± 4.717#

续表

HMDB/METLIN ID	Elemetal composition	Ret. Time (min)	m/z	Mode	SOG	MOG	Trend	LEH	TCM	WAD	EOC	POL	FLA
HMDB 0040518　2, 5-Dihydro-2, 4-dimethyloxazole　2, 5-二氢-2, 4-二甲基噁唑	C_5H_9NO	2.2609	100.0762	ESI (+)	10.981± 1.574**	4.482± 1.411##	→	10.391± 3.791	16.817± 11.340	3.815± 1.154##	4.079± 1.832#	2.921± 1.628##	3.556± 1.236##
HMDB 0000201　acetylcarnitine　乙酰肉碱	$C_9H_{17}NO_4$	2.5163	226.1107	ESI (+)	3.587± 1.060*	1.634± 0.675#	→	0.512± 0.303##	3.438± 1.347	2.292± 0.735	2.340± 2.032	2.323± 0.935	2.485± 0.860
HMDB 0000912　Succinoade-nosine	$C_{14}H_{17}N_5O_8$	2.3780	384.1155	ESI (+)	15.759± 2.392	12.857± 2.002	→	13.197± 2.454	11.170± 2.219	14.616± 4.085	11.089± 1.836#	14.276± 4.117	16.366± 4.698
HMDB 0014336　Carbidopa　卡比多巴	$C_{10}H_{16}N_2O_5$	2.2995	227.1045	ESI (+)	12.206± 1.925*	8.581± 0.912#	→	9.341± 1.693	8.893± 1.220	11.178± 3.024	8.044± 1.600	9.211± 2.201	8.946± 1.870
METLIN 63482　Urea-1-carboxylate　脲-1-羧酸叔丁酯	$C_2H_4N_2O_3$	3.7807	105.0340	ESI (+)	342.423± 93.056	231.963± 33.612	→	169.057± 56.069#	194.782± 37.541	204.867± 27.454	273.040± 52.331	218.568± 16.947	179.492± 19.964##
HMDB 0000300　Uracil　尿嘧啶	$C_7H_{10}N_2OS$	1.5955	113.0465	ESI (+)	0.734± 0.285	0.955± 0.279	←	0.954± 0.528#	1.278± 0.677	0.870± 0.700	1.313± 1.037	1.568± 1.037#	1.591± 0.932#
HMDB 0000630　Cytosine　胞嘧啶	$C_4H_5N_3O$	1.0023	112.0506	ESI (+)	21.289± 2.866**	13.262± 3.342##	→	8.068± 4.049#	7.107± 1.882#	13.644± 3.882	11.659± 2.601#	13.291± 5.216	15.968± 5.317
HMDB 0000736　Isobutyryl-L-carnitine　异丁酰肉碱	$C_{11}H_{21}NO_4$	2.4859	232.1570	ESI (+)	2.016± 0.562	8.256± 4.058	←	4.734± 1.937	19.327± 12.274	11.191± 3.146##	9.901± 4.142#	4.875± 1.111#	4.577± 1.024##

HMDB/METLIN ID	Elemetal composition	Ret. Time (min)	m/z	Mode	SOG	MOG	Trend	LEH	TCM	WAD	EOC	POL	FLA
HMDB 0014501 Aminoglutethimide 氨鲁米特	$C_{13}H_{16}N_2O_2$	5.9304	233.1204	ESI(+)	2.089±0.269	2.166±0.192	—	1.272±0.237###	2.156±0.321	1.530±0.278**	2.393±1.545	2.075±0.124	2.180±0.348
HMDB 0000562 Creatinine 肌酐▲	$C_4H_7N_3O$	0.7150	114.0670	ESI(+)	175.564±24.691	153.302±21.056	→	109.370±34.423#	74.872±61.628	146.367±34.191	129.319±22.826	105.696±39.693	123.662±24.953#
HMDB 0000738 Indole 吲哚	C_8H_7N	4.3804	118.0686	ESI(+)	1.988±0.416	1.414±0.442	→	0.943±0.326##	0.917±0.295##	0.807±0.403##	0.999±0.616	1.222±0.610	0.966±0.753
HMDB 0000159 L-phenylalanine L-苯丙氨酸▲	$C_9H_{11}NO_2$	2.1193	120.0800	ESI(+)	28.843±8.126	24.183±10.619	→	30.763±14.405	32.838±14.585	37.638±15.780	43.791±23.712*	55.572±29.694###	36.113±16.846
HMDB 0000167 L-threonine L-苏氨酸▲	$C_4H_9NO_3$	0.7366	120.0690	ESI(+)	0.288±0.144	0.637±0.399	←	0.397±0.121	0.233±0.123	0.566±0.413	0.619±0.134#	0.522±0.228	0.666±0.246
HMDB 0035288 (6b, 7b, 13R)-6, 7-Diacetoxy-8, 14-labdadiene-13-ol	$C_{24}H_{38}O_5$	9.2326	407.2804	ESI(+)	53.279±19.297	68.764±19.425	←	61.601±15.880	58.338±12.383	43.406±24.950*	36.652±24.907**	52.956±24.644	60.418±18.967
HMDB 0006236 Phenylacetaldehyde 苯乙醛	C_8H_8O	1.5029	121.0663	ESI(+)	4.304±0.482*	2.303±0.780##	→	2.189±0.415#	7.423±3.982	2.591±0.533##	3.555±1.658	2.489±0.976#	2.035±0.715#
HMDB 0000574 L-Cysteine L-半胱氨酸	$C_3H_7NO_2S$	4.8468	122.0283	ESI(+)	5.874±1.107	5.214±1.302	→	3.636±1.489	5.144±1.203	3.155±0.726##	5.513±1.111	4.057±0.502	5.083±0.676

续表

HMDB/METLIN	ID		Elemetal composition	Ret. Time (min)	m/z	Mode	SOG	MOG	Trend	LEH	TCM	WAD	EOC	POL	FLA
HMDB 0029750	Methyl 2-furoate	2-呋喃甲酸甲酯	$C_6H_6O_3$	2.1115	127.0411	ESI (+)	13.539± 3.919	11.093± 4.366	→	18.461± 7.415*	10.455± 5.031	17.104± 6.621	12.017± 8.858	16.866± 7.966	8.506± 6.379
HMDB 0002894	5-Methylcytosine	5-甲基胞嘧啶	$C_5H_7N_3O$	1.3541	126.0667	ESI (+)	30.054± 5.158**	11.530± 3.471##	→	10.085± 2.311##	10.115± 3.244##	13.106± 4.477##	9.700± 3.050##	11.430± 4.861##	17.966± 7.298
HMDB 0032705	Isopropyl beta-D-glucoside	异丙基 β-D-葡萄糖苷	$C_9H_{18}O_6$	5.6914	245.0935	ESI (+)	18.832± 3.629	16.106± 2.580	→	1.692± 1.739###	12.714± 4.126	18.577± 6.210	16.278± 7.694	18.523± 9.907	15.362± 3.517
HMDB 0000070	Pipecolic acid	双酚酸	$C_6H_{11}NO_2$	0.8939	130.0820	ESI (+)	37.497± 10.555	23.643± 4.694	→	42.697± 6.423**	15.003± 2.217##	28.847± 15.654	37.362± 19.956	45.819± 22.623	28.940± 14.629
HMDB 0033731	Quinoline	喹啉	C_9H_7N	4.8203	130.0650	ESI (+)	44.911± 7.056	37.314± 5.915	→	39.733± 12.719	32.491± 6.388#	34.981± 5.566	41.952± 11.801	47.730± 12.787	40.592± 10.633
HMDB 0000034	Adenine	腺嘌呤	$C_5H_5N_5$	0.9096	136.0654	ESI (+)	12.601± 5.442	6.904± 1.472	→	1.991± 0.834#	4.374± 2.079	8.498± 3.948	6.768± 2.516	6.220± 3.317	6.264± 2.842
HMDB 0003152	n-methylnico-tinamide	N-甲基烟酰胺	$C_7H_8N_2O$	2.2706	137.0514	ESI (+)	1.972± 0.464	1.397± 0.218	→	1.482± 0.108	2.417± 0.504*	1.505± 0.372	1.483± 0.064	1.440± 0.727	1.768± 0.236
HMDB 0000875	Trigonelline	胡卢巴碱	$C_7H_7NO_2$	0.6944	138.0575	ESI (+)	10.685± 1.022	8.315± 1.473	→	5.662± 2.196##	4.947± 1.551##	9.035± 2.221	9.806± 3.272	6.171± 4.023	5.877± 2.629#

第四章 孔雀草的药理作用研究 389

续表

HMDB/METLIN ID	Elemetal composition	Ret. Time (min)	m/z	Mode	SOG	MOG	Trend	LEH	TCM	WAD	EOC	POL	FLA
HMDB 0041741 Glycitein 7-O-glucuronide 甘氨酸蛋白7-O-葡糖苷酸	$C_{22}H_{20}O_{11}$	4.5377	461.1074	ESI(+)	19.342±8.799*	10.109±1.584#	→	14.604±9.054	15.923±9.854	16.650±7.386	12.894±10.238	14.259±11.060	5.993±5.816#
HMDB 0032533 trans-3-Hexenyl acetate 乙酸3E-己烯酯	$C_8H_{14}O_2$	5.7327	143.1096	ESI(+)	3.374±0.624	4.443±1.215	←	3.682±0.655	3.089±1.257	4.151±0.980	4.650±2.295	3.785±1.243	4.884±1.471#
HMDB 0003464 4-Guanidinobutanoic acid 4-胍基丁酸	$C_5H_{11}N_3O_2$	0.8058	146.0931	ESI(+)	119.155±30.837*	55.425±16.464#	→	38.189±24.901##	69.320±26.418	50.369±12.241#	54.611±15.205#	31.746±8.163##	37.734±13.913#
HMDB 0032857 Glycerol tripropanoate 甘油三丙酸酯	$C_{12}H_{20}O_6$	4.4283	261.1289	ESI(+)	8.132±1.705	13.149±3.307	←	10.838±4.970	11.138±6.270	18.100±2.176#	11.558±7.448	13.992±4.416	20.792±8.879
HMDB 0014907 Hydrocortamate 氢可他酯	$C_{27}H_{41}NO_6$	4.5122	476.3082	ESI(+)	1.475±0.195	1.557±0.535	←	2.517±0.377##	1.286±0.231	1.423±0.547	1.407±0.328	2.462±0.653	1.675±0.682
HMDB 0036456 Lacinilene C 7-methyl ether	$C_{16}H_{20}O_3$	8.5970	261.1498	ESI(+)	5.655±1.761*	17.411±4.219##	←	7.905±2.509*	18.355±16.881	19.487±8.220	26.355±12.786	24.735±8.699#	30.353±13.786#
HMDB 0001644 D-Xylulose D-木酮糖	$C_5H_{10}O_5$	1.6288	151.0630	ESI(+)	18.603±3.725	15.462±2.509	→	11.855±1.848#	10.755±5.711	14.229±5.054	20.140±5.472	14.817±4.462	16.629±4.256

续表

HMDB/METLIN ID	ID	Elemetal composition	Ret. Time (min)	m/z	Mode	SOG	MOG	Trend	LEH	TCM	WAD	EOC	POL	FLA
HMDB 0060538	Nordazepam N-去甲基地西洋	$C_{15}H_{11}ClN_2O$	8.0782	271.0625	ESI(+)	2.147±0.499	1.771±0.611	→	1.696±0.514	1.383±0.492##	1.745±0.457	1.538±0.535#	1.787±0.523	1.771±0.518
HMDB 0000073	Dopamine 多巴胺▲	$C_8H_{11}NO_2$	0.8783	154.0985	ESI(+)	5.028±0.904	9.187±3.449	←	3.556±1.638	4.602±2.860	5.968±1.193	8.478±4.041	8.375±2.617	12.473±3.838#
HMDB 0000177	L-histidine L-组氨酸▲	$C_6H_9N_3O_2$	0.6353	156.0459	ESI(+)	2.147±0.499	1.771±0.611	→	1.696±0.514	1.383±0.492##	1.745±0.457	1.538±0.535#	1.787±0.523	1.771±0.518
HMDB 0029230	4-hydroxystachydrine	$C_7H_{13}NO_3$	3.1978	160.0978	ESI(+)	16.794±3.953*	8.871±2.930#	→	9.260±2.305##	19.952±2.604**	13.021±7.555	14.734±2.202*	10.531±3.425	11.920±3.524
HMDB 0003426	Pantetheine 泛硫醇	$C_{11}H_{22}N_2O_4S$	2.5712	279.1378	ESI(+)	2.155±0.190**	0.953±0.147##	→	1.080±0.368##	2.017±0.523*	1.119±0.271##	0.872±0.304##	1.942±0.993	2.661±1.466
HMDB 0003320	Indole-3-carboxylic acid 吲哚-3-羧酸	$C_9H_7NO_2$	4.2034	162.0554	ESI(+)	71.255±31.921	76.532±38.764	←	9.869±7.382#	17.696±16.702	62.652±25.947	39.986±15.150	44.865±25.477	43.685±33.384
HMDB 0029522	Galangin 3-methyl ether 高良姜宁3-甲基醚	$C_{16}H_{12}O_5$	7.0623	285.0769	ESI(+)	18.122±5.908	18.341±10.162	—	4.201±2.523##	6.374±6.184	25.832±11.529	21.805±16.266	4.107±1.361##	8.541±6.932
HMDB 0038670	S-Methyl-methionine S-甲基蛋氨酸	$C_5H_{13}NO_2S$	4.7190	164.0721	ESI(+)	23.581±8.432	29.018±9.389	←	15.804±10.596	9.756±8.763*	17.547±10.204	34.473±17.708	22.857±11.550	10.52±4.835*

HMDB/METLIN ID		Elemetal composition	Ret. Time (min)	m/z	Mode	SOG	MOG	Trend	LEH	TCM	WAD	EOC	POL	FLA
HMDB 0000897	7-Methylguanine 7-甲基鸟嘌呤	$C_5H_7N_5O$	1.2048	166.0723	ESI(+)	51.508± 9.195	43.766± 7.759	→	31.472± 5.211#	38.778± 15.802	45.289± 9.516	43.452± 7.991	43.161± 14.028	44.911± 4.282
HMDB 0037057	Ethiin	$C_5H_{11}NO_3S$	1.7473	166.0511	ESI(+)	17.654± 4.543	12.462± 3.831	→	7.916± 3.480#	8.482± 4.983	10.585± 3.423	11.067± 4.858	9.951± 2.794	8.873± 1.606#
METLIN 63528	D-Phenylalanine D-苯丙氨酸	$C_9H_{11}NO_2$	2.1103	166.0829	ESI(+)	16.158± 4.114	19.683± 6.020	←	19.934± 4.746	22.315± 6.785	22.507± 6.501	28.076± 19.200#	27.795± 14.201#	19.354± 7.996
HMDB 0000289	Uric acid 尿酸	$C_5H_4N_4O_3$	1.0763	169.0381	ESI(+)	17.652± 9.142	13.511± 8.034	→	15.889± 8.186	7.228± 4.138#	14.031± 8.064	19.426± 11.170	13.529± 12.046	18.013± 6.709
HMDB 0035180	(6E, 8E) -4, 6, 8-Megastigmatriene	$C_{13}H_{20}$	6.9060	177.1658	ESI(+)	7.061± 2.567	6.019± 2.086	→	0±0###	3.024± 1.151	6.415± 2.382	3.694± 2.416	4.947± 3.147	6.663± 2.451
HMDB 0000259	Serotonin 血清素	$C_{10}H_{12}N_2O$	1.8383	177.1051	ESI(+)	5.823± 1.884	3.380± 1.090	→	0±0###	1.152± 0.684###	1.574± 0.791#	1.912± 1.715#	1.715± 1.331#	2.323± 1.443#
HMDB 0000714	Hippuric acid 海马酸	$C_9H_9NO_3$	3.7747	180.0670	ESI(+)	150.533± 35.392	122.668± 12.799	→	84.441± 31.901	85.994± 13.854###	129.788± 30.959	125.219± 45.124	104.511± 16.115	94.672± 12.807*
HMDB 0003269	Nicotinuric acid 烟酸	$C_8H_8N_2O_3$	3.1459	181.0615	ESI(+)	20.482± 8.323	12.958± 6.032	→	26.156± 19.843	18.828± 4.581	34.472± 16.297	40.423± 10.007###	36.394± 16.277	32.289± 11.542
HMDB 0000158	L-tyrosine L-酪氨酸	$C_9H_{11}NO_3$	0.7221	182.0605	ESI(+)	1.588± 0.309**	0.864± 0.195##	→	0.646± 0.200##	0.422± 0.297##	0.950± 0.228##	1.168± 0.245	0.791± 0.553	0.640± 0.446#

续表

HMDB/METLIN	ID	Elemetal composition	Ret. Time (min)	m/z	Mode	SOG	MOG	Trend	LEH	TCM	WAD	EOC	POL	FLA
HMDB 0029273	2,6-Dimethoxy-benzoic acid / 2,6-二甲氧基苯甲酸	$C_9H_{10}O_4$	2.4262	183.0667	ESI(+)	14.762±2.859	11.394±0.736	→	9.452±1.149#	7.063±1.861###	11.740±4.148	9.198±5.081	9.616±3.054	9.096±1.136#
HMDB 0000017	4-Pyridoxic acid / 4-二吡酸	$C_8H_9NO_4$	1.7451	184.0618	ESI(+)	23.156±5.617	17.306±5.244	→	11.319±4.473#	10.970±5.916#	14.612±4.642	14.716±6.200	13.257±3.377	11.750±1.964#
HMDB 0029369	Neosaxitoxin	$C_{10}H_{17}N_7O_5$	5.8289	316.1409	ESI(+)	11.682±2.767	11.503±2.872	—	0±0###	3.649±1.535####	13.364±8.162	6.464±3.593	7.333±1.387	8.620±3.888
HMDB 0000068	Epinephrine / 肾上腺素	$C_6H_7N_5O$	2.3582	184.0994	ESI(+)	7.094±1.604	5.154±0.738	→	4.173±1.374	3.335±1.223##	4.577±0.942	5.107±1.487	3.944±0.576#	3.839±1.049#
HMDB 0033553	3-[3-Methylbutyl)nitrosoamino]-2-butanone	$C_9H_{18}N_2O_2$	2.6200	187.1453	ESI(+)	10.718±1.900*	5.918±2.049#	→	10.108±3.516	11.355±4.906	3.295±1.056##	3.322±1.699##	3.085±1.500##	2.747±1.361##
HMDB 0000715	Kynurenic acid / 犬尿酸	$C_{10}H_7NO_3$	3.2008	190.0503	ESI(+)	18.417±3.237	29.519±10.750	←	28.864±4.991#	39.734±6.060##	36.914±8.356#	33.216±7.201#	28.958±11.884	32.005±9.329
HMDB 0000684	L-Kynurenine / L-犬尿氨酸	$C_{10}H_{12}N_2O_3$	2.3458	191.0838	ESI(+)	6.919±1.593	5.184±1.690	→	0.200±0.017####	2.916±1.141##	3.259±2.250	3.034±1.658#	2.871±0.978##	3.773±1.755
HMDB 0000094	Citrate / 柠檬酸盐▲	$C_6H_8O_7$	0.9318	193.0375	ESI(+)	2.215±0.843	3.048±1.486	←	1.771±1.195	0.879±0.709*	2.814±2.051	2.390±2.352	2.840±1.473	1.946±1.705

续表

HMDB/METLIN	ID	Elemetal composition	Ret. Time (min)	m/z	Mode	SOG	MOG	Trend	LEH	TCM	WAD	EOC	POL	FLA
HMDB 0000821	Phenylacetylglycine 苯乙酰甘氨酸	$C_{10}H_{11}NO_3$	4.2946	194.0836	ESI (+)	172.679± 4.650**	147.537± 4.344##	→	175.588± 61.308	163.572± 40.431	100.678± 20.220###	118.391± 39.949	151.696± 32.547	154.649± 22.188
HMDB 0038026	Dihydro-alpha-ionone 二氢-α-紫罗兰酮	$C_{13}H_{22}O$	6.9058	195.1759	ESI (+)	5.939± 2.192	5.244± 1.801	→	0±0##**	2.895± 1.066	5.605± 1.798	3.341± 2.310	4.229± 2.746	6.263± 2.322
HMDB 0011658	2,8-Dihydroxyquinoline-beta-D-glucuronide 2,8-二羟基喹啉-β-D-葡萄糖苷酸	$C_{15}H_{15}NO_8$	3.5767	338.0873	ESI (+)	136.669± 32.676	102.121± 16.393	→	45.706± 16.949####***	52.236± 15.844###**	99.659± 15.458	88.837± 35.175	80.368± 21.590	68.582± 14.726##
HMDB 0010362	6-Hydroxy-5-methoxyindole glucuronide 6-羟基-5-甲氧基吲哚葡萄糖苷酸	$C_{15}H_{17}NO_8$	4.0226	340.1041	ESI (+)	166.154± 28.254	132.825± 18.458	→	122.712± 47.960	77.047± 22.592###	102.024± 21.207	110.498± 38.368	98.116± 19.695##	64.403± 15.668###
HMDB 0002052	Maleylacetoacetic acid 马来酰乙酰乙酸	$C_8H_8O_6$	2.8867	201.0420	ESI (+)	1.141± 0.148	1.017± 0.164	→	0.788± 0.118##	0.567± 0.314#	1.086± 0.213	0.776± 0.226	0.764± 0.257	1.114± 0.195

续表

HMDB/METLIN ID	ID	Elemetal composition	Ret. Time (min)	m/z	Mode	SOG	MOG	Trend	LEH	TCM	WAD	EOC	POL	FLA
HMDB 0031663	3-(3-Methylbutylidene)-1-(3H)-isobenzofuranone 3-(3-甲基亚丁基)-1-(3H)-异苯并呋喃酮	$C_{13}H_{14}O_2$	5.7536	203.1110	ESI(+)	27.815±4.593	48.668±22.252	↑	37.236±13.545	37.744±16.424	51.140±9.429##	53.833±27.557	47.399±13.351	62.763±15.834#
HMDB 0000881	Xanthurenic acid 黄嘌呤酸	$C_{10}H_7NO_4$	2.8928	206.0459	ESI(+)	5.313±1.561*	2.564±0.561#	→	11.684±4.515	13.565±2.396	13.004±3.103	11.336±0.771	7.606±3.935#	10.283±2.150#
HMDB 0000929	Tryptophan 色氨酸	$C_{11}H_{12}N2O_2$	2.9052	205.1002	ESI(+)	3.221±0.865	1.865±0.898	↑	2.379±0.463	3.004±1.088	2.512±0.429	2.335±0.944	2.327±0.548	3.472±1.150###
HMDB 0000978	4-(2-Aminophenyl)-2,4-dioxobutanoic acid 4-(2-氨基苯基)-2,4-二氧代丁酸	$C_{10}H_9NO_4$	3.4340	208.0615	ESI(+)	6.426±1.832*	12.268±3.237#	→	14.275±2.268	8.495±3.896	6.019±1.562	2.399±1.221##	11.776±6.840	13.739±8.615
HMDB 0001013	Cotinine glucuronide 葡萄糖醛酸苷	$C_{16}H_{20}N_2O_7$	1.4692	353.1351	ESI(+)	17.828±2.808**	9.750±1.852*	→	11.152±1.865	10.864±0.962	11.047±4.023	8.457±1.669	10.998±3.565	12.662±2.345*

注：(1) EOC：孔雀草茎叶挥发油组分组，FLA：孔雀草茎叶总黄酮组分组，LEH：盐酸左氧氟沙星组，MOG：模型组，POL：孔雀草茎叶多糖组分组，SOG：假手术组，TCM：普乐安组，WAD：孔雀草茎叶水煎液组。

(2) ▲代表靶向代谢组向代谢组学差异代谢物，其余为非靶向代谢组学差异代谢物。#：$P<0.05$，##：$P<0.01$ 与假手术组（SOG）比较；*：$P<0.05$，**：$P<0.01$ 与模型组（MOG）比较。↓表示模型组（MOG）与假手术组（SOG）相比有下降趋势，↑表示模型组（MOG）与假手术组（SOG）相比有上升趋势。

表 4-70 差异代谢物 VIP 值

VIP	Mode	Ret. Time (min)	m/z	ID	Elemental composition	HMDB/METLIN
6.70441	ESI (+)	4.5571	224.0942	N–Acetyl–L–tyrosine	$C_{11}H_{13}NO_4$	HMDB0000866
5.24973	ESI (+)	3.7807	105.0340	Urea–1–carboxylate	$C_2H_4N_2O_3$	METLIN63482
4.75101	ESI (+)	4.2946	194.0836	Phenylacetylglycine	$C_{10}H_{11}NO_3$	HMDB0000735
4.31947	ESI (+)	4.0226	340.1041	6–Hydroxy–5–methoxyindole glucuronide	$C_{15}H_{17}NO_8$	HMDB0010362
4.12425	ESI (+)	4.2034	162.0554	Indole–3–carboxylic acid	$C_9H_7NO_2$	HMDB0003320
4.06907	ESI (+)	3.5767	338.0873	2, 8–Dihydroxyquinoline–beta–D–glucuronide	$C_{15}H_{15}NO_8$	HMDB0011658
3.91550	ESI (+)	4.2937	76.0406	Glycine ▲	$C_2H_5NO_2$	HMDB0000735
3.81616	ESI (+)	0.7150	114.0670	Creatinine ▲	$C_4H_7N_3O$	HMDB0000562
3.72503	ESI (+)	0.8058	146.0931	4–Guanidinobutanoic acid	$C_5H_{11}N_3O_2$	HMDB0003464
3.54455	ESI (+)	3.1459	181.0615	Nicotinuric acid	$C_8H_8N_2O_3$	HMDB0003269
3.41412	ESI (+)	0.8939	130.0820	Pipecolic acid	$C_6H_{11}NO_2$	HMDB0000070
3.22635	ESI (+)	9.2326	407.2804	(6b, 7b, 13R) –6, 7–Diacetoxy–8, 14–labdadiene–13–ol	$C_{24}H_{38}O_5$	HMDB0035288
3.14343	ESI (+)	4.7190	164.0721	S–Methylmethionine	$C_6H_{13}NO_2S$	HMDB0038670
3.12894	ESI (+)	3.7747	180.0670	Hippuric acid	$C_9H_9NO_3$	HMDB0000714
3.04837	ESI (+)	2.1193	120.0800	L–phenylalanine ▲	$C_9H_{11}NO_2$	HMDB0000159
2.68959	ESI (+)	4.2883	91.0551	Diethyl sulfide	$C_4H_{10}S$	HMDB0031666
2.35039	ESI (+)	5.7536	203.1110	3– (3–Methylbutylidene) –1 (3H) –isobenzofuranone	$C_{13}H_{14}O_2$	HMDB0031663

续表

VIP	Mode	Ret. Time (min)	m/z	ID	Elemental composition	HMDB/METLIN
2.34141	ESI (+)	7.0623	285.0769	Galangin 3-methyl ether	$C_{16}H_{12}O_5$	HMDB0029522
2.17632	ESI (+)	2.4859	232.1570	Isobutyryl-L-carnitine	$C_{11}H_{21}NO_4$	HMDB0000736
2.17194	ESI (+)	8.5970	261.1498	Lacinilene C 7-methyl ether	$C_{16}H_{20}O_3$	HMDB0036456
2.11189	ESI (+)	1.3541	126.0667	5-Methylcytosine	$C_5H_7N_3O$	HMDB0002894
2.10076	ESI (+)	5.6914	245.0935	Isopropyl beta-D-glucoside	$C_9H_{18}O_6$	HMDB0032705
2.04504	ESI (+)	4.8203	130.0650	Quinoline	C_9H_7N	HMDB0033731
1.99458	ESI (+)	4.5377	461.1074	Glycitein 7-O-glucuronide	$C_{22}H_{20}O_{11}$	HMDB0041741
1.95102	ESI (+)	2.2609	100.0762	2, 5-Dihydro-2, 4-dimethyloxazole	$C_5H_9N_0$	HMDB0040518
1.91059	ESI (+)	2.1115	127.0411	Methyl 2-furoate	$C_6H_6O_3$	HMDB0029750
1.89948	ESI (+)	1.0023	112.0506	Cytosine	$C_4H_5N_3O$	HMDB0000630
1.84475	ESI (+)	5.8289	316.1409	Neosaxitoxin	$C_{10}H_{17}N_7O_5$	HMDB0029369
1.83765	ESI (+)	2.6200	187.1453	3-[(3-Methylbutyl) nitrosoamino]-2-butanone	$C_9H_{18}N_2O_2$	HMDB0033553
1.72324	ESI (+)	3.1974	76.0398	Ethyl nitrite	$C_2H_5NO_2$	HMDB0031239
1.65087	ESI (+)	8.0782	271.0625	N-Desmethyldiazepam (Nordazepam)	$C_{15}H_{11}ClN_2O$	HMDB0060538
1.62162	ESI (+)	4.4283	261.1289	Glycerol tripropanoate	$C_{12}H_{20}O_6$	HMDB0032857
1.57921	ESI (+)	1.2048	166.0723	6-O-Methylguanine	$C_6H_7N_5O$	HMDB0000897
1.57881	ESI (+)	3.2008	190.0503	2-Oxo-1, 2-dihydroquinoline-4-carboxylate	$C_{10}H_7NO_3$	HMDB0000715

续表

VIP	Mode	Ret. Time (min)	m/z	ID	Elemental composition	HMDB/METLIN
1.57709	ESI (+)	3.1978	160.0978	4-hydroxystachydrine	$C_7H_{13}NO_3$	HMDB0029230
1.54384	ESI (+)	3.434	208.0615	4- (2-Aminophenyl) -2, 4-dioxobutanoic acid	$C_{10}H_9NO_4$	HMDB0000978
1.53024	ESI (+)	2.1103	166.0829	D-Phenylalanine	$C_9H_{11}NO_2$	METLIN63528
1.50047	ESI (+)	4.0031	377.1464	(1x, 2x) -Guaiacylglycerol 2-glucoside	$C_{16}H_{24}O_{10}$	HMDB0033301
1.50021	ESI (+)	3.1977	85.0652	Tiglic aldehyde	C_5H_8O	HMDB0031512
1.46555	ESI (+)	2.6014	210.0785	Hydroxyphenylacetylglycine	$C_{10}H_{11}NO_4$	HMDB0000735
1.40120	ESI (−)	4.6906	537.1990	Glu Phe Asp Glu	$C_{23}H_{30}N_4O_{11}$	METLIN129123
1.38630	ESI (+)	2.8928	206.0459	Xanthurenic acid	$C_{10}H_7NO_4$	HMDB0000881
1.35876	ESI (−)	4.2909	192.0669	Methylhippuric acid	$C_{10}H_{11}NO_3$	HMDB0011723
1.32019	ESI (−)	0.6362	151.0600	Ribitol	$C_5H_{12}O_5$	HMDB0000508
1.31618	ESI (+)	6.9060	177.1658	(6E, 8E) -4, 6, 8-Megastigmatriene	$C_{13}H_{20}$	HMDB0035180
1.30414	ESI (−)	5.5468	217.1454	Capric acid	$C_{10}H_{20}O_2$	HMDB0000511
1.29511	ESI (+)	3.7617	77.0379	1-Propanethiol	C_3H_8S	HMDB0034238
1.28961	ESI (−)	2.1073	301.0562	(2R, 3S) -Piscidic acid	$C_{11}H_{12}O_7$	HMDB0030809
1.28607	ESI (−)	4.6055	283.0838	3, 4, 5-Trimethoxycinnamic acid	$C_{12}H_{14}O_5$	HMDB0002511
1.27532	ESI (+)	1.6288	151.0630	1-Methylhypoxanthine	$C_6H_6N_4O$	HMDB0001644
1.25027	ESI (+)	6.9058	195.1759	Dihydro-alpha-ionone	$C_{13}H_{22}O$	HMDB0038026

续表

VIP	Mode	Ret. Time (min)	m/z	ID	Elemental composition	HMDB/METLIN
1.24692	ESI (+)	6.2959	95.0859	1-Methyl-1, 3-cyclohexadiene	C_7H_{10}	HMDB0032395
1.24176	ESI (-)	3.7754	134.0601	N-Acetylarylamine	C_8H_9NO	HMDB0001250
1.22207	ESI (+)	2.3780	384.1155	Succinoadenosine	$C_{14}H_{17}N_5O_8$	HMDB0000912
1.21680	ESI (+)	1.7451	184.0618	4-Pyridoxic acid	$C_8H_9NO_4$	HMDB0000017
1.18853	ESI (+)	8.0752	361.2015	Cortisone	$C_{21}H_{28}O_5$	HMDB0002802
1.18280	ESI (+)	0.9096	136.0654	Adenine	$C_5H_5N_5$	HMDB0000034
1.16272	ESI (-)	3.7722	178.0499	Hippuric acid	$C_9H_9NO_3$	HMDB0000714
1.15475	ESI (+)	2.3458	191.0838	L-Kynurenine	$C_{10}H_{12}N_2O_3$	HMDB0000684
1.14224	ESI (+)	2.4262	183.0667	2, 6-Dimethoxybenzoic acid	$C_9H_{10}O_4$	HMDB0029273
1.11126	ESI (-)	8.0814	315.1942	15-Hydroxydehydroabietic acid	$C_{20}H_{28}O_3$	METLIN985438
1.08009	ESI (-)	6.8600	186.0561	Indoleacrylic acid	$C_{11}H_9NO_2$	HMDB0000734
1.07261	ESI (-)	6.7227	389.0901	Ser-Tyr-OH	$C_{18}H_{18}N_2O_8$	METLIN65163
1.07256	ESI (-)	3.5816	275.0218	6-Phosphogluconic acid	$C_6H_{13}O_{10}P$	HMDB0001316
1.06881	ESI (-)	4.8071	231.0797	Nalidixic acid	$C_{12}H_{12}N_2O_3$	HMDB0014917
1.05178	ESI (-)	8.4102	345.2255	Roccellic acid	$C_{17}H_{32}O_4$	METLIN43927
1.04558	ESI (+)	1.7473	166.0511	Ethiin	$C_5H_{11}NO_3S$	HMDB0037057
1.02913	ESI (-)	0.6845	157.0323	Allantoin ▲	$C_4H_6N_4O_3$	HMDB0000462

续表

VIP	Mode	Ret. Time (min)	m/z	ID	Elemental composition	HMDB/METLIN
1.02434	ESI (−)	4.2007	160.0381	2–Indolecarboxylic acid	$C_9H_7NO_2$	HMDB0002285
1.00019	ESI (−)	0.7694	119.0321	L–Erythrulose	$C_4H_8O_4$	HMDB0006293

注：▲代表靶向代谢组学差异代谢物，其余为非靶向代谢组学差异代谢物。

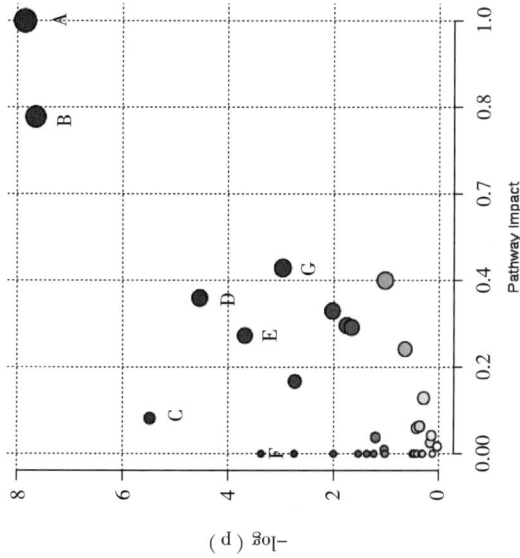

图 4-57　途径分析总结图

A. Phenylalanine, tyrosine and tryptophan biosynthesis（苯丙氨酸，酪氨酸和色氨酸生物合成）；B. Phenylalanine metabolism（苯丙氨酸代谢）；C. Pantothenate and CoA biosynthesis（泛酸和辅酶 A 生物合成）；D. Tryptophan metabolism（色氨酸代谢）；E. Pentose and glucuronate interconversions（戊糖和葡萄糖醛酸盐相互作用）；F. Aminoacyl–tRNA biosynthesis（氨基酰–tRNA 生物合成）；G. Taurine and hypotaurine metabolism（牛磺酸和亚牛磺酸代谢）

表 4-71　基于 KEGG 的 Metabolyst 的途径分析结果

	Pathway Name	Match Status	p	Impact
1	Phenylalanine，tyrosine and tryptophan biosynthesis 苯丙氨酸，酪氨酸和色氨酸生物合成	3/4	3.86E−04	1
2	Phenylalanine metabolism 苯丙氨酸代谢	4/9	4.73E−04	0.77778
3	Taurine and hypotaurine metabolism 牛磺酸和亚牛磺酸代谢	2/8	0.050873	0.42857
4	Ascorbate and aldarate metabolism 抗坏血酸和醛酸代谢	1/9	0.352900	0.40000
5	Tryptophan metabolism 色氨酸代谢	6/41	0.010587	0.35955
6	Tyrosine metabolism 酪氨酸代谢	4/42	0.131370	0.32959
7	Glyoxylate and dicarboxylate metabolism 乙醛酸和二羧酸代谢	2/16	0.171660	0.29630
8	Glycine，serine and threonine metabolism 甘氨酸，丝氨酸和苏氨酸代谢	3/32	0.188060	0.29197
9	Pentose and glucuronate interconversions 戊糖和葡萄糖醛酸盐相互作用	3/14	0.024993	0.27273
10	Histidine metabolism 组氨酸代谢	1/15	0.516650	0.24194
11	Citrate cycle (TCA cycle) 柠檬酸循环（TCA 循环）	3/20	0.064041	0.16675
12	Cysteine and methionine metabolism 半胱氨酸和甲硫氨酸代谢	1/28	0.744270	0.12829
13	Pantothenate and CoA biosynthesis 泛酸和辅酶 A 生物合成	4/15	0.004133	0.08163
14	Alanine，aspartate and glutamate metabolism 丙氨酸，天冬氨酸和谷氨酸代谢	1/24	0.688740	0.06329
15	Primary bile acid biosynthesis 原代胆汁酸生物合成	2/46	0.648640	0.05952
16	Pyrimidine metabolism 嘧啶代谢	1/41	0.865540	0.04182
17	Starch and sucrose metabolism 淀粉和蔗糖代谢	2/23	0.295420	0.03778
18	Purine metabolism 嘌呤代谢	2/68	0.842730	0.02549

续表

	Pathway Name		Match Status	p	Impact
19	Steroid hormone biosynthesis	类固醇激素生物合成	1/70	0.968680	0.01699
20	Glutathione metabolism	谷胱甘肽代谢	2/26	0.348530	0.00955
21	Nitrogen metabolism	氮代谢	2/9	0.063456	0
22	Aminoacyl–tRNA biosynthesis	氨基酰 –tRNA 生物合成	7/67	0.034096	0
23	Arginine and proline metabolism	精氨酸和脯氨酸代谢	1/44	0.884180	0
24	Porphyrin and chlorophyll metabolism	卟啉和叶绿素代谢	1/27	0.731380	0
25	Inositol phosphate metabolism	肌醇磷酸盐代谢	1/26	0.717850	0
26	Pyruvate metabolism	丙酮酸代谢	1/22	0.656670	0
27	Butanoate metabolism	丁酸代谢	1/20	0.621350	0
28	Lysine degradation	赖氨酸降解	1/20	0.621350	0
29	beta–Alanine metabolism	β– 丙氨酸代谢	1/19	0.602380	0
30	Pentose phosphate pathway	戊糖磷酸途径	1/19	0.602380	0
31	Vitamin B6 metabolism	维生素 B6 代谢	1/9	0.352900	0
32	Methane metabolism	甲烷代谢	1/9	0.352900	0
33	Thiamine metabolism	硫胺素代谢	1/7	0.287000	0
34	Cyanoamino acid metabolism	氰基氨基酸代谢	1/6	0.251620	0
35	D–Glutamine and D–glutamate metabolism	D– 谷氨酰胺和 D– 谷氨酸代谢	1/5	0.214510	0
36	Ubiquinone and other terpenoid–quinone biosynthesis	泛醌等萜醌类生物合成	1/3	0.134770	0

表 4-72 差异代谢物通路分析结果

HMDB		Elemetal composition	ESI	Ret. Time (min)	m/z	SOG	MOG	Trend	LEH	TCM	WAD	EOC	POL	FLA	
HMDB 0000158	L-tyrosine L-酪氨酸 ▲	$C_9H_{11}NO_3$	ESI (-)	1.3987	180.0632	1.176± 0.714	0.916± 0.519	→	0.534± 0.204##	0.956± 0.633	1.002± 0.694	0.798± 0.599	0.767± 0.609	0.828± 0.223	Phenylalanine metabolism; Phenylalanine, tyrosine and tryptophan biosynthesis
HMDB 0006236	Phenylace-taldehyde 苯乙醛	C_8H_8O	ESI (+)	1.5029	121.0663	4.304± 0.482*	2.303± 0.780##	→	2.189± 0.415##	7.423± 3.982	2.591± 0.53³##	3.555± 1.658	2.489± 0.976#	2.035± 0.715##	Phenylalanine metabolism
HMDB 0000205	Phenyl-pyruvic acid 苯丙酮酸	$C_9H_8O_3$	ESI (-)	3.5141	163.0386	6.729± 2.152	4.773± 3.043	→	3.766± 2.675	2.133± 1.95⁸##	5.162± 2.512	3.966± 2.272	2.093± 1.898##	3.363± 1.640	Phenylalanine metabolism; Phenylalanine, tyrosine and tryptophan biosynthesis
HMDB 0000159	L-phenylalanine L-苯丙氨酸 ▲	$C_9H_{11}NO_2$	ESI (+)	2.1193	120.0800	28.843± 8.126	24.183± 10.619	→	30.763± 14.405	32.838± 14.585	37.638± 15.780	43.791± 23.712*	55.572± 29.694***	36.113± 16.846	Phenylalanine metabolism; Phenylalanine, tyrosine and tryptophan biosynthesis; Aminoacyl-tRNA biosynthesis
HMDB 0003426	Pantetheine 泛硫醇	$C_{11}H_{22}N_2O_4S$	ESI (+)	2.5712	279.1378	2.155± 0.190**	0.953± 0.147##	→	1.080± 0.368##	2.017± 0.523*	1.119± 0.271##	0.872± 0.304##	1.942± 0.993	2.661± 1.466	Pantothenate and CoA biosynthesis
HMDB 0000574	L-Cysteine L-半胱氨酸	$C_3H_7NO_2S$	ESI (+)	4.8468	122.0283	5.874± 1.107	5.214± 1.302	→	3.636± 1.489	5.144± 1.203	3.155± 0.726##	5.513± 1.111	4.057± 0.502	5.083± 0.676	Pantothenate and CoA biosynthesis; Taurine and hypotaurine metabolism; Aminoacyl-tRNA biosynthesis

续表

HMDB			Elemetal composition	ESI	Ret. Time (min)	m/z	SOG	MOG	Trend	LEH	TCM	WAD	EOC	POL	FLA	
HMDB 0000210	Pantothenic Acid	泛酸	$C_9H_{17}NO_5$	ESI (-)	2.3662	218.1016	52.055± 18.777	50.441± 7.322	→	49.706± 23.01	38.521± 11.917	47.579± 12.383	51.254± 20.456	47.75± 10.266	32.53± 10.809##	Pantothenate and CoA biosynthesis
HMDB 0000300	Uracil	尿嘧啶	$C_7H_{10}N_2OS$	ESI (+)	1.5955	113.0465	0.734± 0.285	0.955± 0.279	←	0.954± 0.528	1.278± 0.677	0.870± 0.700	1.313± 1.037	1.568± 1.037#	1.591± 0.932#	Pantothenate and CoA biosynthesis
HMDB 0000929	Tryptophan	色氨酸	$C_{11}H_{12}N_2O_2$	ESI (+)	2.9052	205.1002	2.230± 0.591	2.509± 0.570	←	2.379± 0.463	3.004± 1.088	2.512± 0.429	2.335± 0.944	2.327± 0.548	3.472± 1.150###	Tryptophan metabolism; Aminoacyl-tRNA biosynthesis
HMDB 0000259	Serotonin	5-羟色胺	$C_{10}H_{12}N_2O$	ESI (+)	1.8983	177.1051	5.823± 1.884	3.380± 1.090	→	0±0###	1.152± 0.684##	1.574± 0.791#	1.912± 1.715#	1.715± 1.331#	2.323± 1.443#	Tryptophan metabolism
HMDB 0000684	L-Kynurenine	L-犬尿氨酸	$C_{10}H_{12}N_2O_3$	ESI (+)	2.3458	191.0838	6.919± 1.593	5.184± 1.690	→	0.200± 0.017###	2.916± 1.141##	3.259± 2.250	3.034± 1.658#	2.871± 0.978##	3.773± 1.755	Tryptophan metabolism
HMDB 0000734	Indoleacrylic acid	吲哚丙烯酸	$C_{11}H_9NO_2$	ESI (-)	6.8600	186.0561	2.608± 0.947	3.290± 1.236	←	0.528± 0.533###	2.055± 2.077	2.414± 0.927	3.811± 1.947	3.015± 1.339	4.151± 2.603	Tryptophan metabolism
HMDB 0000978	4-(2-Aminophenyl)-2,4-dioxobutanoic acid	4-(2-氨基苯基)-2,4-二氧代丁酸	$C_{10}H_9NO_4$	ESI (+)	3.4340	208.0615	11.657± 3.796	10.748± 5.437	→	14.275± 2.268	8.495± 3.896	6.019± 1.562	2.399± 1.221##	11.776± 6.840	13.739± 8.615	Tryptophan metabolism
HMDB 0000197	3-Indoleacetic Acid	3-吲哚乙酸	$C_{10}H_9NO_2$	ESI (-)	6.1042	174.0572	1.224± 0.241**	0.597± 0.198##	→	0.888± 0.147	0.192± 0.090###	0.537± 0.094###	1.189± 0.198**	0.727± 0.137#	0.998± 0.199	Tryptophan metabolism

续表

HMDB		Elemental composition	ESI	Ret. Time (min)	m/z	SOG	MOG	Trend	LEH	TCM	WAD	EOC	POL	FLA	
HMDB 0001644	D-木酮糖 D-Xylulose	$C_5H_{10}O_5$	ESI (+)	0.7011	149.0438	6.127± 0.992	3.995± 1.761	→	3.982± 2.016	3.050± 1.374##	8.997± 3.600	4.080± 1.407	2.978± 1.029##	5.406± 2.886	Pentose and glucuronate interconversions
HMDB 0000127	D-葡萄糖醛酸 D-Glucuronic acid	$C_6H_{10}O_7$	ESI (-)	3.6827	193.0474	33.042± 6.684	33.660± 6.616	—	19.783± 7.133	19.339± 3.128#	18.806± 8.730	20.603± 7.997	7.700± 6.386###	10.567± 6.209###	Pentose and glucuronate interconversions
HMDB 0000177	L-组氨酸 ▲ L-histidine	$C_6H_9N_3O_2$	ESI (+)	0.6353	156.0459	2.1147± 0.499	1.771± 0.611	→	1.696± 0.514	1.383± 0.492##	1.745± 0.457	1.538± 0.535#	1.787± 0.523	1.771± 0.518	Aminoacyl-tRNA biosynthesis
HMDB 0062781	α-酮戊二酸 2-oxoglutarate	$C_5H_6O_5$	ESI (-)	0.8023	145.0105	19.688± 6.005	21.403± 10.180	←	25.979± 4.395	18.852± 6.326	27.855± 9.634	25.727± 17.342	32.323± 10926###	28.189± 10.924	Citrate cycle (TCA cycle)
HMDB 0000156	L-苹果酸 ▲ L-Malic acid	$C_4H_6O_5$	ESI (-)	0.7309	133.0072	13.550± 0.948	18.452± 6.427	←	23.698± 5.474#	22.143± 3.204##	22.004± 4.513#	21.382± 3.901#	28.251± 10.737	20.441± 6.162	Citrate cycle (TCA cycle); Glyoxylate and dicarboxylate metabolism
HMDB 0000094	柠檬酸盐 ▲ Citrate	$C_6H_8O_7$	ESI (+)	0.9318	193.0375	2.215± 0.843	3.048± 1.486	←	1.771± 1.195	0.879± 0.709*	2.814± 2.051	2.390± 2.352	2.840± 1.473	1.946± 1.705	Citrate cycle (TCA cycle); Glyoxylate and dicarboxylate metabolism
HMDB 0000068	肾上腺素 Epinephrine	$C_9H_7N_5O$	ESI (+)	2.3582	184.0994	7.094± 1.604	5.154± 0.738	→	4.173± 1.374	3.335± 1.223##	4.577± 0.942	5.107± 1.487	3.944± 0.576#	3.839± 1.049#	Tyrosine metabolism
HMDB 0000073	多巴胺 ▲ Dopamine	$C_8H_{11}NO_2$	ESI (+)	0.8783	154.0985	5.028± 0.904	9.187± 3.449	←	3.556± 1.638	4.602± 2.86	5.968± 1.193	8.478± 4.041	8.375± 2.617	12.473± 3.838#	Tyrosine metabolism

续表

HMDB		Elemetal composition	ESI	Ret. Time (min)	m/z	SOG	MOG	Trend	LEH	TCM	WAD	EOC	POL	FLA	
HMDB 0002052	Maleylace-toacetic acid 马来酰乙酰乙酸	$C_8H_8O_6$	ESI (+)	2.8867	201.042	1.141± 0.148	1.017± 0.164	→	0.788± 0.118##	0.567± 0.314#	1.086± 0.213	0.776± 0.226	0.764± 0.257	1.114± 0.195	Tyrosine metabolism
HMDB 0000251	Taurine 牛磺酸 ▲	$C_2H_7NO_3S$	ESI (−)	0.6159	124.0016	11.602± 3.276	7.743± 2.461	→	9.789± 3.407	16.793± 9.002	5.849± 3.343	4.277± 2.748#	5.750± 4.027	4.711± 1.116#	Taurine and hypotaurine metabolism
HMDB 0000167	L-threonine L-苏氨酸 ▲	$C_4H_9NO_3$	ESI (+)	0.7366	120.0690	0.288± 0.144	0.637± 0.399	←	0.397± 0.121	0.233± 0.123	0.566± 0.413	0.619± 0.134#	0.522± 0.228	0.666± 0.246	Glycine, serine and threonine metabolism; Aminoacyl-tRNA biosynthesis
HMDB 0000123	Glycine 甘氨酸 ▲	$C_2H_5NO_2$	ESI (+)	4.2937	76.0406	150.442± 18.132**	90.765± 23.967##	→	112.710± 32.979	121.589± 8.623	77.689± 19.205##	110.343± 21.134	120.142± 32.905	112.499± 22.190	Glycine, serine and threonine metabolism; Aminoacyl-tRNA biosynthesis
HMDB 0000289	Uric acid 尿酸	$C_5H_4N_4O_3$	ESI (+)	1.0763	169.0381	17.652± 9.142	13.511± 8.034	→	15.889± 8.186	7.228± 4.138#	14.031± 8.064	19.426± 11.170	13.529± 12.046	18.013± 6.709	Purine metabolism
HMDB 0000034	Adenine 腺嘌呤	$C_6H_7N_5$	ESI (+)	0.9096	136.0654	12.601± 5.442	6.904± 1.472	→	1.991± 0.834##	4.374± 2.079	8.498± 3.948	6.768± 2.516	6.220± 3.317	6.264± 2.842	Purine metabolism

注：(1) EOC: 孔雀草叶挥发油组分组，FLA: 孔雀草茎叶总黄酮组分组，LEH: 盐酸左氧氟星沙代谢物，MOG: 模型组，POL: 孔雀草茎叶多糖组分组，SOG: 假手术组，TCM: 普乐安组，WAD: 孔雀草茎叶水煎液组。

(2) ▲代表靶向代谢组学差异代谢物，其余为非靶向代谢组学差异代谢物。#: $P < 0.05$，##: $P < 0.01$ 与假手术组（SOG）比较；*: $P < 0.05$，**: $P < 0.01$ 与模型组（MOG）比较。↓表示模型组（MOG）与假手术组（SOG）相比有下降趋势，↑表示模型组（MOG）与假手术组（SOG）相比有上升趋势。

　　基于代谢组学发现孔雀草抗前列腺炎的主要机制集中于苯丙氨酸、酪氨酸和色氨酸的生物合成；泛酸和辅酶 A 生物合成；代谢、氨基酰 –tRNA 生物合成；苯丙氨酸、色氨酸的代谢；戊糖和葡萄糖醛酸盐相互作用；牛磺酸和亚牛磺酸代谢等途径。

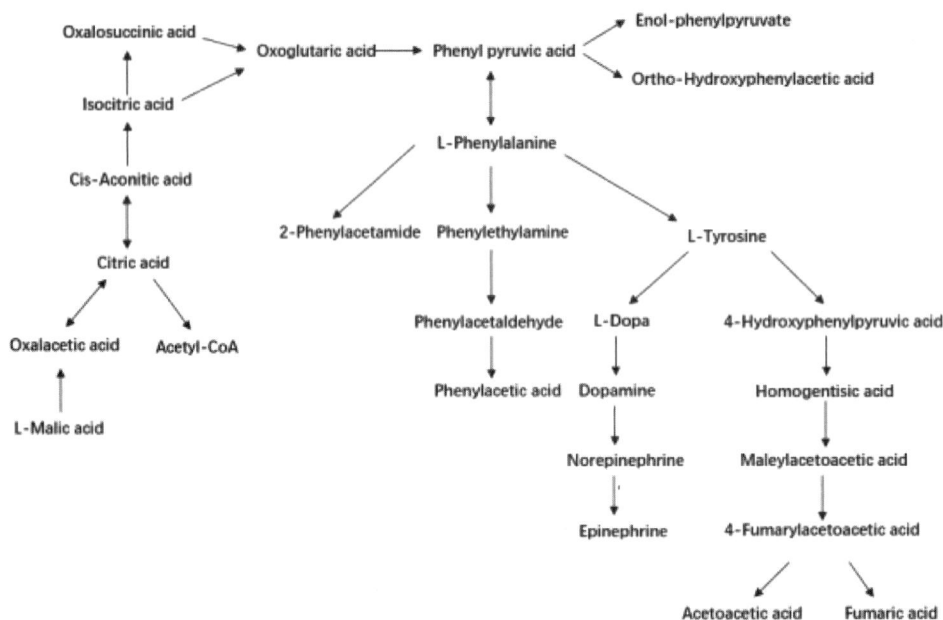

图 4-58　苯丙氨酸、酪氨酸和色氨酸生物合成，苯丙氨酸代谢与酪氨酸代谢通路

　　代谢组学分析发现大鼠前列腺炎模型中苯丙氨酸、酪氨酸和色氨酸生物合成，苯丙氨酸代谢及酪氨酸代谢途径的代谢异常，与假手术组相比模型组大鼠尿液中苯丙酮酸、L-苯丙氨酸、苯乙醛、酪氨酸、马来酰乙酰乙酸、多巴胺及肾上腺素的含量均有不同程度的降低。以上差异代谢物鉴定结果表明前列腺炎的发展涉及苯丙氨酸、酪氨酸和色氨酸生物合成，苯丙氨酸代谢与酪氨酸代谢这几条途径（图 4-58），而干扰的代谢途径能够被孔雀草茎叶水煎液组、孔雀草茎叶多糖组与孔雀草茎叶总黄酮组部分逆转治疗，换句话说，孔雀草茎叶水煎液、孔雀草茎叶多糖与孔雀草茎叶总黄酮可能有助于修复这些代谢物所涉及的途径。

　　前列腺炎模型组中主要泛酸和辅酶 A 生物合成、牛磺酸和牛磺酸代谢与甘氨酸、丝氨酸和苏氨酸代谢这 3 条途径（图 4-59）代谢紊乱，而在各治疗组中普乐安组、孔雀草茎叶水煎液组、孔雀草茎叶多糖组分组及孔雀草茎叶总黄酮组分组能够部分调节这些紊乱的代谢途径中的代谢物恢复至正常水平。

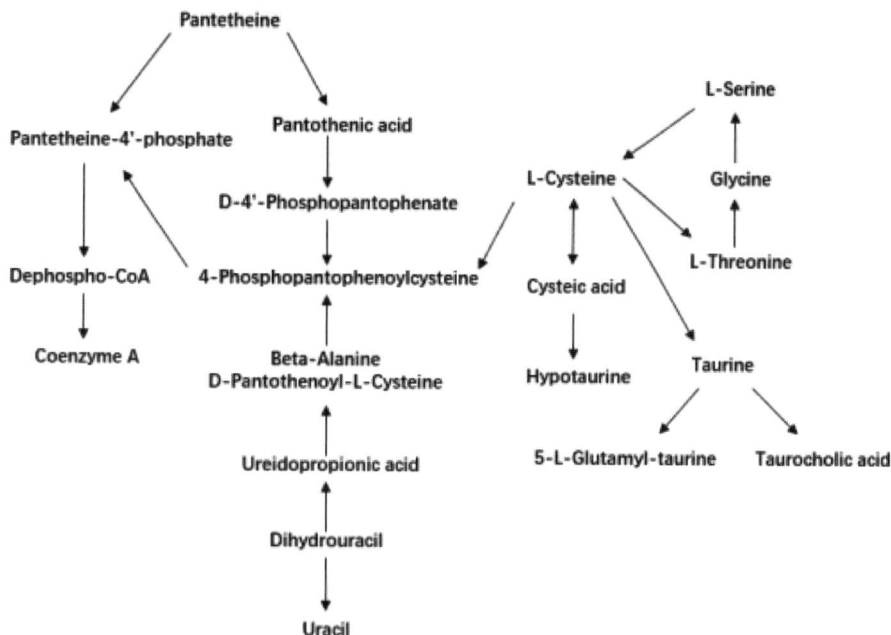

图4-59 泛酸和辅酶A生物合成、牛磺酸和牛磺酸代谢与甘氨酸、丝氨酸和苏氨酸代谢途径

综上，通过对孔雀草体内外抗前列腺炎活性研究与谱效关系及代谢组学研究综合分析，孔雀草茎叶多糖及总黄酮组分通过显著减轻炎症、调节激素水平、增强 ATP 酶活力与新陈代谢，有效调节苯丙氨酸与酪氨酸等氨基酸代谢途径，改善糖代谢与能量代谢，使发生紊乱的其他代谢途径恢复正常，发挥治疗慢性非细菌性前列腺炎作用。因此，孔雀草茎叶中多糖与黄酮类化合物是孔雀草抗前列腺炎的药效物质基础。

四、孔雀草花保肝有效成分研究 [58]

肝病是一种常见、发病率高的疾病，在我国肝病患者的人数逐年上升。常见的肝病有很多种，代谢障碍肝疾病、酒精性肝损伤、药物及其他原因的化学性肝损伤。如何防治肝脏疾病是目前医药领域研究的热点。寻找毒副作用低，易获得且具有整体调理的天然药物是治疗的有效途径。窦德强、罗思敏课题组，采用 CCl_4 致小鼠急性化学性肝损伤模型和 CCl_4 诱导 LO_2 肝细胞损伤模型评价孔雀草花挥发油、水煎液及经大孔吸附树脂分离得到的各拆分组分对肝的保护作用，为后期开展孔雀草花的化学成分研究提供依据。

1. 孔雀草花水煎液对四氯化碳致小鼠急性肝损伤的保护作用

1.1　实验方法

1.1.1　药材水煎液的制备

孔雀草干花，剪碎打粉，称取 150 g。向药材粉末中加水，液料比 1:10 浸泡 4 h 后，煎煮 1 h，趁热过滤。药渣加入 8 倍水再次煎煮 1 h，合并滤液。浓缩至生药量浓度为 0.225 g/mL。

1.1.2　动物分组和造模

50 只小鼠随机分为 5 组，每组 10 只，分别为空白组、模型组、孔雀草 0.5 倍量、孔雀草 1 倍量、孔雀草 2 倍量。将《贵州草药》所记载日用量根据剂量换算成小鼠给药剂量，分别制成水煎液。第 1、2 组空白组与模型组给蒸馏水，第 3、4、5 组按照剂量由低到高依次给药。给药体积 0.4 mL/20 g，连续灌胃 10 d。末次灌胃 2 h 后，除空白组腹腔注射葵花籽油溶液外，其余各组均腹腔注射给予四氯化碳葵花籽油溶液（0.5%），造模剂量为 10 mL/kg，随后禁食不禁水，见表 4-73。

表 4-73　各组给药剂量

分组	给药剂量
空白组	0.4 mL/20 g
模型组	0.4 mL/20 g
孔雀草 0.5 倍量	1.126 g/kg
孔雀草 1 倍量	2.252 g/kg
孔雀草 2 倍量	4.504 g/kg

1.1.3　测试与统计检测

造模 24 h 后，眼球取血，3500 r/min 离心 20 min，取血清备用。采用分光光度法按照试剂盒步骤对谷丙转氨酶（ALT）、谷草转氨酶（AST）进行检测。

在小鼠给药前，给药一段时间后，以及注射 CCl_4 后对体质量进行测定，比较体质量变化。

SPSS 16.0 统计软件进行数据分析，实验数据采用均值 ± 标准差（$\bar{x} \pm s$）表示，组间比较采用单因素方差分析，以 $P < 0.05$ 为差异有统计学意义。

1.2　实验结果

1.2.1　对血清中 ALT、AST 活力影响

结果如表 4-74 所示，模型组小鼠血清中 ALT、AST 含量与空白组相比明显升高，表

明造模成功。而与模型组比较，1 倍水煎液能明显降低血清 AST 水平，2 倍剂量的水煎液对血清中 ALT 和 AST 有显著的抑制作用。

表4-74 孔雀草对肝损伤小鼠转氨酶的影响 $(\bar{x} \pm s, n=10)$

组别	ALT（U/L）	AST（U/L）
空白	7.97 ± 3.41[**]	11.02 ± 4.63[**]
模型	23.46 ± 6.06[##]	33.07 ± 9.37[##]
0.5 倍	20.36 ± 5.71[##]	28.77 ± 9.09[###]
1 倍	18.46 ± 5.41[##]	25.40 ± 6.35[###*]
2 倍	10.00 ± 3.67[**]	17.91 ± 6.00[###*]

注：采用 LSD 检验；与空白对照组比较 #：表示 $P < 0.05$，##：表示 $P < 0.01$；与模型组比较 *：表示 $P < 0.05$，**：$P < 0.01$。

1.2.2 对小鼠体质量影响

结果如表 4-75 所示，各组与空白组小鼠比较有显著性差异，2 倍剂量与模型组小鼠相比有显著性差异。因此认为孔雀草 2 倍剂量会对小鼠体重有所影响。

表4-75 孔雀草水煎液对小鼠体重的影响 $(\bar{x} \pm s, n=10)$

组别	分组时体重（g）	给药 7 d 后（g）	造模后（g）
空白	23.26 ± 1.40	30.59 ± 2.29	30.25 ± 0.31[**]
模型	23.16 ± 0.95	30.41 ± 1.81	27.68 ± 1.01[##]
0.5 倍	22.88 ± 0.86	30.29 ± 1.98	27.80 ± 0.56[##]
1 倍	23.47 ± 0.86	29.91 ± 1.43	28.17 ± 0.87[##]
2 倍	22.43 ± 0.74	29.64 ± 1.47	28.64 ± 0.68[*##]

注：采用 LSD 检验；#：$P < 0.05$，##：$P < 0.01$ 与空白对照组比较；*：$P < 0.05$，**：$P < 0.01$，与模型组比较。

造模后的小鼠与正常小鼠比较，体重明显减轻，表明造模成功。从表中可以得出在给药 7 d 后，小鼠体重平稳上升，造模后除空白组外，其余小组小鼠体重下降幅度大，可见 CCl_4 能损害小鼠身体健康。2 倍剂量水煎液组小鼠与模型组比较体质量有显著性差异。说明 CCl_4 对小鼠体重有影响，但高剂量组孔雀草花对小鼠有保护作用。

2 倍剂量组花水煎液较 1 倍和 0.5 倍剂量对 ALT、AST 有显著的降低作用，且对造模后的小鼠有保护作用。因此筛选 2 倍剂量作为拆分实验的水煎液剂量。

1.3 讨论

中医认为肝主疏泄、肝藏血，人体的精神活动常常和肝有关，肝有调畅气机，调节精神情志的作用。同时肝脏也是人体内重要的物质合成和解毒代谢的场所。它将体内非营养物质例如药物在体内转化的有毒物质、新陈代谢产物分解或排出体外。维持机体相对稳定平衡的状态。但肝脏也是体内最为脆弱的器官之一。快速、严重是肝损伤临床表现的主要特征，按损伤类型病理学肝损伤和化学性肝损伤最为常见。病理学肝损伤一般由甲、乙、丙、丁、戊五种病毒所致。化学性肝损伤由肝脏毒性物质所造成，这些物质包括药物、酒精及环境中的化学有毒物质。其一长期酗酒可导致酒精性肝病，表现为前期肝炎、肝纤维化、肝硬化。《本草纲目》有云："少则和气血，多饮则杀人顷刻"。少量饮酒可活络筋脉驱寒，大量饮酒则对身体有害。中医认为酒为湿热之品。疾病初期，过度饮酒，情志不畅、肝气郁结于胸。多为气滞伴有湿热。疾病中期，随着湿热酒毒日益蓄积，气血瘀滞。湿热酒毒相互搏结，结为痞块，停于胁下，而为酒癖。疾病后期，正气渐弱，邪进正衰，气阴两虚病情危急。其二药毒之邪入体，体内正气不足，可通过口、皮肤、血液等途径直接损害肝脏生理功能而病发。其三外来有毒之物进入机体，导致经血不足。

化学性肝损伤动物模型常以四氯化碳作为一种诱导剂，其成模率高、重复性好、能重现人体肝损伤模型的特点。通常用作筛选肝脏保护药物的模型并研究肝毒性背后的机制。CCl_4 在肝微粒体 CytP450 产生活性较高的三氯甲基自由基（CCl_3^+），它可与细胞大分子蛋白和不饱和脂肪酸在分子氧存在下形成更多有毒的三氯甲基过氧自由基 CCl_3O^-、H_2O_2、O_2^- 以及 OH^-。在 CCl_3O^- 和 CCl_3^+ 攻击下，处于细胞膜上的磷脂分子引起脂质过氧化使得细胞膜被破坏。细胞膜通透性、流动性减弱，钙内环境紊乱。通过脂质过氧化引起氧化过激。

ALT 和 AST 分别作为肝功能检测的两项重要指标，可以灵敏地反映肝脏的异常情况。ALT 存在于肝细胞中，AST 存在于肝细胞的线粒体中。当肝细胞受损时，ALT 会首先进入血液中，肝细胞严重受损时 AST 也会进入血液，就会出现二者血清水平升高的情况，这种时候就证明肝细胞受损。

造模后通过血清指标 ALT、AST 可以发现，模型组与空白组有显著性差异表明造模成功，2 倍剂量水煎液对 ALT 和 AST 有较强的抑制作用。同时通过表征指标，造模小鼠较空白组小鼠体重有差异。说明造模后能造成小鼠体重下降。

综上，孔雀草花水煎液对四氯化碳肝损伤小鼠有保护作用。为明确其有效部位，我们对孔雀草花的化学成分进行了拆分，同时对拆分组分进行了肝保护作用评价。

2. 孔雀草花拆分组分对四氯化碳致小鼠急性肝损伤的保护作用

2.1　实验方法

2.1.1　供试药物及其制备

4% 多聚甲醛的配置：取 0.1 mmol/L 的 PBS 加水溶解置 100 mL 置于烧杯中，向里分次加入 4 g 的多聚甲醛，放置在磁力搅拌器上加热溶解。全溶后，NaOH 调节 pH。

　　水煎液的提取：孔雀草干花用剪刀、铁研船、打粉机搅碎。天平称取 100 g 干花粗粉，加 10 倍量水浸泡 2 h，先文火煎煮待回流后计时 1 h 后，静置趁热过滤。再加 8 倍水煎煮第二次，计时 1 h。合并两次滤液，浓缩，挥去多余溶剂并干燥。计算收率。

　　拆分组分分离提取：同上述孔雀草干花搅碎后，天平称取干花粗粉 1 kg。10 倍水浸泡 4 h，使其浸泡均匀后。按照水煎液提取方法，在挥发油提取器内收集挥发油。水煎液浓缩至 1 L。采用水提醇沉法 70% 乙醇提取，将上清液倒出后用乙醇再次提取合并醇沉物。将醇沉物冷冻干燥保存得到醇沉组分。上清液浓缩、挥干至无醇味后，上 D101 大孔树脂。树脂用乙醇和水预处理后，将上清液缓缓加入树脂柱中，加水为流动相洗，加 5 L 水洗脱左右，颜色变浅，加 5 L 的 85% 醇洗脱。合并各自洗脱组分，减压回收溶剂，剩余少量溶剂后，冷冻干燥，分别得到水洗组分和醇洗组分。各组分计算收率。在本实验室前期研究中已对拆分组分化学成分进行了初步表征，分离流程见图 4-60。

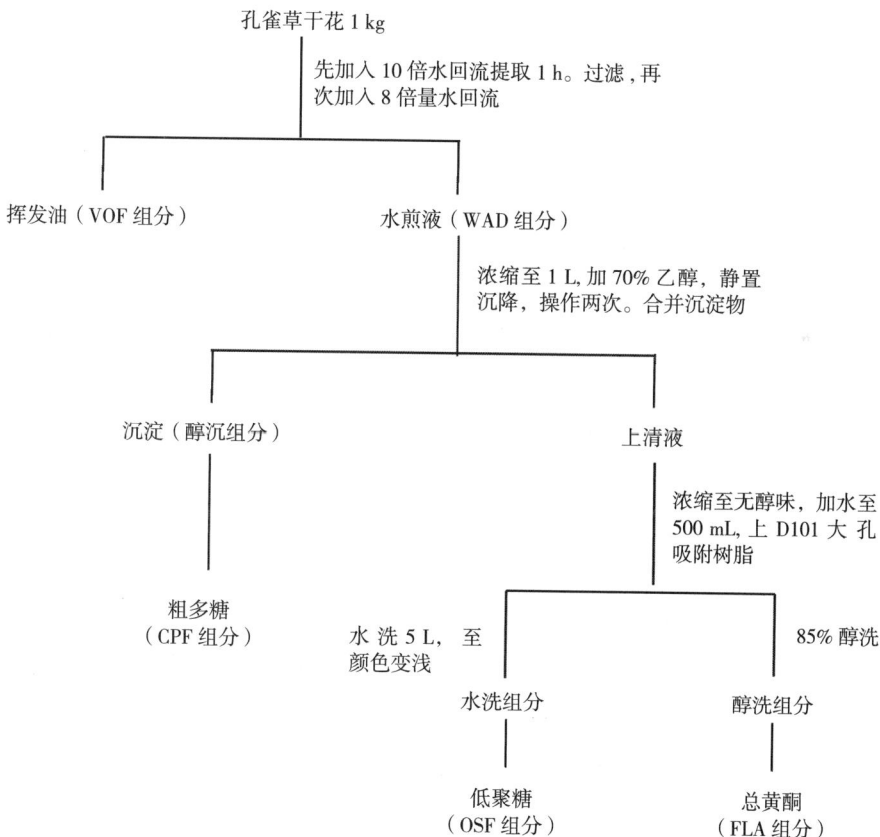

图 4-60　拆分组分分离流程图

2.1.2 动物分组和造模

根据组分的主要物质将醇沉、水洗、醇洗组分别命名为粗多糖、低聚糖、总黄酮组。80 只小鼠随机分为 8 组,每组 10 只。分别为 CON、MOD、POS、WAD、VOF、CPF、OSF、FLA,用 0.5% CMC-Na 溶解各组分配制成溶液。除空白组与模型组给予 CMC-Na 外,其他按照组别给予小鼠相应药物。通过计算收率并折合成生药量得到药液浓度,见表 4-76。给药体积 0.4 mL/20 g,连续灌胃 10 d。末次灌胃 2 h 后,除空白组腹腔注射植物油溶液外,其余各组均腹腔注射给予四氯化碳植物油溶液(0.5%),造模剂量为 10 mL/kg,随后禁食不禁水。

表 4-76 各组收率及所配浓度

	$m_{总}$ (g)	收率(%)	称取量 m (mg)	V_{CMC-Na} (mL)	C (mg/mL)
WAD	24.70	2.47	2780	50.00	55.70
VOF	2.00	0.20	45	100	0.45
CPF	128.40	12.80	1440	50	28.80
OSF	36.30	3.63	405	50	8.10
FLA	30.80	3.08	347	50	6.93

注:WAD:孔雀草花水煎液组,VOF:孔雀草花挥发油组分组,CPF:孔雀草花粗多糖组分组,OSF:孔雀草花低聚糖组分组,FLA:孔雀草花总黄酮组分组。

2.1.3 检测指标

ALT、AST 检测同"1.2.1"项下内容。取血清后,将小鼠处死,迅速解剖,在同一位置取肝组织,部分肝组织置于 -80 ℃冰箱保存,用于肝组织指标检测。剩余肝组织快速置于已配制好的多聚甲醛溶液中。取 0.1 g 肝组织,用生理盐水制备成 10% 的肝匀浆,采用酶联免疫吸附法(ELISA),按照试剂盒操作步骤测定肝组织匀浆中 MDA、TNF-α、IL-6 含量和 SOD 活性。

2.1.4 肝组织的病理学检查

将多聚甲醛保存的肝组织,生理盐水清洗干净后,中性福尔马林固定,石蜡包埋、切片、HE 染色,显微镜下进一步检查病变。

2.2 实验结果

2.2.1 对血清中 ALT、AST 活力影响

结果如表 4-77 所示,模型组小鼠血清中转氨酶活力与空白组相比明显升高,表明造模成功。水煎液能显著降低 ALT 活力($P < 0.01$)。WAD、VOF、FLA 组,在 AST 活力指数方面均有显著降低($P < 0.01$)。

表 4-77　孔雀草花对肝损伤小鼠 AST 和 ALT 的影响（$\bar{x} \pm s$，n=10）

组别	ALT（U/L）	AST（U/L）
CON	9.53 ± 3.69**	7.27 ± 3.67**
MOD	22.21 ± 5.13##	37.95 ± 7.36##
POS	9.98 ± 3.76**	34.73 ± 8.67##
WAD	10.73 ± 3.40**	26.37 ± 13.19###**
VOF	17.92 ± 6.32###	23.47 ± 10.41###**
CPF	20.97 ± 3.65##	33.40 ± 8.40##
OSF	20.71 ± 2.12##	29.65 ± 13.28##
FLA	18.07 ± 4.66###	19.53 ± 5.72###**

注：(1) CON：空白组，MOD：模型组，POS：阿司匹林对照组。WAD：孔雀草花水煎液组，VOF：孔雀草花挥发油组分组，CPF：孔雀草花粗多糖组分组，OSF：孔雀草花低聚糖组分组，FLA：孔雀草花总黄酮组分组。

(2) #：$P < 0.05$，##：$P < 0.01$ 与空白对照组比较；*：$P < 0.05$，**：$P < 0.01$，与模型组比较。

2.2.2　对肝匀浆 MDA 含量和 SOD 活性的影响

结果如表 4-78 所示，模型组小鼠肝脏 MDA 含量与空白组相比明显升高，模型组 SOD 活力与空白组相比明显降低表明造模成功。MDA 指标，水煎组、挥发油组、醇洗组与模型组比有极显著性差异。SOD 指标，联苯双酯组、醇洗组与模型组比有显著性差异。水煎组、挥发组与模型组比有极显著差异。

表 4-78　孔雀草对 CCl_4 致急性肝损伤小鼠肝匀浆 MDA 和 SOD 的影响（$\bar{x} \pm s$，n=10）

组别	MDA（nmol/g）	SOD（U/g）
CON	29.16 ± 8.01**	2506.36 ± 305.52**
MOD	39.26 ± 8.51##	1917.63 ± 185.06##
POS	32.05 ± 7.56*	2344.54 ± 273.53*
WAD	30.59 ± 4.25**	2480.80 ± 680.92**
VOF	29.03 ± 5.31**	2778.22 ± 503.13**
CPF	34.68 ± 5.85	2060.43 ± 191.84
OSF	34.04 ± 5.45	2138.61 ± 209.44
FLA	23.31 ± 8.48**	2292.18 ± 260.27*

注：(1) CON：空白组，MOD：模型组，POS：阿司匹林对照组。WAD：孔雀草花水煎液组，VOF：孔雀草花挥发油组分组，CPF：孔雀草花粗多糖组分组，OSF：孔雀草花低聚糖组分组，FLA：孔雀草花总黄酮组分组。

(2) #：$P < 0.05$，##：$P < 0.01$ 与空白对照组比较；*：$P < 0.05$，**：$P < 0.01$，与模型组比较。

2.2.3　对肝组织 TNF-α、IL-6 含量的影响

结果如表 4-79 所示，模型组小鼠肝脏中 TNF-α、IL-6 含量与空白组相比明显升高，表明造模成功。IL-6 指标，水煎组、挥发油组、醇洗组与模型组相比有极显著性差异，水洗组有显著性差异。TNF-α 指标，挥发组、水洗组、醇洗组与模型组相比有极显著性差异，水煎组有显著性差异。

表 4-79　孔雀草对 CCL_4 所致急性肝损伤小鼠肝组织 TNF-α，IL-6 测定结果（$\bar{x} \pm s$，$n=10$）

组别	IL-6 (pg/mL)	TNF-α (pg/mL)
CON	$36.50 \pm 8.79^{**}$	$27.16 \pm 9.08^{*}$
MOD	$47.33 \pm 6.02^{\#\#}$	$35.36 \pm 8.48^{\#}$
POS	$32.52 \pm 6.34^{**}$	28.97 ± 9.67
WAD	$34.29 \pm 11.59^{**}$	$27.16 \pm 5.09^{*}$
VOF	$36.65 \pm 12.12^{**}$	$22.73 \pm 9.59^{**}$
CPF	40.45 ± 5.37	$17.423 \pm 5.862^{**}$
OSF	$38.54 \pm 5.53^{*}$	$24.02 \pm 7.68^{**}$
FLA	$36.23 \pm 6.98^{**}$	$17.18 \pm 4.21^{\#\#***}$

注：(1) CON：空白组，MOD：模型组，POS：阿司匹林对照组。WAD：孔雀草花水煎液组，VOF：孔雀草花挥发油组分组，CPF：孔雀草花粗多糖组分组，OSF：孔雀草花低聚糖组分组，FLA：孔雀草花总黄酮组分组。

(2) #：$P < 0.05$，##：$P < 0.01$ 与空白对照组比较；*：$P < 0.05$，**：$P < 0.01$，与模型组比较。

2.2.4　显著性差异综合分析结果

对显著性差异进行分析，将各组数据与模型组相对比后结果转化为 0、1、2。采用分值总和进行评判。0 表示没有显著性差异，1 表示有显著性差异（$P < 0.05$），2 表示有极显著性差异（$P < 0.01$）。根据得到的综合结果数值大小分析疗效部位的强弱。

表 4-80　显著性差异综合分析

组别	ALT	AST	MDA	SOD	IL-6	TNF-α	综合结果
CON	2	2	2	2	2	1	11
POS	2	0	1	1	2	0	6
WAD	2	2	2	2	2	1	11
VOF	1	2	2	2	2	2	11
CPF	0	0	0	0	0	2	2
OSF	0	0	0	0	1	2	3

续表

组别	ALT	AST	MDA	SOD	IL-6	TNF-α	综合结果
FLA	1	2	2	1	2	2	10

注：CON：空白组，MOD：模型组，POS：阿司匹林对照组。WAD–孔雀草花水煎液组，VOF–孔雀草花挥发油组分，CPF–孔雀草花粗多糖组分组，OSF–孔雀草花低聚糖组分组，FLA–孔雀草花总黄酮组分组成。

由表 4–80 可知，综合结果值越大，对于肝损伤改善作用越强，孔雀草 2 倍剂量水煎液综合结果比阳性药联苯双酯效果好，与空白组相当，其中拆分组分的挥发油效果明显，故孔雀草花水煎液及其各拆分组分关于急性肝损伤疗效通过指标评判，强弱分别为：孔雀草花水煎液＝挥发油组分＞醇洗组分＞水洗组分＞醇沉组分。根据主要成分进行大致表征，即药理作用为：孔雀草水花煎液＝挥发油组分＞总黄酮组分＞低聚糖组分＞粗多糖组分。

2.2.5　孔雀草对小鼠肝组织病理学的影响

肉眼可见，空白对照组小鼠肝脏色泽红润，有弹性，且表面光滑细腻。CCl$_4$ 模型组小鼠肝脏表面泛黄粗糙，体积增大，并呈现大量颗粒状。孔雀草给药组小鼠肝脏表面稍显粗糙，无明显泛黄，表面颗粒状明显减少，损伤明显减轻。光镜下观察，空白组小鼠肝组织结构正常，与文献中报道的正常肝细胞状态相似。其中肝小叶结构完整，小叶中有中央静脉，肝血窦围绕中央静脉呈放射状排列，肝细胞呈条状排列，细胞大小均等圆润，未见肝细胞变性、坏死等病理变化。肝细胞索排列规则。模型组与对照组相比，小鼠肝脏表面有斑点，可见肝细胞肿胀，细胞核大小不等、分裂异常，根据文献发现相同病症的小鼠肝脏也出现类似状况。肝小叶中肝细胞呈大片灶状坏死，肝细胞索排列紊乱，较多炎性细胞浸润，说明造模成功]。阳药组小鼠肝组织形态结构有所恢复，界线基本清晰。水煎液、挥发油及醇洗组分，肝细胞坏死程度有一定减轻，细胞按条索状排列较为有序，空泡减少。炎症改善较为明显，少部有炎性细胞未能清除并伴有少量肝细胞再生。表明水煎液、挥发油及醇洗组分对 CCl$_4$ 致急性肝损伤均有明显保护作用，如图 4–61 所示。

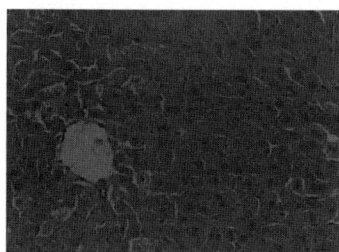
空白组

模型组

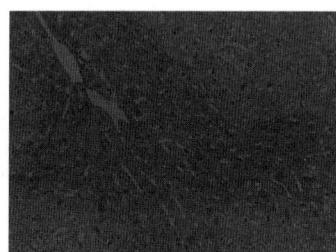
阳性药组

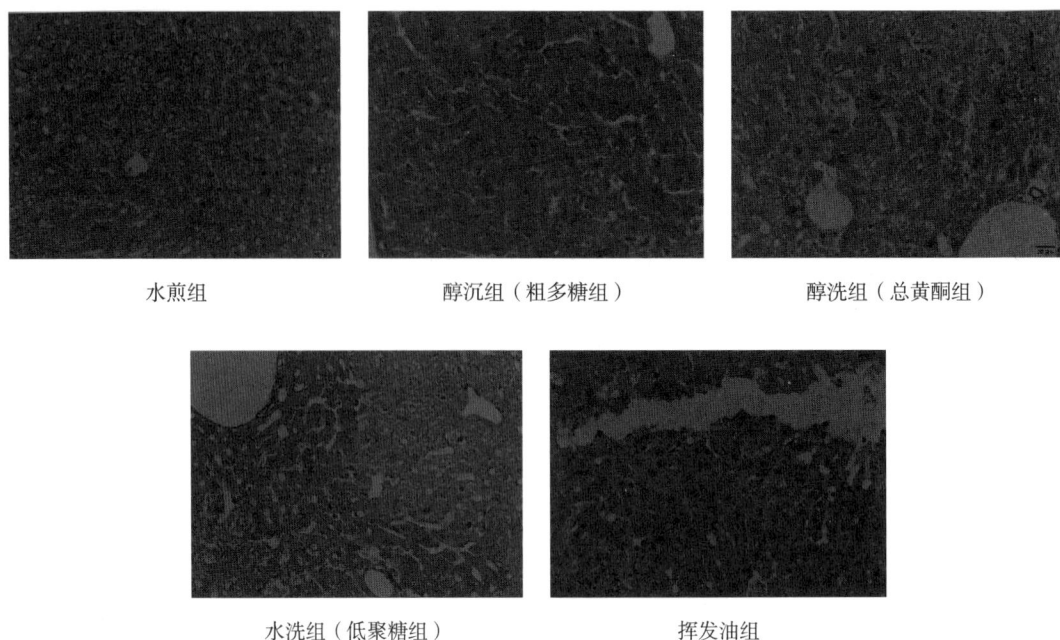

<table>
<tr><td>水煎组</td><td>醇沉组（粗多糖组）</td><td>醇洗组（总黄酮组）</td></tr>
</table>

水洗组（低聚糖组）   挥发油组

图4-61   孔雀草花对 CCl_4 致急性肝损伤小鼠肝组织病理形态的影响（HE，×400）

2.3   讨论

本部分除了阐述肝损伤的基本指标 AST 和 ALT 外，还对其他抗氧化及炎症指标进行了测定。本实验结果表明，孔雀草花水煎液、挥发油、黄酮组分能显著降低血清中 AST、ALT 的活力，对肝损伤有一定的缓解作用。MDA 和 SOD 是反应氧化程度的重要指标。MDA 是不饱和脂肪酸脂质过氧化的最终产物，具有细胞毒性，能反映细胞受损程度。SOD 是抗氧化酶系统中重要的组成部分，也是超氧自由基的清除因子。通过把 O_2^- 转化为 H_2O_2，H_2O_2 再被过氧化氢酶和氧化物酶转化为无害的水，阻断氧化应激，起到保护细胞的目的。本研究结果显示，孔雀草花水煎液及挥发油组分能降低肝组织中的 MDA 含量，提高 SOD 活力，表明其能抑制脂质过氧化，通过抗氧化起到保肝的作用。通过观察切片，肝细胞有不同程度的炎症反应。

综上，孔雀草花水煎液、挥发油、黄酮组分能显著降低血清中 AST、ALT 的活力，对肝损伤有一定的缓解作用。孔雀草花水煎液及挥发油组分能降低肝组织中的 MDA 含量，提高 SOD 活力，表明其能抑制脂质过氧化，通过抗氧化起到保肝的作用。通过观察切片，肝细胞有不同程度的炎症反应。有文献报道，除氧化应激外，炎症也参与 CCl_4 诱导的肝毒性，高水平的 TNF-α 会活化中性粒细胞并导致细胞凋亡，促进炎性因子 IL-6 的分泌，导致炎症形成。孔雀草花对于 CCl_4 所致的急性肝损可能是从抗氧化、抗炎两方面起到保护作用，但是具体信号通路还需进一步探究。

3. 孔雀草花拆分组分对四氯化碳致肝细胞损伤的保护作用

LO₂ 细胞系是正常成人肝细胞系，即使培养传代多次，其结构有些微变化，仍然不会变异成为癌细胞。在体外模型中常采用 LO₂ 细胞作为损伤模型，其优点在于与人体肝损伤时相似，细胞易存活、操作方便。实验对孔雀草花水煎液的化学成分进行了拆分以开展有效部位的筛选。采用 CCl₄ 诱导人肝 LO₂ 细胞损伤模型，加药物予以干预，以 MTT 法测定细胞的存活率来筛选出最佳有效部位，并明确了最佳有效部位及有效剂量。

3.1 实验方法

3.1.1 细胞的传代培养

将 LO₂ 细胞置于 37 ℃，含 5% CO₂ 的培养箱中，RPMI-1640 培养液培养。每日观察，当培养液出现浑浊时更换。待细胞贴壁达 70% ~ 80% 时，倒掉旧培养液，加入 PBS 轻轻洗涤。加入 1 mL 含 EDTA 的胰酶，观察当出现细胞脱壁，细胞缩小变圆，吸弃胰酶，加入 1.5 mL 的新鲜培养液重悬细胞，转移细胞悬液于 2 mL 的 EP 管中，1000 r/min 离心 5 min，加入新培养液传代到新的培养瓶中。每隔 2 ~ 3 d 更换培养基。

取对数生长期的 LO₂，调整细胞密度为 1×10^5 个 /mL，每孔 100 μL 接种于 96 孔板中，将接种好的细胞置于细胞培养箱培养 24 h。

3.1.2 细胞培养

取对数生长期的 LO₂，调整细胞密度为 1×10^5 个 /mL，每孔 100 μL 接种于 96 孔板中，将接种好的细胞置于细胞培养箱培养 24 h。

3.1.3 CCl₄ 剂量的确定

取 CCl₄ 以 DMSO 助溶，并以最终 V/V（0.1%）。配制成不同浓度 0 mmol/L、5 mmol/L、10 mmol/L、15 mmol/L、20 mmol/L、25 mmol/L。加入 96 孔板中反应，每个浓度设 6 个复孔。

3.1.4 加药

取 100 μL 不同浓度（80 mg/L、40 mg/L、20 mg/L、10 mg/L、5 mg/L、2.5 mg/L）的含水煎液、醇洗组分、水洗组分与醇沉组分的培养液加至 96 孔中，空白对照组接种细胞加入培养液，每组每个浓度设 3 个复孔。细胞培养箱培养 24 h。

每孔加入 10 μL 浓度为 5 mg/mL 的 MTT，继续在培养箱中孵育 4 h，吸取含 MTT 的培养液，每孔分别加入 100 μL 的 DMSO，振荡 10 min，待溶解充分后，调节波长 492 nm 处检测 OD 值。

3.1.5 加 MTT

每孔加入 10 μL 浓度为 5 mg/mL 的 MTT，继续在培养箱中孵育 4 h，吸取含 MTT 的培养液，每孔分别加入 100 μL 的 DMSO，振荡 10 min，待溶解充分后，调节波长 492 nm 处检测 OD 值。

3.1.6　计算存活率

各平行孔取均值后，细胞相对存活率 = 试验组 OD 值 / 对照组 OD 值 × 100%。

3.2　实验结果

3.2.1　确定 CCl_4 造模剂量

如表 4-81 所示，在加入 CCl_4 后，细胞增殖率有明显的减弱。并随着 CCl_4 浓度的增大，细胞逐渐凋亡。如图 4-62 所示，在浓度 5~10 mmol/L 时抑制作用在细胞形态上体现不明显。15~20 mmol/L 在折线图中斜率最大，可充分体现细胞活力与浓度关系。且 20 mmol/L 时，细胞增殖率较只有 DMSO 时的 59.0%。但在 25 mmol/L 时，折线图反映的细胞活力与浓度关系逐渐平缓。故选择浓度为 20 mmol/L CCl_4 作为造模剂量。

表 4-81　不同 CCl_4 浓度对细胞增殖的影响

组别	浓度（mmol/L）	增殖率（%）
溶剂	—	100.0
CCl_4	5	90.8
	10	86.7
	15	68.9
	20	59.0
	25	50.4

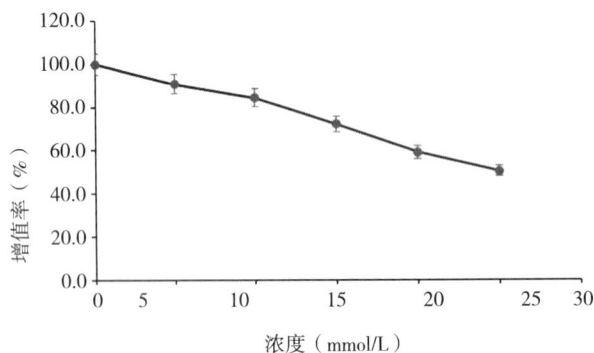

图 4-62　不同 CCl_4 浓度对细胞增殖率

3.2.2　孔雀草对 CCl_4 损伤 LO_2 形态的影响

空白组、模型组、加药组细胞于镜下观察，正常组 LO_2 细胞生长状况良好，形状规则，未出现凋亡。轮廓边缘清晰可见。与空白组比较，模型组细胞生长状况较差，数明显减少，不再与周围细胞紧密排列出现固缩，变圆，死亡脱落。各加药组细胞生长状况明显优于模型组，细胞形态较为正常，边缘清晰，皱缩程度、脱落情况减少，尤其醇洗组细胞数量和细胞形态已经接近恢复到正常对照组水平。

3.2.3　孔雀草对 CCl₄ 损伤 LO₂ 细胞存活率的影响

各平行孔取均值后，计算存活率。细胞相对存活率 = 试验组 OD 值 / 对照组 OD 值 × 100%（表 4-82）。

表 4-82　孔雀草对 CCl₄ 损伤 LO₂ 细胞存活率

组别	浓度	OD 值	存活率（%）
空白	—	1.21 ± 0.03	100.0
CCl₄	20 mmol/L	0.68 ± 0.03	56.6
水煎	2.5 mg/L	0.69 ± 0.02	56.9
	5 mg/L	0.73 ± 0.02	60.2
	10 mg/L	0.73 ± 0.01	60.2
	20 mg/L	0.78 ± 0.04	64.9
	40 mg/L	0.85 ± 0.03	70.2
	80 mg/L	0.84 ± 0.04	69.6
醇洗	2.5 mg/L	0.72 ± 0.01	59.9
	5.0 mg/L	0.76 ± 0.03	62.7
	10 mg/L	0.77 ± 0.07	64.1
	20 mg/L	0.82 ± 0.04	68.0
	40 mg/L	0.91 ± 0.03	75.1
	80 mg/L	1.02 ± 0.07	79.6
水洗	2.5 mg/L	0.66 ± 0.02	55.5
	5.0 mg/L	0.72 ± 0.03	59.7
	10 mg/L	0.73 ± 0.01	60.8
	20 mg/L	0.74 ± 0.01	61.3
	40 mg/L	0.74 ± 0.01	61.6
	80 mg/L	0.77 ± 0.02	63.5
醇沉	2.5 mg/L	0.68 ± 0.05	56.1
	5.0 mg/L	0.71 ± 0.03	58.6
	10 mg/L	0.72 ± 0.02	59.9

组别	浓度	OD 值	存活率（%）
	20 mg/L	0.75 ± 0.02	62.2
	40 mg/L	0.77 ± 0.01	63.8
	80 mg/L	0.75 ± 0.03	62.4

通过存活率可知，模型组细胞存活率明显降低，仅为正常组的 56.6%，给药组细胞存活率与给药浓度先升高后降低。因此浓度过高时对细胞可能存在毒副作用。水煎组及醇洗组能够显著提高 CCl_4 损伤正常肝细胞的存活率。浓度为 40 mg/L 时，存活率可达到 70%。

参考文献

[1] 黄帅 . 万寿菊花中生物活性成分的研究 [D]. 成都：西南交通大学，2007.

[2] 裴凌鹏，惠伯棣，董福慧 . 万寿菊提取物改善老龄大鼠抗氧化功能的研究 [J]. 中国老年学杂志，2007，27（5）：814-816.

[3] 裴凌鹏，惠伯棣，董福慧 . 万寿菊提取物改善 D- 半乳糖致衰老龄大鼠抗氧化功能的研究 [J]. 国外医学·老年医学分册，2007，28（1）：38-42.

[4] 张东峰，刘琪，张欣悦，等 .6 种实用花卉有效成分及其抗氧化活性研究 [J]. 食品与机械，2018,34（9）：167-184.

[5] KAISOONO, SIRIAMORNPUN S, WEERAPREEYAKULN, et al. Phenolic compounds and antioxidant activities of edibleflowers from Thailand[J]. Journal of Functional Foods, 2011, 3(2):88-89.

[6] 何念武，曹思娟，张咪 . 万寿菊多糖纯化、组成分析及其体外抗氧化和抗肿瘤活性 [J]. 食品与发酵工程，2020,46（15）：216-223.

[7] 谭美微，李国玉，吕鑫宇，等 . 万寿菊的化学成分和药理作用研究进展 [J]. 中医药信息，2017，34（6）：138-141.

[8] 刘佳斌，宋翔，王金胜 . 万寿菊根部提取物黄酮对西瓜枯萎病菌抑制作用研究 [J]. 山西农业大学学报（自然科学版），2008，28(1)：37-39.

[9] ROMAGNOLI L C, BRUNI R, ANDREOTTI E, et al. Chemical characterization and antifungal activity of essential oil ofcapitula from wild lndian TagetespatulaL.[J]. Protoplasma，2005，225 (1-2):57-65.

[10] MARIYA SAANI, REENA LAWRENCE, KAPIL LAWRENCE. Evaluation of pigmenls from methanolic extract of Tegetesexecta and Beta vullgaris as antioxidant and antibacterial agent[J]. Natural Product Research, 2017:1-4.

[11] 王媛媛，王金胜 . 万寿菊杀菌素水乳剂抑菌作用的研究 [J]. 中国农业科技导报，2011，13（4）：115-119.

[12] 刘佳斌，苏炜，王金胜.万寿菊根部生物碱类提取物抑菌活性成分的研究 [J].安徽农业科学，2007，35（3）：746–747.

[13] 王宪青，刘妍妍，王秋月.万寿菊提取物的抑菌作用研究 [J].农产品加工学刊，2008（10）：8–13

[14] 吕鑫，邹淑君，贾昌平，等.万寿菊的镇咳作用及其急性毒性研究 [J].中医药信息，2010，27（1）：40–42。

[15] 贾昌平.万寿菊镇咳作用有效部位的研究 [D].黑龙江中医药大学，2009.

[16] 赵春蓓，朱景丽.万寿菊镇咳有效部位 ED50 和 LD50 的测定 [J].黑龙江科技信息，2009（11）：148.

[17] 邹淑君，贾昌平，田宝成.万寿菊花镇咳作用有效部位的实验研究 [J].中医药学报，2010，38（1）：40–42.

[18] 王旭飞.万寿菊祛痰作用及有效部位的研究 [D].黑龙江中医药大学，2012

[19] MARTIN K R, FAILLA M L, SMITH Jr J C. β–Carotene and lutein protect HepG2 human liver cells against oxidant–induced damage[J]. The Journal of nutrition, 1996, 126(9): 2098–2106.

[20] CHEW B P. Role of carotenoids in the immune response[J]. Journal of Dairy Science, 1993, 76(9): 2804–2811.

[21] BERTRAM J S, BORTKIEWICZ H. Dietary carotenoids inhibit neoplastic transformation and modulate gene expression in mouse and human cells[J]. The American journal of clinical nutrition, 1995, 62(6): 1327S–1336S.

[22] PARK J S, CHEW B P, WONG T S. Dietary lutein from marigold extract inhibits mammary tumor development in BALB/c mice[J]. The Journal of nutrition, 1998, 128(10): 1650–1656.

[23] 张宇，曲佐寅，刘立新，等.万寿菊茎叶中 2 种黄酮类化合物的体外抗肿瘤活性 [J].中国实验方剂学杂志，2013，19（13）：233 –237.

[24] 叶兆伟，吴海港，刘柱明，等.万寿菊提取物叶黄素对家兔血管组织结构及某些生化指标的影响 [J].毒理学杂志，2016，30（4）：282–285.

[25] 叶兆伟，吴海港，刘柱明.超声波辅助法提取万寿菊中叶黄素及其抗动脉粥样硬化研究 [J].南阳理工学院学报，2016，8（4）：119–122.

[26] SIDHARTH MEHAN, RAJESH DUDI, RAVINDER KHATRI, et al. Experimental investigation of marigold extract: Modulates isoproterenol induced muoardial ischemia in rals [J]. lnnovations in Pharmaceulicals and Pharmacotherapy, 2016, 3(4):746–757.

[27] MARIYA SAANI, REENA LAWRENCE, KAPIL LAWRENCE. Evaluation of pigmenls from methanolic extract of Tagelesxecta and Beta vulgaris as antioxidant and antibacterial agent[J]. Natural Product Research, 2017:1–4.

[28] NANDITA DASGUPTA, SHIVENDU RANJAN, MADHU SHREE, et al.Blood coagulating effect of marigold (Tageteserecta L.)leaf and its bioactive compounds[J]. Oriental Pharmlacy & Experimental Medicine, 2015, 16(1):1–9.

[29] 郭章碧，两种菊科植物的生物活性研究 [D].长沙：湖南农业大学，2010

[30] 蒋志胜，颜增光，杜育哲，等.典型光活化毒素 α- 三噻吩对棉铃虫和亚洲玉米螟谷胱甘肽 –S– 转移酶的影响 [J].农药学学报，2003，5（3）：76–79.

[31] 闫磊，肖婷，牛洪涛，等.不同植物提取物对马铃薯茎线虫的活性筛选 [J].山东农业大学学报（自然

科学版），2008，39（2）：223–228.

[32] DOWNUM K R, RODRIGUEZ E. Toxicological acition and ecological omportance of plant photositizers[J]. Journal of Chemical Ecology, 1986, 12(4):823–834.

[33] SABAN KORDALI, IRFAN ASLAN, ONDER CALMASUR, et al. Toixcity of essential oils isolated from three Artemisia species and some of their major components to granary weevil, Sitophilus granarius (L.) (Coleoptera:Curculionidac) [J]. IndustrialCrops and Products, 2006, 23:162–170.

[34] 常永红，徐燕，于兰，等 .HPLC 法测定万寿菊中山奈酚含量 [J]. 西北药学杂志，2004，19（4）：261.

[35] 陈红兵，宋炜，王金胜，等 . 气相色谱—质谱法分析万寿菊根挥发油化学成分 [J]. 农药，2007，46（2）：114–115.

[36] CROES AF, van den BERG A J R., BOSVELD M, et al. Thiophene accumulation in relation to morohollgy in roots of Tagetes patula[J]. Planta, 1989, 179(4):43–50

[37] 许华，宋晓艳，蒋梦娇 . 万寿菊秸秆的杀线作用及其对黄瓜植株生长的影响 [J]. 北京师范大学学报（自然科学版），2012，48（2）：164–168.

[38] R WINOTOSUATMADJI. Studies on the effect offagetes species in plant parasitic nematodes[D]. Wageningen: Wageningen Agricultural University, 1969:444.

[39] AMITA HAJRA, S DUTTA, NK MONDAL. Mosquito larvicidal activity of cedmium nanoparticles synthesized from petal extracts of marigold (Tagetes sp.) and rose (Rosa sp.) flower[J]. Journal Of Parasitic Diseases, 2016, 40(4):1519.

[40] NABA KUMAR MONDAL, AMITA HAJRA. Synthesis of copper nanoparticles (CuNPs) from petal extracts of marigold (Tagetes sp.) and sunflower (Helianthus sp.) and their effective use as a control tool against mosquito vectors[J].Journal of Mosquito Research, 2016, 6(19):1–9.

[41] ESMAEEL EBRAHIMI, SAEED SHIRALI, RAHMAN TALAEI. The Proteclive Effect of Marigold Hydroalcoholic Extract in STZ–Induced Diabetic Rats: Evalualion of Cardiac and PancreaticBiomarkers in the Serum[J]. Journal of Botany, 2016 (4):1–6.

[42] SHUHAO WANG, LIN GHANG, JIAOLONG LI, et al. Effects of dietary marigold extract supplementation on growth performance, pigmentation, antioxidant capacity and meat quality in broiler chickens[J]. Asian–Aus-tralasian journal of animal sciences, 2017, 30 (1):71–77.

[43] 王述浩，张林，李蛟龙，等 . 饲粮添加万寿菊提取物对肉鸡血清生化指标、抗氧化能力和免疫性能的影响 [J]. 动物营养学报，2016，28（8）：2476–2484.

[44] 赵珺彦，翟鹏贵，周大兴，等 . 万寿菊提取物的安全性毒理学试验研究 [J]. 中国卫生检验杂志，2012，22（10）：2373–2378.

[45] 全国中草药汇编编写组 . 全国中草药汇编 [M]. 北京：人民卫生出版社，1975：118.

[46] 国家中医药管理局中华本草编委会 . 中华本草 [M]. 上海：上海科学技术出版社，1999.

[47] 贾敏如，李星炜 . 中国民族药志要 [M]. 北京：中国医药科技出版社，2005：596.

[48] KASAHARA YOSHIMASA, YASUKAWA KEN, KITANAKA SUSUMUET, et al. Effect of methanol extract from flower petals of Tagetes patula L. on acute and chronic inflammation model[J]. Phytotherapy Research Ptr, 2002, 16 (3):217–222.

[49] 谢晓艳，刘洪涛，张吉，等 . 没食子酸体外抗氧化作用研究 [J]. 重庆医科大学学报，2011，36（3）：319–322.

[50] 戴雪群，冯桂萍 . 抗坏血酸的抗氧化性能与使用分析 [J]. 中外食品工业月刊，2014（2）：70–71.

[51] ROP O, MLCEK J, JURIKOVA T, et al. Edible flowers–a new promising source of mineral elements in human nutrition.[J]. Molecules, 2012, 17 (6):6672.

[52] KISHIMOTO SANAE, SUMITOMO KATSUHIKO, YAGI MASAFUMI, et al. Three Routes to Orange Petal Color via Carotenoid Components in 9 Compositae Species[J]. Journal–Japanese Society for Horticultural Science, 2013, 8(76):250–257.

[53] BHATTACHARYYA S, DATTA S, MALLICK B, et al. Lutein content and in vitro antioxidant activity of different cultivars of Indian marigold flower (Tagetes patula L.) extracts[J]. Journal of Agricultural & Food Chemistry, 2010, 58 (14):8259.

[54] 王凤云，高志刚，王凤玲 . 维生素 C 抗氧化作用的研究 [J]. 黑龙江医药科学，1994（6）：18–19.

[55] 胡琴，齐云，许利平，等 . 葛根黄酮的体外抗氧化活性研究 [J]. 中药药理与临床，2007，23（6）：29–31.

[56] 孙艳梅，徐雅琴，杨林 . 天然物质类黄酮的抗氧化活性的研究 [J]. 中国油脂，2003，28（3）：54–57.

[57] 周丽，梁新乐，励建荣 . 类胡萝卜素抗氧化作用研究进展 [J]. 食品研究与开发，2003，24（2）：21–23.

[58] 罗思敏 . 孔雀草花保肝活性成分研究 [D]. 沈阳：辽宁中医药大学，2020.

[59] 刘明洁，王慧香，包宏，等 . 蒙药别冲 –15 的抗炎作用研究 [J]. 中国民族医药杂志，2007，13（3）：66–67.

[60] KASAHARA YOSHIMASA, YASUKAWA KEN, KITANAKA SUSUMU, et al. Effect of methanol extract from flower petals of Tagetes patula L. on acute and chronic inflammation model[J]. Phytotherapy Research Ptr, 2002, 16 (3):217–222.

[61] YASUKAWA KEN, KASAHARA YOSHIMASA. Effects of Flavonoids from French Marigold (Florets of Tagetes patula L.) on Acute Inflammation Model[J]. International Journal of Inflammation, 2013(4):309493.

[62] FAIZI SHAHEEN, NAZ ANEELA. Jafrine. a Novel and Labile β–Carboline Alkaloid from the Flowers of Tagetes patula[J]. Tetrahedron, 2002, 58 (31):6185–6197.

[63] 陈文哲，刘雪莹，郭胜男，等 . 孔雀草抗急性炎症活性成研究 [J]. 山西中医学院学报，2019，20（3）：172–176.

[64] 刘雪莹 . 孔雀草抗前列腺炎药效物质基础研究 [D]. 沈阳：辽宁中医药大学，2018.

[65] ROMAGNOLI C, MARES D, FASULO M P, et al. Antifungal effects of α–terthienyl from Tagetes patula on five

dermatophytes[J]. Phytotherapy Research, 2010, 8 (6):332–336.

[66] ROMAGNOLI C, BRUNI R, ANDREOTTI E，et al. Chemical characterization and antifungal activity of essential oil of capitula from wild Indian Tagetes patula L.[J]. Protoplasma, 2005, 225 (1–2):57–65.

[67] 王云龙，苏丽梅，郭荣灿，等 . 孔雀草精油成分及其抑菌效果研究 [J]. 化学设计通讯，2019，45（7）：167–169.

[68] 罗思敏，蔡德成，康廷国，等 . 孔雀草花水提物对四氯化碳致小鼠急性肝损伤的保护作用 [J]. 亚太传统医药，2019（15）11：25–28.

[69] 刘琳琳，王宇萌，张旭，等 . 孔雀草水煎液对小鼠抗抑郁作用及机制研究 [J]. 辽宁中医药大学学报，2019，21（5）：26–29.

[70] 林琳 . 孔雀草等五种园林植物对蚊的驱避影响及挥发物的成分鉴定 [D]. 成都：四川农业大学，2008.6.

[71] Saleem R, Ahmad M, Naz A, et al. Hypertensive and toxicological study of citric acid and other constituents from Tagetes patula roots[J]. Archives of pharmacal research, 2004, 27 (10):1037–1042.

[72] Khan M. T. The podiatric treatment of hallux abducto valgus and its associated condition, bunion, with tagetes patula[J]. Journal of Pharmacy & Pharmacology, 1996, 48 (7):768–770.

[73] Neher R T. The ethnobotany of Tagetes[J]. Economic Botany, 1968, 22 (4):317–325.

第五章
孔雀草的临床应用研究

　　孔雀草（*Tagetes patula* L.）是菊科（Asteraceae）万寿菊属植物。味苦性平，归肺经，以全草入药。万寿菊属全世界约有 30 种，《中国植物志》记载我国有 2 种，均为常见的栽培花卉，即孔雀草（又称红黄草、小万寿菊）和万寿菊（又称臭芙蓉，拉丁名 *Tagetes erecta* L.）。《北京植物志》（1992 版）修订时，在万寿菊属下除以上 2 种外，还记录了细叶万寿菊（*Tagetes tenuifolia* L.）、香万寿菊（*Tagetes lucida* L.），并在补编中，又补录了小花万寿菊，别名印加孔雀草（*Tagetes minima* L.）。现代研究表明，孔雀草中主要化学成分有苯骈呋喃类、萜类、黄酮类、噻吩类等多种生物活性物质。下面仅以万寿菊属植物下分的万寿菊（ *Tagetes erecta* L.）和孔雀草（*Tagetes patula* L.）为重点介绍其临床应用。

一、万寿菊的临床应用研究

　　万寿菊别名臭芙蓉、金菊、黄菊、红花、柏花、里苦艾、蜂窝菊、金花菊、金鸡菊、万寿灯等，一年生草本植物。其花入药，具有清热解毒、平肝清热、祛风、化痰的功效。本品为民间草药，始载于《植物名实图考》。民间用其治疗慢性支气管炎，效果很好。《药茶》《中华本草良方》等资料都记载本品有化痰止咳的功效，并记载有万寿菊用于治疗急、慢性支气管炎的成方。其他典籍记载的万寿菊属植物功效如下：①《民间常用草药汇编》：祛风降火，化痰止咳。②《南宁市药物志》：平肝清热。治头晕目眩，小儿惊风。③《广西药植名录》：补血，通经，祛瘀生新。④治风火眼痛，眼目昏暗，感冒咳嗽。熏洗产后子宫脱出。

　　万寿菊花一直被用作人类食物的着色剂，用作家禽饲料的添加剂改善鸟的脂肪、皮肤和蛋黄的色素沉着。万寿菊在药用方面做成注射剂或用花瓣做成药膏使用。据报道，它具有抗突变、抗炎、抗肿瘤、抗病毒和免疫刺激等作用[1-2]。万寿菊是提取叶黄素的主要原料，流行病学研究表明，叶黄素具有降低一些慢性疾病的风险，如癌症、心脏病和与年龄相关的眼病[3]。

1. 万寿菊传统临床应用

万寿菊，其花入药，是我国西南地区民间常用的一味中草药。本品性凉，味苦，微辛。各家对万寿菊花功能主治介绍如下：

《昆明民间常用草药》：具有平肝清热、祛风、化痰之功效；治头晕目眩、风火眼痛等。

《中华本草》：万寿菊花治头晕目眩，风火眼痛，小儿惊风，感冒咳嗽，百日咳，乳痛，疔肿，牙痛，口腔炎，痄腮。用法用量为内服：煎汤，9～15 g；或研末。外用：适量，研末醋调敷；或鲜品捣敷。

《民间常用草药汇编》：祛风降火，化痰止咳。

《南宁市药物志》：平肝清热。治头晕目眩、小儿惊风。

《广西药植名录》：补血，通经，祛瘀生新。治风火眼痛、眼目昏暗、感冒咳嗽。熏洗产后子宫脱出。

《全国中草药汇编》记载花：清热解毒，化痰止咳。3～5 钱，外用适量，花研粉，醋调匀搽患处。根：解毒消肿。用于上呼吸道感染，百日咳，支气管炎，眼角膜炎，咽炎，口腔炎，牙痛；外用治腮腺炎，乳腺炎，痈疮肿毒。3～5 钱，鲜根捣烂敷患处。

《药茶》等资料记载万寿菊治疗急、慢性支气管炎的成方 [4]。

万寿菊花、叶和根均可入药，具有清热化痰、补血通经、祛瘀生新、解毒消肿的功效 [5]。

《中药大辞典》：万寿菊内服：煎汤，1～3 钱。外用：煎水熏洗。

【附方】

(1) 治百日咳：蜂窝菊 15 朵。煎水兑红糖服。

(2) 治气管炎：鲜蜂窝菊 1 两，水朝阳 3 钱，紫菀 2 钱。水煎服。

(3) 治腮腺炎，乳腺炎：蜂窝菊、重楼、银花共研末，酸醋调匀外敷患部。

(4) 治牙痛、目痛：蜂窝菊 5 钱，水煎服（选方出《昆明民间常用草药》）。

(5)《南宁市药物志》：万寿菊叶"治痈、疮、痔、疔，无名肿毒。内服：煎汤，1.5～3 钱。外用：捣敷或煎水洗。"

2. 万寿菊现代临床应用

2.1 万寿菊治疗眼部疾病

2.1.1 万寿菊治疗老年黄斑性病变

万寿菊含有大量叶黄素类物质，其中，叶黄素和玉米黄素可通过抗氧化而具有多种生物活性，因此被推荐作为功能性食品添加剂 [6]。叶黄素类物质可用于治疗多种慢性疾病，如癌症、糖尿病、心血管疾病 [7, 8]。万寿菊叶黄素在捕获氧自由基、淬灭单线态氧及防止自由基对生物膜损害等方面具有独特的效果。流行病学研究表明，叶黄素能通过减少光敏物质，与单态氧、活性氧物质及自由基反应，延缓膜磷脂过氧化反应，并吸收蓝光，减少自由基形成，而达到其抗氧化作用。另外研究表明，增加叶黄素的摄入量可以改善糖尿病视网膜病变和白内障患病的症状。经常食用富含叶黄素和玉米黄质的食品，能够起到预防年龄相关视黄斑退化的作用（ADM）[9]。

叶黄素和玉米黄素通过在黄斑视网膜和视网膜色素上皮形成保护性色素层，保护眼睛免受有害的蓝光和紫外线（短波）的伤害，在维持健康视力方面发挥着关键作用，从而维持视网膜的完整性[10-12]。然而，人们不能合成叶黄素并且仅能从饮食中获得，如水果、蔬菜、动物制品和补充品。万寿菊被报道有多种治疗作用，如抗氧化、抗感染、抗突变、抗病毒、免疫调节作用，归因于多酚成分，特别是类胡萝卜素、黄酮、单宁酸、三萜烯醇、皂苷和多糖类成分[13, 14]。研究表明，菠菜、甘蓝、玉米、胡萝卜、西兰花、万寿菊、枸杞等富含叶黄素和玉米黄素的植物，能够成功地降低各种眼睛相关疾病的风险，特别是AMD[15, 16]。老年性黄斑变性（AMD）是一种以光感受器慢性进行性变性为特征的老年性疾病。年龄相关性黄斑变性（AMD）是老年人的严重视力损害的主要病因，它是视网膜黄斑上皮细胞、下面的视网膜色素上皮细胞，黄斑的玻璃疣膜的逐步衰退[17]。AMD与遗传和环境因素两者有关，但是它的机制需要进一步研究。然而，一些研究显示氧化应激和随后的炎症应答是AMD进一步研究的关键因素[18-19]。目前，治疗方法受到限制是由于AMD的病理生理学还没有得到充分的研究。然而，一些天然抗氧化剂可以有效地延缓AMD的发病率[20]。

分别从万寿菊和枸杞中提取叶黄素和玉米黄素组成叶黄素复合物（LC），考察其对患有早期AMD的受试者（n=56）的视网膜保护作用。连续5个月每天饮用LC（12 mg叶黄素和2 mg玉米黄素），与初始水平相比，血清叶黄素和玉米黄素水平显著增加（2倍）。在随访期间也观察到类似的趋势。LC对早期AMD受试者氧化指数和抗氧化状态有影响：补充LC后，总自由基和TBAR水平显著降低，而总抗氧化能力、谷胱甘肽含量和各种酶抗氧化剂（SOD、CAT、gpx）水平显著升高。LC对早期AMD炎症标志物有影响：炎症反应在AMD的早期阶段，通过测量各种炎症标志物（hs-CRP，IL-8和纤维蛋白原）。hs-CRP在血浆中的浓度在最初的阶段显著升高（$P < 0.01$），然而每天摄入LC可显著降低hs-CRP水平（23%）。观察IL-8和纤维蛋白原水平，没有显著差异。LC对早期AMD受试者眼科参数有影响：补充LC 5个月与初期相比，眼舒适指数（OCI）、黄斑色素光密度（MPOD）水平显著升高。同时，最佳矫正视力（BCVA）和眼间压（IOP）和光应力恢复（PSR）水平显著降低。尽管在随访期间停止了补充，但仍保持了相同的水平。目前干预的结果清楚地表明，补充LC 5个月可能会增加叶黄素和玉米黄素的沉积，通过增强抗氧化状态来抑制氧化应激，从而改善早期AMD患者的视觉功能[21]。

2.1.2 万寿菊提取物缓解视觉疲劳

研究表明万寿菊提取物具有缓解视疲劳的作用。方法依据《保健食品功能学评价程序和检验方法》（2003年版）中缓解视疲劳的功能评价方法，采用自身对照及组间对照法，选择符合实验条件的志愿受试者 120 例，随机分为试验组和对照组，每组 60 人。试验组服用受试物，对照组服用安慰剂，用法与用量同试验组，连续服用 45 天。试验前后观察视疲劳症状积分、明视持久度、总有效率及远视力等指标。试验结果显示试验组的视疲劳症状积分由服用前的 2.89 ± 2.77 降低至服用后的 1.70 ± 1.94（$P < 0.01$）；试食后试验组视疲劳症状积分与对照组比较差异有统计学意义（$P < 0.01$）；试验组明视持久度提高率为 $11.21\% \pm 8.12\%$，与对照组（$0.90\% \pm 6.39\%$）比较，差异有统计学意义（$P < 0.01$）；试验组总有效率（55.56%）显著高于对照组的（7.84%）（$P < 0.01$）；试验组远视力提高幅度比试食前有显著改善（$P < 0.05$），证明万寿菊提取物能有效缓解人体视疲劳。

2.2 万寿菊治疗炎症疾病

2.2.1 万寿菊治疗糖尿病性溃疡

万寿菊广泛应用于治疗溃疡的顺势药。在圣潘克拉斯医院对万寿菊制剂治疗拇指外翻和指囊炎引起的疼痛、肿胀、第一跖趾关节畸形方面作用进行研究。表明万寿菊包含的万寿菊素、万寿菊苷、万寿菊酮、六羟黄酮、α- 三联噻吩，能够有效减轻疼痛，炎症和减少肿胀的软组织。

为考察万寿菊制剂的疗效，有实验研究设计了一项为期 8 周的双盲安慰剂对照试验。60 名患者进入试验。从 37 例 A 组患者中随机抽取 20 例双侧外展肌及指囊炎患者，B 组从 69 例患者中随机抽取 40 例单侧外展肌及指囊炎患者，分为 Ba 组和 Bb 组。溃疡病患者、服药患者和因溃疡病接受手术的患者除外。结果表明，万寿菊制剂加保护垫能有效降低外展拇外翻的损伤宽度和疼痛程度（$P < 0.001$）[22]。

2.2.2 万寿菊治疗慢性牙周炎

万寿菊是菊科的草本植物，原产于墨西哥、危地马拉和其他中美洲国家。其化学成分为香豆素、雌二醇、槲皮素和黄酮类化合物。这些成分具有抗氧化、抗炎和抗菌作用。实验用万寿菊制成的漱口水对老年人控制慢性牙周炎（CP）的效果。通过对 60 名老年人患有 CP 的便利样本进行了一项实验研究。将样品分为安慰剂组（PG）$n=30$，用纯净水稀释的 10% 乙醇制成的漱口水给药，而实验组（EG）$n=30$，用万寿菊提取物溶于 10% 乙醇制成的漱口水处理。两组每天进行 3 次使用，共 3 个月。结果（表 5–1 ~ 表 5–4）显示与 PG 组相比，EG 组有显著改善。

表 5-1　初始水平和治疗后各组的临床变化

	安慰剂组（$n=30$）			实验组（$n=30$）		
	初始水平	后处理	差异	初始水平	后处理	差异
囊袋深度（mm）	5.1 ± 0.64	5.7 ± 0.87	0.6 ± 0.23	5.2 ± 0.81	$3.1 \pm 0.43^*$	-2.1 ± 0.38
临床附着丧失（mm）	6.6 ± 1.10	7.4 ± 1.30	0.8 ± 0.20	6.6 ± 1.90	$2.1 \pm 1.50^*$	-4.5 ± 0.40

注：值意味着 ± 标准偏差。*：重复测量方差分析 $P < 0.05$。

表 5-2 初始水平和治疗后各组的牙周临床变化

	安慰剂组 ($n=30$)		实验组 ($n=30$)	
	初始水平	后处理	初始水平	后处理
牙齿移动频率(%)				
是	17 (57)	21 (70)	20 (68)	2 (8) *
否	13 (43)	9 (30)	10 (32)	28 (92)
探诊出血频率(%)				
是	16 (52)	12 (40)	16 (53)	2 (7) *
否	14 (48)	18 (60)	14 (47)	28 (93)

注：X^2 检验 3 个月后的对照组与治疗组显示。*：$P < 0.0001$。

表 5-3 初始水平和治疗后各组的氧化应激标记物

	安慰剂组 ($n=30$)		实验组 ($n=30$)	
	初始水平	后处理	初始水平	后处理
脂质过氧化物 （μmol/L）	0.04 ± 0.02	0.054 ± 0.06	0.056 ± 0.03	$0.034 \pm 0.02^*$
总抗氧化状态 （mmol/L）	0.55 ± 0.39	0.66 ± 0.42	0.58 ± 0.36	0.71 ± 0.47
超氧化物歧化酶 （IU/L）	1.60 ± 0.52	1.50 ± 0.54	1.56 ± 0.52	1.64 ± 0.49

注：值意味着 ± 标准偏差。*：重复测量方差分析 $P < 0.05$。

表 5-4 初始水平和治疗后各组的炎症标志物

	安慰剂组 ($n=30$)		实验组 ($n=30$)	
	初始水平	后处理	初始水平	后处理
白介素 –1β （pg/mL）	774 ± 1332	661 ± 483	871 ± 1126	$462 \pm 800.9^*$
白介素 –8 （pg/mL）	448 ± 343	571 ± 310	827 ± 647	$624 \pm 494^*$
肿瘤坏死因子 –α （pg/mL）	3.7 ± 1.5	4.4 ± 1.6	5.2 ± 2.6	$3.3 \pm 0.84^*$

注：意味着 ± 标准偏差。*：重复测量方差分析 $P < 0.05$。

　　另外，囊袋深度，临床附着丧失，脂质过氧化物及慢性炎痘标志物白介素 –1β、白介素 –8 和肿瘤坏死因子 –α 均有统计学差异 （$P < 0.05$）。上述研究表明每天服用 3 次万寿菊提取物漱口水可改善老年人的慢性牙周炎，并显著减少脂质过氯化物和促炎性标志物[23]。

2.2.3 万寿菊治疗胃肠炎症

　　万寿菊属植物因其抗炎特性而闻名，很早就被用作治疗胃部和肠道不适的药物。为了研究万寿菊乙醇提取物抗炎活性，确定与该活性相关的化合物。通过测定 Hs 746T （胃）、HIEC–6 （肠） 和 THP–1 （单核细胞外周血） 细胞的抑制作用及抗 NF–κB 产生的能力。结果显示万寿菊水提物和水醇提物在体外均有抗炎作用，在所有细胞系中，水醇提取物的活性最高（IC_{50} 介于 59.72 ~ 66.42 μg/mL）。

生物引导水醇提取物分馏导致两种脱镁叶绿素的分离和表征，脱镁叶绿素 a（1）和 1，3-2- 羟基脱镁叶绿素 a（2）。以 JSH-23（4- 甲基 -N-1-（3- 苯基丙基）-1，2- 苯二胺，IC50=7.1 μM）作为阳性对照，这两种化合物都能抑制 NF-κB 的产生，其 IC_{50} 值较低，化合物 1 的 IC_{50} 介于 12.32 ~ 16.01 μM，化合物 2 的 IC_{50} 介于 7.91 ~ 9.87 μM。机制可能像阳性对照组（JSH-23）一样，通过 NF-κB 的易位。但是，只有 1，3-2- 羟基脱镁素 a（2）显示出与阳性对照相似的活性 [24]（图 6-1、图 6-2）。

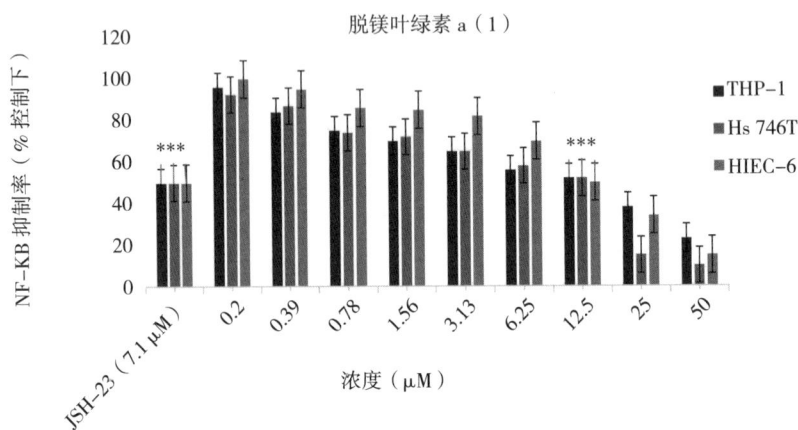

图 5-1　脱镁叶绿素 a（1）对不同浓度 TNF-α 诱导的 THP-1、Hs 746T 和 HIEC-6 细胞 NF-κB 活化的影响

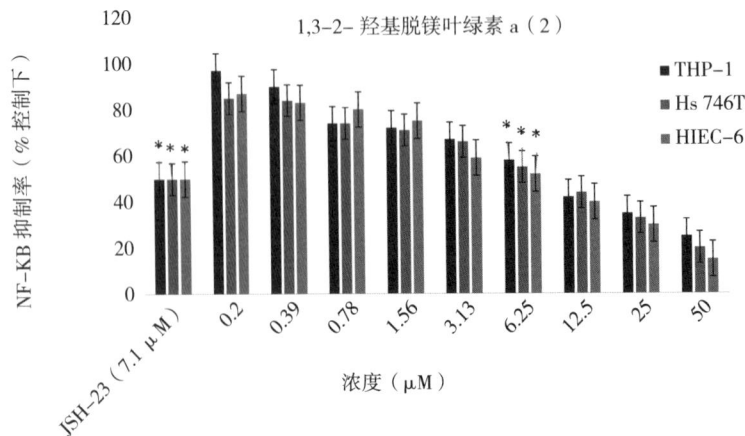

图 5-2　1，3-2- 羟基脱镁叶绿素 a（2）对不同浓度 TNF-α 诱导的 THP-1、Hs 746T 和 HIEC-6 细胞 NF-κB 活化的影响

此项研究中分离的两种脱镁叶绿素抑制 NF-κB 的产生，从而表明万寿菊的传统抗炎作用可以通过药理学实验证明。这有助于了解万寿菊提取物的抗炎活性及其在治疗胃肠不适中的应用。

2.3　万寿菊治疗 HIV-1 患者足底疣

治疗 HIV-1 患者的疣对患者和医生来说都是一个挑战。典型的，这些患者的疣是顽固的，在数量上大于非 HIV-1 患者，其更具侵略性。主要治疗这些病变的方法有：博莱霉素损伤内注射、手术刮除和放射疗法。然而，对于 CD4 计数低或病毒载量升高的患者，这些治疗可能不是最佳的治疗方案。在英国使用了 30 多年的疗法并且已经通过许多随机、双盲、安慰剂对照的研究来评估万寿菊在疣上的应用。HIV-1 患者足底疣每周在办公室接受无痛、无创治疗 4 周，然后在家接受治疗 4 周。选择进行这项研究的患者没有通过各种局部治疗，如斑蝥素、冷冻疗法和水杨酸，同时能够检测病毒载量。这篇报道证实万寿菊在许多 HIV-1 患者足底疣中减少病变数量和大小的有效性[25]。

2.4　万寿菊治疗高血压的作用机制及活性成分

万寿菊用于治疗焦虑、抑郁、疼痛、高血压等疾病。为了评价万寿菊乙醇提取物的降压和血管舒张作用模式。应用万寿菊地上部分提取物，并分离生物活性化合物。通过灌胃给药在 SHR 大鼠体内试验中评价万寿菊乙醇提取物作用，在 10 mg/kg 和 100 mg/kg 剂量下，测量和比较血流动力学参数，如舒张和收缩血压和心率。在 SHR 清醒大鼠中，通过灌胃给药 10 mg/kg 和 100 mg/kg 的万寿菊乙醇提取物（每组 n=6 只大鼠）大鼠相比 $P <$ 0.05。结果显示，万寿菊乙醇提取物降低 SHR 大鼠的收缩压和舒张压，无心率改善（$P >$ 0.05）。此外，提取物在一定程度上表现出浓度依赖性舒张作用内皮依赖性（$P < 0.05$）。

万寿菊主要通过多靶点 NO/cGMP 系统激活产生血管舒张作用和钙通道阻断。万寿菊粗乙醇提取物中的 6，7，8- 三甲氧基香豆素、6，7- 二甲氧基香豆素和 7- 甲氧基香豆素显示出显著的血管舒张活性，为主要生物活性成分[26]。

二、孔雀草的临床应用研究

孔雀草（*Tagetes patula* L.）是菊科（Asteraceae）万寿菊属植物，别名黄菊花、小万寿菊、法国万寿菊、五瓣莲、缎子花、臭菊花、红黄草、小芙蓉花、藤菊，味苦，性凉，归肺经，以全草入药。具有清热利湿、润肺止咳、止痛之效。《全国中草药汇编》中记载："上呼吸道感染，痢疾，咳嗽，百日咳，牙痛，风火眼痛；外用治腮腺炎，乳腺炎"[27]。

孔雀草是我国民族药，彝族药名依尼补此乌，以花或根入药，主治蛇咬伤、热咳喘及头晕头昏等症，此外还可以治疗上呼吸道感染、痢疾、百日咳、牙痛、风火眼痛，外用治疗腮腺炎、乳腺炎等疾病[28]。

　　孔雀草花色鲜艳，具有巨大的观赏价值，孔雀草富含叶黄素、黄酮、α- 三联噻吩、精油等功能性成分，具有药用、杀菌、杀虫等作用。食用孔雀草能起到一定的保健作用，孔雀草具有清热解毒、化痰止咳的功效，可用于治疗乳腺炎、咽结膜炎、高血压、百日咳、气管炎、腮腺炎等。

　　孔雀草多作为观赏性植物，孔雀草的花朵可用作染料，作为提取叶黄素的主要来源，向鸡的饲料中添加 0.3% 的孔雀草粉，可以使鸡蛋蛋黄的颜色从一级提高到六级，鸡的脂肪和鸡的肤色也会呈黄色。做沙拉或是其他菜肴，可以添加孔雀草花瓣，做出的食物色泽和味道会更佳。

1. 孔雀草传统临床应用

　　《全国中草药汇编》称孔雀草为小万寿菊、红黄万寿菊、红黄草、小芙蓉花、藤菊，菊科万寿菊属植物孔雀草（*Tagetes patula* L.），以全草入药。夏秋采收，洗净晒干。味苦；性平。应用孔雀草治腮腺炎，乳腺炎，孔雀草 3 ~ 5 钱，水煎或研粉分数次开水送服；外用适量，加重楼、银花共研末，陈醋调敷患处[29]。

　　《中华本草》称孔雀草为黄菊花、五瓣莲、老来红、臭菊花、孔雀菊、小万寿菊、红黄草、缎子花，菊科植物孔雀草的全草。夏、秋季采收，鲜用或晒干。味苦；性凉。清热解毒；止咳。主治风热感冒；咳嗽，百口咳；痢疾；腮腺炎；乳痈；疖肿；牙痛，口腔炎；目赤肿痛功效。内服：煎汤，9 ~ 15 g；或研末。外用：适量，研末醋调敷；或鲜品捣敷。

　　孔雀草对呼吸道感染类疾病如咳嗽、痢疾类疾病、风火眼痛等都有很好的治疗效果。孔雀草具有显著去火功效，人们上火的时候，喝上孔雀草饮料，尿液会立即从黄褐变得无色澄清。

　　孔雀草的花和叶都是可以入药的，有清热化痰的功效，还有补血通经的作用，对于气管炎有很好的作用。

　　在其他国家民间，应用孔雀草治愈很多常见疾病，比如治疗疝气、便秘和风火眼痛[29]。俄罗斯高加索地区居民常食用孔雀草，有延年益寿之效。在阿根廷，孔雀草的提取物有镇静和利尿作用，植物水煎液被用作兴奋剂和健胃药[30]。在拉丁美洲，孔雀草流传千古的用法是制成茶和调味料。在菲律宾，其花的水煎液通常作为祛风的清凉饮料[30]。在哥伦比亚和委内瑞拉，植物的浸泡液被用作擦剂和沐浴汤治疗风湿性疾病[30]。

2. 孔雀草现代临床应用

2.1　孔雀草治疗眼部常见疾病

　　孔雀草提取物富含叶黄素及玉米黄素等，研究发现，叶黄素与玉米黄素共同构成视网膜黄斑色素，且存在于整个视网膜，是人眼中仅存的两种类胡萝卜素[32, 33]。国内外研究表明：叶黄素与玉米黄素均能够预防眼睛光损伤，防止因叶黄素等缺失引起的视力退化，防止眼睛的生理结构和功能变异，是眼睛视网膜、黄斑不能缺失的主要组成物质[32-36]。叶黄素与玉米黄素的主要作用机制是抗氧化，其次作为光保护成分，能够有效地滤除阳光中导致视网膜损伤的蓝光[37]。近年来，有研究表明，孔雀草提取物（含叶黄素、玉米黄素的制剂，叶黄素与玉米黄素的比例为5:1），较此前研究较多的叶黄素单体制剂在视力保护方面效果更佳[38]。本研究结果表明，孔雀草提取物对眼胀、眼痛、畏光、视物模糊、眼干涩等视疲劳症状有改善作用。

2.2　孔雀草抗癌作用

孔雀草中富含叶黄素，流行病学调查研究表明，经常摄入含叶黄素的饮食，可显著降低肺癌和结肠癌等癌症的发生。叶黄素可能是通过抗氧化而表现出抗癌作用。在体外研究中发现叶黄素能使人的肝癌细胞免受氧化诱导的损伤，叶黄素能淬灭单线态氧来防止脂质过氧化的发生，从而抑制肿瘤生长。除了抗氧化作用外，叶黄素还可通过其他机制如免疫调节、细胞间通讯而发挥抗癌作用。对来自万寿菊提取物的膳食叶黄素对可移植鼠乳腺肿瘤的发育和生长以及淋巴细胞功能的影响进行了研究。给小鼠喂食含有0.1%或0.4%叶黄素的饮食。在实验1中，小鼠被喂食3周的饮食，并将乳腺肿瘤细胞注入乳腺。膳食叶黄素以剂量依赖性方式增加肿瘤潜伏期并抑制乳腺肿瘤生长。输注后第28 d可触及肿瘤的发生率和最终肿瘤重量在喂食叶黄素的小鼠中较低。在实验2中，膳食叶黄素增强了植物血凝素诱导的淋巴细胞增殖，但对白细胞介素2的产生或淋巴细胞的细胞毒性没有影响。因此，膳食叶黄素增加了肿瘤潜伏期，抑制了乳腺肿瘤的生长并增强了淋巴细胞增殖[39]。Waart FG De等发表了他们研究荷兰老年人血液中类胡萝卜素含量与死亡率之间相关性的研究结果，表明类胡萝卜素，尤其是叶黄素的含量与死亡率呈明显的负相关关系。Le Marchand等通过对南太平洋一些岛国居民进行调查研究，发现叶黄素能够有效预防肺癌的产生[40]。孔雀草在抗癌方面临床应用有待进一步开发。

孔雀草用于治疗口腔癌。口腔癌是头颈部最常见的恶性肿瘤性疾病之一，主要发生于中老年人，男性多于女性，治疗方法采用以手术为主的综合治疗，手术治疗术后易复发，预后一般。含有孔雀草的中药制剂及制备方法已申请专利，制成所述中药制剂有效成分的原料组成及重量份数为：通光散55～85份，喜树52～82份，半枝莲50～80份，板蓝根48～78份，草龙45～75份，黄三七40～70份，遍地金37～67份，菝葜35～65份，余甘子33～63份，海韭菜30～60份，观音苋28～58份，槐耳26～56份，白首乌25～55份，石见穿21～51份，龙葵20～50份，孔雀草15～45份。

研究显示在孔雀草（Tagetes patula 'Durango Red'）花类胡萝卜素中以叶黄素及其衍生物占主导地位，而黄酮类化合物种类繁多，以万寿菊素居于榜首[41]。孔雀草花甲醇、乙酸乙酯提取物及孔雀草中提取分离得到的万寿菊素对葱属植物的根具有细胞毒性和遗传毒性。孔雀草花甲醇提取物的HPLC指纹图谱显示它含有3%的万寿菊素，孔雀草花乙酸乙酯提取物中万寿菊素含量增加到 36%。乙酸乙酯提取物的根长抑制的 IC_{50} 值（225 μg/mL，与 90 μg/mL 万寿菊素（纯度约 98%）IC_{50} 相似，表明其细胞毒性和对植物发育的抑制作用与万寿菊素有关。万寿菊素对宫颈（HeLa）细胞系具有细胞毒性，万寿菊素对宫颈癌（HeLa）细胞的生长抑制作用分别比乙酸乙酯提取物和甲醇提取物高约 6 倍和 12 倍。孔雀草花甲醇提取物对洋葱和大蒜根部生长 IC_{50} 分别为 500μg/mL，423μg/mL。孔雀草花乙酸乙酯部分和万寿菊素对葱属植物根部 IC_{50} 值比甲醇提取物低 2 倍和 4 倍，因此，孔雀草花乙酸乙酯部分和万寿菊素对抗恶性肿瘤增生和细胞毒性作用更强[42]。万寿菊素有望成为抗恶性肿瘤的新的天然药物。

2.3 孔雀草抗菌、抗氧化活性

Romagnoli，C 等人研究发现从孔雀草分离出的一种噻吩物质——α-三联噻吩。其同时与紫外照射 90 min，1～10 d 后，对 5 种皮肤癣菌（毛癣菌、红色毛癣菌、小孢子癣菌、表皮癣菌、紫色发癣菌）菌株有明显的抑制作用。其机制是经 UVA 激活后的噻吩对细胞膜上的蛋白有靶向作用，导致膜破裂和细胞壁畸变[43]。Rondon 等人发现以孔雀草地上部分提炼成精油，对人类病原体表现出强烈的活性，金黄色葡萄球菌、类肠球菌、大肠杆菌、克雷白氏杆菌、铜绿假单胞菌的最小抑制浓度可达 30 μg/mL、30 μg/mL、60 μg/mL、90 μg/mL、130 μg/mL[44]。Jain 等人提出较冷水提取物和甲醇提取物相比，热水提取物的杀菌能力更强。猜测其原因是热水能更好地提炼出杀菌物质[45]。

孔雀草中化学成分具有较强的抗菌活性和抗氧化活性。用微量肉汤稀释法研究对于 5 株革兰氏阴性菌（包括沙雷氏菌、肺炎克雷伯菌、鲍曼不动杆菌、奇异变形杆菌和大肠埃希菌）和 5 种革兰氏阳性细菌（包括金黄色葡萄球菌、表皮葡萄球菌、腐生葡萄球菌、无乳链球菌）抗菌作用。用 FRAP 法测定评价其抗氧化活性，两者均具有显著作用。孔雀草抗菌活性可以应用于治疗临床烧烫伤等外伤天然抗菌药物；孔雀草抗氧化活性，主要依靠类黄酮类化合物与超氧阴离子反应，或与铁离子耦合阻止羟基自由基的生成，或与脂质过氧化反应阻止脂质过氧化过程，能有效稳定和消除自由基，减少脂质过氧化和脂褐素的生成与沉积，保护细胞膜，增强细胞活力，调节器官组织功能，有效地提高免疫力，防止多种疾病的产生与发展，延缓机体衰老。

王云龙等人参考 GB 4789.2—2016《食品安全国家标准食品微生物学检验菌落总数测定》中的菌落总数计数方法，通过对添加孔雀草叶精油的样品进行菌落总数测定，孔雀草叶精油对伤寒沙门氏菌、金黄色葡萄球菌、大肠埃希菌这 3 类常见微生物的生长均有抑制作用，这与孔雀草精油的物质组成中存在较多的具有抑菌能力的萜类物质的结论相符。孔雀草精油的增香和抑菌能力使其可以应用于洗涤杀菌用品中，但实际添加使用的方法仍需要更详细的实验进行研究[46]。

2.4 孔雀草治疗慢性炎症应用

孔雀草可用于治疗十二指肠或胃溃疡等形式的消化道炎症，用孔雀草制作的茶能有效地对抗口腔、胃部的溃疡和结肠炎。孔雀草花水煎液具有可以减轻肠胃胀气的作用。

在国内，孔雀草作为一种少数民族常用药，有清热解毒的功效，用于治疗上呼吸道感染[47]。

Khan 等人发现使用孔雀草喷剂可以对于足趾外翻造成的疼痛有减轻作用，并且对拇囊炎也有一定的治疗作用。

罗思敏[48] 证实不同浓度孔雀草花水提物对四氯化碳（CCl$_4$）致小鼠急性肝损伤具有保护作用，其作用机制可能与抗氧化、抗炎有关。方法：将 50 只小鼠随机分成 5 组，每组 10 只，分别为空白对照组，模型组，孔雀草低、中、高剂量组（1.126 g/kg、2.252 g/kg、4.504 g/kg）。各给药组均给予相应药物，空白组与模型组给予同体积生理盐水，连续灌胃 10 d。末次灌胃 2 h 后，除空白组腹腔注射植物油溶液外，其余各组均腹腔注射 0.5% 四氯化碳植物油溶液，造模剂量为 10 mL/kg，染毒 24 h 建立急性肝损伤模型，测定并比较各组小鼠血清谷丙转氨酶（ALT）和谷草转氨酶（AST）活性、肝组织超氧化物歧化酶（SOD）活力、丙二醛（MDA）含量。采用酶联免疫法测定肿瘤坏死因子 –α（TNF–α）、白细胞介素 –6（IL–6）并观察肝脏病理学变化的差异。结果显示低、中、高剂量孔雀草花水提物均能明显降低 CCl$_4$ 致肝损伤小鼠 ALT、AST 活性，升高肝组织中 SOD 活力，降低 MDA 含量，且能够有效改善炎症因子 TNF–α 和 IL–6 的表达，与模型组比较差异具有统计学意义（$P < 0.01$）。镜下观察表明，与模型组相比，不同浓度的孔雀草花水提物均可缓解肝受损情况。

有研究者为了探索孔雀草（*Tagetes patula* L.）（法国万寿菊）花提取物的抗炎特性机制及其对肾上皮细胞对尿路致病性大肠埃希菌感染的保护作用，采用许多体外测定以测定孔雀草花提取物（法国万寿菊花的水溶性部分用氯仿提取）的抗氧化和抗炎活性。通过 MTT 测定以确定孔雀草花提取物对用 100 ng/mL LPS 激活的 MDCK 细胞中细胞活力的影响。分别通过基于 Griess 反应的比色测定和 ELISA 研究了孔雀草花提取物对 LPS 刺激的 NO 和 TNF–α 产生水平的影响。此外，他们还通过 HPLC 分析了孔雀草花提取物中的含量。结果表明提取物保护了 MDCK 细胞并增加了它们的活力。此外，提取物对 NO 分泌有很强的抑制作用。这些作用是由于抑制了 TNF–α 诱导的促凋亡途径。孔雀草花提取物富含叶黄素，其抗氧化特性归功于叶黄素。表明孔雀草花提取物可以开发为一种源自天然产物的抗氧化剂和抗炎剂[49]。

3. 孔雀草不良反应

一位 38 岁的女性患者没有已知的疾病和过敏史。患者涂了万寿菊油，引起皮疹、瘙痒和灼伤而住进急诊室。

有关万寿菊（*Tagetes minuta*）和孔雀草提取物（*Tagetes patula*）和精油（仅评估光毒性），2005 年消费品科学委员会 SCCP（Scientific Committee for Consumer Products）认为万

寿菊属类植物提取物和精油具有光毒性，由于没有一个安全使用剂量，建议万寿菊属植物提取物和精油（Tagetes erecta，Tagetes minuta and Tagetes patula extracts and oils）不要用于化妆品中。直到 2013 年，国际日用香精香料协会（International Fragrance Association，IFRA）更新了该类物质的信息文件，该文件将万寿菊属植物提取物和精油用于停留类化妆品中时最大允许使用浓度确定为 0.01%。因此才有了此次 SCCP 对万寿菊属植物提取物和精油的评估，此次评估仅针对光毒性。万寿菊（Tagetes minuta）和孔雀草提取物（Tagetes patula）和精油在停留类化妆品（防晒产品除外）中最大允许使用浓度为 0.01% 时是安全，但是其中含有的 α- 三联噻吩（alpha terthienyl）不得超过 0.35%。万寿菊（Tagetes minuta）和孔雀草提取物（Tagetes patula）和精油不能用于防晒产品中。

2018 年 7 月 12 日，欧盟公布欧盟委员会（EU）2018/978 号修订案，正式修订化妆品法规（EC）第 1223/2009 号的禁限用物质列表。本次修订将万寿菊（Tagetes erecta）提取物及精油列入禁用物质列表，将印加孔雀草（Tagetes minuta）、孔雀草提取物（Tagetes patula）和精油列入限用物质列表。上述 3 种植物提取物及精油是化妆品中香料化合物的常用香精成分。

含万寿菊提取物及精油的化妆品或含印加孔雀草和孔雀草提取物及精油且不符合限量要求的化妆品，自 2019 年 5 月 1 日起不得在欧盟上市，自 2019 年 8 月 1 日起不得在欧盟市场上提供。

孔雀草是南非和亚热带美洲的一种常见杂草，对完整的皮肤有一种水泡状的原发性刺激作用，可引起严重和长期的过敏性接触性皮炎，对其他菊科植物具有交叉致敏作用。用新鲜植物和稀释提取物对 3 名敏感患者和 43 名对照者进行斑贴试验，证明了这一点[50,51]。斑贴试验结果显示手部湿疹局灶性发作及 7 例对照阴性提示孔雀草挥发油致过敏性接触性皮炎[52]。

孔雀草中 α- 三联噻吩，是一种毒害低的光活化毒素，在有光条件时杀虫效果可提高几十倍[53]。α- 三联噻吩是一类具有优异性能的光活化农药。以三联噻吩为先导化合物，经 α 醛基化制得关键中间体 2- 醛基三联噻吩，然后与取代苯乙酮反应，得到三联噻吩取代的 α，β- 不饱和酮，再与盐酸羟胺、水合肼关环，最终合成两类含 3，5- 二芳基异噁唑和 3，5- 二芳基吡唑啉的 α- 三联噻吩衍生物。其结构经 ^{1}H NMR，IR 和元素分析确证。初步生物活性测定试验表明，绝大多数目标化合物具有良好的光活化活性，异噁唑类衍生物的光活化活性普遍要好于吡唑啉类衍生物[54]。

王鹤霖等[55]用冷鲜猪肉作供试品，研究 α- 三联噻吩的抑杀作用，结果显示，万寿菊中提取的 α- 三联噻吩在肉的表面相当于形成了一层抗菌膜，抗菌膜的杀菌作用延长了肉的保质期。Nivsarkar 等[56]研究发现，α- 三联噻吩在长波紫外光照射下，能显著抑制 Aedes aegypti L. 幼虫肛门直肠褶上的过氧化物歧化酶（SOD），而 SOD 能促进 1~4 龄幼虫的生长和发育。Marles 等[57]研究了 α- 三联噻吩及 15 个合成衍生物抗病毒的光活性和细胞毒作用，结果表明，三联噻吩类化合物对病毒和癌症有很强的光化学治疗作用。Ebermann等 [58] 也报道了 α- 三联噻吩具有依赖光的杀灭肿瘤细胞的作用。

孔雀草中凭借含有 α- 三联噻吩这种光化学毒素有望成为天然新型防虫抗菌剂。众所周知，农药使用后残存于生物体、农副产品及环境中的微量农药原体、有毒代谢产物、降解产物及杂质超过农药的最高残留限制而形成的污染现象。残留的农药对生物产生农药残毒，而保留在土壤中则可能形成对土壤、大气及地下水的污染。如果应用孔雀草天然防虫抗菌剂，则会消除农药对人类及生物的急性、慢性毒害作用，为子孙造福。

对病毒和癌症有很强的光化学治疗作用的 α- 三联噻吩可应用于临床作为抗病毒、抗肿瘤药物的研制。病毒所致疾病大多是人类的主要传染病，病毒可侵犯不同组织器官，感染细胞引起疾病。由病毒引起的常见疾病有：

①流行性疾病：流行性感冒、普通感冒、麻疹、腮腺炎、小儿麻痹症、传染性肝炎、小儿麻痹。

②慢性感染性疾病：乙型肝炎、艾滋病（AIDS）。

③潜伏感染：疱疹性角膜炎、性病疱疹病毒。多数病毒缺乏酶系统，不能独立自营生活，必须依靠宿主的酶系统才能使其本身繁殖（复制），病毒核酸有时整合于细胞，不易消除，因此抗病毒药研究发展缓慢。更有像 2019 年底，全球爆发的新冠疫情，由病毒引起的全球疫情一直延续至今，更有狡猾至极的德尔塔变异毒株"有可能是有史以来最具传染性的病毒"。抗病毒中药在临床中的应用，几乎遍及常见的病毒感染性疾病（属于中医温病学范畴）。最令人注目的当数 2003 年初，波及全国多个省市的"非典型肺炎"，约有 5000 多人患病，在这场抗击"非典"的斗争中，中医药从预防到治疗到愈后帮助康复，都起到了无可替代的作用，如金银花、连翘、贯众等，使医务工作者治疗"非典"的疗效显著提高。连花清瘟胶囊 / 颗粒是应用中医络病理论指导研发的治疗感冒、流行性感冒（以下简称流感）的创新中药，由连翘、金银花、炙麻黄、绵马贯众、板蓝根、石膏、薄荷脑、广藿香、红景天、鱼腥草、大黄、炒苦杏仁、甘草 13 味药物组成，具有"清瘟解毒、宣肺泄热"功能，为 2003 年重症急性呼吸综合征（severe acute respiratory syndrome，SARS）期间通过中国国家药品监督管理系统公共卫生事件代表性中成药，尤其是在 2009年甲型 H1N1 流感和 2020 年新型冠状病毒性肺炎（coronavirus disease 2019，COVID–19）疫情期间发挥了重要作用，引起国内外高度关注。

乙型肝炎病毒目前临床常见，对人类健康危害也极大。目前多从一些中药中筛选，已确认其在某一致病机制方面具有对抗作用，现据不完全统计，已经从 2000 多种中药中筛选出对肝炎病毒有较好抑制作用的中药几十种，如常用的黄芩、黄檗、柴胡等。流行性感冒则是目前最为常见的病毒感染性疾病，抗病毒中药也以抗流感病毒药物最多，如常用的金银花、连翘、板蓝根等。而艾滋病由于其对人体自身免疫力的破坏，中药也成了各国科研人员进行筛选，进而找出有效治疗药物的一个热点，而且已经不断地有研究成果见诸报端，如常用的中药牛蒡子、夏枯草、紫花地丁、天花粉、黄芩、甘草等都对艾滋病毒有抑制作用。病毒性疾病又如腮腺炎、脊髓灰质炎、乙型脑炎、出血热、疱疹等，临床治疗中中药也必不可少。如有报道，用中药辨证施治治疗流行性出血热若干例，病死率为1.1%，而西药对照组病死率为5.08%，表明用中医药治疗出血热比单纯使用西药疗效要好。若能根据孔雀草抗病毒的作用机制进一步开发临床应用也许会有新的发现。

化学抗肿瘤药的副作用非常大，杀死癌细胞的同时也能杀死正常的细胞。有畸形、致癌及脏器损害等潜在的危险；同时会导致免疫系统，中枢神经系统损害。因此，从天然产物中寻找活性成分就成了一个热门的选择。天然药物抗肿瘤成分主要有生物碱类、多糖类、萜类、醌类和蛋白质类等，抗肿瘤主要作用机制有对肿瘤细胞的直接杀灭、干扰细胞周期、诱导肿瘤细胞的分化、逆转多药耐药性肿瘤细胞的抗凋亡作用、诱导肿瘤细胞凋亡及提高机体免疫力等发挥抗肿瘤作用。可见，天然抗肿瘤药物的有效成分类别有多样性，但主要为生物碱类、多糖类等，作用机制为直接对肿瘤细胞杀灭作用，干扰细胞生长的各个周期及提高机体免疫力等方面。

孔雀草抗病毒与抗肿瘤作用体外实验在1990年初即有研究成果证明，相信结合临床实验应该会有进一步发现，期待万寿菊属植物、孔雀草能够有更多的临床应用，将大自然的馈赠和中医知识宝库结合，传承精华，守正创新，让中医药为人类健康护航。

参考文献

[1]GONZALEZDE MEJIA E, LOARCA-PINA G, RAMOS-GOMEZ M. Antimutagenicity of xanthophyll spresentinaztec marigold (Tagetes erecta) against1-nitropyrene[J]. Mutation Research, 1997, 389, 219 - 226.

[2]HAMBURGER M, ADLER S, BAUMANN D, et al, Preparative purification of the major anti-inflammatory triterpenoid esters from marigold (Calendulaofficinalis)[J]. Fitoterapia, 2003, 74, 328 - 338.

[3]SLATTERY M L, BENSON J, CURTIN K, et al. Carotenoids and coloncancer[J]. American Journal of Clinical Nutrition, 2000, 71, 575 - 582.

[4]贾昌平. 万寿菊镇咳作用有效部位的研究 [D]. 哈尔滨：黑龙江中医药大学，2009.

[5]成功，黄文书，苏亚洲，等. 微波辅助提取万寿菊色素工艺条件研究 [J]. 中国食物与营养，2008（12）：43-46.

[6]JUNG H Y, OK HM, PARK MY, et al. Bioavailability of carotenoids from chlorella powder in healthy subjects: Acomparison with marigold petal extract[J]. Journal of Functional Foods, 2016, 21, 27 - 35.

[7]HUANG YM, DOU HL, HUANG FF, et al. Effect of supplemental lutein and zeaxanthin on serum, macular pigmentation, and visual performance in patients with early age-related macular degeneration[J]. Biomed research international, 2015, 10: 564-738.

[8]SIRIAMORNPUN S, KAISOON O, MEESO N. Changes in colour, antioxidant activities and carotenoids (lycopene,

β–carotene, lutein) of marigold flower (TageteserectaL.) resulting from different drying processes[J]. Journal of Functional Foods, 2012, 4 (4): 757‒766.

[9] 王旭飞.万寿菊祛痰作用及有效部位研究 [D].哈尔滨：黑龙江中医药大学，2012.

[10] HONGYING L, YUXIANG L, KIN C, et al. Lycium Barbarum (Wolfberry) Reduces Secondary Degeneration and Oxidative Stress, and Inhibits JNK Pathway in Retina after Partial Optic Nerve Transection[J]. PLoS ONE, 2013, 8(7): e68881.

[11] GARCÍA–LAYANA A, RECALDE S, ALAMÁN A.S, et al. Effects of lutein and docosahexaenoic acid supplement ation on macular pigment optical density in a randomized controlled trial[J]. Nutrients, 2013, 5(2): 543‒551.

[12] TAN J S, WANG J J, FLOOD V, et al. Dietary antioxidant sand the long–termincidence of age–related macular degeneration: The Blue Mountains Eye Study[J]. Ophthalmology, 2008, 115 (2): 334‒341.

[13] WANG M, TSAO R, ZHANG S, et al. Antioxidantactivity, mutagenicity/anti–mutagenicity, and clastogenicity/anti–clastogenicity of lutein from marigold flowers[J]. Food and Chemical Toxicology, 2006, 44(9): 1522‒1529.

[14] SIRIAMORNPUN S, KAISOON O, MEESO N.Changes in colour, antioxidant activities and carotenoids (lycopene, β–carotene, lutein) of marigold flower (Tagetes erecta L.) resulting from different drying processes[J]. Journal of Functional Foods, 2012, 4 (4): 757‒766.

[15] HUANG L L, COLEMAN H R, KIM J, et al. Oral supplementation of lutein/zeaxanthinan domega–3 long chain poly unsaturated fatty acid sinpersons aged 60 years or older, with or without AMD[J]. Invest Ophthalmol VisSci, 2008, 49 (9): 3864 - 3869.

[16] ARNOLD C, JENTSCH S, DAWCZYNSKI J, et al. Age–related macular degeneration: Effect sofa short–terminter vention with anoleaginouskale extract––apilotstudy[J]. Nutrition, 2013, 29 (11–12): 1412 - 1417.

[17] KLEIN R, MYERS CE, CRUICKSHANKS KJ, ct al. Age–related macular degeneration[J]. New England Journal of Medicine, 2006, 355(14): 1474‒1485.

[18] DANFORTH LG, SIVAKUMARAN T.A, IYENGAR SK, et al. Marker sofinflammation, oxidative stress, and endo the lialdys function and the 20–year cumulative incidence of early age–related macular degeneration: The Beaver Dam Eye Study[J]. JAMA Ophthalmology, 2014 132 (4): 446‒455.

[19] BIAN Q, GAO S, ZHOU J, et al. Lutein and zeaxanthin supplement ation reduce sphotooxidative damage and modulates the expressionofin flammation–related genes inretinal pigment epithelialcells. Free Radical Biology and Medicine, 2012, 53(6): 1298‒1307.

[20] BUCHELI P, VIDAL K, SHEN L, Gojiberry effects on macular characteristics and plasma antioxidant levels[J]. Optometry & VisionScience, 2011, 88(2): 257‒262.

[21] PENG M–L, CHIU H–F, CHOU H, et al. Influence/impact of lutein complex (marigold flower and wolfberry) on visual function with early age–related macular degeneration subjects: a randomized clinical trial[J]. Journal of Functional Foods, 2016, 24: 122–130.

[22] Khan. M, T, The podiatric treatment of hallux abducto valgus and its associated condition, bunion, with tagetes patula [J]. Journal of pharmacy & pharmacology, 1996, 48(7): 768–770.

[23] MACÍASCAMACHO THALIA, RETANAUGALDE RAQUEL, LEGORRETAHERRERA MARTHA. Mouthwash with Tagetes lucida Cav. for Control of Chronic Periodontitis in Older Adults[J]. Sustainability, 2021, 13(4):1–10.

[24] APAZA TICONA LUIS, LACHEVA GINKA ILIEVA,SERBAN ANDREEA MADALINA, et al. Hydroalcoholic extract of Tagetes minuta L. inhibits inflammatory bowel disease through the activity of pheophytins on the NF–κB signalling pathway[J]. Journal of Ethnopharmacology, 2021, 268: 113603

[25] TRACEY VLAHOVIC, OTT OH, Mills. The effect of marigold the rapyon plant arverruca of HIV+patients [J]. Journal of the American academy of dermatology, 2008, 58 (2Suppl2): AB34.

[26] Estrada Soto Samuel, González Trujano Ma Eva,Rendón Vallejo Priscila, et al. Antihypertensive and vasorelaxant mode of action of the ethanol–soluble extract from Tagetes lucida Cav. aerial parts and its main bioactive metabolites[J]. Journal of Ethnopharmacology, 2021, 266: 113399.

[27]《全国中草药汇编》编写组 . 全国中草药汇编 [M]. 北京：人民卫生出版社，1975：118.

[28] 贾敏如，李星炜 . 中国民族药志要 [M]. 北京：中国医药科技出版社，2005：596.

[29] BOWN D. Theroyal horticultural society encyclopaedia of herbs & their Uses[M]. London: Dorling Kindersley limited, 1995.

[30] NEHER R T. The ethnobotany of tagetes [J]. Economic Botany, 1968, 22 (4): 317–325.

[31] L G. Medicinal uses of Philippine plants [J]. Philip Bur Forestry Bull, 1921, 22: 149–246.

[32] 朱海霞，郑建仙 . 叶黄素（Lutein）的结构、分布、物化性质及生理功能 [J]. 中国食品添加剂，2005（05）：48–55.

[33] 汪之颀 . 叶黄素和玉米黄质对视觉发育和健康的影响 [J]. 国外医学卫生学分册，2008，35（3）：154–159.

[34] RICHER S, DEVENPORT J, LANG J C. LAST Ⅱ：Differential temporal responses of macular pigment optical density inpatients with atrophicage–related macular degeneration todietary supplementation with xanthophylls [J]. Optometry, 2007, 78(5):213 - 219.

[35] BAHRAMI H, MELIA M, DAGNELIE G. Lutein supplementation inretinitis pigmentosa: PC–based vision assessmentinar and omized double–masked place bo–controlled clinicaltrial [J]. BMCO phthalmol, 2006, 6:23, Published 2006 Jun 7.

[36] RODRIGUEZ–CARMONA M, KVANSAKUL J, HARLOW J A, et al. The effects of supplementation with lutein and/or zeaxanthinon human macular pigment density and colourvision [J]. Ophthalmic Physiol Opt, 2006, 26 (2):137 - 147.

[37] LANDRUM J T, BONE R A. Lutein, zeaxanthin, and the macular pigment [J]. Arch Biophys, 2001, (385):28–40.

[38] JAMES M S, BILLY R H. Macular pigment and visual performance under glare conditions [J]. Optom Vision

Science, 2008, 85 (2):82–88.

[39] CHEW B P, WONG M W, WONG T S. Effects of lutein from marigold extract on immunity and growth of mammary tumors in mice[J]. Anticancer research, 1996, 16(6B): 3689–94.

[40] LE MARCHAND L, HANKIN J H, BACH F. An ecological study of diet and lung cancer in the South Pacific[J]. International journal of cancer, 1995, 63(1):380.

[41] BHAVE APURVA,SCHULZOVÁ VĚRA,MRNKA LIBOR, et al. Influence of Harvest Date and Postharvest Treatment on Carotenoid and Flavonoid Composition in French Marigold Flowers[J]. Journal of agricultural and food chemistry, 2020, 68(30): 7880–7889.

[42] AZHAR MUDASSAR, FAROOQ AHSANA DAR, HAQUE SAYEDUL, et al. Cytotoxic and genotoxic action of Tagetes patula flower methanol extract and patuletin using the Allium test[J]. Turkish journal of biology = Turk biyoloji dergisi, 2019, 43(5). 326–339.

[43] ROMAGNOLI C, MARES D, FASULO M P. Antifungal effects of alpha–terthienyl from Tagetes patula on five dermatophytes[J]. Phytotherapy Research, 2010, 8(6):332–336.

[44] RONDÓN M, VELASCO J, HERNÁNDEZ J, et al. Chemical composition and antibacterial activity of the essential oil of Tagetes patula L.(Asteraceae) collected from the Venezuela Andes [J]. Latinoamer, 2006, 34(1–3):32–36.

[45] JAIN R, KATARE N, KUMAR V, et al. In Vitro Anti Bacterial Potential of Different Extracts of Tagetes Erecta and Tagetes Patula [J]. Journal of Natural Sciences Research, 2012, 2(5):84–90.

[46] 王云龙，苏丽梅，郭荣灿，等 . 孔雀草精油成分及其抑菌效果研究 [J]. 化工设计通讯，2019，45（07）:167–169.

[47] 贾敏如，李星炜 . 中国民族药志要 [M]. 北京：中国医药科技出版社，2005：596.

[48] 罗思敏，蔡德成，康廷国，等 . 孔雀草花水提物对四氯化碳致小鼠急性肝损伤的保护作用 [J]. 亚太传统医药，2019，15（11）：25–28.

[49] GONGADZE M, MACHAVARIANI M, ENUKIDZE M, et al. Freuch marigold (Tagetes Patula L)flower extruct protects kidney cells from inflammation in vitro[J]. Georgian Medical News, 2019(297):154–157.

[50] MITCHEL I J, ROOK A. Botanical dermatology: plants injurious to the skin [M]. Vancouver: Greengrass, 1979.

[51] VERHAGEN A R, NYAGA JM. Contact dermatitis from Tagetes minuta. A new sensitizing plant of the Compositae family [J]. Arch Dermatol, 1974, 110 (3):441–444.

[52] BILSLAND D, STRONG A. Allergic contact dermatitis from the essential oil of French marigold (Tagetes patula) in an aromatherapist [J]. Contact Dermatitis, 1990; 23(1):55 - 56.

[53] 王玉健，胡林，徐汉虹 . 植物中 α– 三联噻吩的荧光分光光度法检测 [J]. 华南农业大学学报，2005（01）：73–75.

[54] 罗志刚，刘正勇，张广龙，等 . 三联噻吩 – 异噁唑、吡唑啉类化合物的合成与光活化性能研究 [J]. 有机化学，2014，34（02）：392–397.

[55]王鹤霖，汤华成，潘旭琳，等.万寿菊α–三联噻吩抗菌膜对冷鲜猪肉保鲜效果影响[J].食品科技，2018，43（09）：142–145.

[56]NIVSARKAR M, KUMAR G P, LALORAYA M, et al. Superoxide dismutase in the anal gills of the mosquito larvae of Aedes aegypti: its inhibition by alpha–terthienyl[J]. Archives of insect biochemistry and physiology, 1991, 16(4):

[57]MARLES R J, HUDSON J B, GRAHAM E A, et al. Structure–activity studies of photoactivated antiviral and cytotoxic tricyclic thiophenes[J]. Photochemistry and photobiology, 1992, 56(4):

[58]R EBERMANN, G ALTH, M KREITNER, Natural products derived from plants as potential drugs for the photodynamic destruction of tumor cells[J]. Journal of Photochemistry & Photobiology, B: Biology, 1996, 36(2):

附录

发表论文及获得专利证书

[1] LINLIN LIU, SIMIN LUO, MIAO YU, et al. Metwaly1, Xiaoku Ran, Chunyan Ma, Deqiang Dou, and Decheng Cai. Chemical Constituents of Tagetes patula and Their Neuroprotecting Action[J]. Natural Product Communications, 2020, 15(11):1–8.

[2] MUHAMMAD RIAZ, RIZWAN AHMAD, NAJM UR RAHMAN, et al.Traditional uses, Phytochemistry and pharmacological activities of Tagetes Patula L[J]. Journal of Ethnopharmacology, 2020, 225:112718.

[3] 罗思敏，蔡德成，康廷国，等 . 孔雀草花水提物对四氯化碳致小鼠急性肝损伤的保护作用 [J]. 亚太传统医药，2019，15（11）：25–28.

[4] YU–MENGWANG, XIAO–KU RAN, MUHAMMAD RIAZ, et al. Chemical Constituents of Stems and Leaves of Tagetespatula L. and Its Fingerprint[J]. Moleculles, 2019, 24: 3911.11.

[5] 陈文哲，刘雪莹，郭胜男，等 . 孔雀草抗急性炎症活性成分研究 [J]. 山西中医学院学报，2019，20（3）：172–176.

[6] XUEYING LIU, XIAOKU RAN, MUHAMMAD RIAZ, et al.Mechanism Investigation of Tagetes patula L. against Chronic Nonbacterial Prostatitis by Metabolomics and Network Pharmacology[J]. Molecules，2019, 24:2266 (15page).

[7] 刘琳琳，王宇萌，张旭，等 . 孔雀草水煎液对小鼠抗抑郁作用及机制研究 [J]. 辽宁中医药大学学报 . 2019，21（5）：26–29.

[8] 于淼，冉小库，窦德强，等 . 孔雀草茎、叶化学成分的分离鉴定 [J]. 中国实验方剂学杂志，2018，24（7）：64–68.

[9] XUEYING LIU, XIAOKU RAN, DEQIANG DOU AND DECHENG CAI. Effectiveness of Tagetes patula against chronic nonbacterial prostatitis in rat model[J]. Bangladesh J Pharmacol, 2017, 12: 376–383.

[10] 窦德强，冉小库，王宇萌，等．一种具有抗胃癌作用的新的苯并呋喃甲基酮型化合物及其提取分离方法：ZL201811146089.7[P]，2018-11-14.

附图一：孔雀草的不同花型

附图二：孔雀草的采摘

附图三：孔雀草种植及庭院装饰